프로에게 자 사용법으로 쉽게 배우는

아이템별 패턴 제작과 봉제 기법

특허 : 제 0540708호

프로에게 자 사용법으로 쉽게 배우는

아이템별 패턴 제작과 봉제 기법

조현주, 정혜민 지음

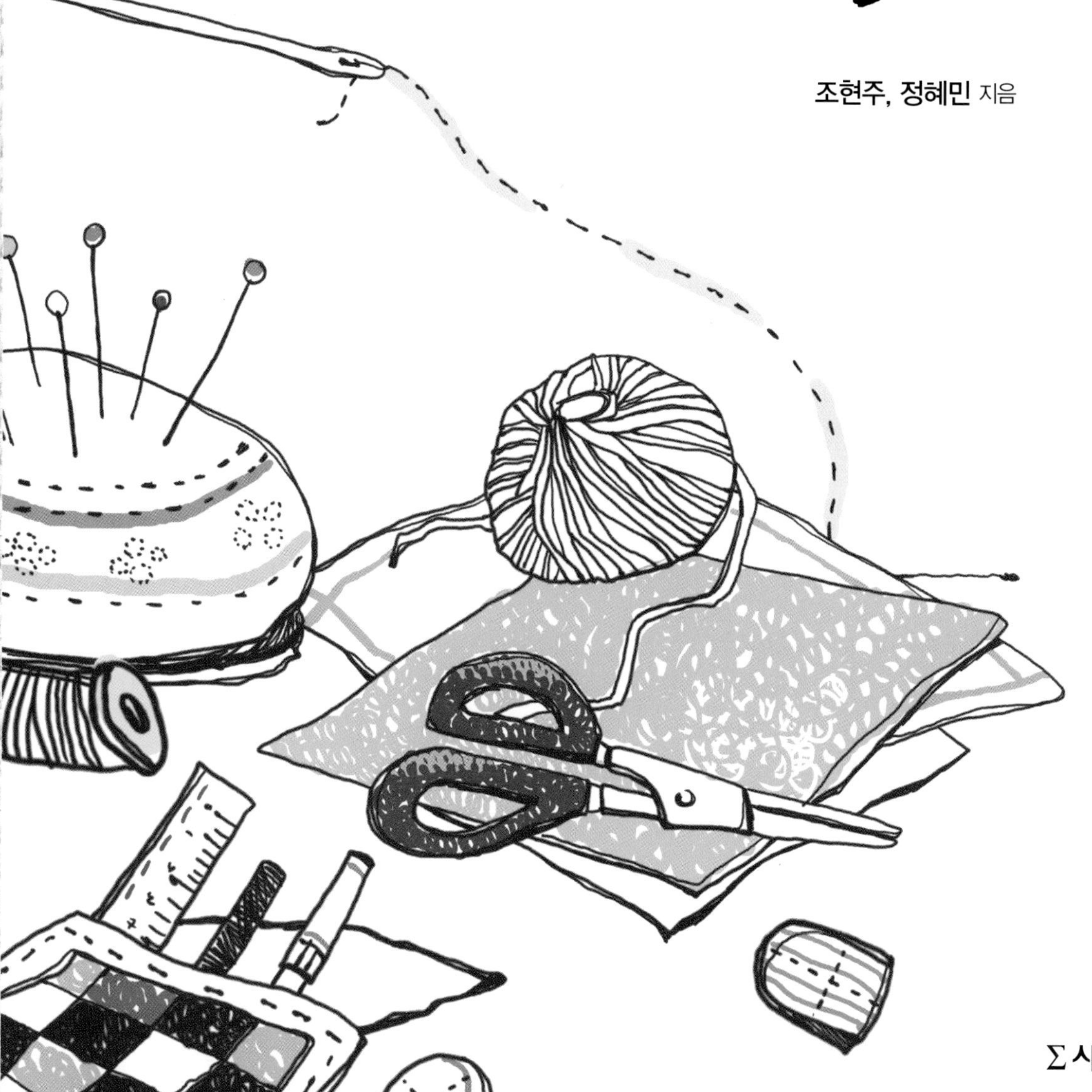

Σ 시그마프레스

아이템별 패턴제작과 봉제기법

발행일 2012년 3월 26일 1쇄 발행
2014년 6월 20일 2쇄 발행

저자 조현주, 정혜민
발행인 강학경
발행처 (주)시그마프레스
편집 이상화
교정 · 교열 백주옥

등록번호 제10-2642호
주소 서울특별시 마포구 성산동 210-13 한성빌딩 5층
전자우편 sigma@spress.co.kr
홈페이지 http://www.sigmapress.co.kr
전화 (02)323-4845~7(영업부), (02)323-0658~9(편집부)
팩스 (02)323-4197

ISBN 978-89-5832-736-3

머리말

오늘날 패션 산업은 생활 전체를 대상으로 커다란 변화를 가져오게 되었다. 특히 의류에 관한 직업에 종사하는 직업인이나 학습을 하고 있는 학생들에게 있어서 의복제작에 관한 전문적인 지식과 기술을 습득하는 것은 매우 중요한 일이다.

이 책은 패션 산업현장에서 이루어지고 있는 패턴의 제도법과 봉제 방법에 대해서 기본 아이템(타이트 스커트, 셔츠칼라 블라우스, 라운드 네크라인의 원피스, 기본팬츠, 테일러드 재킷)에 대하여 패턴에 대한 교육을 받지 못하였고, 옷을 만들어 본 경험도 없는 초보자라도 단계별로 색을 넣어 실제 자를 얹어 놓은 그림 및 컬러사진을 보아 가면서 쉽게 기본적인 아이템의 제도법과 봉제기법을 한 권의 책에서 습득할 수 있도록 구성되었다.

강의실에서 학생들에게 패턴을 제도하는 방법과 봉제 방법을 가르치면서 경험한 바에 의하면 설명을 듣고 학생들이 완성한 패턴도 각자 다르고, 가봉 후 수정할 부분이 많이 생기게 된다는 것이었다. 이 문제점을 해결할 방법이 없을까 오랜 기간 고민하면서 체형별 차이를 비교하고 검토한 결과 제도자들을 어떻게 사용하는가에 따라 패턴의 완성도에 많은 차이가 생기게 된다는 것을 알게 되었다. 그래서 자를 대는 위치를 정한 다음 체형별로 여러 패턴을 제도해보고 교육해본 체험을 통해서 이 책을 저술하게 되었다.

제1장에서는 기본 타이트 스커트, 제2장에서는 상의 기본원형의 제도법으로 구성하였고, 제3장에서는 다트를 넣어 몸에 피트되는 셔츠칼라 블라우스, 제4장에서는 라운드 네크라인의 시프드 원피스드레스, 제5장에서는 기본팬츠, 제6장에서는 테일러드 재킷의 제도법과 재단으로 구성하고 각각의 제도법은 단계별로 색을 넣어 실제 자를 얹어 가면서 해설하였고, 봉제법도 실제 작업하는 과정을 컬러사진으로 찍어 재봉순서에 따라 해설하였다.

패턴 제도에서 봉제까지 옷이 만들어지는 과정에 있어서 기본적인 지식이나 기술을 습득하여, 의복 제작 능력 개발에 도움이 되었으면 한다.

끝으로 출판에 협조해 주신 (주)시그마프레스의 강학경 사장님을 비롯하여 편집에 고생하신 편집부 여러분께 깊은 감사의 뜻을 표한다.

2012년 2월 저자 일동

차례

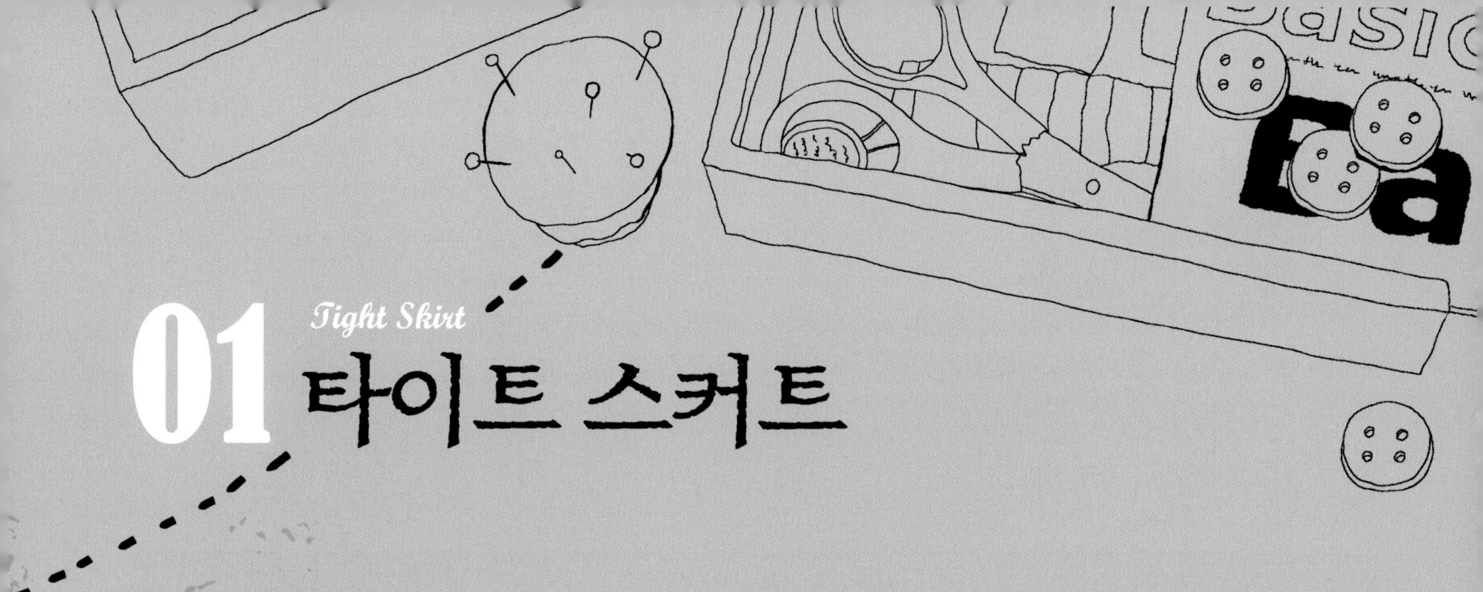

01 *Tight Skirt* 타이트 스커트

스타일

타이트 스커트는 몸에 꼭 맞는다는 의미로, 허리에서 히프 부분까지는 꼭 맞고 옆선이 히프선에서 밑단을 향해 직선적인 실루엣의 스커트를 말한다. 연령에 상관없이 누구나 착용할 수 있을 만큼 착용 범위가 넓은 스커트이다. 스커트 길이는 유행이나 취향에 따라 정하면 되지만, 길이에 따라서 보행을 위한 보폭량이 부족하기 때문에 뒤중심의 단쪽에 슬릿이나 벤츠 등의 트임을 만들어 보행에 지장이 없도록 제작해야 한다.

소재

여유분이 적은 스커트이기 때문에 촘촘하게 짜여진 탄력성이 있는 천이 적합하다. 울 소재라면 플라노, 개버딘, 서지, 더블 조젯, 색서니, 트위드 등을 선택하는 것이 좋고, 면 소재라면 데님, 피케, 코듀로이, 면 개버딘을 선택하는 것이 좋다. 또한 천은 무지뿐만이 아니라 체크나 프린트 무늬 등을 사용해도 좋으며, 계절이나 용도에 맞추어서 마 소재나 화섬 등도 많이 사용되고 있다.

포인트

① 뒤 중심의 밑단 쪽에 보행을 위한 기능으로 넣어 주는 슬릿은 보행 시 슬릿 끝에 힘이 걸리게 되므로 뜯어지지 않도록 슬릿끝에 접착심지를 붙여 튼튼하게 보강해 주어야 한다.

② 겉감과 안감 슬릿부분의 재단방법이 다르므로 주의하도록 한다.

제도법

제도 치수 구하기

계측 치수	제도 각자 사용 시의 제도 치수	일반 자 사용 시의 제도 치수
허리둘레(W) : 68cm	W°=34	W/4=17
엉덩이둘레(H) : 94cm	H°=47	H/4=23.5
스커트 길이 : 53cm(벨트 제외)		53cm

뒤 스커트 제도하기

1. 기초선을 그린다.

01

직각자를 대고 뒤 중심선을 그린 다음 직각으로 밑단선을 그린다.

밑단 쪽 뒤 중심선 끝에서 뒤 중심선을 따라 스커트 길이를 재어 표시하고 직각으로 허리 안내선을 그린다.

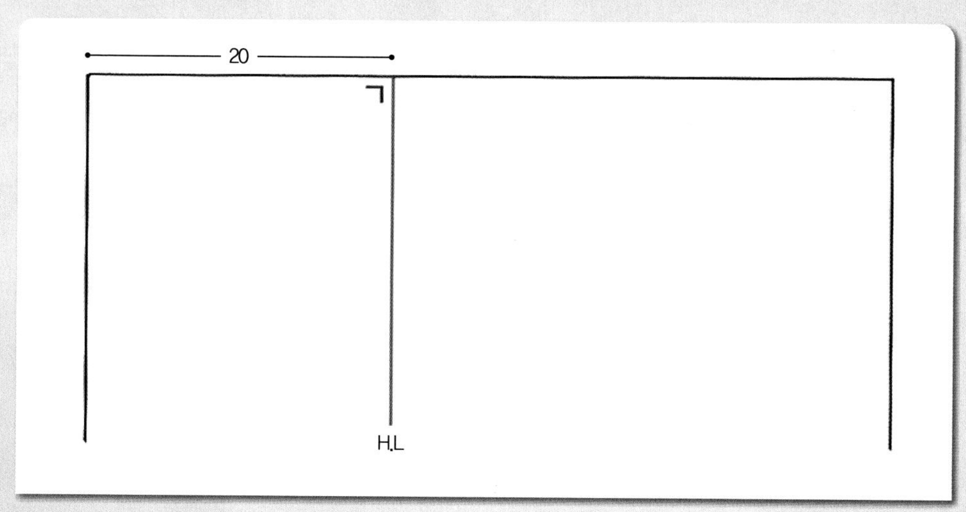

허리선 뒤 중심선 끝에서 20cm 밑단 쪽으로 나가 표시하고 직각으로 히프선을 그린다.

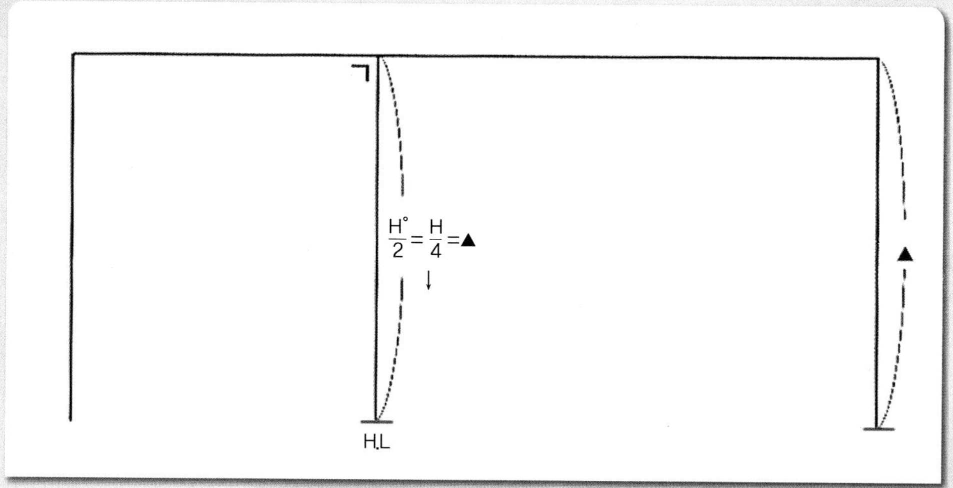

뒤 중심선 쪽에서 히프선을 따라 H°/2 = H/4 치수를 내려와 히프선 끝점을 표시하고, 같은 치수를 밑단선 쪽에도 표시한다

$\frac{H°}{2} = \frac{H}{4} =$ ▲

▲

H.L

05

H°/2 = H/4 치수를 내려와 표시한 두 점을 직선자로 연결하여 옆선을 그린다.

2. 히프선 위쪽 옆선의 완성선을 그린다.

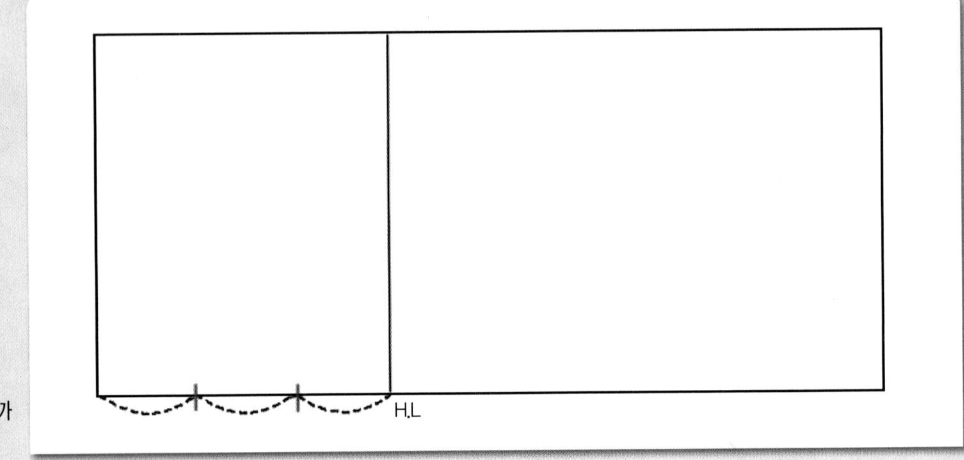

01

옆선 쪽 허리 안내선에서 히프선까지를 3등분한다.

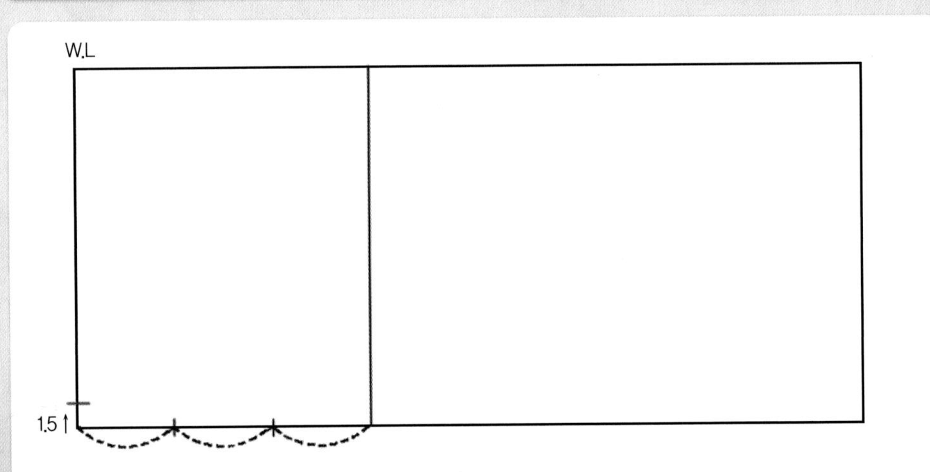

02

옆선 쪽 허리 안내선 끝에서 1.5cm 올라가 옆선의 완성선을 그릴 통과점을 표시한다.

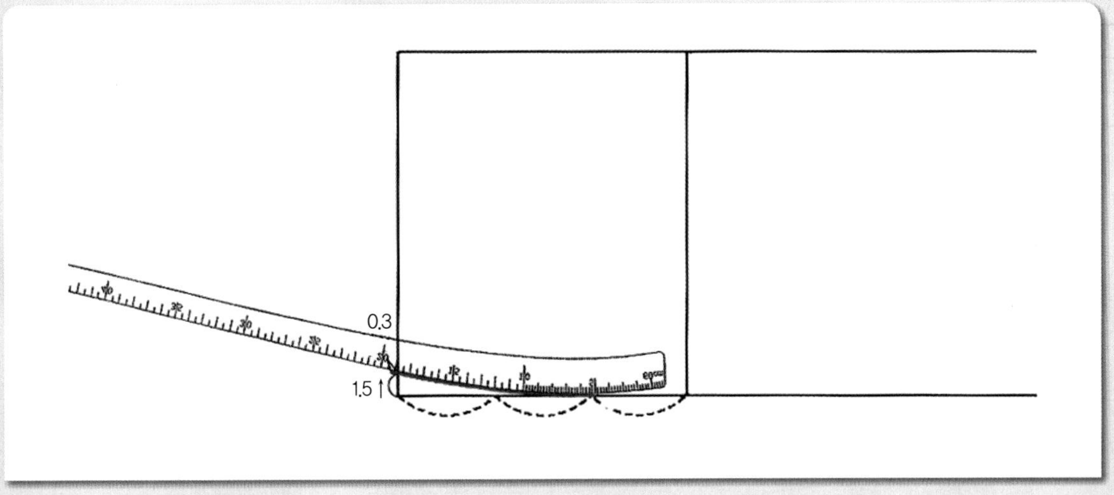

03

허리선에서 히프선까지의 2/3 지점에 hip 곡자 5 근처의 위치를 맞추면서 1.5cm 올라가 표시한 점과 연결하여 히프선 위쪽 옆선의 완성선을 허리선에서 0.3cm 추가하여 그린다.

3. 허리 완성선을 그리고 다트를 그린다.

01

뒤 중심 쪽 허리 안내선 끝에서 2cm 밑단 쪽으로 나가 직각으로 3cm 뒤 허리 완성선을 내려 그린다.

02

직각으로 3cm 내려 그린 허리선 끝점에 hip곡자 10 근처의 위치를 맞추면서 0.3cm 추가하여 그린 옆선의 끝점과 연결하여 허리 완성선을 그린다.

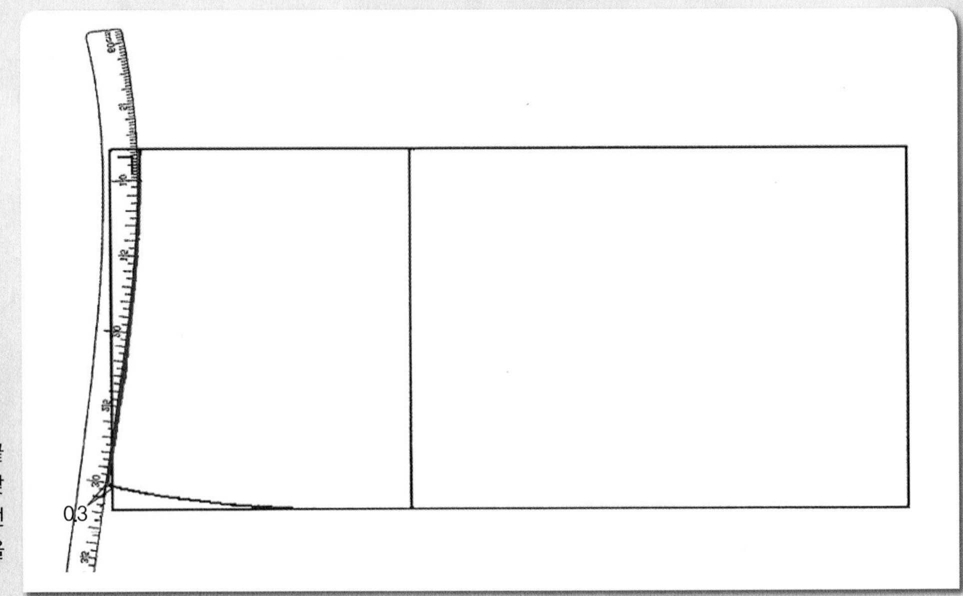

03

뒤 중심선 쪽에서 허리 완성선을 따라 W°/2=W/4 치수를 내려와 표시한다.

04

W°/2=W/4 치수를 제하고 남은 허리선의 분량을 2등분한다.

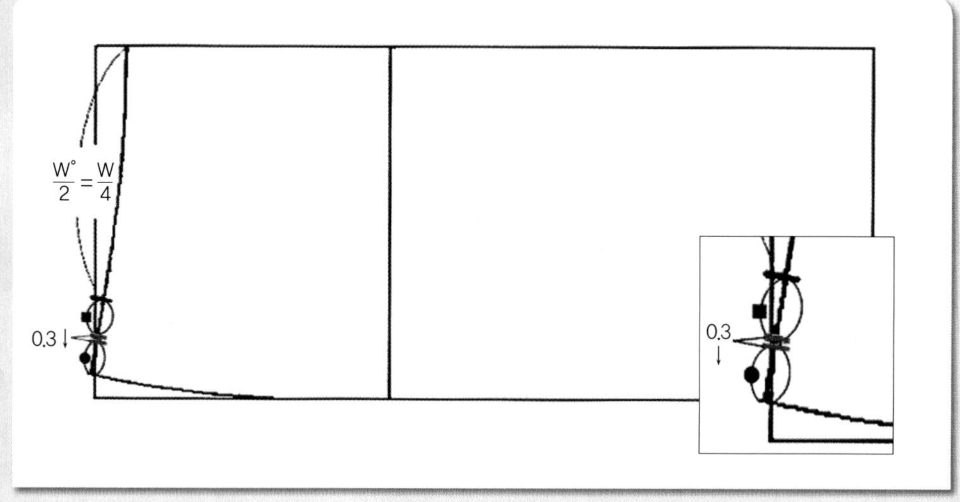

2등분한 점에서 0.3cm 옆선 쪽으로 이동하여 차이나는 두 개의 다트량을 표시해 둔다.

허리 완성선을 3등분한다.

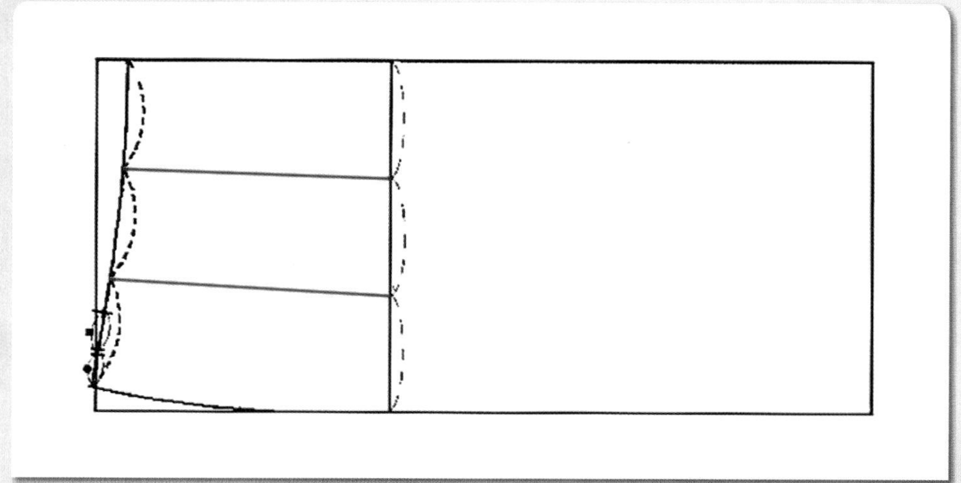

히프선을 3등분하고 허리선에서 3등분한 1/3점과 직선자로 연결하여 다트 중심선을 그린다.

08

히프선에서 뒤 중심 쪽 다트는 5cm, 옆선 쪽 다트는 7cm 허리선 쪽으로 올라가 다트 끝점을 표시한다.

09

다트량이 많은 것(■)을 뒤 중심 쪽 다트 중심선에서 다트량의 1/2씩 위아래로 나누어 표시하고, 다트량이 적은 것(●)을 옆선 쪽 다트 중심선에서 다트량의 1/2씩 위아래로 나누어 허리선 쪽 다트 위치를 표시한다.

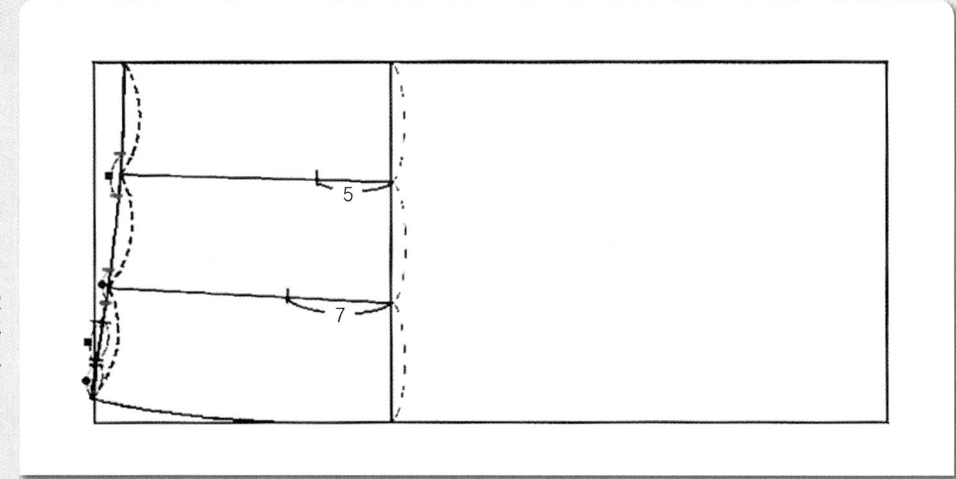

10

뒤 중심 쪽 다트는 다트 끝점과 직선자로 연결하여 다트 완성선을 그린다.

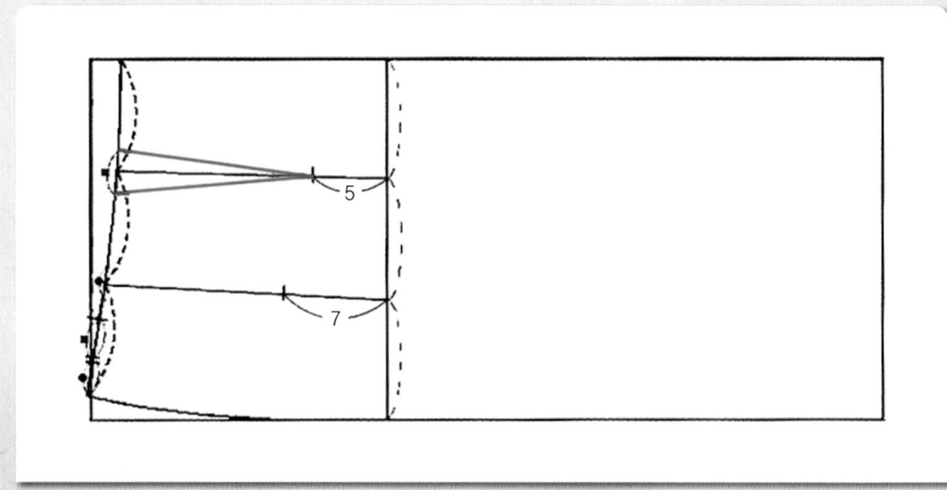

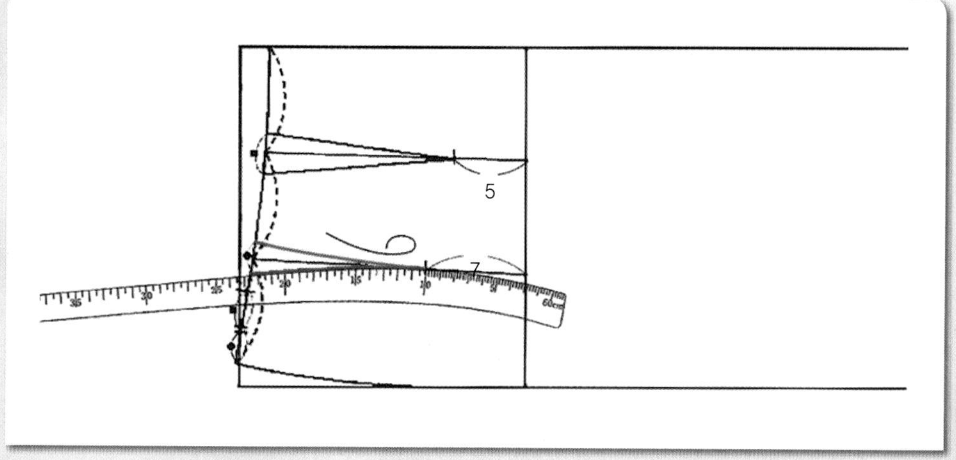

11
옆선 쪽 다트는 hip곡자가 다트 끝점에서 1cm 다트 중심선에 닿으면서 허리선 쪽 다트 위치와 연결되는 곡선을 찾아 맞추고 다트 완성선을 그린다.

4. 히프선 아래쪽 옆선의 완성선을 그린다.

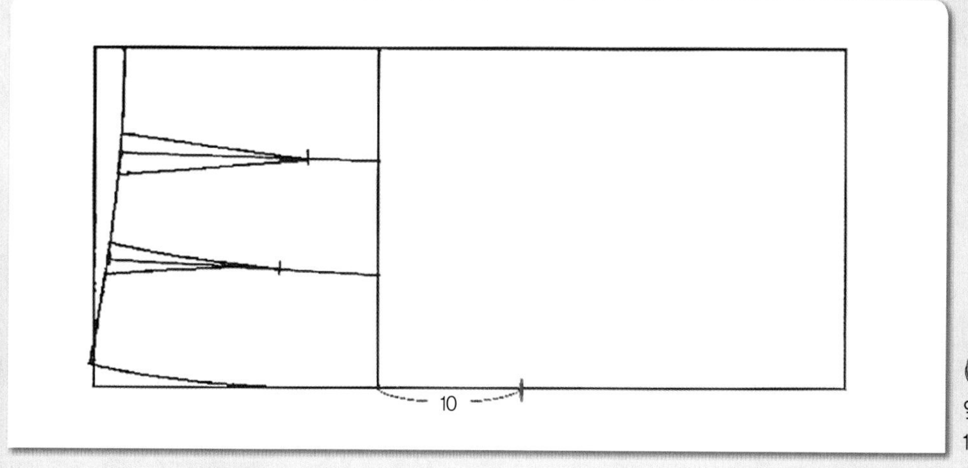

01
옆선 쪽 히프선에서 밑단 쪽으로 10cm 나가 표시한다.

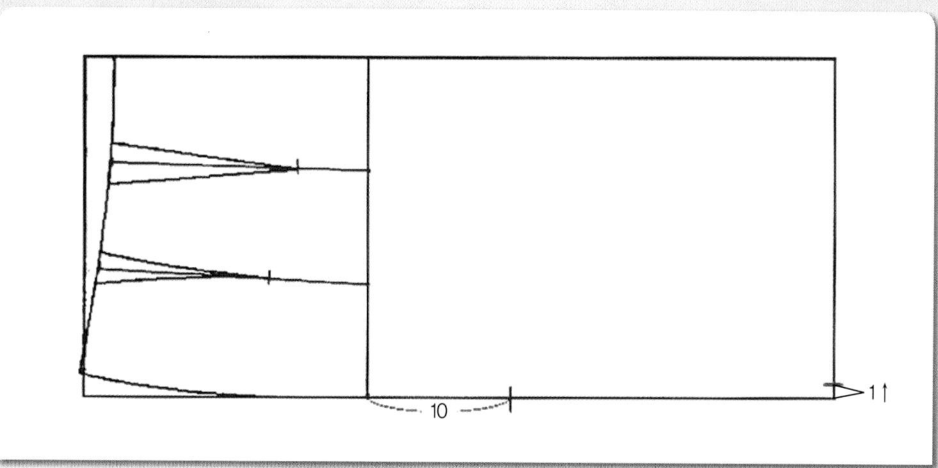

02
옆선 쪽 밑단 끝에서 1cm 올라가 표시한다.

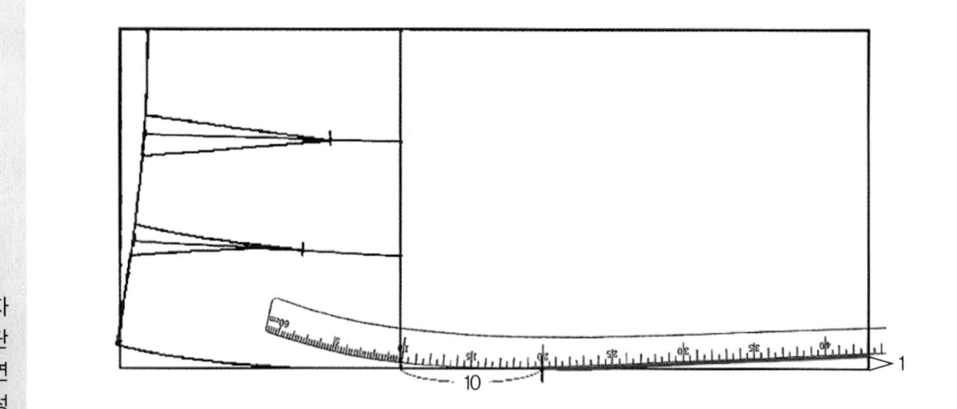

03

10cm 내려가 표시한 점에 hip곡자 20 근처의 위치를 맞추면서 밑단 쪽에서 1cm 올라가 표시한 점과 연결하여 히프선 아래쪽 옆선의 완성선을 그린다.

5. 벤츠를 그린다.

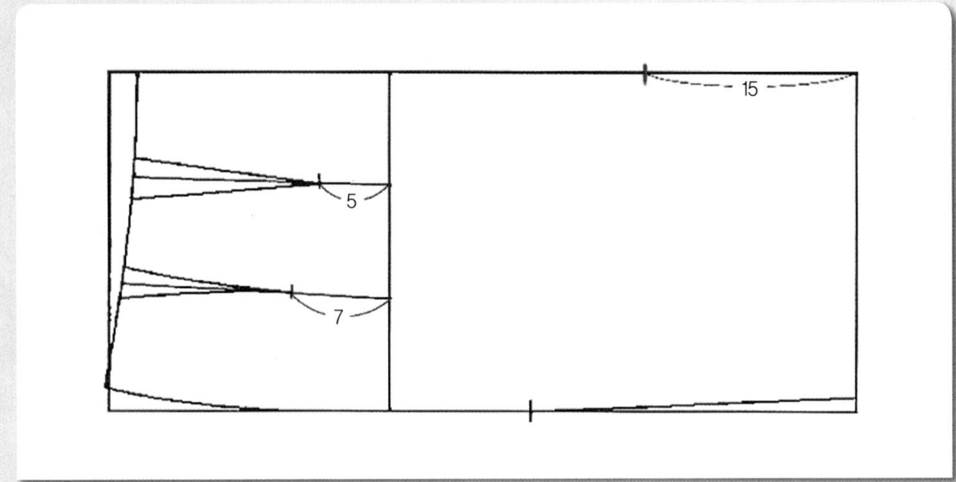

01

뒤 중심 쪽 밑단선 끝에서 뒤 중심선을 따라 15cm 허리선 쪽으로 올라가 벤츠 트임 끝점을 표시한다.

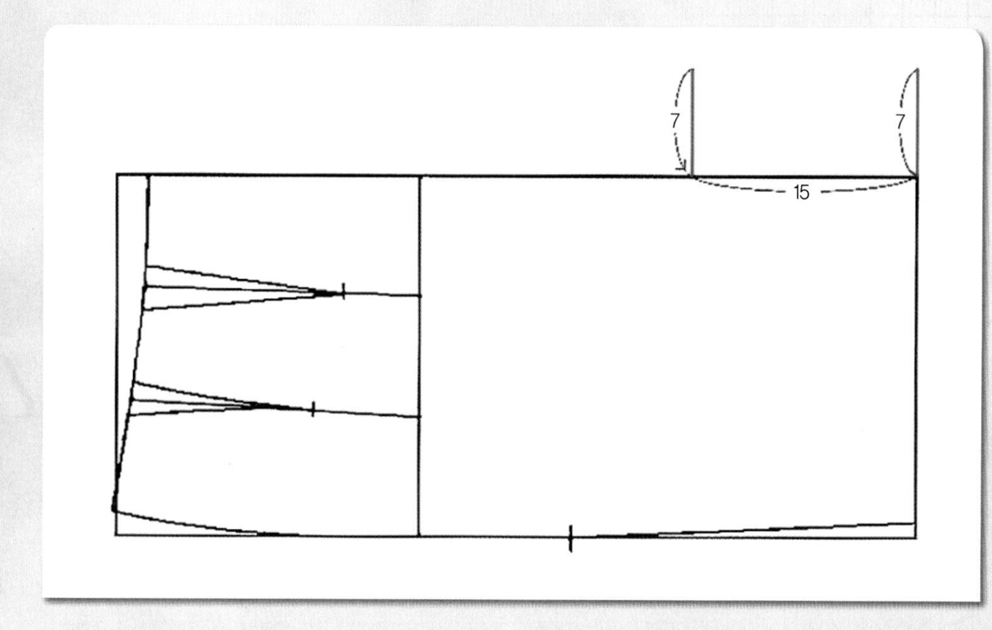

02

15cm 올라가 표시한 곳에서 직각으로 7cm 위쪽으로 벤츠 안단 폭 선을 그린 다음, 밑단 쪽도 7cm 올려 그린다.

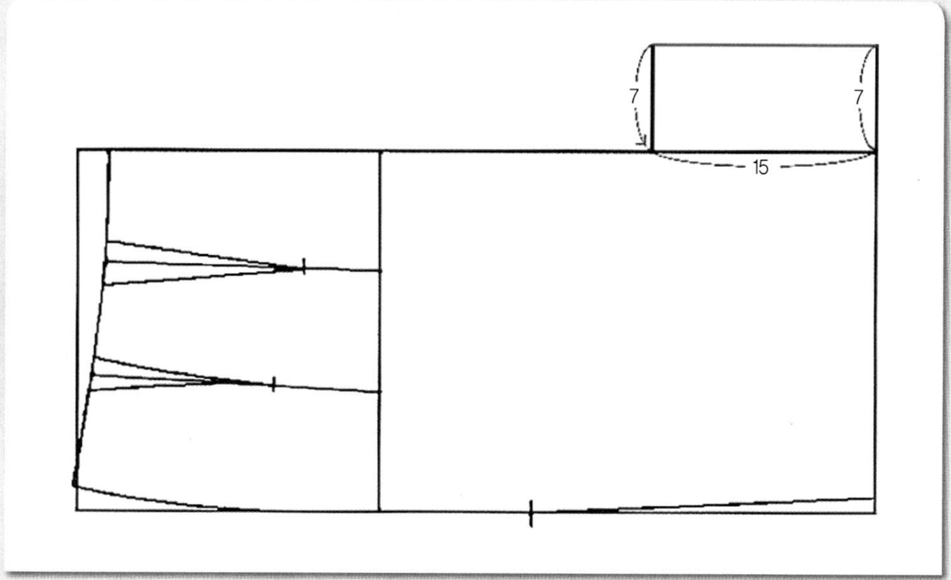

03

7cm 올려 그린 벤츠 안단 폭 선 두 점을 직선자를 연결하여 벤츠 안단 분 선을 그린다.

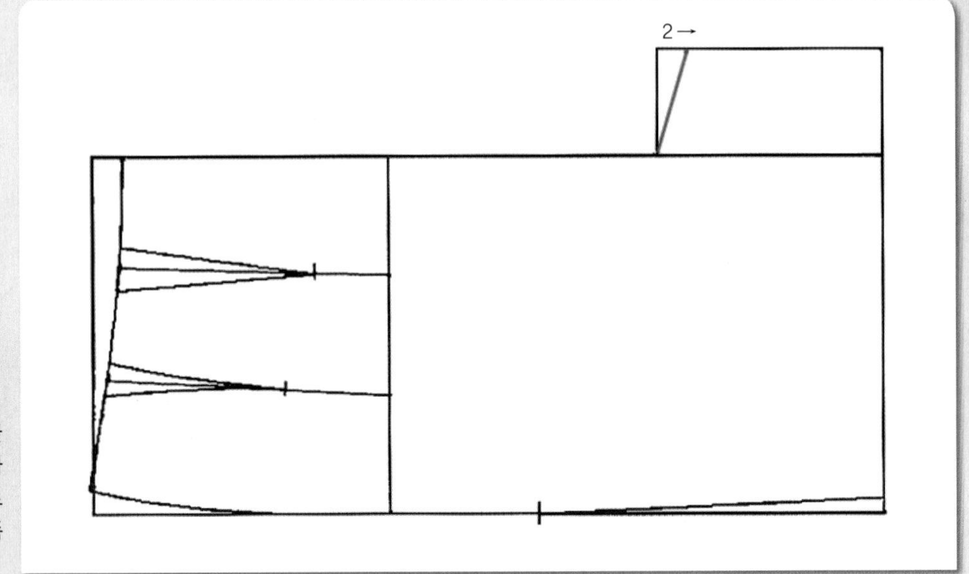

04

벤츠 트임 끝쪽의 벤츠 안단선 끝에서 2cm 밑단 쪽으로 나가 표시하고, 벤츠 트임 끝 위치와 직선자로 연결하여 벤츠 트임 끝쪽 안단 폭선을 수정한다.

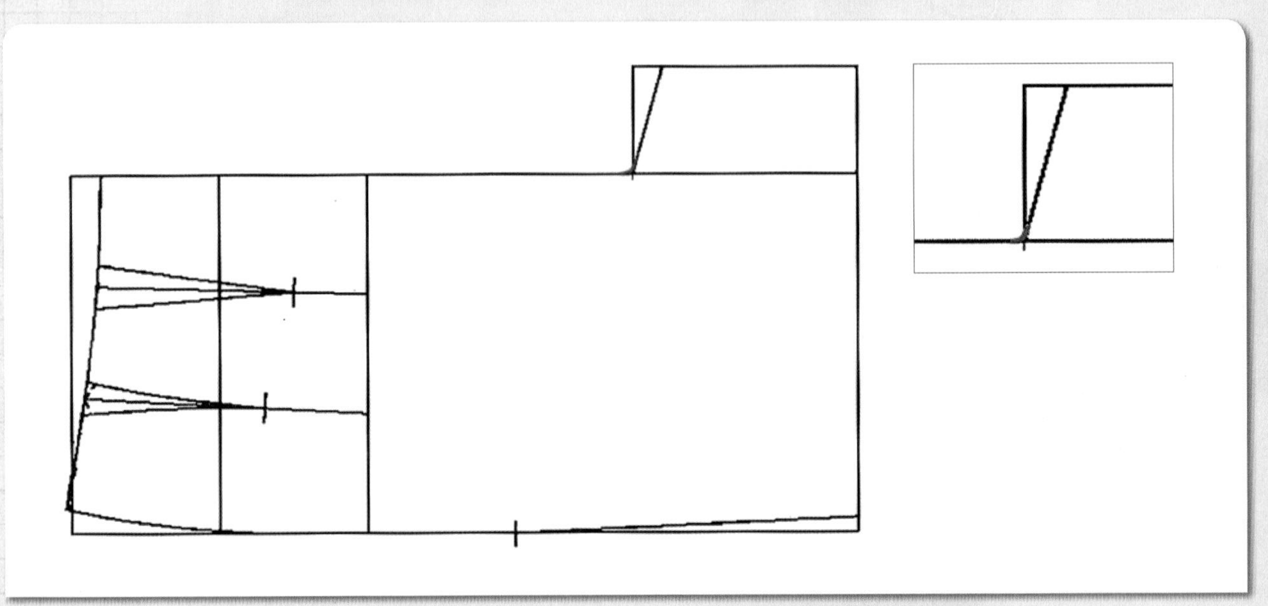

05

벤츠 트임 끝 부분은 미어짐을 방지하기 위하여 곡선으로 수정한다.

6. 지퍼 트임 끝 표시를 하고 스티치 선을 그린다.

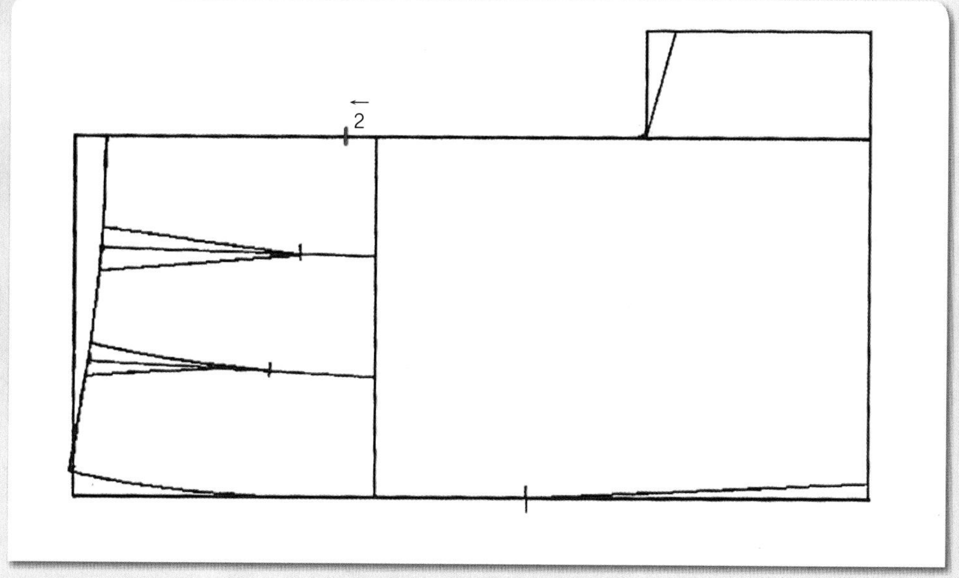

01

뒤 중심 쪽 히프선에서 2cm 허리선 쪽으로 올라가 지퍼 트임 끝 위치를 표시한다.

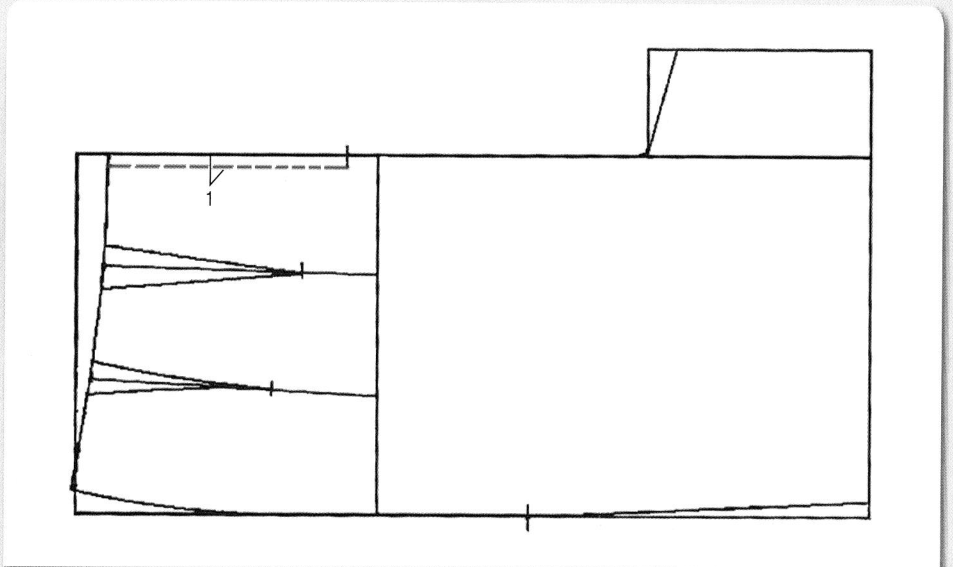

02

뒤 중심선에서 1cm 폭으로 뒤 허리 완성선에서 지퍼 트임 끝 위치까지 스티치 선을 그린다.

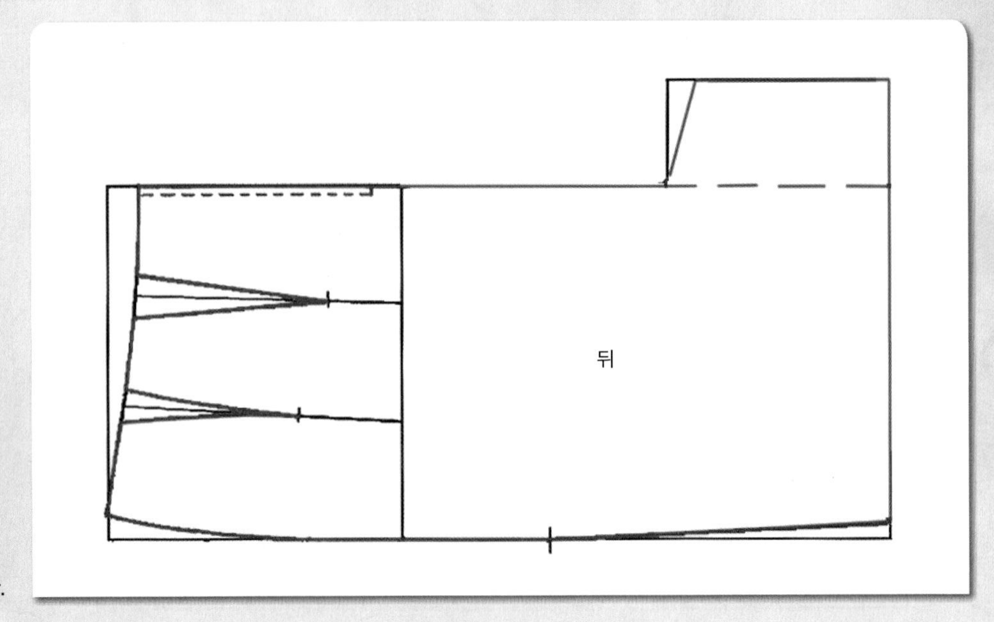

03
적색선이 뒤 스커트의 완성선이다.

앞 스커트 제도하기

1. 기초선을 그린다.

01
직각자를 대고 앞 중심선을 그린 다음, 직각으로 밑단선을 그린다.

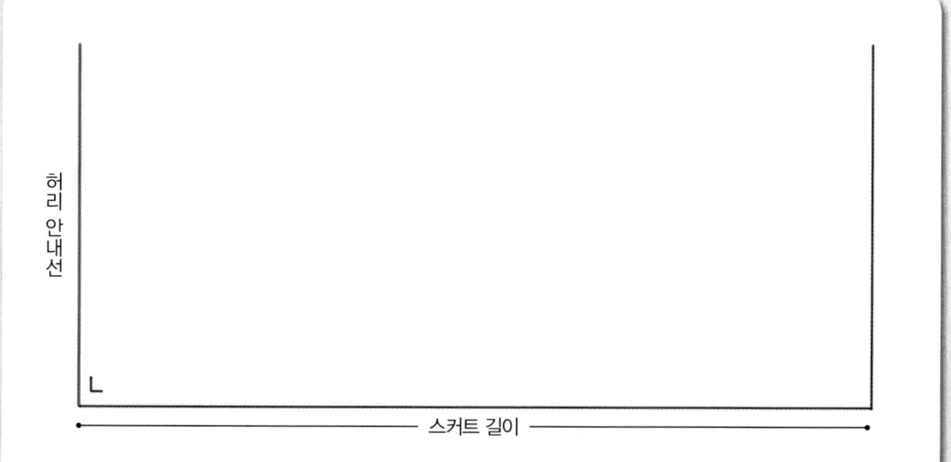

02
밑단 쪽 앞 중심선 끝에서 스커트 길이를 재어 표시하고 직각으로 허리 안내선을 그린다.

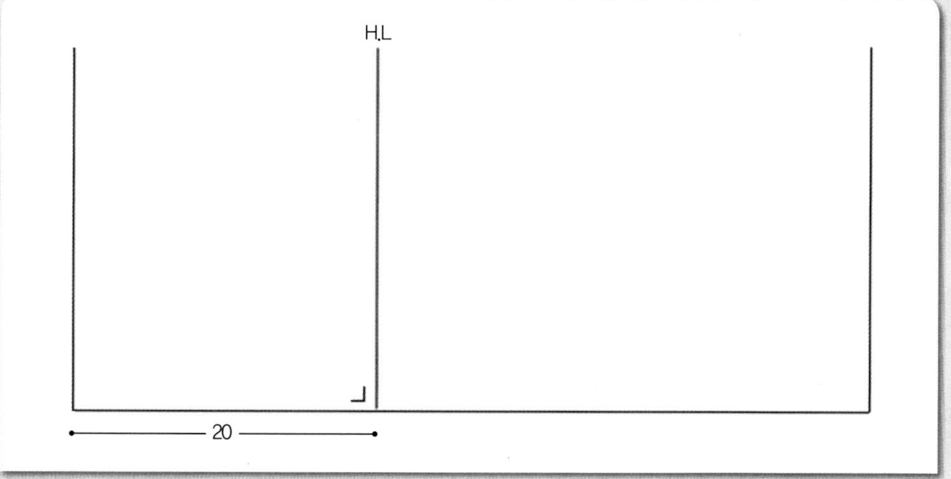

03
허리선에서 20cm 스커트 단 쪽으로 내려가 직각으로 히프선을 그린다.

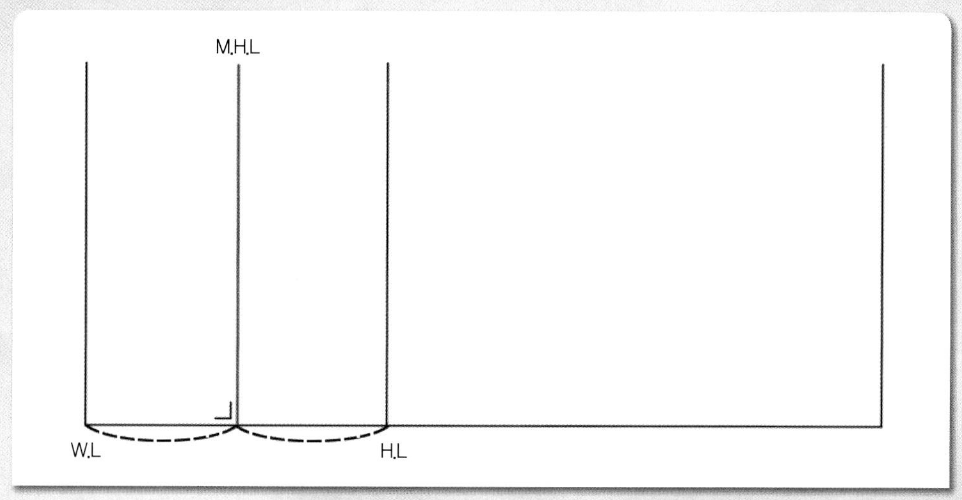

04
허리선에서 히프선까지를 2등분하고, 2등분한 위치에서 직각으로 중히프선을 그린다.

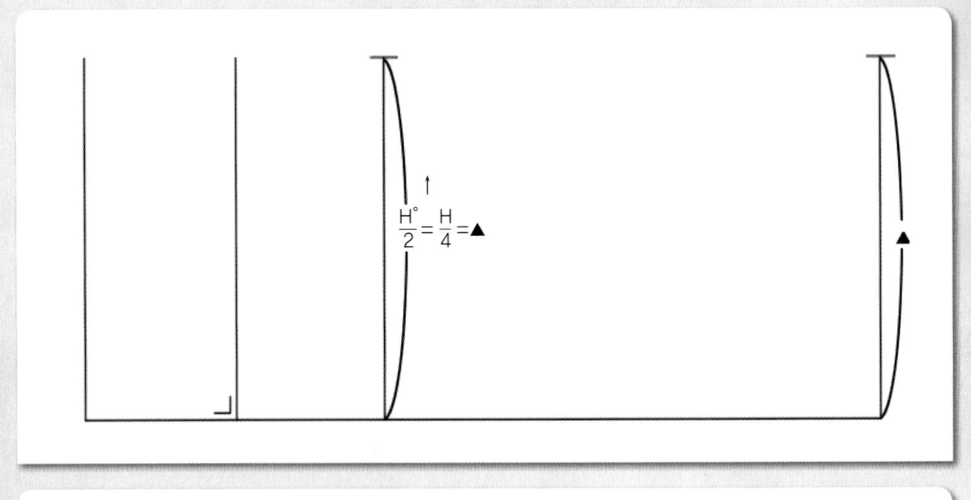

05

앞 중심 쪽에서 히프선을 따라 H°/2=H/4 치수를 올라가 히프선 끝점을 표시하고, 같은 치수를 밑단선 쪽에도 표시한다.

06

H°/2=H/4 치수를 올라가 표시한 두 점을 직선자로 연결하여 옆선을 그린다.

2. 히프선 위쪽 옆선의 완성선을 그린다.

01

옆선 쪽 허리 안내선 끝에서 1.5cm 내려와 옆선의 완성선을 그릴 통과점을 표시한다.

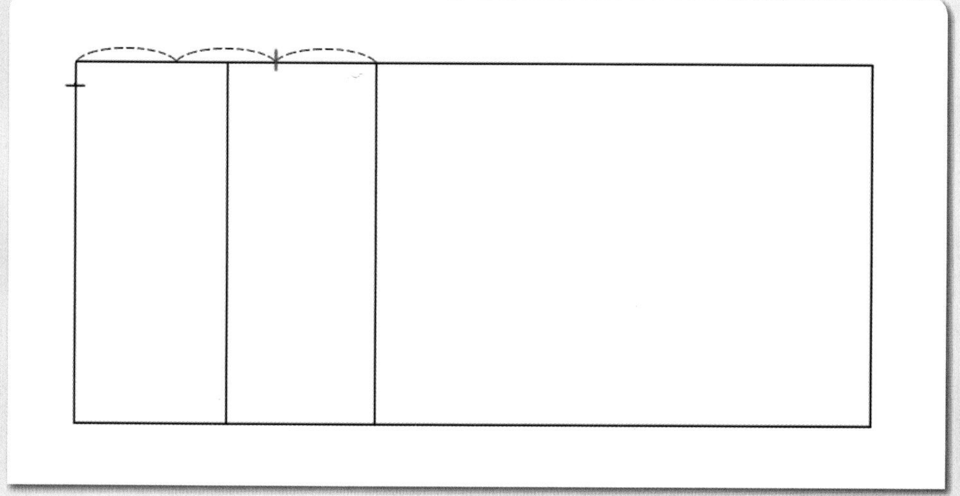

02

허리선에서 히프선까지를 3등분한다.

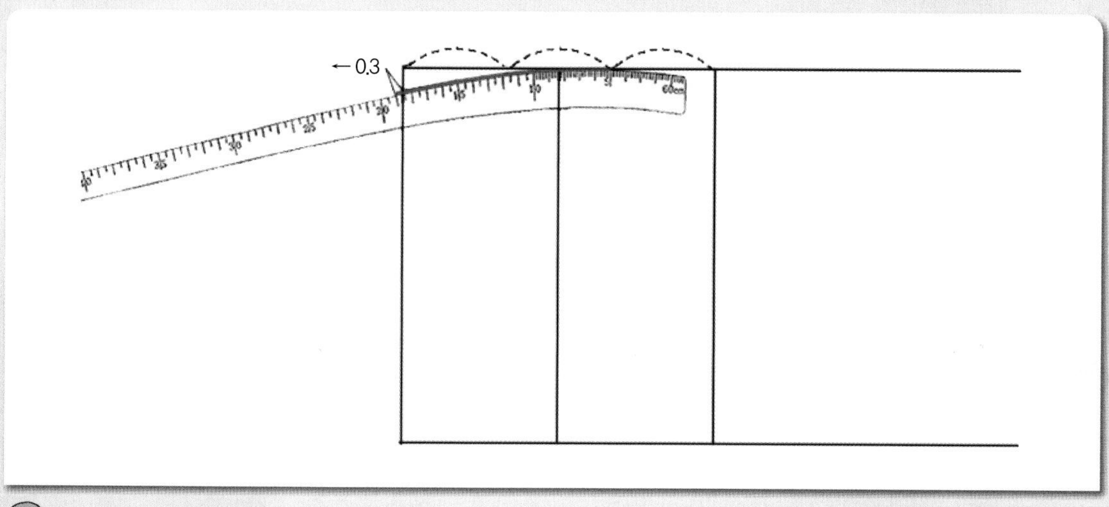

03

허리선에서 히프선까지의 2/3 지점에 hip곡자 5 근처의 위치를 맞추면서 1.5cm 내려와 표시한 점과 연결하여 히프선 위쪽 옆선 완성선을 허리선에서 0.3cm 추가하여 그린다.

3. 허리 완성선을 그리고 다트를 그린다.

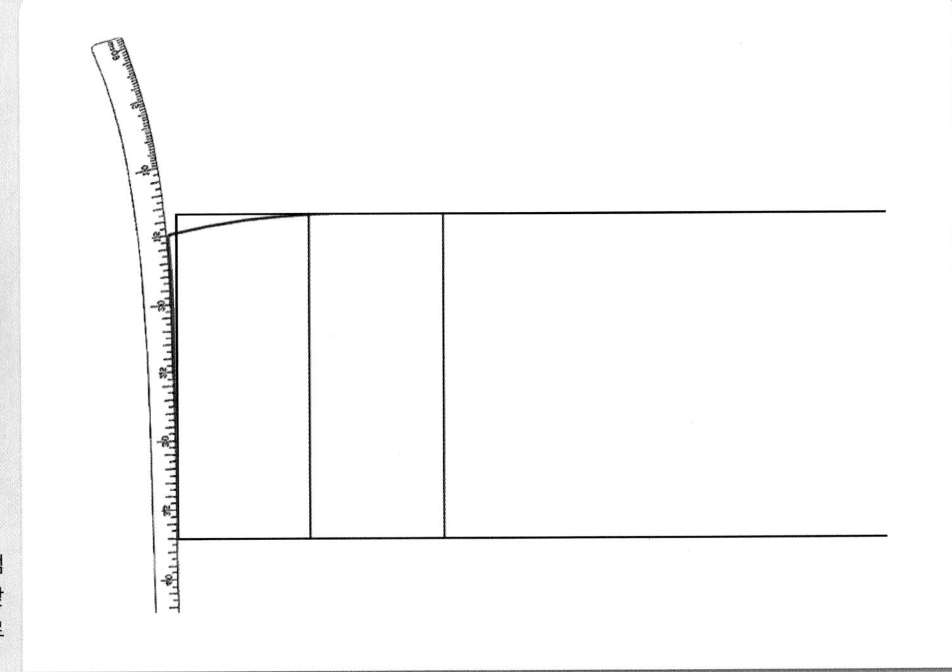

01

0.3cm 추가하여 그린 옆선의 끝점 점에 hip곡자 15 근처의 위치를 맞추면서 허리선과 맞닿는 곡선으로 연결하여 허리 완성선을 그린다.

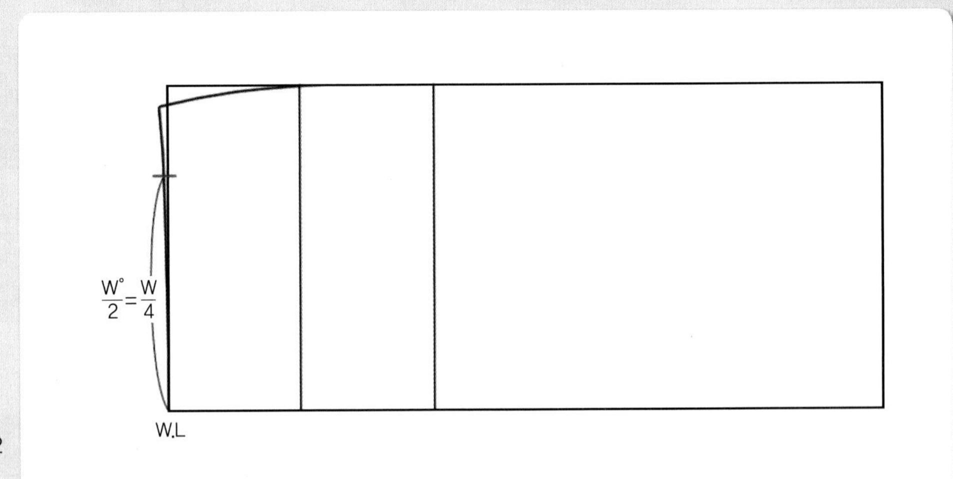

02

앞 중심선 쪽 허리선 끝에서 W°/2 =W/4 치수를 올라가 표시한다.

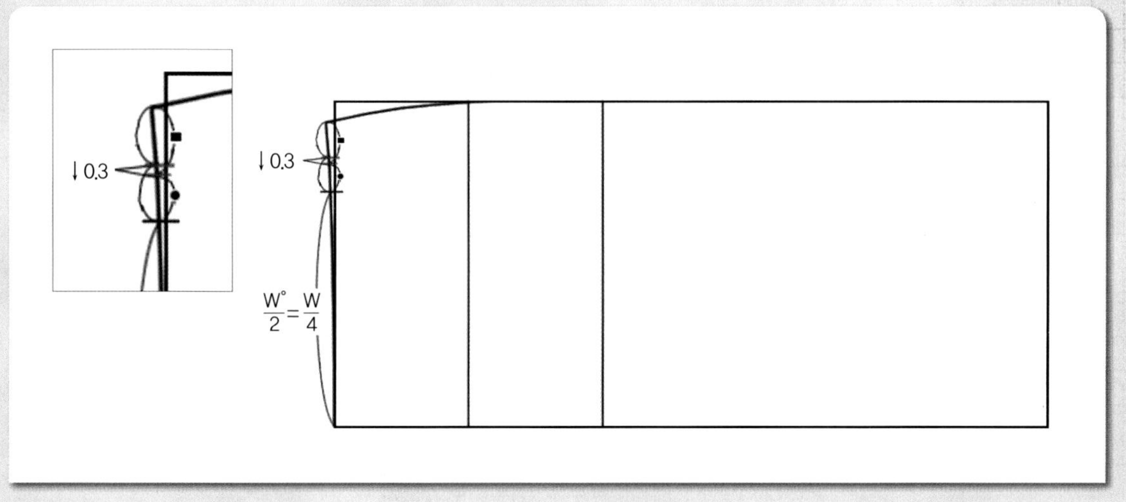

(03)

W°/2=W/4 치수를 제하고 남은 허리선의 분량을 2등분한 다음 0.3cm 앞 중심 쪽으로 이동하여 차이나는 두 개의 다트량을 표시해 둔다.

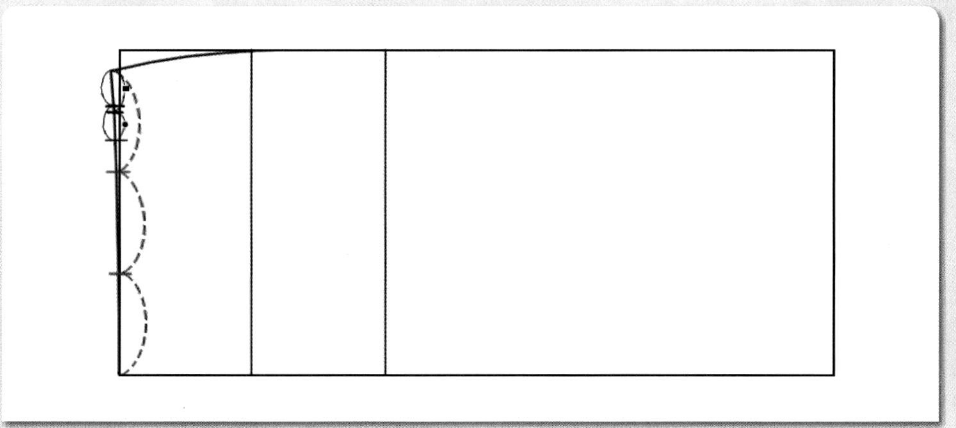

(04)

허리 완성선을 3등분한다.

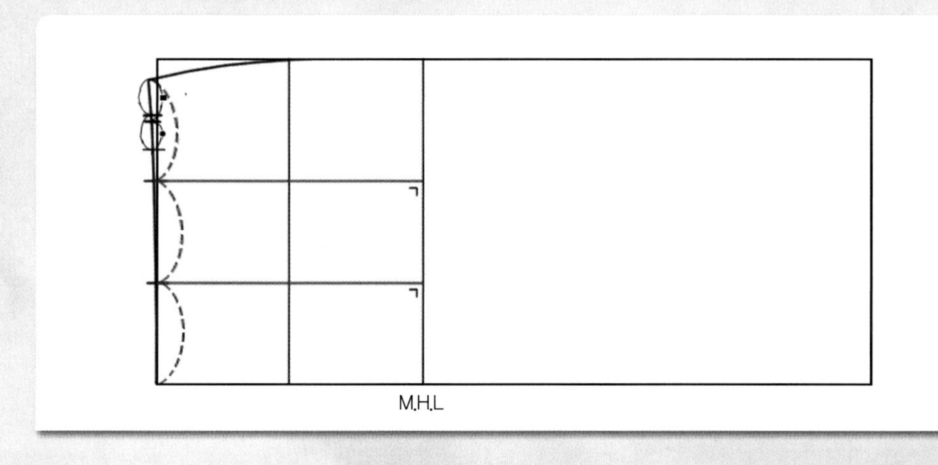

(05)

3등분한 위치를 히프선에서 직각으로 다트 중심선을 그린다.

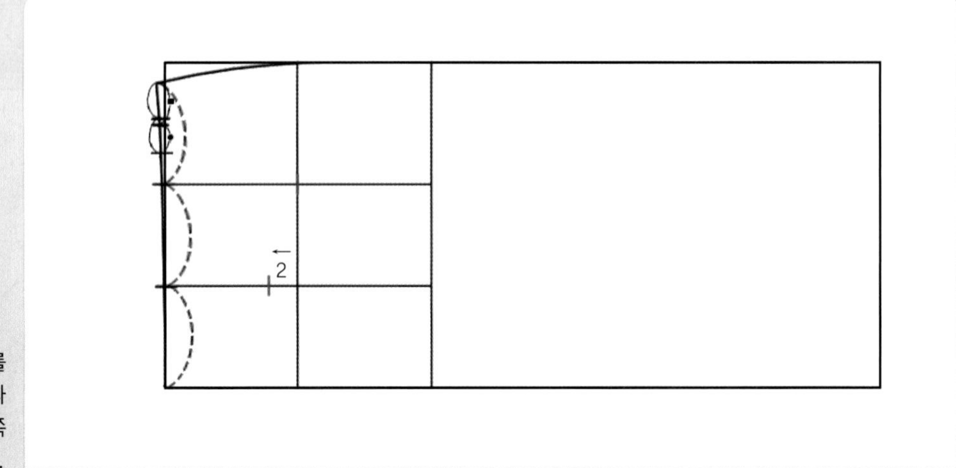

06

옆선 쪽 다트는 중 히프선 위치를 다트 끝점으로 하고, 앞 중심 쪽 다트는 중 히프선에서 2cm 허리선 쪽으로 올라가 다트 끝점을 표시한다.

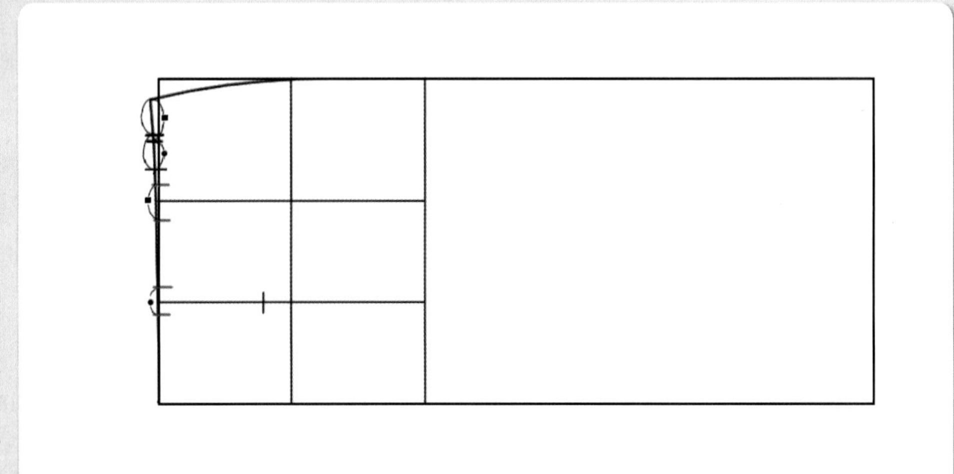

다트량이 많은 것(■)을 뒤 옆선 쪽 다트 중심선에서 다트량의 1/2씩 위아래로 나누어 표시하고, 다트량이 적은 것(●)을 앞 중심 쪽 다트 중심선에서 다트량의 1/2씩 위아래로 나누어 허리선 쪽 다트 위치를 표시한다.

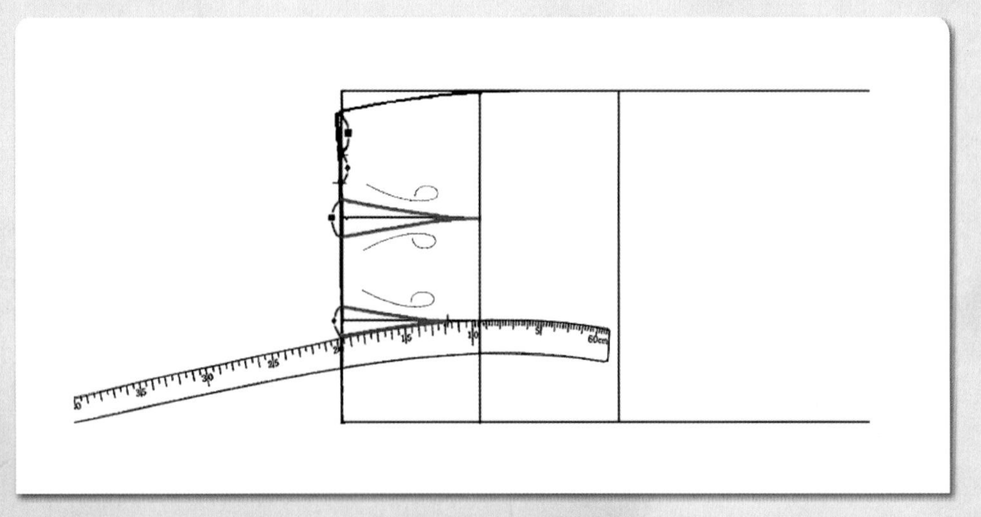

08

hip곡자가 다트 끝점에서 1cm 다트 중심선에 닿으면서 허리선 쪽 다트 위치와 연결되는 곡선으로 찾아 맞추고 다트 완성선을 그린다. 즉, 다트 끝점에 hip곡자 12 근처의 위치를 맞추면서 허리선 쪽 다트 위치와 연결하여 다트 완성선을 그린다.

4. 히프선 아래쪽의 옆선을 그린다.

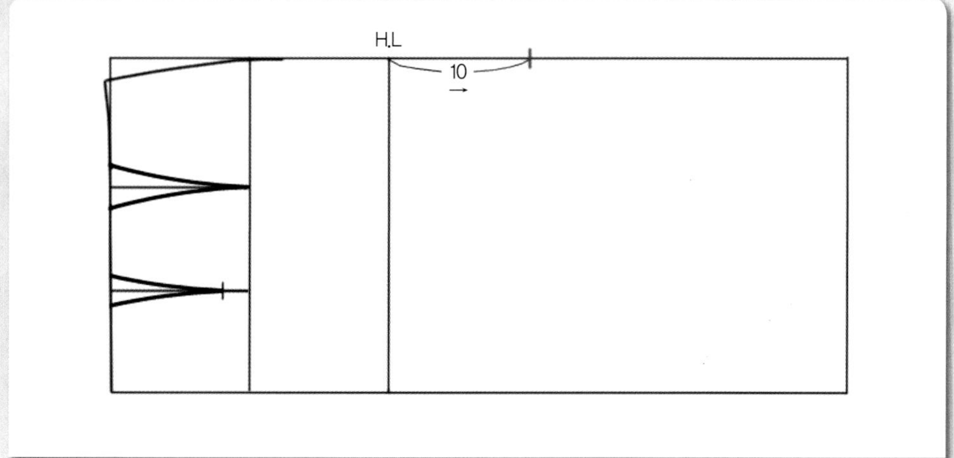

01
옆선 쪽 히프선에서 밑단 쪽으로 10cm 나가 표시한다.

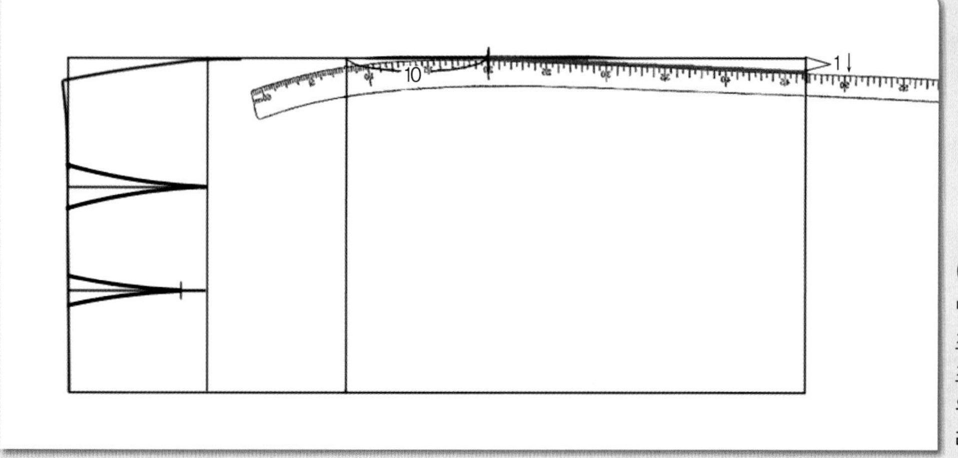

02
밑단 쪽 옆선 끝에서 1cm 내려와 표시하고 히프선에서 10cm 내려와 표시한 점에 hip곡자로 20 근처의 위치를 맞추어 연결하고 히프선 아래쪽 옆선의 완성선을 그린다.

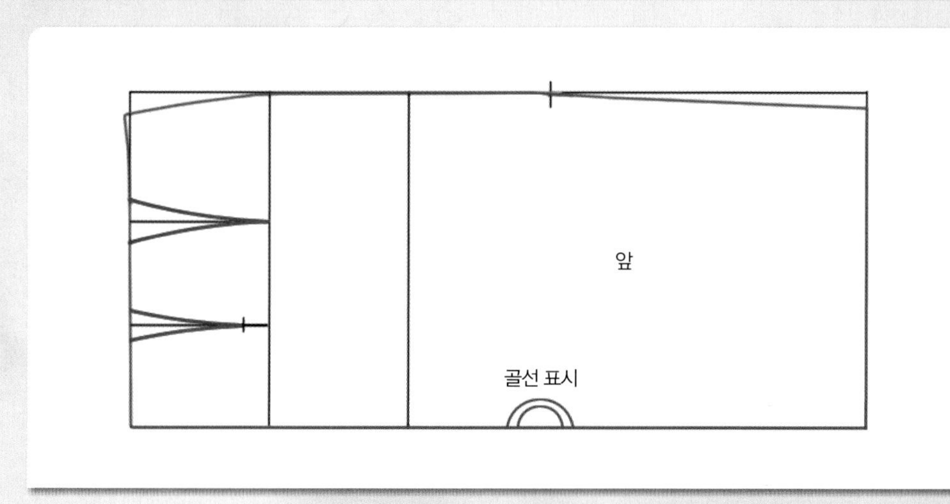

03
적색선이 앞 스커트의 완성선이다.

허리 벨트 그리기

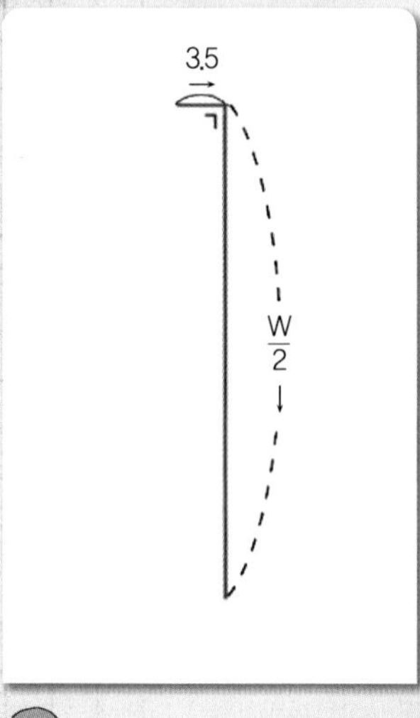

01
직각자를 대고 허리 벨트 폭을 수평으로 뒤 중심선을 그린 다음 직각으로 W/2 치수의 허리 벨트 선을 내려 그린다.

02
W/2 치수를 내려 그은 허리 벨트 선 끝에서 3.5cm 폭으로 앞 중심선을 그린다.

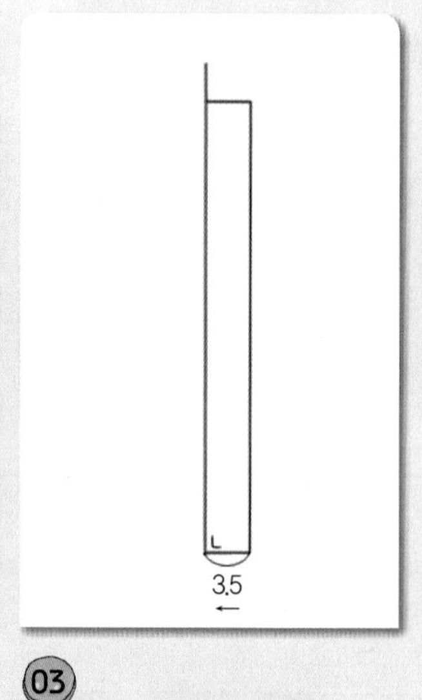

03
앞 중심선에서 3.5cm 폭으로 허리 벨트 폭선을 길게 올려 그린다.

04
허리 벨트 선의 뒤 중심선에서 3cm 낸단분을 올려 그린다.

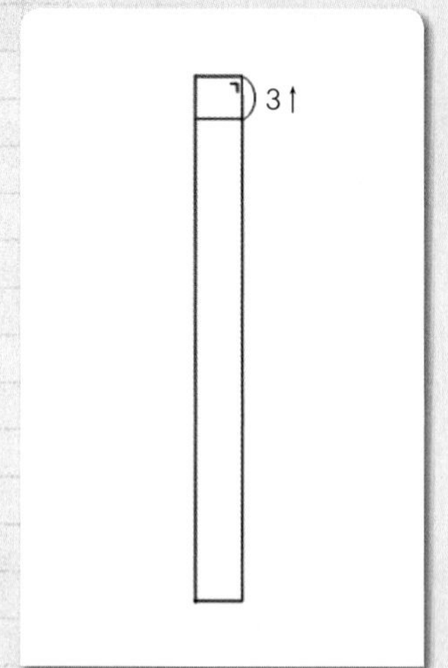

05
낸단분 3cm 올려 그린 끝점에서 직각으로 뒤 오른쪽 낸단분선을 그린다.

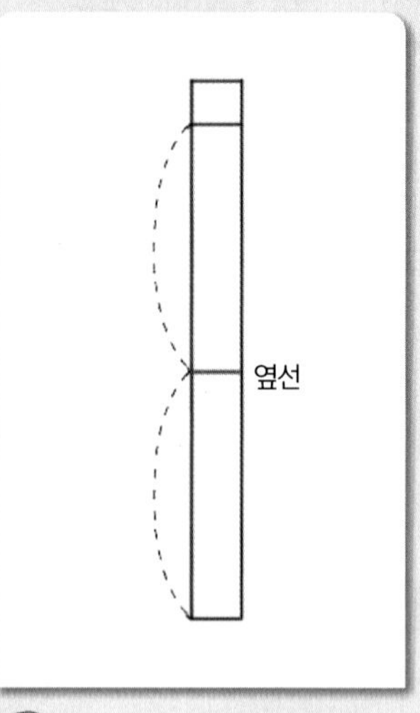

06
뒤 중심선에서 앞 중심선까지를 2등분하여 옆선 위치를 그린다.

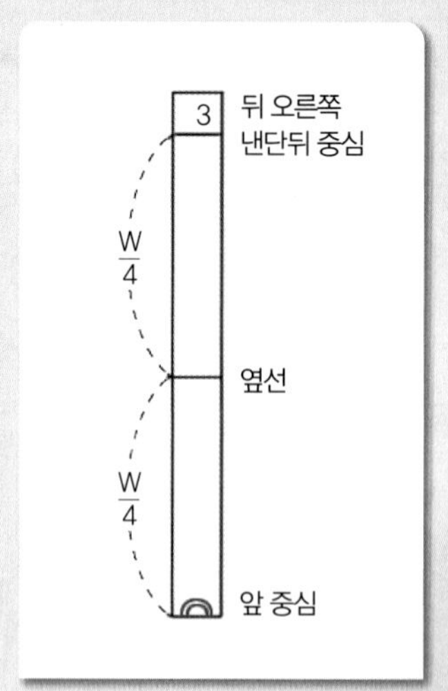

07
앞 중심선에 골선 표시를 한다.

재단법

겉감의 재단

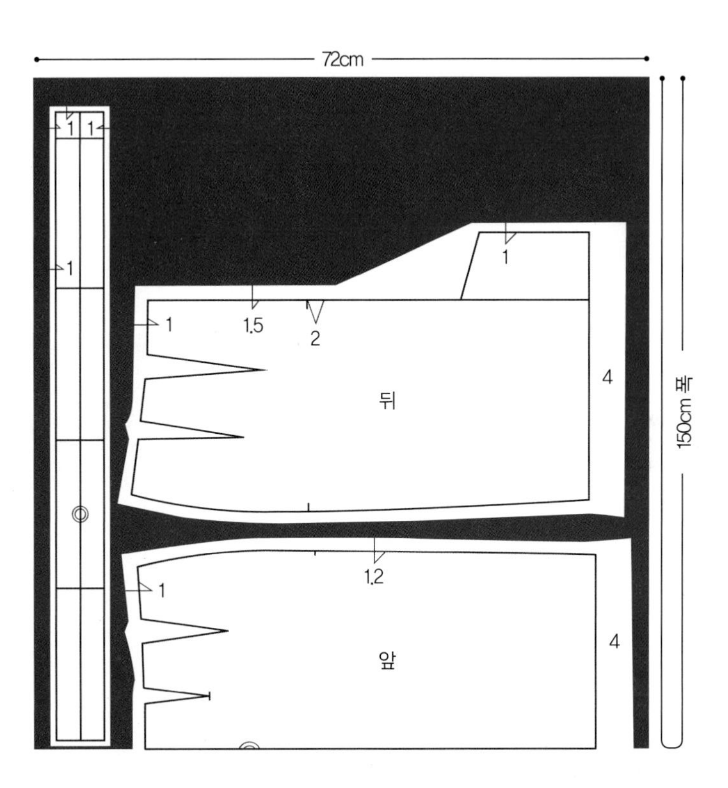

안감의 재단

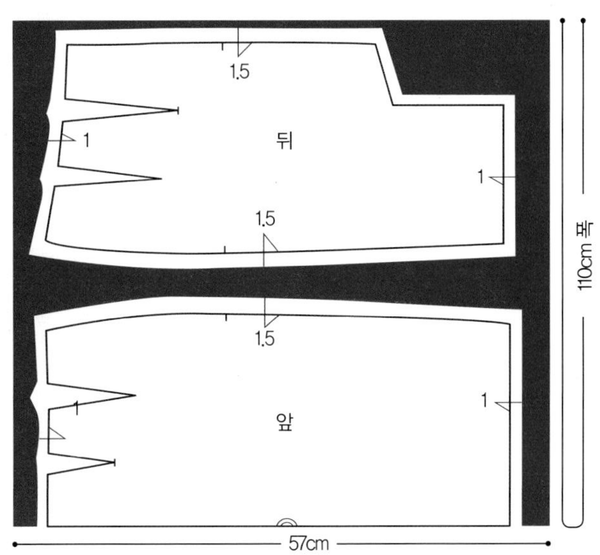

재료

- 겉감 : 150cm 폭 72cm
- 안감 : 110cm 폭 57cm
- 접착심지 : 6cm×20cm
- 허리 벨트 심지 : 허리둘레 치수+3cm
- 지퍼 : 18cm 1개
- 훅과 아이 : 1세트

봉제법

봉제 전의 준비

1. 표시하기

앞뒤 겉감의 완성선에 실표뜨기로 표시하고, 지퍼 달림 끝에서 밑단까지 뒤 중심선에 시침질로 고정시키킨다.

안감의 앞뒤 스커트를 편면 초크 페이퍼 위에 안감을 얹어 룰렛으로 초크 표시를 눌러 반대편 쪽에 표시를 한다.

안감의 슬릿 트임 끝 각진 곳에 0.2cm 남기고 가윗밥을 넣는다.

2. 접착심지 붙이기

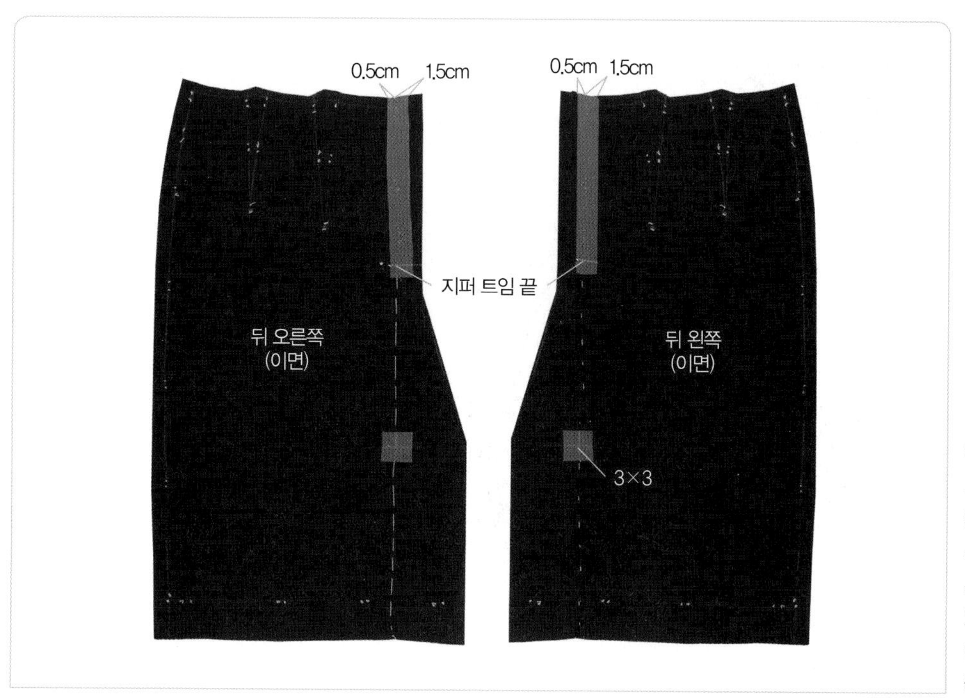

뒤 중심의 지퍼 다는 곳에 2cm 폭의 접착심지를 오른쪽은 완성선에서 0.5cm, 왼쪽은 완성선에서 1.5cm를 몸판 쪽에 겹쳐 붙이고, 트임 끝 위치의 중앙에 3cm의 정사각형으로 자른 접착심지를 붙인다.

본봉제

1. 뒤 중심선을 박고 오버록 재봉하기

01

뒤 스커트를 좌우 겉끼리 마주 대어 뒤 중심의 지퍼 트임 끝 표시까지는 시침재봉을 하고, 지퍼 트임 끝에서 슬릿의 트임 끝까지는 일반 재봉을 하여 고정시킨다.

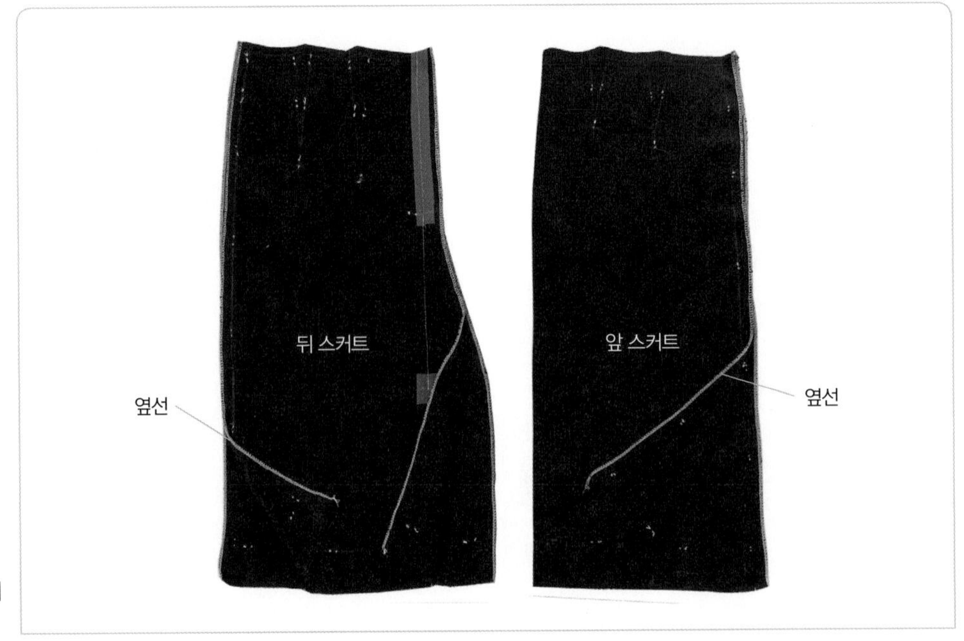

02

앞뒤 옆선과 뒤 중심선 쪽 시접에 겉쪽에서 오버록 재봉을 한다.

2. 뒤 슬릿 만들기

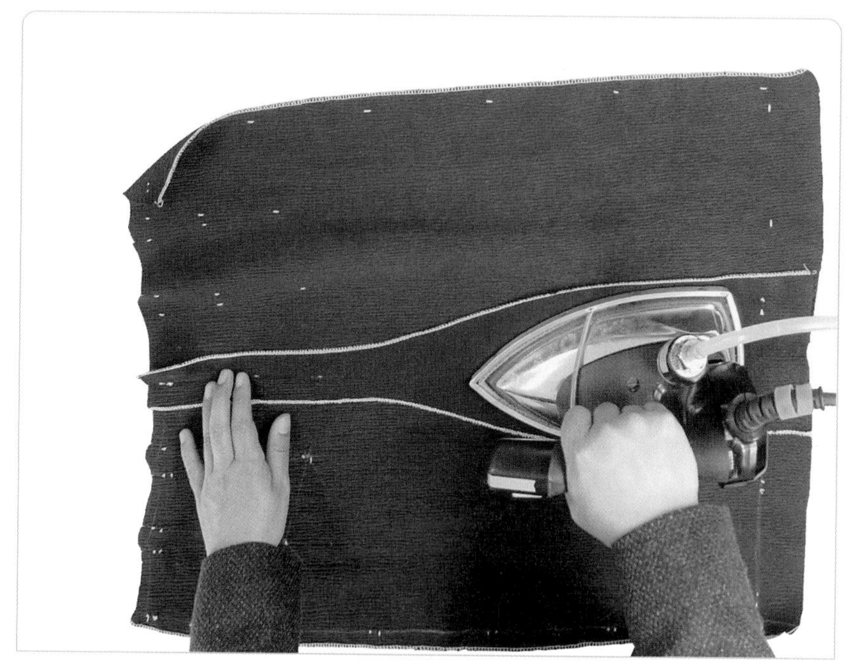

01
뒤 중심선의 시접을 가른다.

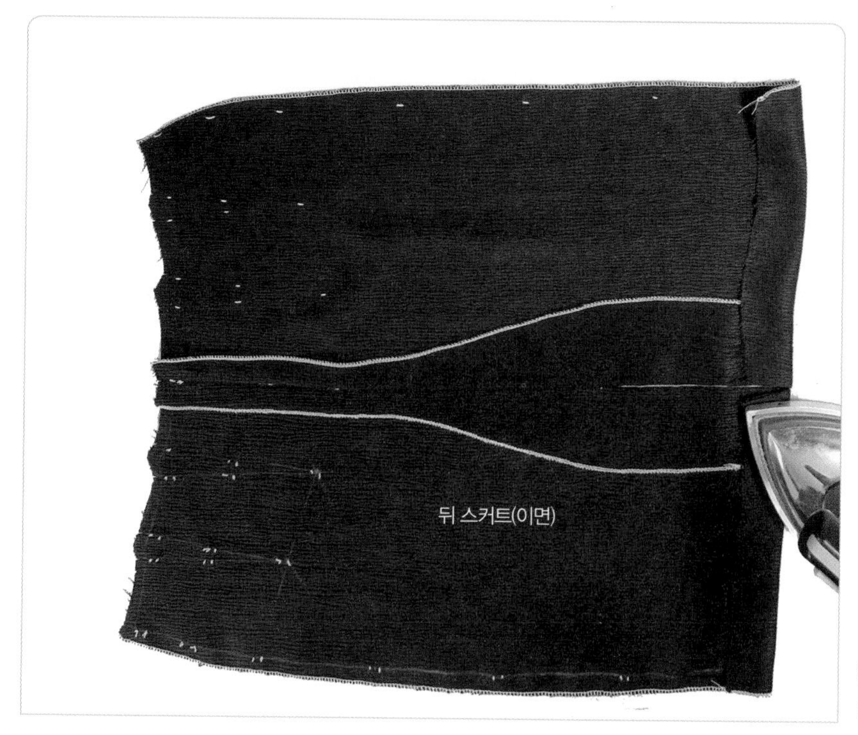

02
밑단을 완성선에서 접는다.

03

슬릿 부분의 안단을 겉끼리 마주 대어 밑단 쪽의 안단 주름을 맞추어 핀으로 고정시킨다.

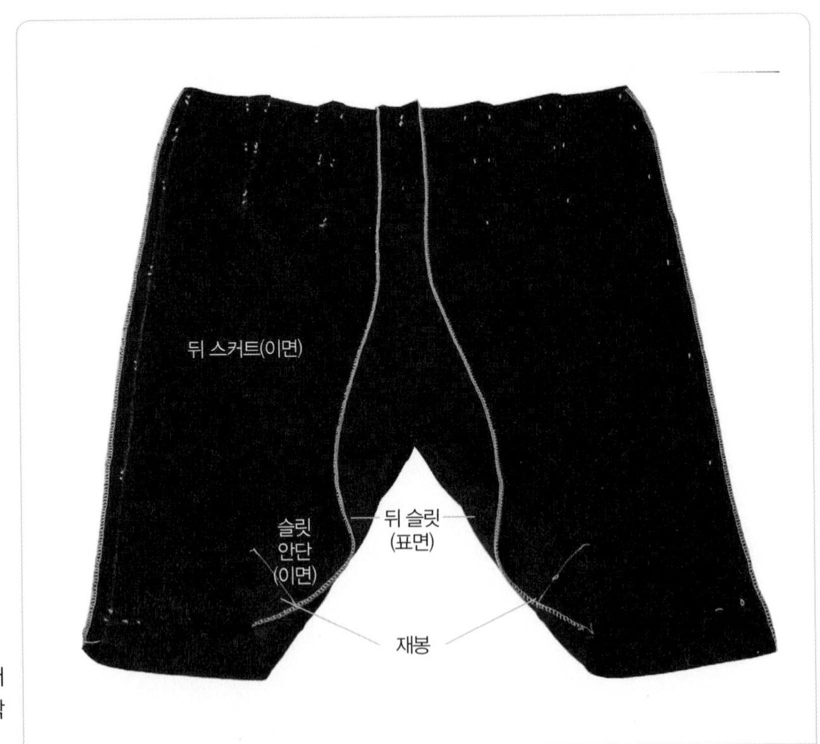

04

안단을 접은 상태로 몸판 쪽에서 안단 끝까지 주름이 접힌 곳을 박는다.

05

안단의 시접만 박은 선에서 1cm 남기고 잘라낸다.

06

겉으로 뒤집어 슬릿을 정리한다.

3. 다트 박기

01

앞뒤 다트를 박는다.

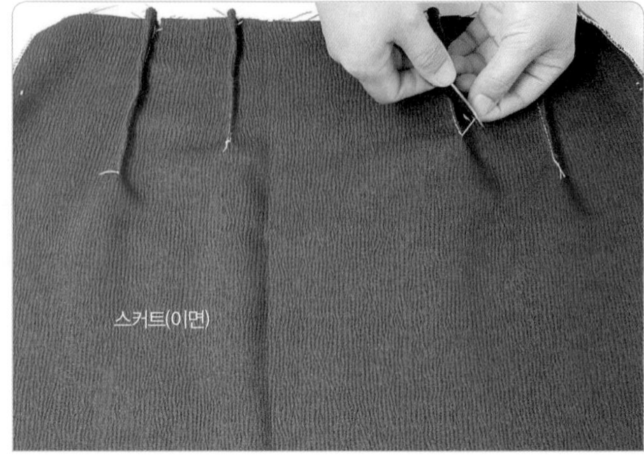

02

앞뒤 다트 끝의 실을 묶은 다음 1cm 남기고 잘라낸다.

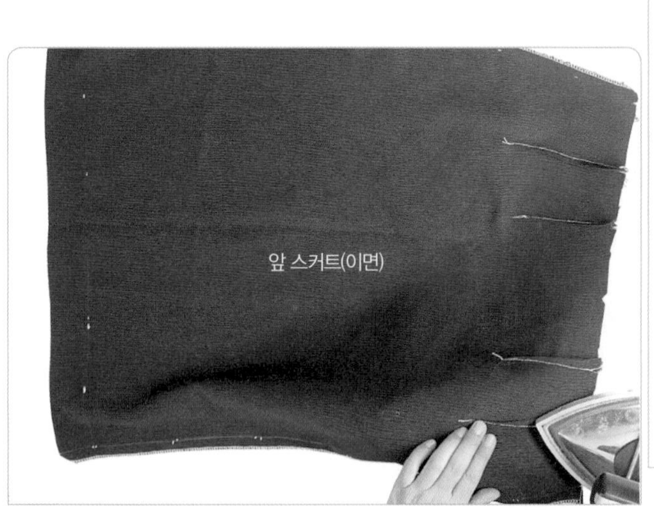

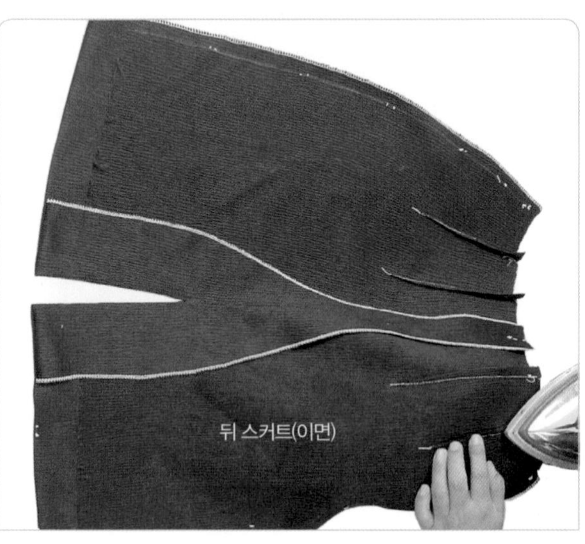

03

앞뒤 다트를 중심 쪽으로 넘긴다.

4. 지퍼 달기

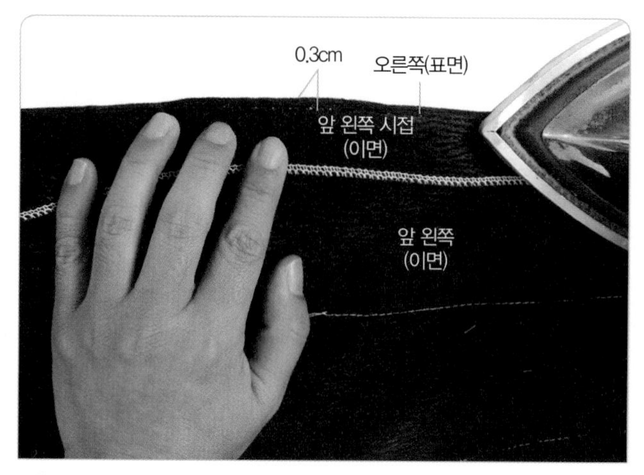

01
뒤 오른쪽 지퍼 다는 곳의 시접을 중심선에서 0.3cm 내어서 접는다.

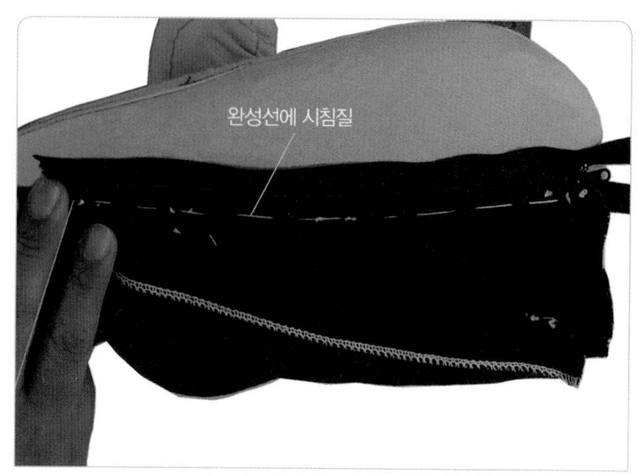

02
지퍼의 이가 물리는 테이프 끝에 뒤 오른쪽 중심선에서 0.3cm 내어 접은 끝단을 맞추어 겹쳐 얹고 중심선에 시침질로 고정시킨다.

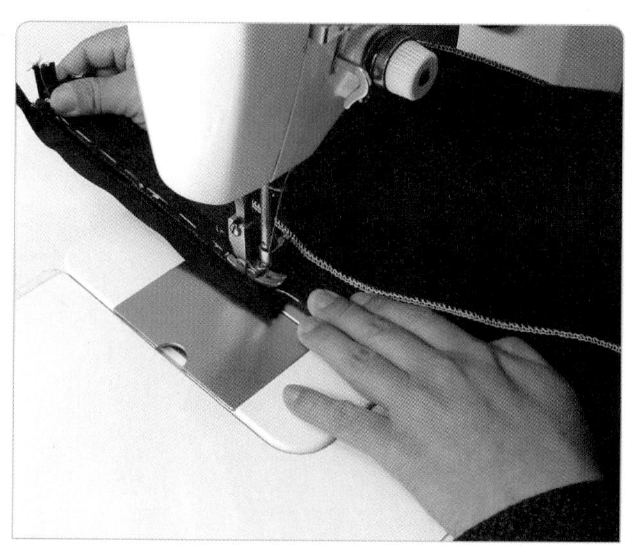

03
뒤 오른쪽의 시침질한 곳에서 0.2cm 지퍼 쪽을 박는다.

04
지퍼 달림 끝에서 바늘 한 땀을 몸판 쪽으로 박는다.

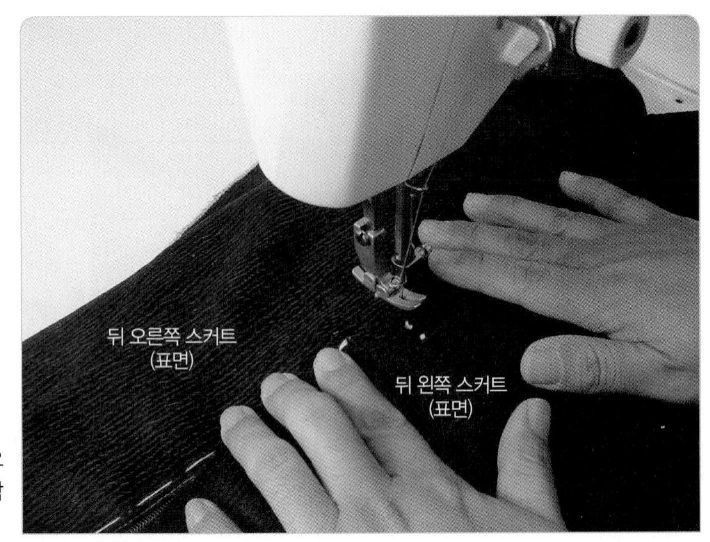

05
바늘이 꽂힌 채로 노루발을 들어 방향을 바꾼 다음 뒤 왼쪽을 뒤 오른쪽의 완성선에 겹쳐 맞추고 지퍼 달림 끝에서 직각으로 1cm를 박는다.

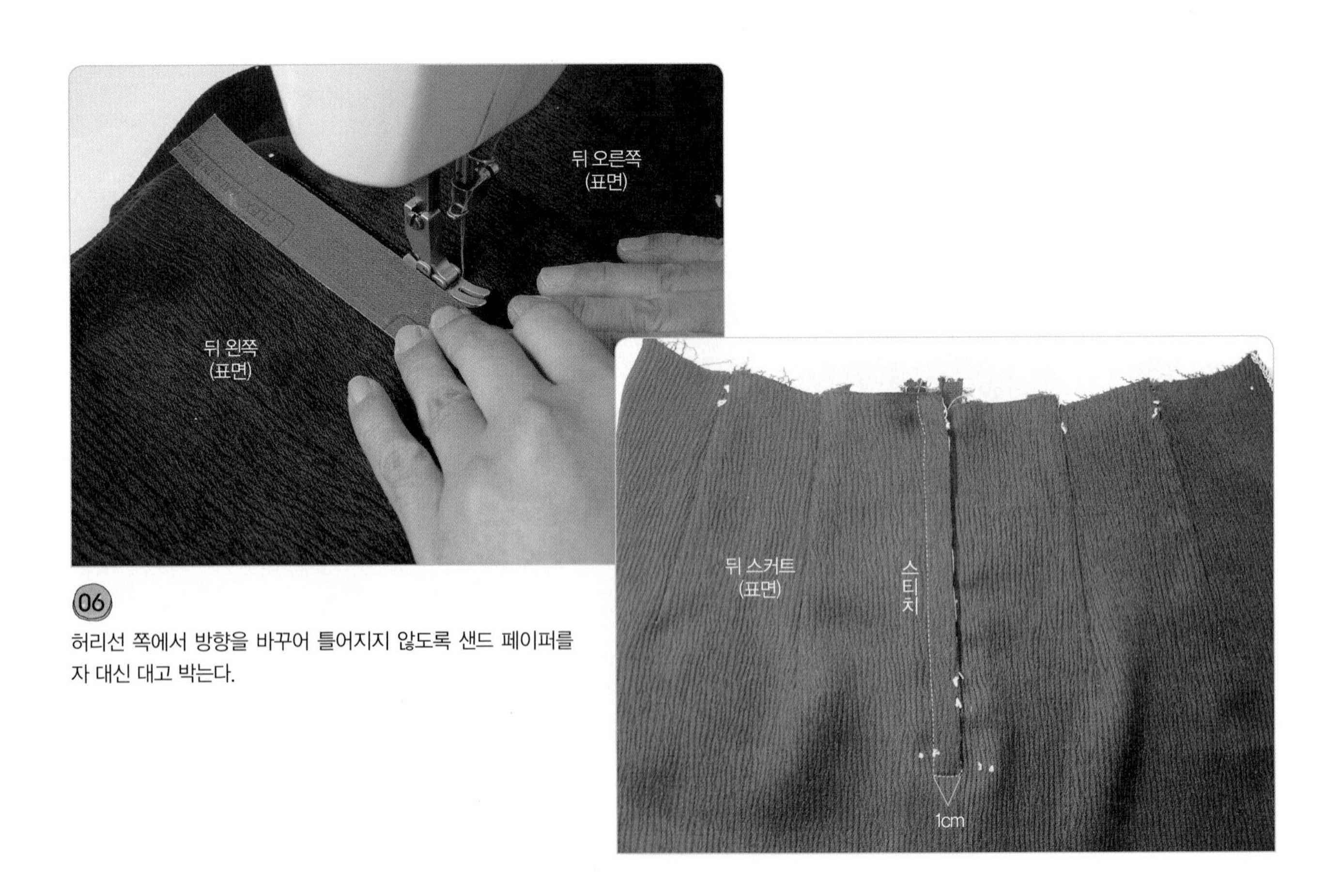

06
허리선 쪽에서 방향을 바꾸어 틀어지지 않도록 샌드 페이퍼를 자 대신 대고 박는다.

5. 옆선 박기

01
앞뒤 옆선의 표시를 맞추어 핀으로 고정시키고 완성선을 박는다.

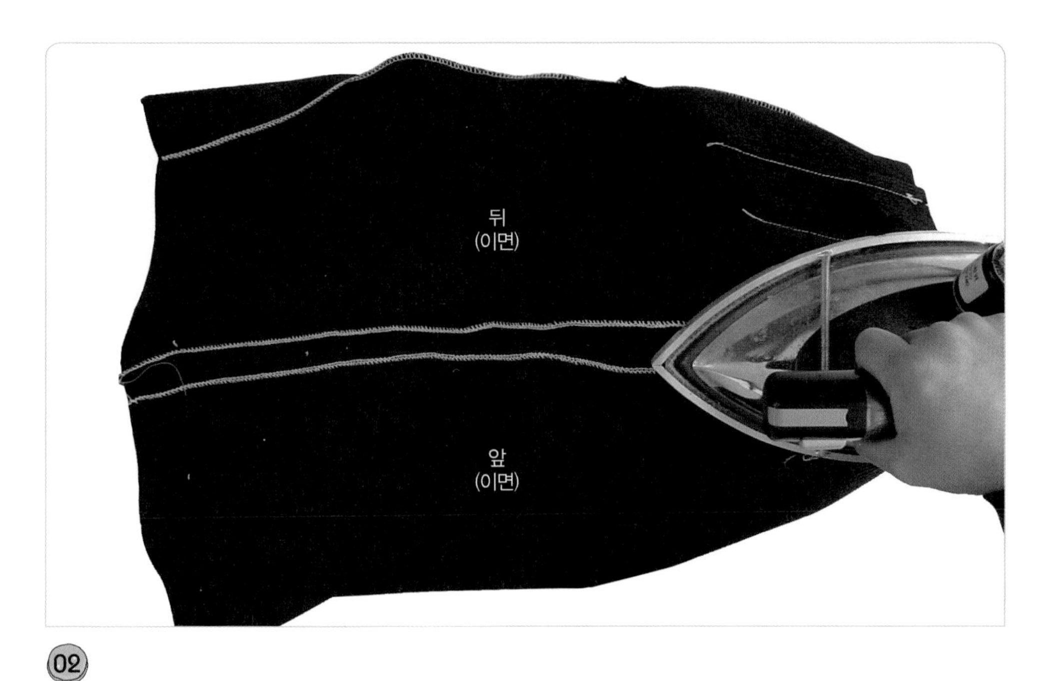

02
프레스 볼에 끼워 옆선의 시접을 가른다.

6. 밑단선 처리하기

밑단의 시접에 겉쪽에서 오버록 재봉을 한다.

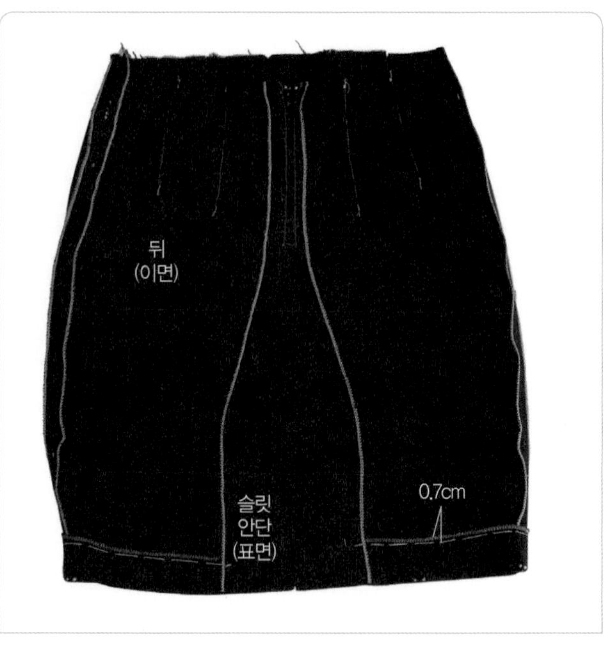

02

완성선에서 접어 올려 오버록 재봉한 끝에서 0.7cm에 시침질로 고정시킨다.

밑단을 속감치기로 고정시킨다.

04

슬릿 부분의 안단을 새발뜨기로 고정시킨다.

7. 안 스커트 만들기

(01)

지퍼 달림 끝에서 1.5cm 내린 곳에서 슬릿 끝까지 박는다.

(02)

옆선의 완성선에서 0.3cm 시접 쪽을 박는다.

(03)

시접을 두 장 함께 오버록 재봉한다.

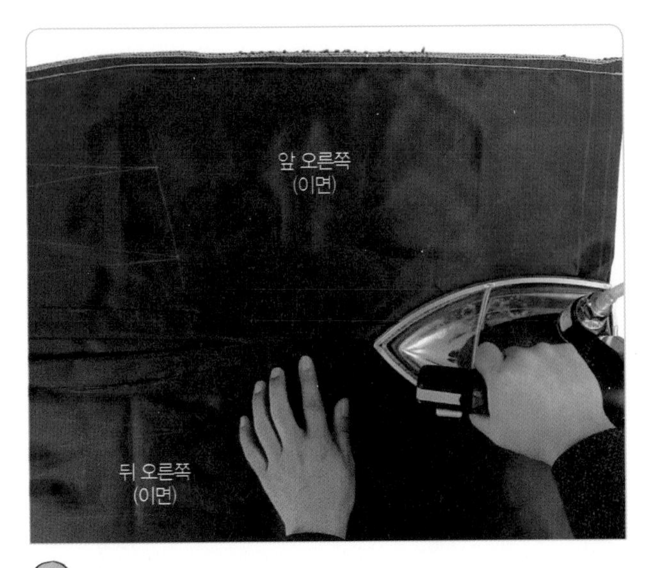

04
뒤 중심의 시접을 가른다.

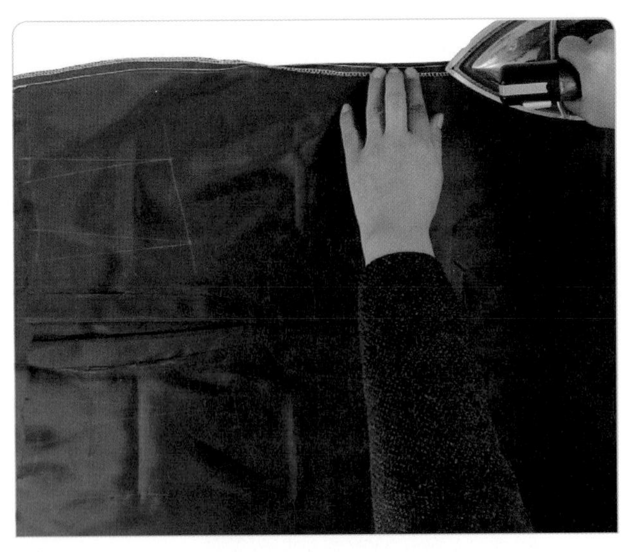

05
옆선의 시접을 완성선에서 접어 뒤쪽으로 넘긴다.

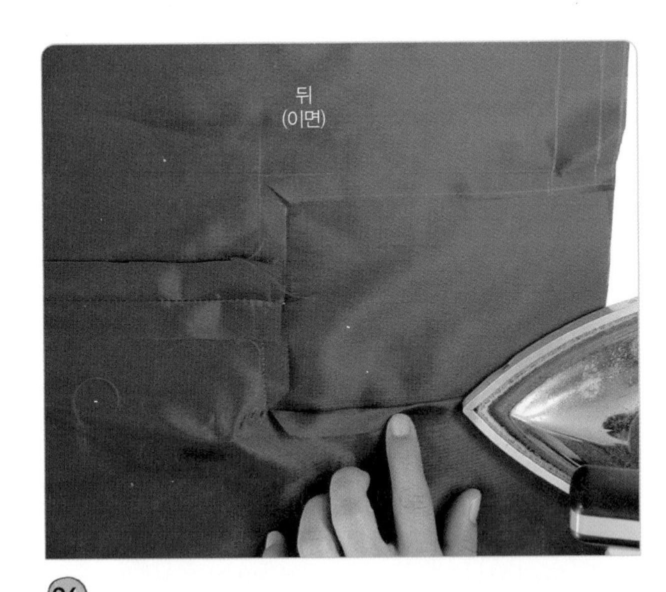

06
왼쪽 슬릿 부분의 시접을 접는다.

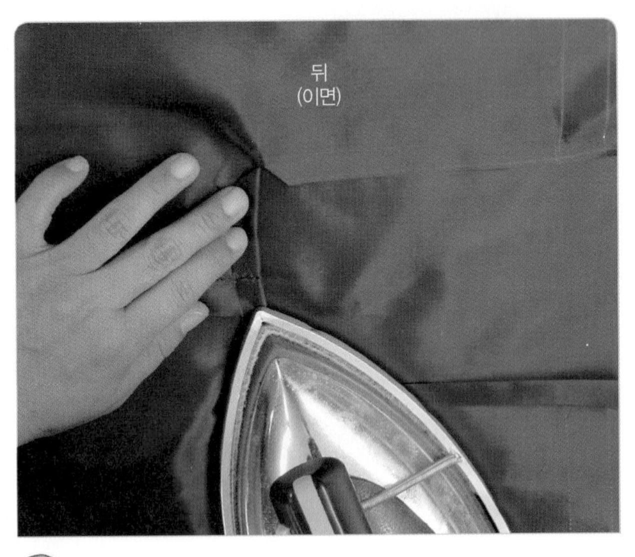

07
슬릿 부분의 위쪽 시접을 접는다.

08
오른쪽 슬릿 부분의 시접을 접는다.

09
지퍼 다는 곳의 시접을 허리선 쪽의 완성선에서 0.5cm 안쪽으로 들여 접는다.

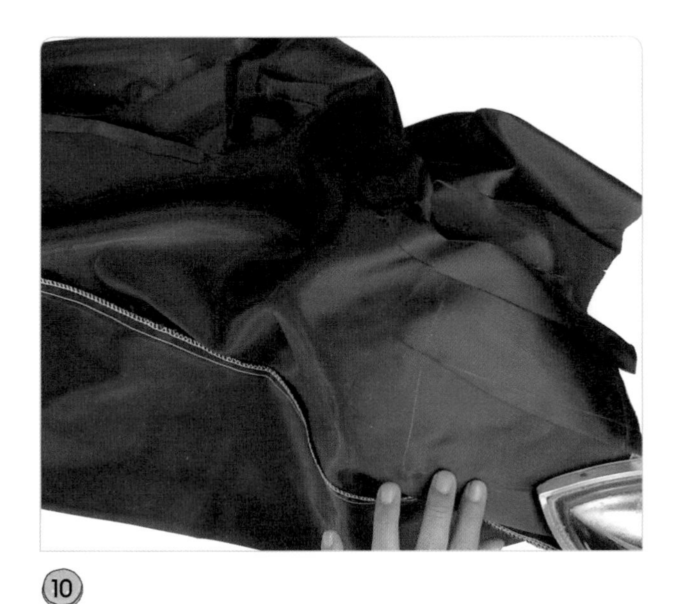

10
다트를 박지 않은 상태로 완성선에서 접어 옆선 쪽으로 넘긴다.

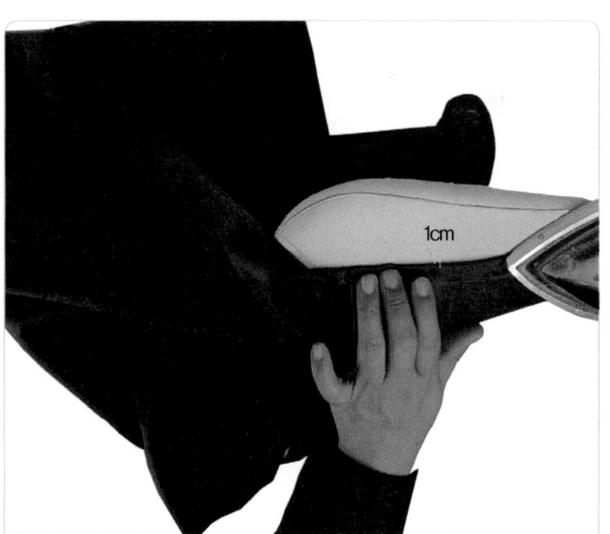

11
밑단의 시접을 1cm 접는다.

밑단 쪽을 2cm 다시 한 번 접는다.

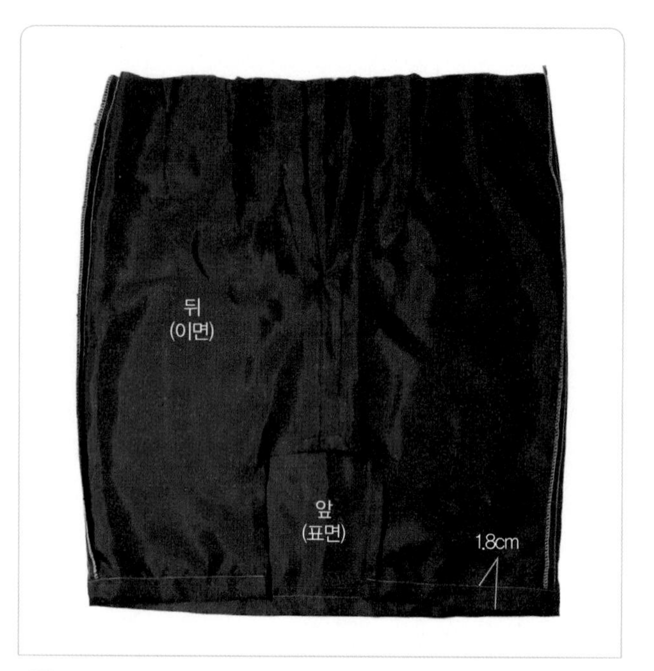

⑬
1.8cm에 재봉을 한다.

8. 겉감과 안감 연결하기

⑴
겉감의 허리선 쪽 지퍼 슬라이더 부분을 약간 당겨 감싸고 좌우 허리 벨트가 달릴 부분에 표시한다.

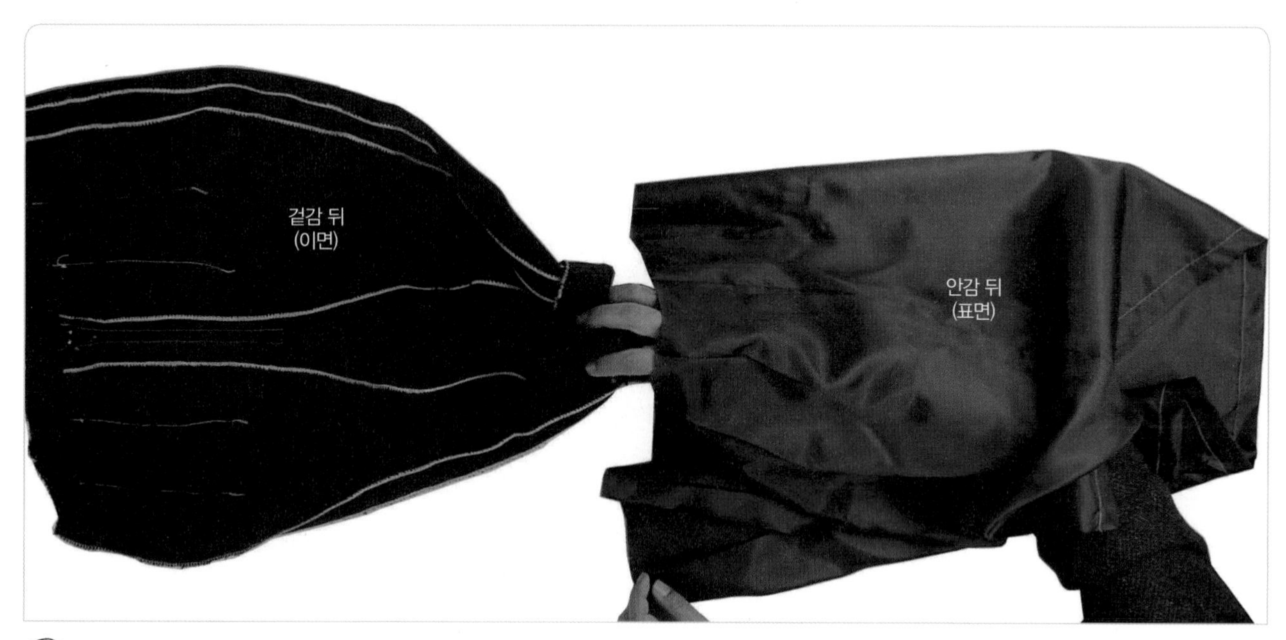

02

안감만 겉으로 뒤집고 단 쪽으로 손을 넣어 겉감을 끄집어 낸다.

03

겉감과 안감의 허리선의 표시를 맞추어 핀으로 고정시키고 홈질을 한다.

04

지퍼 주위를 맞추어 핀으로 고정시키고 지퍼 달림 끝에서 슬릿 끝 사이에 약간 여유분을 넣고 슬릿 주위에 시침질로 고정시킨다.

05
지퍼 주위를 시침질로 고정시킨다.

9. 허리 벨트 만들어 달기

01
허리 벨트 천을 수축 방지와 구김을 펴기 위해 스팀을 분사하고 완전히 말려 준다.

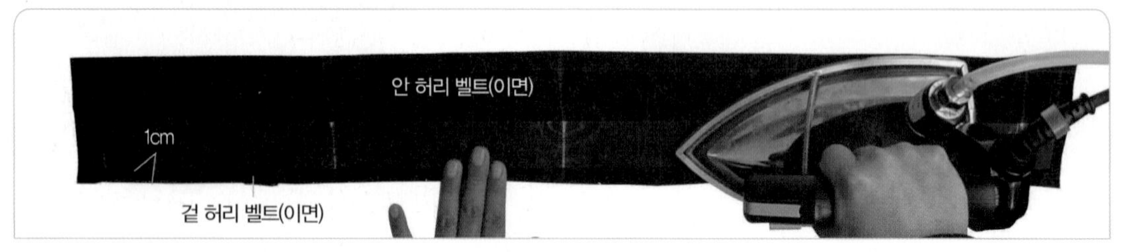

02
겉 허리 벨트 쪽에 벤놀 심지를 붙인다.

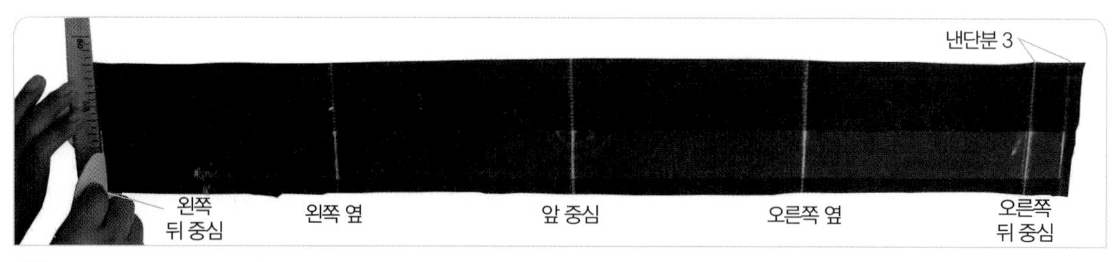

03
앞 중심, 옆선, 뒤 중심의 완성선에 표시를 한다.

04
겉 허리 벨트의 시접을 심지 끝에서 접는다.

05
안 허리 벨트를 심지 끝에서 접는다.

06
겉 허리 벨트의 아래쪽 완성선 끝에 앞 중심, 옆선, 뒤 중심의 표시를 한다.

안 허리 벨트에 겉 허리 벨트 끝 완성선에 맞추어 표시를 한다.

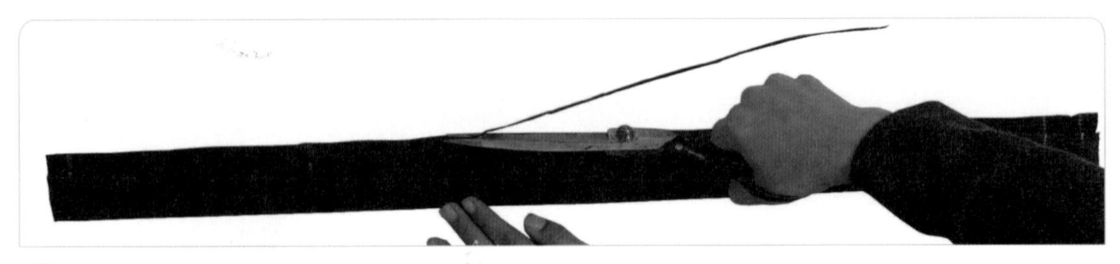

08

안 허리 벨트의 시접을 1cm 남기고 잘라낸다.

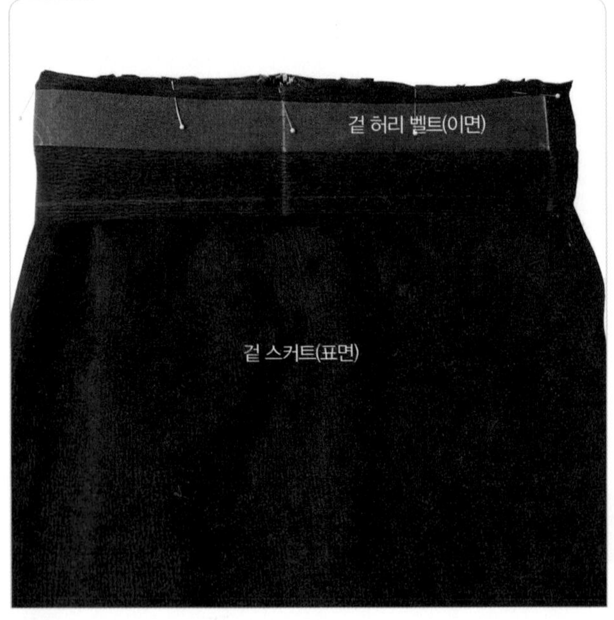

겉감의 표면과 겉 허리 벨트의 표면을 마주 대어 표시를 맞추고 핀으로 고정시킨다.

10

심지 끝을 시침질로 고정시킨다.

⑪
심지 끝에서 0.1cm 시접 쪽을 박는다.

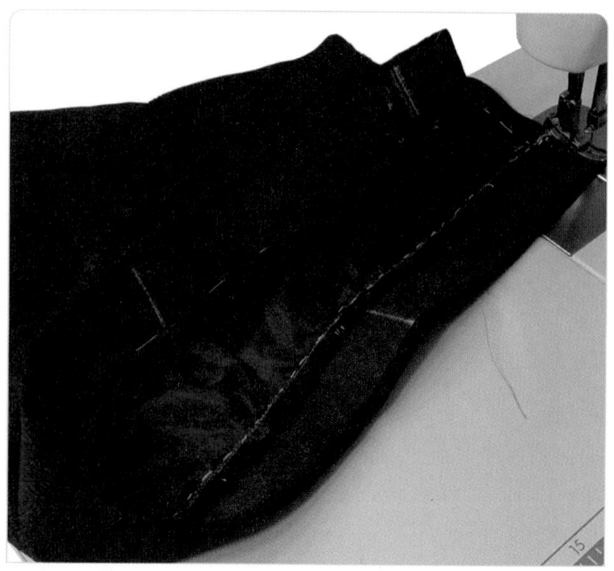

⑫
안 허리 벨트를 심지 끝에서 겉끼리 마주 대어 접고 허리 벨트의 좌우 뒤 중심 쪽 심지 끝을 박아 고정시킨다.

⑬
허리 벨트를 겉으로 뒤집어서 시접을 벨트 쪽으로 넘기고 표시를 맞추어 핀으로 고정시킨 다음 안 허리 벨트를 겉 허리 벨트를 박은 바늘땀에 걸어 감침질로 고정시킨다.

14

지퍼 주위의 안감을 감침질로 고정시킨다.

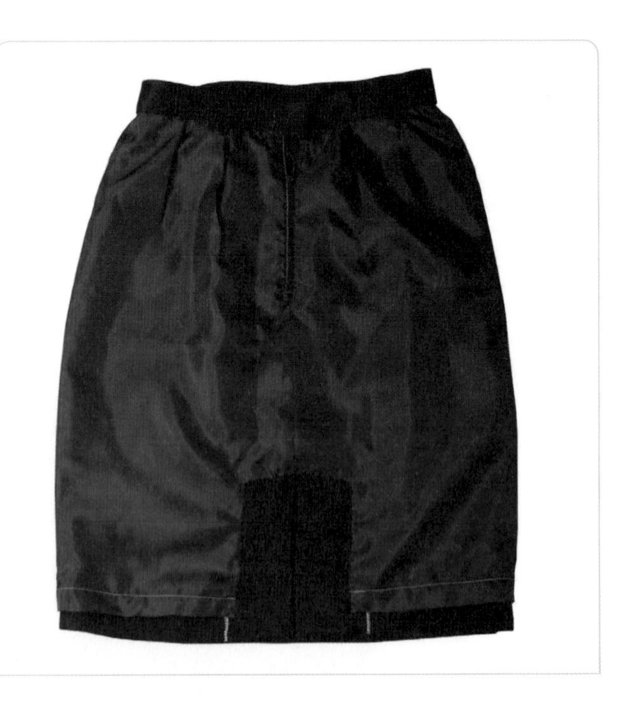

15

슬릿 주위의 안감을 겉감의 안단에만 걸어 감침질로 고정시킨다.

스커트 옆선 단 쪽에 겉감과 안감을 4~5cm 정도의 실 루프를 만들어 연결한다.

10. 훅과 아이 달기

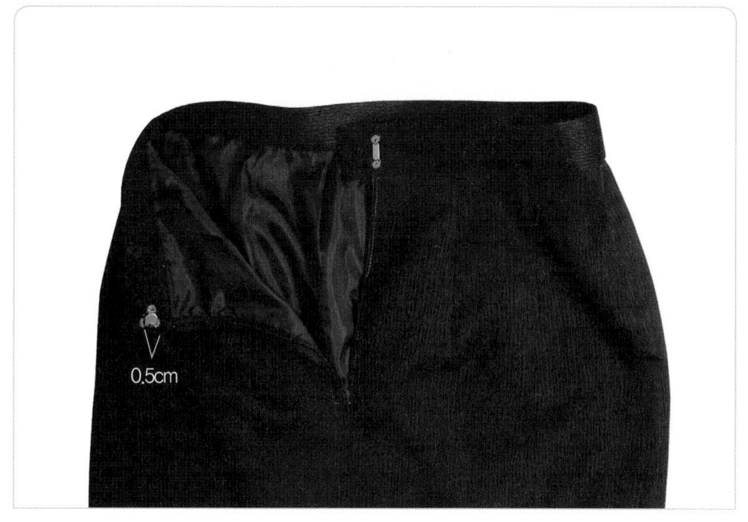

뒤 왼쪽 허리 벨트 끝에서 0.5cm 안쪽에 심지까지 떠서 버튼홀 스티치로 훅을 달고, 지퍼를 올려 아이 다는 위치를 표시한 다음 0.3cm 옆선 쪽으로 이동한 위치에 아이를 단다.

11. 마무리 다림질을 하여 완성하기

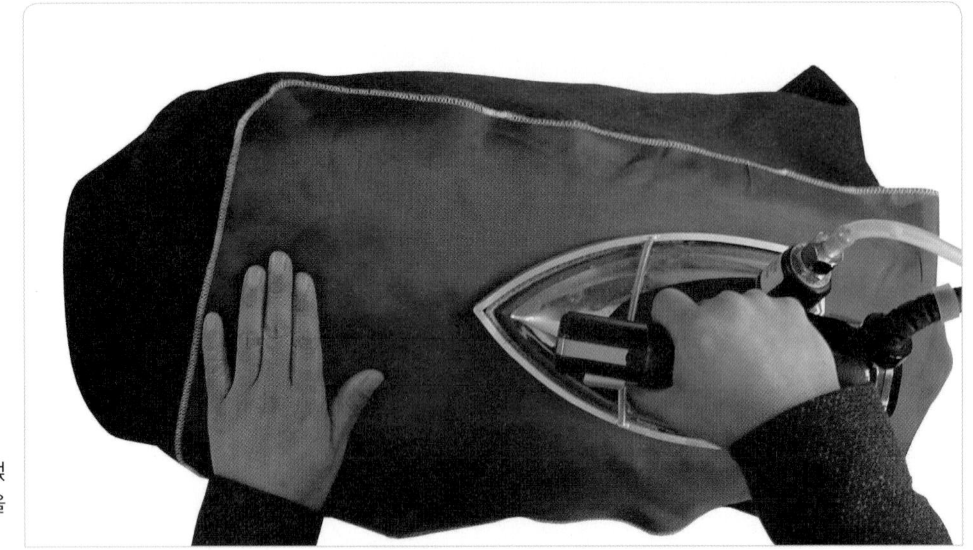

01
프레스 볼에 끼워 다림질 천을 얹고 스팀 다리미로 마무리 다림질을 한다.

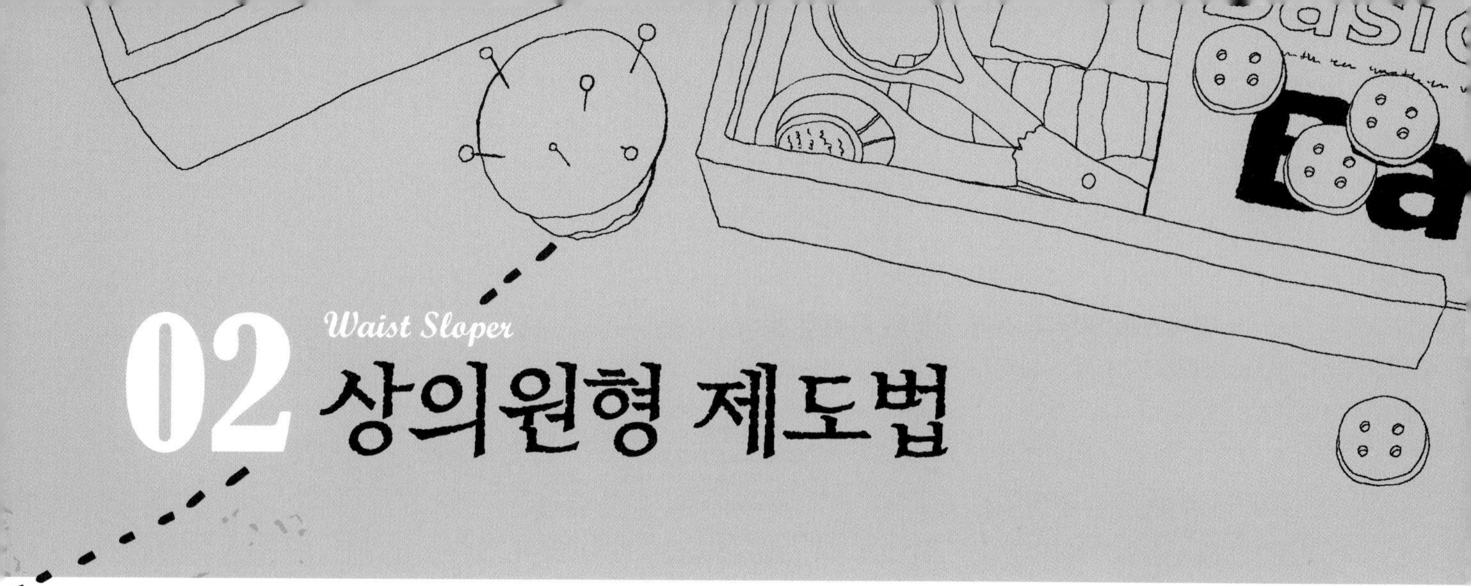

02 *Waist Sloper* 상의원형 제도법

제도 치수 구하기

계측부위	계측 치수의 예	자신의 계측 치수	제도 각자 사용 시의 제도 치수	일반 자 사용 시의 제도 치수	자신의 제도 치수
가슴둘레(B)	86cm		B°/2	B/4	
허리둘레(W)	66cm		W°/2	W/4	
엉덩이둘레(H)	94cm		H°/2	H/4	
등길이	38cm		치수 38cm		
앞길이	41cm		41cm		
뒤품	34cm		뒤품/2		
앞품	32cm		앞품/2		
유두 길이	25cm		25cm		
유두 간격	18cm		유두 간격/2=9		
어깨 너비	37cm		어깨 너비/2=18.5		
소매 길이	25cm		원하는 소매 길이		
진동 길이	최소치=20cm, 최대치=24cm		(B°/2)−0.5	B/4−0.5	
앞/뒤 위가슴둘레선			(B°/2)+1.5cm	(B/4)+1.5	
소매산 높이			(진동 깊이/2)+4		

주 : 진동 깊이=B/4의 산출치가 20~24cm 범위 안에 있으면 이상적인 진동 깊이의 길이라 할 수 있다. 따라서 최소치=20cm, 최대치=24cm까지이다. (이는 예를 들면 가슴둘레 치수가 너무 큰 경우에는 진동 깊이가 너무 길어 겨드랑밑 위치에서 너무 내려가게 되고, 가슴둘레 치수가 너무 적은 경우에는 진동 깊이가 너무 짧아 겨드랑밑 위치에서 너무 올라가게 되어 이상적인 겨드랑밑 위치가 될 수 없다. 따라서 B/4의 산출치가 20cm 미만이면 뒤 목점(BNP)에서 20cm 나간 위치를 진동 깊이로 정하고, B/4의 산출치가 24cm 이상이면 뒤목 점(BNP)에서 24cm 나간 위치를 진동 깊이로 정한다.

※ 자신의 각 계측부위를 계측하여 빈칸에 넣어두고 제도 치수를 구해 둔다.

웨이스트 원형과 소매 원형의 부위별 명칭

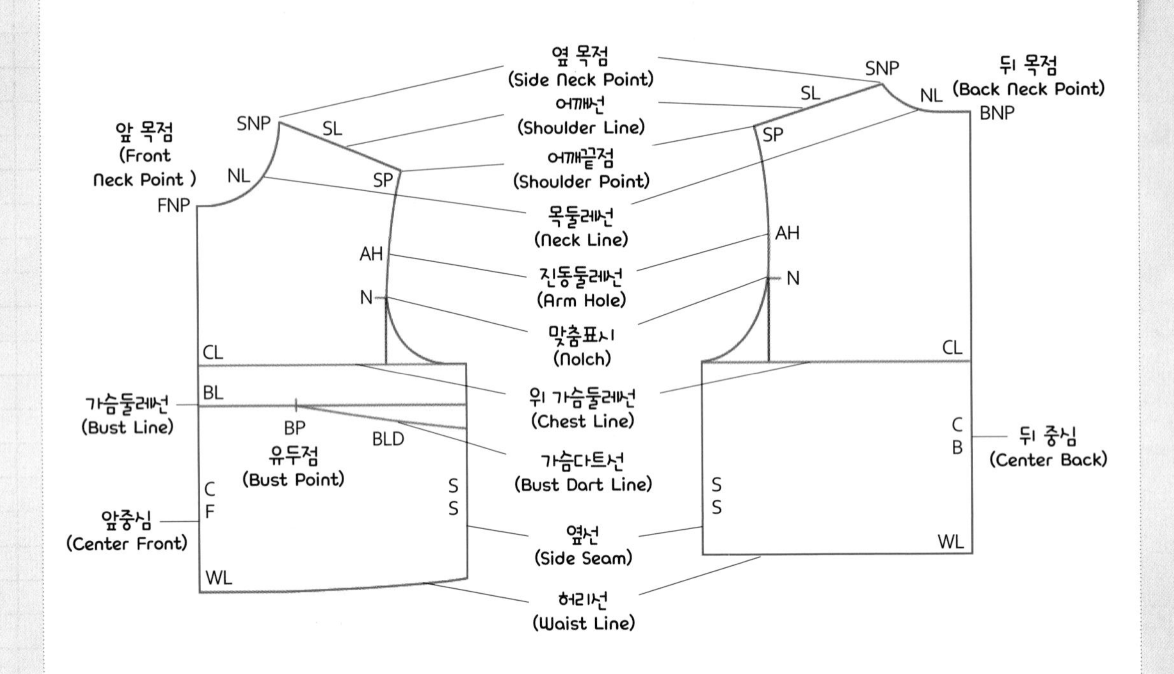

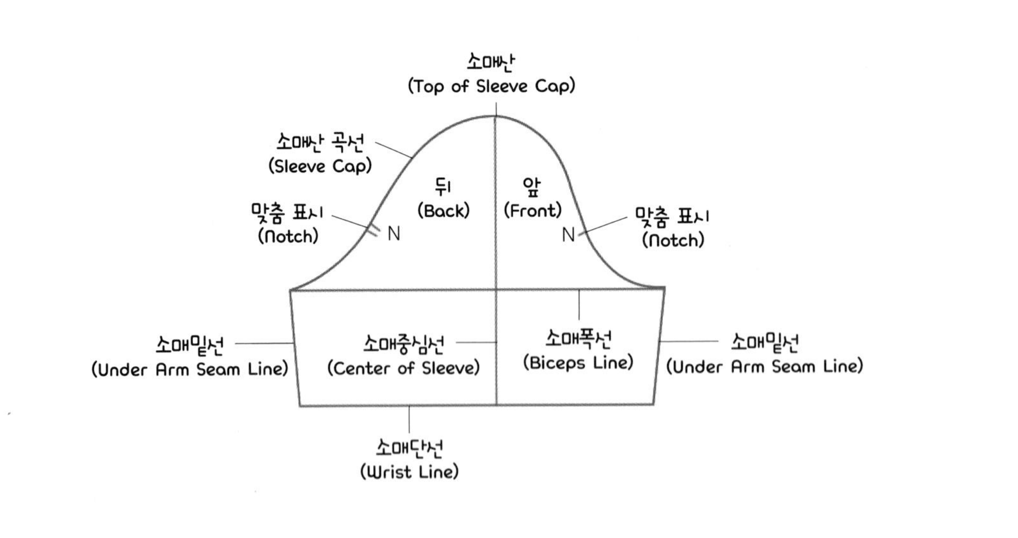

뒤판 제도하기

1. 뒤판의 기초선을 그린다.

01

직각자를 대고 수평으로 길게 뒤 중심선을 그린 다음, 직각으로 허리선(WL)을 내려 그린다.

02

WL~BNP=등길이 WL점에서 등길이 치수(38cm)를 나가 뒤 목점(BNP) 위치를 표시하고 직각선을 내려 그린다.

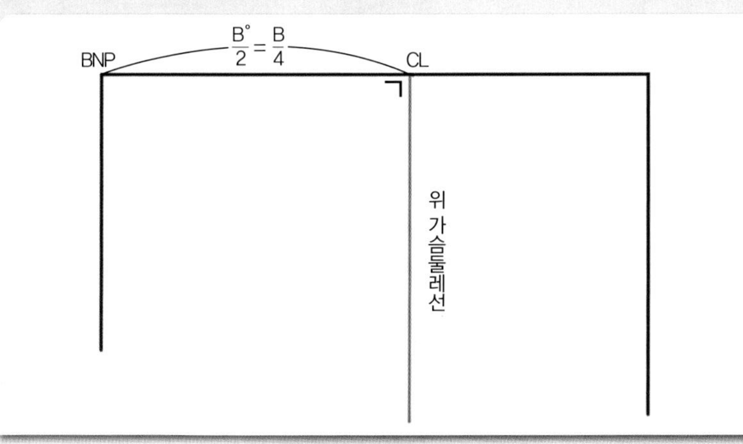

03

BNP~CL=B°/2=B/4 : 진동 깊이 뒤 목점(BNP)에서 진동 깊이 (B°/2=B/4) 치수를 나가 위 가슴둘레 선(CL) 위치를 표시하고 직각으로 위 가슴둘레선을 내려 그린다.

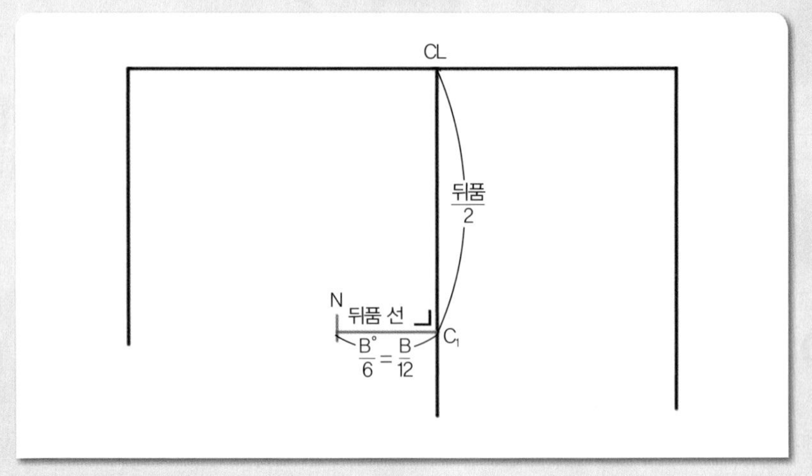

04

$CL \sim C_1$ = 뒤품/2, $C_1 \sim N$ = B°/6 = B/12 뒤 중심 쪽 위 가슴둘레선(CL) 위치에서 위 가슴둘레선을 따라 뒤품/2 치수를 내려와 뒤품선 위치(C_1)를 표시하고 직각으로 B°/6 = B/12 치수의 뒤품선을 그린 다음, 진동둘레선(AH)을 그릴 안내선점(N)을 표시해 둔다.

2. 옆선을 그린다.

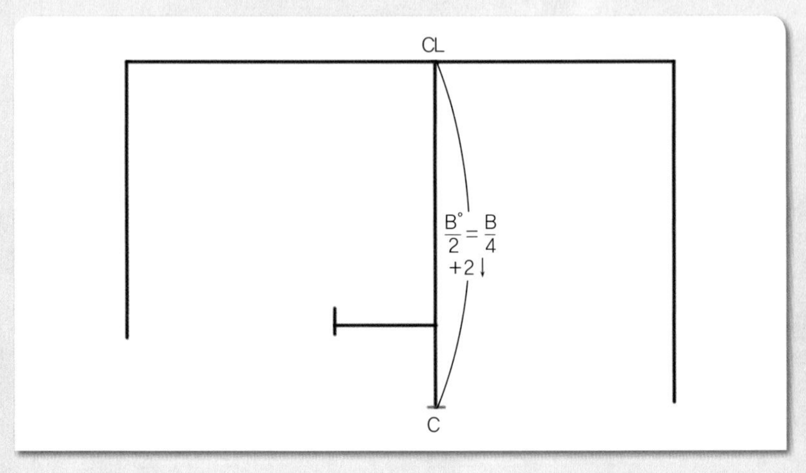

01

CL~C = 위 가슴둘레선 : (B°/2) + 2cm = (B/4) + 2cm
CL 점에서 (B°/2) + 2cm = (B/4) + 2cm의 치수를 내려와 옆선 쪽 위 가슴둘레선 끝점(C)을 표시한다.

CL
$\frac{B°}{2}=\frac{B}{4}$
+2↓
C
W

02

C~WL = 옆선 C점에서 직각으로 허리선(WL)까지 옆선을 그린다.

3. 뒤 목둘레선과 어깨선, 진동둘레선을 그린다.

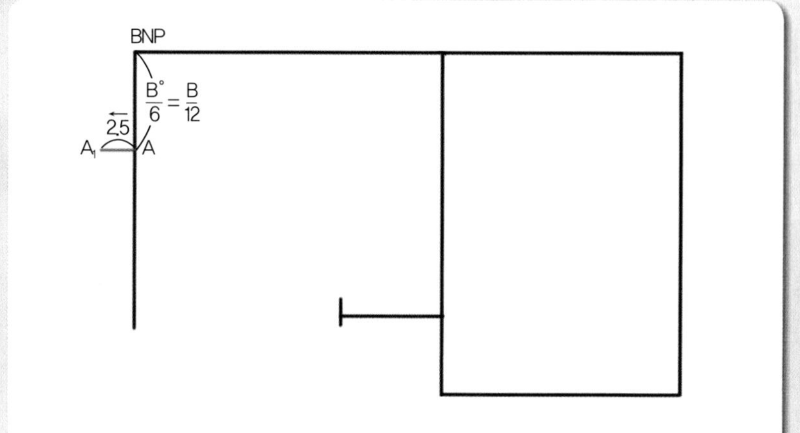

01

BNP~A = 뒤 목둘레폭 : B°/6 = B/12 뒤 목점(BNP)에서 뒤 목둘레폭 B°/6 = B/12 치수를 내려와 뒤 목둘레 폭 안내선점(A)을 표시하고, 직각으로 2.5cm의 뒤 목둘레 폭 안내선(A_1)을 그린다.

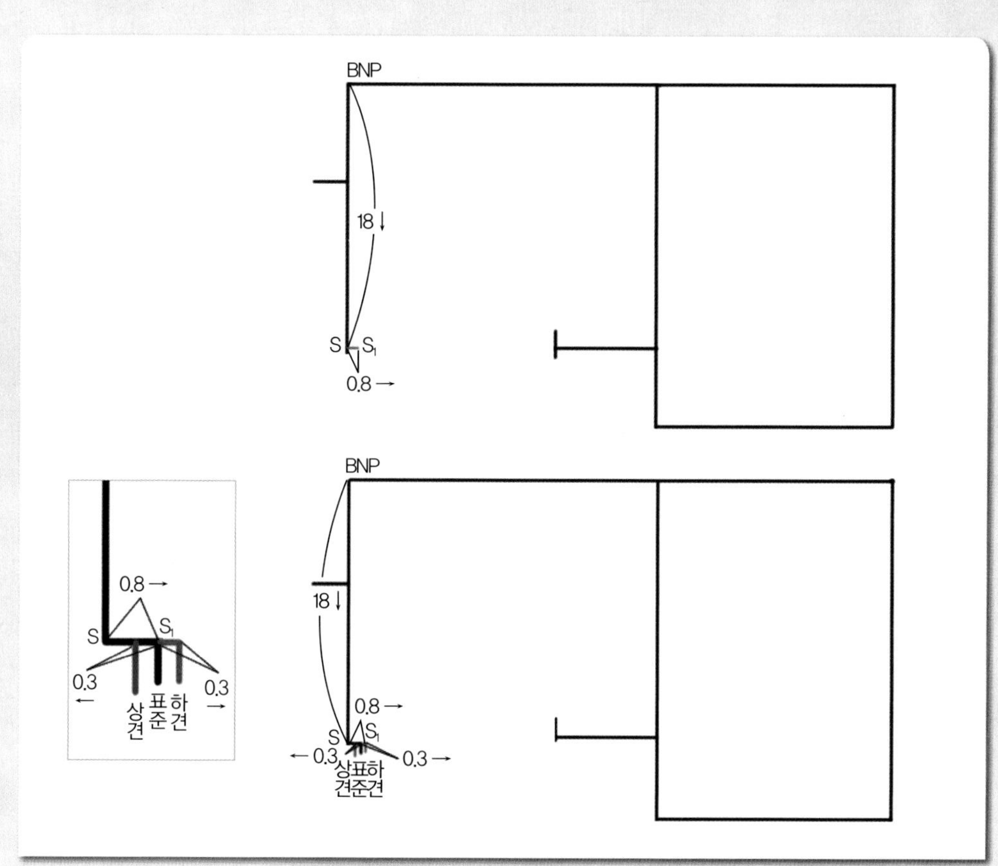

02

BNP~S = 18cm(고정치수), S~S_1 = 0.8cm(표준 어깨 경사의 경우) 뒤 목점(BNP)에서 직각선을 따라 18cm 내려와 어깨선을 그릴 안내선 위치(S)를 표시하고 직각으로 0.8cm 어깨선을 그릴 통과선(S_1)을 그린다.

주 상견이나 하견일 경우에는 아래쪽에 있는 그림과 같이 상견은 표준 어깨경사의 통과선점에서 0.3cm 올리고 하견은 표준 어깨경사의 통과선점에서 0.3cm 내린다.

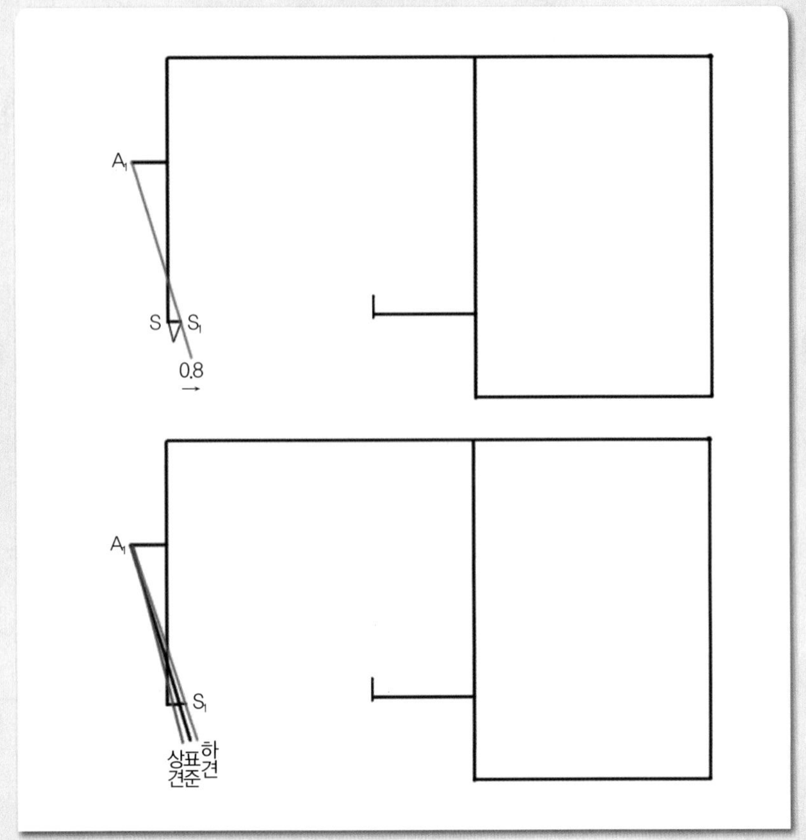

03

A_1~S_1 = 어깨선 A_1점과 S_1점 두 점을 직선자로 연결하여 어깨선을 그린다.

주 상견과 하견의 경우에는 아래쪽에 있는 그림과 같이 상견과 하견의 어깨경사가 다르다.

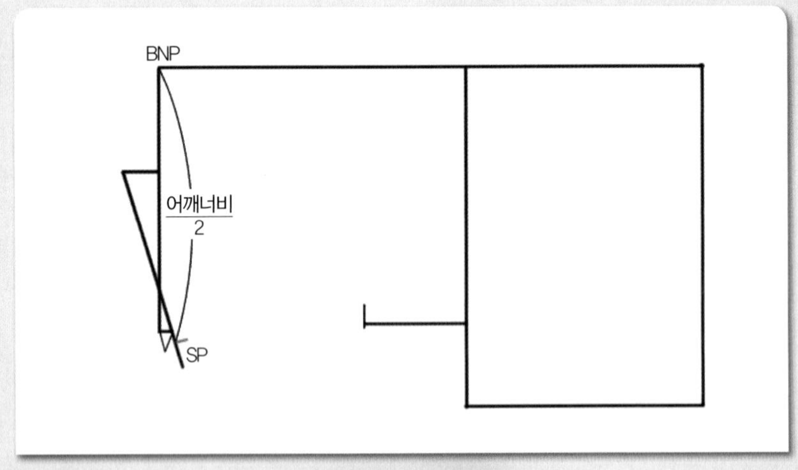

04

BNP~SP = 어깨너비/2 뒤 목점(BNP)에서 어깨너비/2 치수가 03에서 그린 어깨선과 마주 닿는 위치에 어깨끝점(SP) 위치를 표시한다.

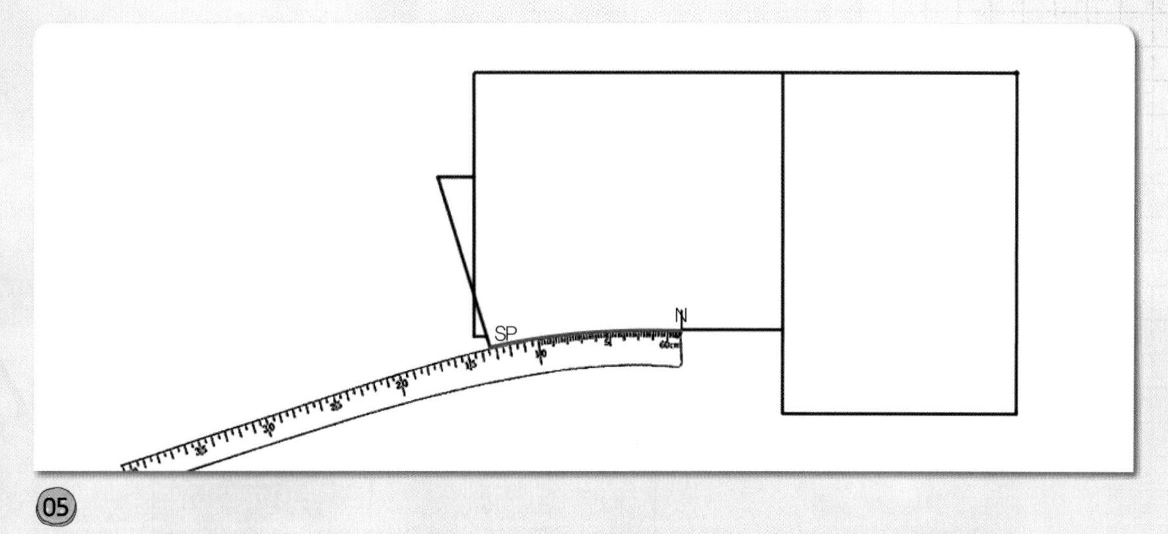

05

SP~N = 뒤 진동둘레선(AH) N점에 hip곡자 끝 위치를 맞추면서 어깨끝점(SP)과 연결하여 어깨선 쪽 뒤 진동둘레선(AH)을 그린다.

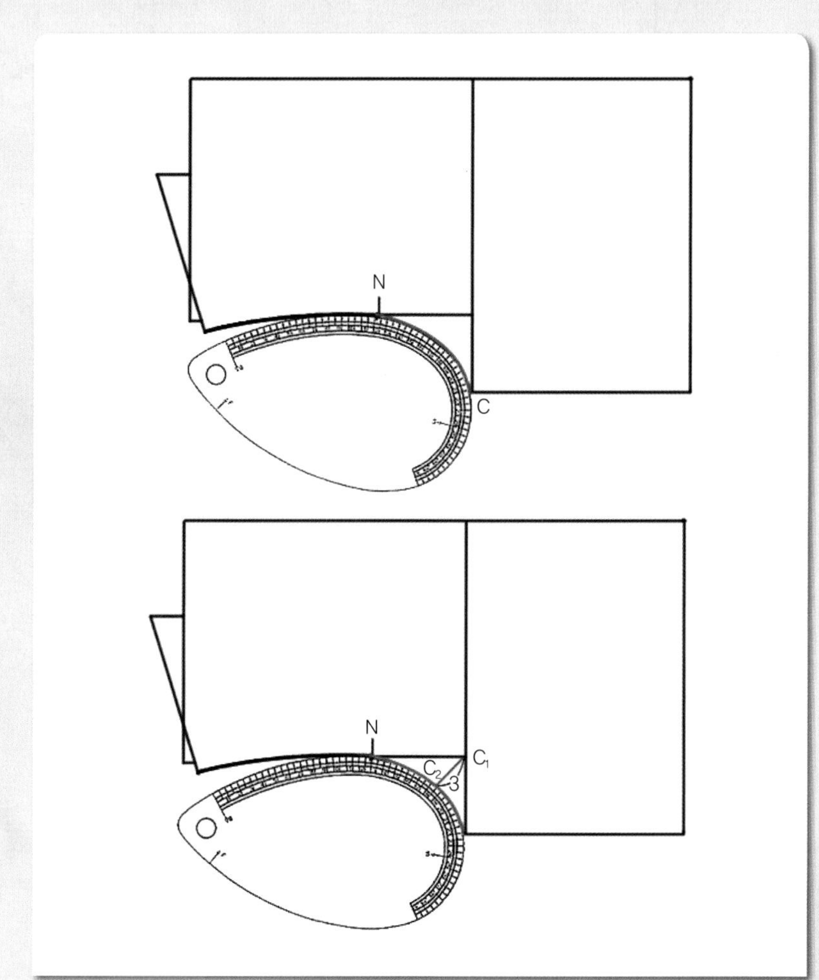

06

N~C = 뒤 진동둘레선(AH) 뒤 AH자 쪽을 사용하여 N점과 C점을 연결하였을 때 N점에서 AH자가 1cm 수평으로 이어지도록 연결하여 남은 뒤 진동둘레선(AH)을 그린다.

주1 여기서 사용한 AH자와 다른 AH자를 사용할 경우에는 아래쪽에 있는 그림과 같이 C_1점에서 45도 각도의 3cm 통과선(C_2)을 그리고 N점에서 C_2점을 통과하면서 C점과 연결되도록 맞추어 남은 뒤 진동둘레선을 그린다. 만약 사용하는 AH자가 달라 C_2점을 통과하지 못하면 두 번에 나누어 그리도록 한다.

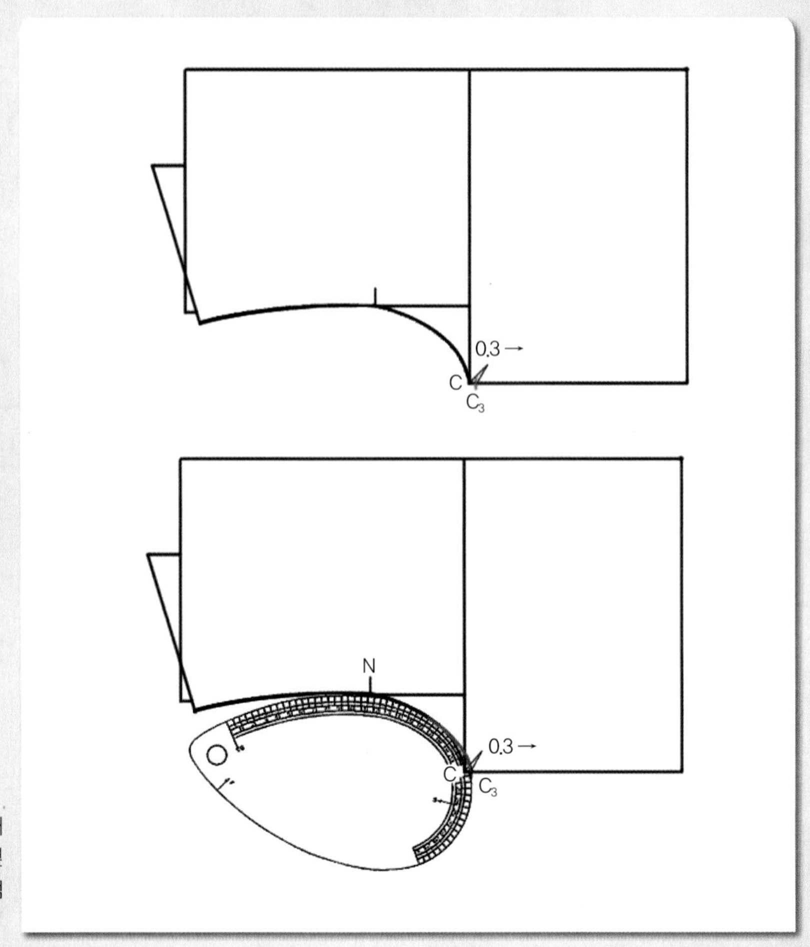

주2 상견일 경우에는 상관 없지만 하견일 경우에는 어깨 경사가 표준보다 0.3cm 내려왔으므로 위 가슴둘레선의 옆선 쪽 끝점(C)에서 0.3cm 옆선을 따라나가 옆선 쪽 끝점(C_3) 위치를 표시하고, 진동둘레선을 수정한다.

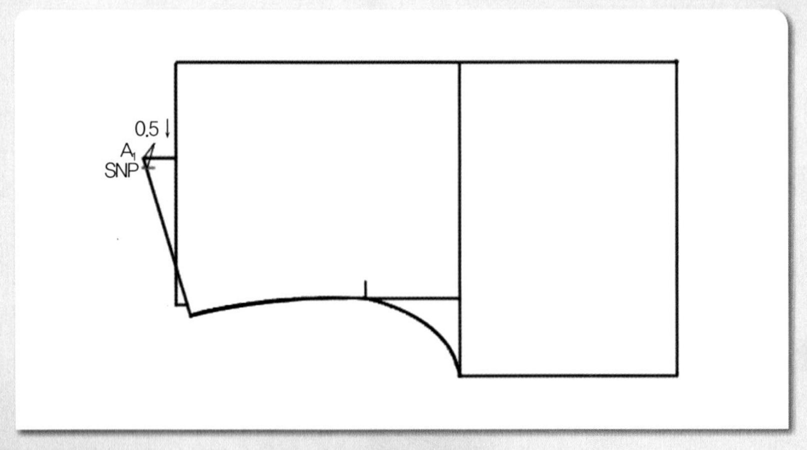

07

A_1~SNP = 0.5cm : 옆 목점 A_1점에서 어깨선을 따라 0.5cm 내려와 옆 목점(SNP) 위치를 표시한다.

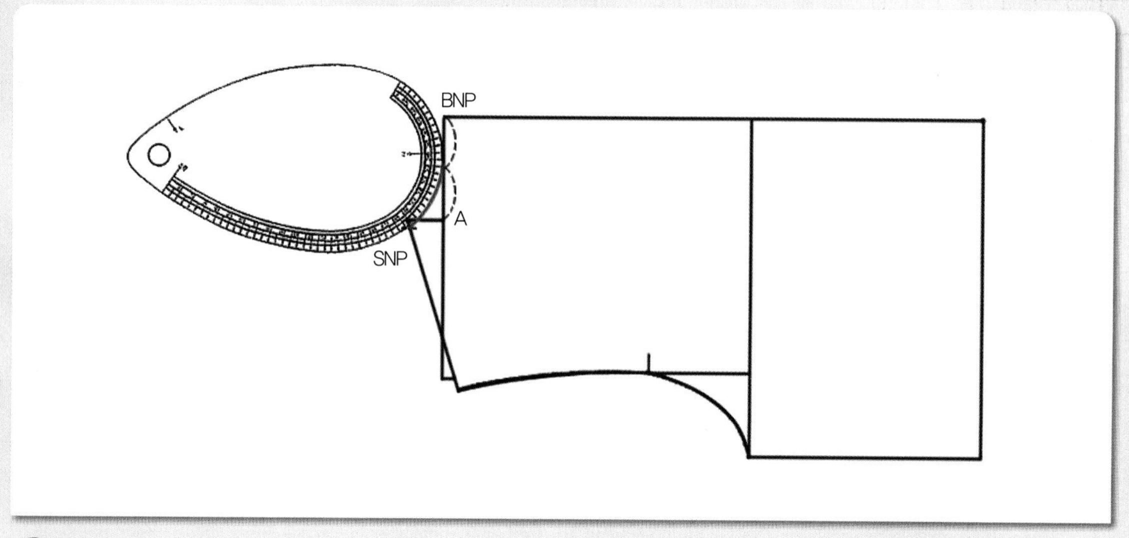

08

뒤 목점(BNP)에서 뒤 목둘레 폭 안내선점(A)까지를 1/2 위치와 옆 목점 (SNP) 위치에 뒤 AH자 쪽을 수평으로 바르게 맞추어 대고 뒤 목둘레선을 그린다.

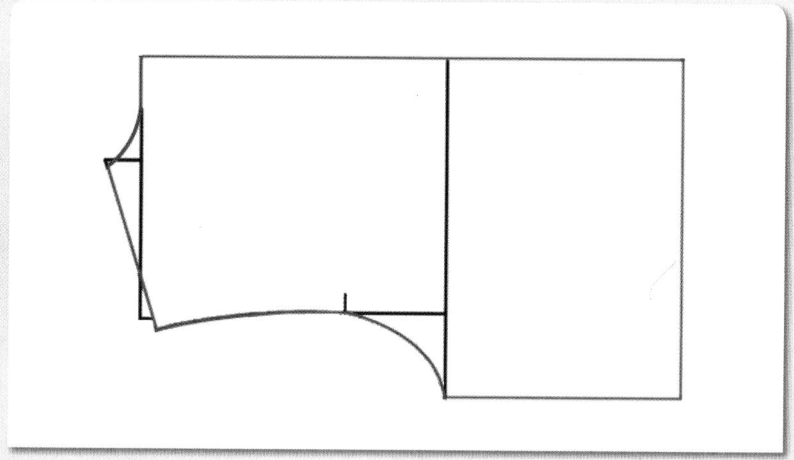

09

적색선이 뒤판 원형의 완성선이다.

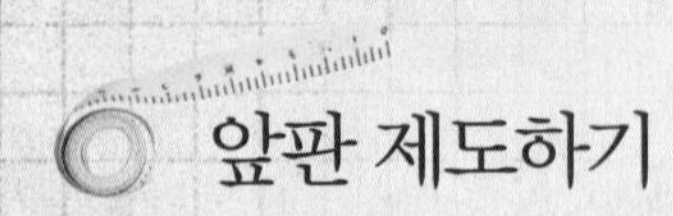

앞판 제도하기

1. 앞판의 기초선을 그린다.

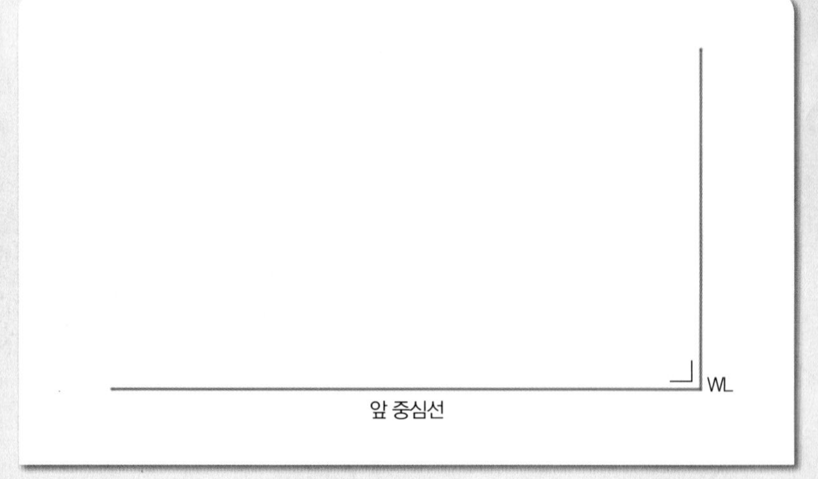

01

직각자를 대고 수평으로 길게 앞 중심선을 그린 다음, 직각으로 허리선(WL)을 올려 그린다.

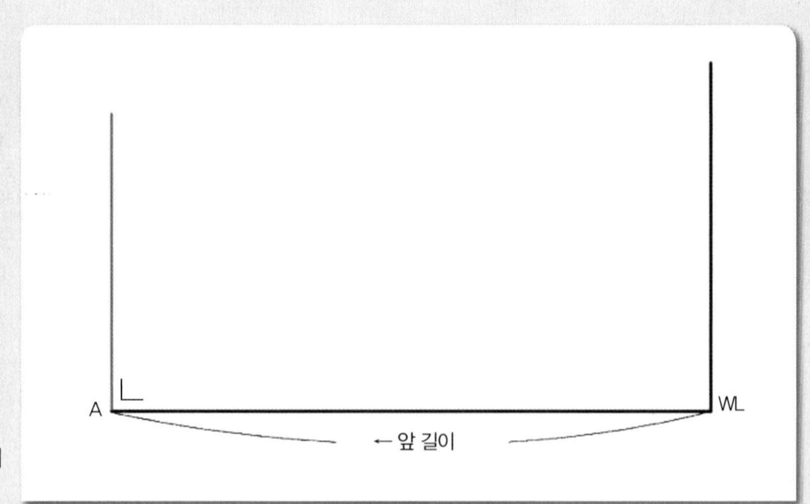

02

WL～A＝앞길이 WL점에서 앞 중심선을 따라 앞길이 치수(41cm)를 나가 표시하고, 직각선을 올려 그린다.

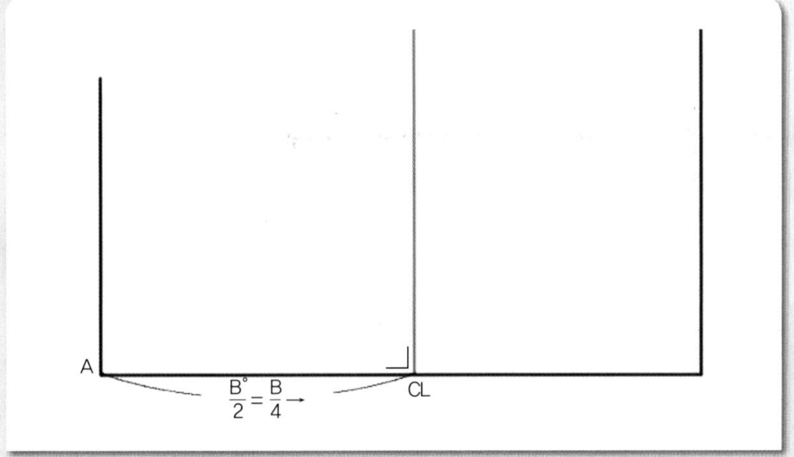

03

A~CL = B°/2 = B/4(진동 깊이) A점에서 B°/2 = B/4 치수를 나가 위 가슴둘레선(CL) 위치를 표시하고, 직각으로 위 가슴둘레선을 올려 그린다.

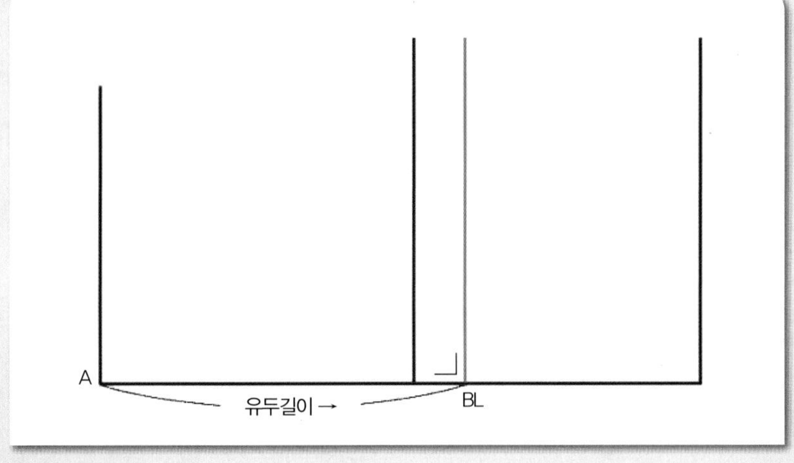

04

A~BL = 유두길이 A점에서 유두길이 치수를 나가 가슴둘레선(BL) 위치를 표시하고, 직각으로 가슴둘레선을 올려 그린다.

2. 앞 목둘레선과 어깨선, 진동둘레선, 옆선을 그린다.

01

$A\sim A_1$ = B°/6 = B/12 A점에서 B°/6 = B/12 치수를 올라가 앞 목둘레 폭 안내선 점(A_1)을 표시하고 직각으로 수평선을 약간 길게 그려둔다.

02

$A \sim A_2$ = 18cm(고정치수), $A_2 \sim S$ = 4.8cm(표준 어깨 경사의 경우) A점에서 직각선을 따라 18cm 올라가 어깨선 끝점을 정하기 위한 안내선점(A_2)을 표시하고 직각으로 4.8cm 어깨선을 그릴 통과선(S)을 그린다.

주 상견과 하견의 경우에는 아래쪽에 있는 그림과 같이 상견은 표준 어깨경사의 통과선점에서 0.3cm 올리고, 하견은 표준 어깨경사의 통과선점에서 0.3cm 내린다.

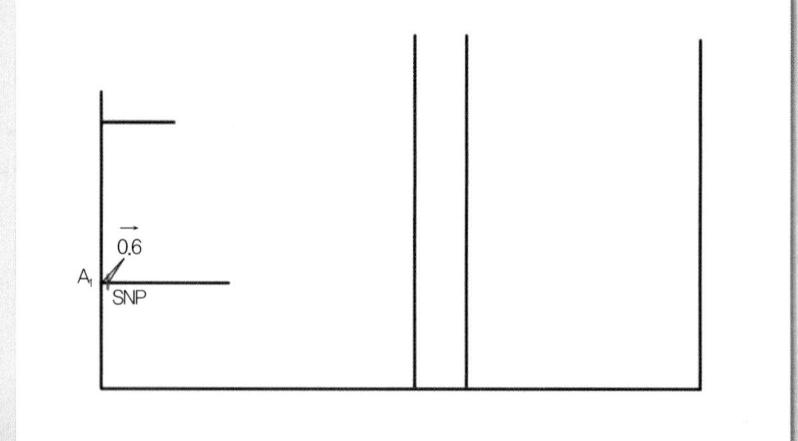

03

$A_1 \sim$ SNP = 0.6cm A_1점에서 수평으로 그려둔 안내선을 따라 0.6cm 나가 옆 목점(SNP) 위치를 표시한다.

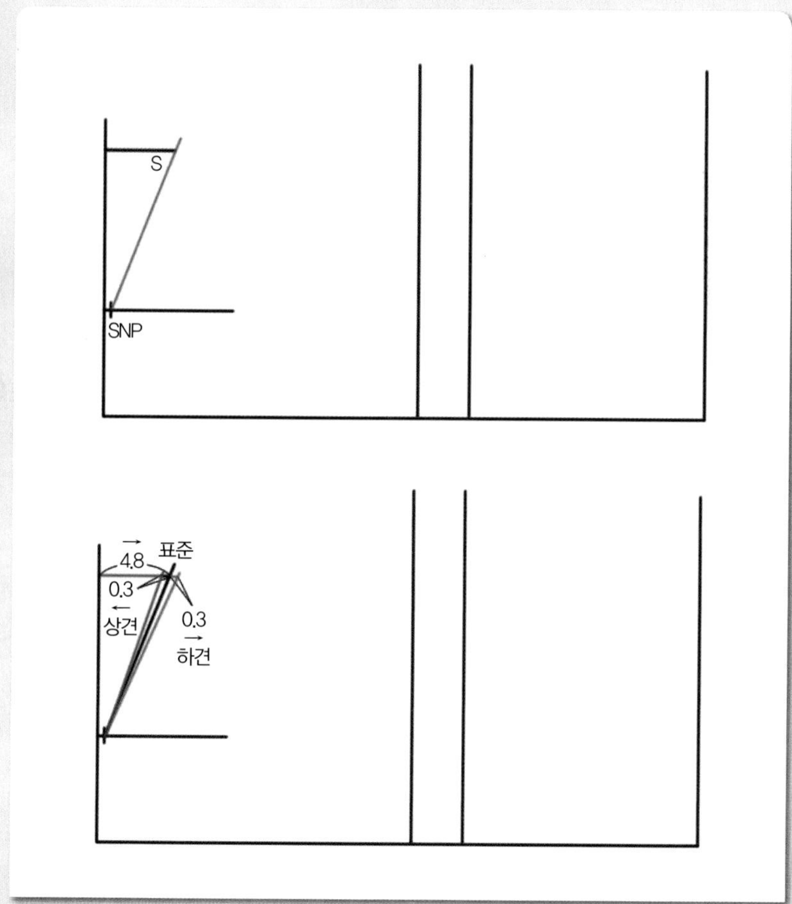

04

SNP~S = 어깨선 옆 목점(SNP)과 S점 두 점을 직선자로 연결하여 어깨선을 그린다.

주 상견과 하견의 경우에는 아래쪽에 있는 그림과 같이 상견과 하견의 어깨경사가 다르다.

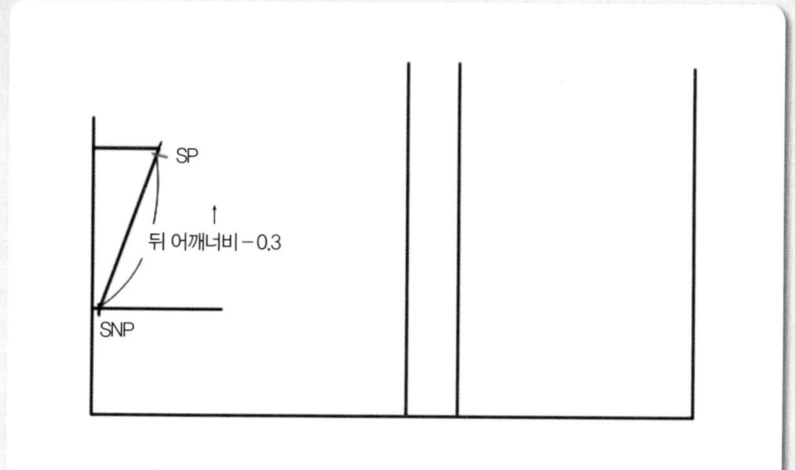

05

SNP~SP = 뒤 어깨너비 – 0.3cm 옆 목점(SNP)에서 04에서 그린 어깨선을 따라 뒤 어깨너비 – 0.3cm 치수를 올라가 어깨끝점 위치(SP)를 표시한다.

06

CL~C_1 = 앞품/2 앞 중심 쪽 위 가슴둘레선(CL)위치에서 앞품/2 치수를 올라가 앞품선 위치(C_1)를 표시하고 직각으로 어깨선까지 연결하여 앞품선을 그린다.

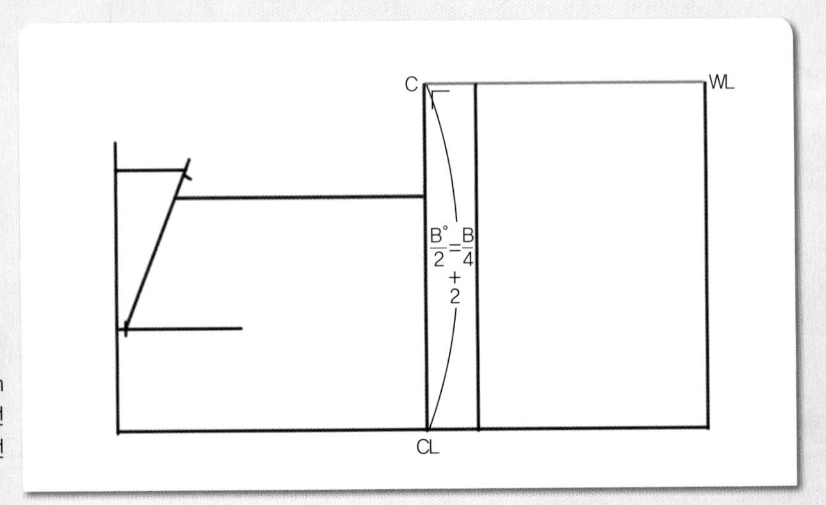

07

CL~C = (B°/2) + 2cm = (B/4) + 2cm C~WL = 옆선
앞 중심 쪽의 위 가슴둘레선(CL) 위치에서 (B°/2) + 2cm = (B/4) + 2cm 한 치수를 올라가 위 가슴둘레선의 옆선 쪽 끝점(C) 위치를 표시하고, C점에서 직각으로 허리선(WL)까지 옆선을 그린다.

08

C_1~N = 앞품선의 1/3 앞품선을 3등분하여 C_1점 쪽의 1/3지점에 진동둘레선(AH)을 그릴 안내선점 위치(N)를 표시한다.

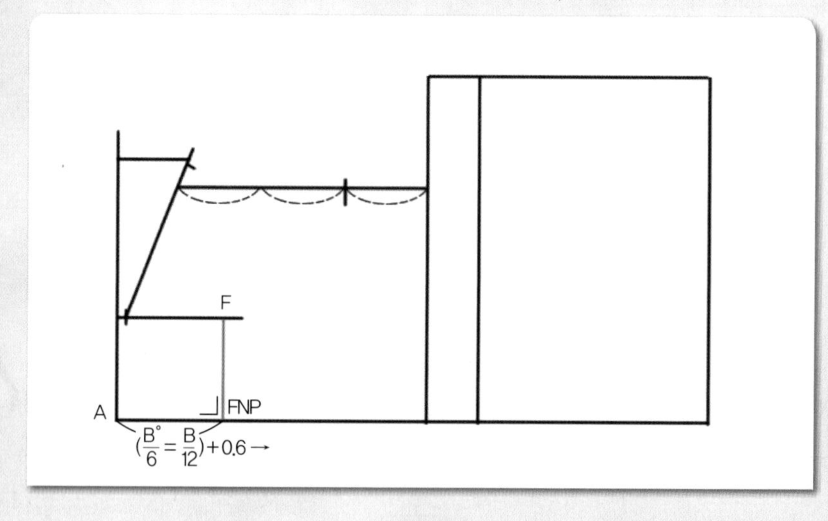

09

A~FNP = (B°/6) + 0.6cm = (B/12) + 0.6cm A점에서 (B°/6) + 0.6cm = (B/12) + 0.6cm 치수를 나가 앞 목점(FNP) 위치를 표시하고 직각으로 옆 목점 안내선까지 연결하여 앞 목둘레선을 그릴 안내선을 그린 다음, 옆 목점 안내선과의 교점을 F점으로 표시해 둔다.

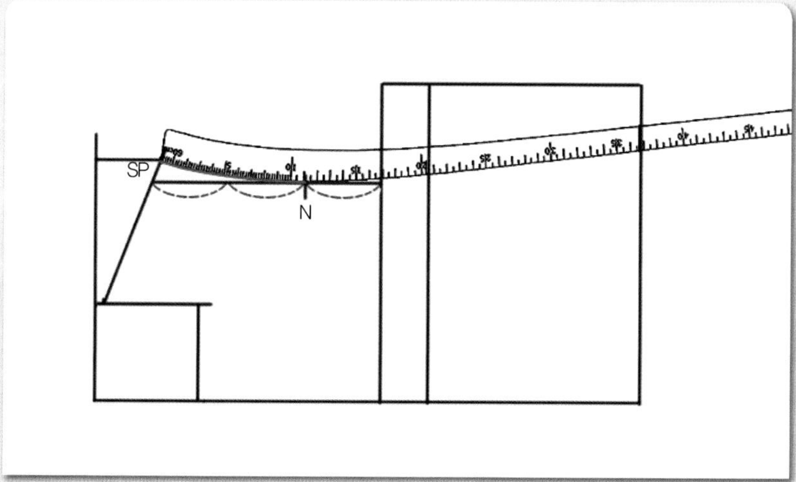

10

SP~N = 앞 진동둘레선(AH) 어깨끝점(SP)에 hip곡자 끝 위치를 맞추면서 N점과 연결하여 어깨선 쪽 앞 진동둘레선(AH)을 그린다.

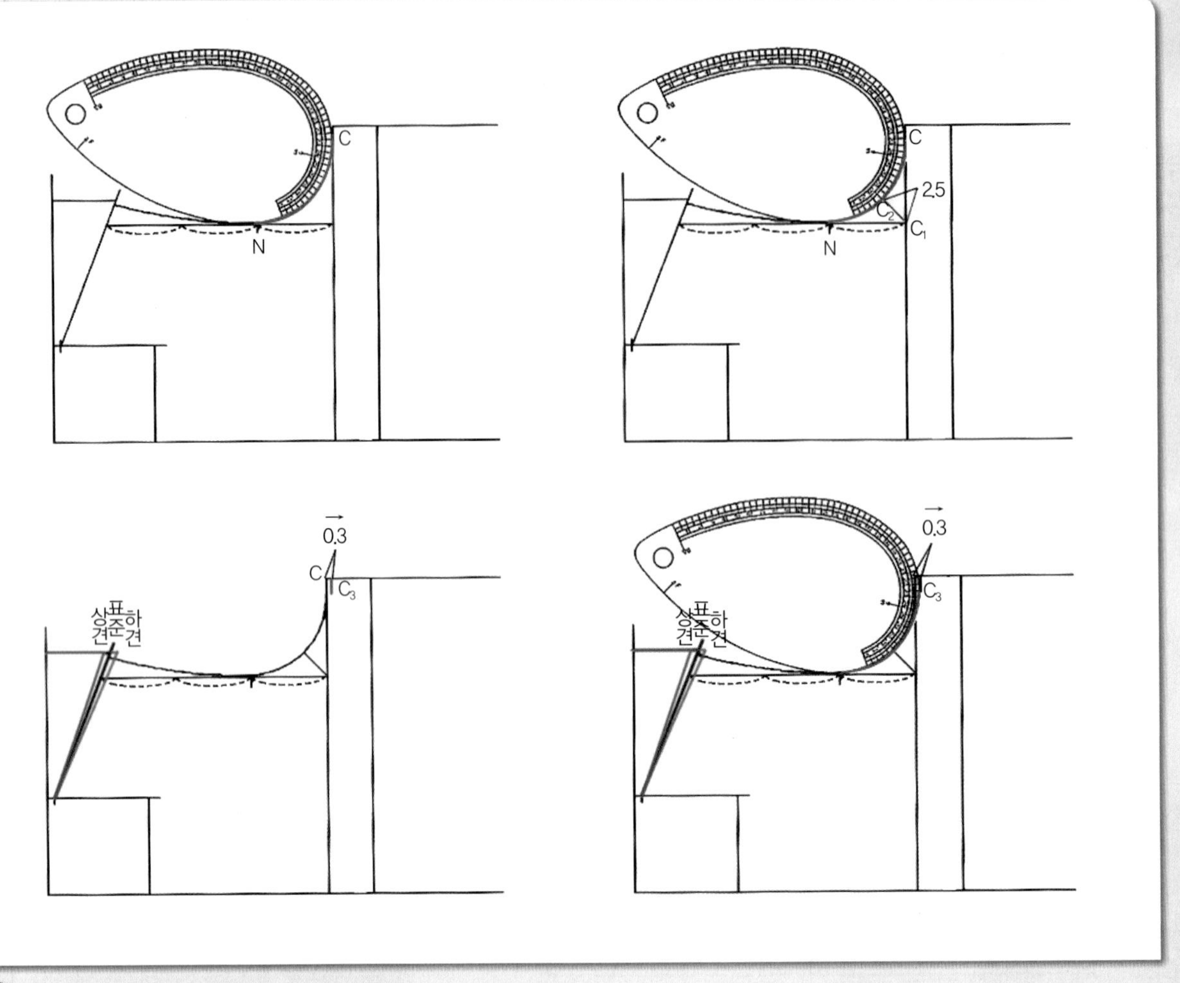

11

N~C = 앞 진동둘레선(AH) N점과 C점을 앞 AH자 쪽으로 연결하였을 때 N점에서 10에서 그린 진동둘레선에 AH자가 1cm 수평으로 연결되는 위치로 맞추어 대고 남은 앞 진동둘레선(AH)을 그린다.

주1 여기서 사용한 AH자와 다른 AH자를 사용할 경우에는 C_1점에서 45도 각도로 2.5cm의 통과선(C_2)을 그리고 N점에서 C_2점을 통과하면서 C점과 연결되도록 맞추어 대고 남은 앞 진동둘레선(AH)을 그린다.

주2 상견일 경우에는 상관 없지만 하견일 경우에는 어깨경사가 표준보다 0.3cm 내려왔으므로 위 가슴둘레선의 옆선 쪽 끝점(C)에서 0.3cm 옆선을 따라나가 옆선 쪽 끝점(C_3) 위치를 표시하고, 진동둘레선을 수정한다.

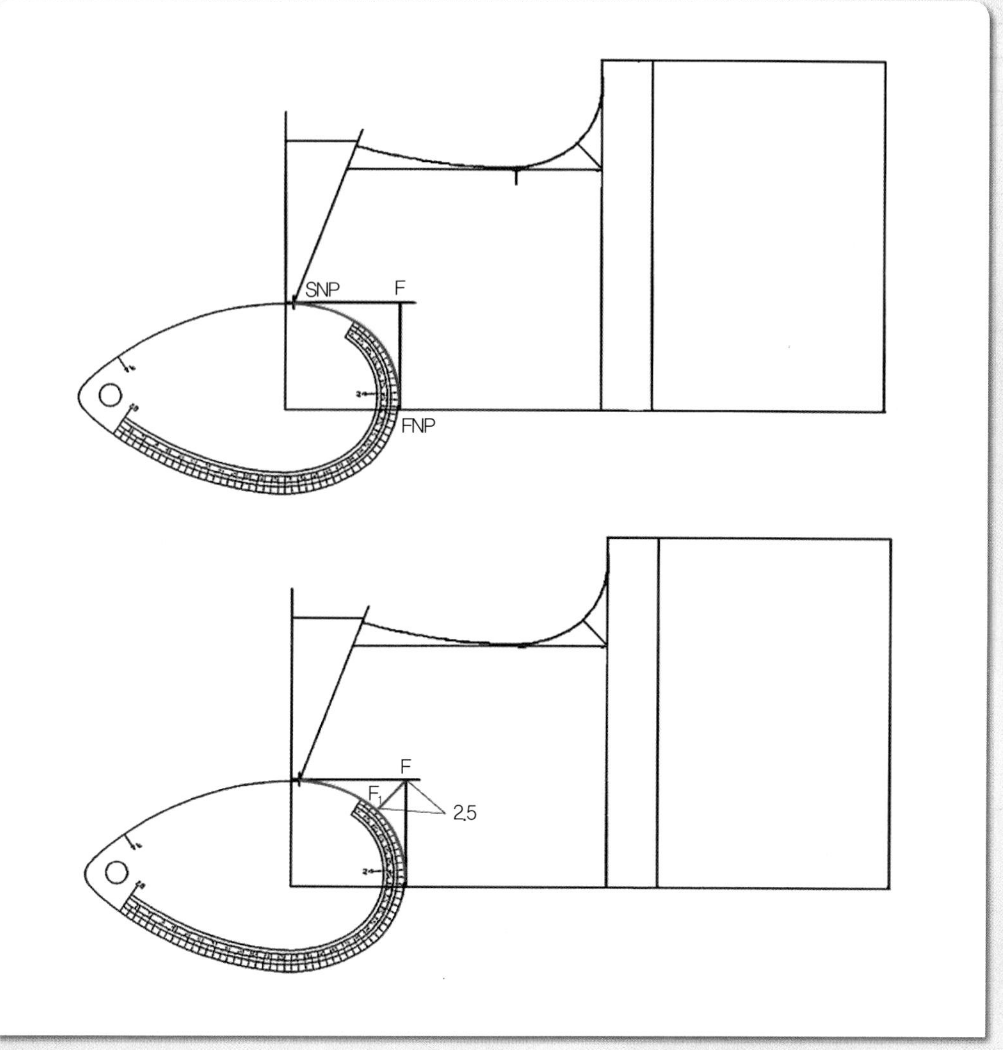

⑫

SNP~FNP = 앞 목둘레선 옆 목점(SNP)과 앞 목점(FNP)을 앞 AH자 쪽을 수평으로 바르게 맞추어 대고 앞 목둘레선(FNL)을 그린다.

주 여기서 사용한 AH자와 다른 AH자를 사용할 경우에는 F점에서 45도 각도로 2.5cm의 통과선(F_1)을 그린 다음, 옆 목점(SNP)에서 F_2점을 통과하면서 앞 목점(FNP)과 연결되도록 앞 AH자 쪽을 수평으로 바르게 맞추어 대고 앞 목둘레선(FNL)을 그린다.

3. 허리선과 가슴다트선을 그린다.

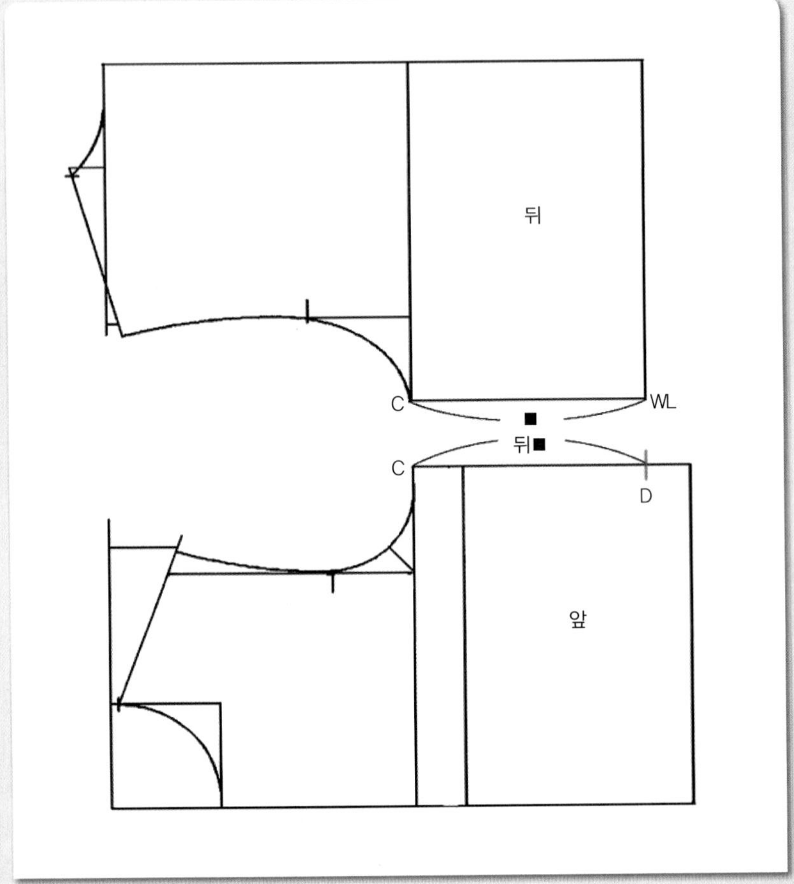

01

뒤판의 옆선 쪽 위 가슴둘레선 끝점(C)에서 허리선(WL)까지의 길이를 재어, 앞판의 옆선 쪽 위 가슴둘레선 끝점(C)에서 옆선을 따라나가 가슴다트량을 구할 위치(D)를 표시한다.

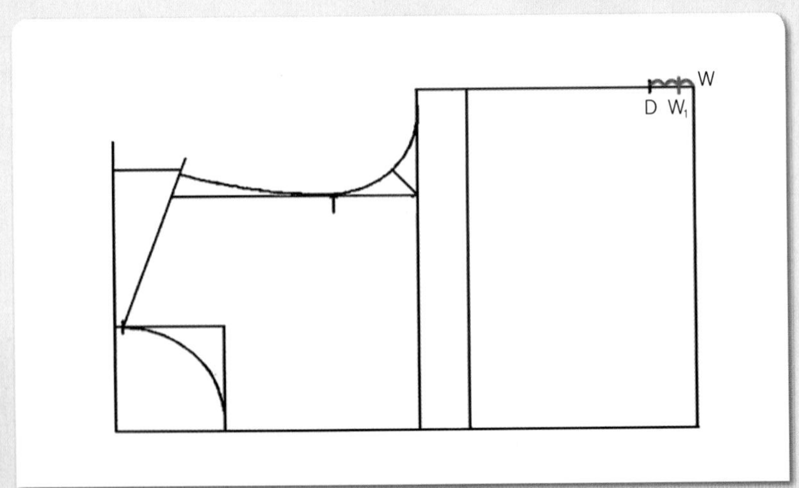

02

D~W＝3등분 앞판의 D점에서 허리선(WL)까지를 3등분하여 허리선 쪽 1/3 위치에 허리 완성선을 그릴 허리선 위치(W_1)를 표시한다.

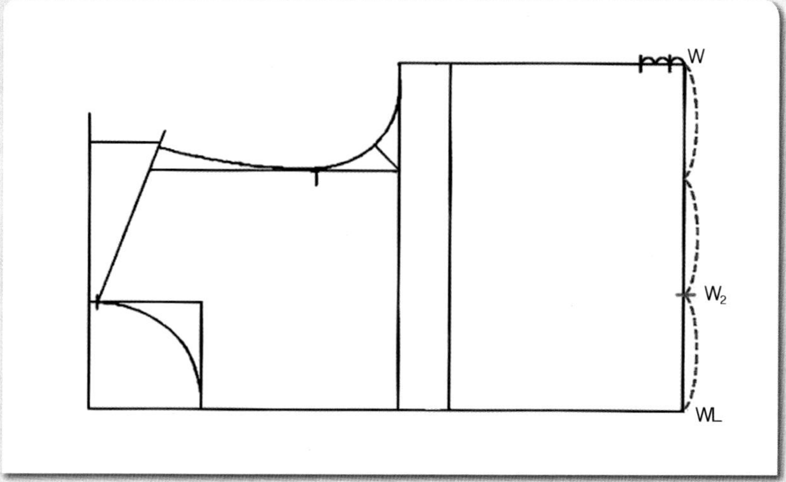

03

앞판의 허리선을 3등분하여 앞 중심 쪽 1/3 위치에 허리 완성선을 그릴 안내선점(W_2)을 표시한다.

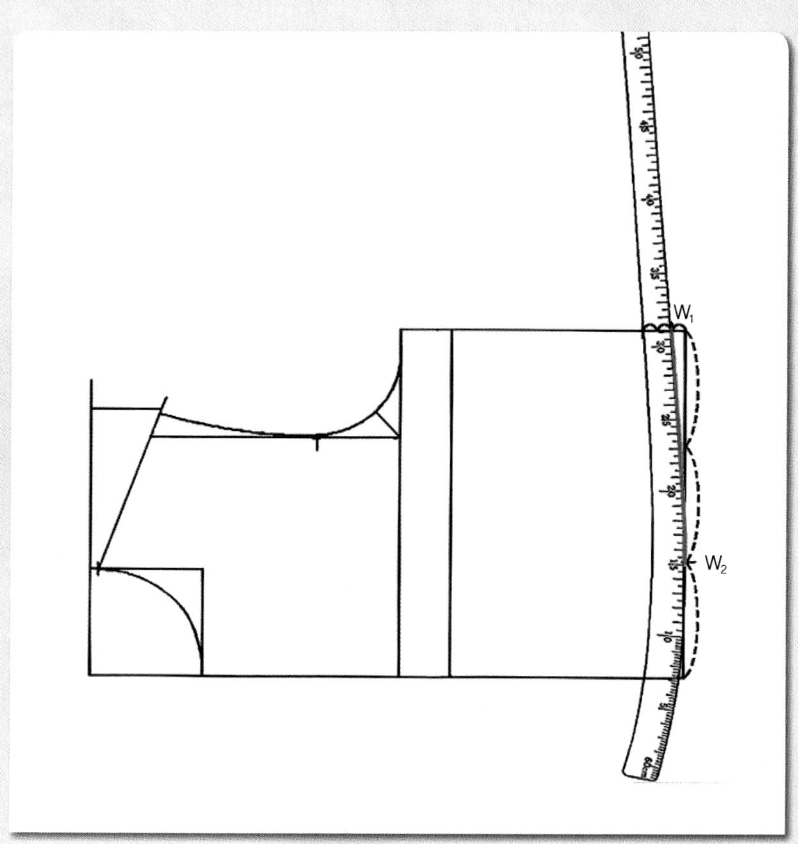

04

W_2점에 hip곡자 15 위치를 맞추면서 W_1점과 연결하여 허리 완성선을 그린다.

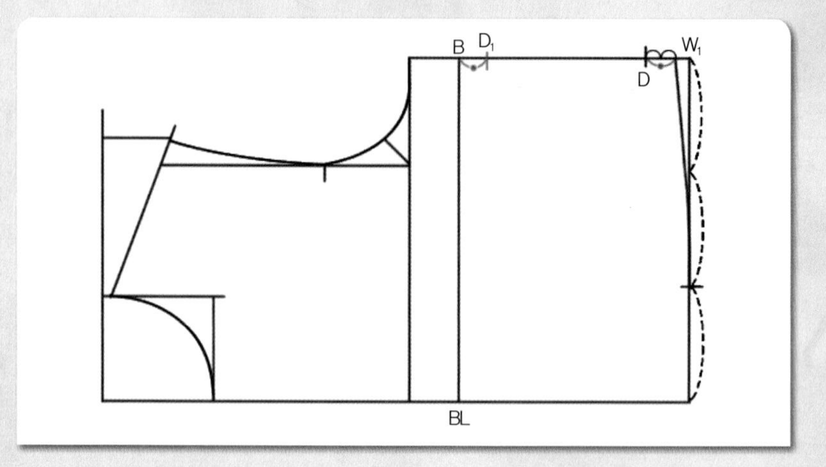

05

D점에서 W_1점까지의 길이를 재어 옆선 쪽 가슴둘레선 끝점(B)에서 허리선 쪽으로 나가 가슴다트선을 그릴 다트점(D_1) 위치를 표시한다.

BP
유두간격/2
BL

06

BL～BP＝유두간격/2 앞 중심 쪽의 가슴둘레선 위치(BL)에서 유두간격/2 치수를 올라가 유두점(BP)을 표시한다.

D_1
BP

07

D_1점에 hip곡자 20 위치를 맞추면서 BP와 연결하여 가슴다트선을 그린다.

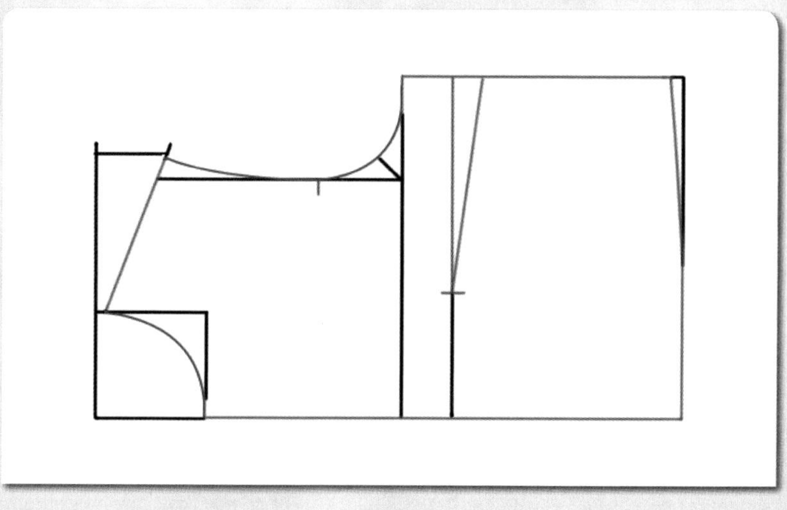

08

적색선이 앞판의 완성선이다.

소매 제도하기

1. 소매 기초선을 그린다.

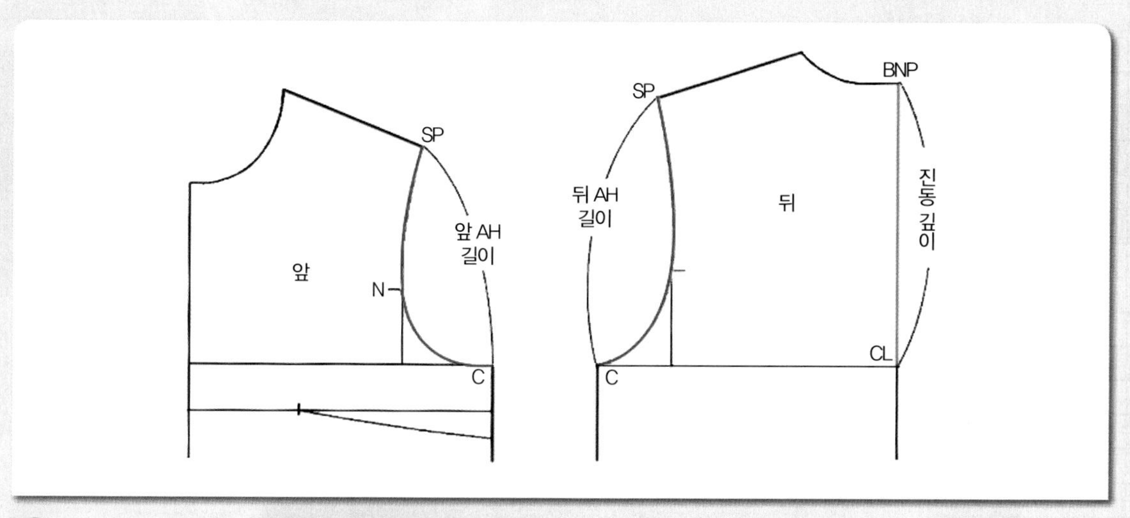

01

SP~C = 앞/뒤 진동둘레선(AH) 어깨끝점(SP)에서 C점까지의 앞/뒤 진동둘레선(AH) 길이를 각각 잰 다음, 뒤판의 BNP에서 CL까지의 진동 깊이 길이를 재어둔다.

주 뒤AH치수 – 앞AH치수 = 2cm가 이상적 치수이며, 허용치수는 ±0.3cm까지이다.

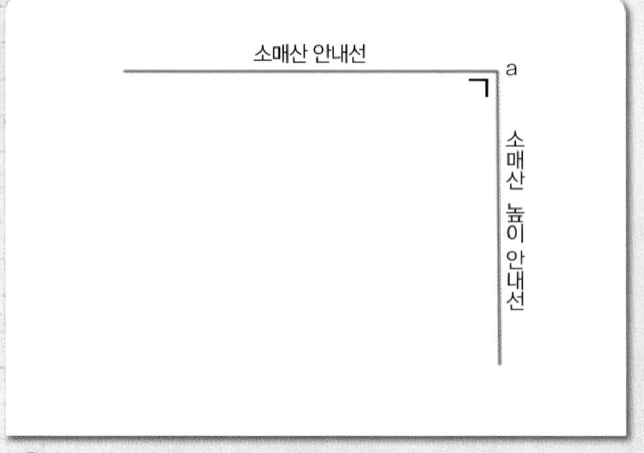

직각자를 대고 수평으로 소매산 안내선을 그린 다음 직각으로 소매산 높이 안내선을 내려 그린다.

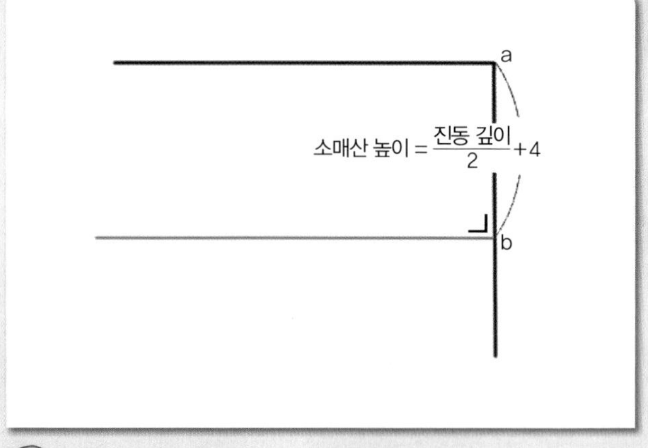

03

a~b=소매산 높이 : (진동 깊이/2)+4cm 진동 깊이는 뒤 몸판의 뒤 목점(BNP)에서 위 가슴둘레선의 위치(CL)까지의 길이이다. a점에서 소매산 높이, 즉 (진동 깊이/2)+4cm를 내려와 앞 소매폭점(b)을 표시하고 직각으로 소매폭 안내선을 그린다.

주 가슴둘레 치수(B)/4의 치수가 20cm 미만이거나 24cm 이상이면 진동 깊이는 최소 20cm, 최대 24cm로 한다. 따라서 소매산 높이를 정할 때는 반드시 뒤 몸판의 진동 깊이/2+4cm로 해야 한다.

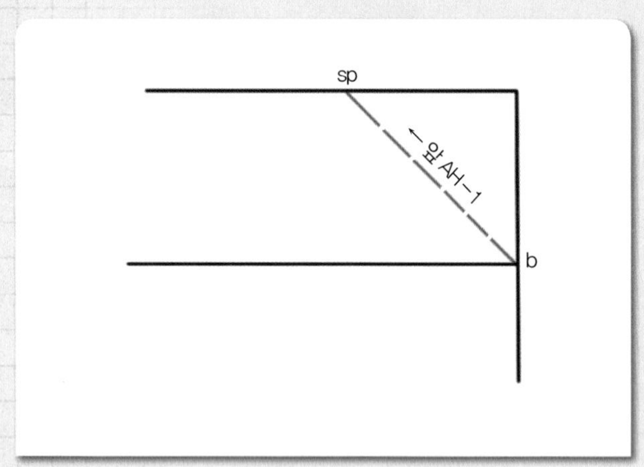

b~sp=앞 AH 치수=−1cm 직선자로 b점에서 소매산 안내선을 향해 앞 AH치수 −1cm 한 치수가 마주 닿는 위치를 소매산점(sp)으로 하여 점선으로 연결해 둔다.

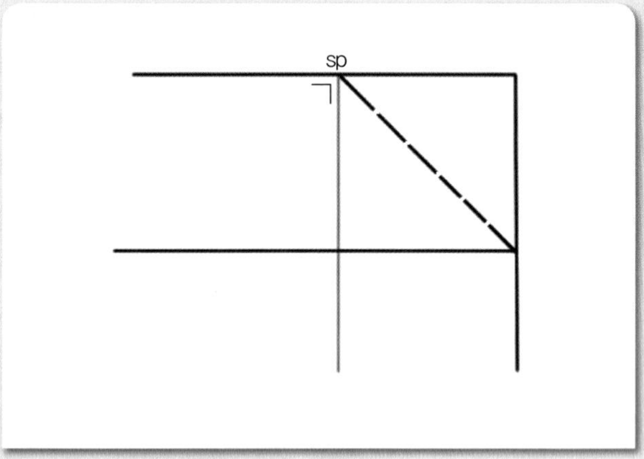

05

sp=소매산점 소매산점(sp)에서 직각으로 소매 중심선을 내려 그린다.

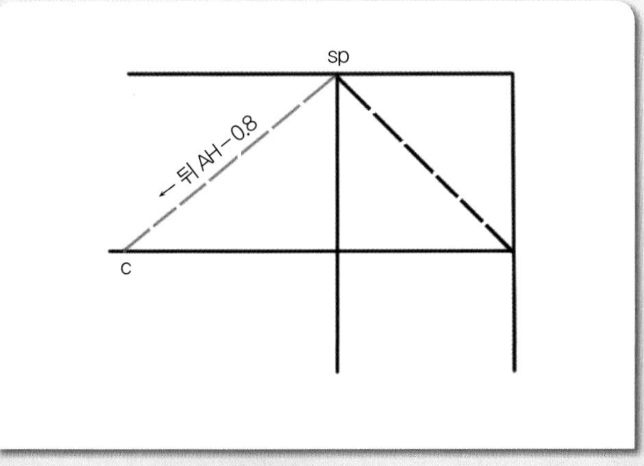

06

sp∼c = 뒤 AH 치수 − 0.8cm 직선자로 소매산점(sp)에서 소매폭 안내선을 따라 뒤 AH 치수 −0.8cm 한 치수가 마주닿는 위치를 뒤 소매폭점(c)으로 하여 점선으로 연결해 둔다.

2. 소매산 곡선을 그릴 안내선을 그린다.

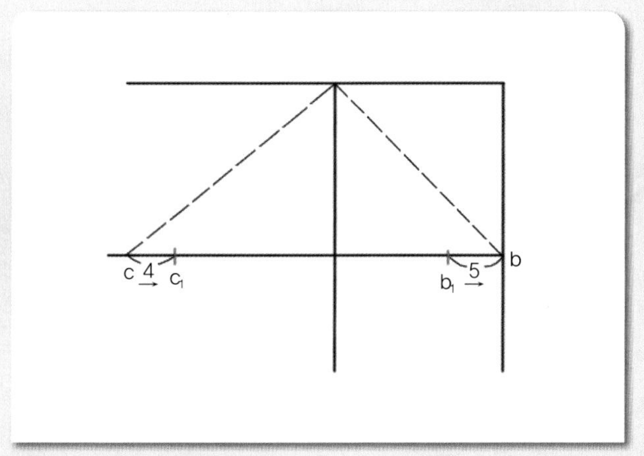

01

$b \sim b_1$ = 5cm, $c \sim C_1$ = 4cm 앞 소매폭 끝점(b)에서 소매폭선을 따라 5cm 들어가 앞 소매산 곡선을 그릴 안내선점(b_1)을 표시하고, 뒤 소매폭 끝점(c)에서 4cm 들어가 뒤 소매산 곡선을 그릴 안내선점(c_1)을 표시한다.

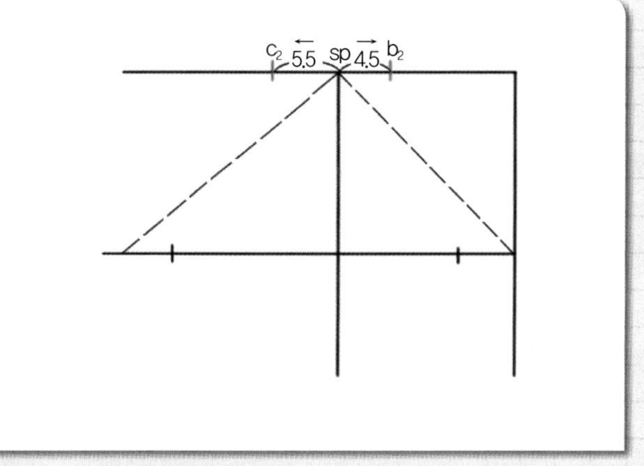

02

$sp \sim b_2$ = 4.5cm, $sp \sim c_2$ = 5.5cm 소매산점(sp)에서 앞 소매산 쪽은 4.5cm 나가 앞소매산 곡선을 그릴 안내선 점(b_2)을 표시하고, 뒤 소매산 쪽은 5.5cm 나가 뒤 소매산 곡선을 그릴 안내선점(c_2)을 표시한다.

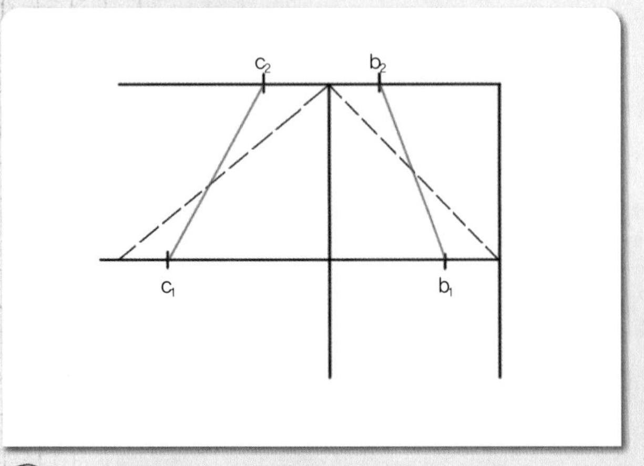

(03)

$b_1 \sim b_2$ = 앞 소매산 곡선 안내선, $c_1 \sim c_2$ = 뒤 소매산 곡선 안내선 $b_1 \sim b_2$, $c_1 \sim c_2$ 두 점을 각각 직선자로 연결하여 소매산 곡선을 그릴 안내선을 그린다.

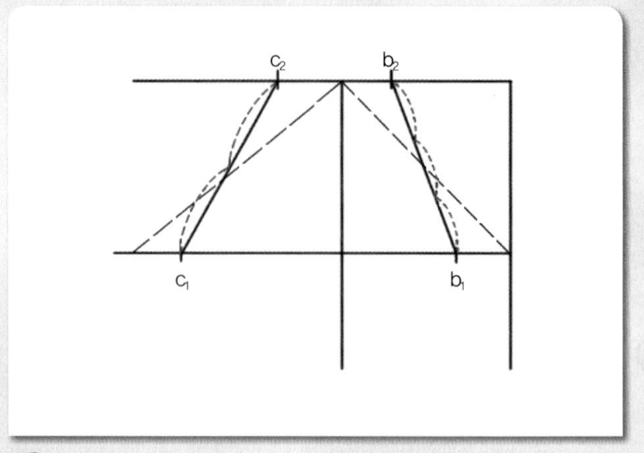

(04)

$b_1 \sim b_2$ = 3등분, $c_1 \sim c_2$ = 2등분 앞 소매산 곡선 안내선은 3등분, 뒤 소매산 곡선 안내선은 2등분한다.

3. 소매산 곡선을 그린다.

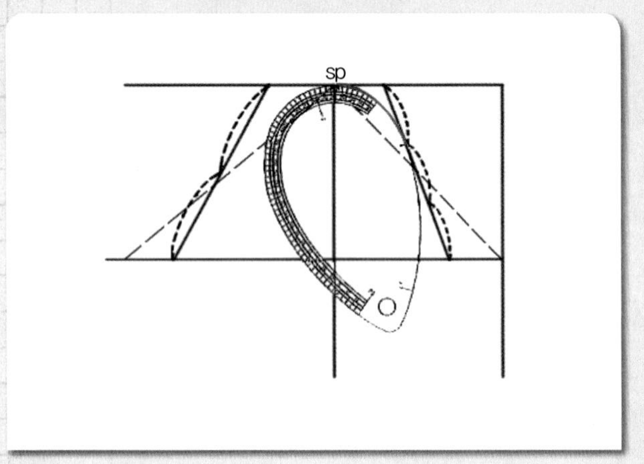

(01)

앞 소매산 곡선 안내선의 1/3 위치와 소매산점(sp)을 앞 AH자로 연결하였을 때 1/3 위치에서 소매산 곡선 안내선을 따라 1cm가 수평으로 앞 소매산 곡선 안내선과 이어지는 곡선으로 맞추어 앞 소매산 곡선을 그린다.

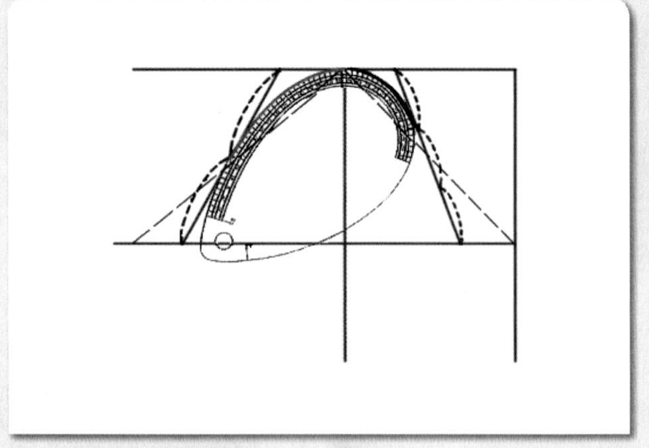

(02)

뒤 소매산 곡선 안내선의 1/2 위치와 소매산점(sp)을 뒤 AH자로 연결하였을 때 1/2 위치에서 소매산 곡선 안내선을 따라 1cm가 수평으로 뒤 소매산 곡선 안내선과 이어지는 곡선으로 맞추어 뒤 소매산 곡선을 그린다.

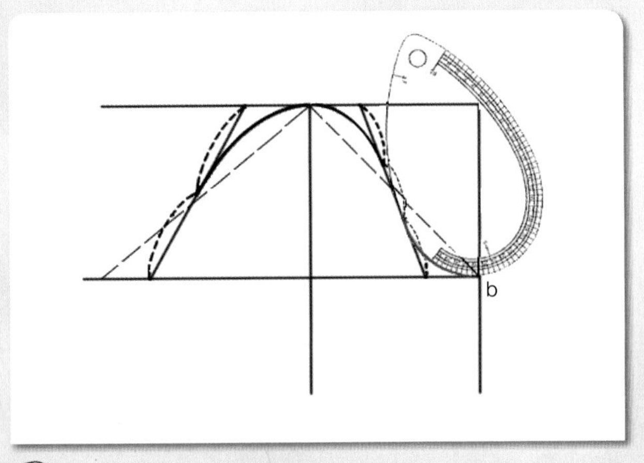

03

앞 소매폭점(b)과 앞 소매산곡선 안내선의 1/3 위치를 앞 AH자로 연결하였을 때 1/3 위치에서 앞소매산 곡선 안내선을 따라 1cm가 수평으로 이어지는 곡선으로 맞추어 남은 앞 소매산 곡선을 그린다.

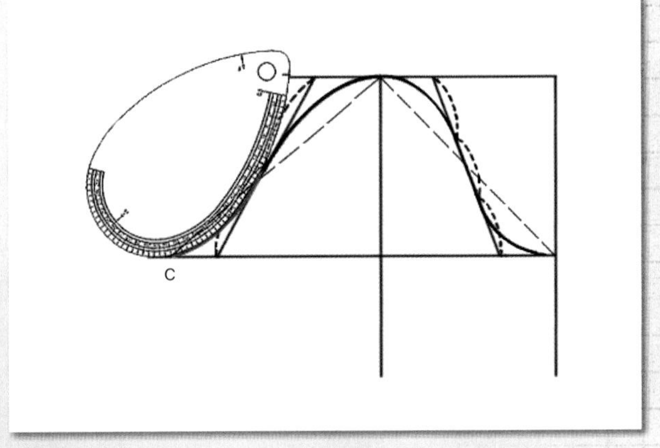

04

뒤 소매폭점(c)과 뒤 소매산 곡선 안내선을 뒤 AH자로 연결하였을 때 뒤 AH자가 뒤 소매산 곡선 안내선과 마주 닿으면서 1cm가 수평으로 이어지는 곡선으로 맞추어 남은 뒤 소매산 곡선을 그린다.

4. 소매밑선을 그린다.

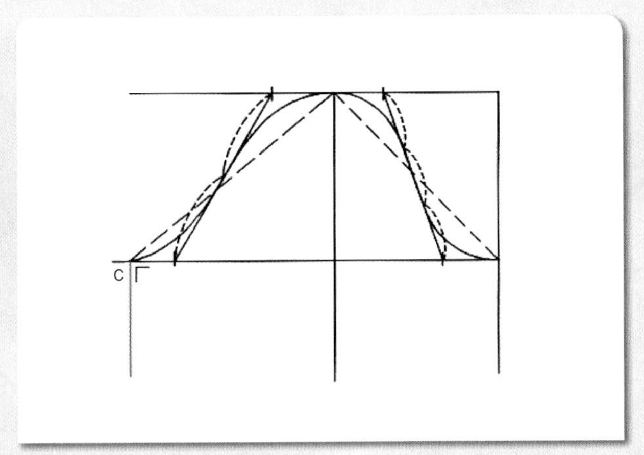

01

뒤 소매폭점(c)에서 직각으로 뒤 소매밑선을 내려 그린다.

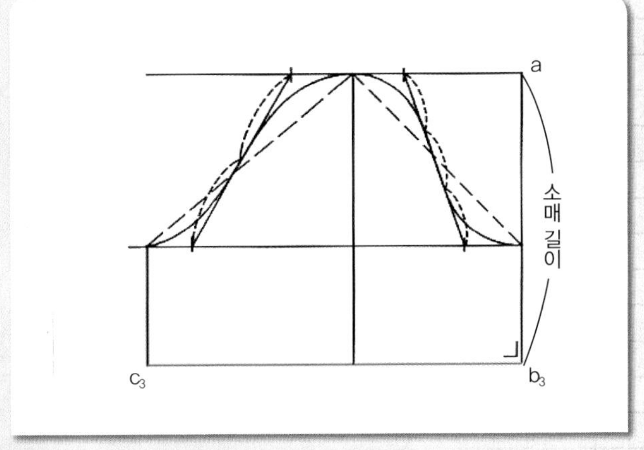

02

$a \sim b_3$ = 소매길이 a점에서 소매길이를 내려와 소매단선 위치(b_3)를 표시하고, 직각으로 뒤 소매밑 선까지 소매단 안내선(c_3)을 그린다.

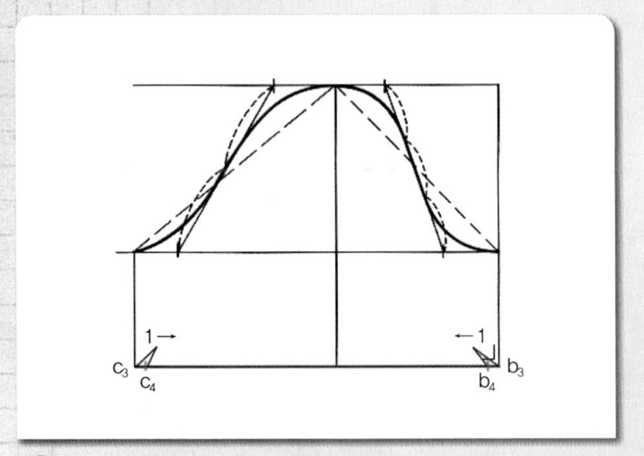

$b_3 \sim b_4$, $c_3 \sim c_4 = 1cm$ 앞/뒤 소매단 안내선의 끝점(b_3, c_3)에서 각각 1cm씩 안쪽으로 들어가 소매단폭점(b_4, c_4)을 각각 표시한다.

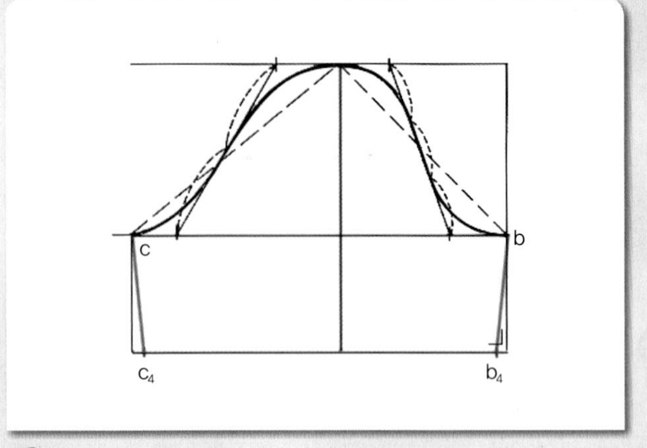

04

b점과 b_4점, c점과 c_4점 두 점을 각각 직선자로 연결하여 앞/뒤 소매밑 완성선을 그린다.

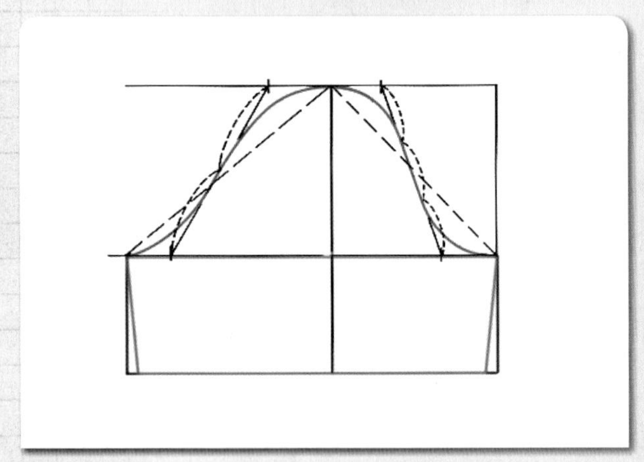

05

적색선이 소매 원형의 완성선이다.

주 소매는 디자인에 따라 소매산 높이를 조절하게 되므로 소매 원형을 그대로 사용하는 일은 그리 많지 않다. 그러나 소매산 높이가 달라지게 되더라도 수치에 변화만 있을 뿐 제도 방법에 큰 차이는 없다.

03 Shirt Collar Blouse 셔츠칼라 블라우스

스타일

목둘레를 자연스럽게 따르는 셔츠 칼라와 롤업 커프스를 넣은 반소매, 앞뒤 허리 다트를 넣어 허리를 피트시키면서 가슴에 작은 패치포켓을 넣은 캐주얼한 느낌의 가장 기본적인 블라우스이다. 블라우스의 밑단을 스커트나 팬츠 위로 내어서 겉옷처럼 착용할 수 있는 스타일이다.

소재

면, 마, 화섬 등과 울 소재로는 얇은 울인 샤리나 트로피컬 등이 적합하며, 특히 이 디자인은 슬림한 실루엣이므로 스트레치 소재를 사용하는 것이 좋다. 색이나 무늬는 스커트나 팬츠와의 조합을 고려하여 선택하는 것이 좋다.

포인트

안단의 접착심지 붙이는 법, 셔츠칼라를 만들어 다는 법, 패치포켓 만들어 다는 법, 허리다트 처리법, 어깨선과 옆선을 통솔로 처리하는 법, 롤업 커프스를 넣은 반소매 만드는 법, 소매 다는 법을 배운다.

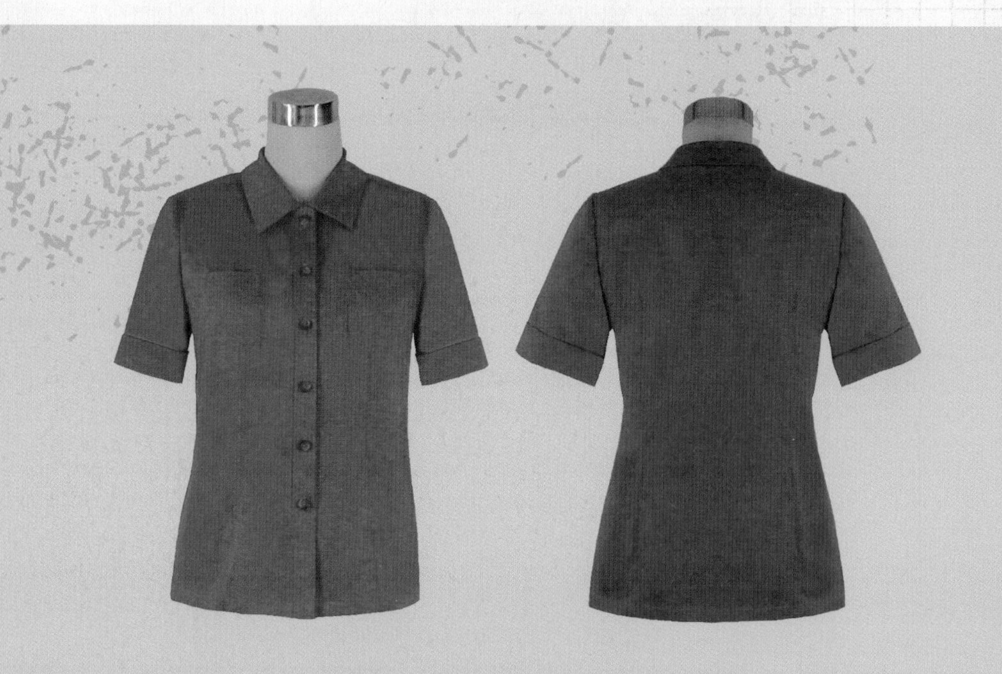

제도법

제도 치수 구하기

계측부위	계측 치수의 예	자신의 계측 치수	제도 각자 사용 시의 제도 치수	일반 자 사용 시의 제도 치수	자신의 제도 치수
가슴둘레(B)	86cm		$B^{\circ}/2$	B/4	
허리둘레(W)	66cm		$W^{\circ}/2$	W/4	
엉덩이둘레(H)	94cm		$H^{\circ}/2$	H/4	
등길이	38cm		치수 38cm		
앞길이	41cm		41cm		
뒤품	34cm		뒤품/2		
앞품	32cm		앞품/2		
유두 길이	25cm		25cm		
유두 간격	18cm		유두 간격/2=9		
어깨 너비	37cm		어깨 너비/2=18.5		
블라우스 길이	62cm		원형의 뒤중심 길이+4cm=62cm		
소매 길이	25cm		원하는 소매 길이		
진동 깊이	최소치=20cm, 최대치=24cm		$(B^{\circ}/2)-0.5$cm	B/4−0.5cm	
앞/뒤 위가슴둘레선			$(B^{\circ}/2)+1.5$cm	(B/4)+1.5cm	
히프선 뒤			$(B^{\circ}/2)+0.6$cm	(H/4)+0.6cm=23.6cm	
앞			$(B^{\circ}/2)+2.5$cm	(H/4)+2.5cm=26cm	
소매산 높이			(진동 깊이/2)+4cm		

주 : 진동 깊이=B/4의 산출치가 20~24cm 범위 안에 있으면 이상적인 진동 깊이의 길이라 할 수 있다. 따라서 최소치=20cm, 최대치=24cm까지이다. (예를 들면 가슴둘레 치수가 너무 큰 경우에는 진동 깊이가 너무 길어 겨드랑밑 위치에서 너무 내려가게 되고, 가슴둘레 치수가 너무 적은 경우에는 진동 깊이가 너무 짧아 겨드랑밑 위치에서 너무 올라가게 되어 이상적인 겨드랑밑 위치가 될 수 없다. 따라서 B/4의 산출치가 20cm 미만이면 뒤 목점(BNP)에서 20cm 나간 위치를 진동 깊이로 정하고, B/4의 산출치가 24cm 이상이면 뒤목 점(BNP)에서 24cm 나간 위치를 진동 깊이로 정한다.

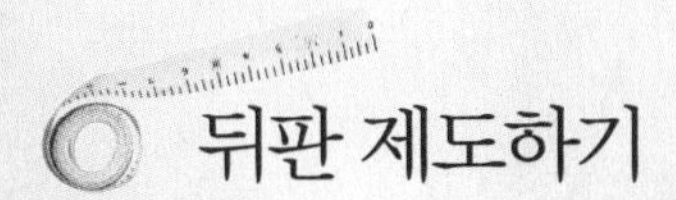

뒤판 제도하기

1. 뒤 중심선과 밑단선을 그린다.

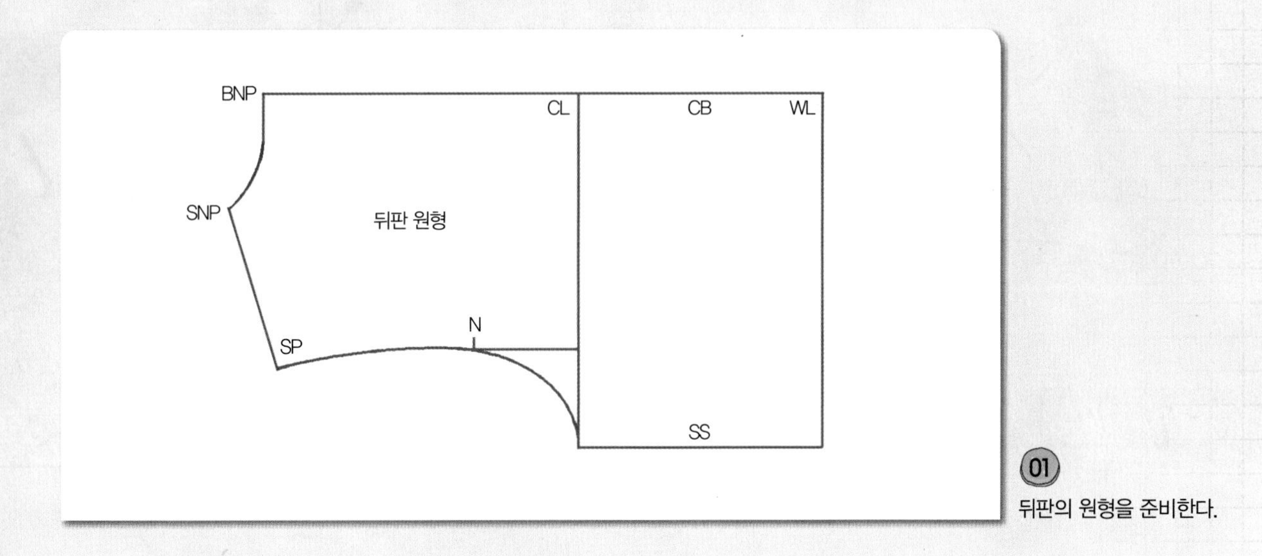

01
뒤판의 원형을 준비한다.

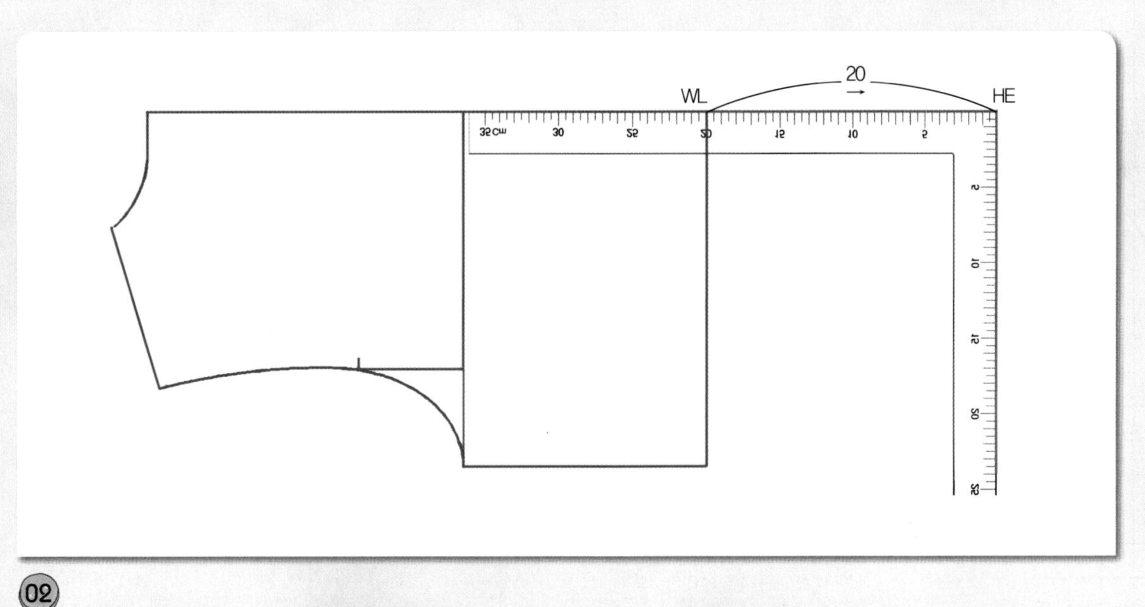

02
WL~HE=20cm 뒤 원형의 뒤 중심 쪽 허리선(WL)에서 수평으로 20cm 뒤 중심선을 연장시켜 그리고, 밑단선 위치(HE)를 정한 다음, 직각으로 밑단선을 내려 그린다.

2. 진동둘레선과 옆선의 완성선을 그린다.

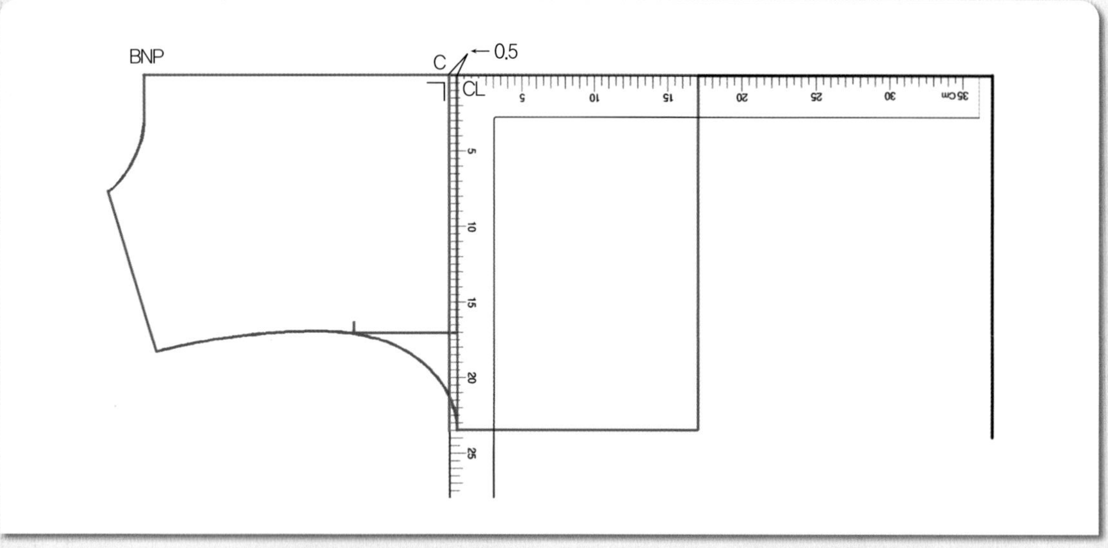

01

CL~C=0.5cm 원형의 위 가슴둘레선(CL)에서 뒤 목점(BNP) 쪽으로 0.5cm 나가 위 가슴둘레선 위치(C)를 이동하고 직각으로 위 가슴둘레선을 내려 그린다.

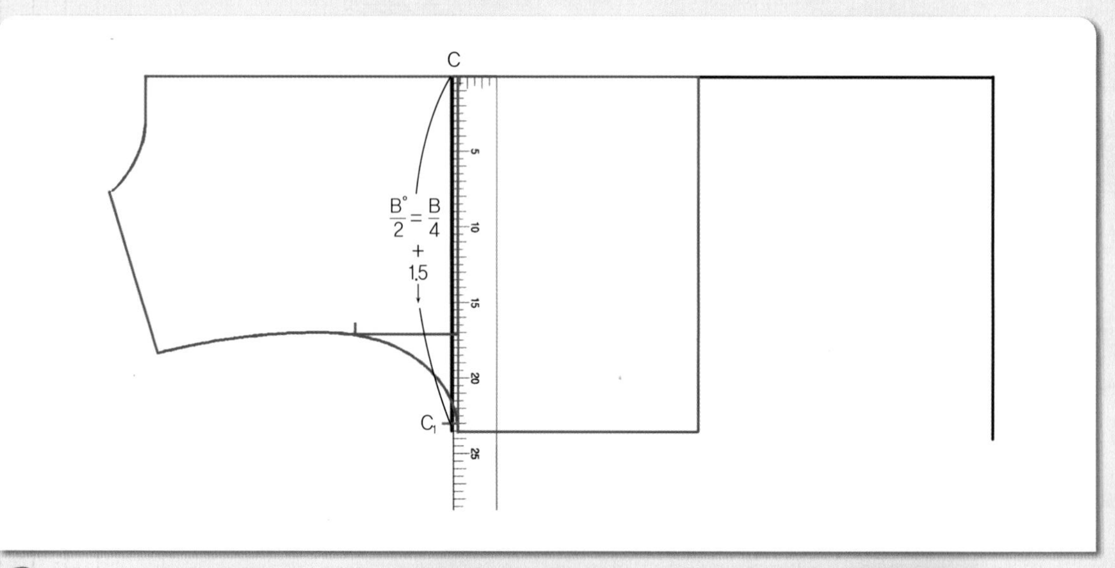

02

$C \sim C_1 = (B°/2) + 1.5cm = (B/4) + 1.5cm$ 이동한 위 가슴둘레선(C)의 뒤 중심 쪽에서 (B°/2)+1.5cm=(B/4)+1.5cm한 치수를 내려와 옆선을 그릴 위 가슴둘레선 끝점(C_1)을 표시한다.

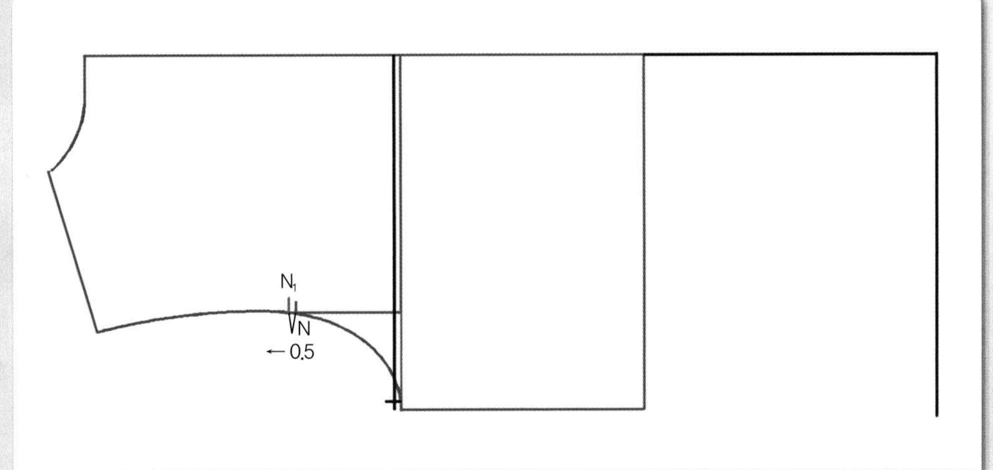

$N \sim N_1 = 0.5cm$ 원형의 소매맞춤표시점(N)에서 0.5cm 어깨선 쪽으로 나가 소매 맞춤 표시점(N_1)을 이동한다.

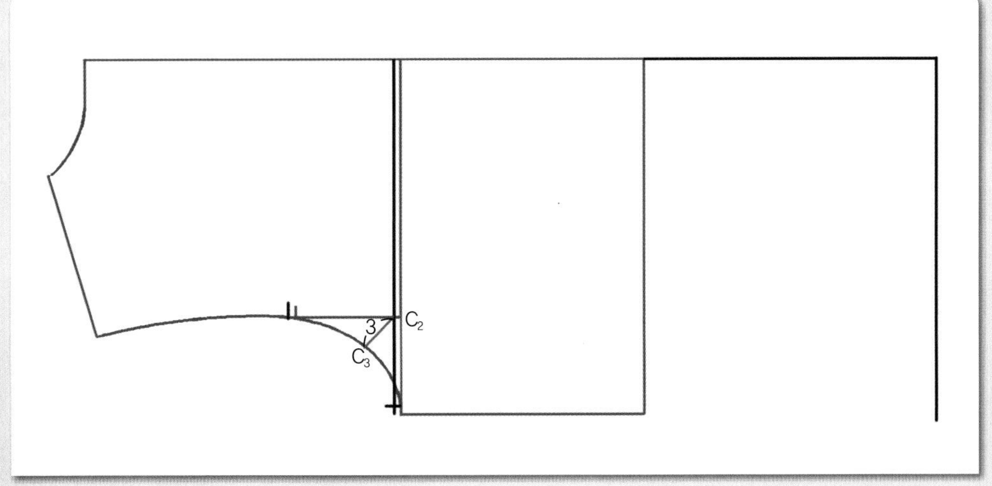

$C_2 \sim C_3 = 3cm$ 이동한 위 가슴둘레선과 원형의 뒤품선과의 교점(C_2)에서 45도 각도로 3cm 진동둘레선을 그릴 통과선(C_3)을 그린다.

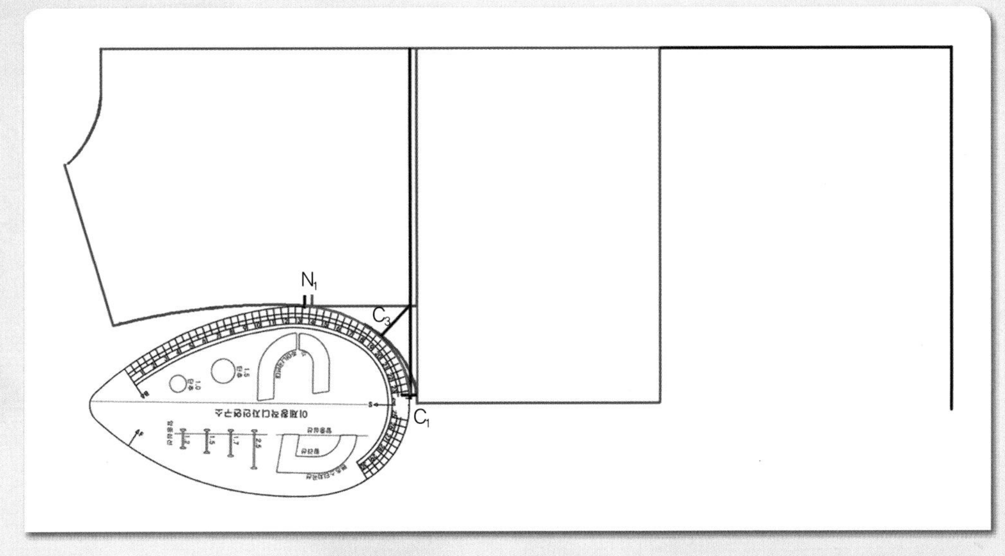

C_3점을 통과하면서 N_1점과 C_1점이 연결되도록 뒤 AH자 쪽으로 연결하여 진동둘레선을 수정한다.

06

HE~H=(H°/2)+0.6cm=(H/4)+0.6cm HE 점에서 (H°/2)+0.6cm=(H/4) +0.6cm한 치수를 내려와 옆선 쪽의 밑단선 끝점(H) 위치를 표시한다.

07

C_1~H=옆선 옆선 쪽 위 가슴둘레선 끝점(C_1)과 H점 두 점을 직선자로 연결하여 옆선의 안내선을 그린다.

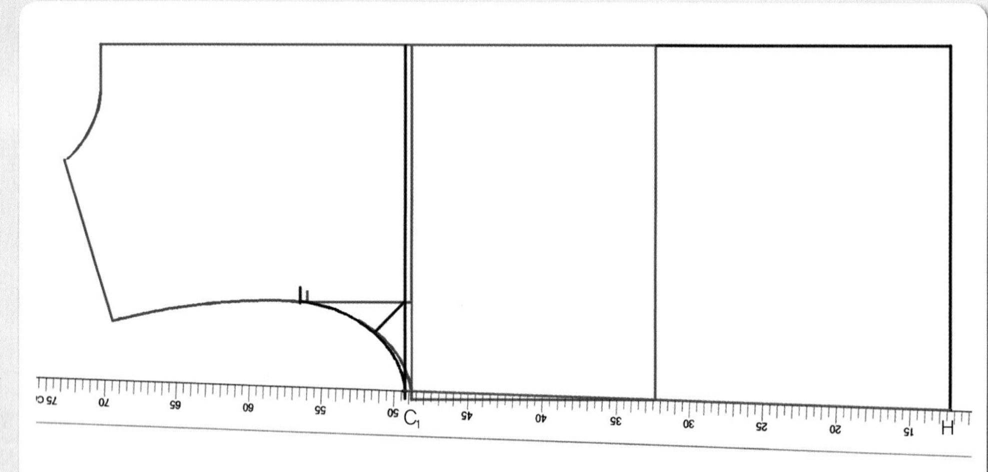

08

W~W_1=1.5cm 07에서 그린 옆선의 안내선과 원형의 옆선 쪽 허리안내선과의 교점(W)에서 1.5cm 올라가 옆선의 완성선을 그릴 안내점(W_1)을 표시한다.

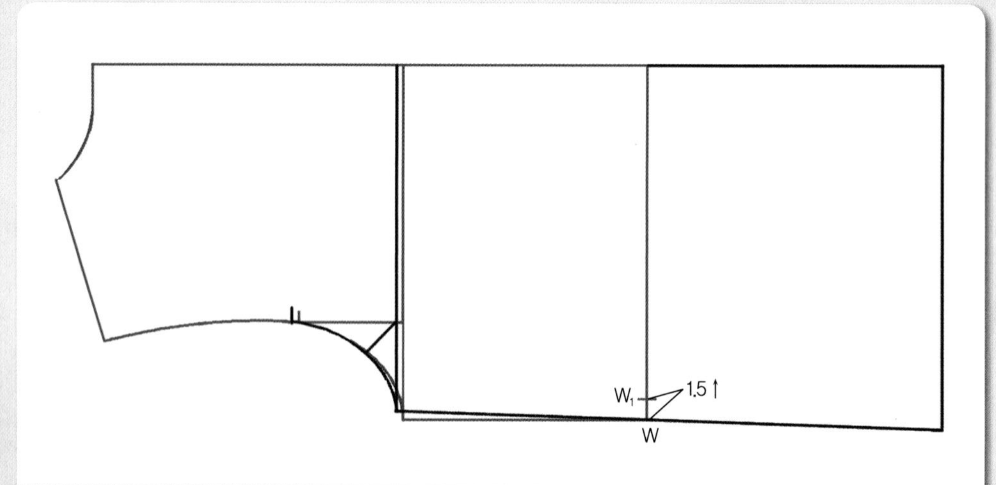

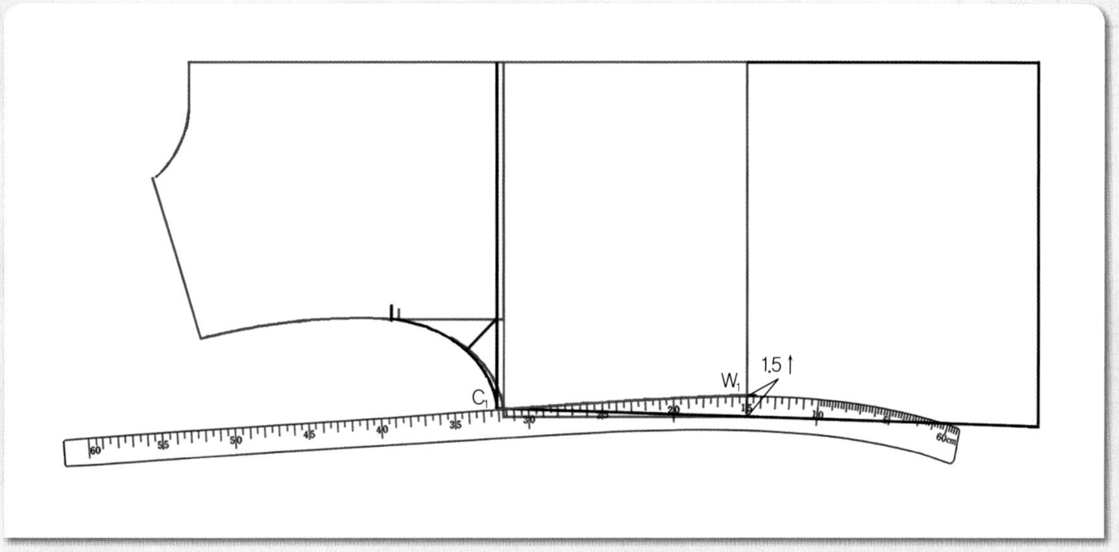

09

W_1점에 hip곡자 15 위치를 맞추면서 C_1점과 연결하여 허리선 위쪽 옆선의 완성선을 그린다.

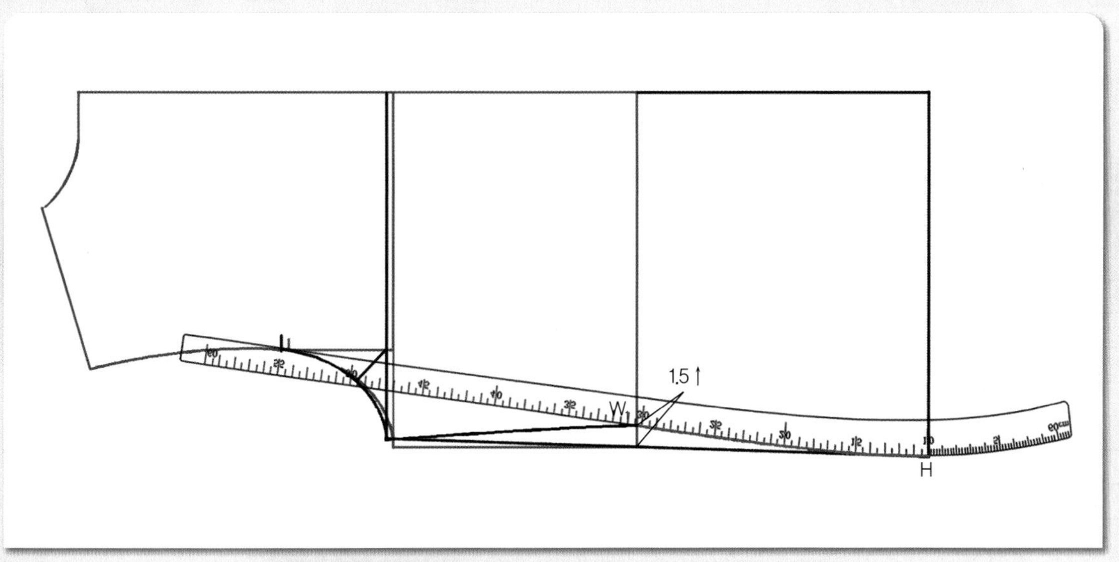

10

H점에 hip곡자 10 위치를 맞추면서 W_1점과 연결하여 허리선 아래쪽 옆선의 완성선을 그린다.

3. 뒤 허리다트선을 그린다.

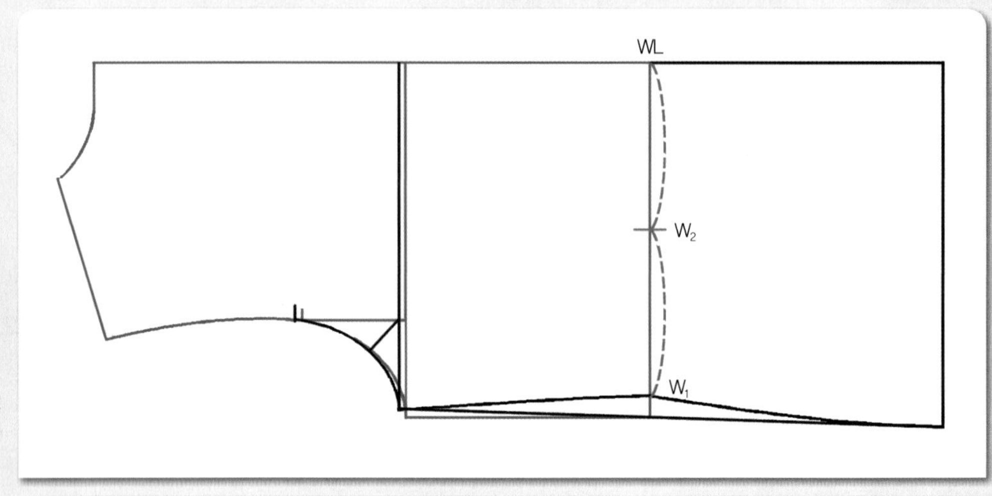

01

$WL \sim W_1$ = 2등분(W_2) WL점에서 W_1점까지를 2등분하여 1/2 위치에 옆선 쪽 허리 다트위치(W_2)를 표시한다.

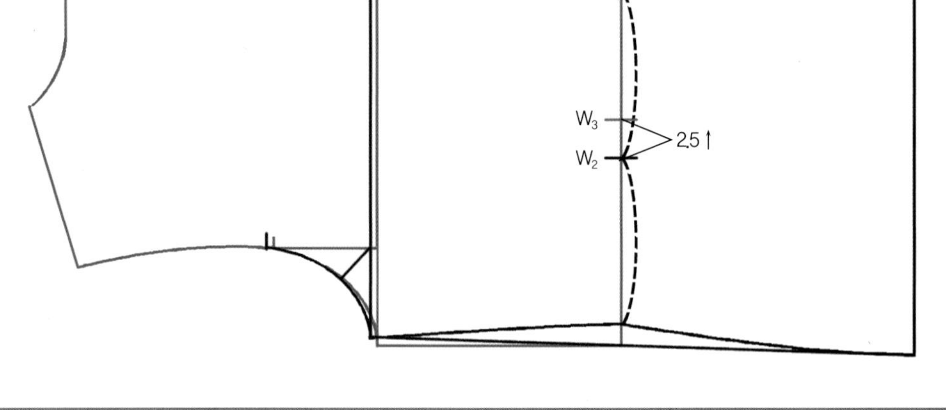

02

$W_2 \sim W_3$ = 2.5cm W_2점에서 뒤 중심 쪽으로 2.5cm 올라가 뒤 중심 쪽 다트위치(W_3)를 표시한다.

$W_4 = W_2 \sim W_3$의 1/2점 W_2점과 W_3점을 2등분하여 1/2 위치에 다트 중심선 위치(W_4)를 표시하고 직각으로 밑단선까지 다트 중심선(H_1)을 그린다.

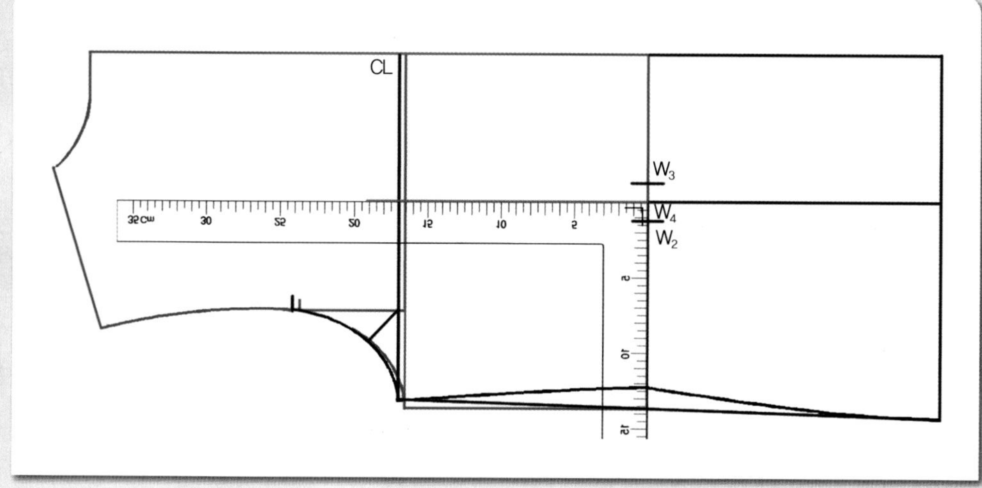

04

W_4점에서 직각으로 위 가슴둘레선(CL)에서 조금 더 길게 다트 중심선을 그린다.

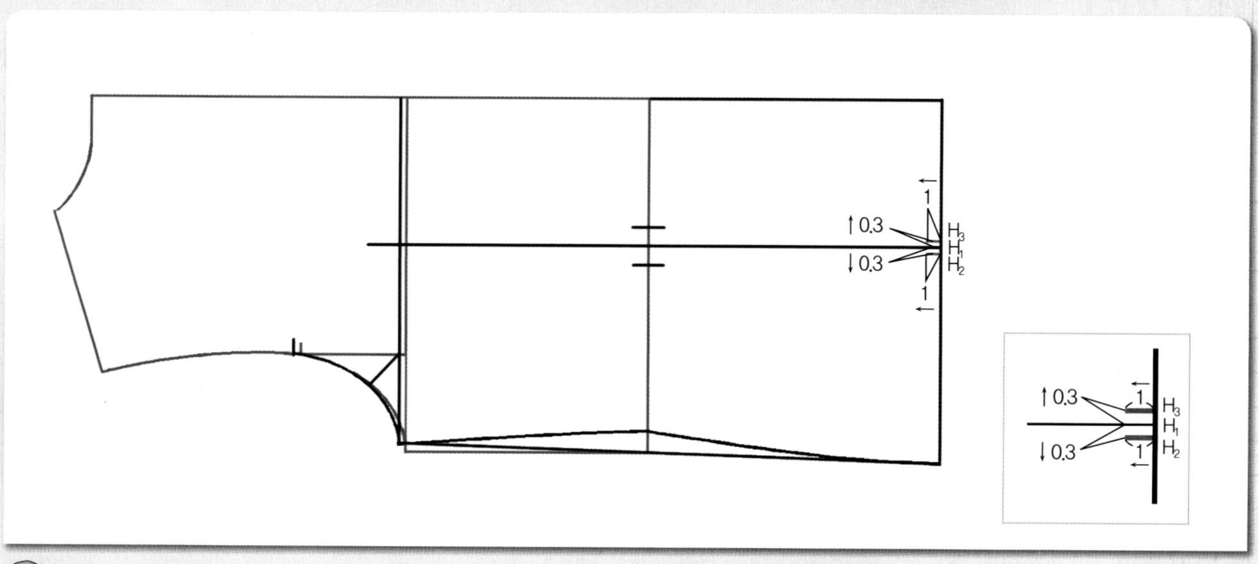

05

밑단선 쪽 다트 중심선(H_1)에서 0.6cm를 위 아래로 나누어 밑단쪽 다트 끝점(H_2, H_3)을 표시하고 직각으로 1cm씩 다트선을 그린다.

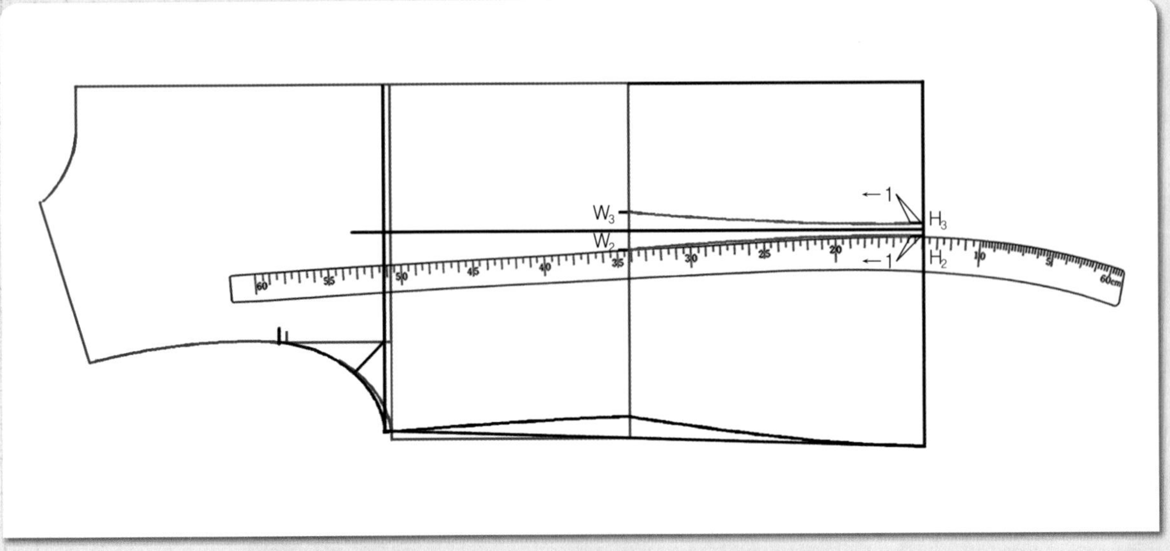

06

05에서 1cm씩 그린 다트선 끝점에 hip곡자 15 위치를 맞추면서 허리선의 다트 위치(W_2, W_3)와 각각 연결하여 허리선 아래쪽 다트 완성선을 그린다.

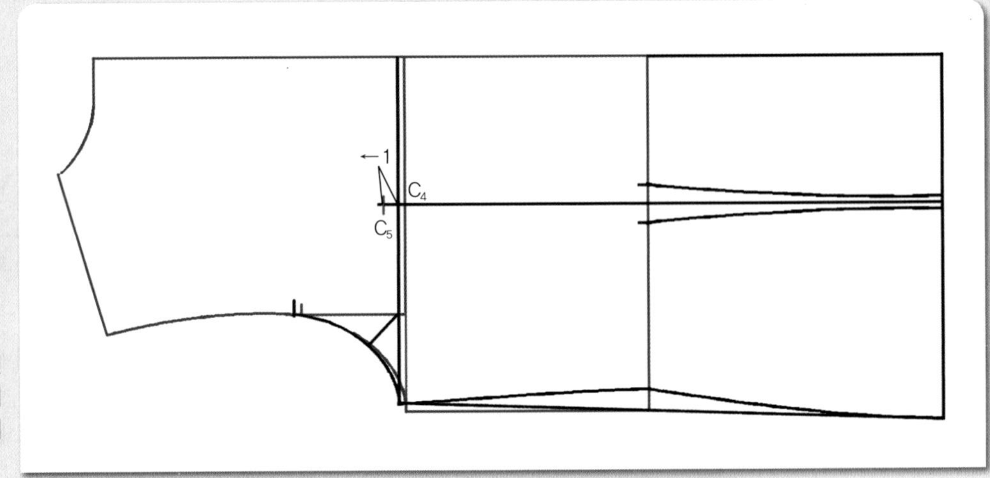

07

$C_4 \sim C_5 = 1$cm 위 가슴둘레선과 다트 중심선과의 교점(C_4)에서 1cm 나가 다트 끝점(C_5) 위치를 표시한다.

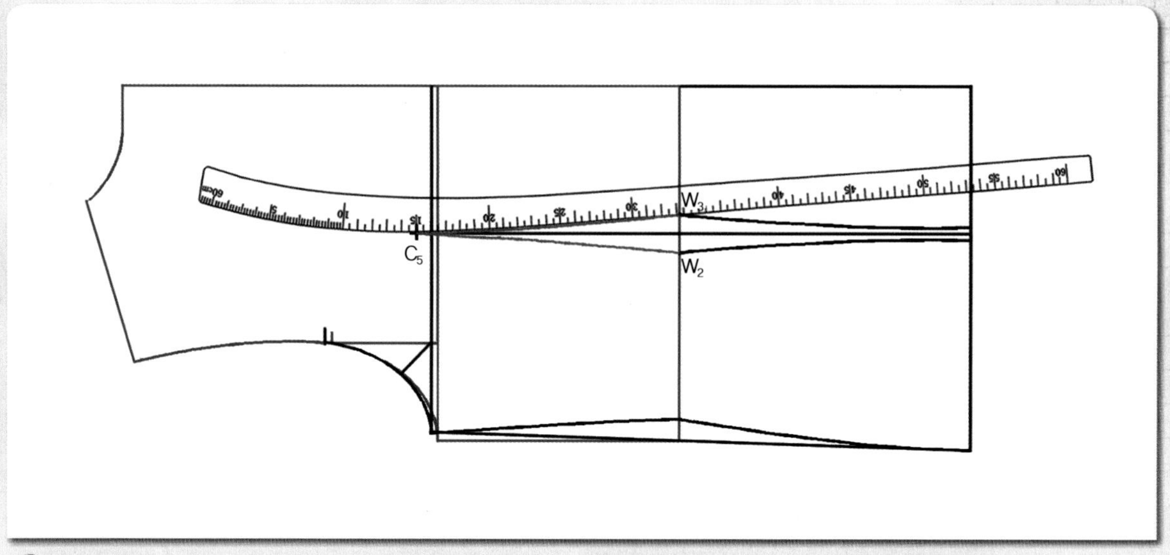

08

C_5점에 hip곡자 15 위치를 맞추면서 허리선의 다트 위치(W_2, W_3)와 각각 연결하여 허리선 위쪽 다트 완성선을 그린다.

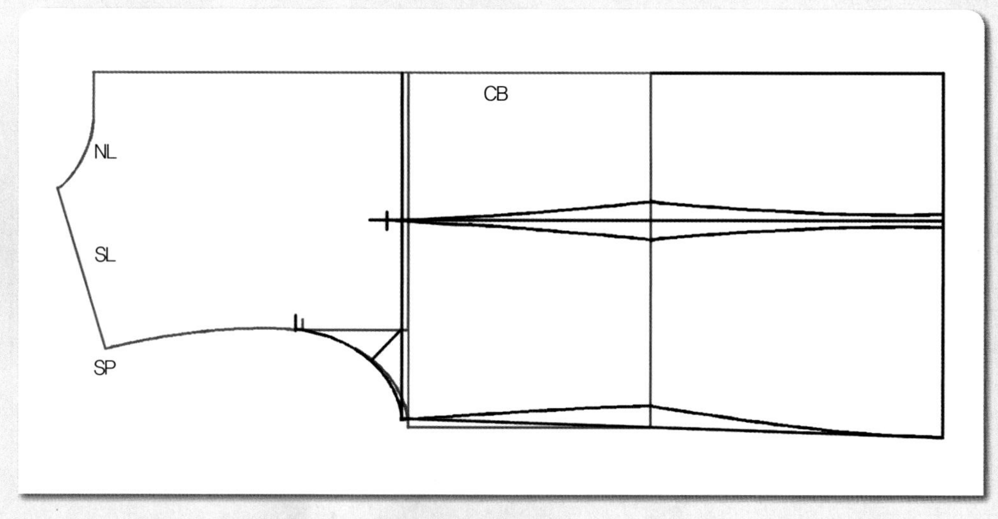

09

적색선으로 표시된 뒤 중심선(CB), 뒤 목둘레선(BNL), 어깨선(SL), 진동둘레선은 원형의 선을 그대로 사용한다.

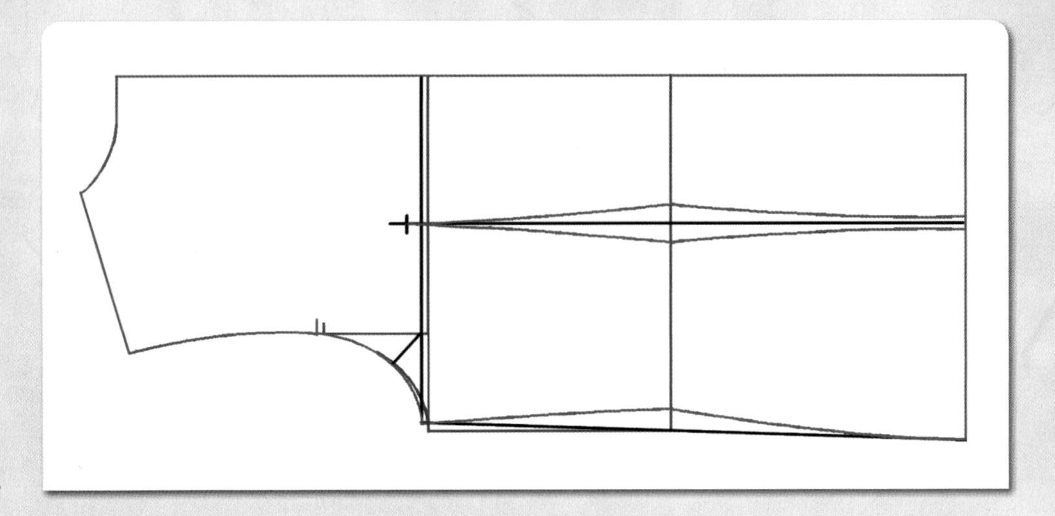

10

적색선이 뒤판의 완성선이다.

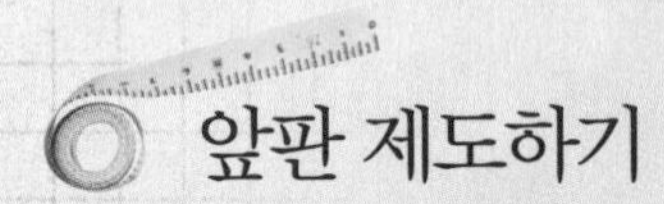

앞판 제도하기

1. 앞중심선과 밑단의 안내선을 그린다.

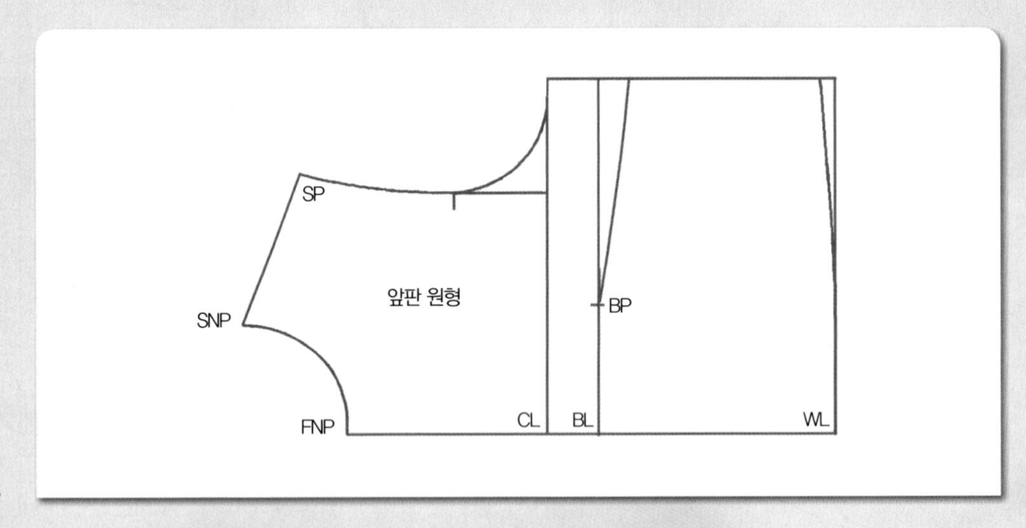

01

앞판의 원형선을 옮겨 그린다.

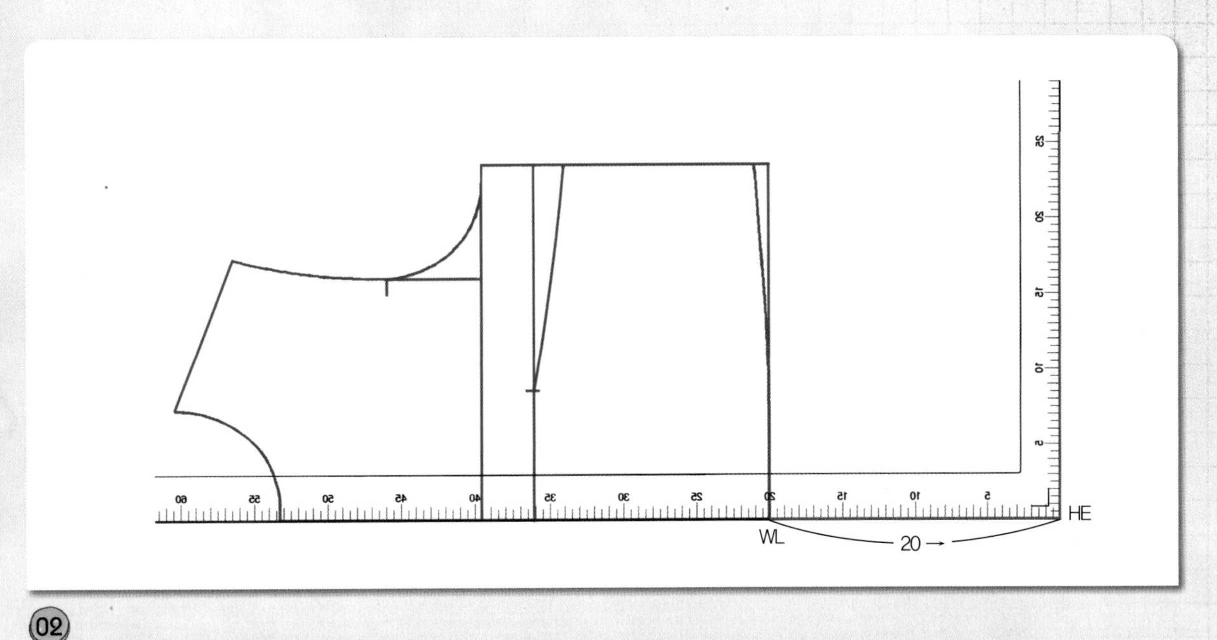

02

WL～HE＝20cm 직각자를 대고 앞 원형의 WL점에서 수평으로 20cm 앞 중심선(HE)을 연장시켜 그리고, 직각으로 밑단의 안내선을 올려 그린다.

2. 옆선과 밑단의 완성선을 그린다.

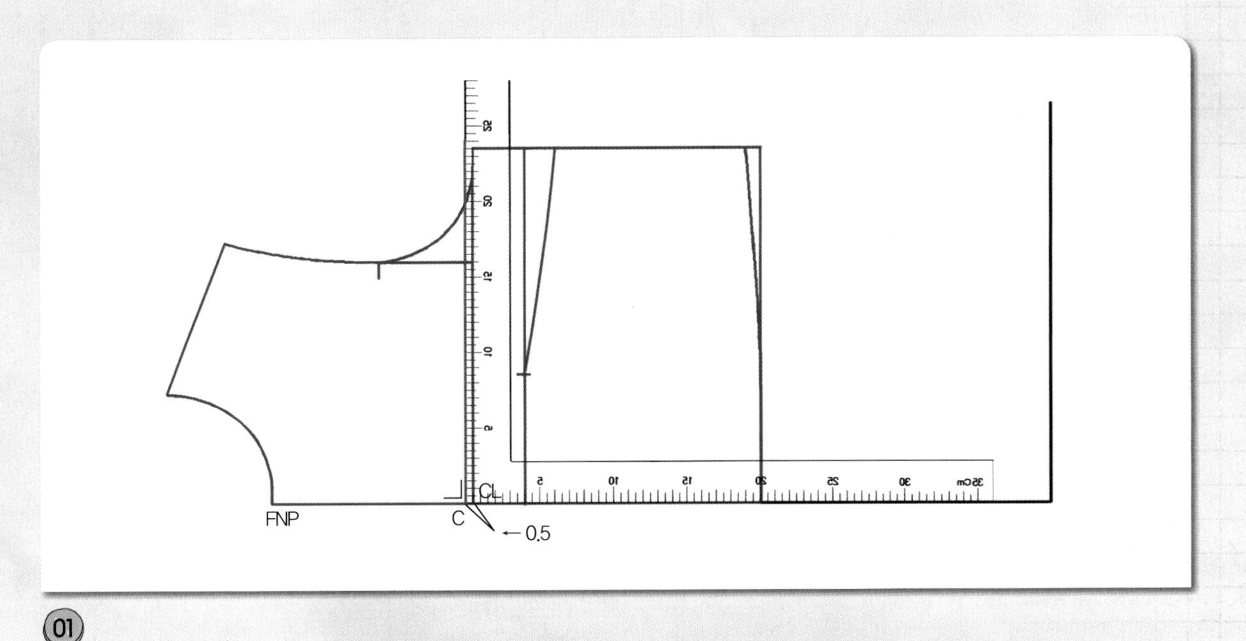

01

CL～C＝0.5cm 원형의 위 가슴둘레선(CL)에서 앞 목점(FNP) 쪽으로 0.5cm 나가 위 가슴둘레선 위치(C)를 이동하고 직각으로 위 가슴둘레선을 올려 그린다.

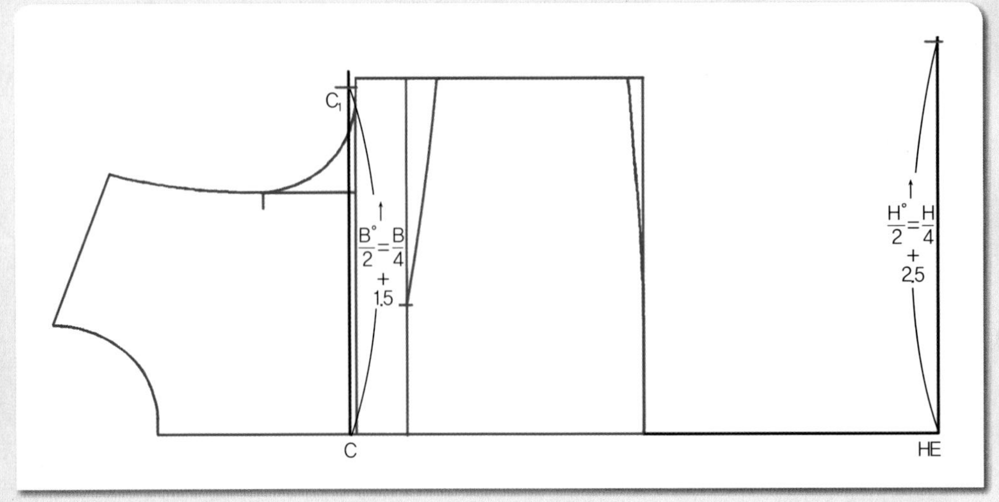

02

$C \sim C_1 = (B°/2) + 1.5cm = (B/4) + 1.5cm$, $HE \sim H(H°/2) + 2.5cm = (H/4) + 2.5cm$ 이동한 위 가슴둘레선(C)의 앞 중심 쪽에서 (B°/2) + 1.5cm = (B/4) + 1.5cm한 치수를 올라가 옆선을 그릴 위 가슴둘레선 끝점(C_1)을 표시하고, 앞 중심 쪽 밑단선 끝점(HE)에서 (H°/2) + 2.5cm = (H/4) + 2.5cm한 치수를 올라가 옆선을 그릴 밑단선 끝점(H)을 표시한다.

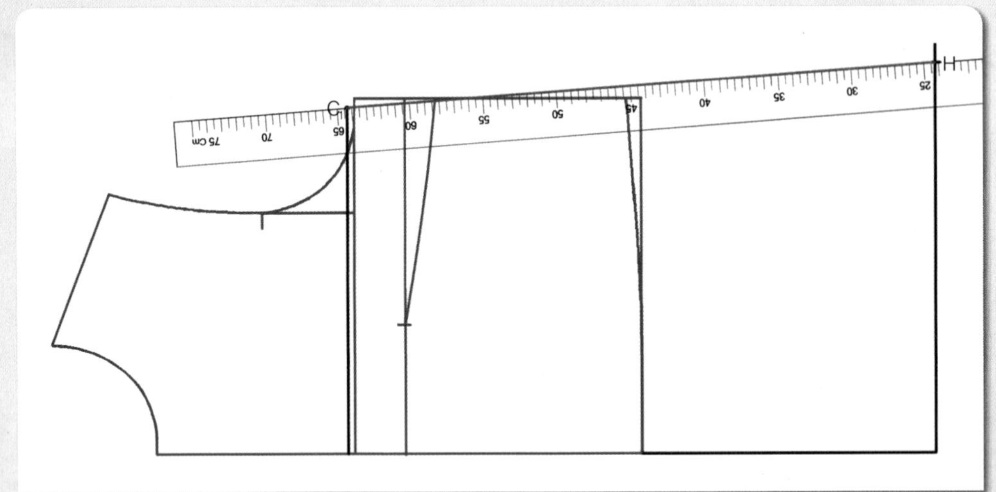

03

C_1점과 H점 두 점을 직선자로 연결하여 옆선의 안내선을 그린다.

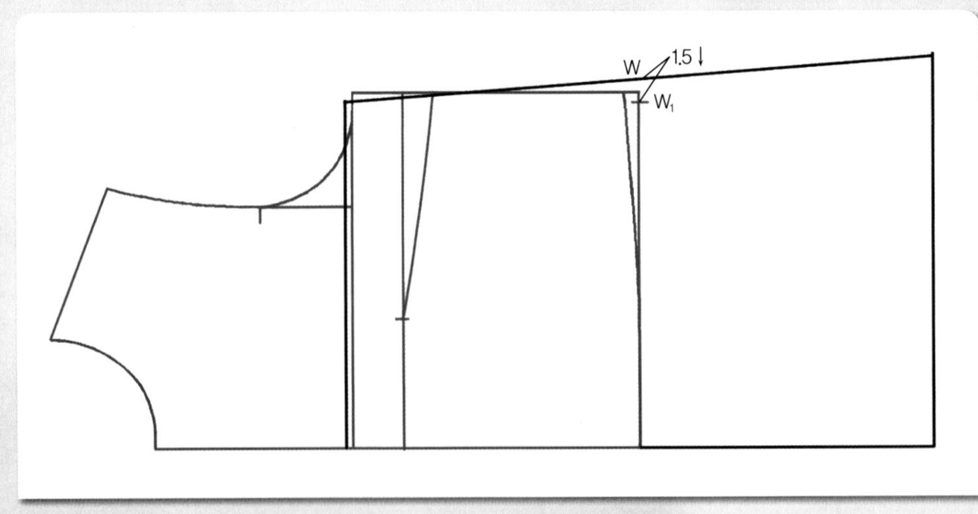

04

$W \sim W_1 = 1.5cm$ **03**에서 그린 옆선의 안내선과 원형의 옆선 쪽 허리안내선과의 교점(W)에서 1.5cm 내려와 옆선의 완성선을 그릴 안내점(W_1)을 표시한다.

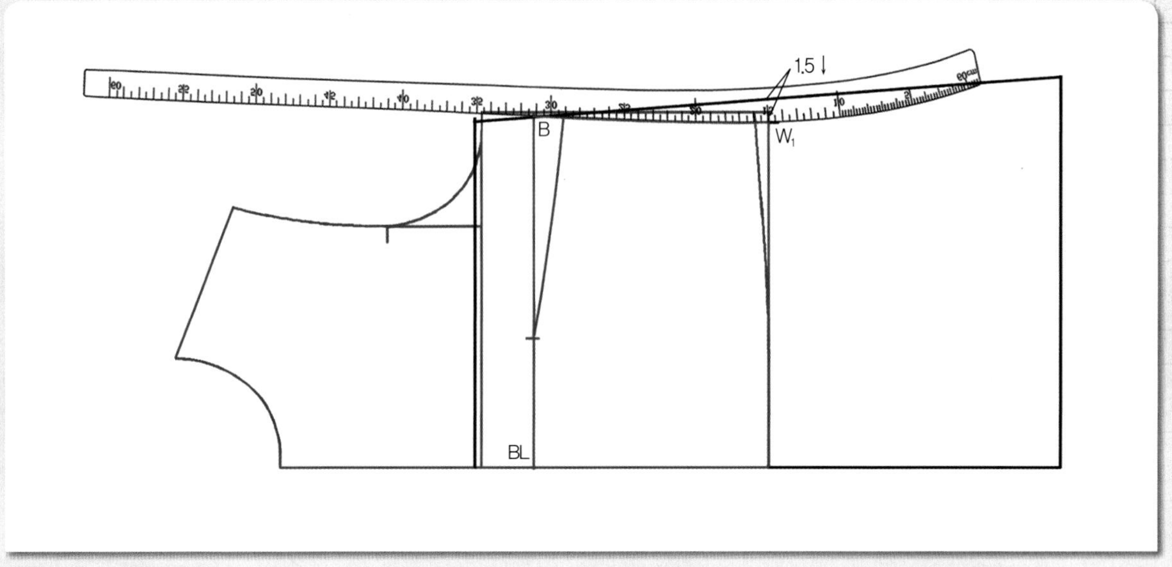

05

W_1점에 hip곡자 15 위치를 맞추면서 가슴둘레선(BL)과 옆선의 안내선과의 교점(B)과 연결하여 허리선 위쪽 옆선의 완성선을 그린다.

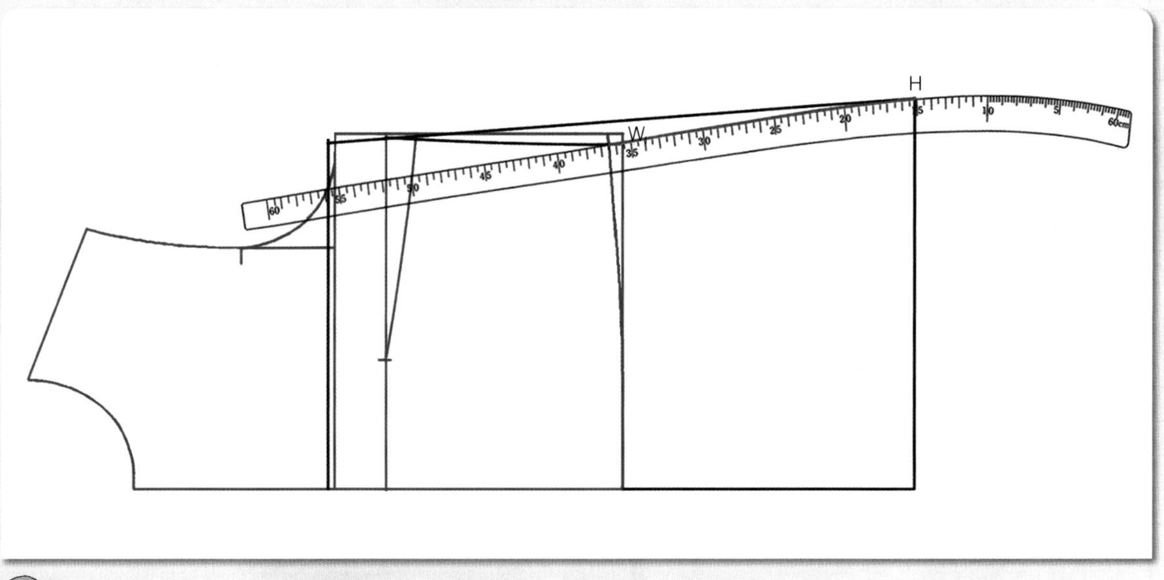

06

H점에 hip곡자 15 위치를 맞추면서 W_1점과 연결하여 허리선 아래쪽 옆선의 완성선을 그린다.

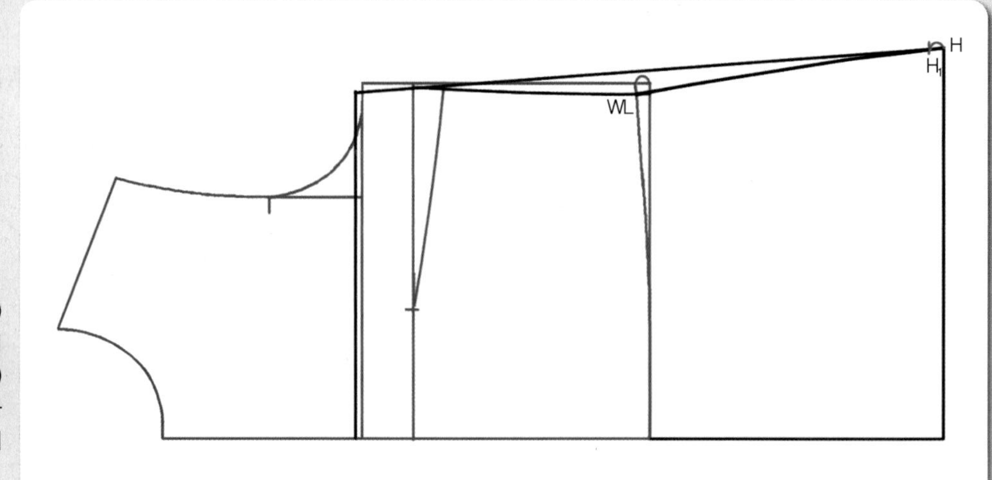

07

원형의 옆선 쪽 허리완성선(WL)과 허리안내선의 길이를 재어 옆선 쪽 밑단의 안내선 끝점(H)에서 옆선의 완성선을 따라나가 밑단의 완성선을 그릴 옆선의 끝점(H_1) 위치를 표시한다.

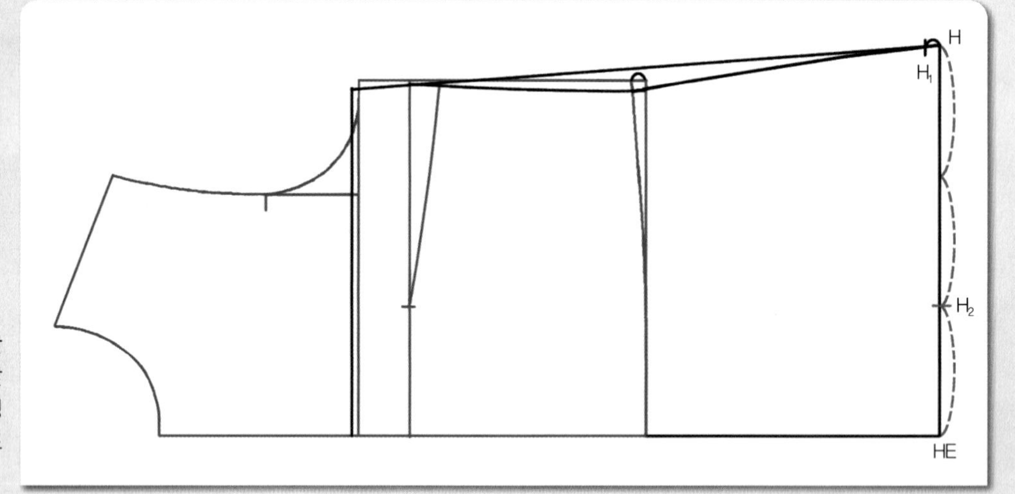

08

H_2 = HE~H의 1/3 밑단의 안내선(HE~H)을 3등분하여 앞중심 쪽 1/3 위치에 밑단의 완성선을 그릴 연결점 위치(H_2)를 표시한다.

09

H_2점에 hip곡자 15 위치를 맞추면서 H_1점과 연결하여 밑단의 완성선을 그린다.

3. 허리다트선과 가슴다트선을 그린다.

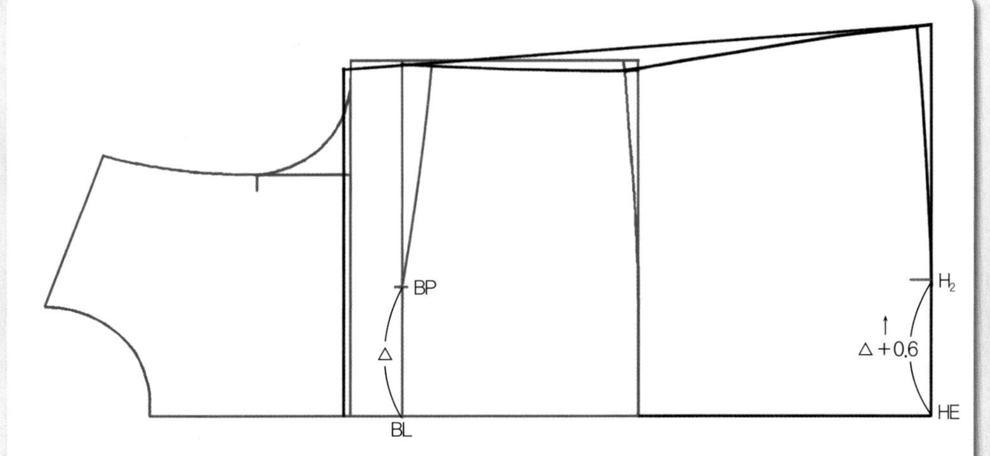

01

HE~H_2=(유두간격/2)+0.6cm 앞 중심 쪽 밑단선 끝점(HE)에서 (유두간격/2)+0.6cm 올라가 다트 중심선 위치(H_2)를 표시한다.

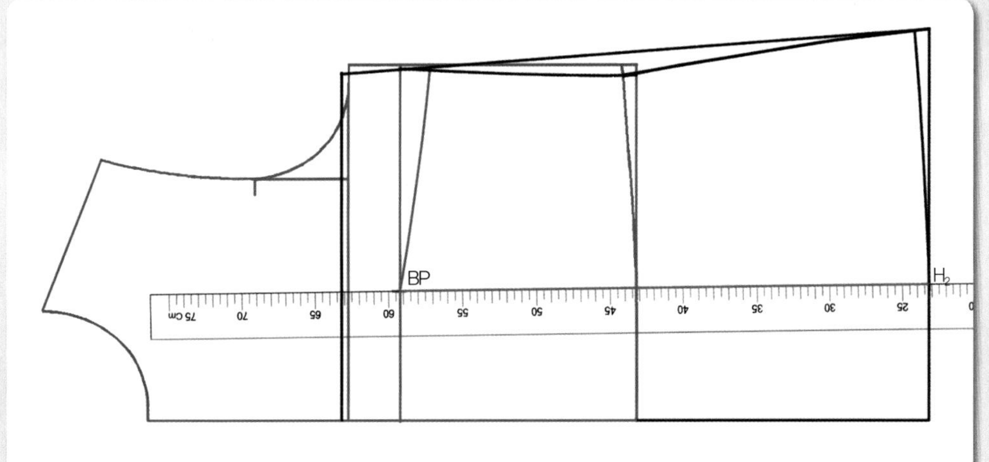

02

원형의 유두점(BP)과 H_2점 두 점을 직선자로 연결하여 다트 중심선을 그린다.

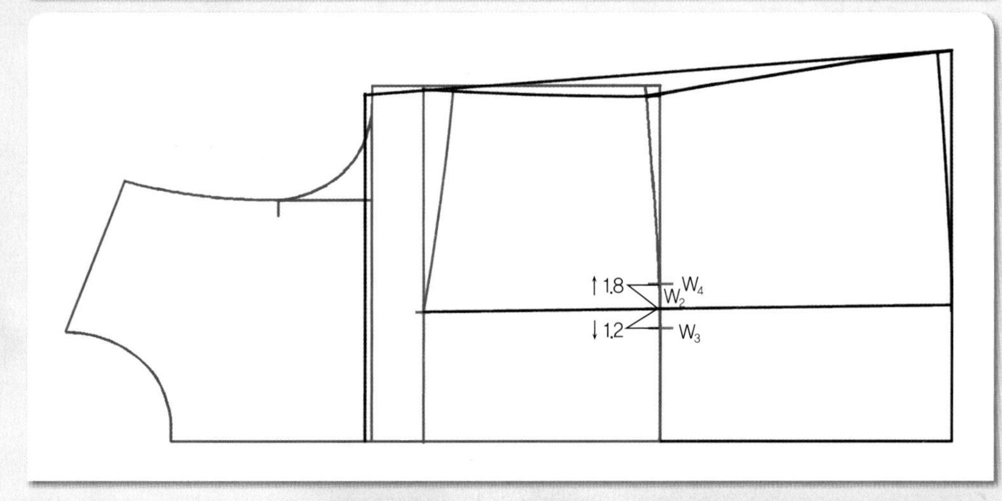

03

W_2~W_3=1.2cm, W_2~W_4=1.8cm 원형의 허리선(WL)과 다트 중심선과의 교점(W_2)에서 앞 중심쪽으로 1.2cm 내려와 앞 중심쪽의 허리 다트위치(W_3)를 표시하고, W_2점에서 옆선 쪽으로 1.8cm 올라가 옆선 쪽의 허리 다트위치(W_4)를 표시한다.

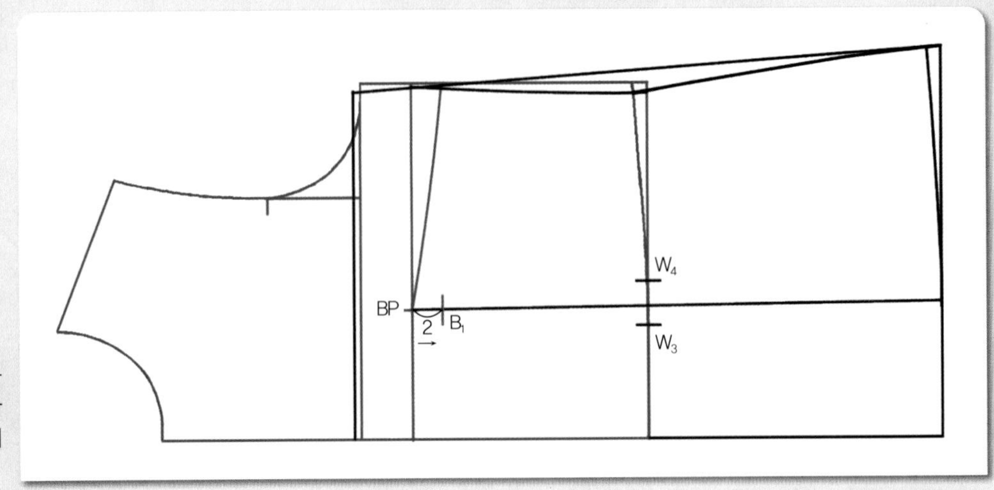

04

BP~B₁=2cm 원형의 유두점(BP)에서 다트중심선을 따라 2cm 나가 허리 다트끝점(B₁) 위치를 표시한다.

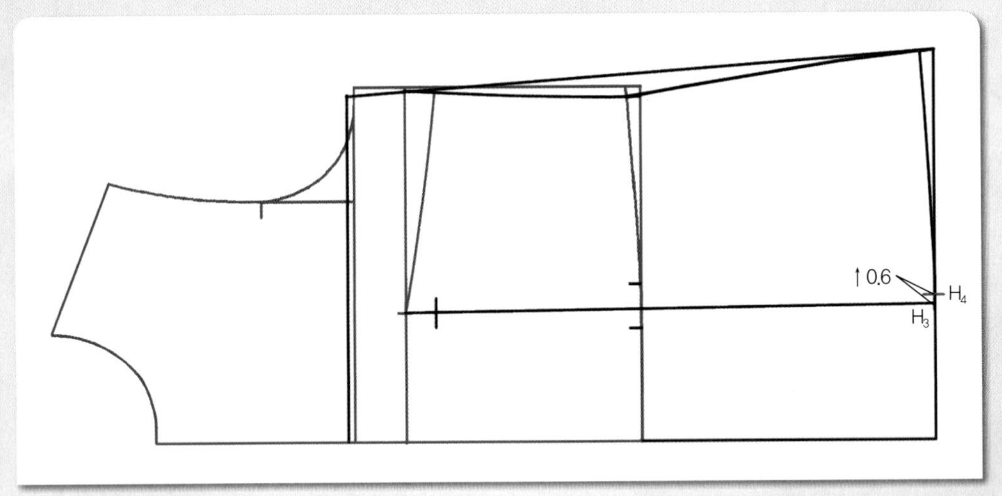

05

H_3~H_4=0.6cm 밑단쪽 다트 중심선 위치(H_3)에서 0.6cm 올라가 옆선 쪽 허리 다트위치(H_4)를 표시한다.

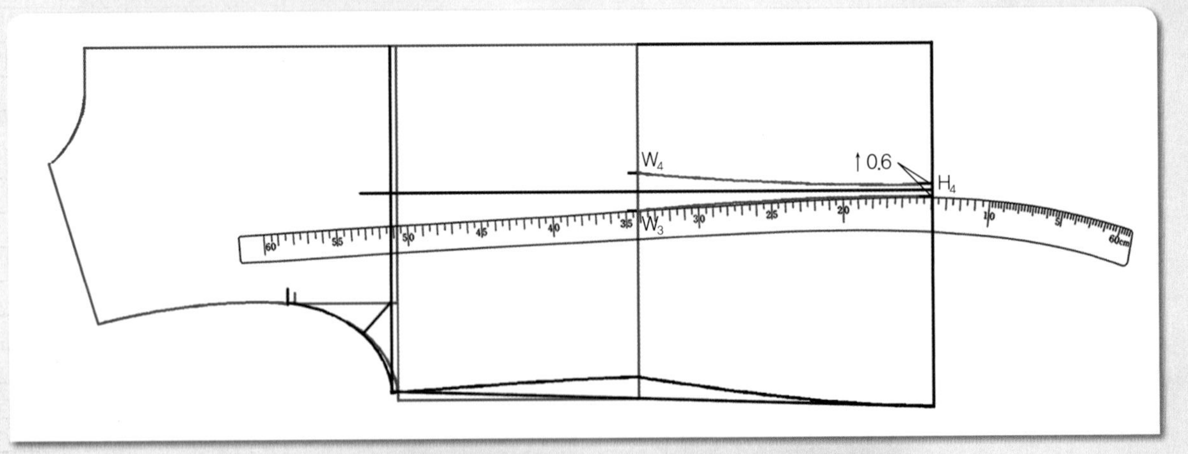

06

H_3점과 H_4점에 각각 hip곡자 15 위치를 맞추면서 허리선의 다트위치(W_3, W_4)와 각각 연결하여 허리선 아래쪽 다트 완성선을 그린다.

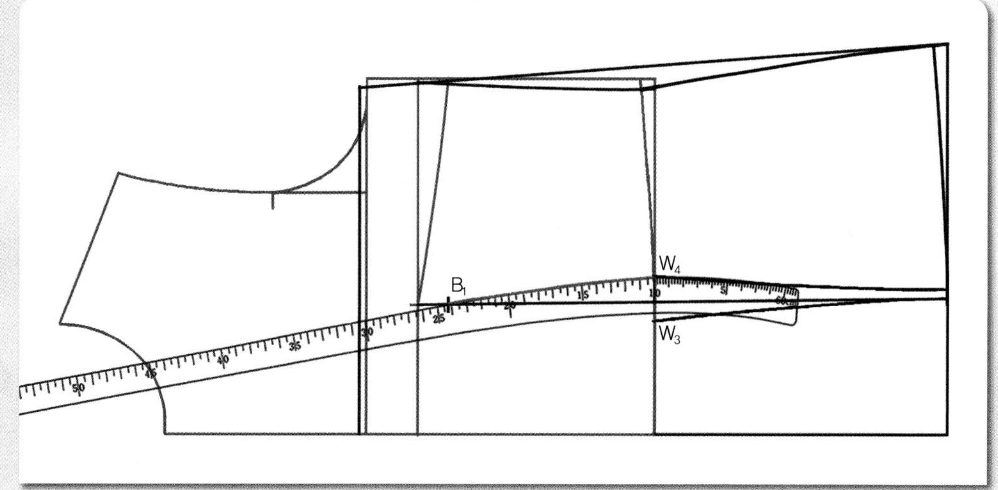

W$_4$점에 hip곡자 10 위치를 맞추면서 다트끝점(B$_1$)과 연결하여 옆선 쪽으로 허리선 위쪽 다트 완성선을 그린다.

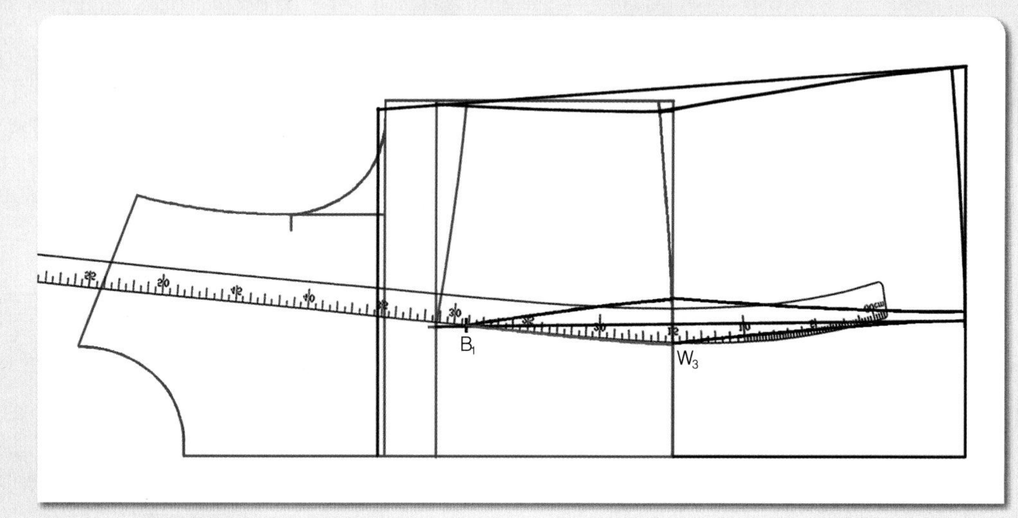

08

W$_3$점에 hip곡자 15 위치를 맞추면서 다트끝점(B$_1$)과 연결하여 앞 중심 쪽의 허리선 위쪽 다트 완성선을 그린다.

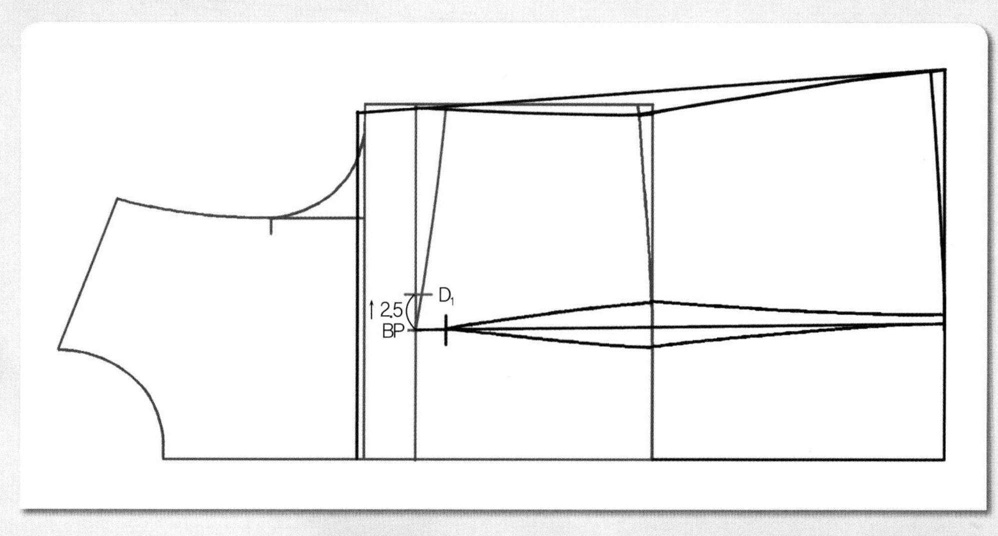

BP~D$_1$=2.5cm 원형의 유두점(BP)에서 2.5cm 올라가 가슴 다트 끝점(D$_1$) 위치를 표시한다.

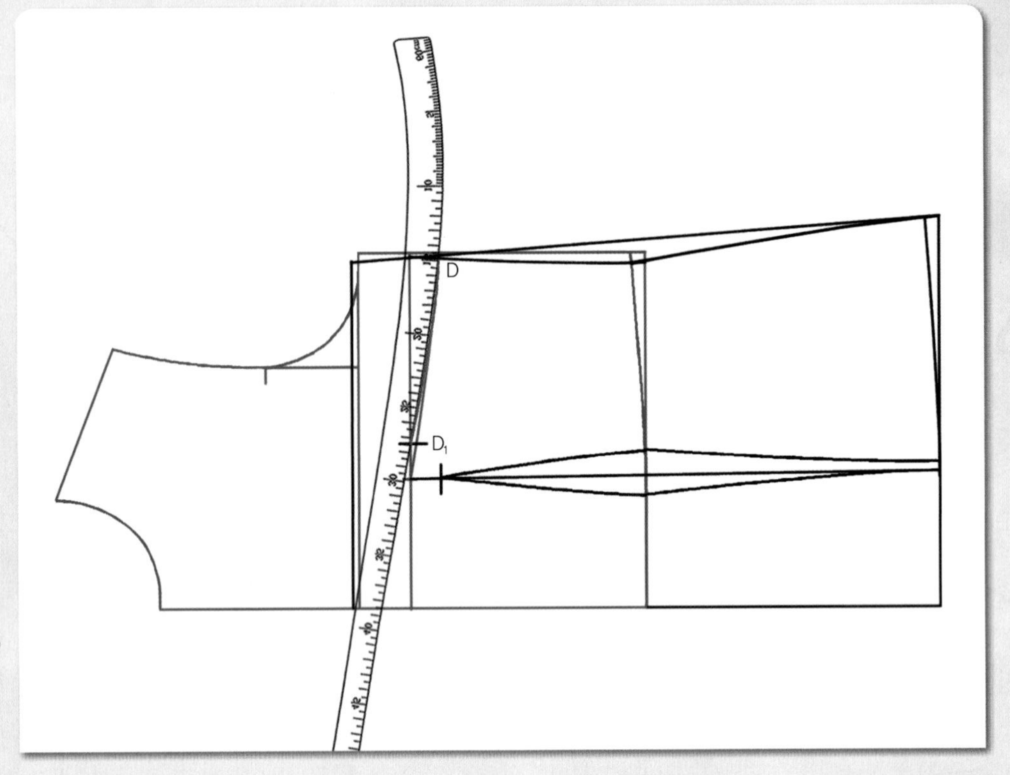

10

원형의 옆선 쪽 가슴다트점(D)에 hip곡자 15 위치를 맞추면서 가슴다트 끝점(D_1)과 연결하여 가슴다트 완성선을 그린다.

4. 진동둘레선을 그린다.

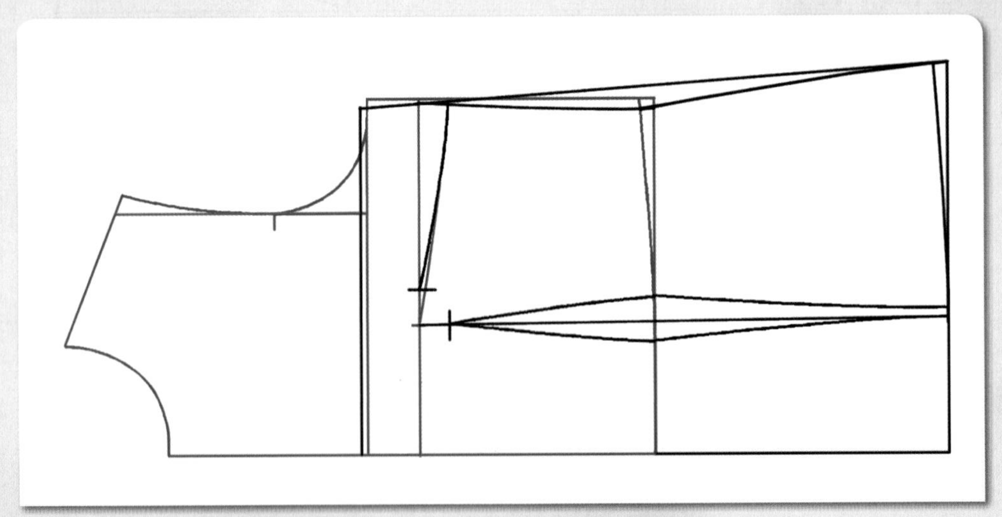

01

원형의 앞품선을 어깨선까지 연장시켜 그린다.

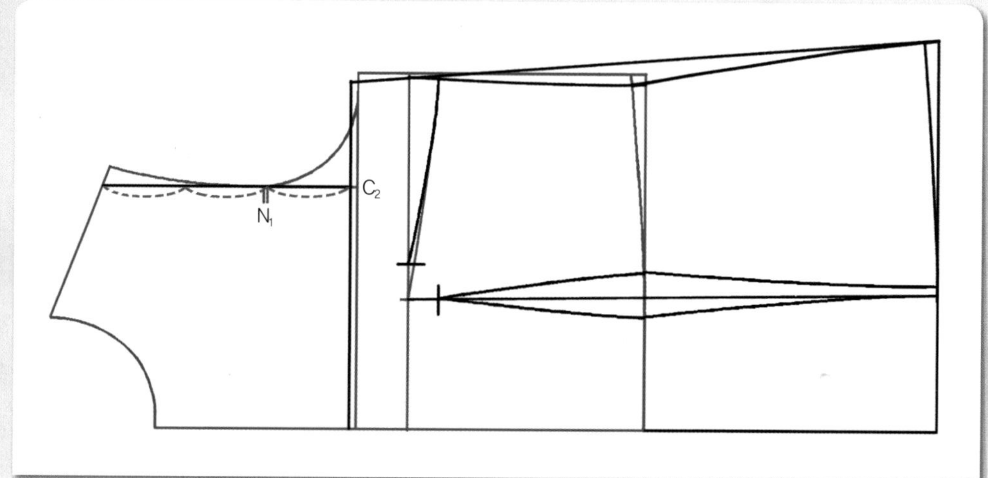

02

이동한 위 가슴둘레선과 앞품선과의 교점(C_2)에서 어깨선까지의 앞품선을 3등분하여 위 가슴둘레선 쪽 1/3 위치에 소매맞춤 표시(N_1)를 넣는다.

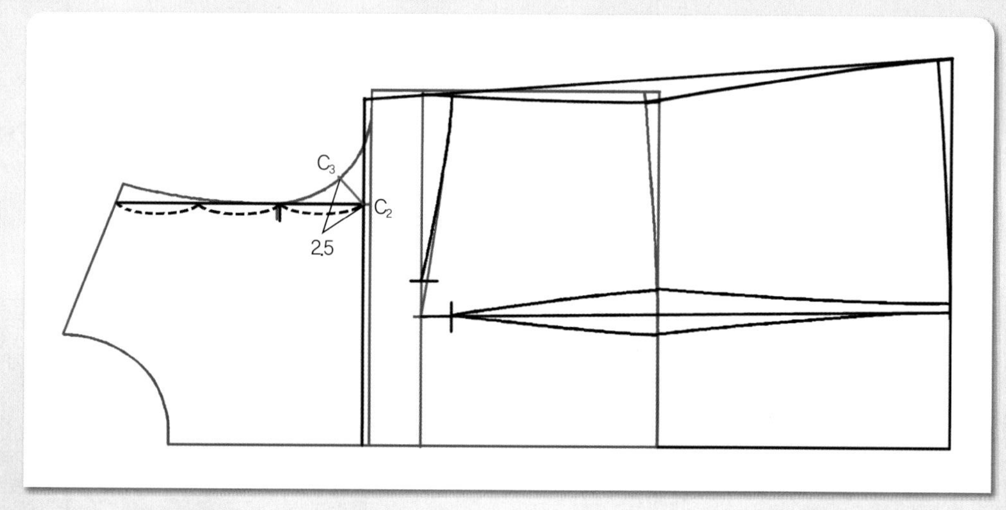

03

C_2~C_3=2.5cm 이동한 위 가슴둘레선과 앞품선과의 교점(C_2)에서 45도 각도로 2.5cm 진동둘레선을 그릴 통과선(C_3)을 그린다.

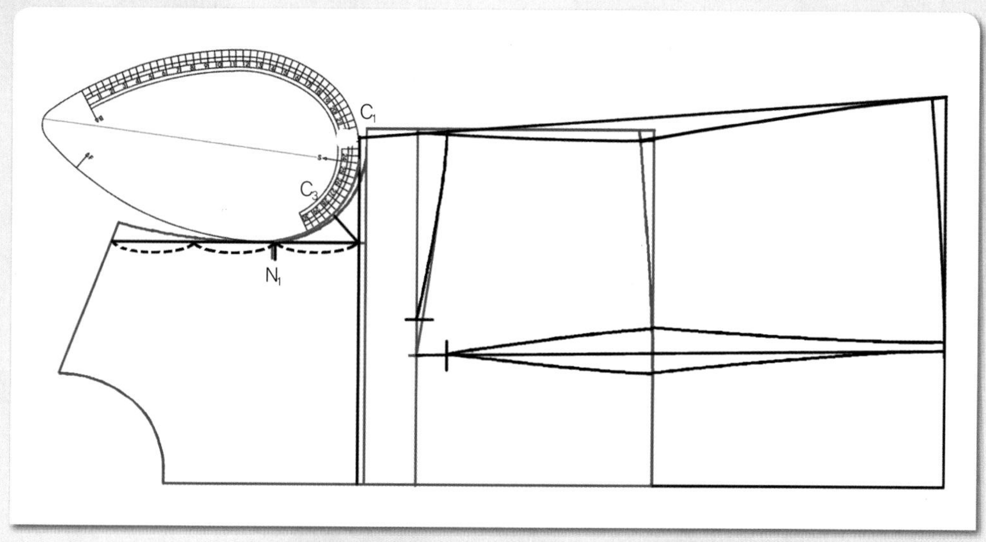

04

C_3점을 통과하면서 N_1점과 C_1점이 연결되도록 앞 AH자 쪽으로 연결하여 진동둘레선을 그린다.

5. 주머니선을 그린다.

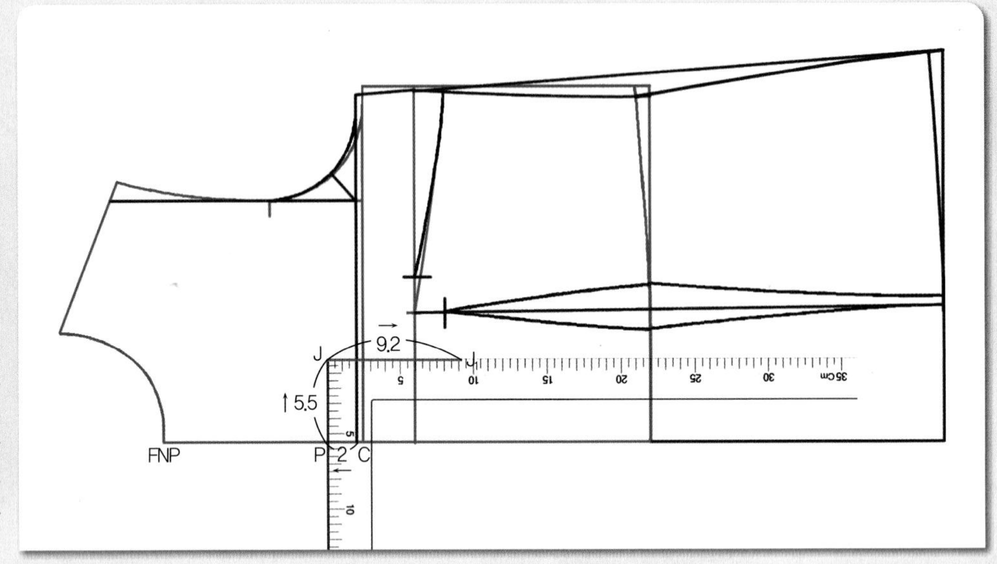

01

P~J=5.5cm, J~J_1=9.2cm
앞 중심 쪽 위 가슴둘레선 위치(C)에서 앞 목점(FNP) 쪽으로 2cm 나간 위치(P)에서 5.5cm 올라가 앞 중심 쪽 주머니 입구 위치(J)를 표시하고 수평으로 9.2cm 주머니 깊이선(J_1)을 그린다.

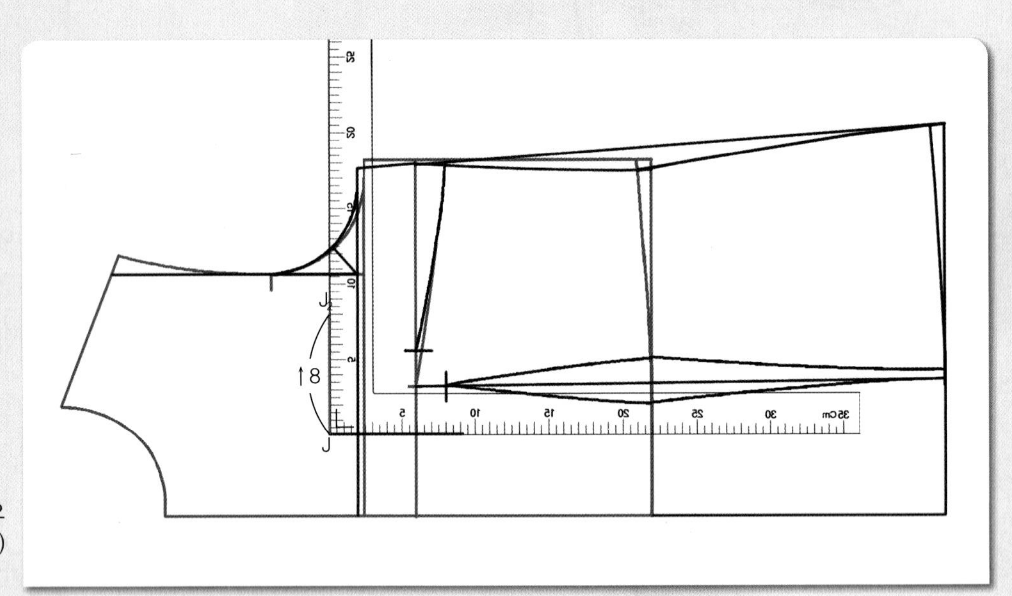

02

J~J_2=8cm J점에서 직각으로 8cm 주머니 입구 안내선(J_2)을 올려 그린다.

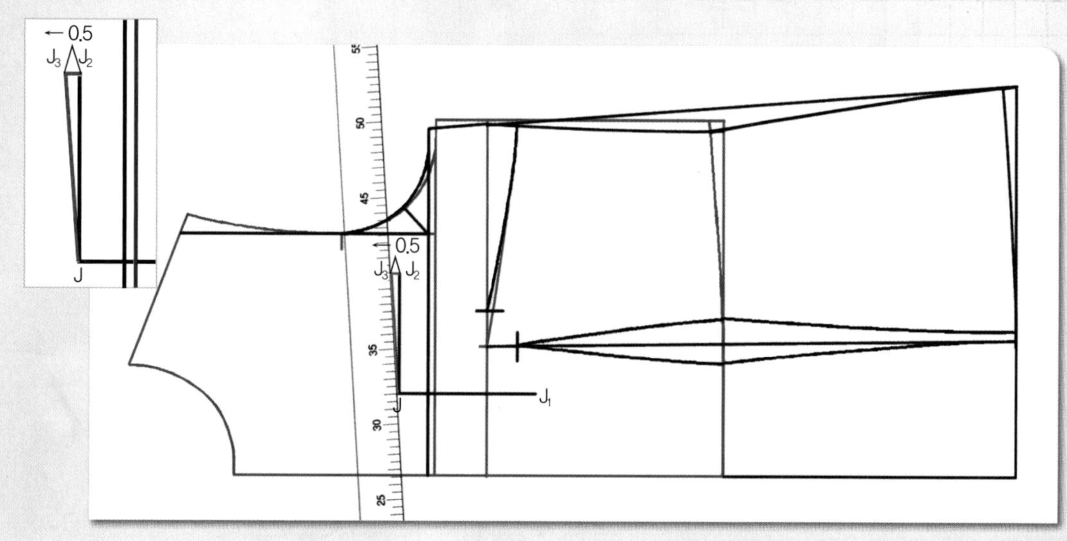

03

J_2점에서 어깨선 쪽으로 0.5cm 나가 옆선 쪽 주머니 입구 위치(J_3)를 표시하고, J_3점과 J점 두 점을 직선자로 연결하여 주머니 입구 완성선을 그린다.

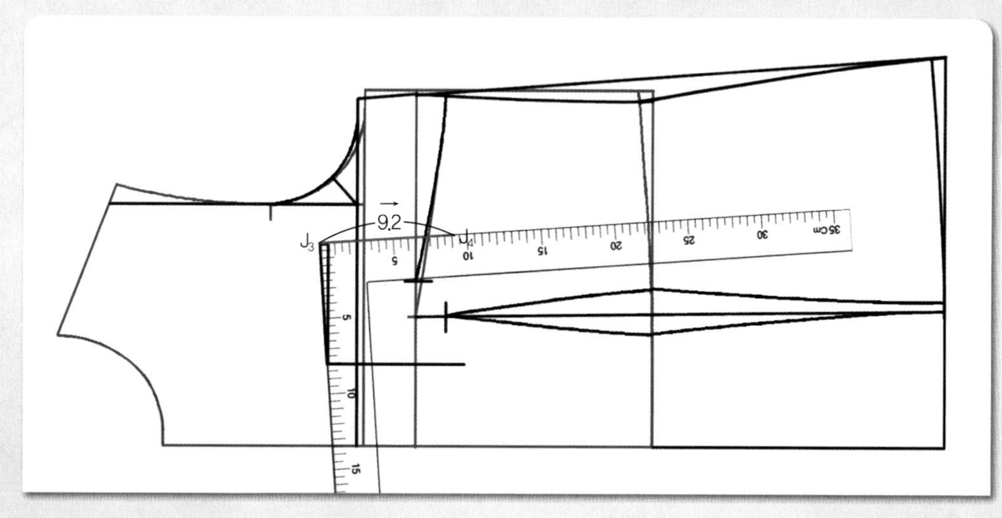

04

J_3~J_4=9.2cm J_3점에서 직각으로 9.2cm 옆선 쪽 주머니 깊이선(J_4)을 그린다.

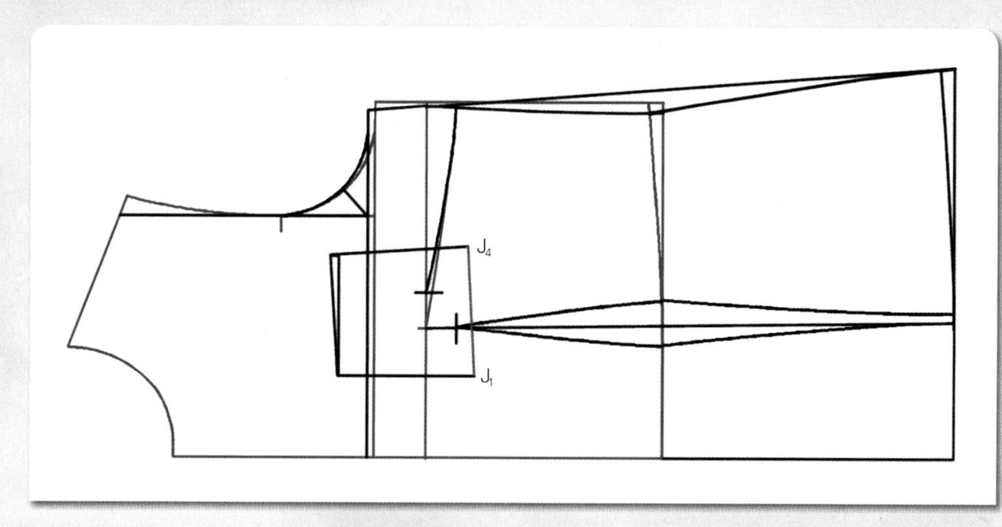

05

J_1점과 J_4점 두 점을 직선자로 연결하여 주머니 밑단선을 그린다.

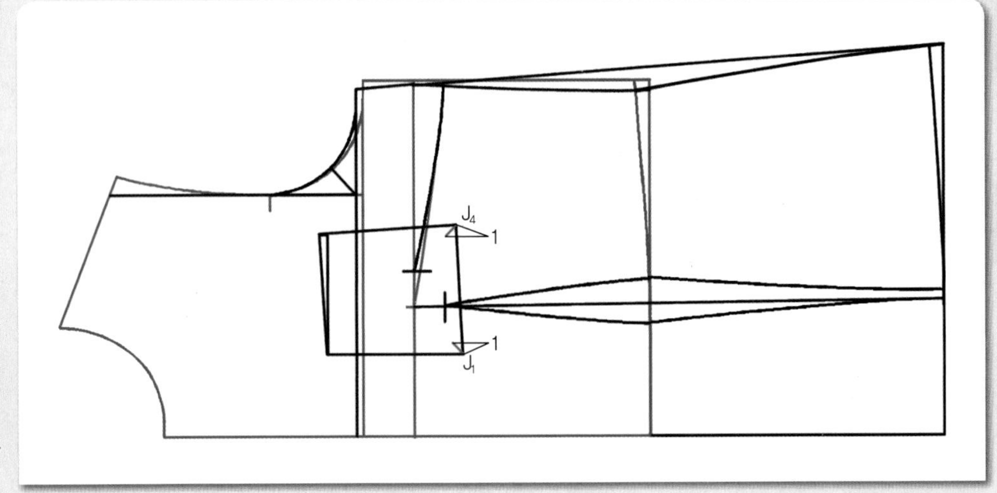

06

J_1점과 J_4점에서 각각 45도 각도로 1cm 통과선을 그린다.

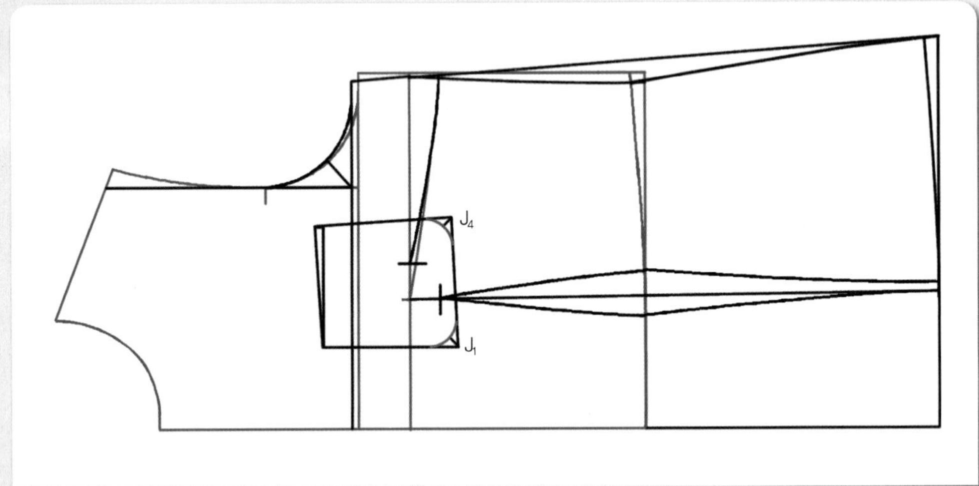

07

J_1점과 J_4점의 모서리를 각각 직경 3cm 정도의 곡선으로 수정한다.

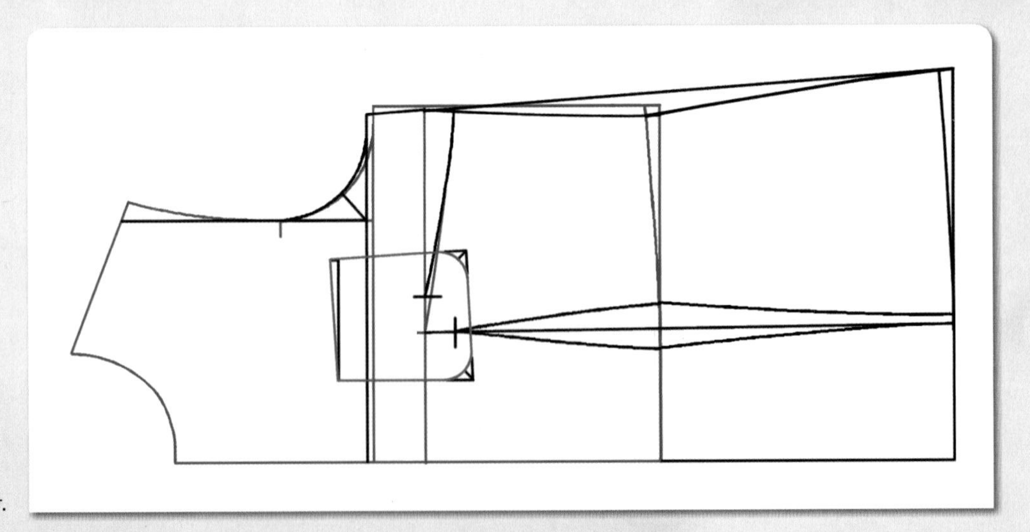

08

적색선이 주머니의 완성선이다.

6. 앞 여밈분선을 그린다.

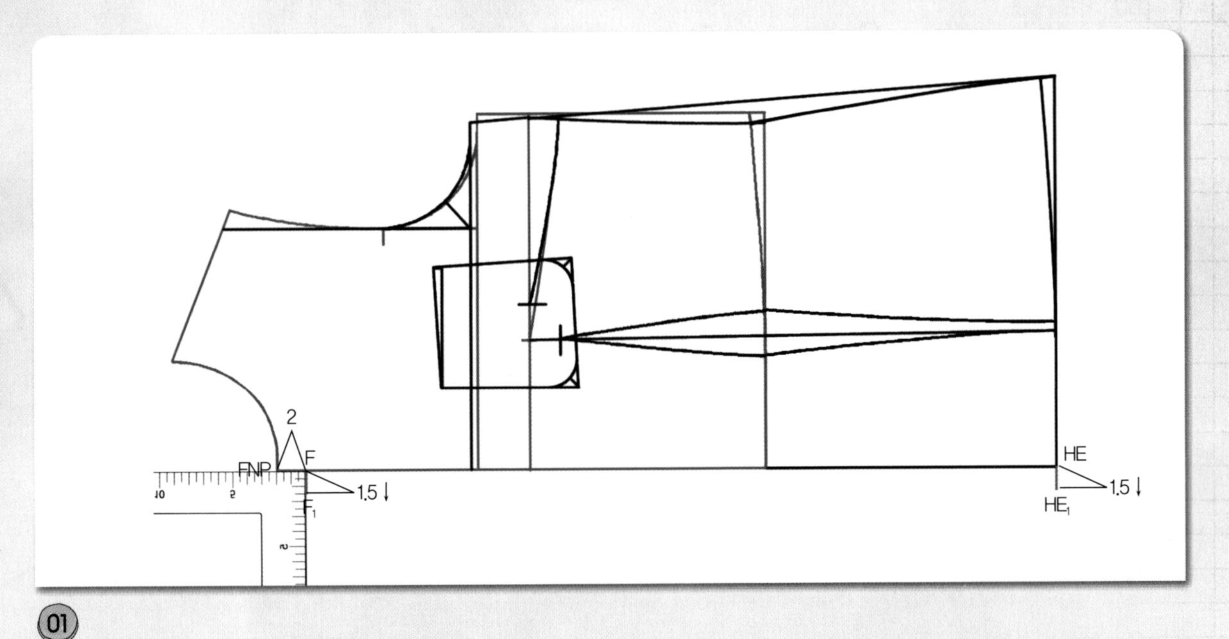

01

FNP~F = 2cm, F~F_1 = 1.5cm, HE~HE_1 = 1.5cm 원형의 앞목점(FNP 위치에서 앞 중심선을 따라 2cm 나가 수정할 앞 목점 위치(F)를 표시하고, F점과 앞 중심 쪽 밑단선 끝점(HE)에서 수직으로 1.5cm씩 앞여밈분선(F_1, HE_1)을 각각 내려 그린다.

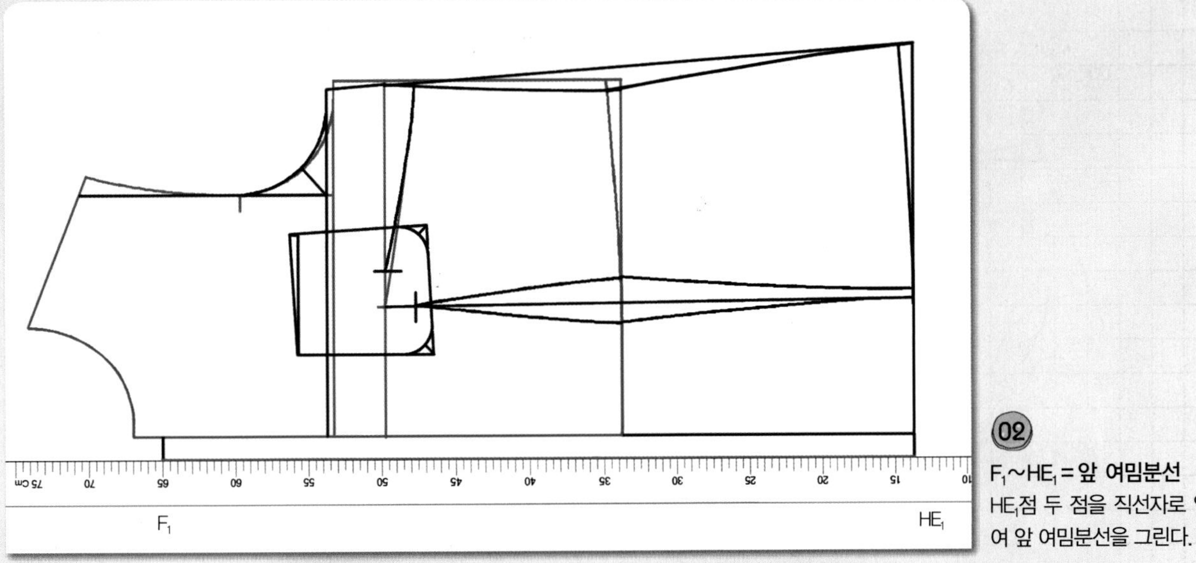

02

F_1~HE_1 = 앞 여밈분선 F_1점과 HE_1점 두 점을 직선자로 연결하여 앞 여밈분선을 그린다.

7. 셔츠칼라를 제도한다.

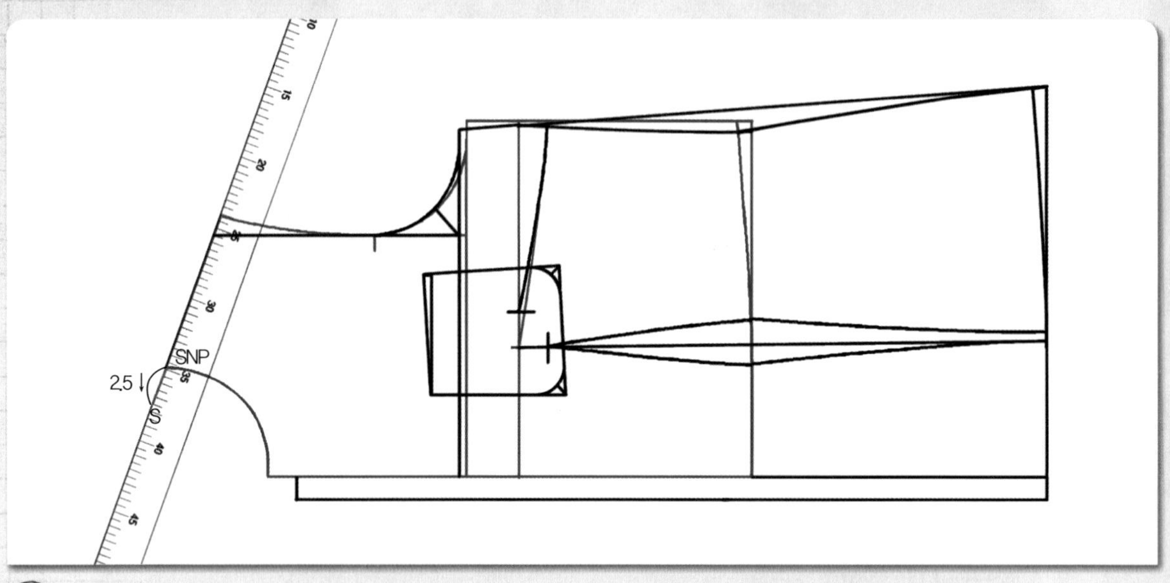

01

SNP~S=2.5cm 원형의 옆목점(SNP)에서 2.5cm 칼라선을 그릴 안내선(S)을 어깨선의 연장선으로 내려 그린다.

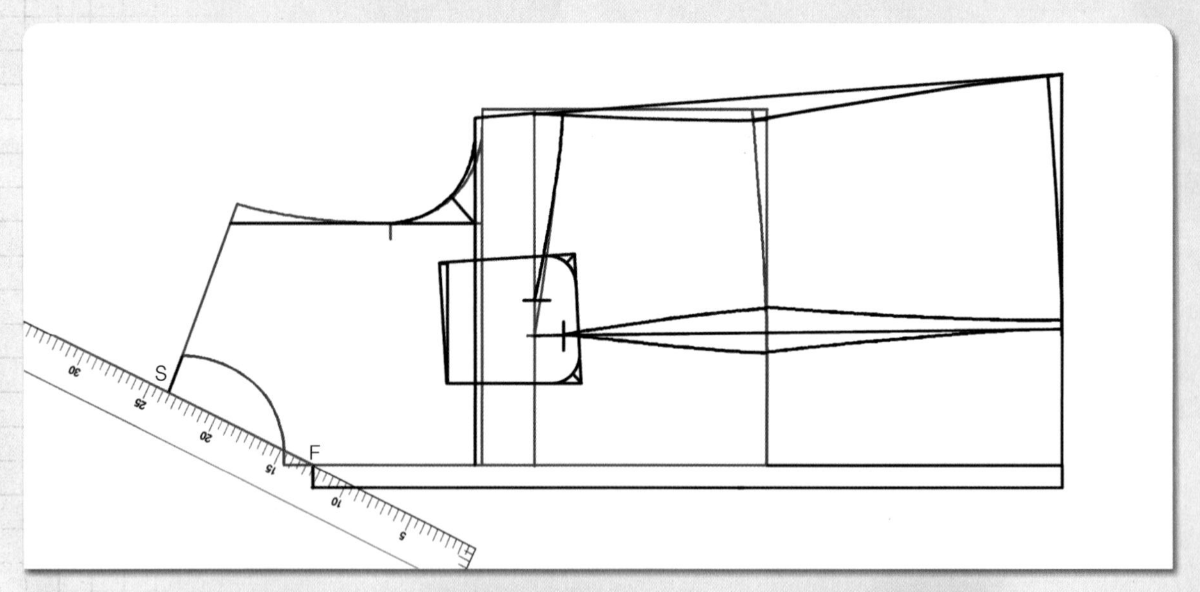

02

F점과 S점 두 점을 직선자로 연결하여 어깨선 위쪽으로 길게 칼라를 그릴 안내선을 그린다.

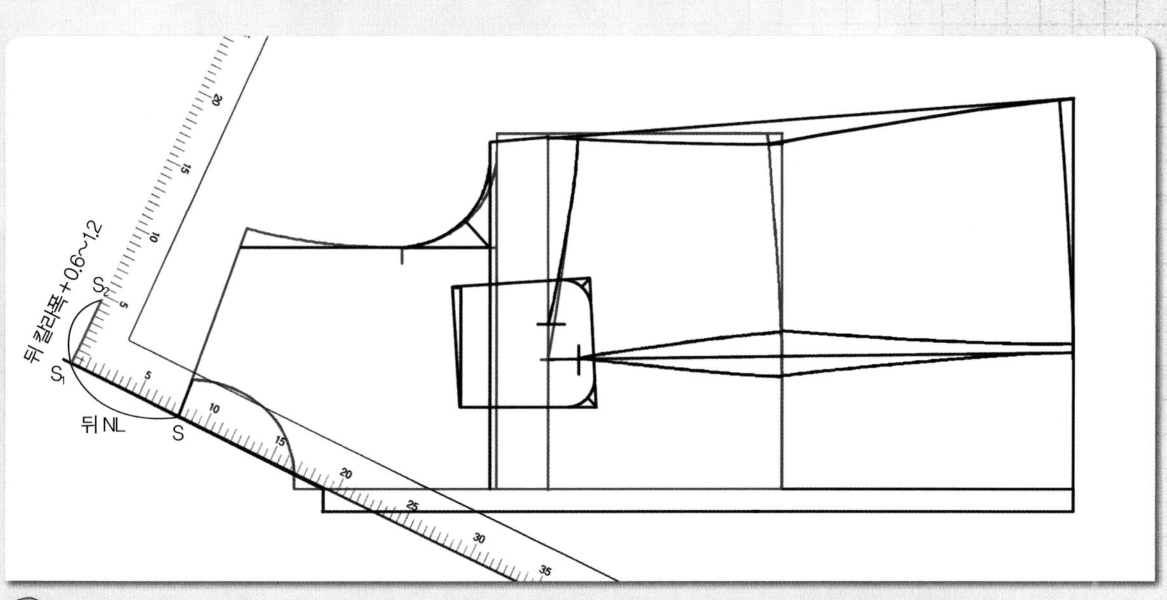

03

$S \sim S_1$ = 뒤 목둘레치수, $S_1 \sim S_2$ = 뒤 칼라폭(3.5cm) + 0.6~1.2cm(조정가능 치수) 뒤 목둘레 치수를 재어, S점에서 라펠의 꺾임선을 따라 올라가 S_1점으로 표시하고, S_1점에서 직각으로 뒤 칼라폭 + 0.6~1.2cm 칼라 꺾임선의 안내선을 그릴 통과선(S_2)을 그린다.

주 뒤 칼라폭 + 0.6cm(얇은 천의 경우)~1.2cm(두꺼운 천의 경우)

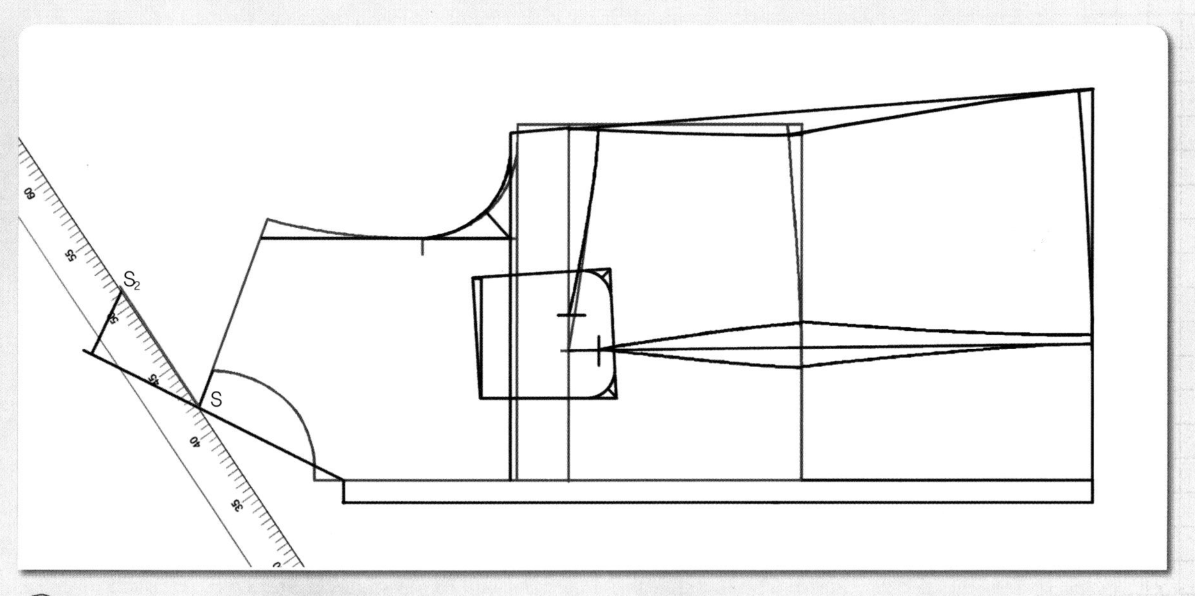

04

S점과 S_2점 두 점을 직선자로 연결하여 칼라 꺾임선의 안내선을 길게 올려 그려둔다.

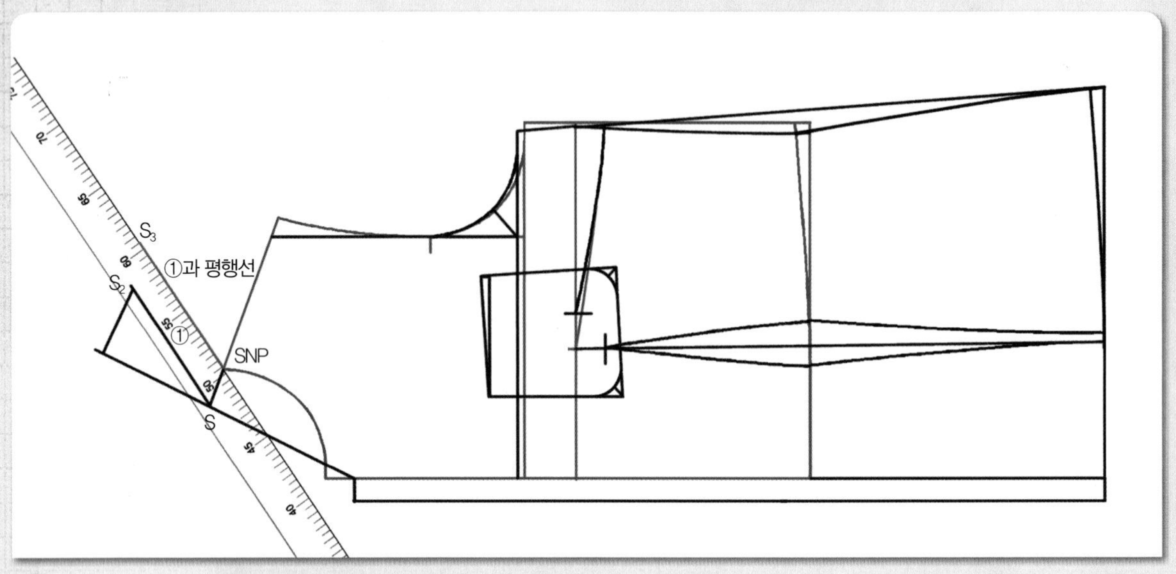

05

옆 목점(SNP)에서 S~S_2선의 평행으로 칼라 솔기 안내선을 길게 올려 그린다.

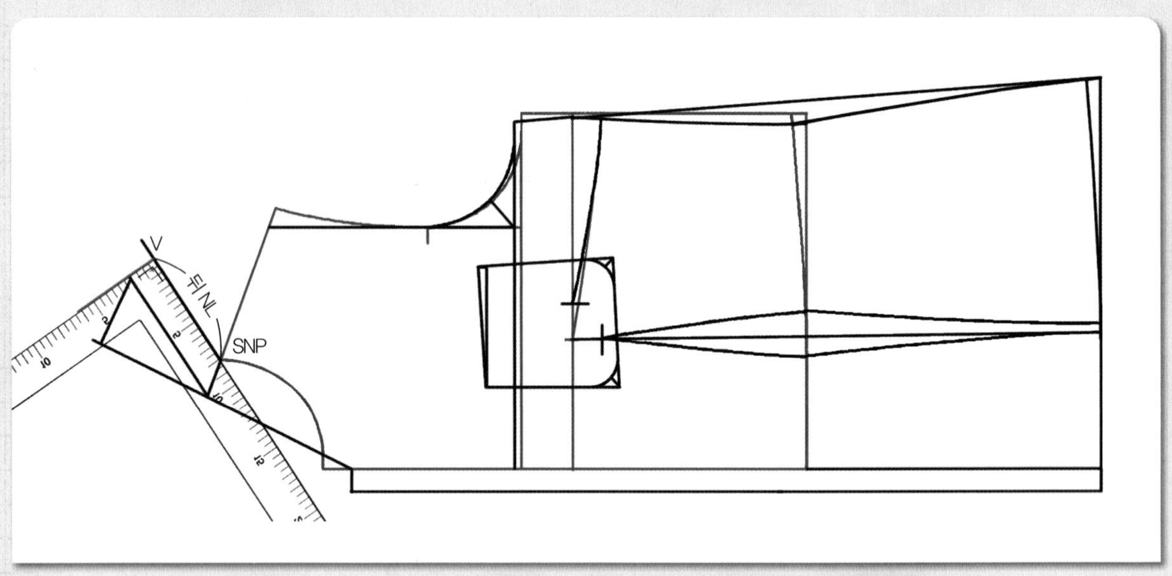

06

SNP~V = 뒤 목둘레 치수 옆 목점(SNP)에서 05에서 그린 칼라 솔기 안내선을 따라 뒤 목둘레 치수를 나가 칼라의 뒤 중심선 위치(V)를 표시하고 직각으로 뒤 중심선을 내려 그린다.

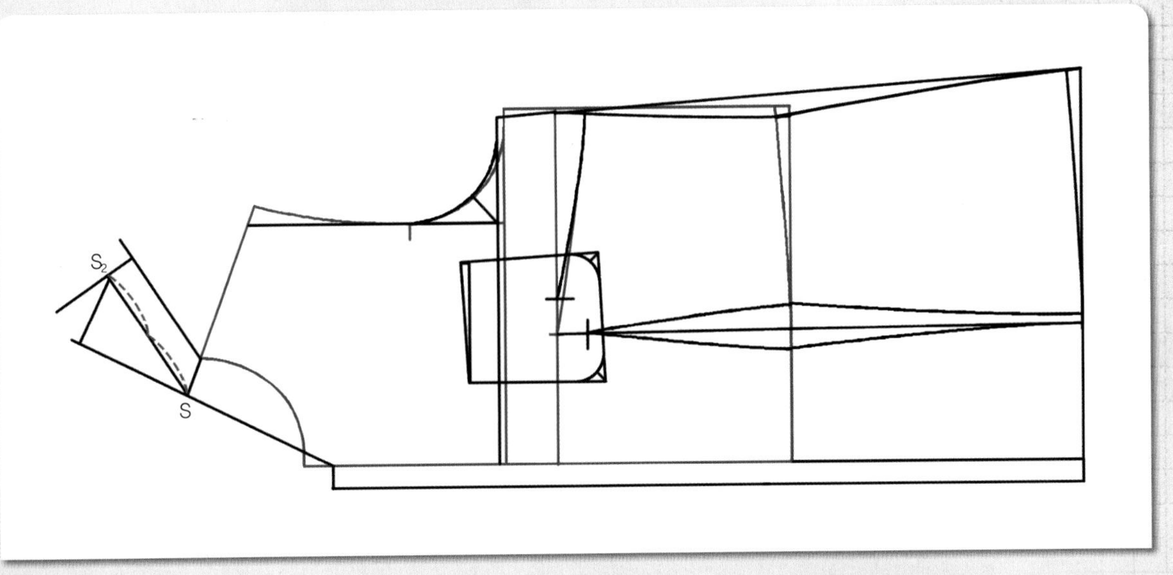

07

04에서 그린 S점에서 S_2점의 안내선을 2등분한다.

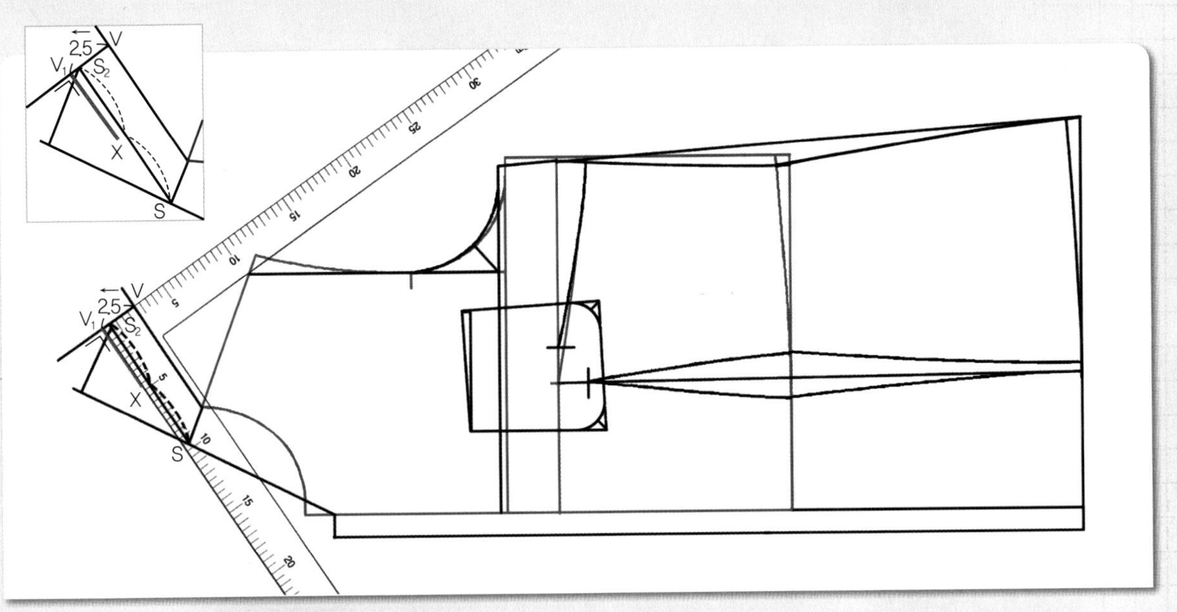

08

$V \sim V_1 = 2.5cm$ V점에서 직각으로 그린 칼라의 뒤 중심선을 따라 2.5cm 내려와 칼라의 꺾임선 위치(V_1)를 표시하고 직각으로 $S \sim S_2$의 2등분 위치까지 칼라 꺾임선(X)을 그린다.

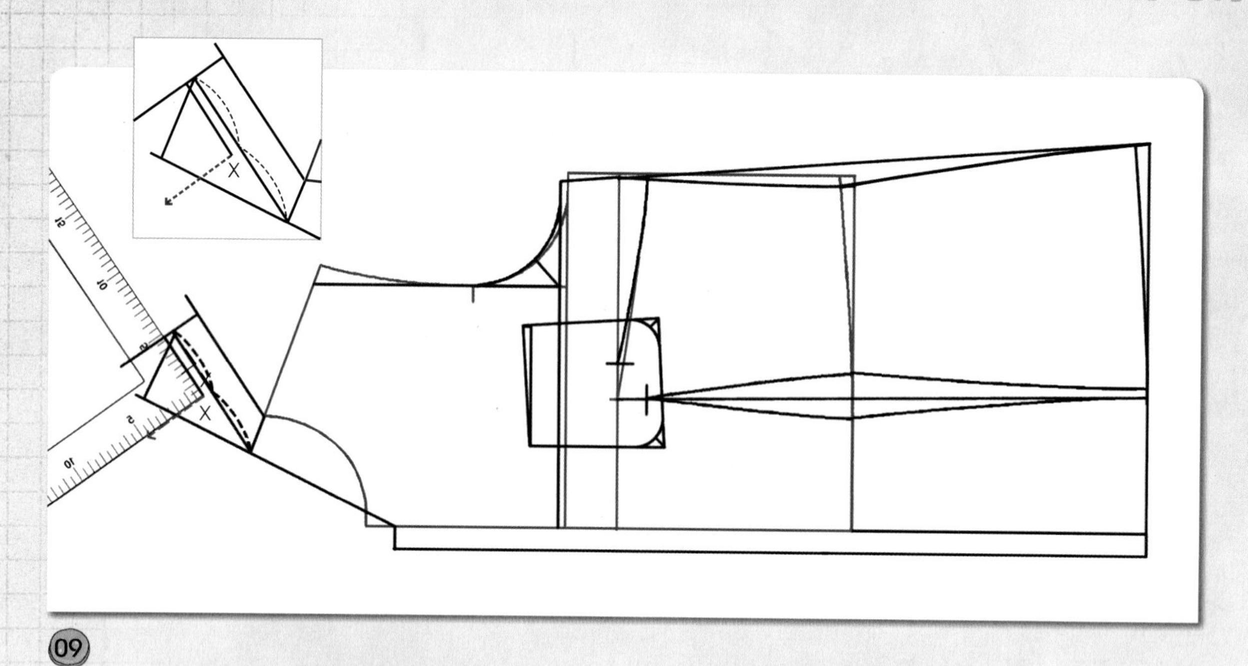

09

X점에서 직각으로 뒤 칼라선을 그릴 안내선을 내려 그린다.

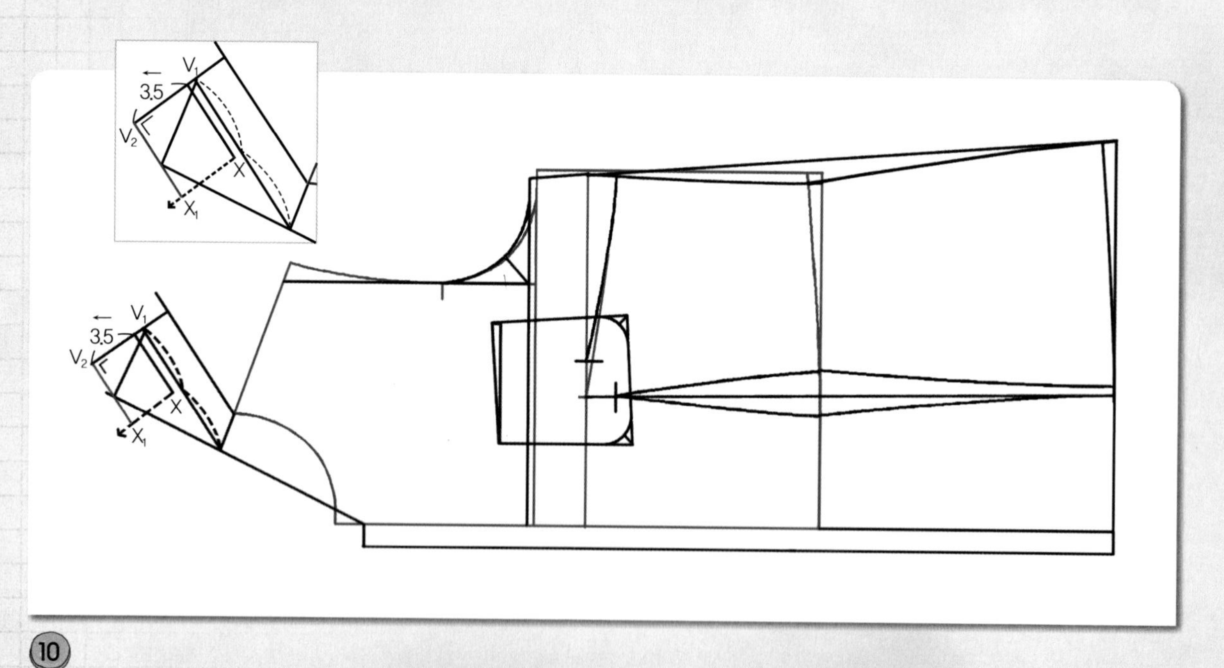

10

V_1~V_2 = 뒤 칼라폭 3.5cm, V_2~X_1 = 칼라 완성선 V_1점에서 뒤 칼라중심선을 따라 3.5cm 내려와 뒤 칼라폭 위치(V_2)를 표시하고 직각으로 X점에서 내려 그린 안내선까지 뒤 칼라 완성선을 그린 다음 X점의 직각선과의 교점을 X_1점으로 한다.

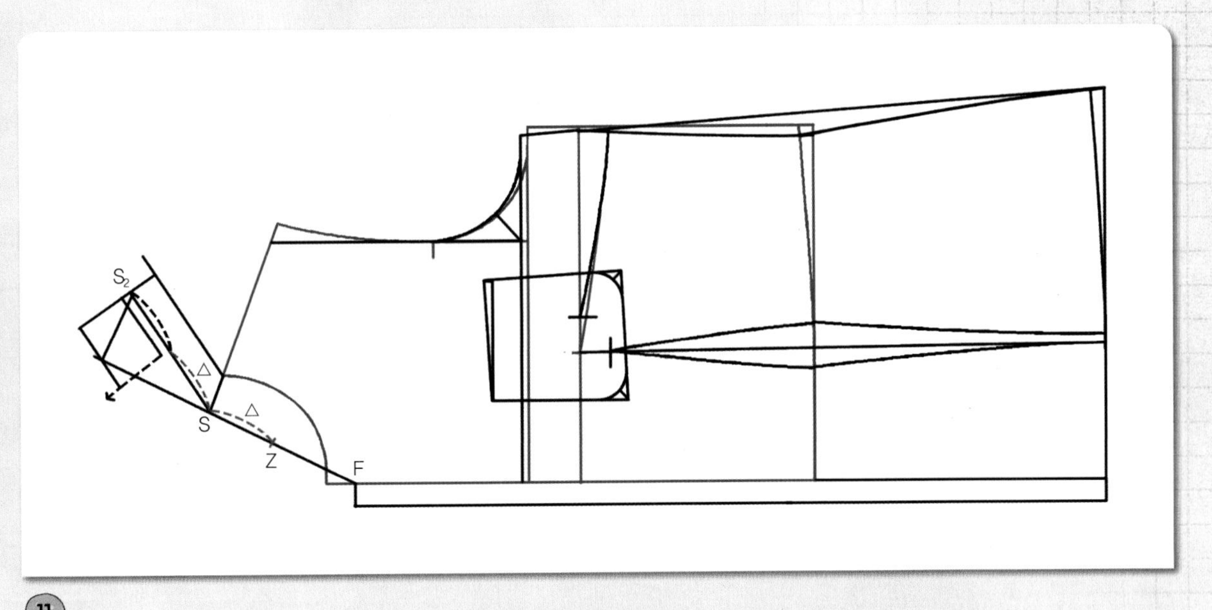

11

S~S_2점까지의 1/2분량(△)을 재어 S점에서 F점까지의 안내선을 따라 나가 칼라 꺾임선을 그릴 안내점 위치(Z)를 표시한다.

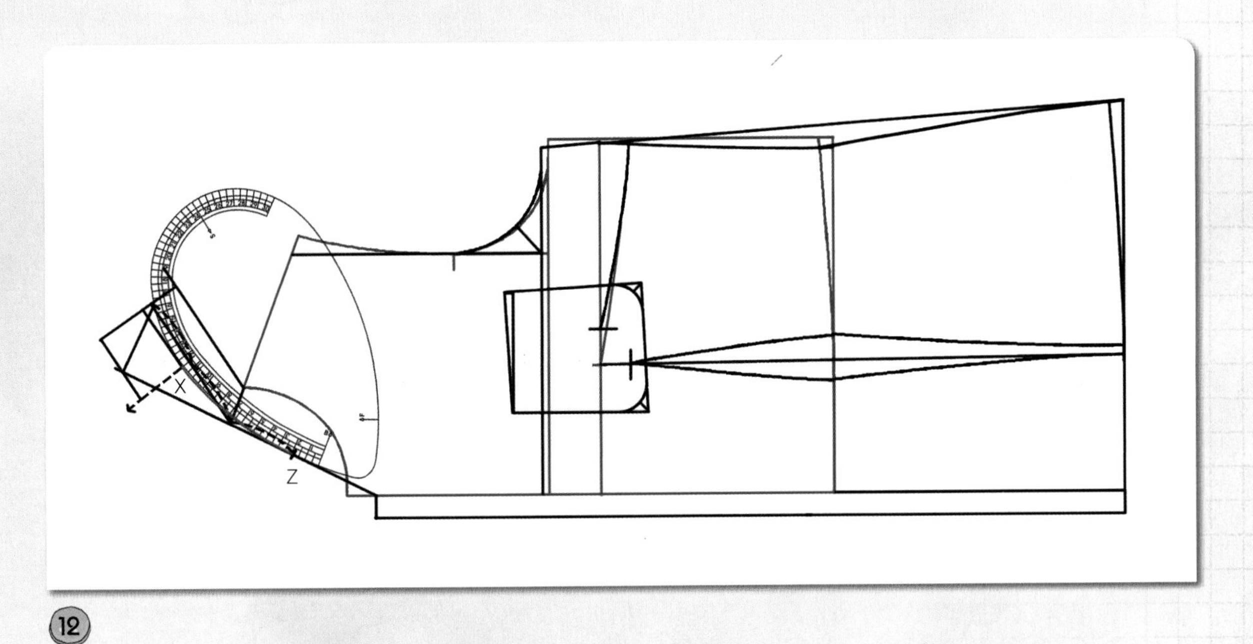

12

X점과 Z점을 뒤 AH자 쪽으로 연결하여 칼라 꺾임선을 그린다.

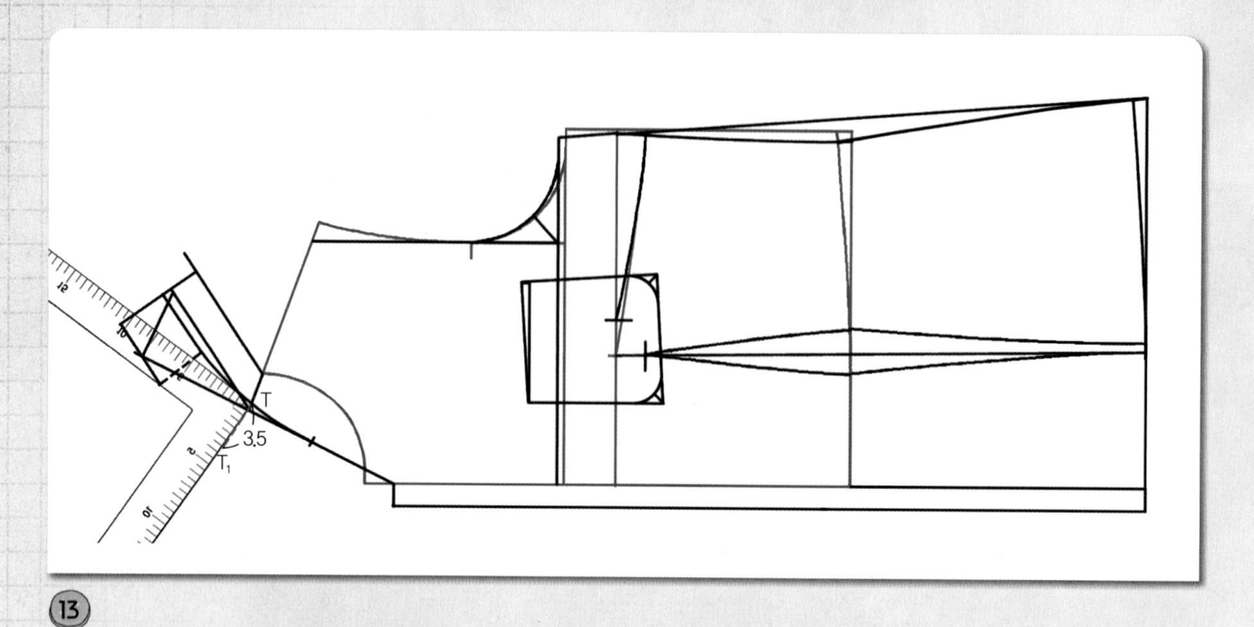

⑬

12에서 그린 칼라 꺾임선의 S점에서 올라간 교점(T)에서 직각으로 3.5cm 내려 온 곳에 칼라 완성선을 그릴 안내점(T_1) 위치를 표시한다.

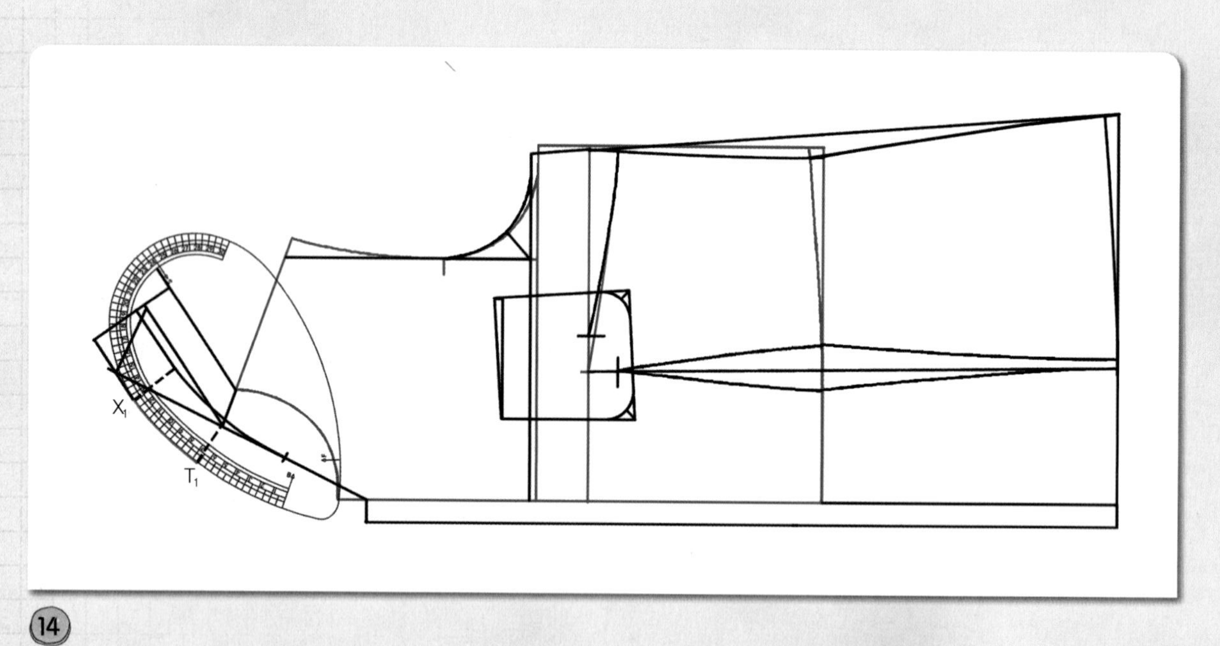

⑭

X_1점과 T_1점 두 점을 뒤 AH자 쪽으로 연결하여 칼라 완성선을 그린다.

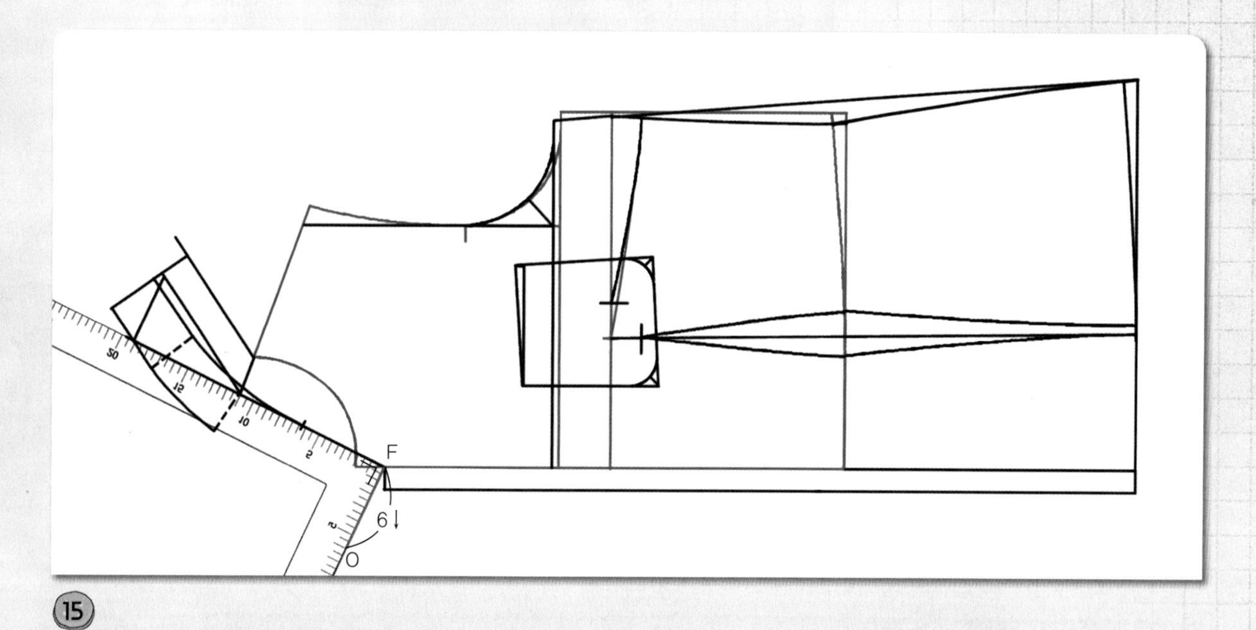

15

F~O=6cm F점에서 칼라 꺾임선에 직각으로 6cm 앞 칼라폭선(O)을 내려 그린다.

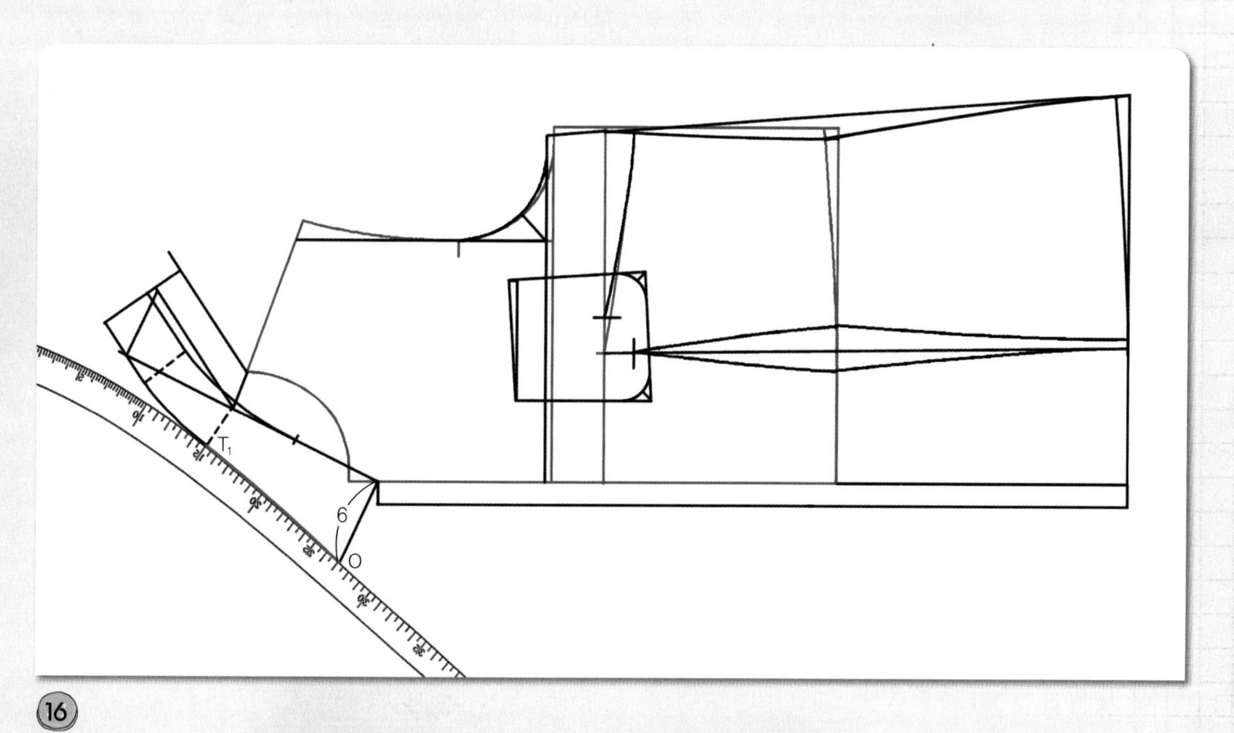

16

T_1점에 hip곡자 15 위치를 맞추면서 O점과 연결하여 칼라 완성선을 그린다

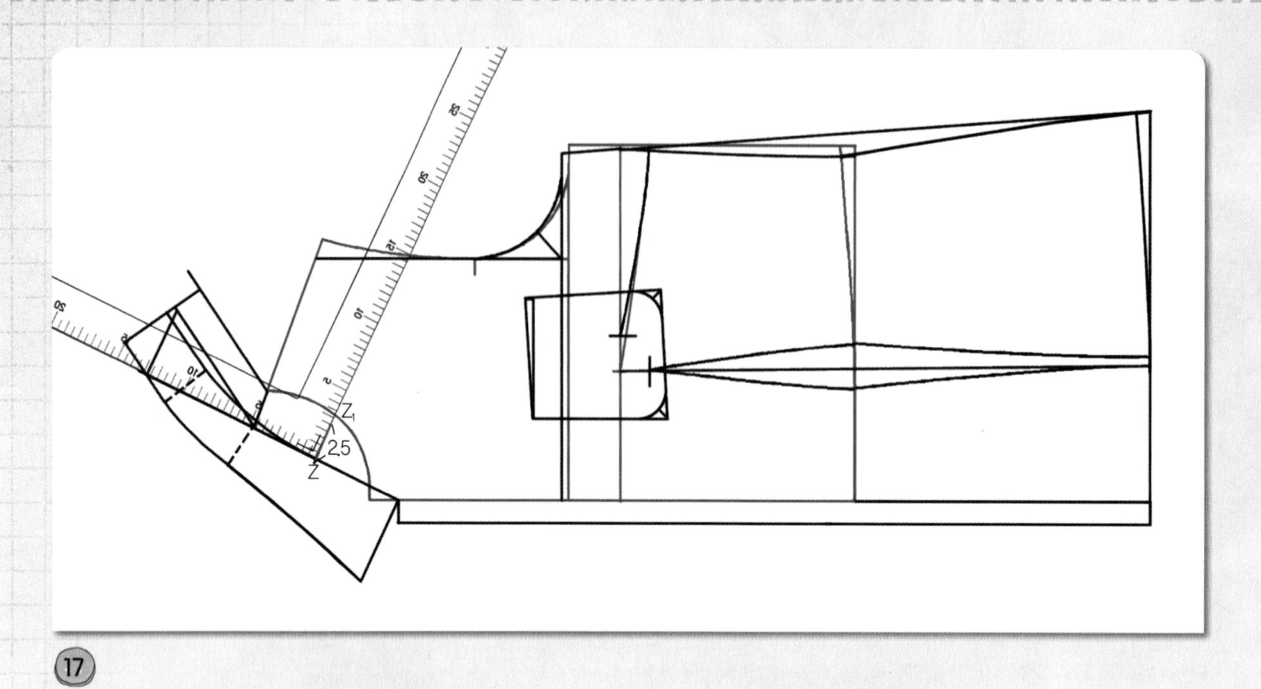

17

Z~Z_1 = 2.5cm Z점에서 칼라 꺾임선에 직각으로 2.5cm 올라가 칼라 솔기선을 그릴 안내점(Z_1) 위치를 표시한다.

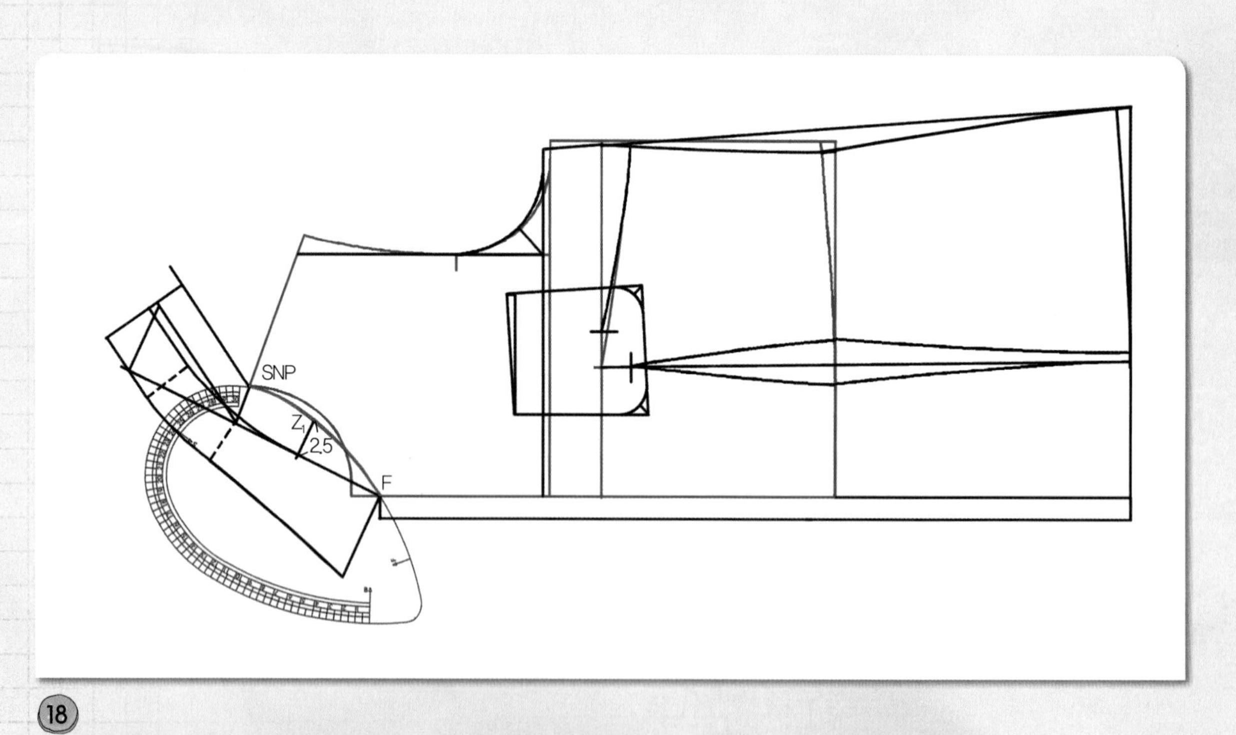

18

Z_1점을 통과하면서 앞 목점(F)과 원형의 옆 목점(SNP)을 앞 AH자 쪽으로 연결하여 칼라 솔기선을 그린다.

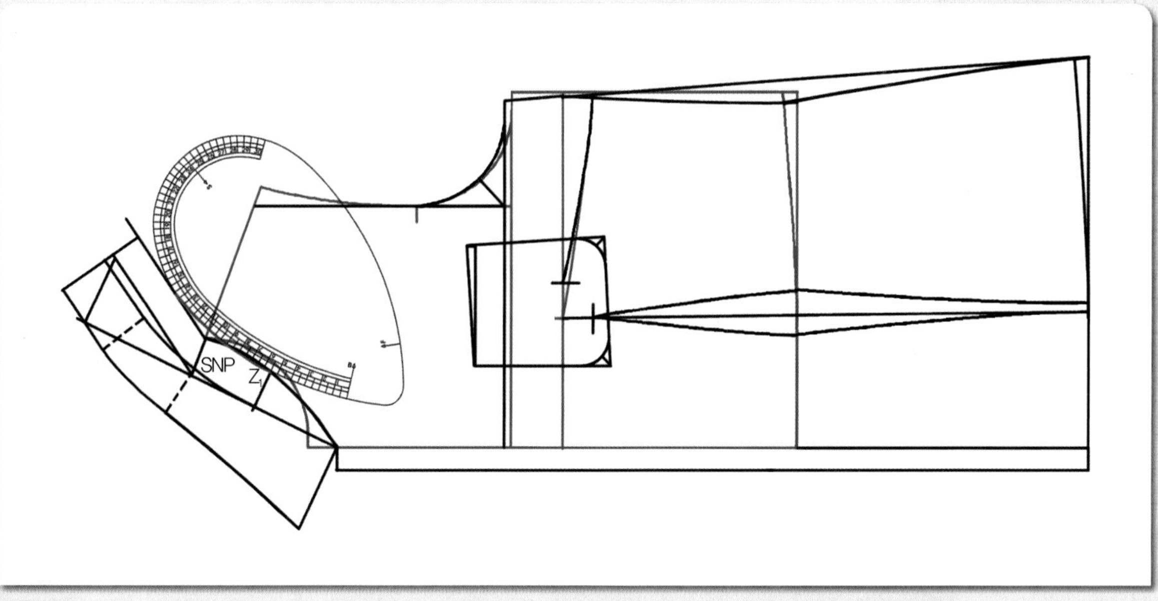

⑲

원형의 옆목점(SNP)에 각진부분을 AH자로 연결하여 자연스런 곡선으로 칼라 솔기선을 수정한다.

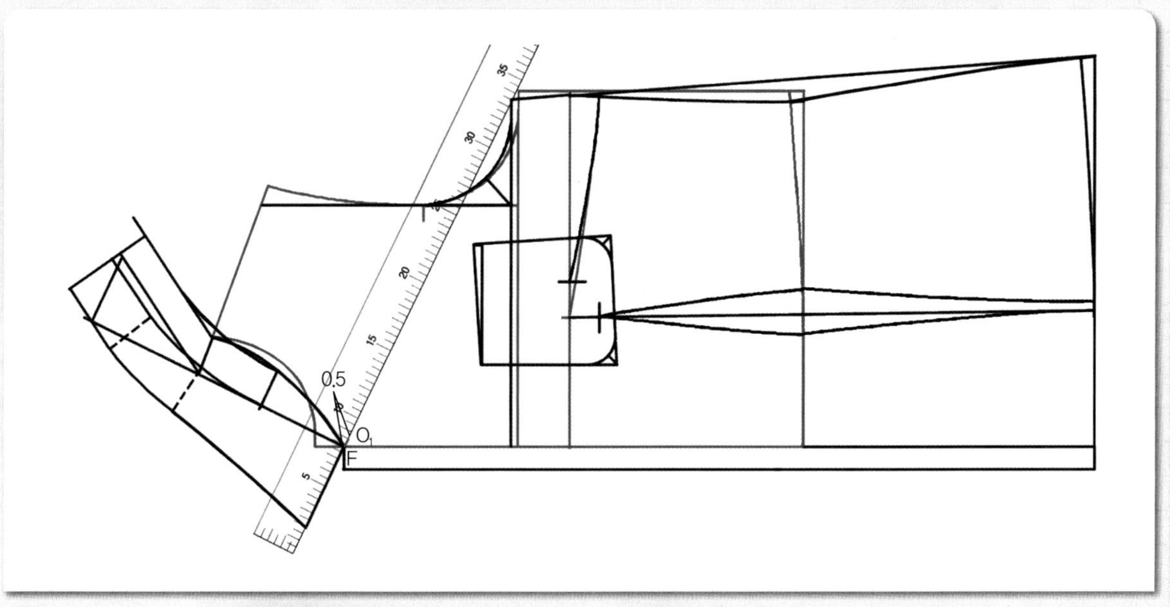

⑳

$F \sim O_1 = 0.5$cm F점에서 0.5cm 앞 칼라폭선(O_1)을 연장시켜 그린다.

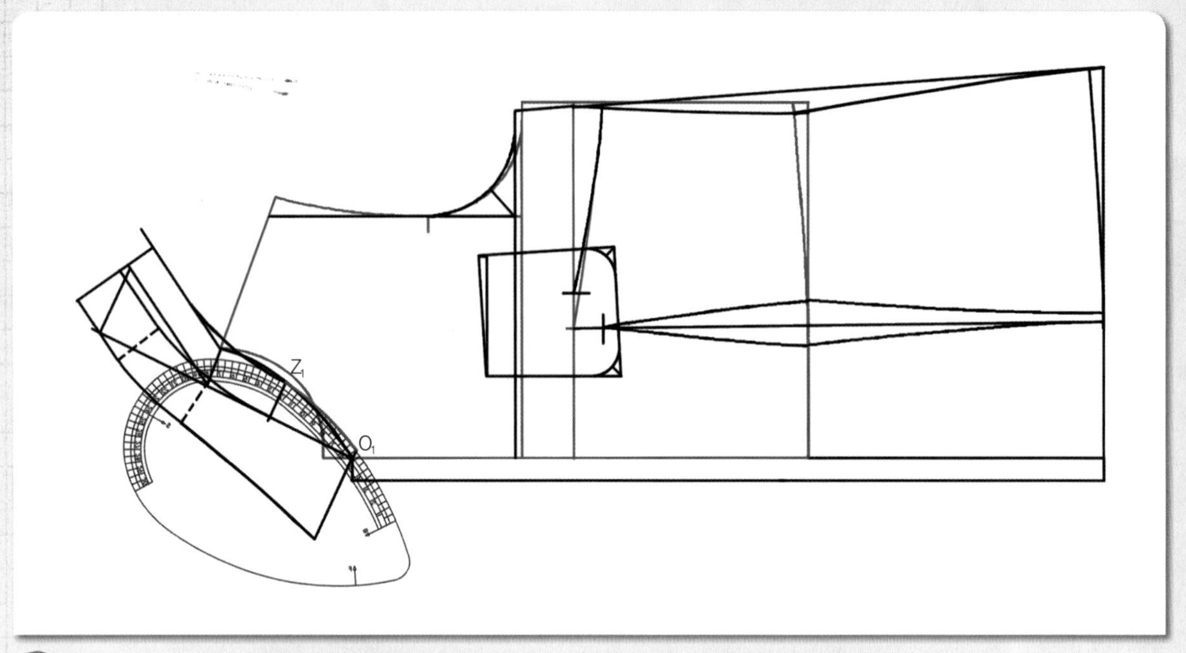

21

O_1점과 칼라 솔기선을 AH자로 연결하여 칼라 솔기선을 완성한다.

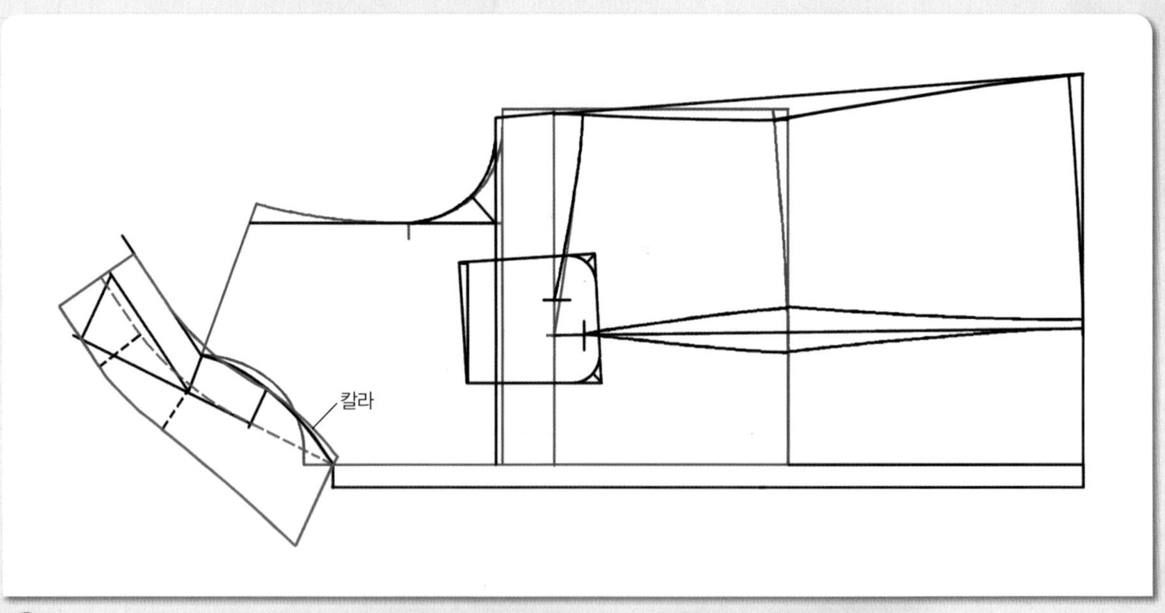

22

적색선이 칼라의 완성선이다.

8. 앞 오른쪽 덧단선을 그리고 단춧구멍 위치를 표시한다.

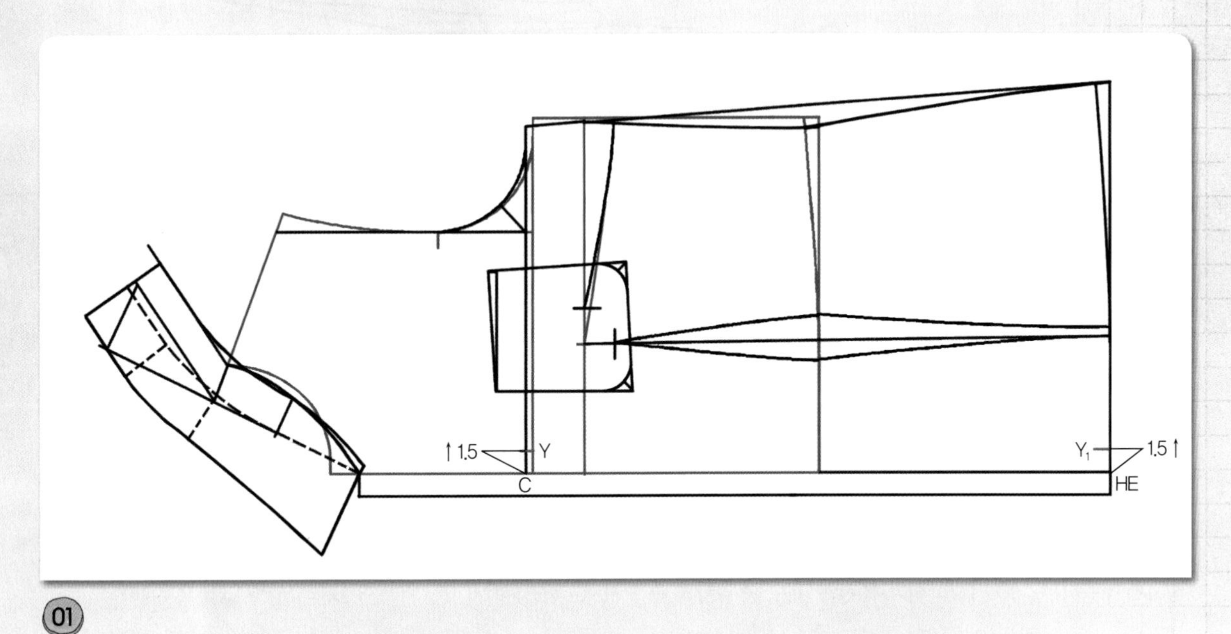

01

앞중심선에서 위가슴둘레선(C)과 밑단선(HE)을 따라 1.5cm 폭으로 앞 오른쪽 덧단선 위치(Y, Y_1)를 표시한다.

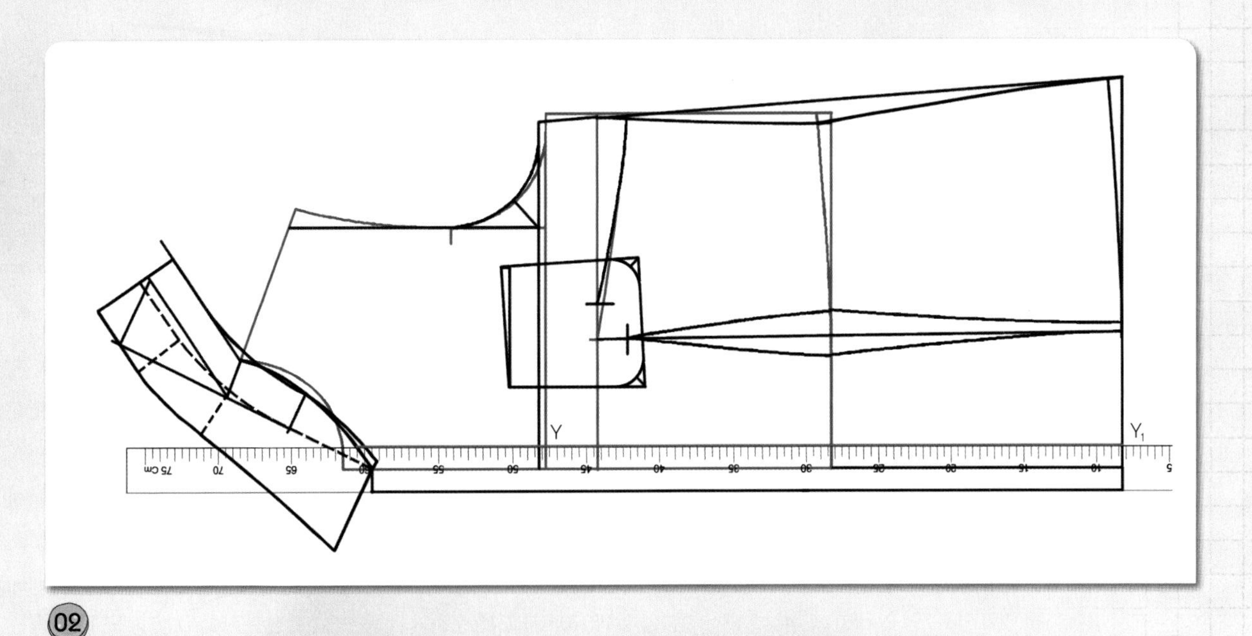

02

01에서 표시한 Y점과 Y_1점 두 점을 직선자로 연결하여 앞 몸판의 앞 목둘레선까지 앞 오른쪽 덧단선을 그린다.

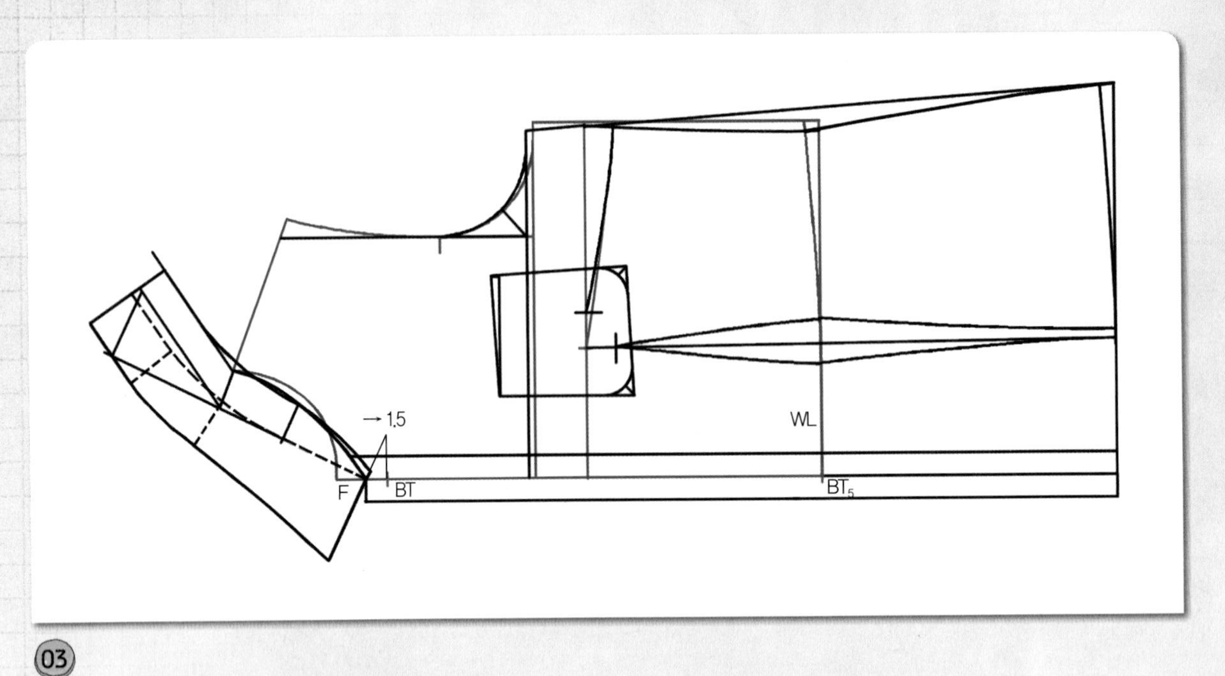

03

F점에서 앞 중심선을 따라 1.5cm 나가 첫 번째 단춧구멍 위치(BT)를 표시하고 허리선에서 다섯 번째 단춧구멍 위치(BT_5)를 표시한다.

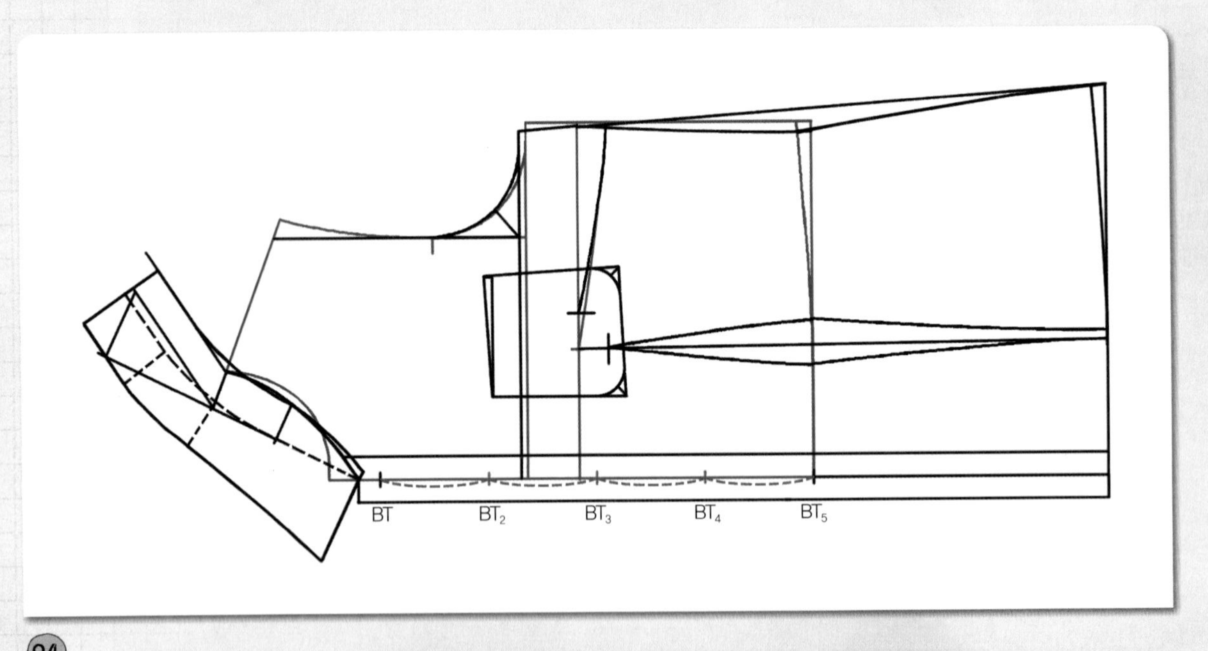

04

$BT \sim BT_5$ = 4등분 첫 번째 단춧구멍 위치(BT)와 다섯 번째 단춧구멍 위치(BT_5)까지를 4등분하여 각 등분점에서 단춧구멍 위치(BT_2, BT_3, BT_4)를 각각 표시한다.

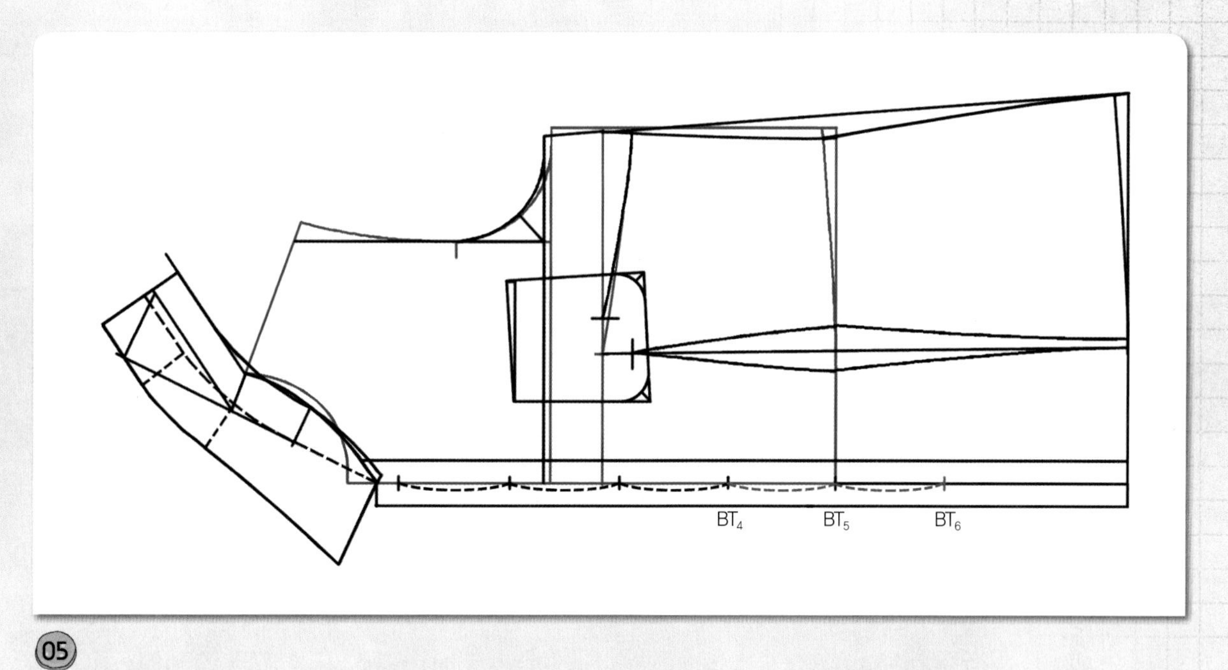

05

04에서 4등분한 1/4치수를 재어 다섯 번째 단춧구멍 위치(BT_5)에서 밑단 쪽으로 나가 여섯 번째 단춧구멍 위치(BT_6)를 표시한다.

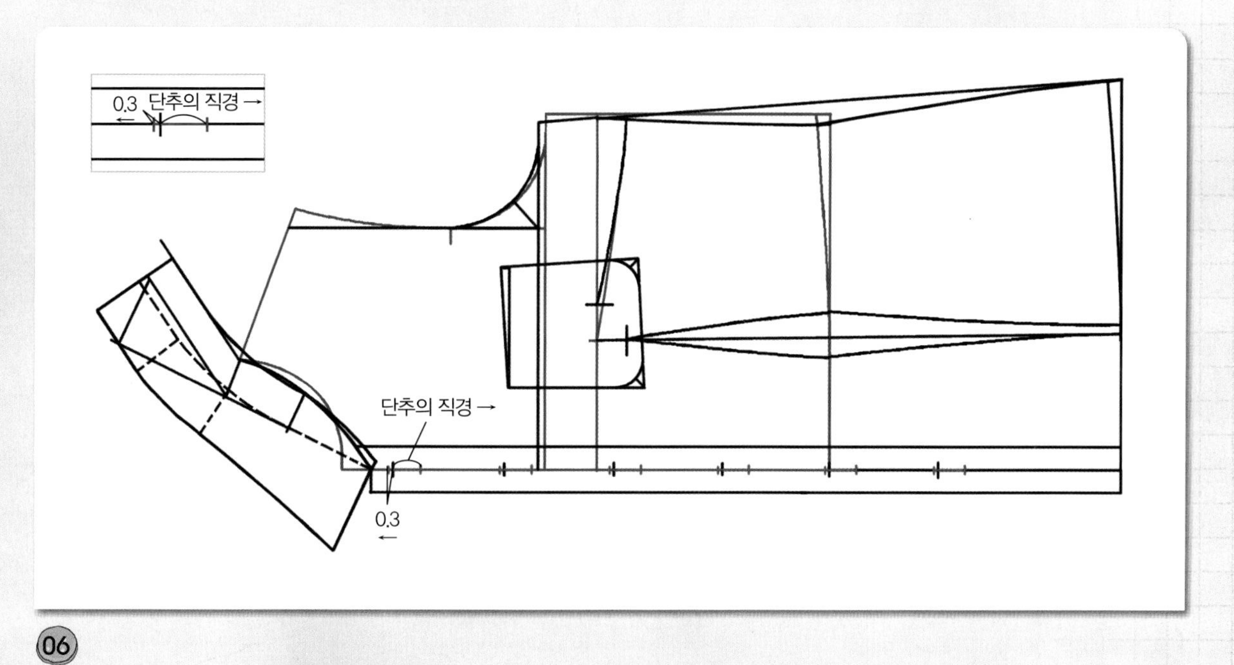

06

각 단춧구멍 위치에서 0.3cm씩 앞 목점(F) 쪽으로 나가 단춧구멍 트임끝 위치를 표시하고, 각 단춧구멍 위치에서 단추의 직경 치수를 밑단 쪽으로 나가 단춧구멍 트임끝 위치를 표시한다.

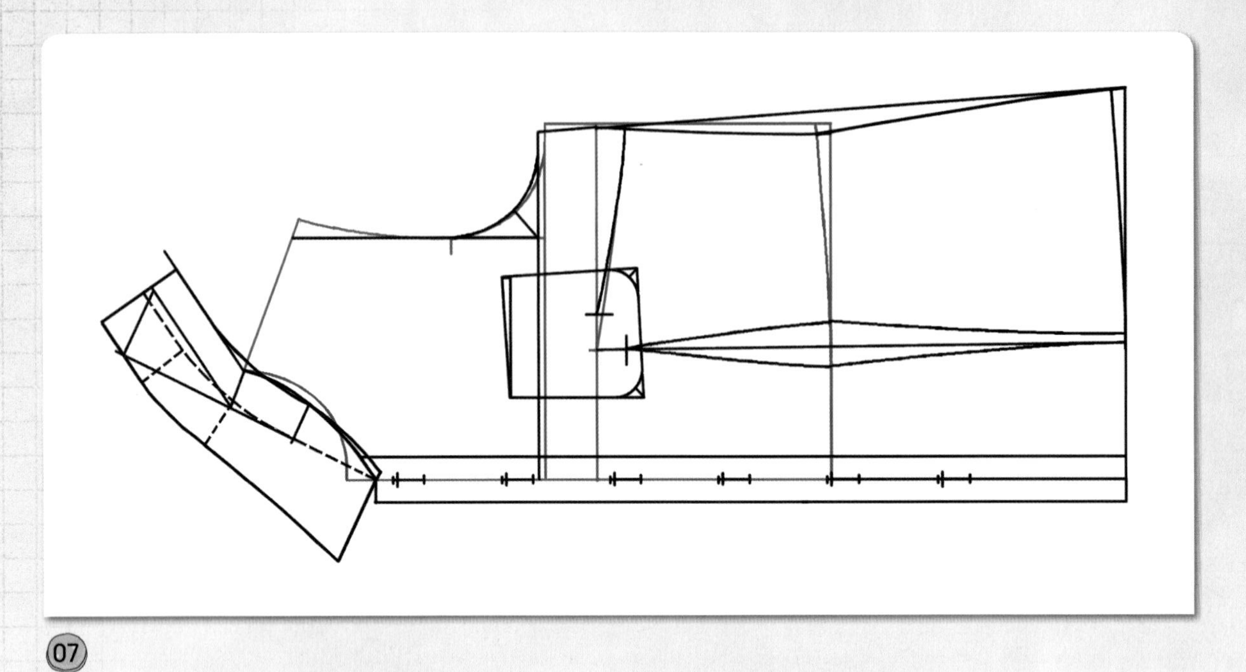

07

적색선으로 표시된 가슴둘레선, 진동둘레선, 어깨선, 앞중심선은 원형의 선을 그대로 사용한다.

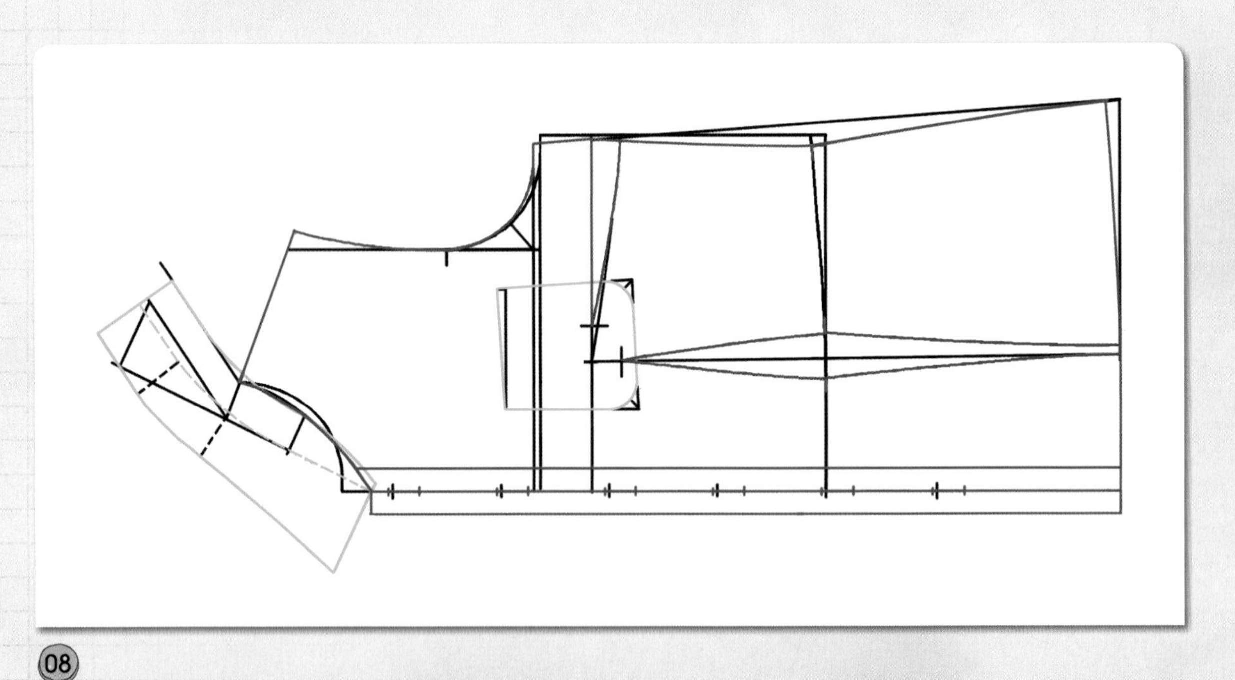

08

청색선이 앞 몸판의 완성선이고, 적색선이 칼라와 주머니의 완성선이다. 칼라와 주머니를 새 패턴지에 옮겨 그리고 완성선을 따라 오려낸 다음 패턴에 차이가 없는지 확인한다.

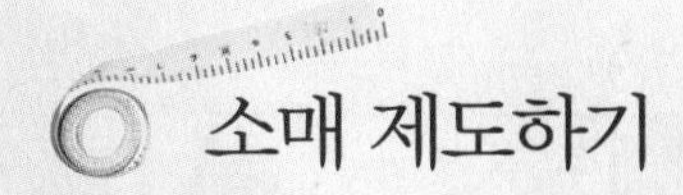

소매 제도하기

1. 소매 밑선과 롤업 커프스선을 그린다.

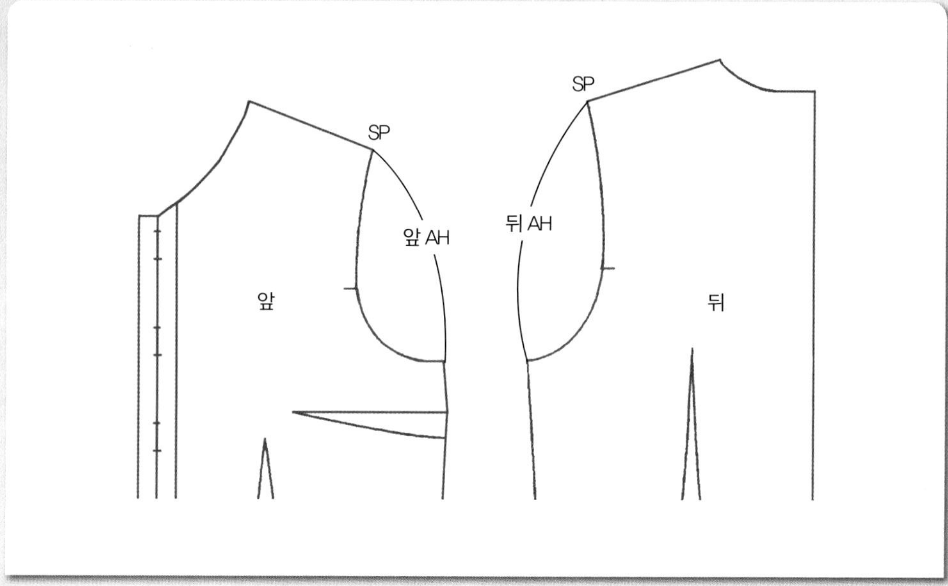

01

SP~C = 앞과 뒤 진동둘레선(AH) 어깨끝점(SP)에서 C점까지의 앞과 뒤 진동둘레선(AH) 길이를 잰다.

주 뒤 AH치수 – 앞 AH치수 = 2cm 내외가 가장 이상적 치수이다. 즉 뒤 AH 치수가 앞 AH치수보다 2cm 정도 더 길어야 하며 허용치수는 ±0.3cm 까지이다.

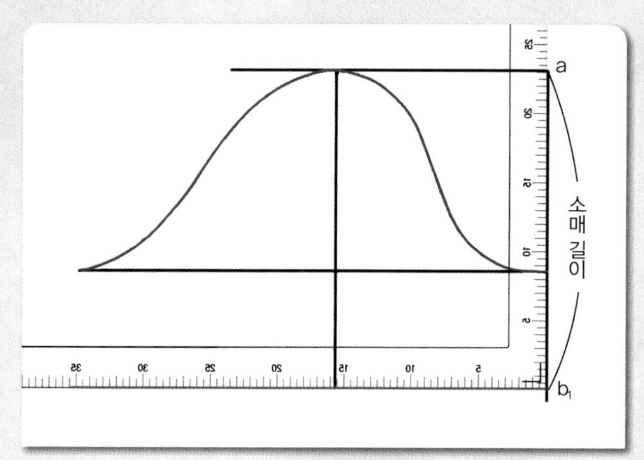

02

소매산 곡선까지 소매원형의 제도순서 p.68의 **02**~p.71의 **04**까지를 참조하여 같은 방법으로 소매산 곡선을 그린 다음, a점에서 소매길이를 내려와 앞 소매단선 위치(b_1)를 표시하고 직각으로 소매단선을 그린다.

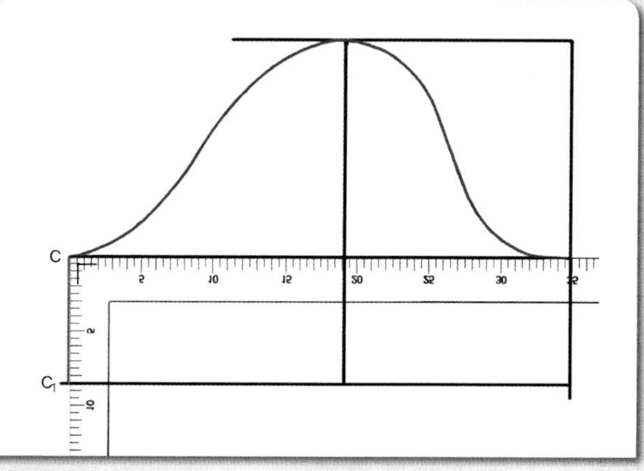

03

뒤 소매폭 끝점(c)에서 직각으로 뒤 소매밑선(c_1)을 내려 그린다.

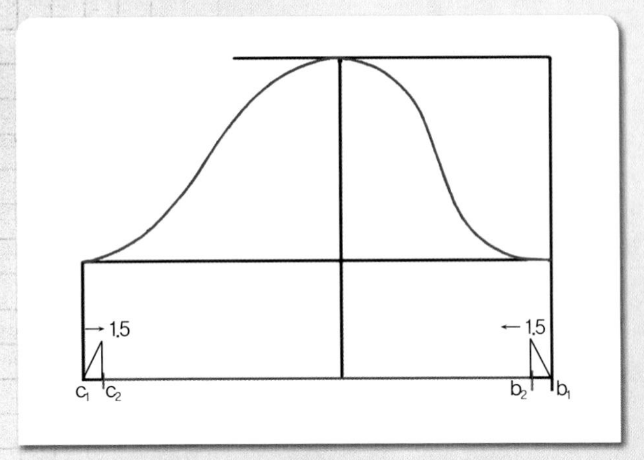

04

b_1점과 c_1점에서 각각 1.5cm씩 안쪽으로 들어가 앞/뒤 소매단 폭점(b_2, c_2)의 위치를 표시한다.

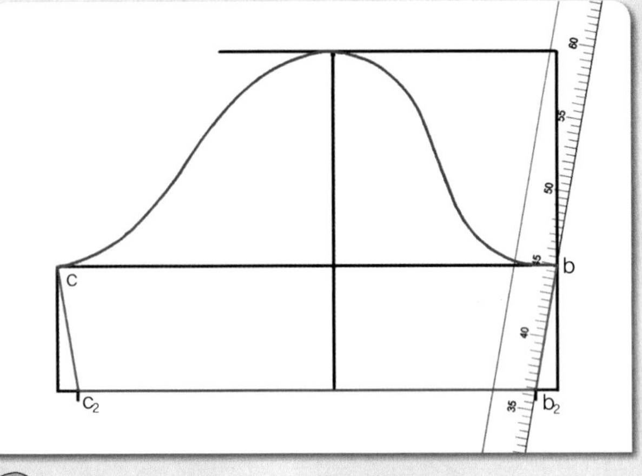

05

b점과 b_2점, c점과 c_2점 두 점을 각각 직선자로 연결하여 소매밑선을 그린다.

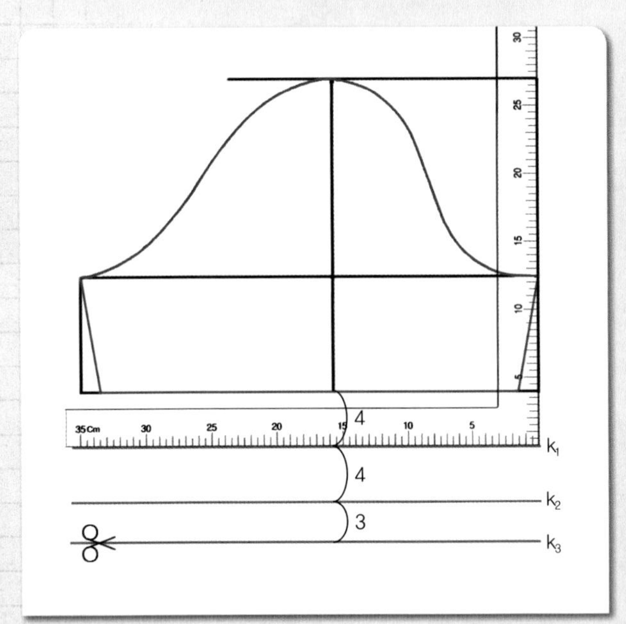

06

소매단선에서 4cm, 4cm, 3cm 간격으로 롤업 커프스폭선(k_1)과 소매단선(k_2), 롤업 커프스 안단선(k_3)을 수평으로 그린 다음, 롤업 커프스 안단선에서 오려낸다.

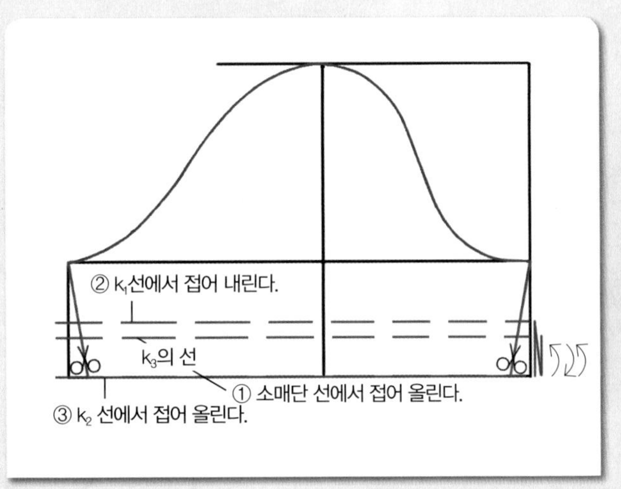

07

소매 패턴을 뒤집어서 ① 소매단선에서 접어 올리고, ② 롤업 커프스 폭선(k_1)에서 접어 내린 다음, ③ 다시 롤업 커프스 소매단선(k_2)에서 접어 올리고, 소매 패턴을 뒤집어서 앞/뒤 소매단 쪽의 소매밑 완성선을 따라 오려내거나, 룰렛으로 눌러 표시한다.

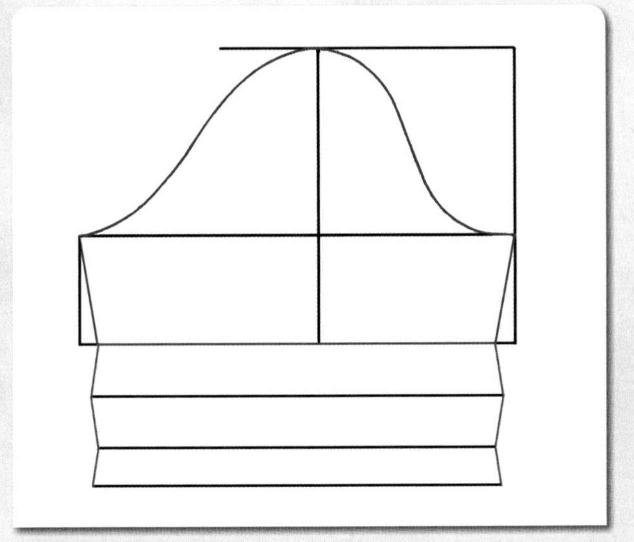

접었던 선을 모두 펴면, 적색선이 롤업 커프스의 완성선이 된다.

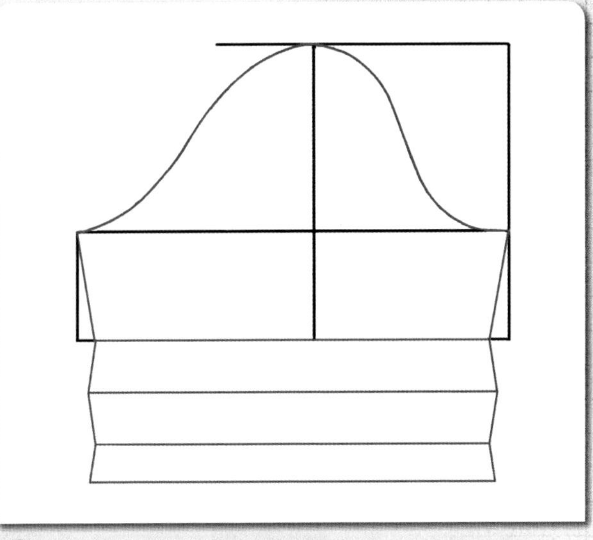

09

적색선이 소매의 완성선이다.

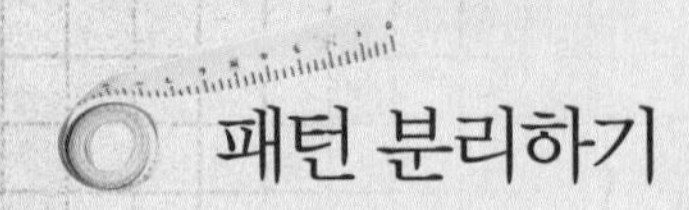

패턴 분리하기

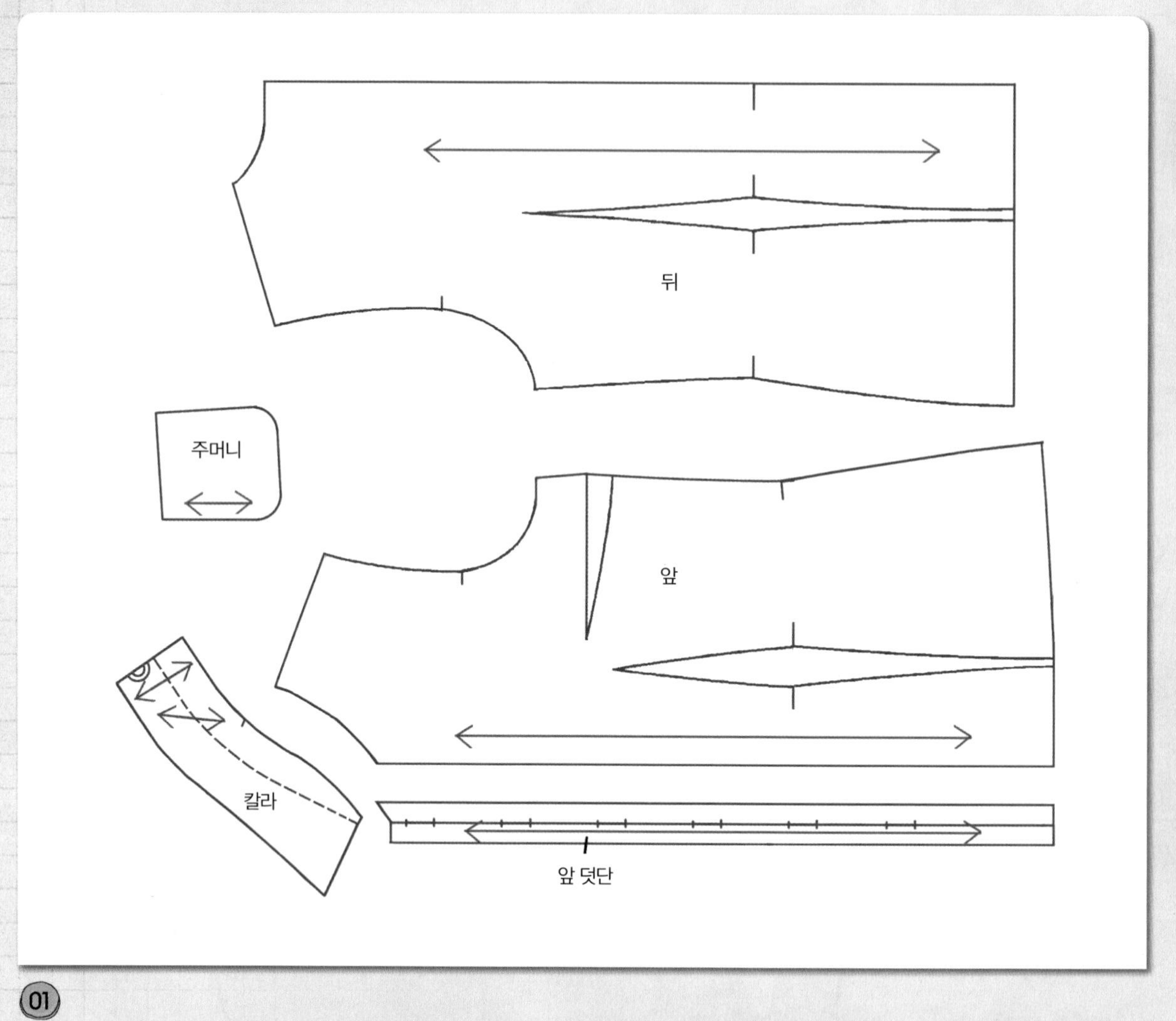

01

앞판과 덧단의 몸판을 분리하고, 뒤판의 뒤 중심선과 칼라의 뒤 중심선에 골선표시를 넣고, 각 패턴에 식서방향 표시를 넣는다.

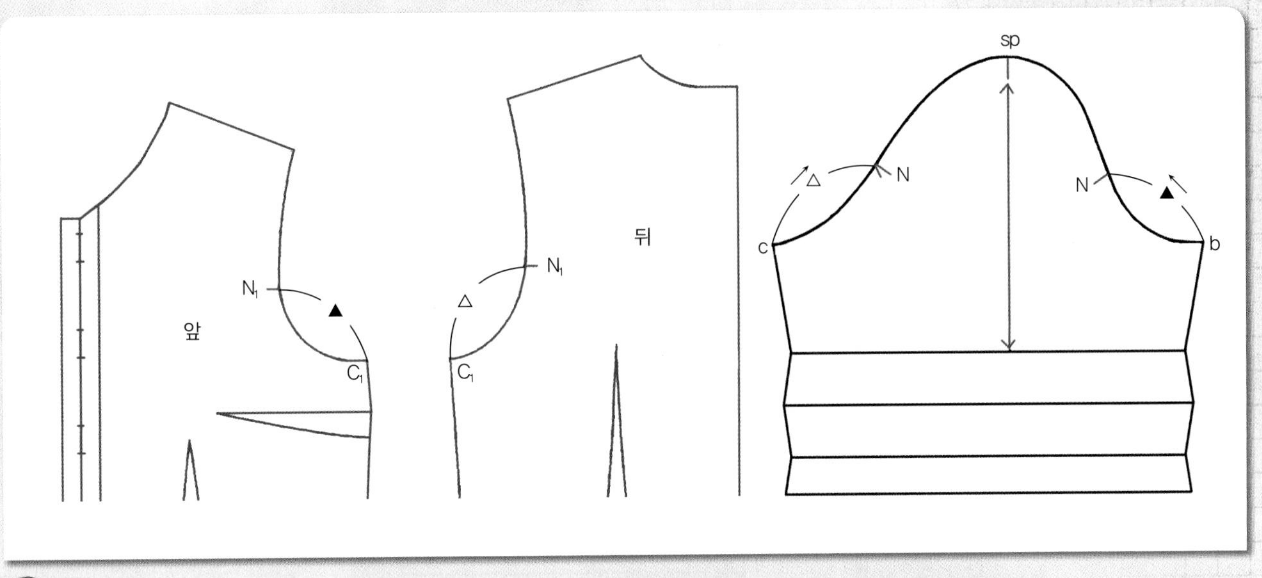

02

앞/뒤 몸판의 C_1점에서 N_1점까지의 길이를 재어 소매의 앞/뒤 소매폭점(b, c)에서 소매산 곡선을 따라 올라가 소매 맞춤표시(N)를 넣는다.

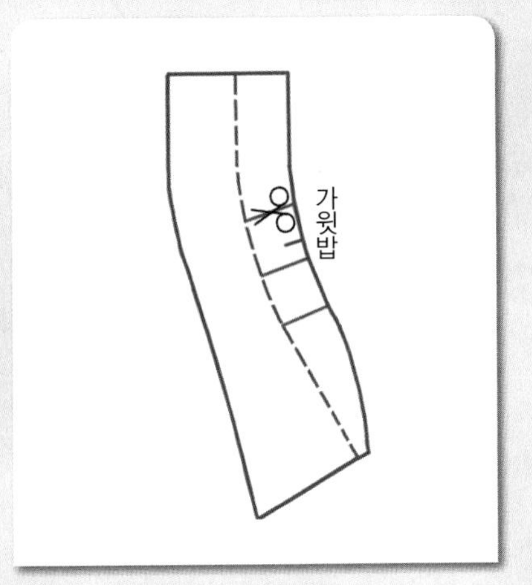

03

오려낸 칼라의 솔기 완성선에서 칼라 꺾임선까지 그림과 같이 옆 목점 근체에 절개선을 그린다.

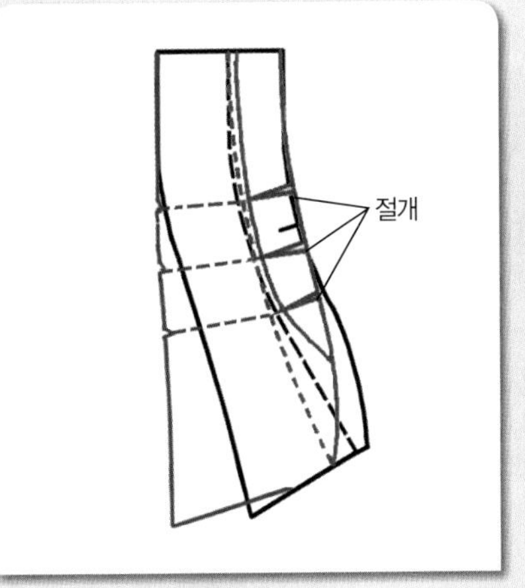

04

절개선을 칼라 꺾임선까지 잘라, 칼라 솔기선이 직선이 되도록 벌려 테이프로 고정시키면, 그림과 같이 검정선에서 적색선으로 이동하게 되고 청색선이 칼라 부분에는 주름이 잡히게 된다. 칼라 솔기선 쪽에서 벌어진 분량이 재단 시 칼라 솔기선을 늘려 주어야 하는 분량이다.

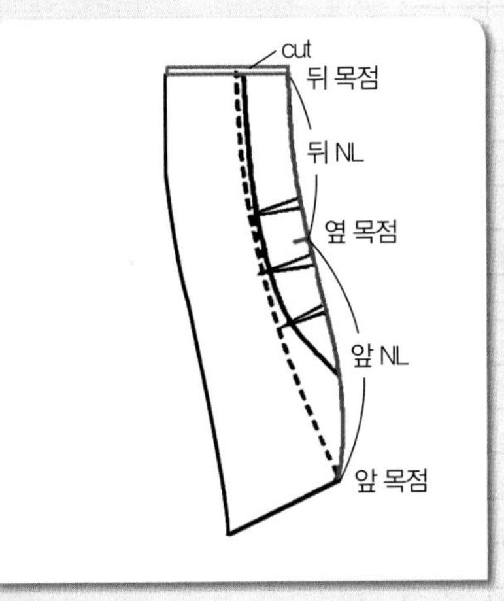

05

칼라의 앞 목점에서 앞목둘레 치수만큼 올라가 옆 목점 위치를 표시하고, 옆 목점에서 뒤 목둘레 치수만큼 올라가 뒤 목둘레점 위치를 표시하였을 때 칼라의 뒤 중심선과의 차이나는 분량을 잘라내면 칼라의 뒤 중심선이 뜨지 않게 된다.

주 재단 시에는 칼라 솔기선의 절개한 선을 원 상태로 돌려 재단하고, 봉제 시에 칼라 솔기선을 늘려 봉제해야 한다.

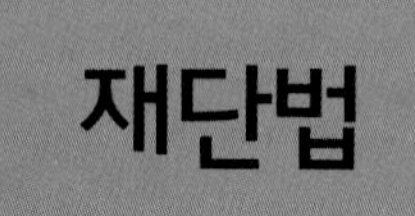

재단법

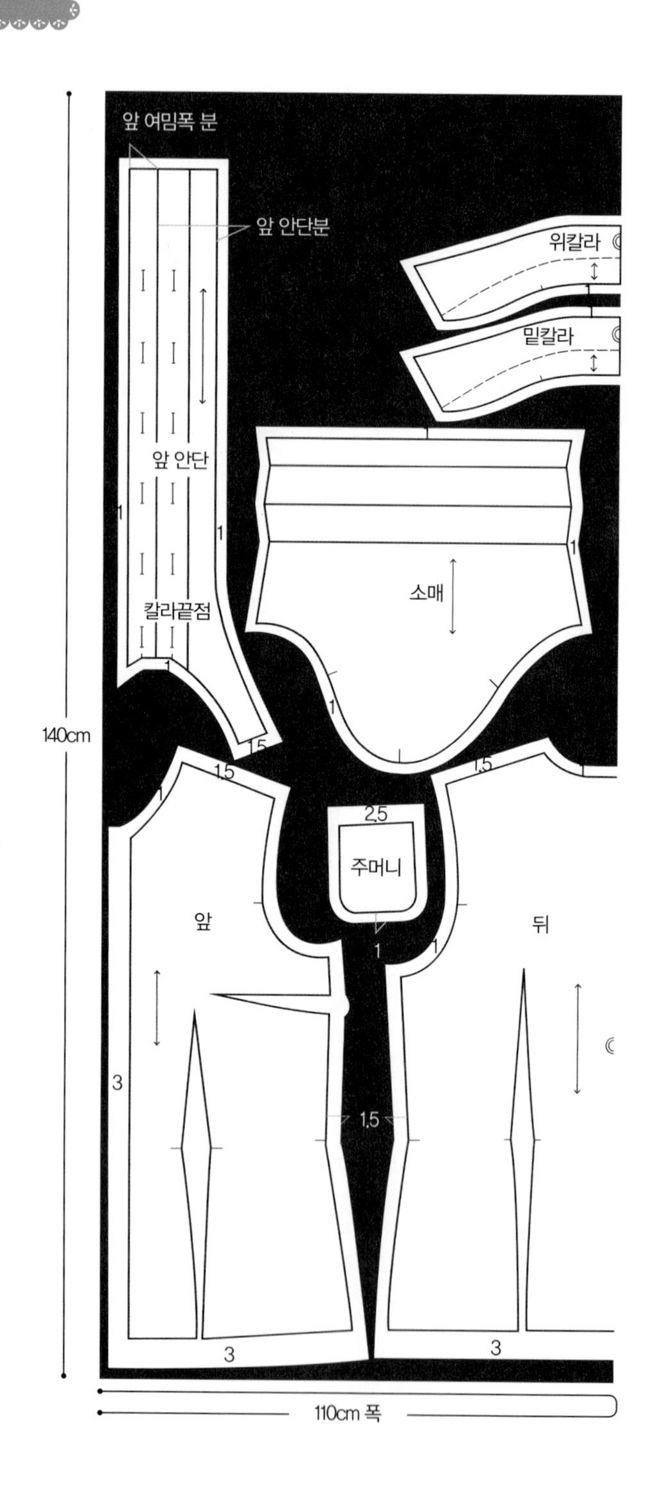

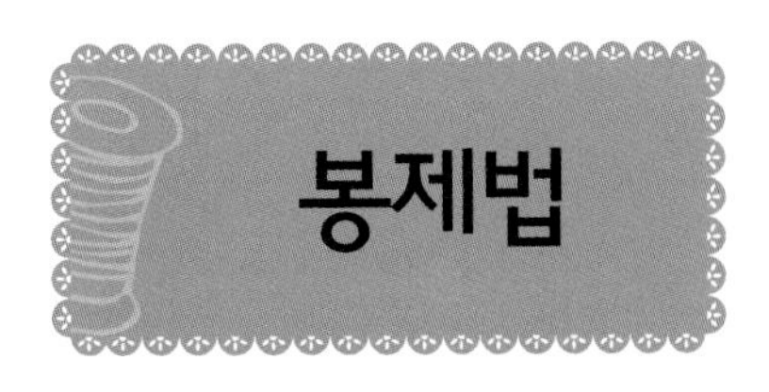

봉제 전의 준비

1. 표시를 한다.

01

재단 시 분필 초크로 그려진 완성선 쪽이 위쪽으로 오도록 하여 앞 안단과 앞뒤 몸판, 주머니, 위칼라와 밑칼라, 소매의 완성선에 실 표뜨기로 표시를 한다.

2. 접착심지를 붙인다.

앞 안단의 표면과 앞 안단의 접착심지를 겉끼리 마주 대어 어깨선에서 밑단 쪽까지 완성선을 박는다.

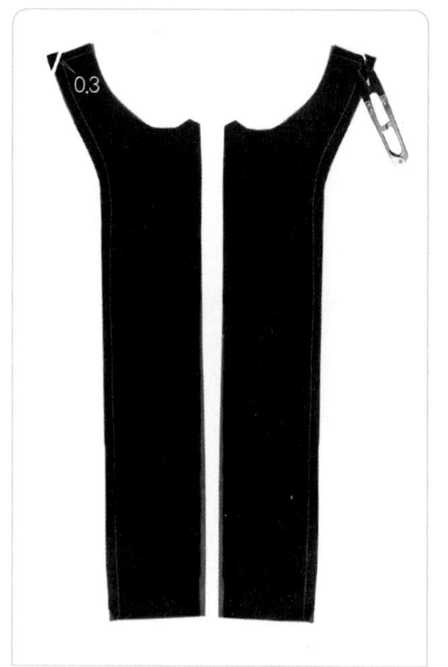

어깨선 쪽의 모서리 부분 시접을 0.3cm 남기고 삼각으로 잘라낸다

시접을 모두 접착심지 쪽으로 넘기고 0.1cm 폭으로 상침재봉을 하여 시접을 고정시킨다. (이때 어깨선 쪽은 제외하고 박을 수 있는 곳까지만 박는다.)

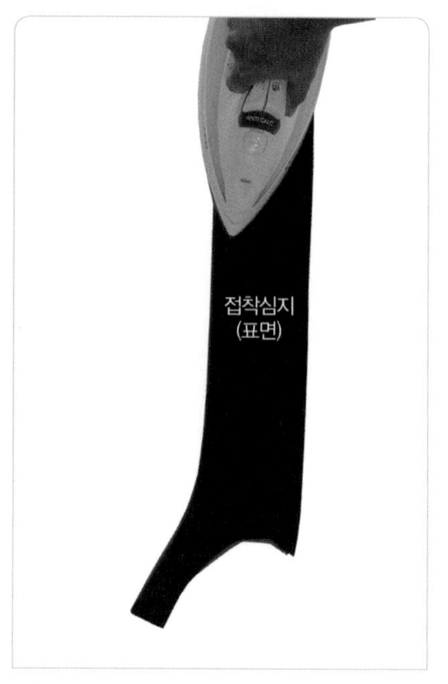

접착심지의 이면을 앞 안단의 이면 쪽으로 넘겨 접착시킨다. (이때 다리미 끝을 이용하여 상침재봉한 쪽의 시접 부분을 눌러 접착시킨 다음, 접착심지가 당겨지지 않도록 맞추어 얹고 접착시키면 주름이 잡히는 일 없이 편편하게 접착된다.)

05
위칼라와 밑칼라에 접착심지를 붙이고, 주머니 입구의 완성선에서 1cm 더 내려온 곳까지 접착심지를 붙인다.

3. 앞판의 가슴다트와 허리다트, 뒤판의 허리다트를 박는다.

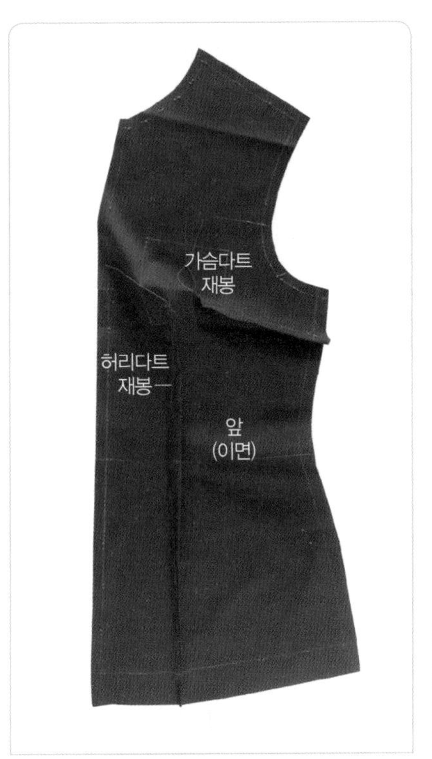

01
앞판의 가슴다트와 허리다트를 박는다. (이때 다트 끝점에서는 되박음질을 하지 않고 실 끝을 조금 길게 남기고 잘라둔다.)

02
다트 끝점에서 실 끝을 묶은 다음, 실을 바늘에 끼워 바늘땀에 3~4땀 감침질하고 실 끝을 잘라낸다.

03

앞판과 같은 방법으로 뒤 허리다트를 박는다.

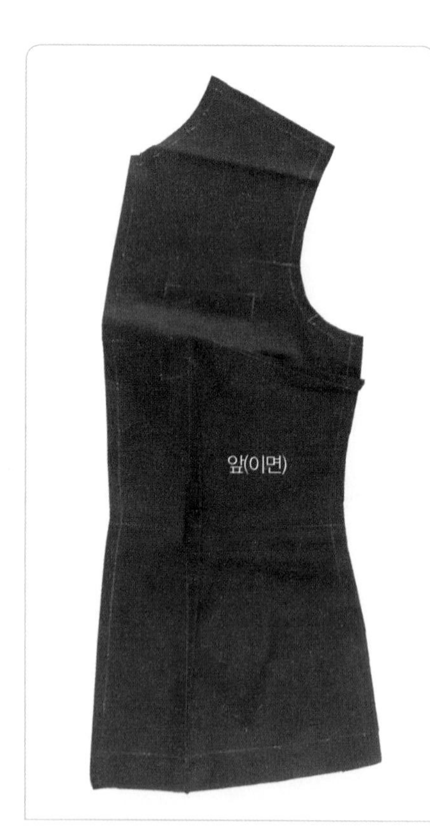

04

다트 끝점의 입체감을 잃지 않도록 프레스 볼 위에 얹어 앞판과 뒤판의 허리다트 시접은 옆선 쪽으로 넘기고 앞판의 가슴다트 시접은 위쪽으로 넘겨 다림질한다.

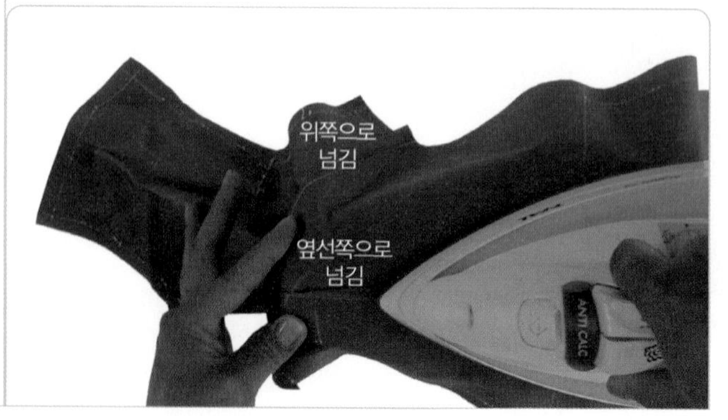

4. 주머니를 만들어 단다.

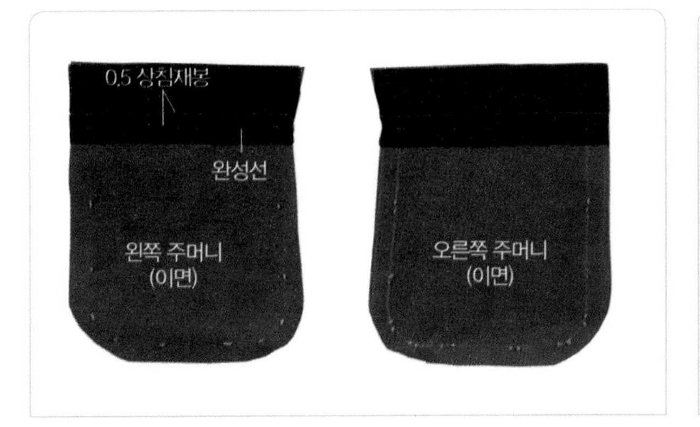

주머니 입구의 완성선에서 안단 쪽으로 0.5cm 나가 상침재봉을 한다.

주머니 아래쪽 곡선 부분의 완성선에서 시접 쪽으로 0.5cm 나가 촘촘한 홈질을 한다.

주머니 입구의 안단 끝에 오버로크 재봉을 한다.

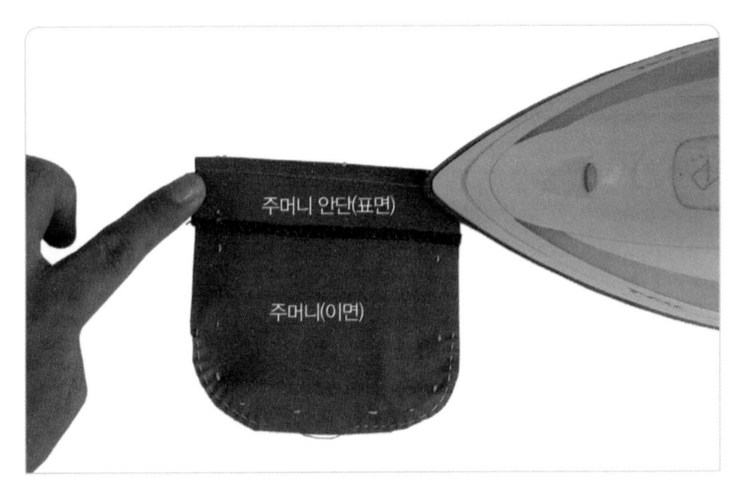

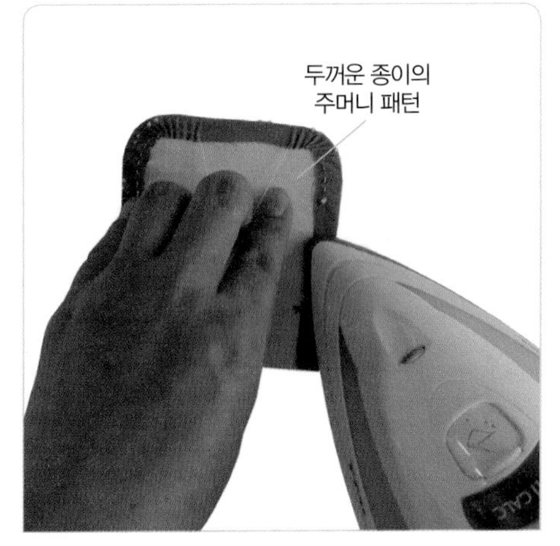

주머니 입구의 안단을 완성선에서 이면 쪽으로 접어 다림질한다.

주머니 패턴을 두꺼운 종이에 옮겨 그리고 주머니 이면의 아래쪽 완성선에 맞추어 얹고 촘촘한 홈질을 한 실을 당겨 오그리면서 주머니 양 옆과 밑단시접을 접어 다림질한다.

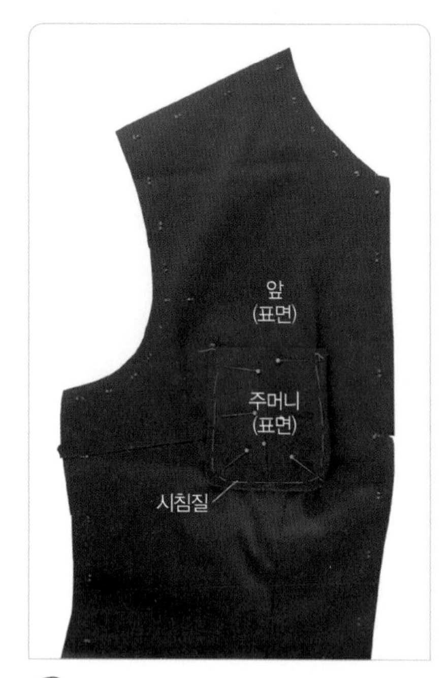

06

앞판의 표면 쪽 주머니 다는 위치에 주머니의 이면을 마주 대어 맞추어 얹고 시침질로 고정시킨다.

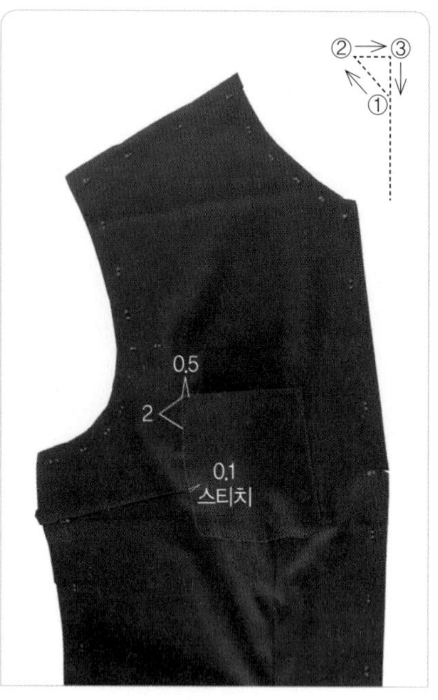

07

스티치하는 순서대로 주머니 입구 쪽을 삼각으로 박은 다음 주머니 주위를 0.2cm 폭으로 스티치한다.

주 박기 시작할 때와 끝나는 위치에서 되박음질을 하지 않고 실을 조금 길게 남기고 자른다.

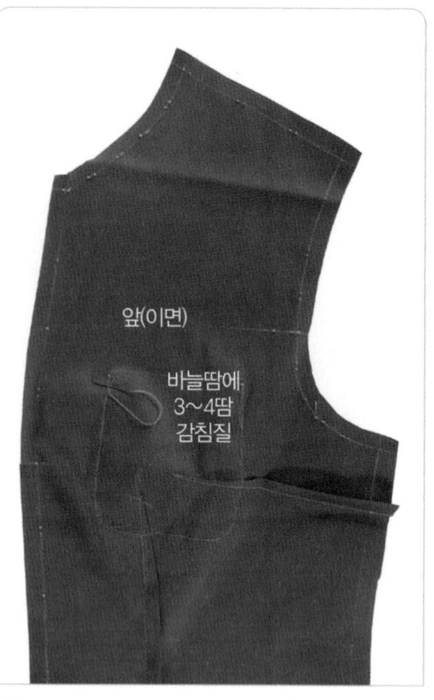

08

이면 쪽에서 밑실을 당겨 윗실을 빼낸 다음 묶고, 윗실과 밑실을 바늘에 끼워 바늘땀에 3~4땀 감침질하고 실 끝을 잘라낸다.

5. 앞 몸판에 앞 안단을 연결한다.

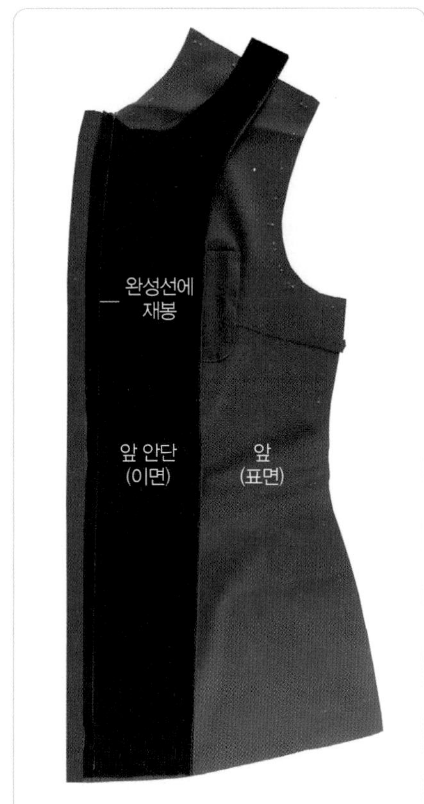

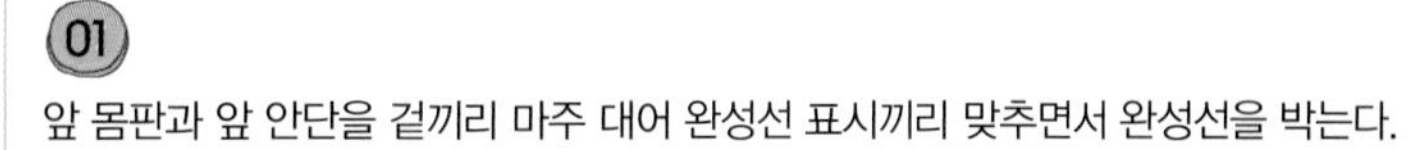

01

앞 몸판과 앞 안단을 겉끼리 마주 대어 완성선 표시끼리 맞추면서 완성선을 박는다.

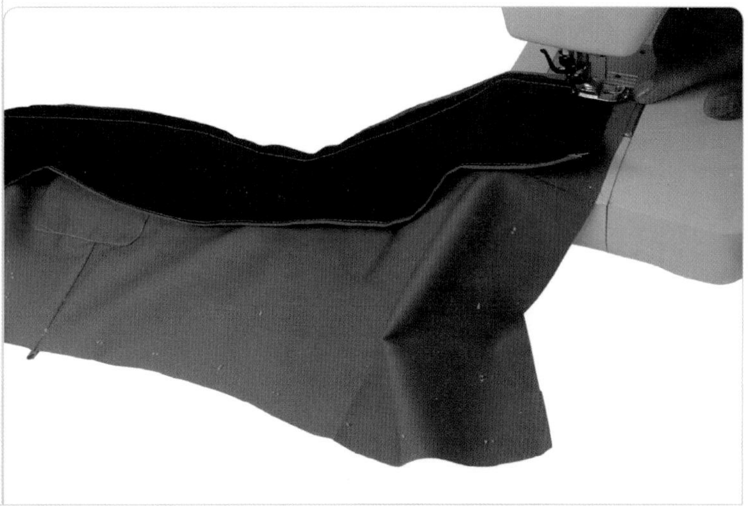

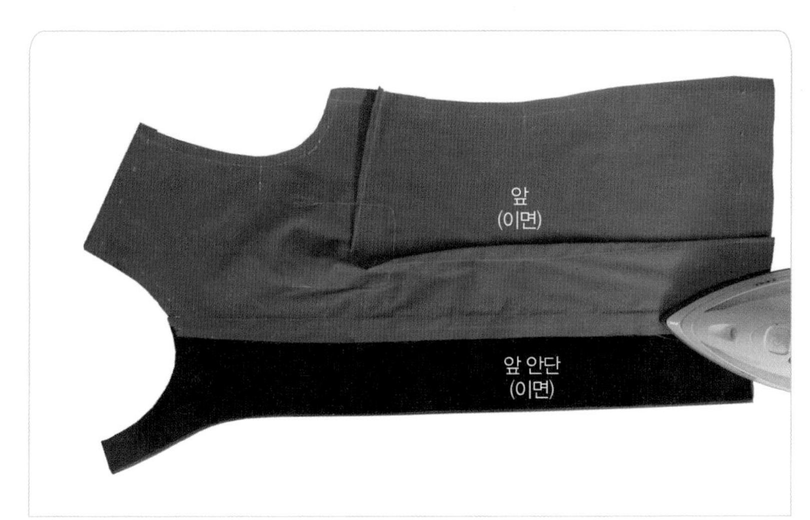

02

시접을 앞 안단 쪽으로 넘긴다.

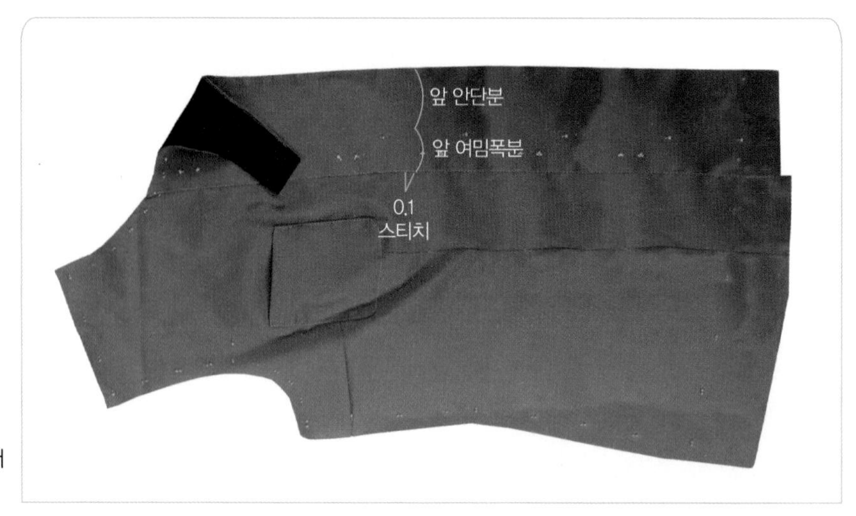

시접을 앞 안단 쪽으로 넘긴 상태에서 겉쪽에서 0.1cm에 스티치한다.

6. 어깨선을 통솔로 처리한다.

01

앞판과 뒤판의 어깨선을 이면끼리 마주 대어 옆 목점과 어깨끝점의 표시끼리 맞추어 핀으로 고정시킨 다음, 앞판의 어깨선 길이가 뒤판의 어깨선 길이보다 짧으므로 약간 당겨 맞추고 핀으로 고정시킨다.

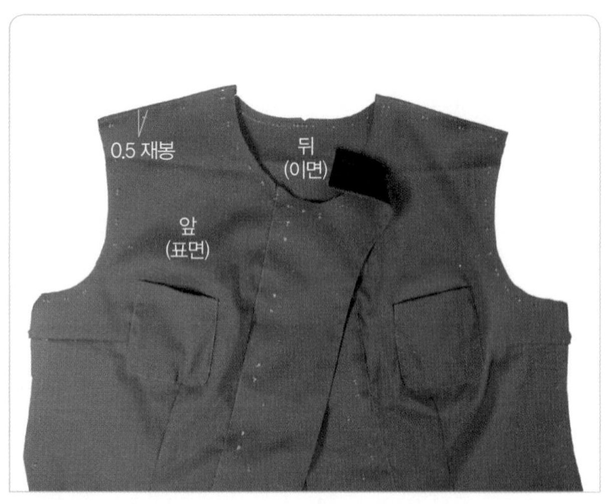

02

어깨선의 시접 끝에서 0.5cm 들어온 곳을 박는다.

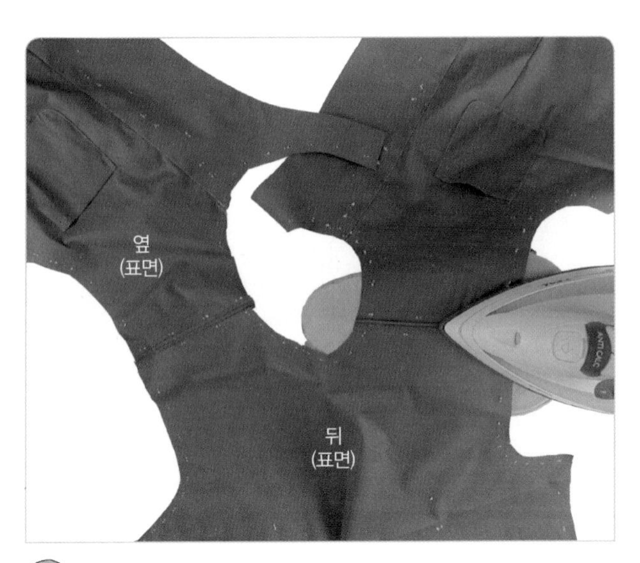

03
시접을 가른다.

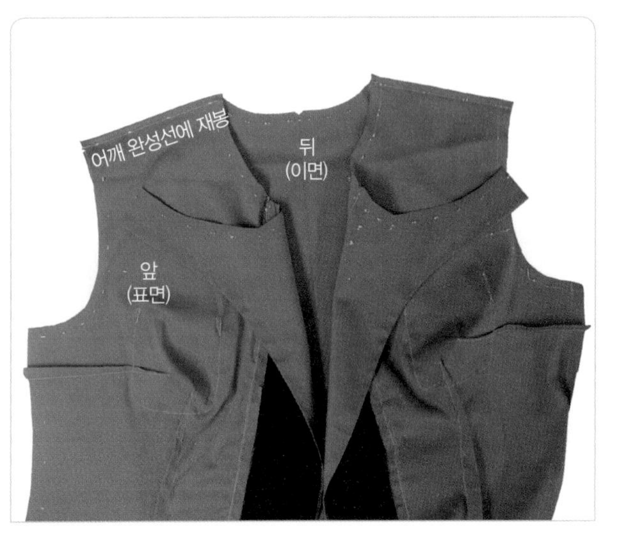

04
앞판과 뒤판의 어깨선을 표면끼리 마주 대어 표시끼리 맞추고 완성선을 박는다.

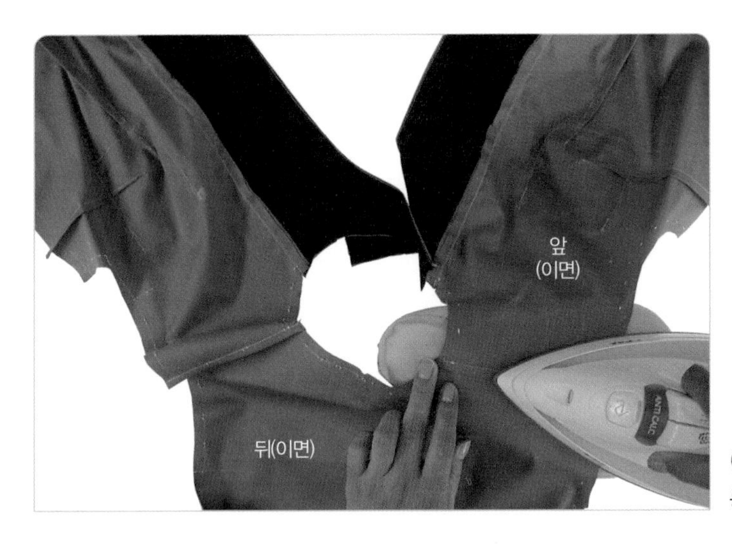

05
통솔 시접을 뒤판 쪽으로 넘긴다.

7. 칼라를 만들어 단다.

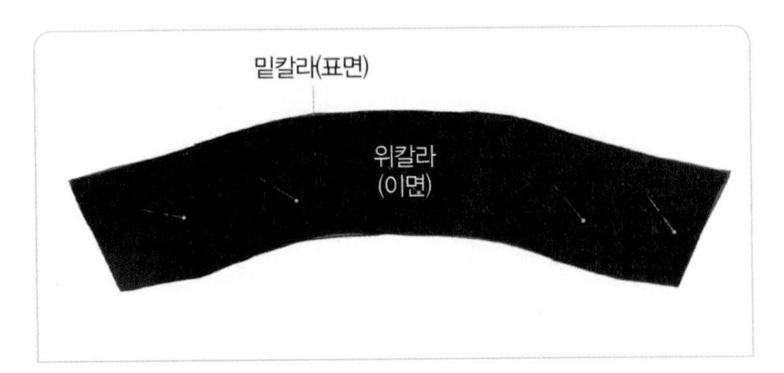

위칼라와 밑칼라를 겉끼리 마주 대어 핀으로 고정시킨다.

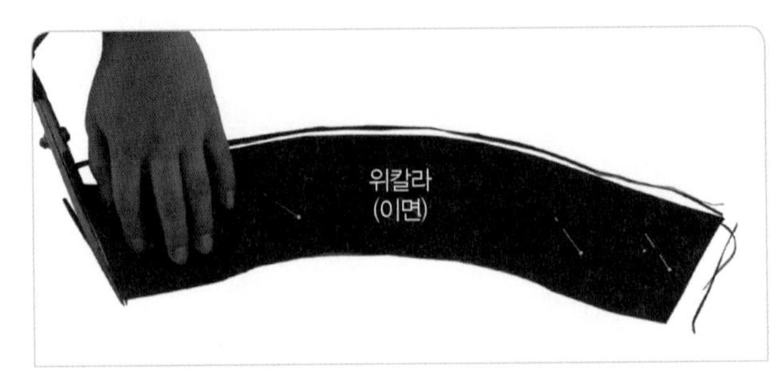

02

위칼라와 밑칼라가 차이나지 않도록 시접을 0.8cm로 두 장 함께 정리한다.

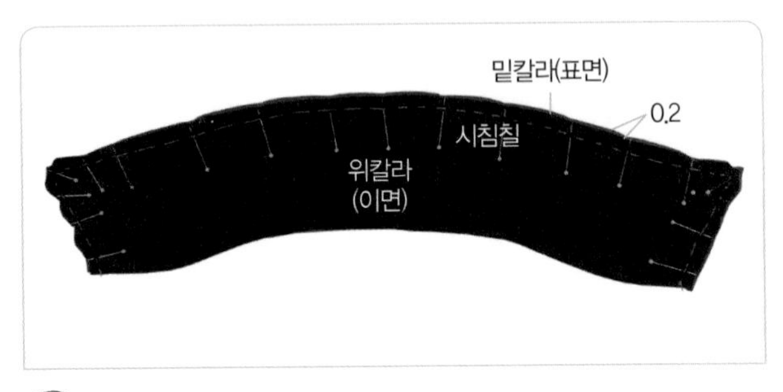

위칼라를 0.2cm 안쪽으로 밀어 핀으로 고정시키고, 위칼라의 완성선에 시침질로 고정시킨다.

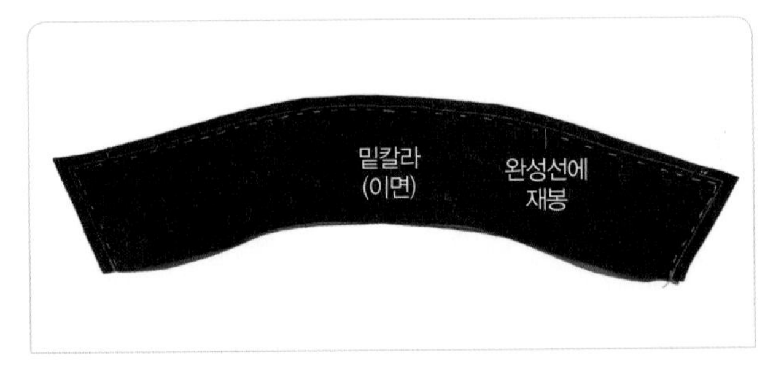

04

밑칼라의 완성선을 박는다.

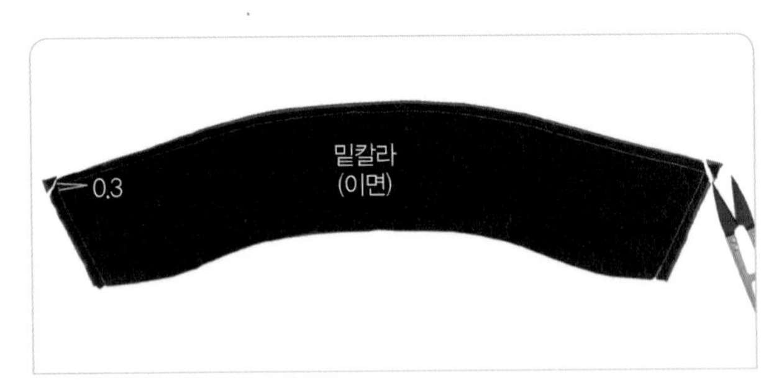

칼라의 모서리 시접을 0.3cm 남기고 삼각으로 잘라낸다.

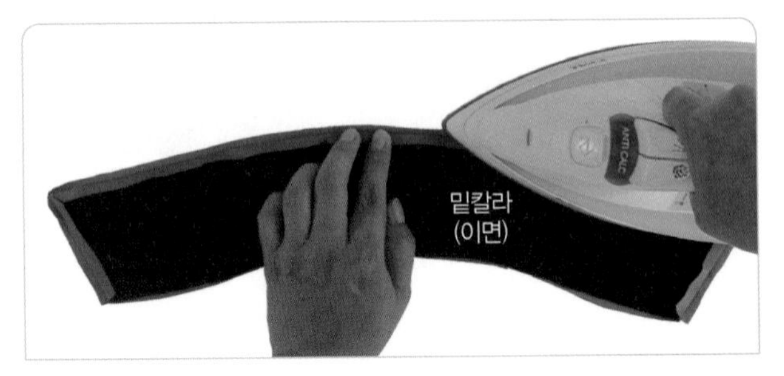

06

밑칼라 쪽이 위로 오게 하여 시접을 가른다.

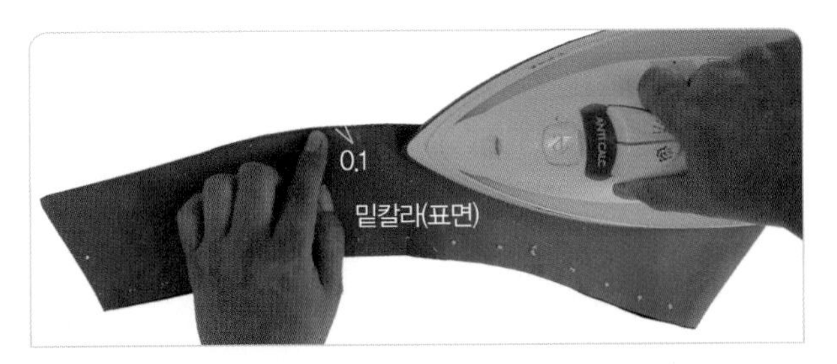

겉으로 뒤집어서 밑칼라를 0.1cm 안쪽으로 밀어 다림질한다.

주 겉으로 뒤집으면 천의 두께만큼 밑칼라가 밀리게 되므로 반드시 0.1cm 라고 할 수는 없고, 천의 두께에 따라 달라질 수 있다.

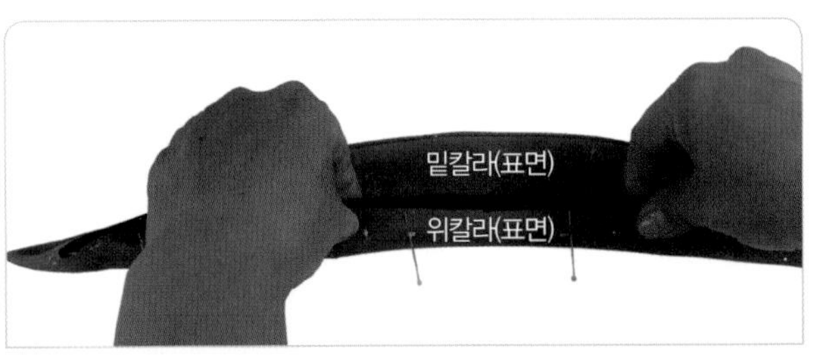

밑칼라가 위쪽으로 오도록 놓고 위칼라와 함께 칼라의 꺾임선에서 접으면 천의 두께분만큼 위칼라 쪽이 밀려 밑칼라와 차이나게 된다. 이 여유분이 움직이지 않도록 핀으로 고정시킨다.

여유분이 움직이지 않도록 시침질로 고정시켜 둔다.

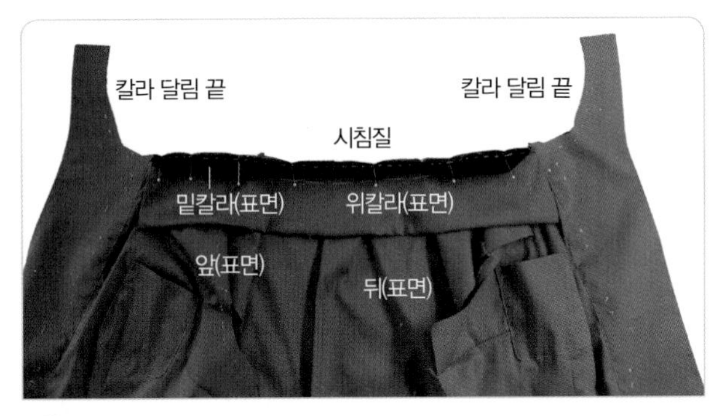

10

몸판의 표면 위에 밑칼라 쪽이 마주 닿도록 얹으면서 좌우 칼라 달림 끝점, 옆 목점, 뒤 목점의 표시끼리 맞추어 위칼라를 젖히고 밑칼라만 핀으로 고정시킨 다음, 완성선에서 0.1cm 시접 쪽에 시침질로 고정시킨다.

11

위칼라를 젖히고 밑칼라의 완성선을 박는다.

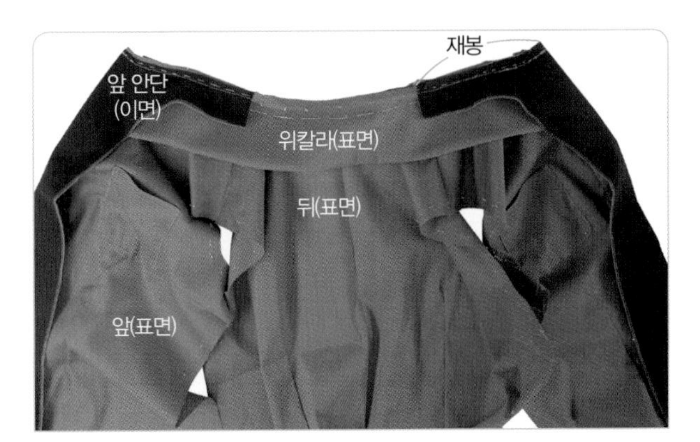

12

위칼라 위에 앞 안단의 표면을 마주 대어 앞단선에서 접고, 완성선에서 0.1cm 시접 쪽에 시침질로 고정시킨 다음, 앞단선에서 어깨선까지 완성선을 박는다.

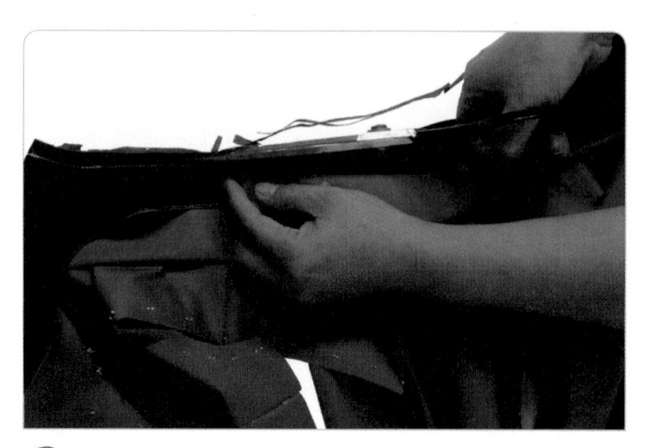

목둘레선의 시접을 0.6cm로 정리한다.

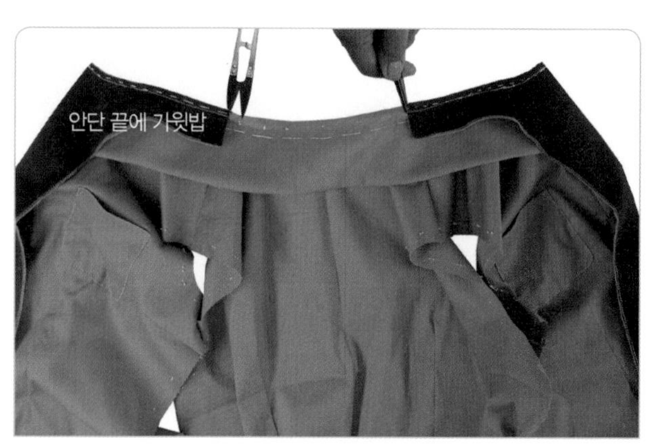

좌우 앞안단의 어깨선 끝 위치에서 몸판과 밑칼라, 위칼라 세 장의 시접에 함께 가윗밥을 넣는다.

곡선 부분의 시접에 가윗밥을 넣는다.

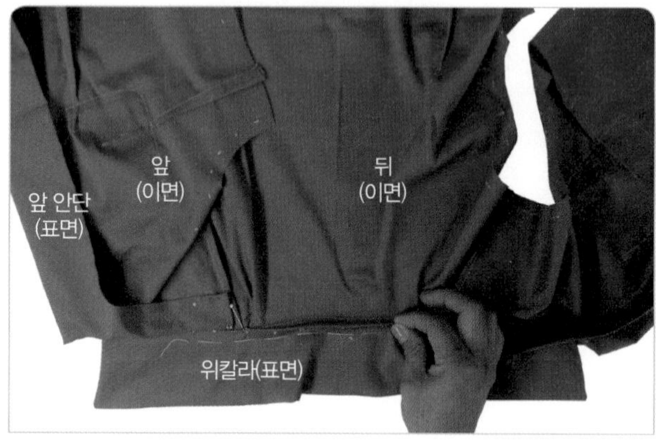

앞 안단을 겉으로 뒤집어서 앞단선에서 어깨선 끝 가윗밥을 넣은 위치까지의 시접은 몸판 쪽으로 넘기고, 남은 뒤 목둘레선의 시접은 칼라 쪽으로 넘긴 다음, 위칼라의 시접을 접어 넣고 핀으로 고정시킨다.

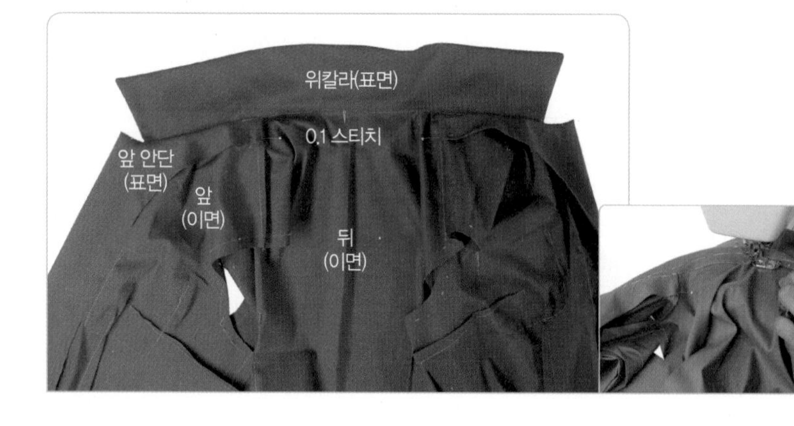

0.1cm 폭으로 스티치하여 위칼라를 고정시킨다.

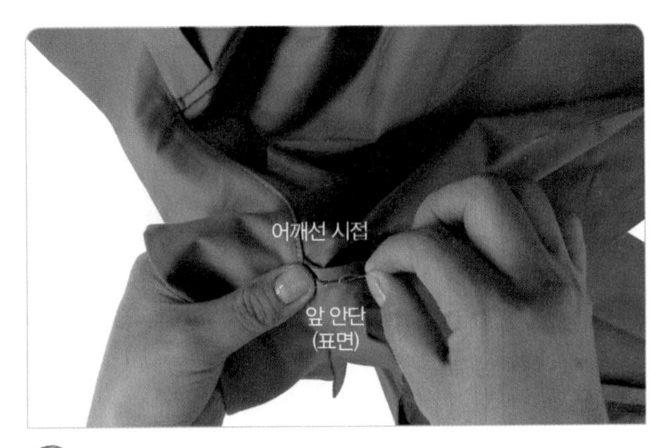

(18)
앞 안단의 어깨선을 몸판의 어깨선 시접에 감침질로 고정시킨다.

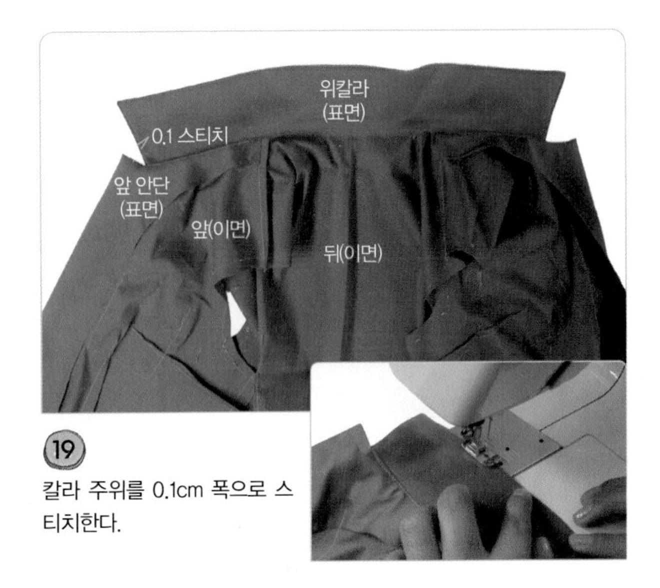

(19)
칼라 주위를 0.1cm 폭으로 스티치한다.

8. 옆선을 통솔로 처리한다.

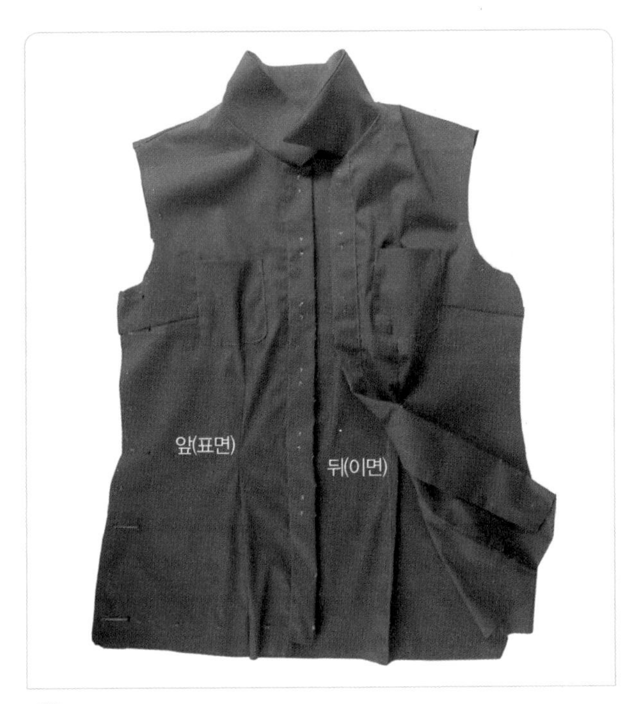

(01)
앞판과 뒤판을 이면끼리 마주 대어 옆선의 표시끼리 맞추고 핀으로 고정시킨다.

(02)
옆선의 시접 끝에서 0.5cm 들어와 박는다.

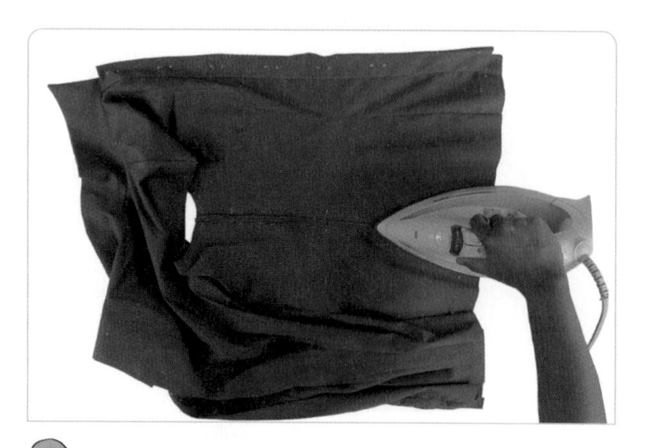

03

시접을 가른다.

04

앞판과 뒤판을 겉끼리 마주 대어 옆선의 표시끼리 맞추어 핀으로 고정시킨다.

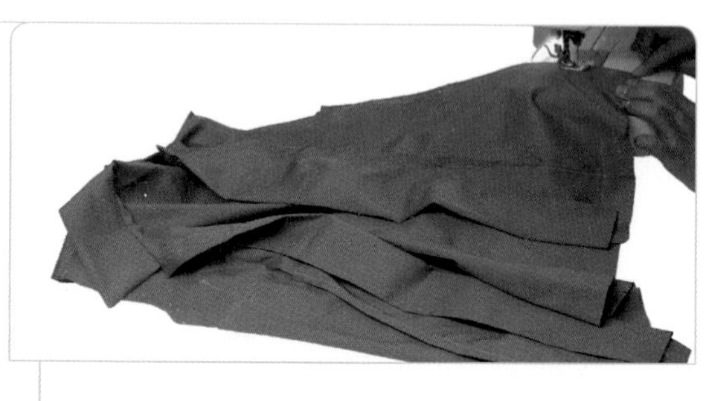

05

옆선의 완성선을 박는다.

06

통솔시접을 뒤판 쪽으로 넘겨 다림질한다.

9. 소매를 만들어 단다.

소매산의 완성선에서 0.2cm 시접 쪽에 시침재봉을 한 다음, 그곳에서 다시 0.3cm 시접 쪽으로 나가 다시 한 줄 시침재봉을 한다(이때 시침재봉을 앞뒤 소매맞춤 표시에서 3~5cm 정도 더 내려온 곳까지 한다).

02

소매밑선의 시접에 오버로크 재봉을 한다.

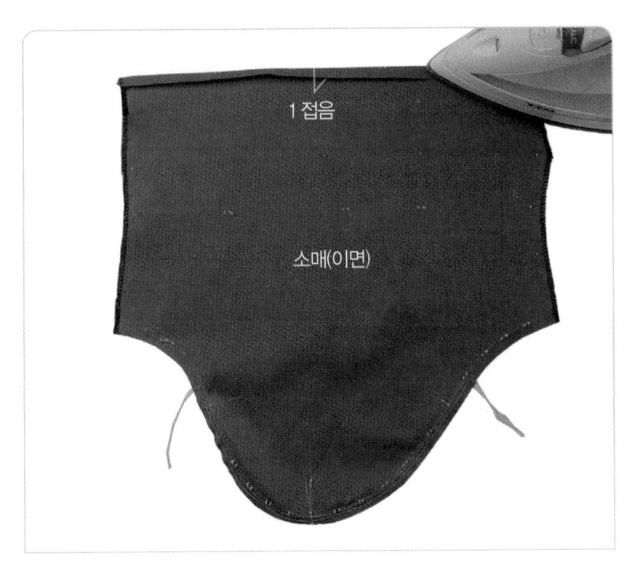

소매 롤업 커프스 안단의 시접을 1cm 이면 쪽으로 접어 표시해 둔다.

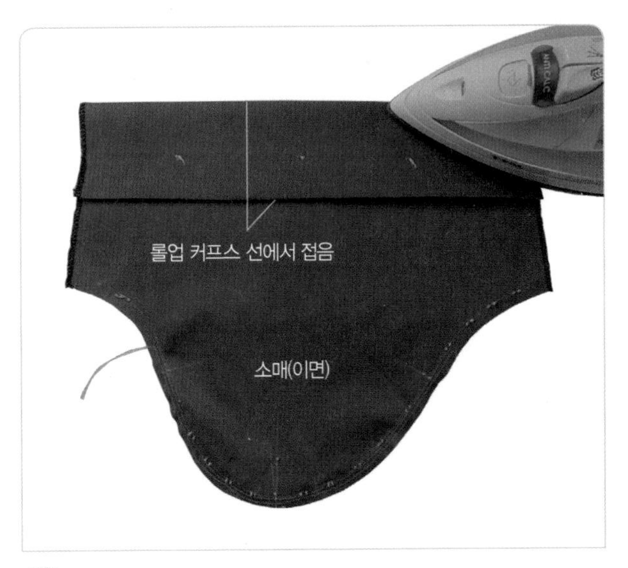

04

소매의 롤업 커프스 완성선에서 이면 쪽으로 접어 표시해 둔다.

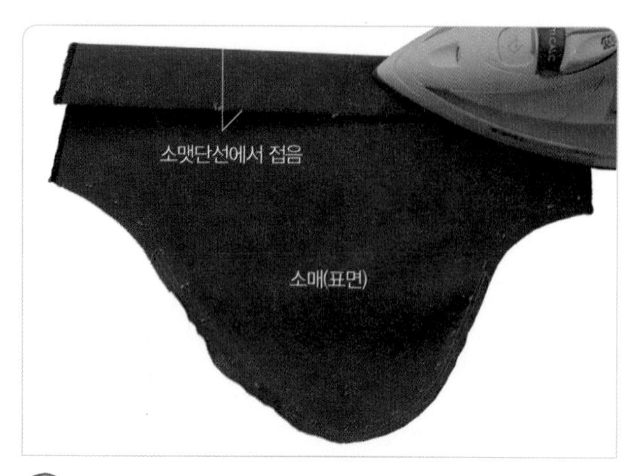

05

소맷단선에서 표면 쪽으로 접어 표시해 둔다.

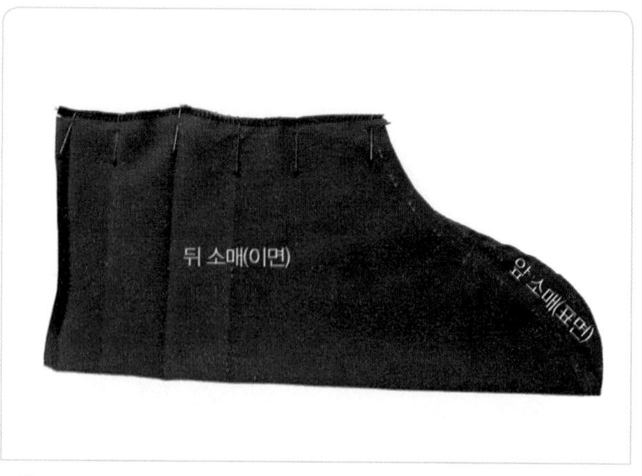

06

03번에서 **05**번까지 접어 표시해 둔 롤업 커프스선을 모두 내린 상태로 소매밑선을 겉끼리 마주 대어 표시끼리 맞추고 핀으로 고정시킨다.

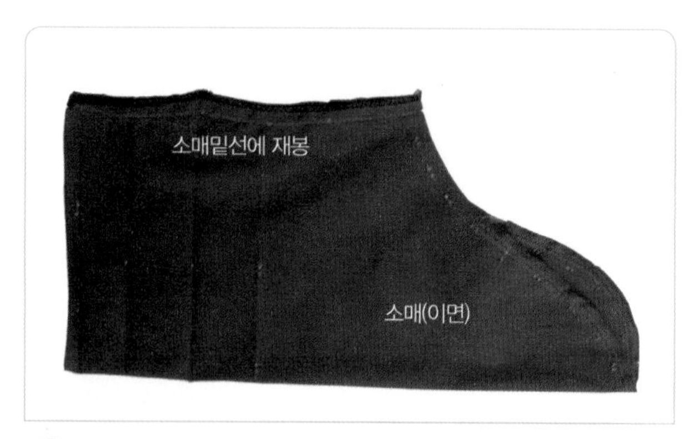

소매밑선을 박는다.

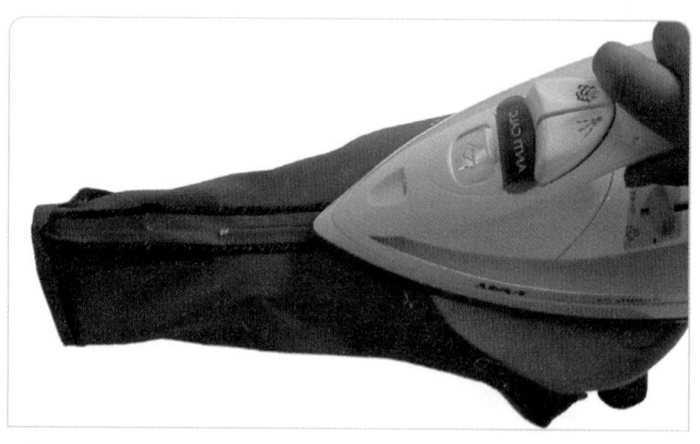

08

시접을 가른다.

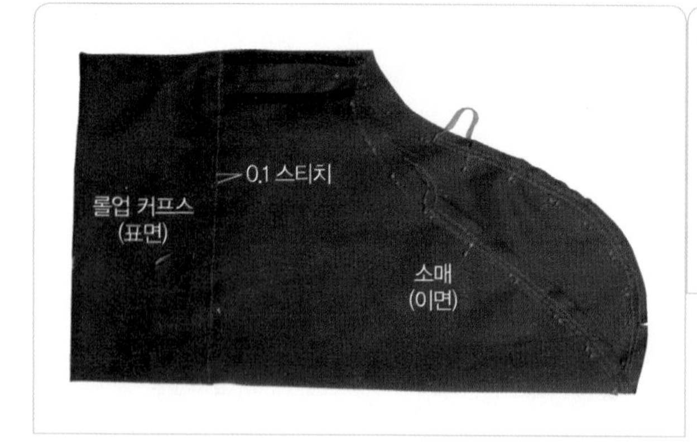

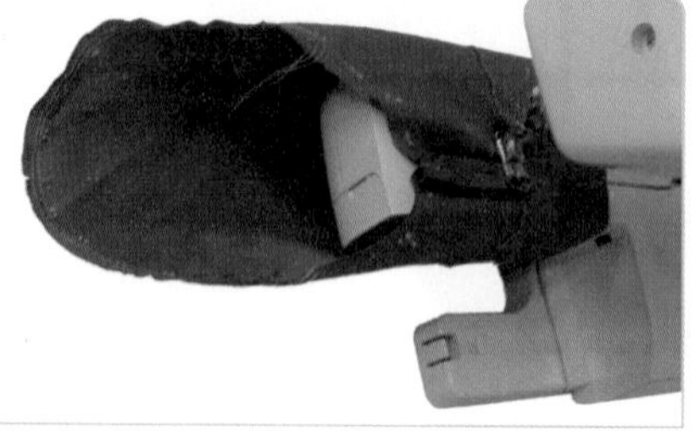

09

롤업 커프스선에서 이면 쪽으로 접어 올리고 롤업 커프스 안단시접의 접은 선에서 0.1cm에 스티치한다.

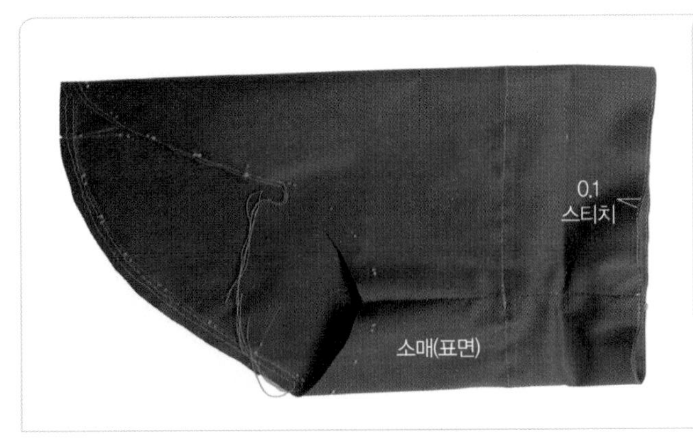

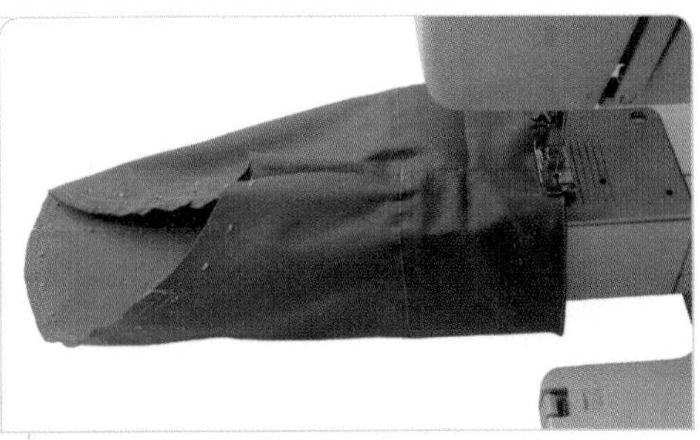

⑩
롤업 커프스선에서 0.1cm에 스티치한다.

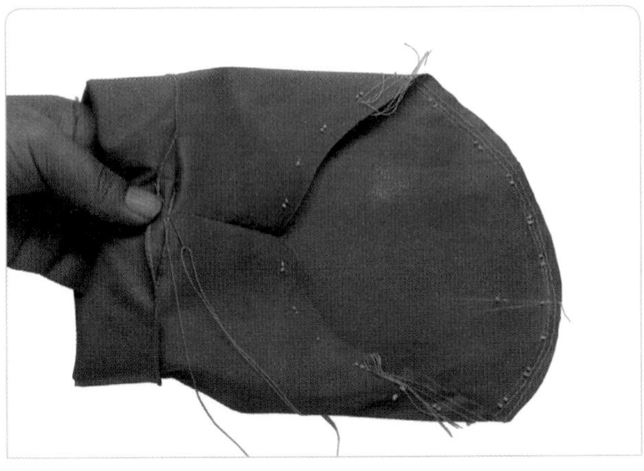

⑪
롤업 커프스를 소맷단 완성선에서 표면 쪽으로 접어 올리고, 소매밑선과 소매 중심선 쪽을 0.5cm 들어간 곳에 속감치기로 고정시킨다.

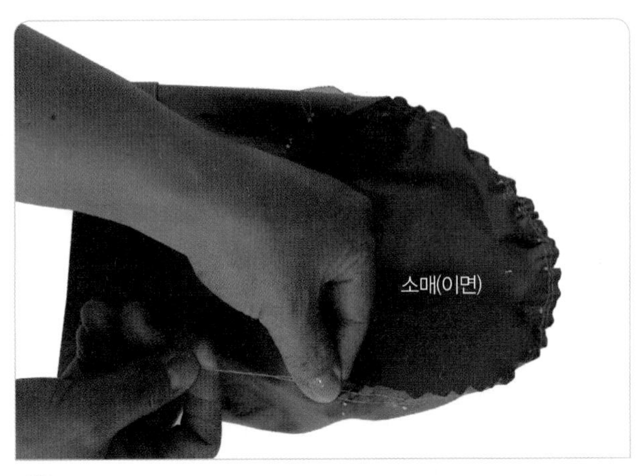

⑫
소매산 곡선에 시침 재봉한 윗실 두 올을 함께 당겨 소매산을 몸판의 진동둘레 치수에 맞게 오그린다.

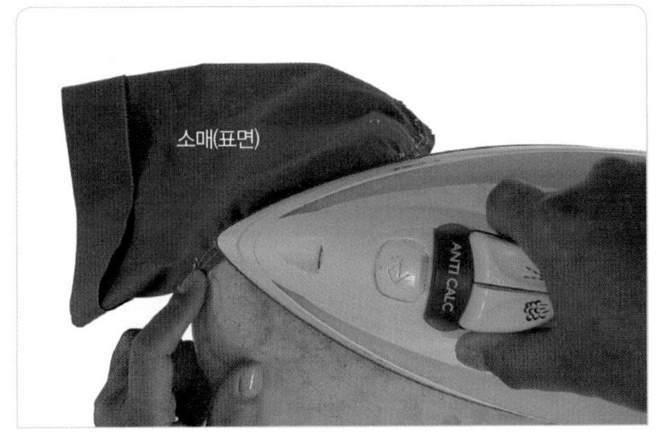

⑬
오그린 소매산의 시접을 프레스 볼의 곡선모양에 맞추어 얹고 다리미 끝을 이용하여 오그린 시접을 눌러준다.

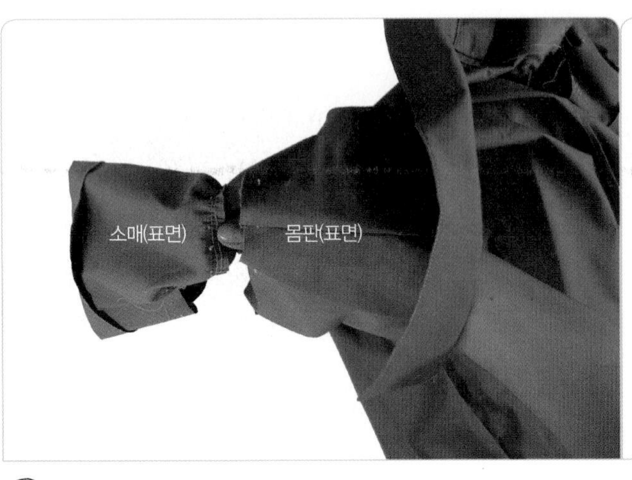

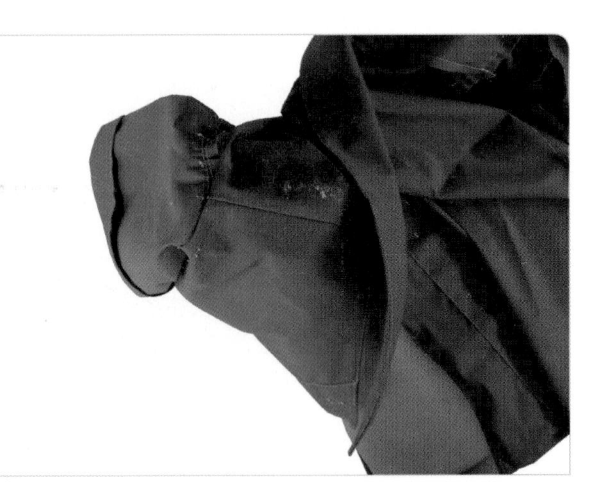

⑭
몸판의 이면 쪽으로 손을 넣어 소매산점을 몸판의 어깨끝점에 겉끼리 마주 닿도록 맞춘다.

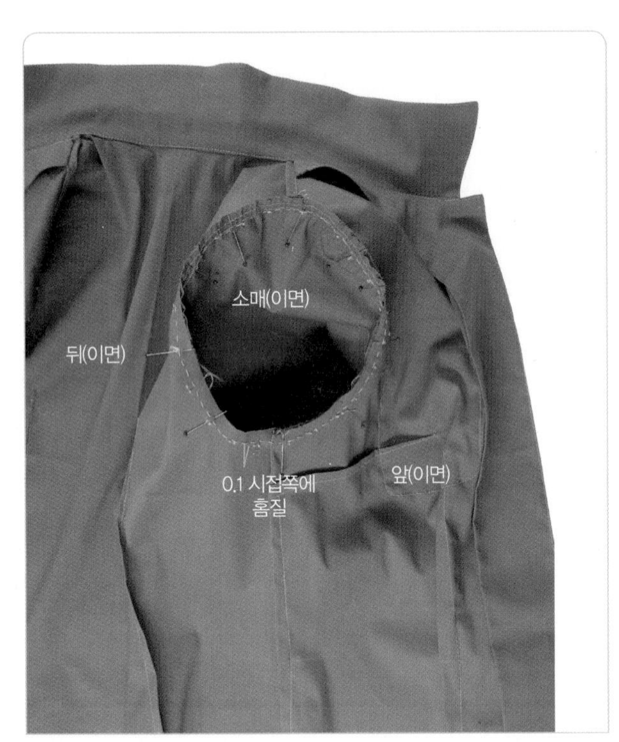

⑮
먼저 소매의 이면 쪽에서 소매산점에 핀으로 고정시킨 다음, 좌우 소매 맞춤 표시, 겨드랑밑 표시끼리 맞추어 몸판 쪽에서 핀으로 고정시키고, 그 중간중간에도 표시끼리 맞추어 고정시킨 다음, 완성선에서 0.1cm 시접 쪽에 홈질로 고정시킨다.

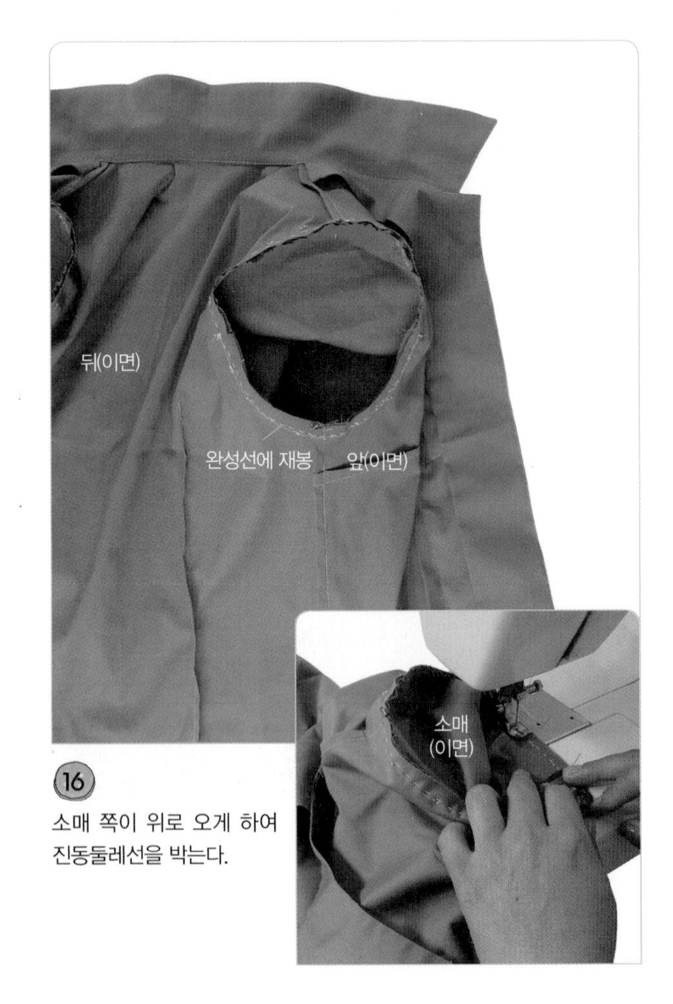

⑯
소매 쪽이 위로 오게 하여 진동둘레선을 박는다.

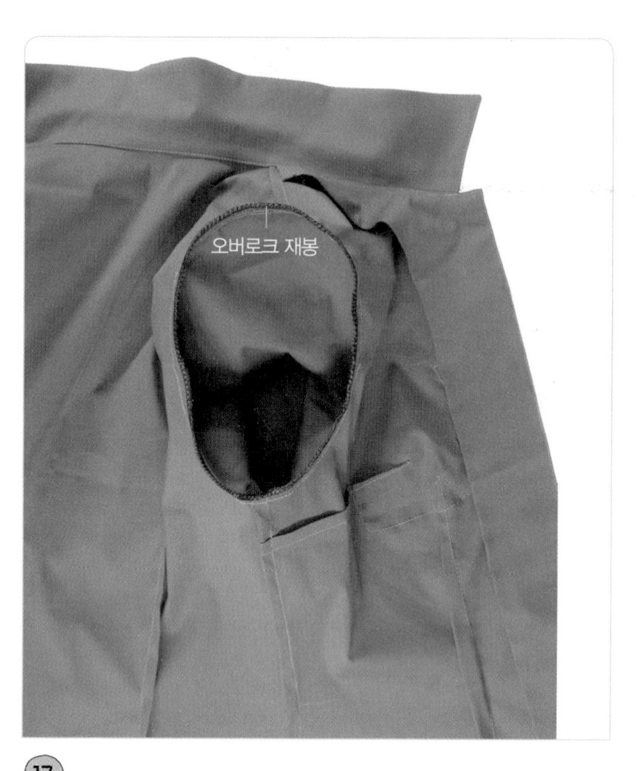

17

몸판과 소매의 시접을 두 장 함께 오버로크 재봉을 한다.

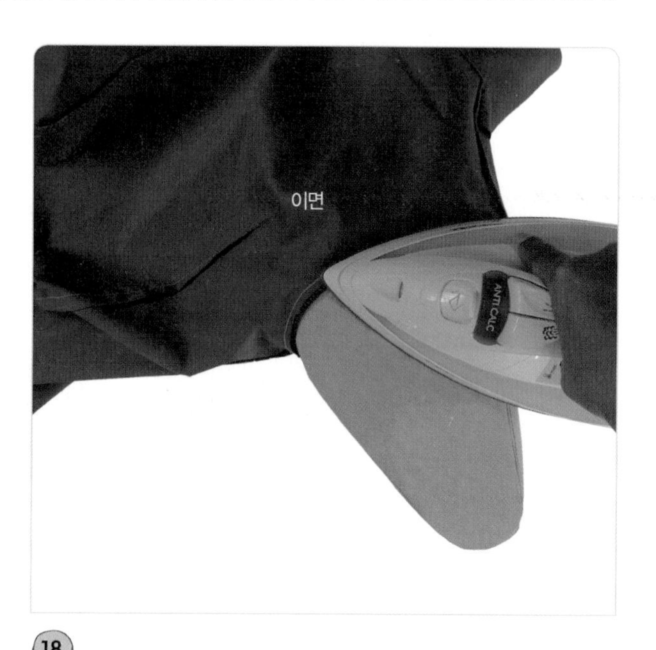

18

프레스 볼에 끼우고 다리미 끝을 이용하여 몸판 쪽까지 넘어가지 않도록 박음선만을 다림질한다.

10. 앞단과 밑단선을 처리한다.

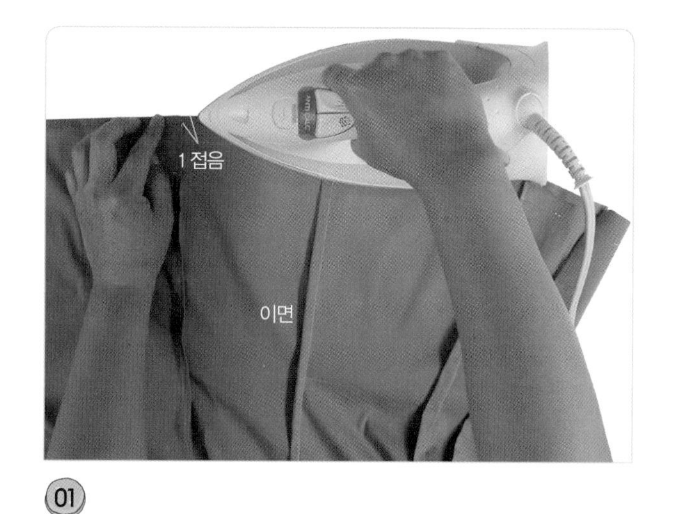

01

밑단선의 시접을 1cm 이면 쪽으로 접는다.

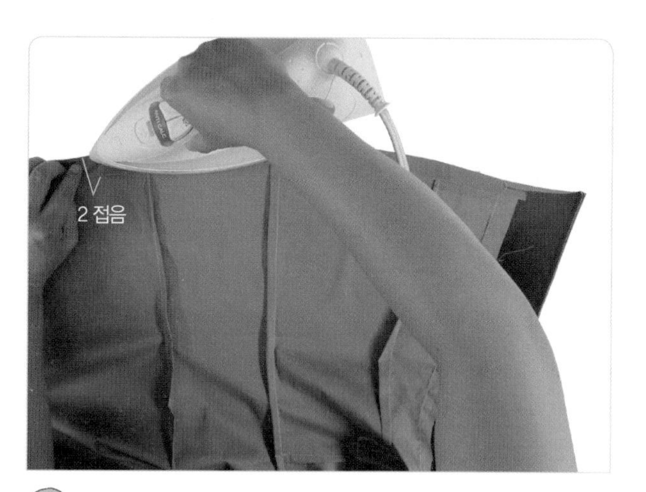

02

밑단선의 시접을 완성선에서 이면 쪽으로 접는다.

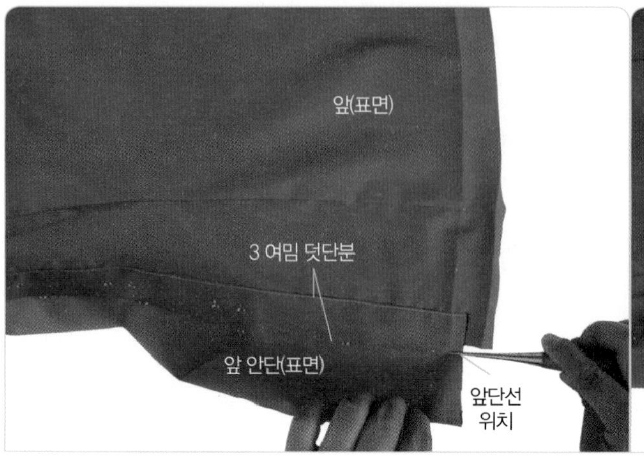

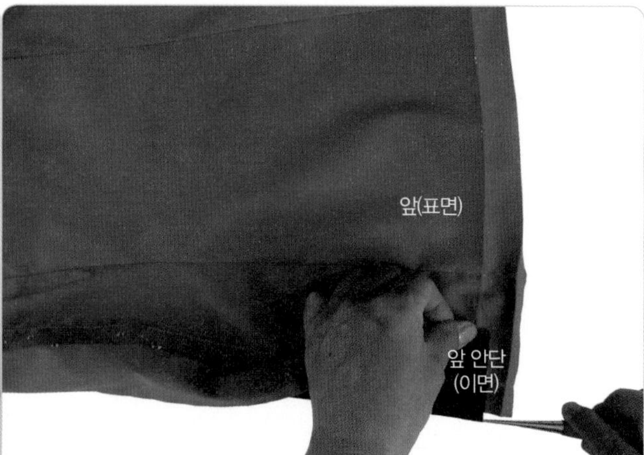

03

앞 안단을 앞단선에서 겉끼리 마주 대어 접는다.

앞 안단의 밑단선 쪽 완성선을 박는다.

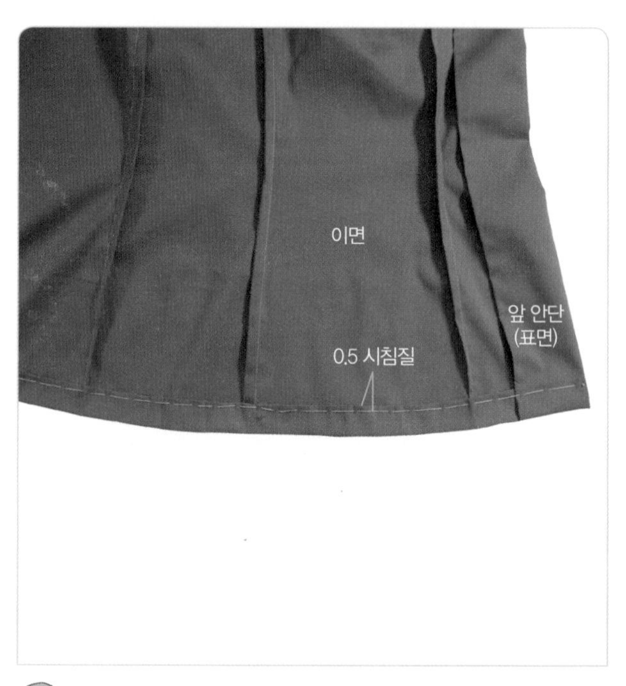

05

앞 안단을 겉으로 뒤집은 다음, 밑단선 시접을 시침질로 고정시킨다.

앞단 쪽은 0.1cm 폭으로 겉쪽에서 스티치한 다음, 밑단선 쪽은 1.8cm 폭으로 스티치한다.

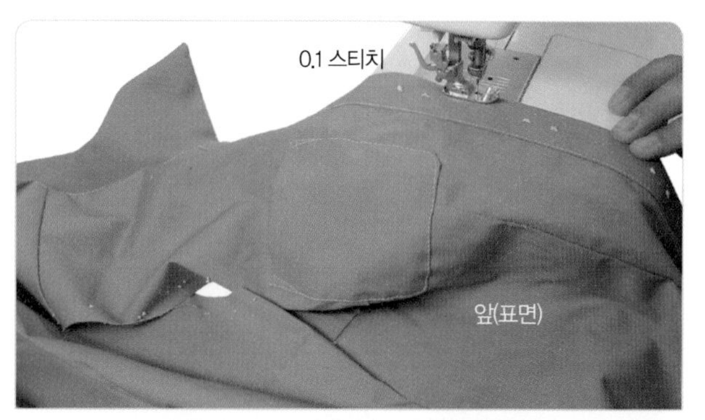

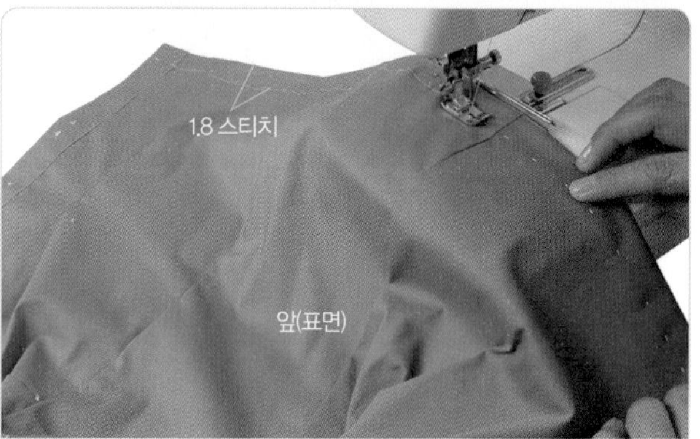

11. 단춧구멍을 만들고 단추를 달아 완성한다.

01

앞 오른쪽에 단춧구멍을 만들고, 앞 왼쪽에 단추를 단다.

12. 마무리 다림질을 한다.

01

몸판 쪽은 편편한 다리미판 위에서 다림질 천을 얹고 스팀 다림질한다.

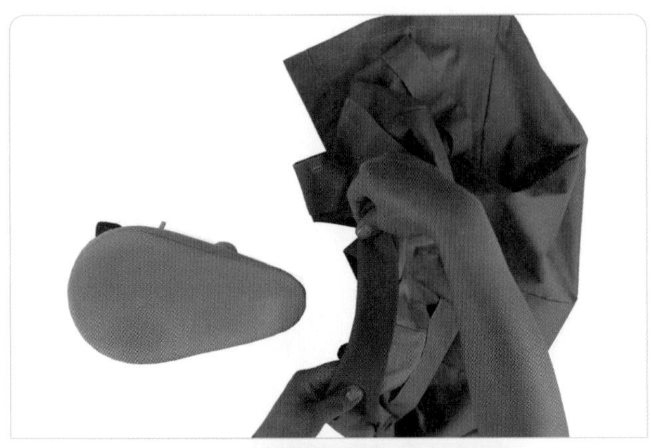

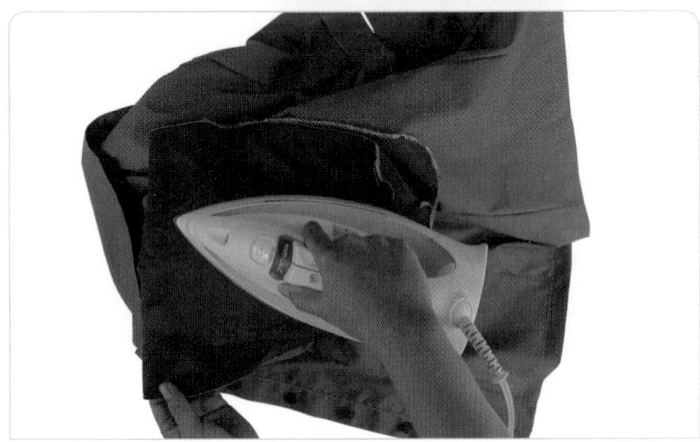

02

소매는 프레스 볼에 끼운 다음, 다림질 천을 얹고 스팀 다림질한다.

완성

앞 뒤

04 Collarless Shift Dress 라운드 네크라인의 시프트 드레스

스타일

허리선에 절개선이 없는 스트레이트 실루엣으로, 패널라인을 넣어 몸에 피트시킨 칼라가 없는 라운드 네크라인의 가장 기본적인 원피스 드레스이다. 검정이나 진남색을 선택하면 장례식과 같은 장소에 어울리고, 코르사주나 밝은 색의 스카프를 겸하면 결혼식과 같은 장소에서도 잘 어울리는 착용 범위가 넓은 스타일이다.

소재

광택이 있으면서 촘촘하게 짜여진 얇은 울 소재나 폴리에스테르 소재의 촘촘하게 짜여진 중간 두께의 소재가 적합하다.

포인트

패널라인의 처리법, 라운드 네크라인의 처리법, 콘실지퍼 다는 법, 한 장 소매 만들어 다는 법, 소매산 받침천과 어깨패드 대는 법, 바이어스 천으로 밑단선 시접을 처리하는 방법, 뒤 슬릿 트임 처리법, 안감을 만들어 겉감과 연결하는 방법을 배운다.

제도법

제도 치수 구하기

계측부위	계측 치수의 예	자신의 계측 치수	제도 각자 사용 시의 제도 치수	일반 자 사용 시의 제도 치수	자신의 제도 치수
가슴둘레(B)	86cm		B°/2	B/4	
허리둘레(W)	66cm		W°/2	W/4	
엉덩이둘레(H)	94cm		H°/2	H/4	
등길이	38cm		치수 38cm		
앞길이	41cm		41cm		
뒤품	34cm		뒤품/2		
앞품	32cm		앞품/2		
유두 길이	25cm		25cm		
유두 간격	18cm		유두 간격/2=9		
어깨 너비	37cm		어깨 너비/2=18.5		
원피스 길이	93cm		등길이+스커트 길이cm=62cm		
소매 길이	52cm	조정 가능	원하는 소매 길이		
손목 둘레	16cm	조정 가능	계측한 손목 둘레		
진동 깊이	최소치=19cm, 최대치=23cm		(B°/2)−1cm	B/4−1cm	
앞/뒤 위가슴둘레선			(B°/2)+1.5cm	(B/4)+1.5cm	
히프선 뒤			(B°/2)+0.6cm	(H/4)+0.6cm=24.1cm	
히프선 앞			(B°/2)+2.5cm	(H/4)+2.5cm=26cm	
소매산 높이			(진동 깊이/2)+4.5cm		

주 : 진동 깊이=(B/4)−1의 산출치가 19~23cm 범위 안에 있으면 이상적인 진동 깊이의 길이라 할 수 있다. 따라서 최소치=19cm, 최대치=23cm까지이다. (예를 들면 가슴둘레 치수가 너무 큰 경우에는 진동 깊이가 너무 길어 겨드랑밑 위치에서 너무 내려가게 되고, 가슴둘레 치수가 너무 적은 경우에는 진동 깊이가 너무 짧아 겨드랑밑 위치에서 너무 올라가게 되어 이상적인 겨드랑밑 위치가 될 수 없다. 따라서 B/4−1cm의 산출치가 19cm 미만이면 뒤 목점(BNP)에서 19cm 나간 위치를 진동 깊이로 정하고, B/4−1cm의 산출치가 23cm 이상이면 뒤목 점(BNP)에서 23cm 나간 위치를 진동 깊이로 정한다.

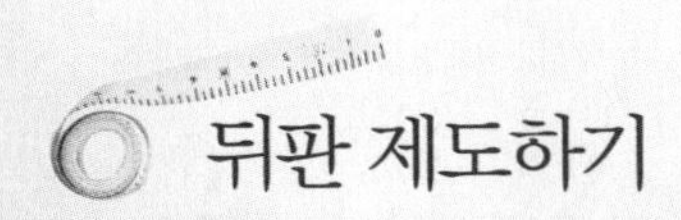

뒤판 제도하기

1. 기초선을 그린다.

긴 직선자를 대고 수평으로 길게 뒤중심 안내선(등길이 + 원하는 스커트 길이)을 그린다.

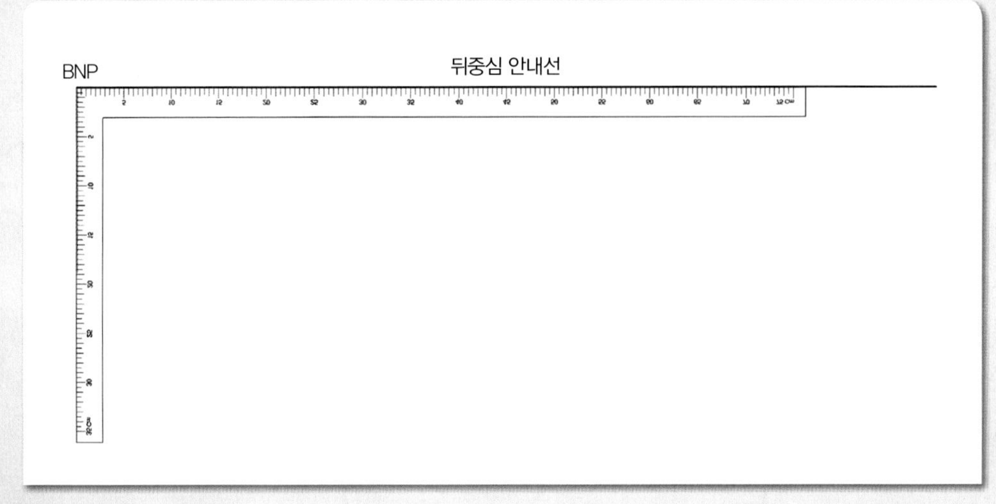

뒷목점(BNP)에서 직각선을 내려 그린다.

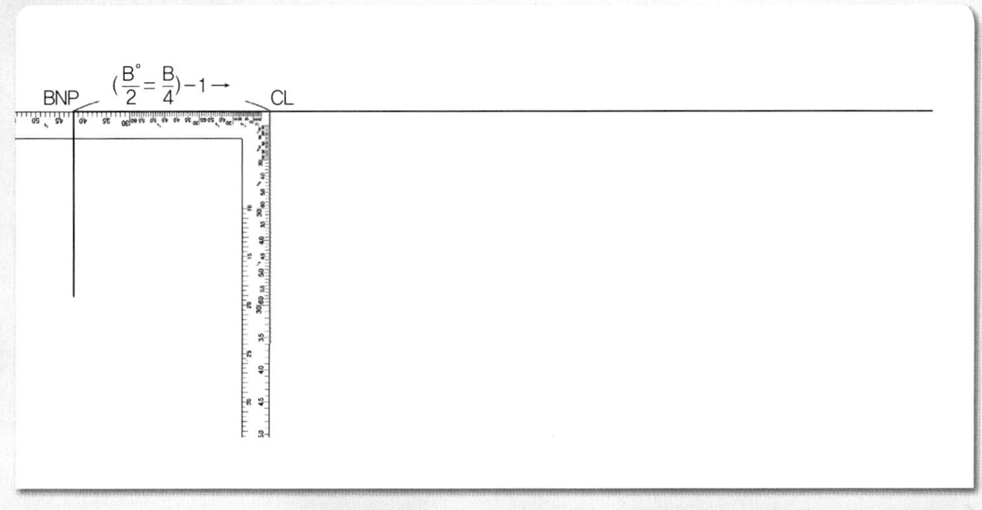

03

BNP~CL(B°/2) – 1cm = (B/4) – 1cm 직각자를 뒷목점(BNP)에서 (B°/2) – 1cm = (B/4) – 1cm 한 치수를 나가 맞추고 위가슴둘레선 위치(CL)를 정한 다음, 직각으로 위가슴 둘레선을 내려 그린다.

BNP
등길이 →
WL

04

BNP~WL=등길이 직각자를 뒷목점(BNP)에서 등길이 치수를 나가 맞추고 허리선 위치(WL)를 정한 다음, 직각으로 허리선을 내려 그린다.

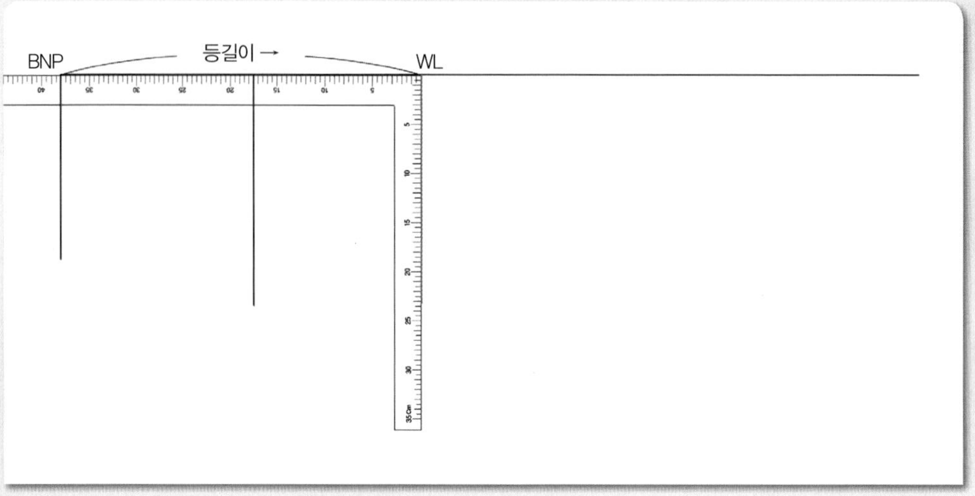

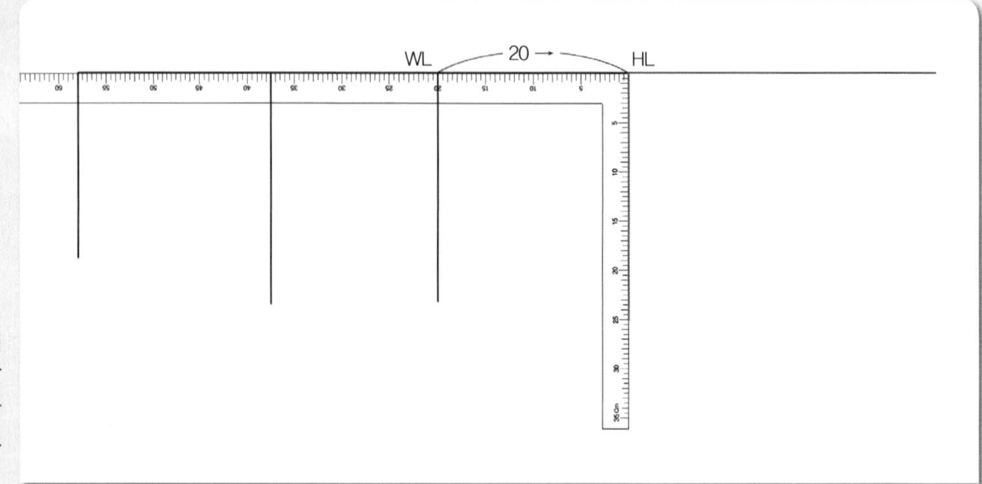

05

WL~HL=20cm 직각자를 허리선(WL)에서 20cm를 나가 맞추고, 히프선 위치(HL)를 정한 다음, 직각으로 히프선을 내려 그린다.

WL~HE=55cm(원하는 스커트 길이) 직각자를 허리선(WL)에서 스커트 길이(55cm)만큼 나가 맞추고 밑단선 위치를 정한 다음, 직각으로 밑단선을 내려 그린다.

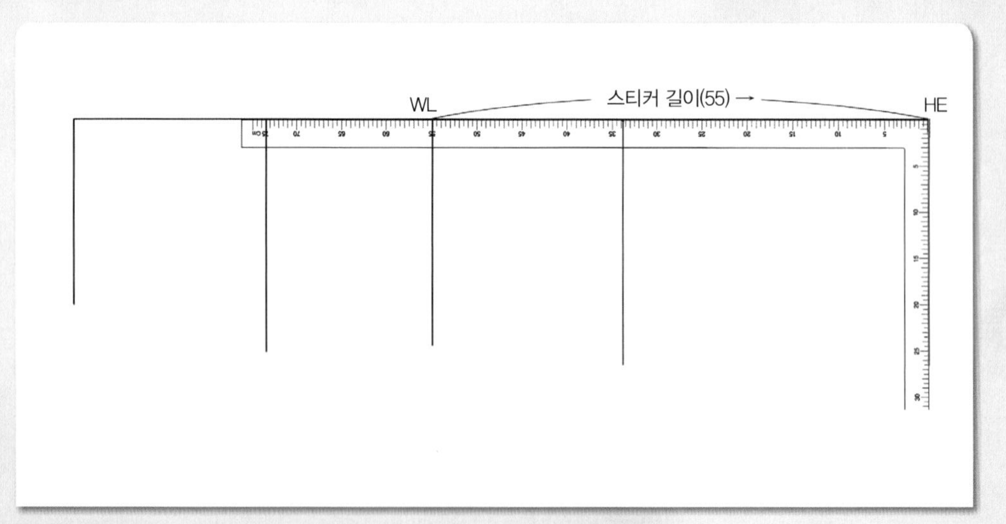

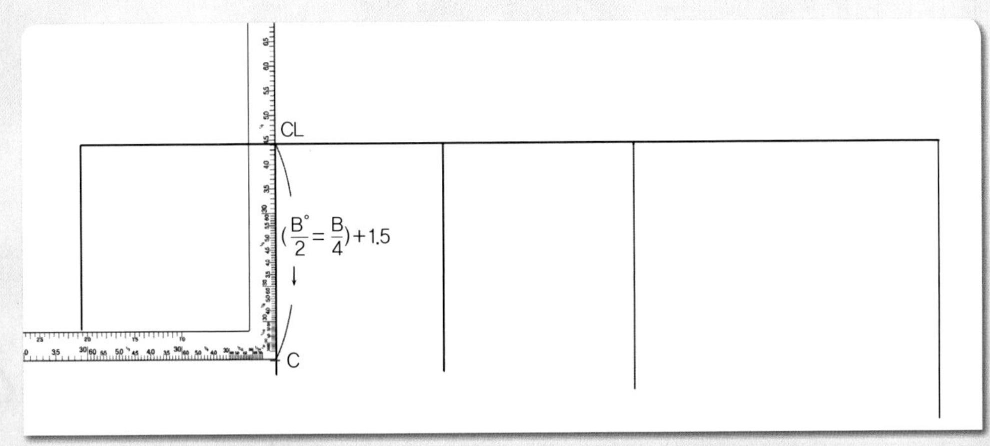

07

CL~C=(B°/2)+1.5cm=(B/4)+1.5cm 위가슴둘레선(CL)의 뒤중심쪽에서 (B°/2)+1.5cm=(B/4)+1.5cm한 치수를 내려와 옆선쪽 위가슴둘레선 끝점(C) 위치를 표시한다.

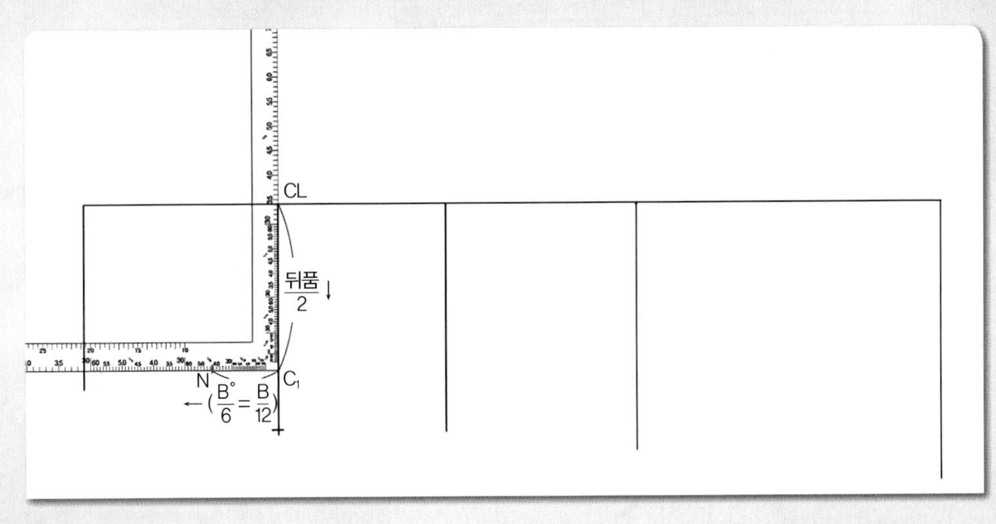

08

$CL \sim C_1$ = 뒤품/2, $C_1 \sim N$ = B°/6 = B/12 직각자를 위가슴둘레선(CL)의 뒤중심쪽에서 뒤품/2 치수를 내려 맞추고 뒤품점(C_1) 위치를 정한 다음, 왼쪽을 향해 직각으로 B°/6=B/12 뒤품선을 그린 다음 진동둘레선을 그릴 안내점(N) 위치를 표시해 둔다.

2. 뒤중심 완성선을 그린다.

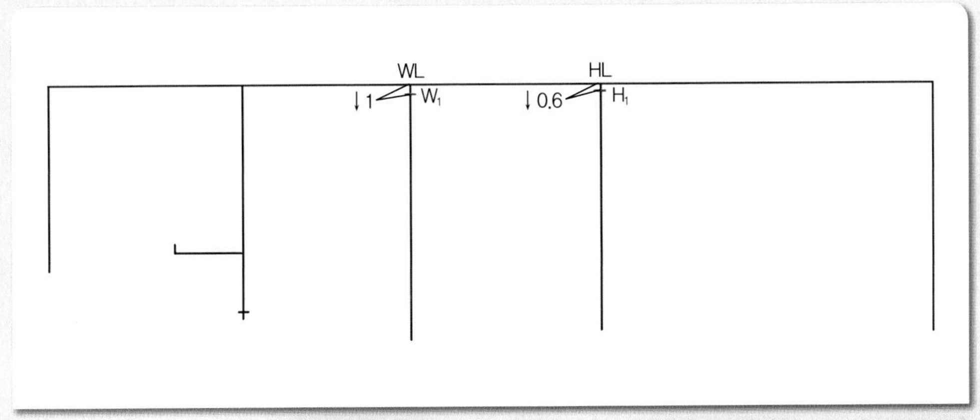

01

$WL \sim W_1$ = 1cm, $HL \sim H_1$ = 0.6cm 허리선(WL)의 뒤중심쪽에서 1cm 내려와 수정할 뒤중심선의 허리선(W_1) 위치를 표시하고, 히프선(HL)의 뒤중심쪽에서 0.6cm 내려와 수정할 뒤중심선의 히프선(H_1) 위치를 표시한다.

02

B = BNP～CL의 1/3 뒷목점(BNP)에서 위가슴둘레선(CL)까지를 3등분하여, 뒷목점쪽의 1/3 지점에 뒤중심 완성선을 그릴 연결점(B) 위치를 표시한다.

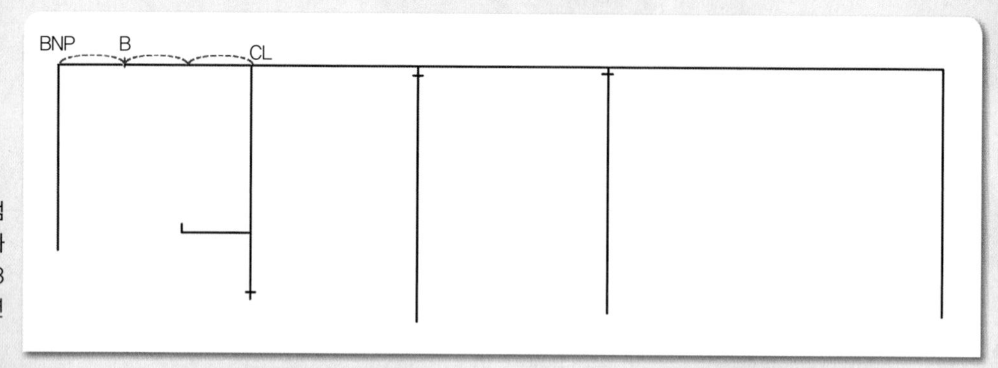

03

B점에 hip곡자 15 위치를 맞추면서 W_1점과 연결하여 허리선 위쪽 뒤중심 완성선을 그린다.

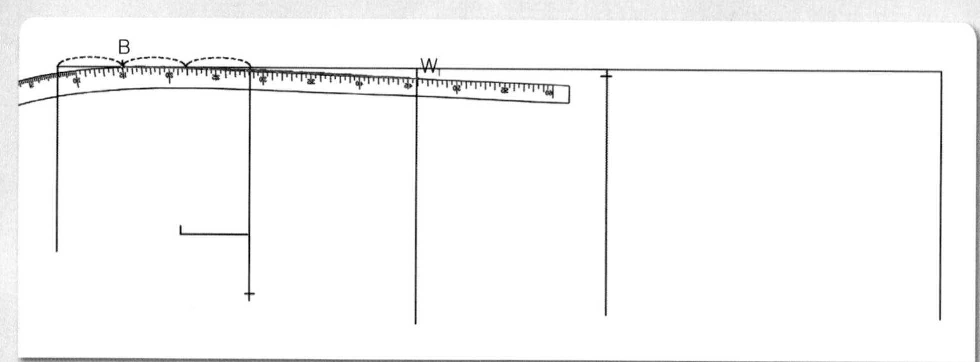

04

H_1점에 hip곡자 20 위치를 맞추면서 W_1점과 연결하여 허리선 아래쪽 뒤중심 완성선을 그린다.

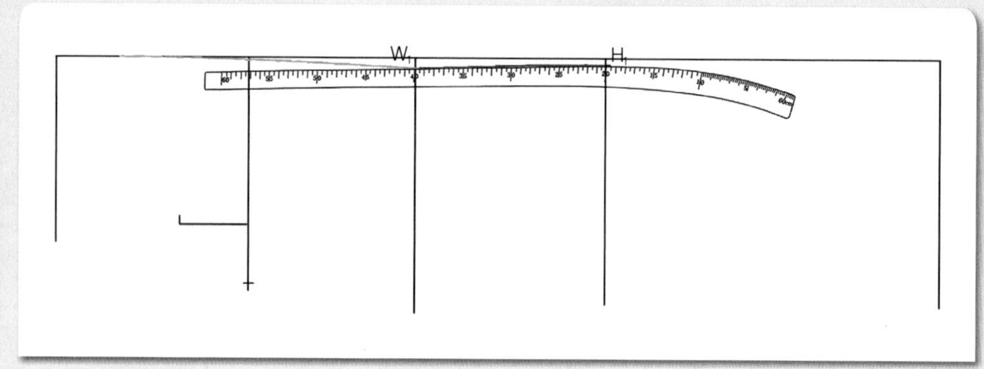

05

H_1점에서 직각으로 밑단선까지 히프선 아래쪽의 뒤중심 완성선(HE_1)을 그린다.

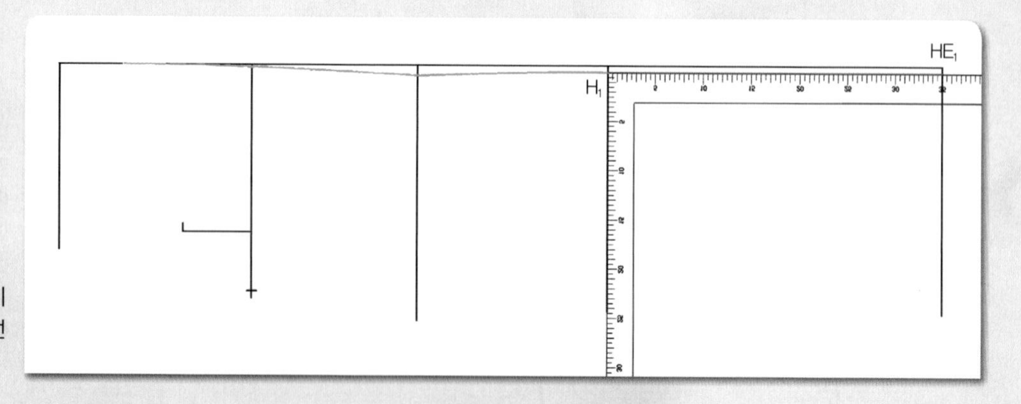

3. 옆선의 완성선을 그린다.

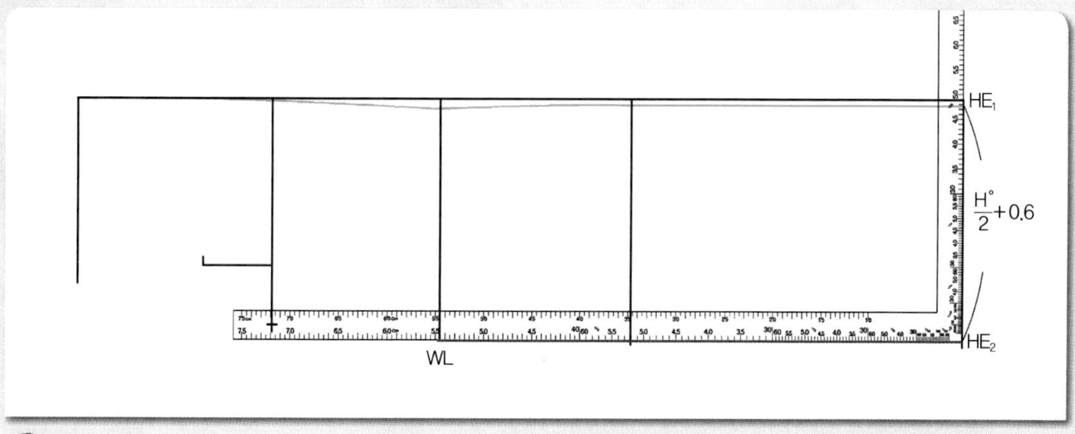

01

HE_1~HE_2=(H°/2)+0.6cm=(H/4)+0.6cm 직각자를 HE_1점에서 (H°/2)+0.6cm=(H/4)+0.6cm한 치수를 내려 맞추고 옆선을 그릴 밑단선 끝점(HE_2) 위치를 정한 다음, 직각으로 허리선(WL)까지 옆선의 안내선을 그린다.

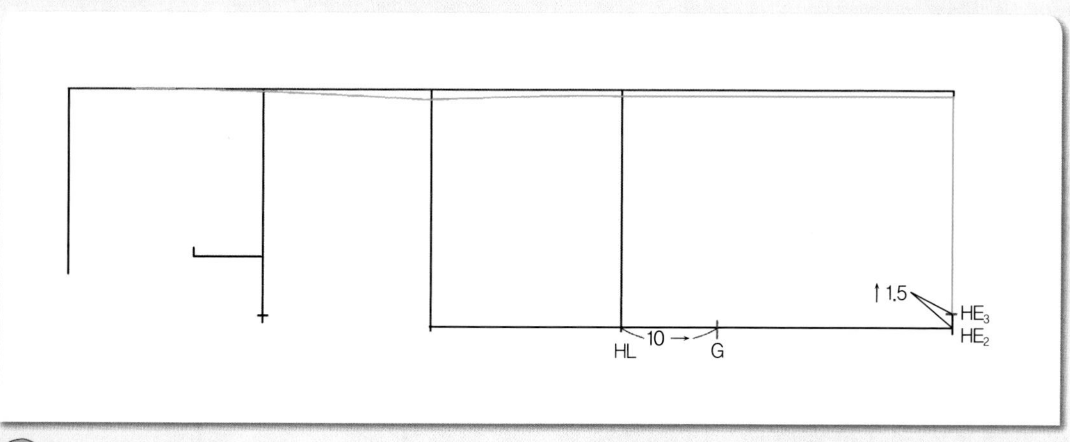

02

HE_2~HE_3=1.5cm, HL~G=10cm HE_2점에서 1.5cm 올라가 옆선을 그릴 밑단선 끝점(HE_3) 위치를 표시하고, 옆선과 히프선과의 교점(HL)에서 밑단선 쪽으로 10cm 나가 히프선 아래쪽 옆선의 완성선을 그릴 안내점(G) 위치를 표시한다.

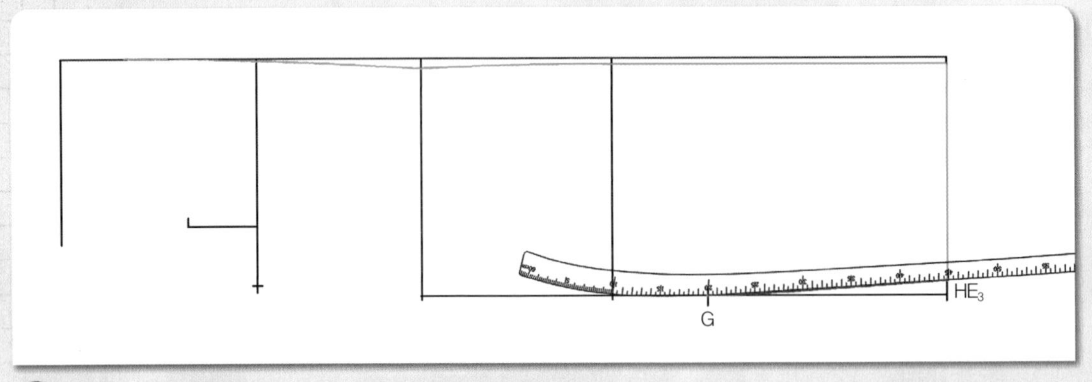

03

G점에 hip곡자 20 위치를 맞추면서 HE_3점과 연결하여 히프선 아래쪽 옆선의 완성선을 그린다.

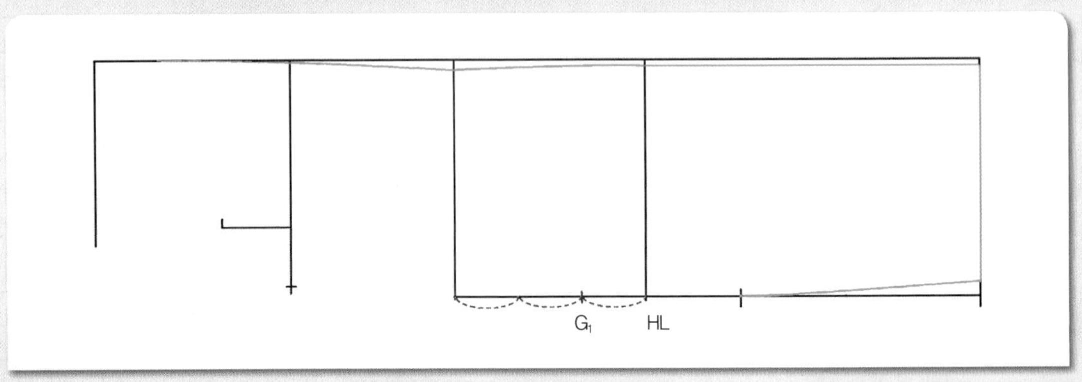

04

G_1 = WL~HL의 1/3 옆선쪽 허리선(WL) 위치에서 히프선(HL) 위치까지를 3등분하여 히프선쪽 1/3 위치에 옆선의 완성선을 그릴 안내점(G_1) 위치를 표시한다.

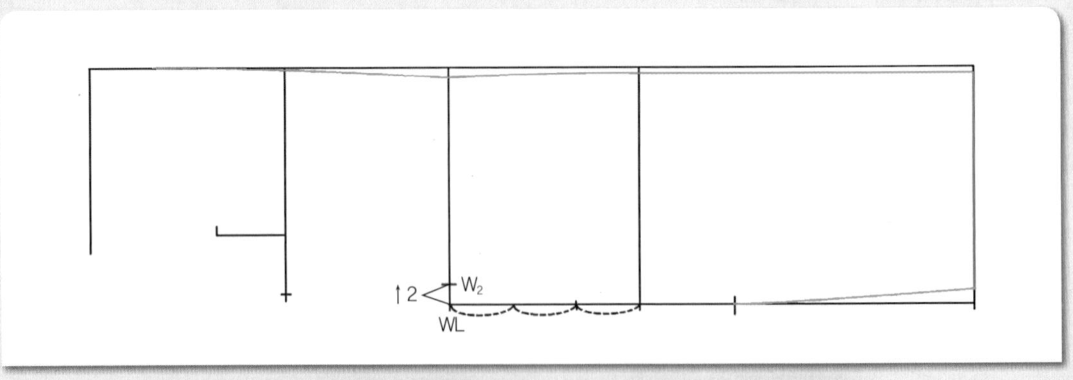

05

WL~W_2 = 2cm 옆선쪽 허리선 끝점(WL)에서 2cm 올라가 수정할 옆선쪽 허리선 위치(W_2)를 표시한다.

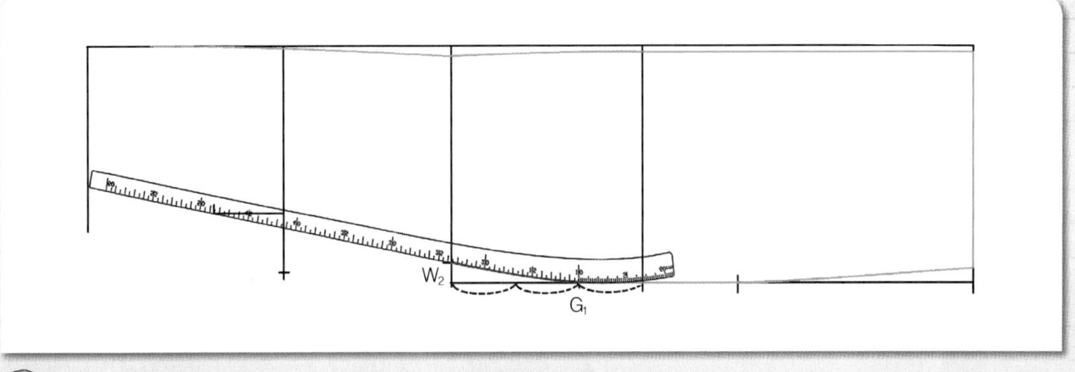

06

G_1점에 hip곡자 10 위치를 맞추면서 W_2점과 연결하여 히프선 위쪽 옆선의 완성선을 그린다.

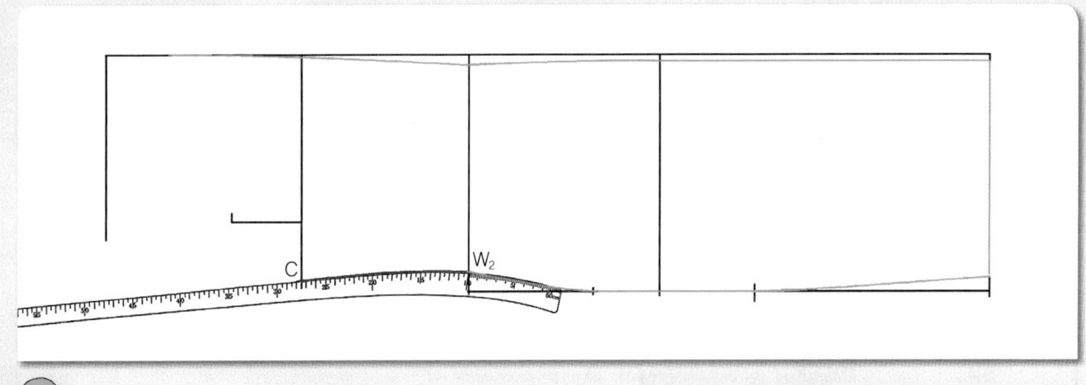

07

W_2점에 hip곡자 10 위치를 맞추면서 옆선쪽 위가슴둘레선 끝점(C)과 연결하여 허리선 위쪽 옆선의 완성선을 그린다.

4. 뒤어깨선을 그리고 뒷목둘레선과 진동둘레선을 그린다.

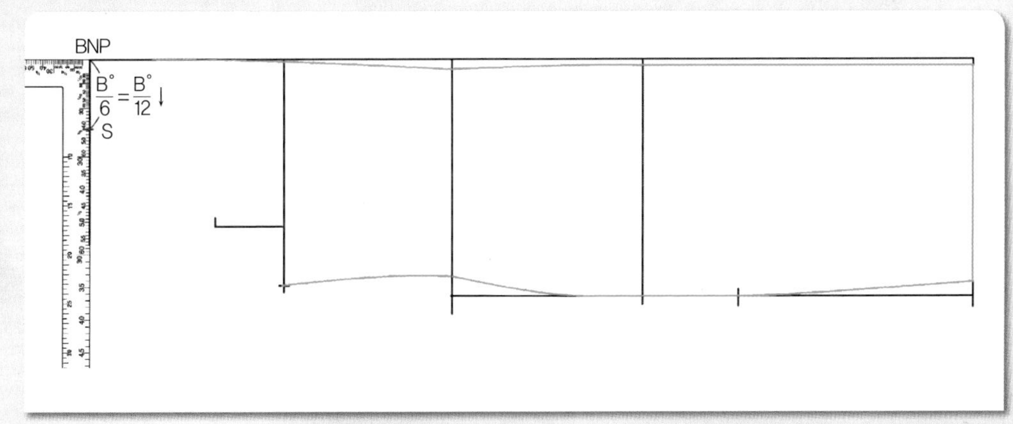

01

$BNP \sim S = B^\circ/6 = B/12$ 뒷목점(BNP)에서 $B/6 = B^\circ/12$ 치수를 내려와 뒷목둘레 폭 안내선점(S)을 표시한다.

02

$S \sim S_1 = 2.5cm$ S점에서 왼쪽을 향해 직각으로 2.5cm 뒷목둘레 안내선(S_1)을 그린다.

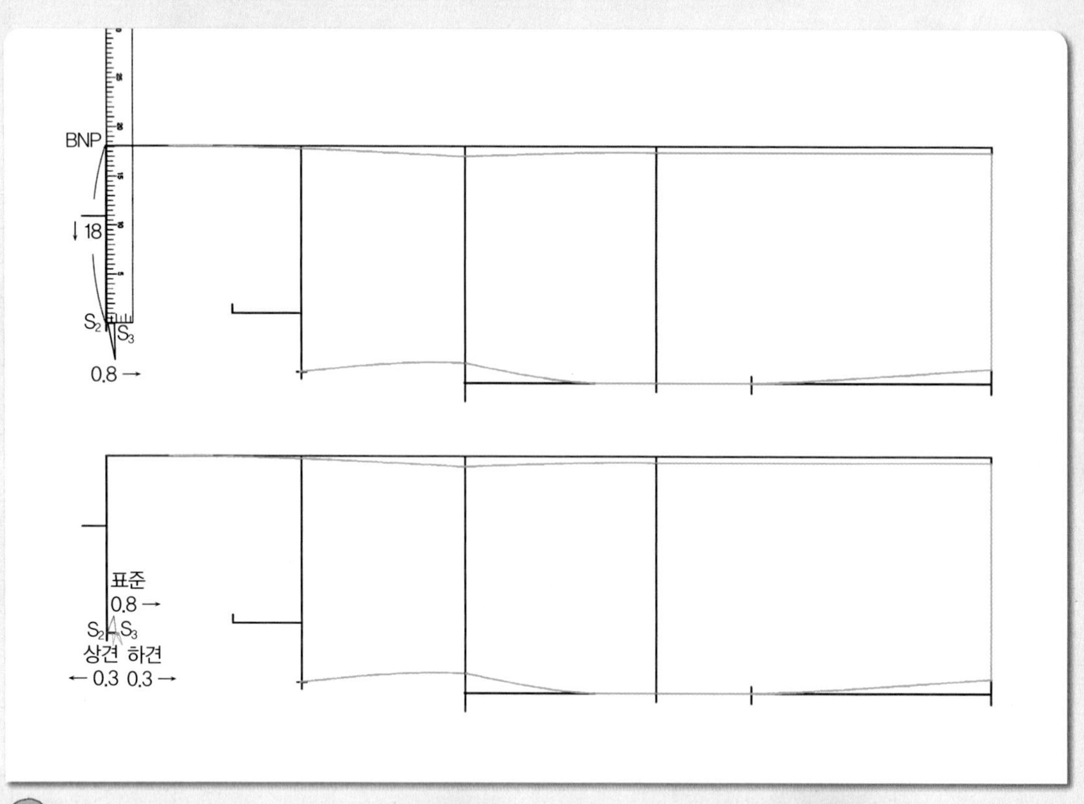

03

$BNP \sim S_2 = 18cm$(고정치수), $S_2 \sim S_3 = 0.8cm$(표준어깨경사의 경우) 뒷목점(BNP)에서 직각선을 따라 18cm 내려와 어깨선을 그릴 안내점(S_2)을 표시하고, S_2점에서 직각으로 0.8cm 어깨선을 그릴 통과선(S_3)을 그린다.

주 상견이나 하견일 경우에는 표준어깨경사의 통과선에서 0.3cm씩 증감한다.

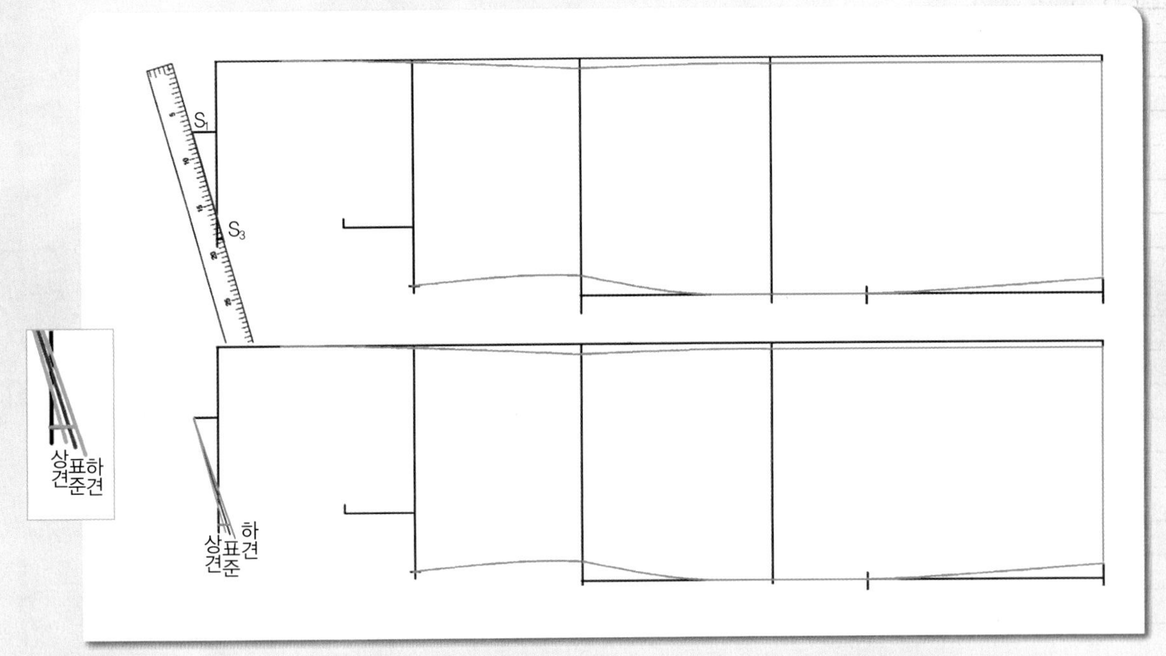

04

S_1~S_3 = 어깨선 S_1점과 S_3점 두 점을 직선자로 연결하여 어깨선을 그린다.

주 상견이나 하견일 경우에는 아래쪽 그림과 같이 어깨경사가 각각 달라진다.

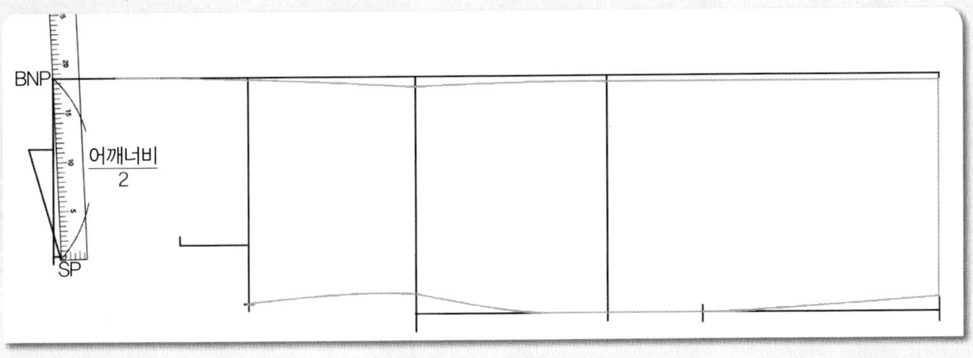

05

BNP~SP = 어깨너비/2 뒷목점(BNP)에서 어깨너비/2 치수가 **04**에서 그린 어깨선과 마주 닿는 위치를 어깨끝점(SP)으로 정해 표시한다.

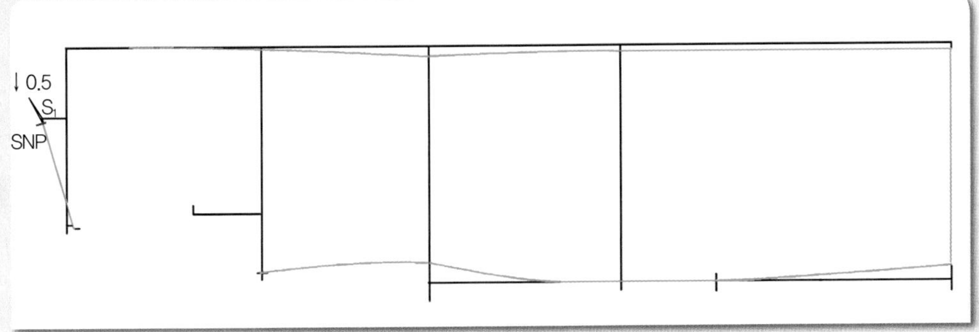

06

S_1~SNP = 0.5cm S_1점에서 어깨선을 따라 0.5cm 내려와 옆목점(SNP) 위치를 표시한다.

07

N점에 hip곡자 끝 위치를 맞추면서 어깨끝점(SP)과 연결하여 어깨선쪽 진동둘레선을 그린다.

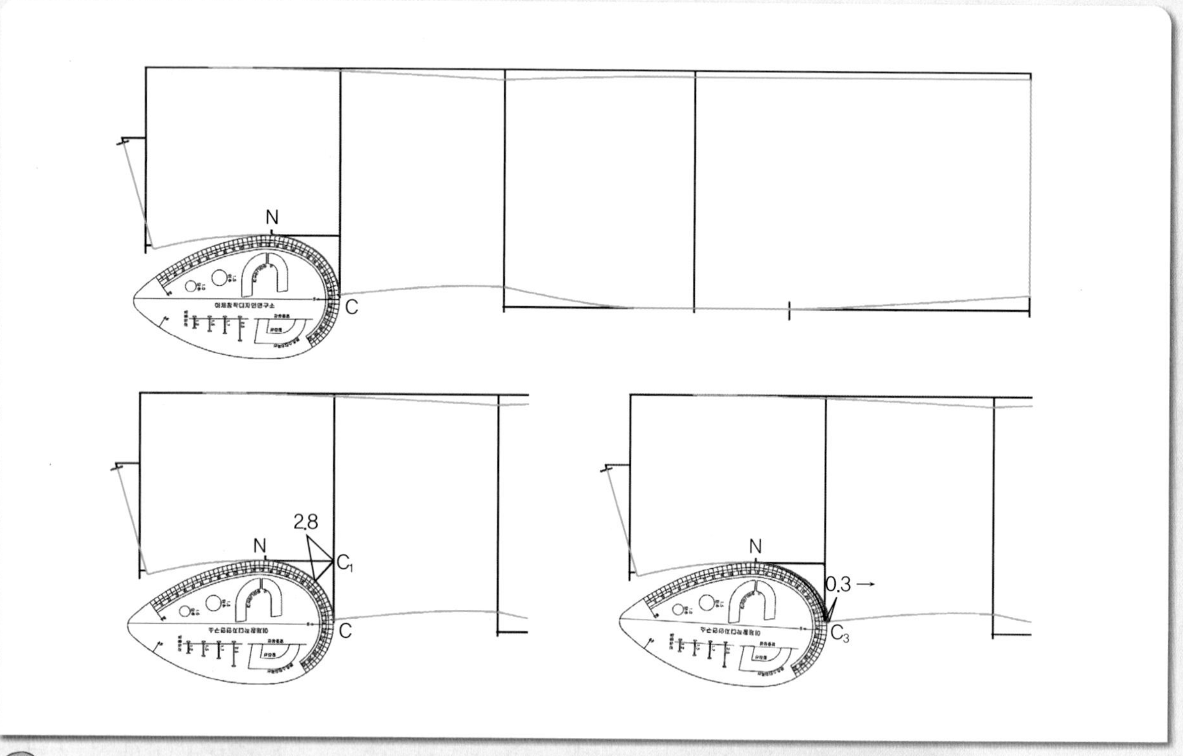

08

N점과 C점 두 점을 뒤 AH자 쪽으로 연결하여 위가슴둘레선쪽 진동둘레선을 그린다.

주1 여기서 사용한 AH자와 다른 AH자를 사용할 경우에는 C_1점에서 45도 각도로 2.8cm 뒤 진동둘레선(AH)을 그릴 통과선(C_2)을 그리고, C_2점을 통과하면서 N점과 C점이 연결되도록 맞추어 대고 진동둘레선을 그린다.

주2 상견일 경우에는 표준어깨와 동일하나, 하견일 경우에는 C점에서 0.3cm 옆선의 완성선을 따라나가 옆선(C_3) 위치를 이동하고 N점과 C_3점을 뒤 AH자 쪽으로 연결하여 진동둘레선을 그린다.

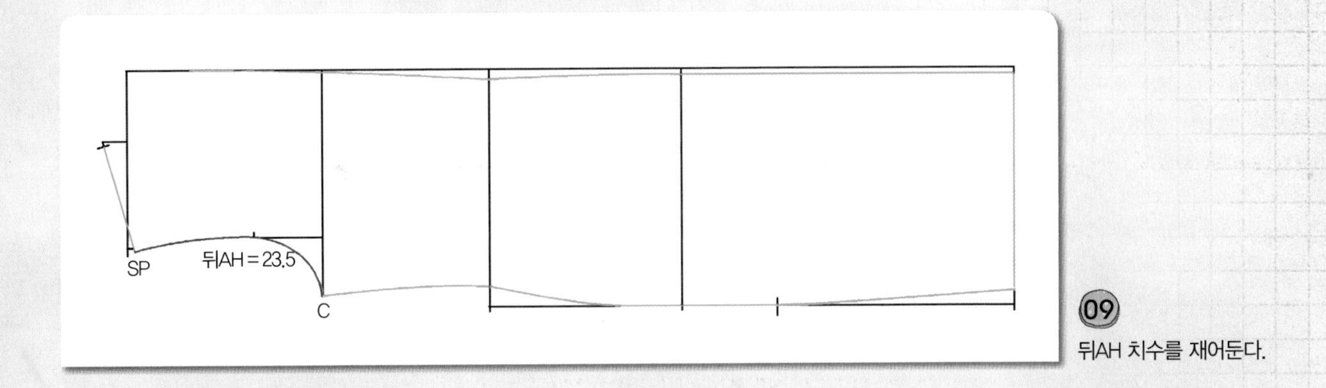

09

뒤AH 치수를 재어둔다.

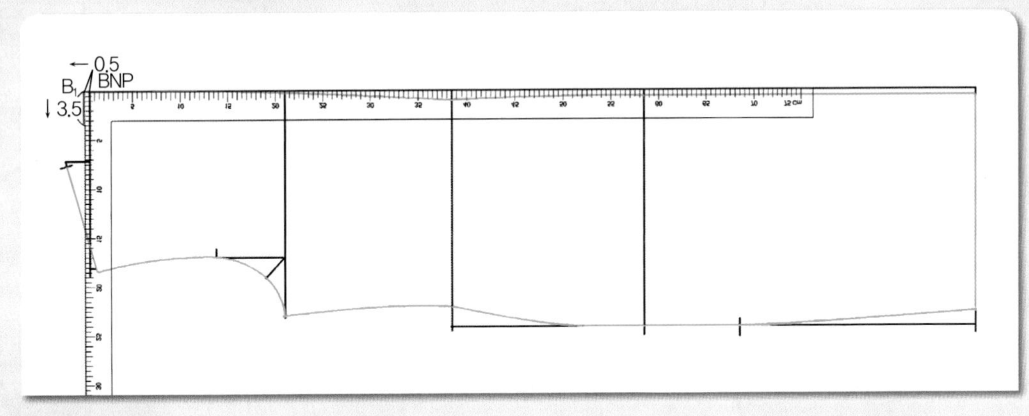

10

BNP～B_1＝0.5cm 직각자를 뒷목점(BNP)에서 왼쪽을 향해 0.5cm 내어 맞추고 뒤중심 완성선(B_1)을 연장시켜 그리면서 B_1점에서 직각으로 3.5cm 뒷목둘레 완성선을 내려 그린다.

주 0.5cm를 추가하는 것은 칼라가 없는 경우이다.

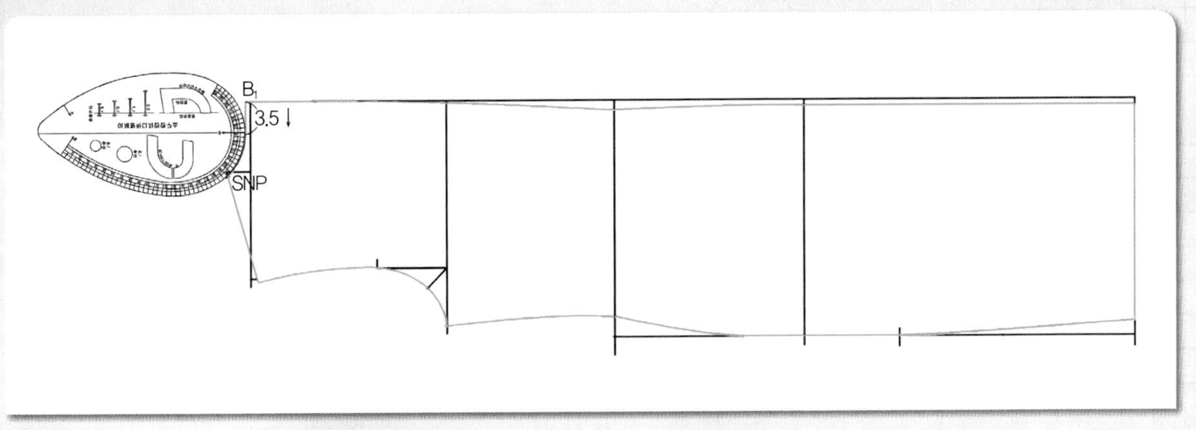

11

B_1점에서 3.5cm 내려 그린 끝점과 옆목점(SNP) 두 점을 뒤AH자 쪽을 수평으로 바르게 맞추어 대고 뒷목둘레 완성선을 그린다.

5. 뒤 패널라인을 그린다.

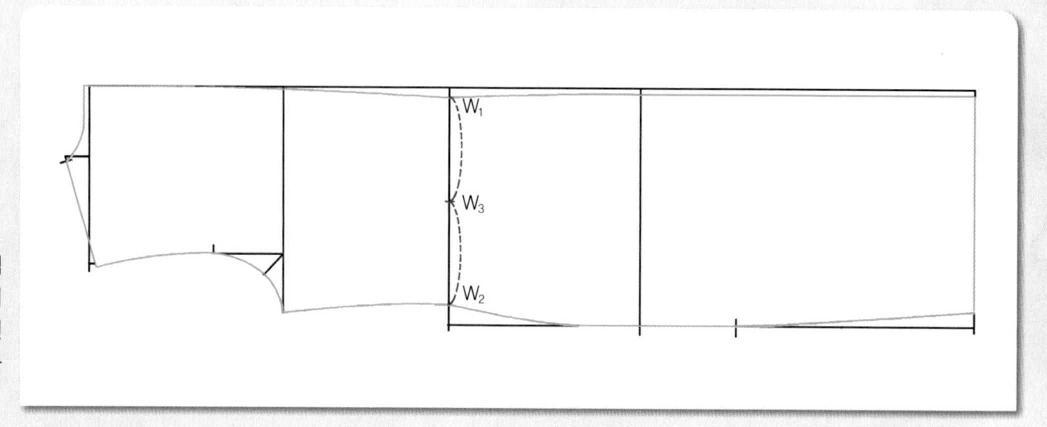

01

$W_3 = W_1 \sim W_2$의 1/2 W_1점에서 W_2점까지를 2등분하여 1/2 위치에 패널라인 중심선을 그릴 허리선(W_3) 위치를 표시한다.

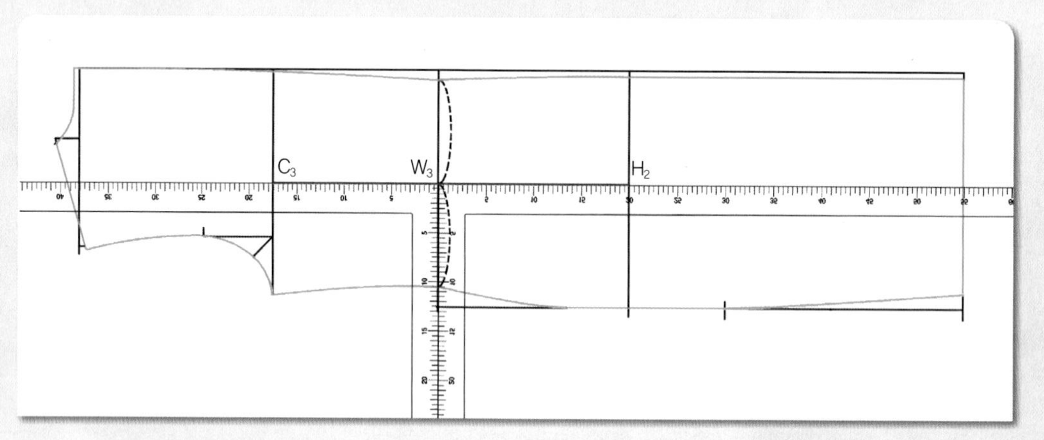

02

W_3점에서 직각으로 위가슴둘레선(CL)까지 허리선 위쪽 패널라인 중심선(C_3)을 그린 다음, 직각자를 수평반전하여 W_3점에서 직각으로 히프선(HL)까지 허리선 아래쪽 패널라인 중심선(H_2)을 그린다.

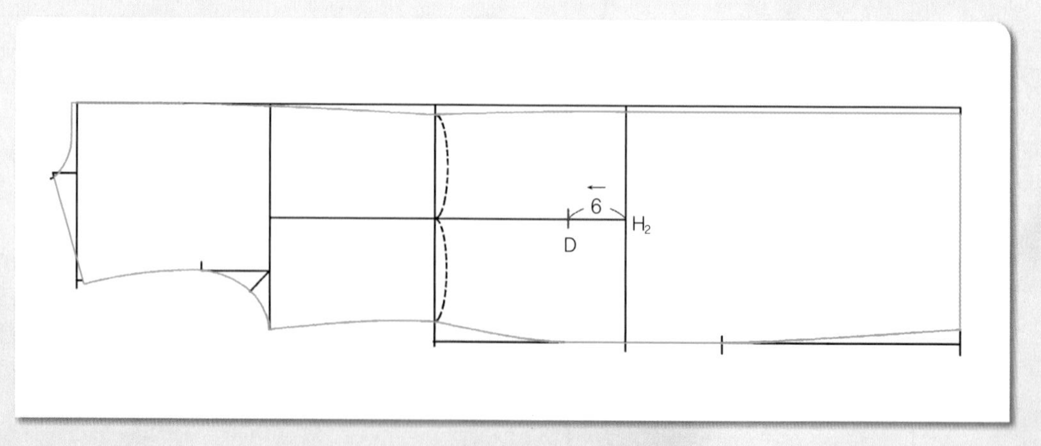

03

$H_2 \sim D = 6cm$ H_2점에서 6cm 패널라인 중심선을 따라 들어가 허리선 아래쪽 패널라인 끝점(D) 위치를 표시한다.

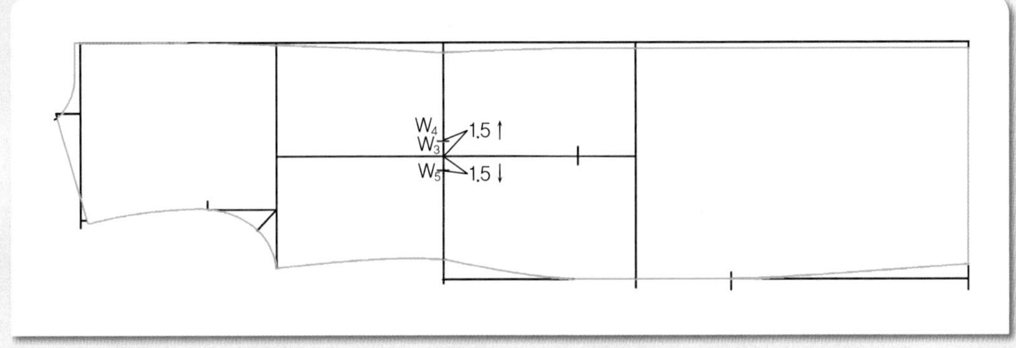

W_3~W_4=1.5cm, W_3~W_5 = 1.5cm W_3점에서 1.5cm 올라가 뒤중심쪽 패널라인을 그릴 허리선(W_4) 위치를 표시하고, W_3점에서 1.5cm 내려와 옆선쪽 패널라인을 그릴 허리선(W_5) 위치를 표시한다.

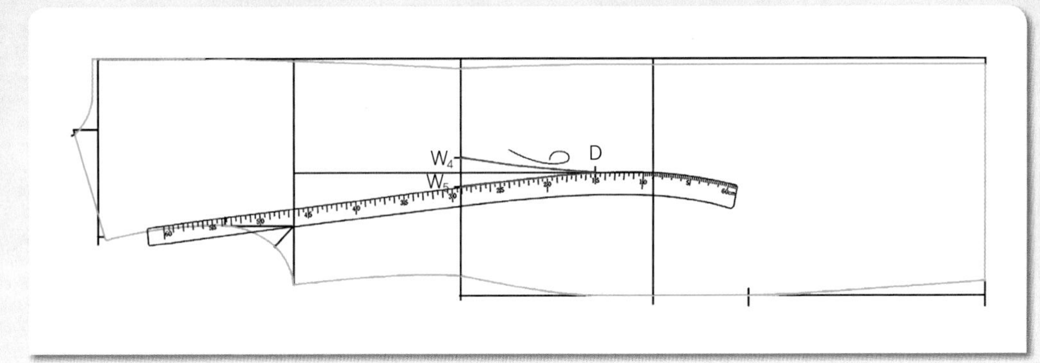

05

D점에 hip곡자 15 위치를 맞추면서 W_4점과 연결하여 뒤중심쪽의 허리선 아래쪽 패널라인을 그린 다음, hip곡자를 수직반전하여 D점에 hip곡자 15 위치를 맞추면서 W_5점과 연결하여 옆선쪽의 허리선 아래쪽 패널라인을 그린다.

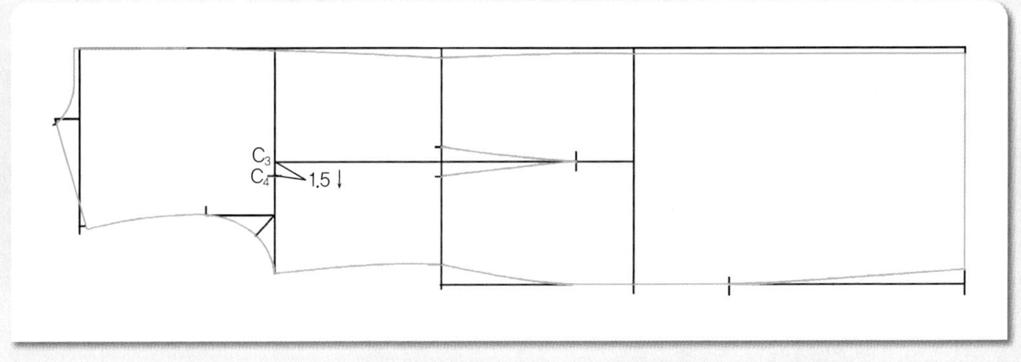

C_3~C_4=1.5cm C_3점에서 1.5cm 내려와 뒤중심쪽의 패널라인을 그릴 안내점(C_4) 위치를 표시한다.

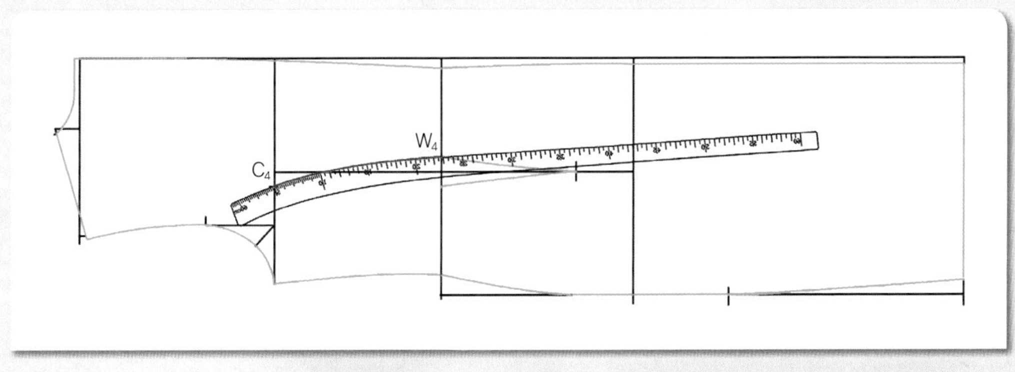

C_4점에서 hip곡자 5 위치를 맞추면서 W_4점과 연결하여 뒤중심쪽의 허리선 위쪽 패널라인을 그린다.

08

C_4~C_5=0.5cm C_4점에서 0.5cm 내려와 옆선쪽의 패널라인을 그릴 안내점(C_5) 위치를 표시한다.

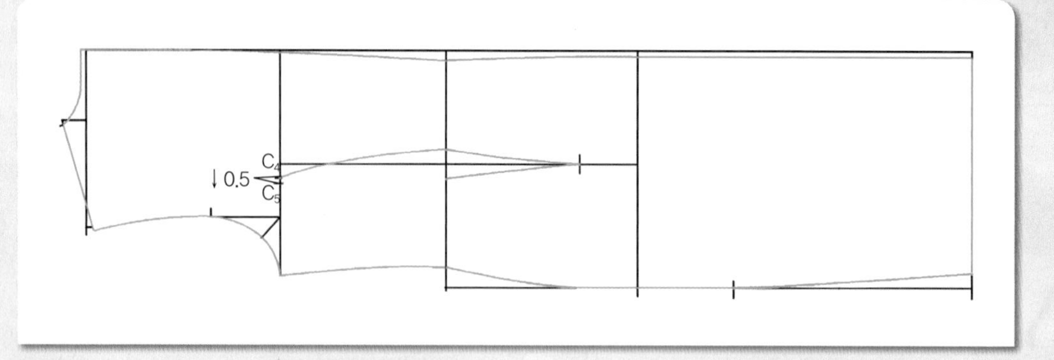

09

C_5점에 hip곡자 5 위치를 맞추면서 W_5점과 연결하여 옆선쪽의 허리선 위쪽 패널라인을 그린다.

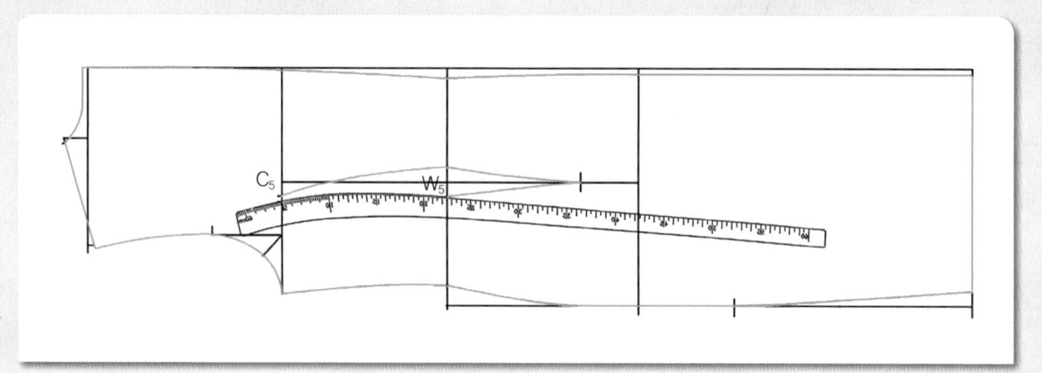

10

C_4점과 N점 두 점을 **07**에서 그린 패널라인과 자연스럽게 연결되도록 뒤AH자쪽으로 맞추어 대고 뒤중심쪽의 위가슴둘레선 위쪽 패널라인을 그린다.

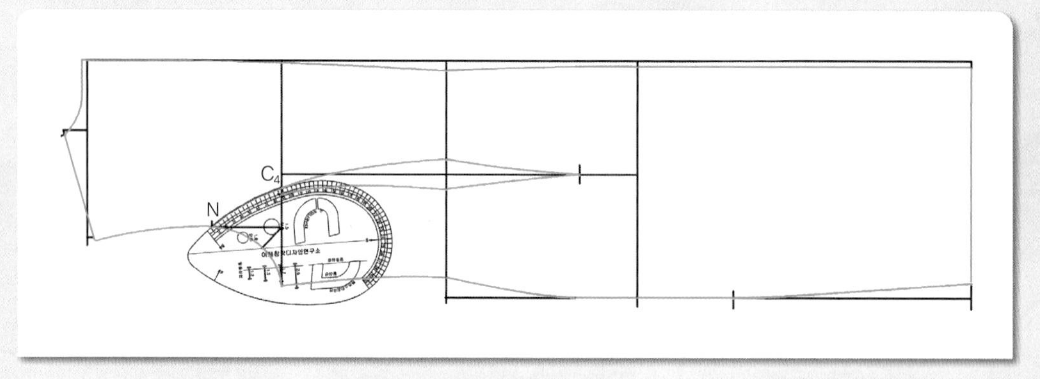

11

C_5점과 N점 두 점을 **09**에서 그린 패널라인과 자연스럽게 연결되도록 뒤AH자쪽으로 맞추어 대고 옆선쪽의 위가슴둘레선 위쪽 패널라인을 그린다.

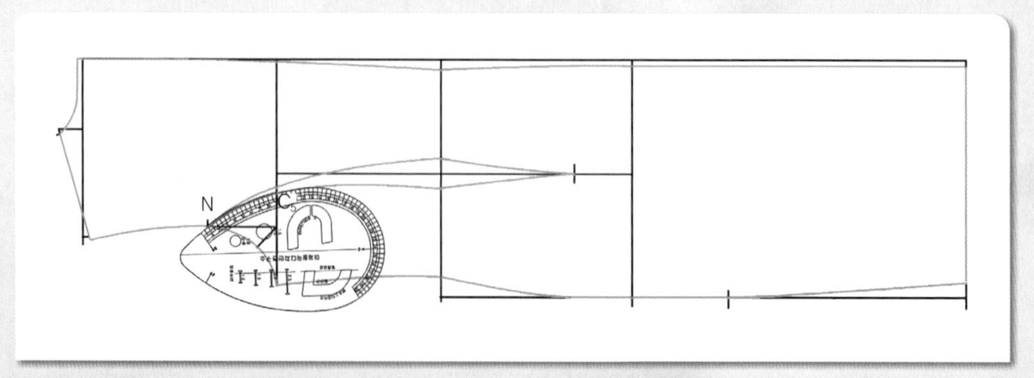

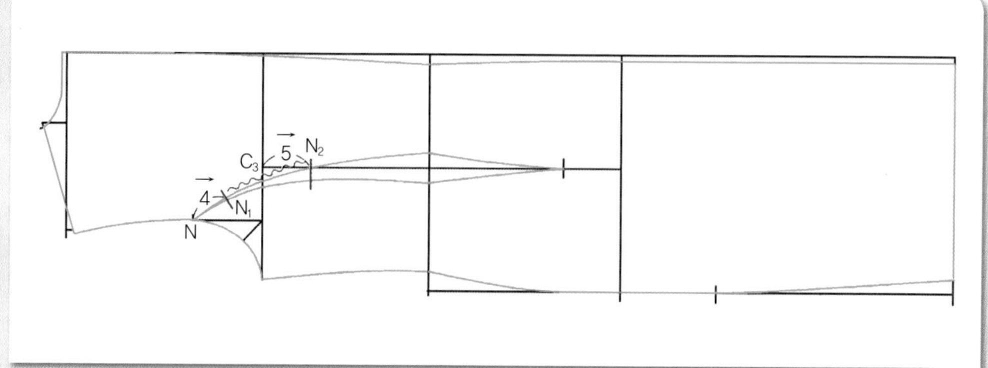

$N \sim N_1 = 4cm$, $C_3 \sim N_2 = 5cm$
N점에서 뒤중심쪽 패널라인을 따라 4cm 나가 뒤중심쪽 패널라인에 직각으로 이세(오그림) 처리 시작 위치의 너치 표시(N_1)을 넣고, 위가슴둘레선의 C_3점에서 5cm 나간 곳에서 수직으로 이세 처리 끝 위치의 너치 표시(N_2)를 넣은 다음, N_1점과 N_2점 사이에 이세 기호를 넣는다.

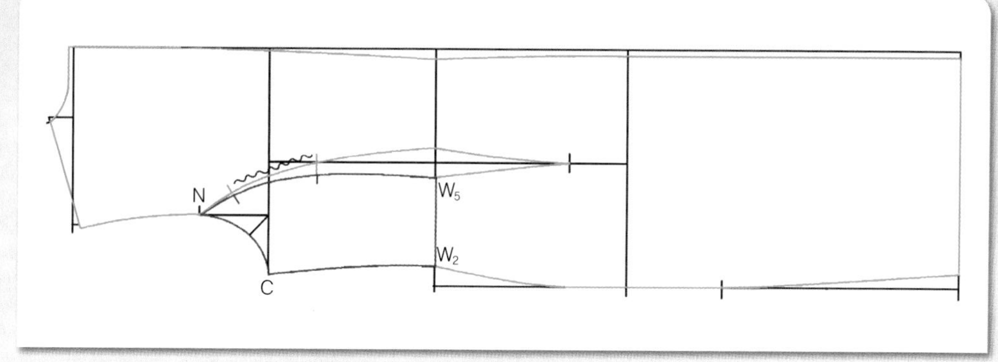

13

적색으로 표시된 허리선 위쪽 옆몸판의 완성선을 새 패턴지에 옮겨 그린 다음 새 패턴지에 옮겨 그린 완성선을 따라 오려내고 원래의 몸판 위에 얹어 패턴에 차이가 없는지 확인한다.

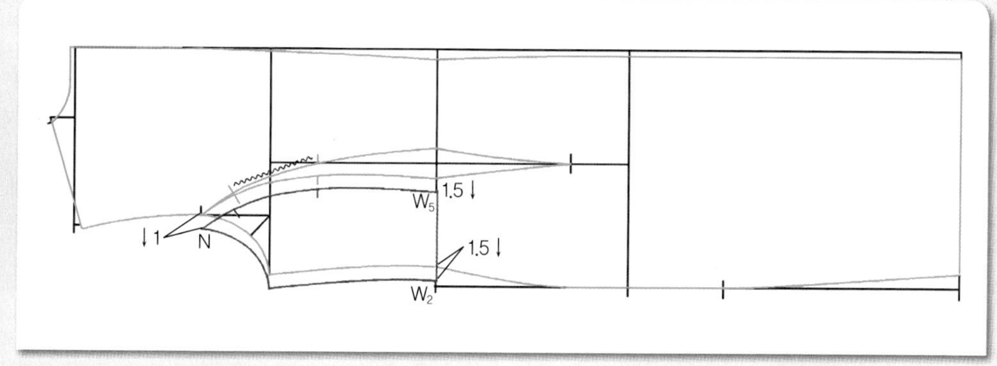

13에서 새 패턴지에 옮겨 그리고 오려낸 완성선의 패턴을 원래의 몸판 완성선 패턴 위에 얹은 상태에서 W_5점과 W_2점의 허리선 위치를 1.5cm 옆선쪽으로 내리면서 N점에서 1cm 내려 이동하고 고정시킨다.

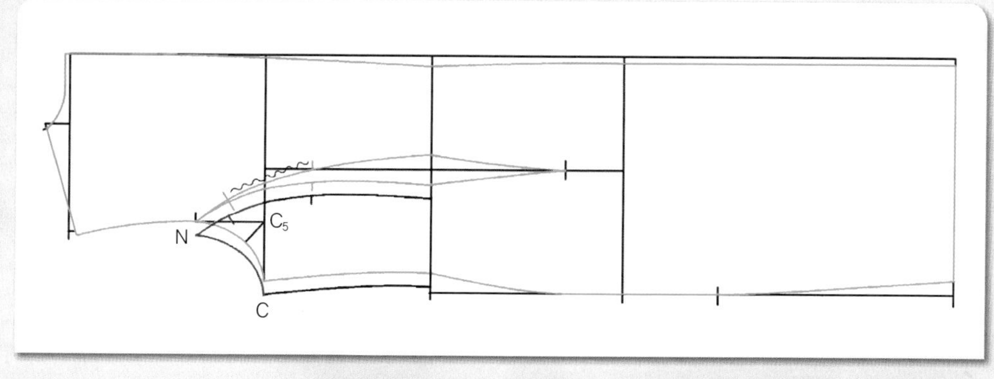

적색으로 표시된 것과 같이 위가슴둘레선 위쪽의 이동한 완성선을 원래의 패턴 위에 옮겨 그린다.

16

이동한 C_5점에 hip곡자 끝 위치를 맞추면서 원래 패턴의 허리선 위치인 W_5점과 연결하여 옆선쪽의 패널라인을 수정한다.

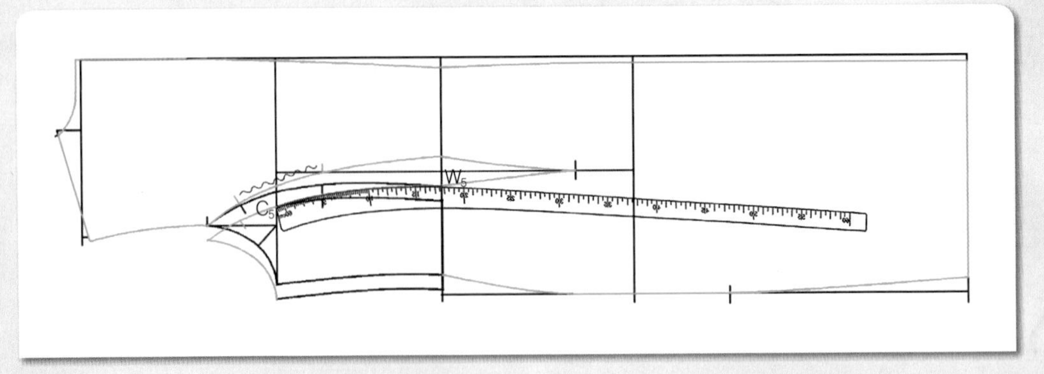

17

원래 패턴의 허리선 위치인 W_2점에서 hip곡자 10 위치를 맞추면서 이동한 C점과 연결하여 허리선 위쪽 옆선의 완성선을 수정한다.

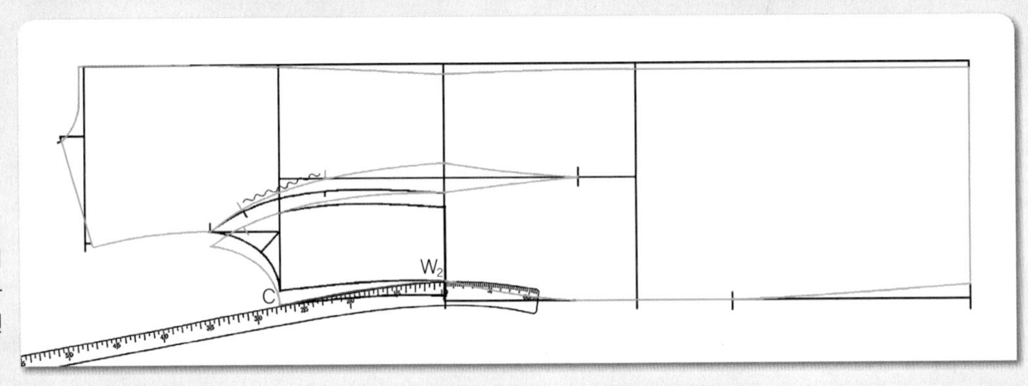

18

W_1점에서 W_4점(●), W_5점에서 W_2점(■)의 허리 완성선 길이를 잰다.

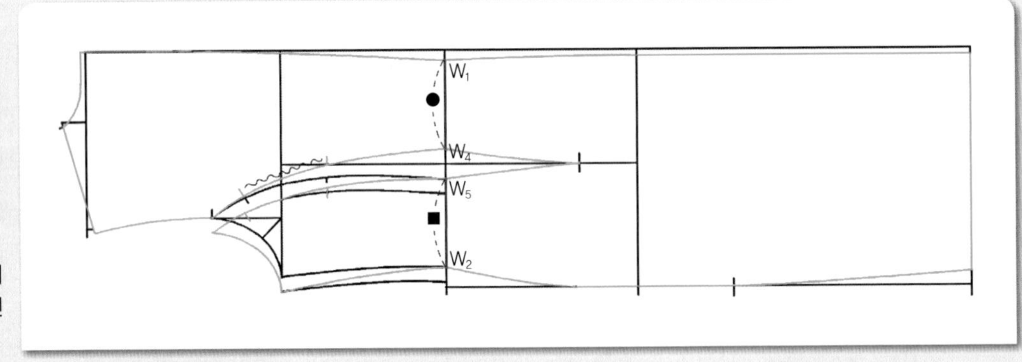

19

18에서 잰 허리 완성선 길이가 만약 W+2.5~3cm한 치수보다 남거나 부족한 분량이 생기면 그 분량을 3등분하여 W_4, W_5, W_2점에서 각각 3등분한 1/3 분량씩을 증감하여 표시하고, **16** 및 **17**과 같은 방법으로 패널라인과 옆선을 각각 수정한다.

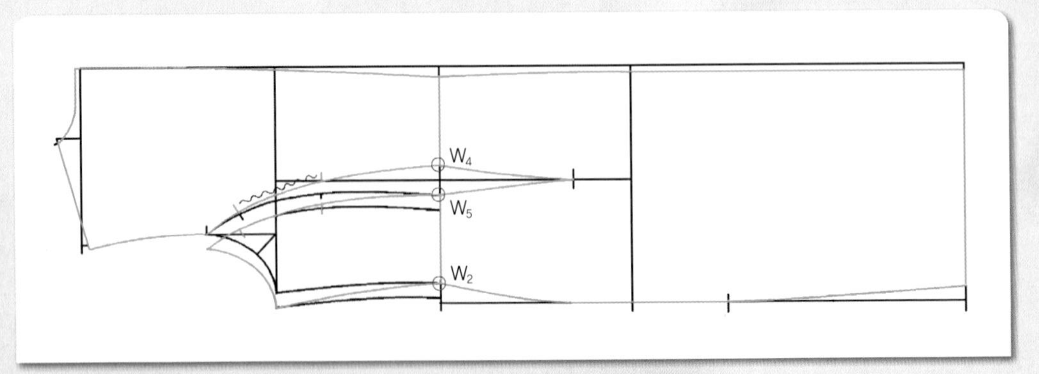

6. 지퍼 트임 끝 위치와 뒤 슬릿 트임 끝 위치를 표시한다.

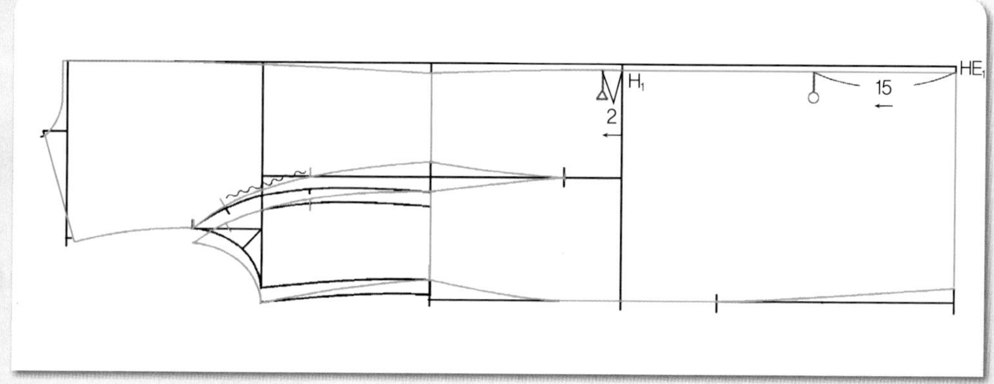

01

뒤중심쪽의 히프선(H_1) 위치에서 왼쪽으로 2cm 나가 지퍼 트임 끝 위치를 표시하고, HE_1점에서 왼쪽으로 15cm 들어가 뒤 슬릿 트임 끝 위치를 표시한다.

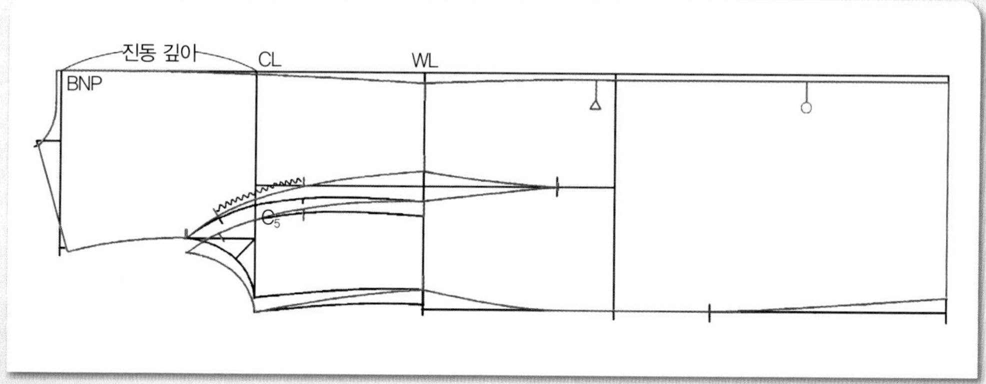

02

적색선이 뒤판의 완성선이다. 소매를 제도하기 위해 BNP에서 CL까지의 진동 깊이 길이를 재어둔다.

앞판 제도하기

1. 기초선을 그린다.

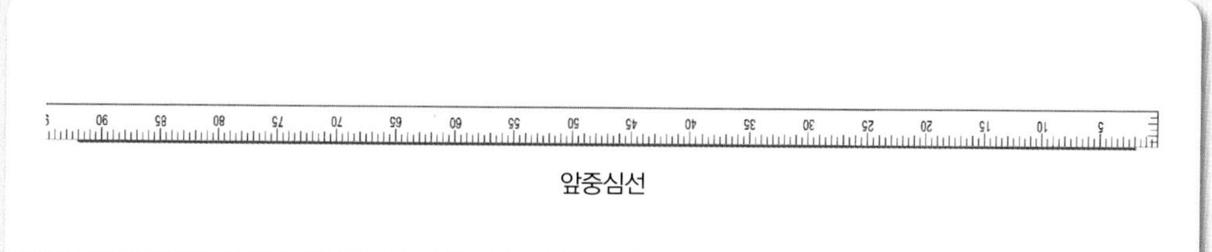

01

긴 직선자를 대고 수평으로 길게 앞중심선(앞길이 + 원하는 스커트 길이)을 그린다.

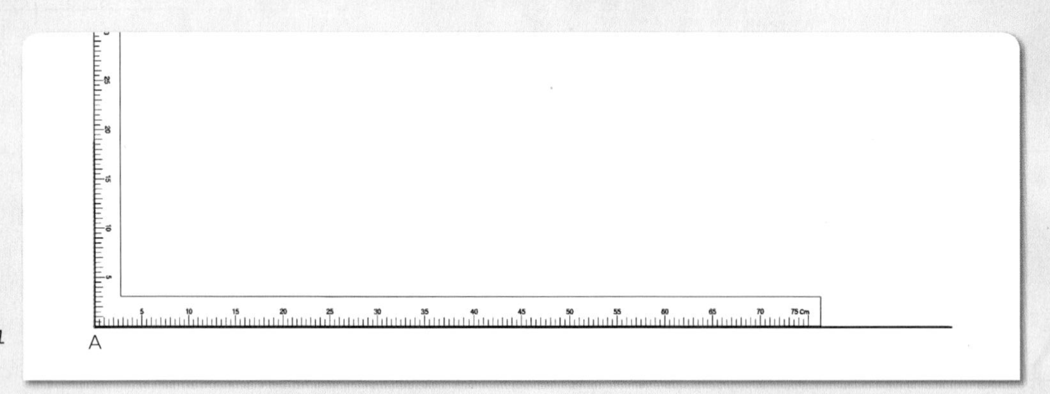

A점에서 직각선을 올려 그려둔다.

03

A~CL = (B°/2) − 1cm = (B/4) − 1cm 직각자를 A점에서 (B°/2) − 1cm = (B/4) − 1cm 한 치수를 나가 맞추고 위가슴둘레선(CL) 위치를 정한 다음, 직각으로 위가슴둘레선을 올려 그린다.

04

A~BL = 유두 길이 직각자를 A점에서 유두 길이 치수만큼 나가 맞추고 가슴둘레선(BL) 위치를 정한 다음, 직각으로 가슴둘레선을 올려 그린다.

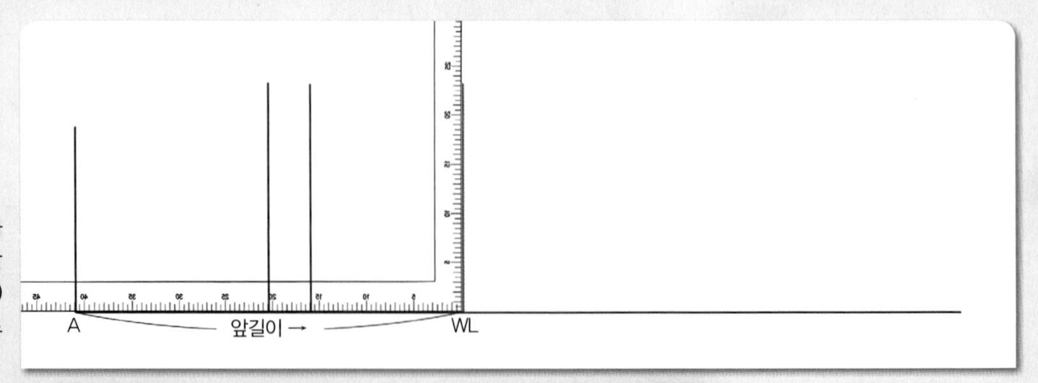

05

A~WL = 앞길이 직각자를 A점에서 앞길이 치수만큼 나가 맞추고 허리선(WL) 위치를 정한 다음, 직각으로 허리선을 올려 그린다.

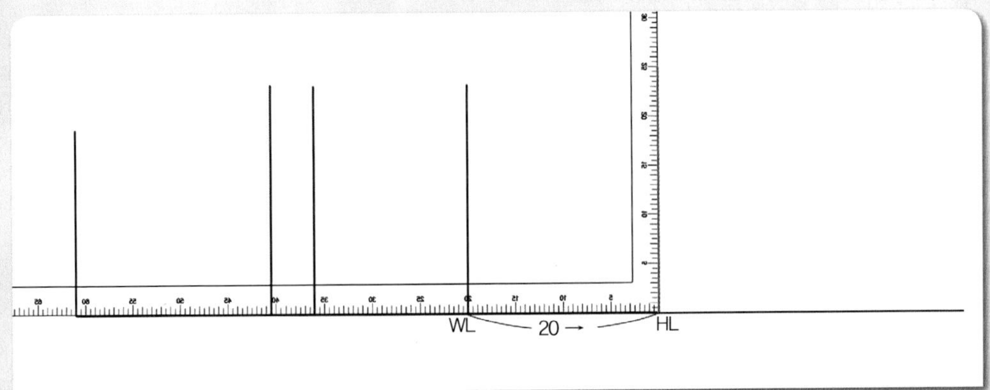

06

WL~HL=20cm 직각자를 허리선(WL)에서 20cm를 나가 맞추고 히프선(HL) 위치를 정한 다음, 직각으로 히프선을 올려 그린다.

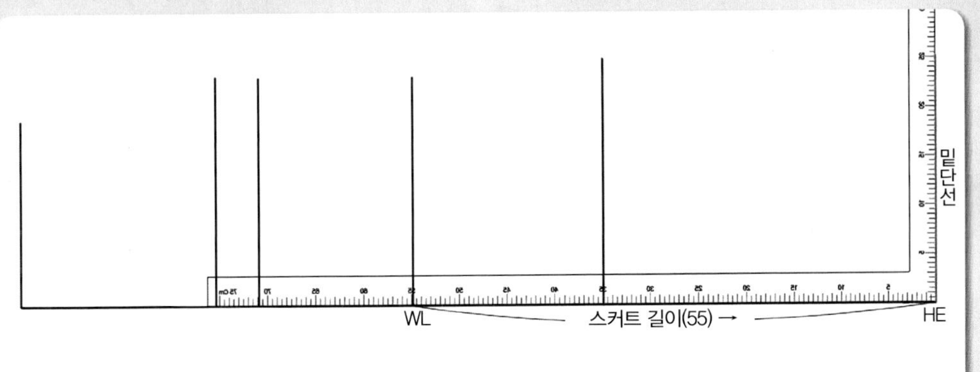

07

WL~HE=스커트 길이(55cm) 직각자를 허리선(WL)에서 스커트 길이만큼 나가 맞추고 밑단선(HE) 위치를 정한 다음, 직각으로 밑단선을 올려 그린다.

2. 앞옆선의 완성선을 그린다.

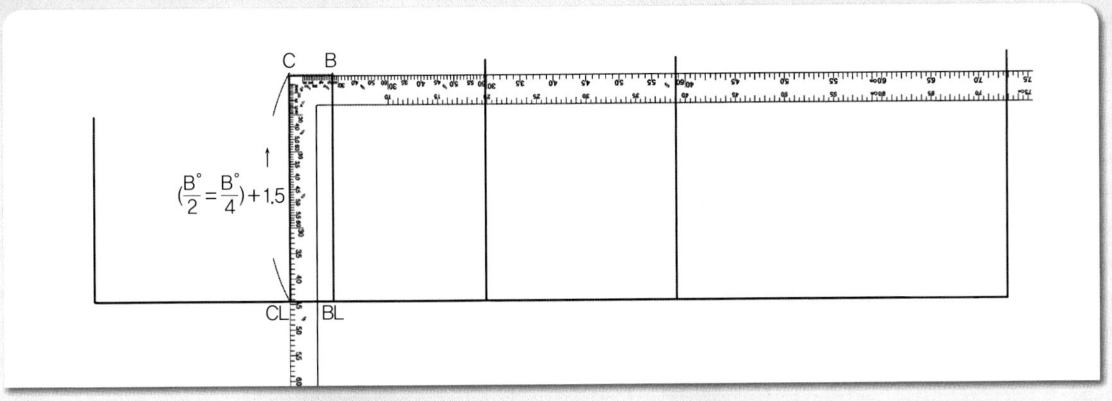

01

CL~C=(B°/2)+1.5cm=(B/4)+1.5cm 직각자를 CL점에서 (B°/2)+1.5cm=(B/4)+1.5cm한 치수를 올려 맞추고 옆선쪽 위가슴둘레선 끝점(C) 위치를 정한 다음, 직각으로 옆선쪽 가슴둘레선(BL)까지 옆선의 완성선(B)을 그려둔다.

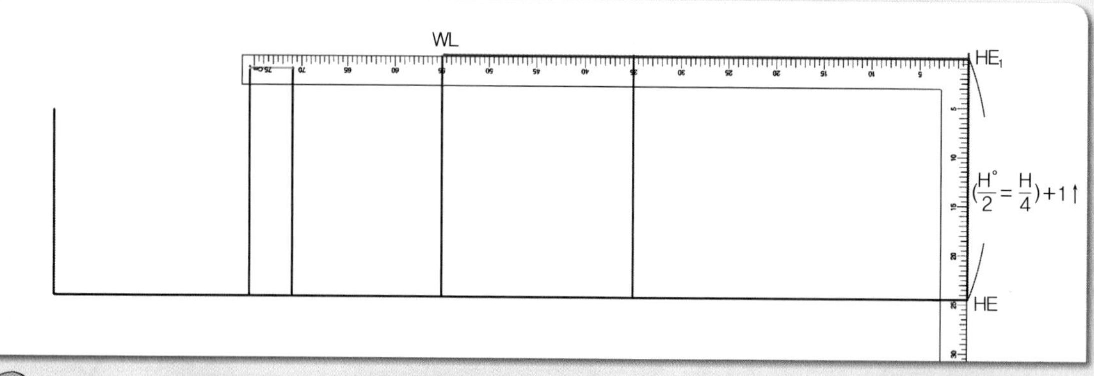

02

HE~HE_1=(H°/2)+1cm=(H/4)+1cm 직각자를 HE점에서 (H°/2)+1cm=(H/4)+1cm 올려 맞추고 옆선쪽 밑단선 끝점(HE_1) 위치를 정한 다음, 직각으로 허리선(WL)까지 옆선의 안내선을 그린다.

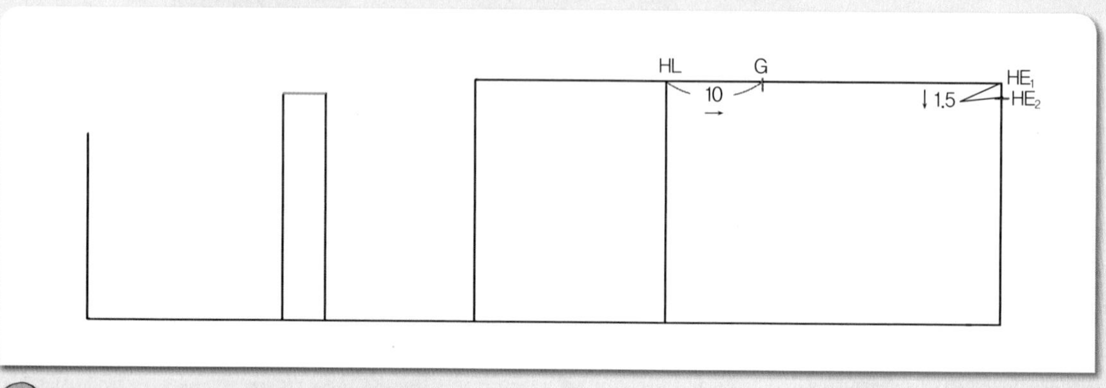

03

HE_1~HE_2=1.5cm, HL~G=10cm HE_1점에서 1.5cm 내려와 옆선을 그릴 밑단선 끝점(HE_2) 위치를 표시하고, 옆선과 히프선과의 교점(HL)에서 밑단선 쪽으로 10cm 나가 히프선 아래쪽 옆선의 완성선을 그릴 안내점(G) 위치를 표시한다.

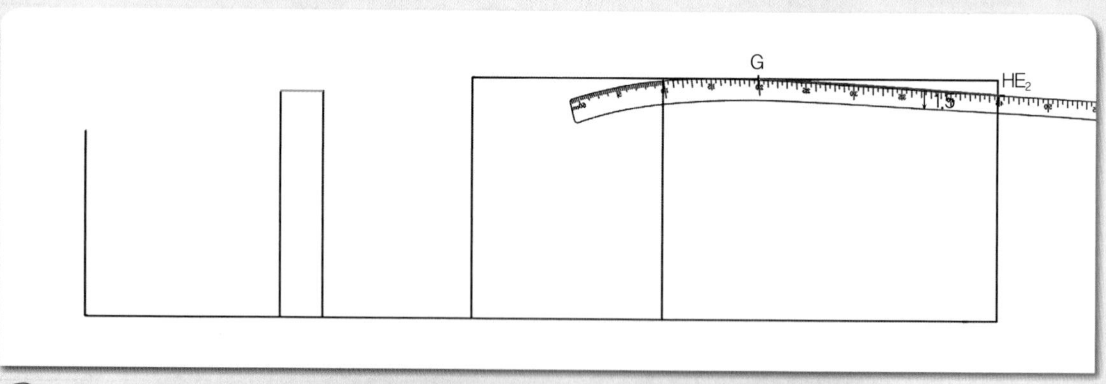

04

G점에 hip곡자 20 위치를 맞추면서 HE_2점과 연결하여 히프선 아래쪽 옆선의 완성선을 그린다.

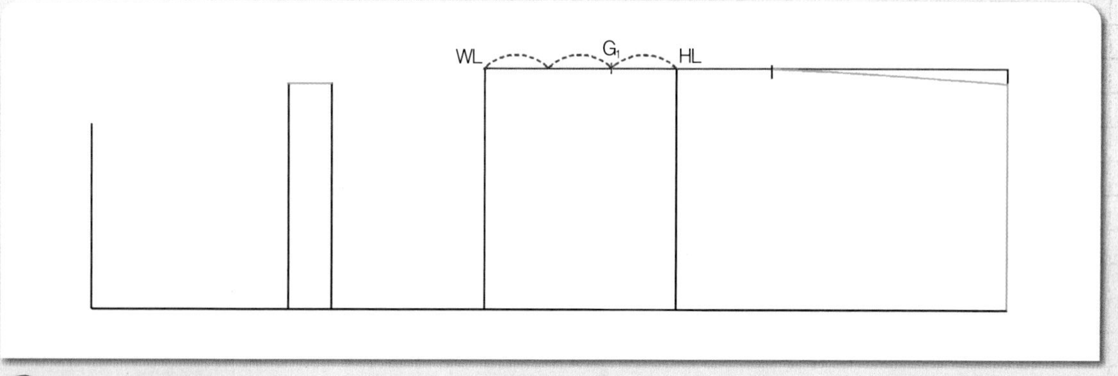

05

G_1 = WL~HL의 1/3 옆선쪽 허리선(WL) 위치에서 히프선(HL) 위치까지를 3등분하여 히프선쪽 1/3 위치에 옆선의 완성선을 그릴 안내점(G_1) 위치를 표시한다.

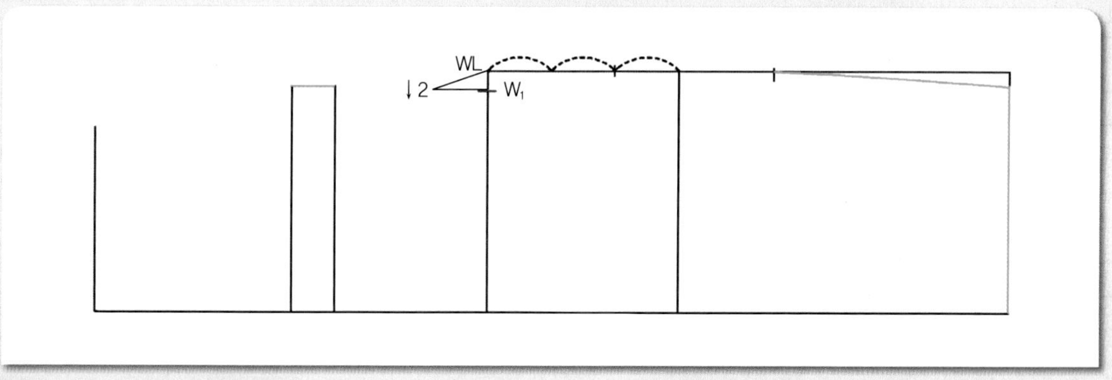

06

WL~W_1 = 2cm 옆선쪽 허리선 끝점(WL)에서 2cm 내려와 수정할 옆선쪽 허리선 위치(W_1)를 표시한다.

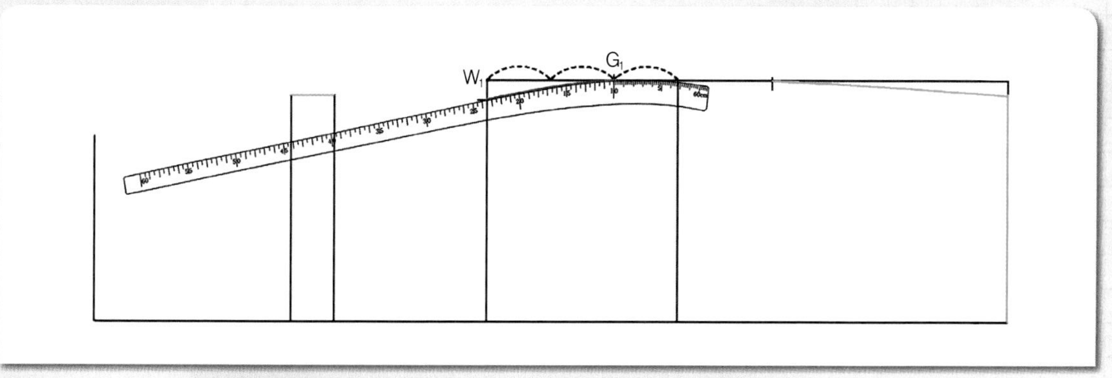

07

G_1점에 hip곡자 10 위치를 맞추면서 W_1점과 연결하여 히프선 위쪽 옆선의 완성선을 그린다.

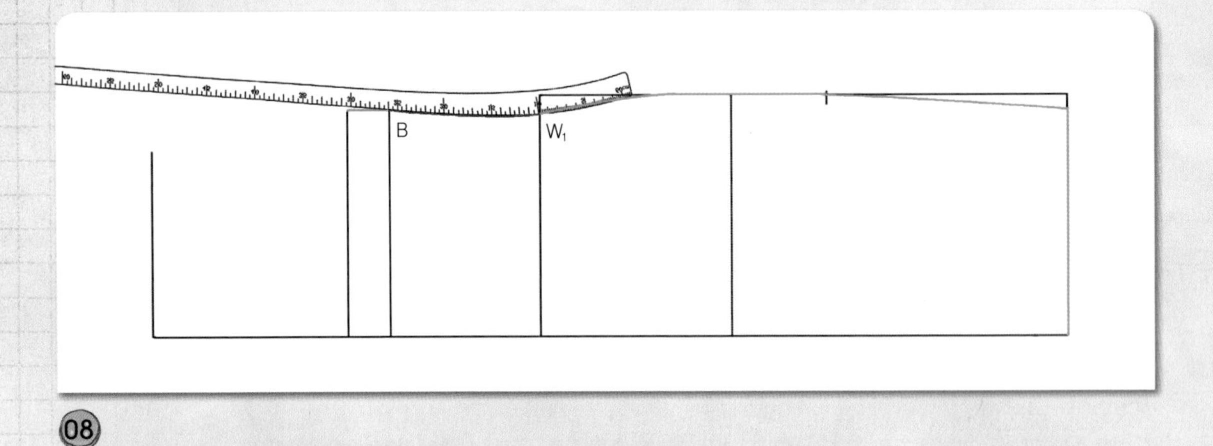

08

W_1점에 hip곡자 10 위치를 맞추면서 옆선쪽 가슴둘레선 끝점(B)과 연결하여 허리선 위쪽 옆선의 완성선을 그린다.

3. 어깨선을 그리고 진동둘레선과 앞목둘레선을 그린다.

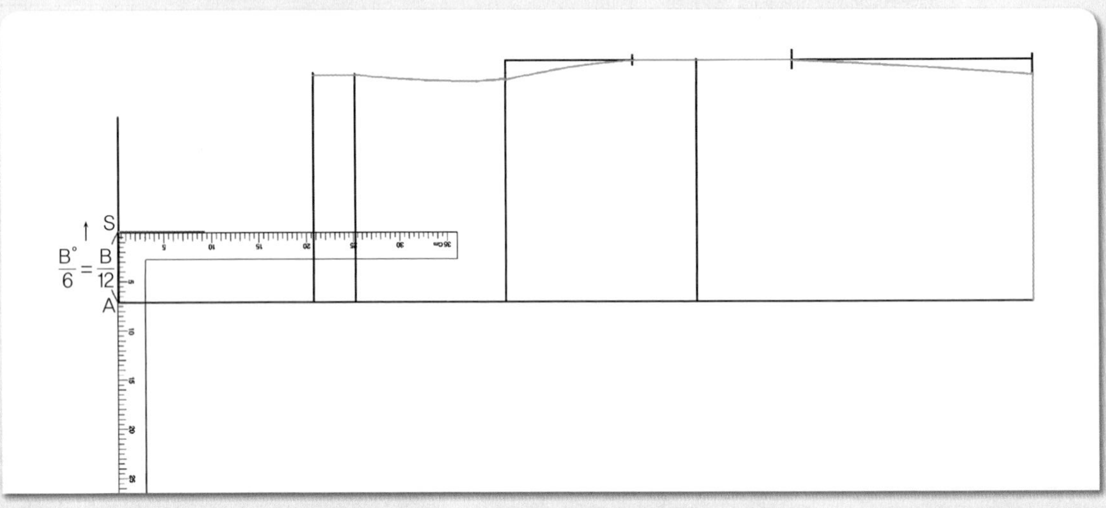

01

A~S=B°/6=B/12 직각자를 A점에서 B°/6=B/12 치수를 올려 맞추고 앞목둘레선을 그릴 안내점(S) 위치를 정한 다음, 직각으로 앞목둘레선을 그릴 안내선을 그린다.

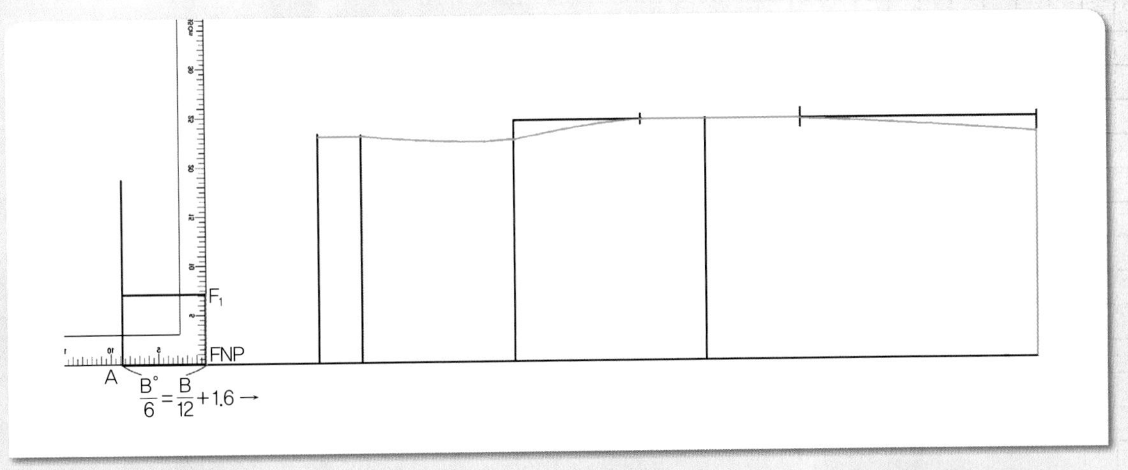

02

A~FNP = (B°/6) + 1.6cm = (B/12) + 1.6cm 직각자를 A점에서 (B°/6) + 1.6cm = (B/12) + 1.6cm한 치수를 나가 맞추고 앞목점 위치(FNP)를 정한 다음, 직각으로 앞목둘레선을 그릴 안내선을 올려 그리고 **01**에서 그린 안내선과의 교점을 F_1점으로 표시해 둔다.

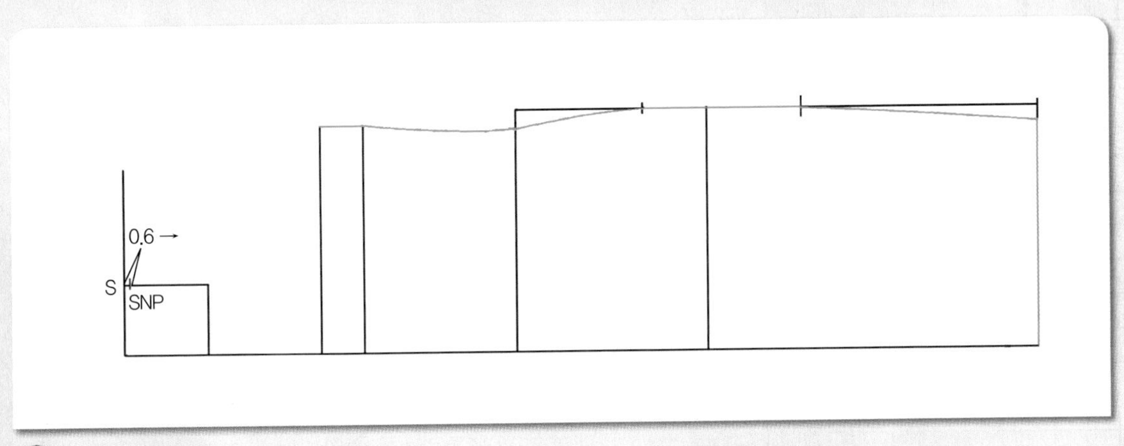

03

S~SNP = 0.6cm(옆목점) S점에서 직각으로 그려둔 안내선을 따라 0.6cm 나가 옆목점(SNP) 위치를 표시한다.

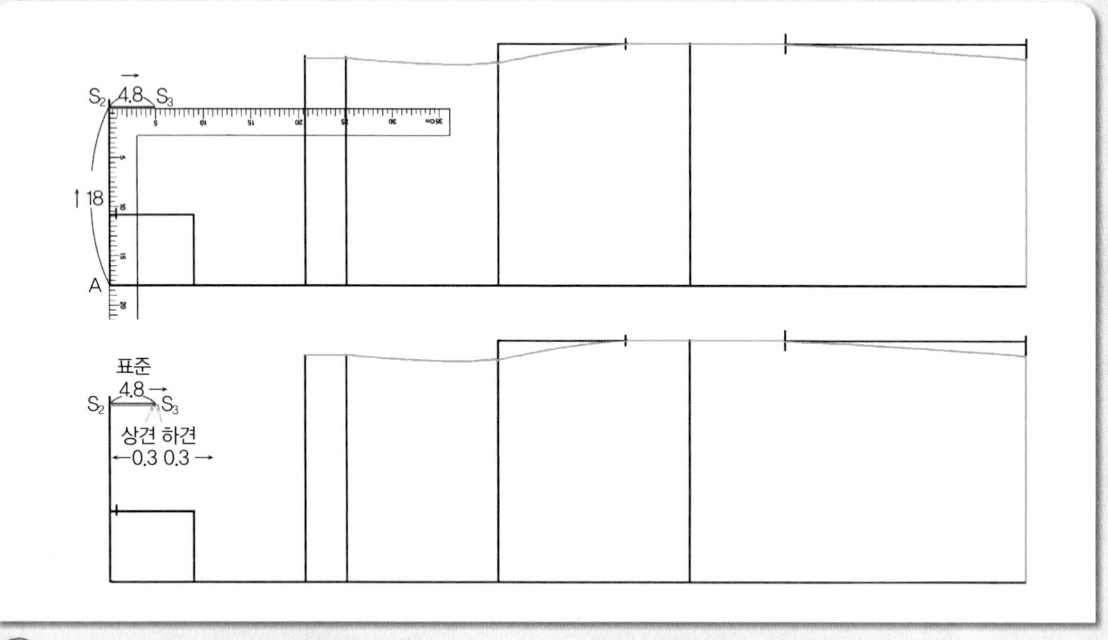

04

$A \sim S_2$ = 18cm, $S_2 \sim S_3$ = 4.8cm(표준어깨경사의 경우) A점에서 직각선을 따라 18cm 올라가 어깨선 끝점을 정할 안내선 위치(S_2)를 표시하고, 직각으로 4.8cm 어깨선을 그릴 통과선(S_3)을 그린다.

주 상견이나 하견일 경우에는 표준어깨경사의 통과선(S_3)에서 0.3cm씩을 증감한다.

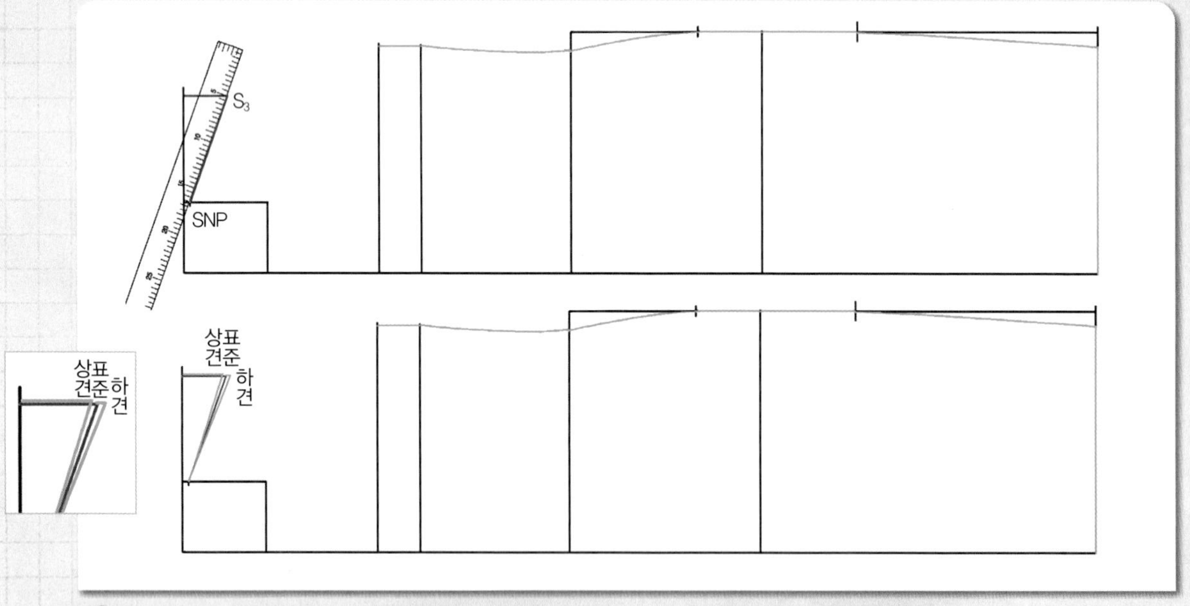

05

SNP~S_3 = 어깨선 옆목점(SNP)과 S_3점 두 점을 직선자로 연결하여 어깨선을 그린다.

주 상견이나 하견일 경우에는 아래쪽 그림과 같이 어깨경사가 각각 달라진다.

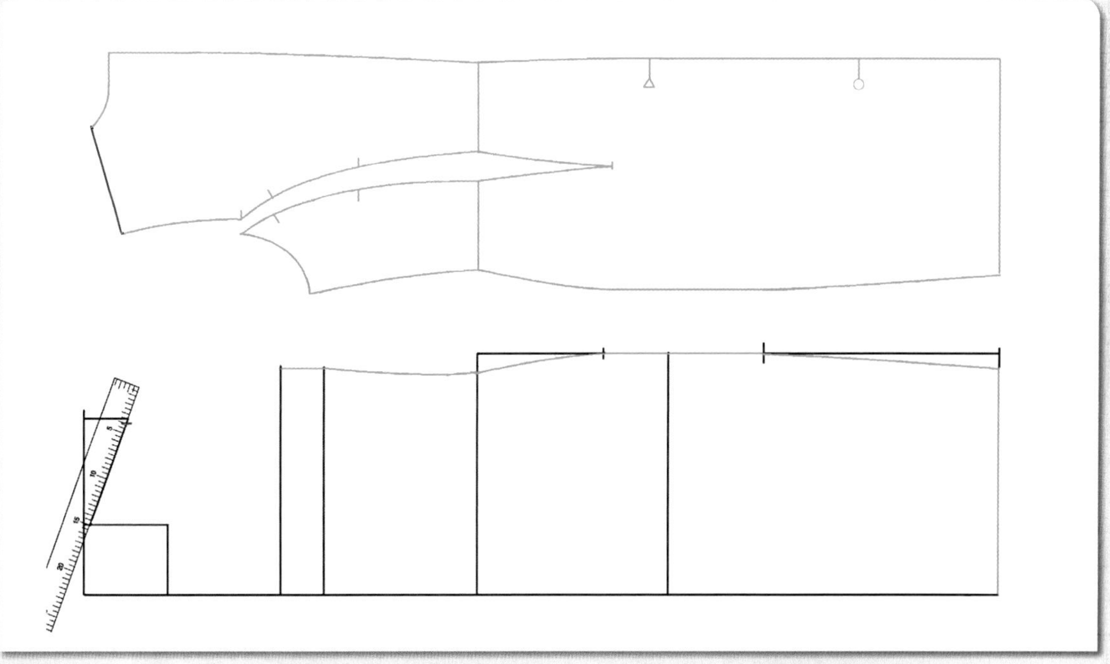

06

SNP~SP = 뒤어깨너비 - 0.3cm 옆목점(SNP)에서 **05**에서 그린 어깨선을 따라 뒤어깨너비 - 0.3cm한 치수를 올라가 어깨끝점 위치(SP)를 표시한다.

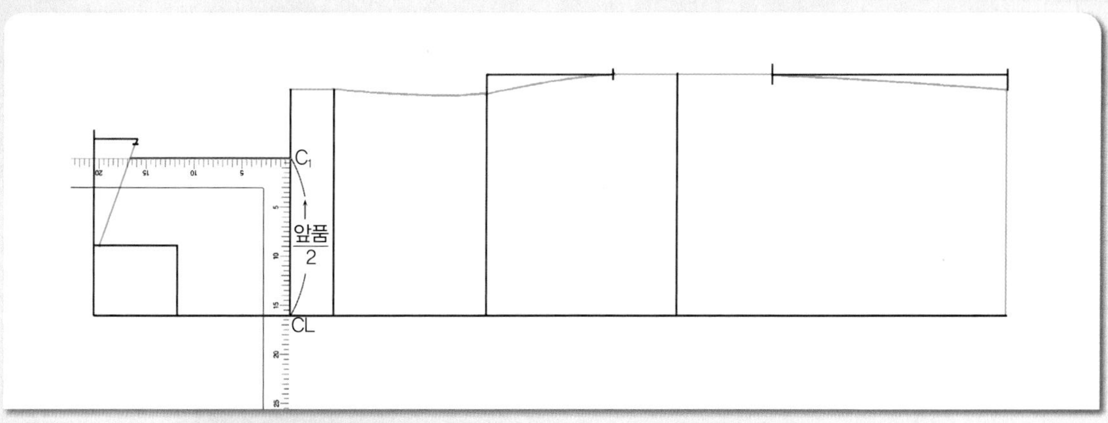

07

$CL \sim C_1$ = 앞품/2 직각자를 위가슴둘레선(CL)의 앞중심쪽에서 앞품/2 치수를 올려 맞추고 앞품선 위치(C_1)를 정한 다음, 직각으로 어깨선까지 앞품선을 그린다.

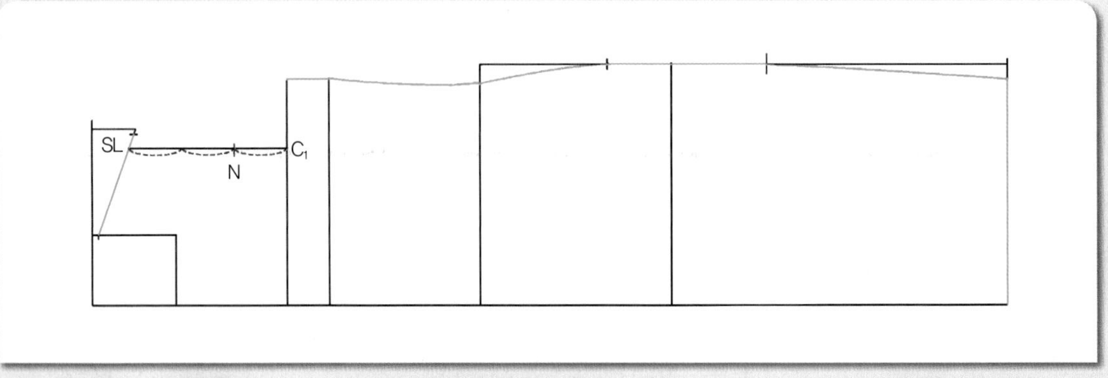

08

앞품선을 3등분하여 C_1점쪽의 1/3 지점에 진동둘레선(AH)을 그릴 안내점(N) 위치를 표시한다.

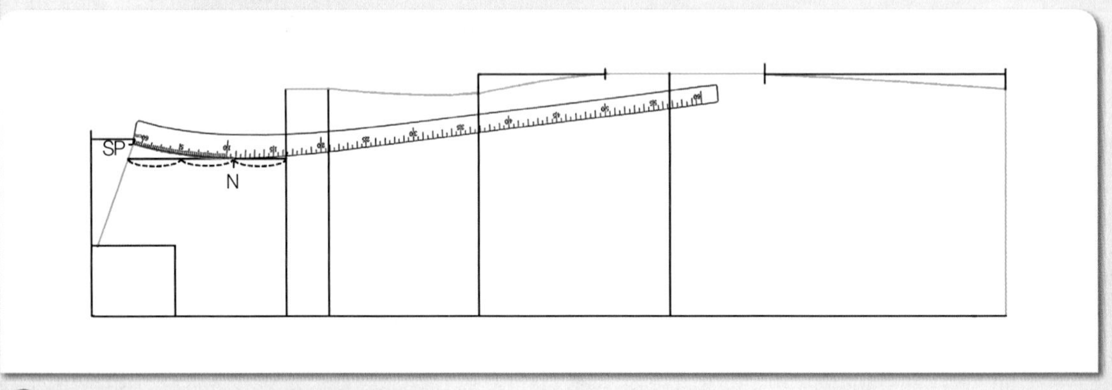

09

어깨끝점(SP)에 hip곡자 끝 위치를 맞추면서 N점과 연결하여 어깨선쪽 진동둘레선을 그린다.

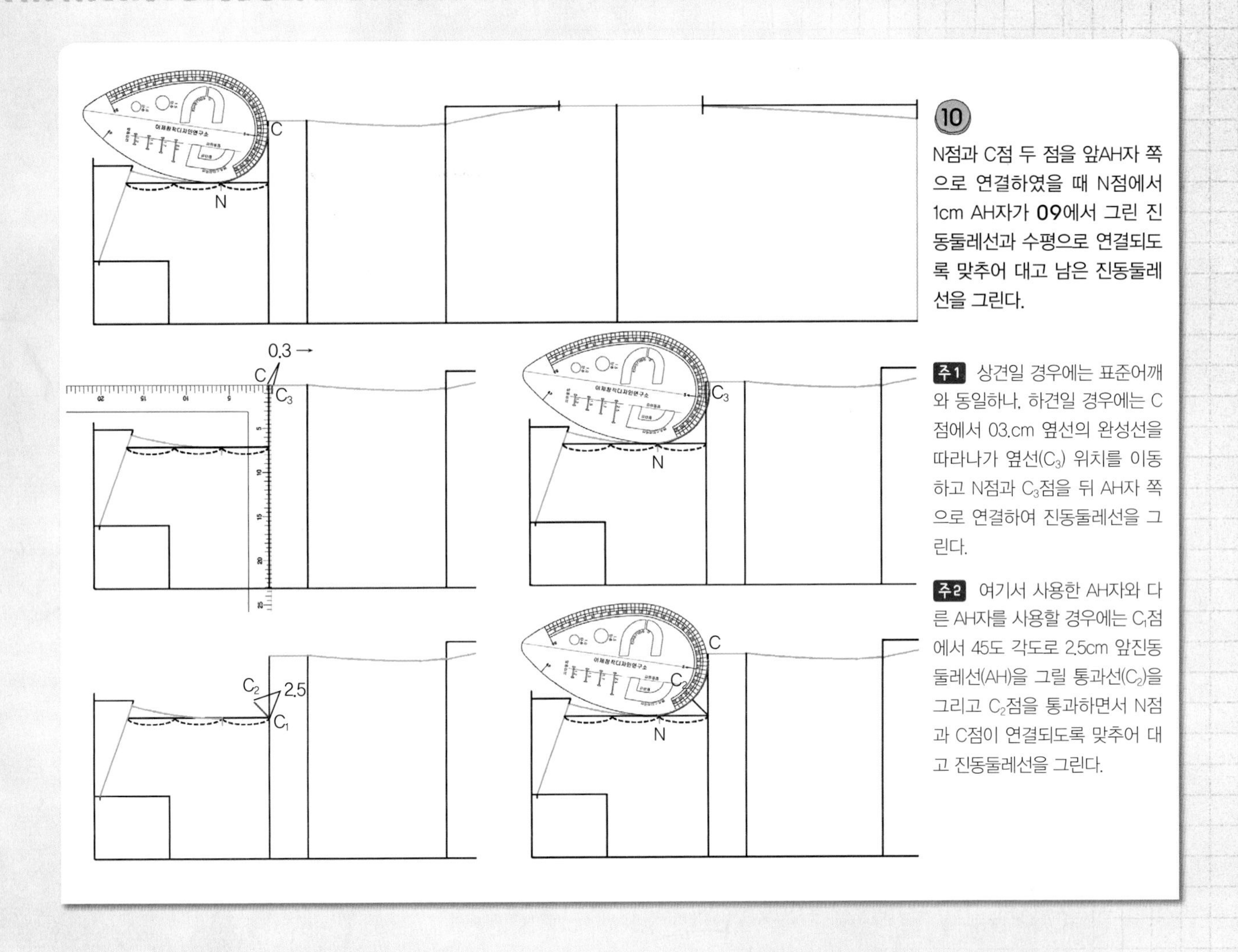

10

N점과 C점 두 점을 앞AH자 쪽으로 연결하였을 때 N점에서 1cm AH자가 **09**에서 그린 진동둘레선과 수평으로 연결되도록 맞추어 대고 남은 진동둘레선을 그린다.

주1 상견일 경우에는 표준어깨와 동일하나, 하견일 경우에는 C점에서 03.cm 옆선의 완성선을 따라나가 옆선(C_3) 위치를 이동하고 N점과 C_3점을 뒤 AH자 쪽으로 연결하여 진동둘레선을 그린다.

주2 여기서 사용한 AH자와 다른 AH자를 사용할 경우에는 C_1점에서 45도 각도로 2.5cm 앞진동둘레선(AH)을 그릴 통과선(C_2)을 그리고 C_2점을 통과하면서 N점과 C점이 연결되도록 맞추어 대고 진동둘레선을 그린다.

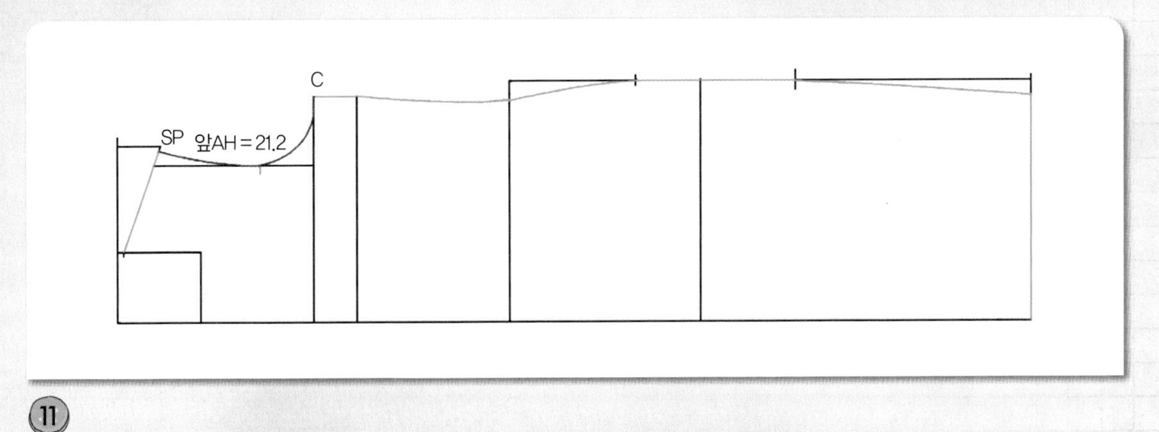

11

앞AH 치수를 재어둔다.

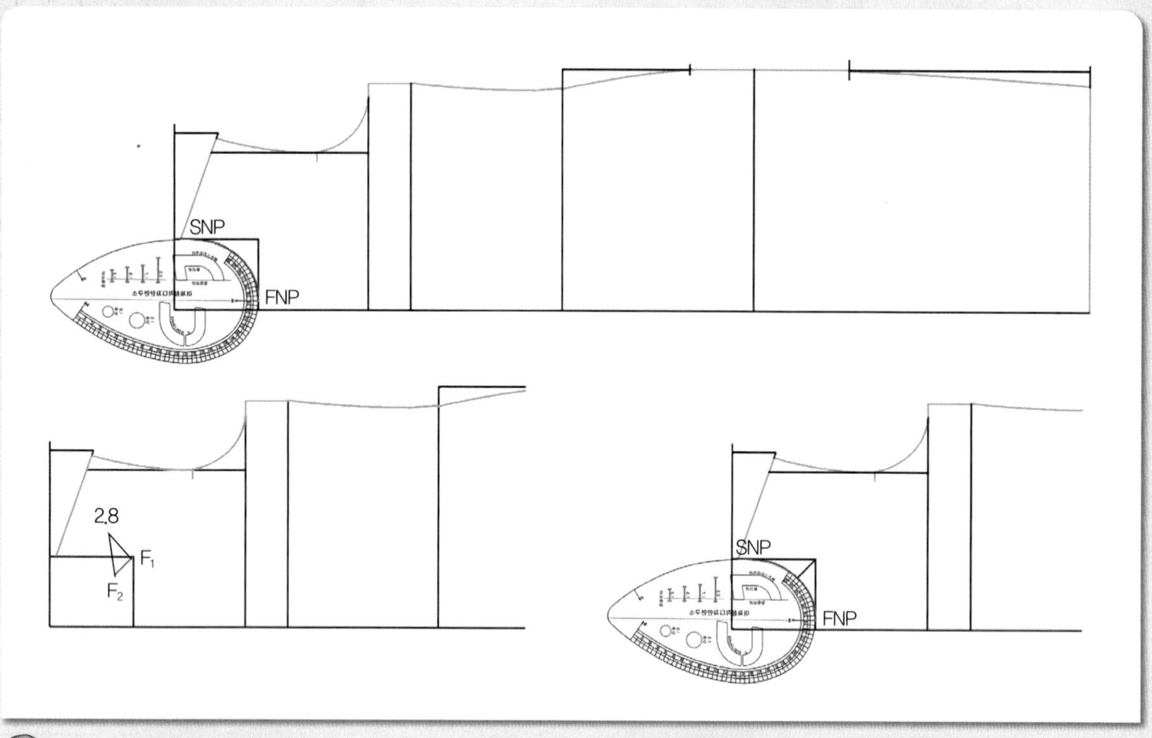

12

앞목점(FNP)과 옆목점(SNP)을 앞AH자 쪽을 수평으로 바르게 맞추어 대고 앞목둘레선을 그린다.

주 여기서 사용한 AH자와 다른 AH자를 사용할 경우에는 F_1점에서 45도 각도로 2.8cm 앞목둘레선을 그릴 통과선(F_2)을 그리고, F_2점을 통과하면서 FNP와 SNP가 연결되도록 맞추어 대고 앞목둘레선을 그린다.

4. 앞 패널라인과 가슴 다트선을 그린다.

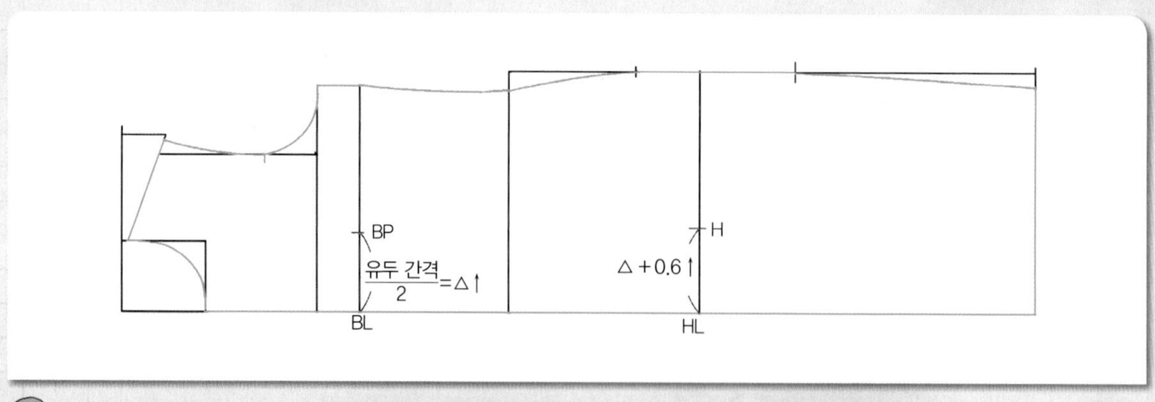

01

BL~BP = 유두 간격/2(△), HL~H = (유두 간격/ 2) + 0.6cm 앞중심쪽의 가슴둘레선 위치(BL)에서 유두 간격/2 치수를 올라가 유두점(BP)을 표시하고, 앞중심쪽 히프선(HL) 위치에서 유두 간격/2 + 0.6cm한 치수를 올라가 패널라인 중심선을 그릴 안내점(H)을 표시한다.

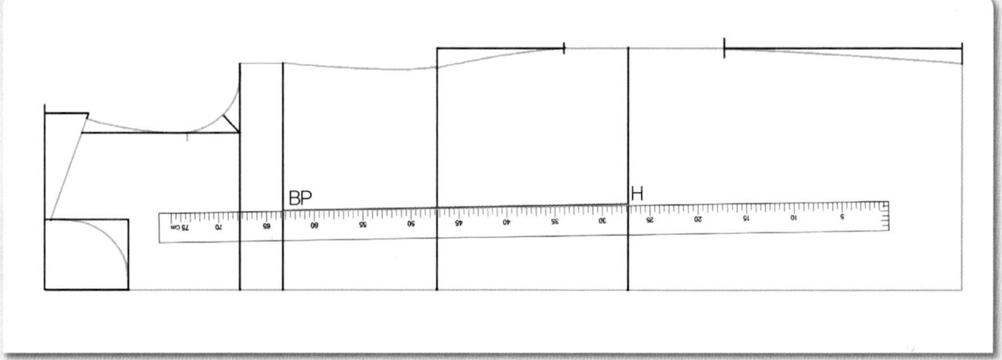

02

BP와 H점 두 점을 직선자로 연결하여 패널라인 중심선을 그린다.

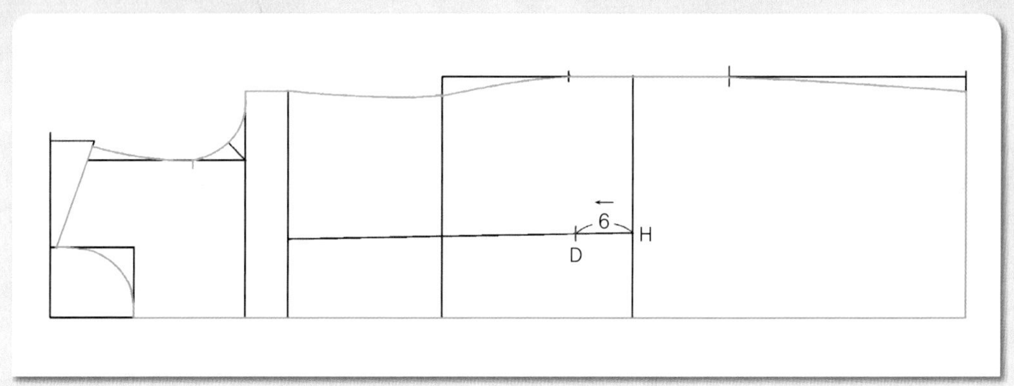

03

H~D=6cm H점에서 6cm 패널라인 중심선을 따라 들어가 허리선 아래쪽 패널라인 끝점(D) 위치를 표시한다.

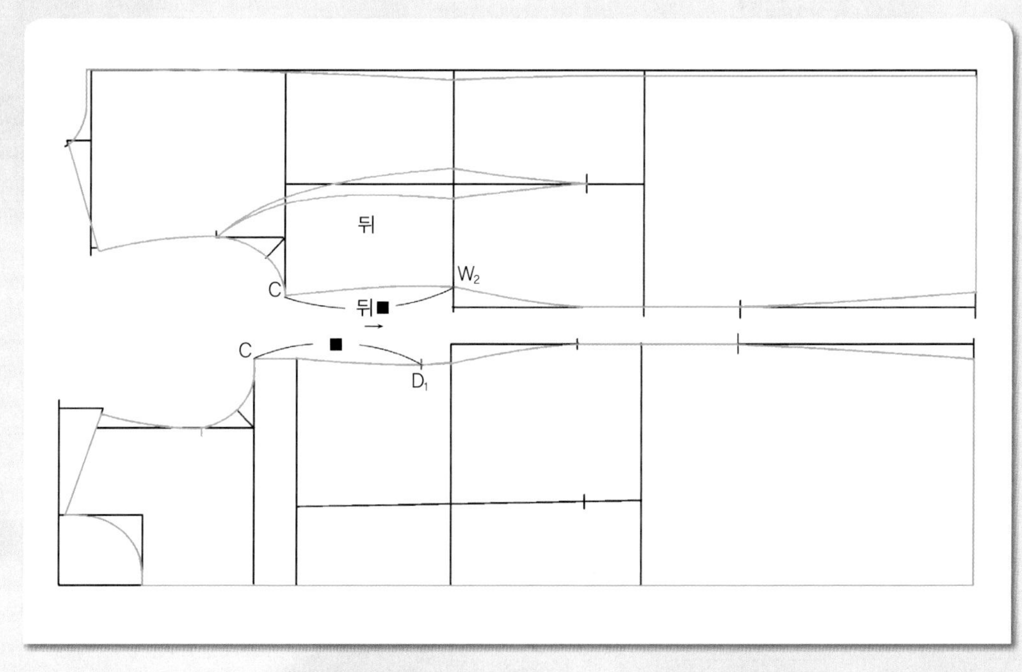

04

$C \sim D_1$ = 뒤허리선 위쪽 옆선길이($C \sim W_2$ = ■) 뒤판의 위가슴둘레선 옆선쪽 끝점(C)에서 W_2점까지의 뒤허리선 위쪽 옆선길이(■)를 재어, 같은 길이(■)를 앞판의 위가슴둘레선 옆선쪽 끝점(C)에서 앞판의 허리선 위쪽 옆선의 완성선을 따라나가 가슴다트량을 구할 위치(D_1)를 표시한다.

05

D_1점에서 W_1점까지의 옆선 길이(●)를 재어 그 길이(●)를 가슴둘레선 옆선쪽 끝점(B)에서 허리선쪽으로 옆선의 완성선을 따라나가 가슴 다트점(D_2) 위치를 표시한다.

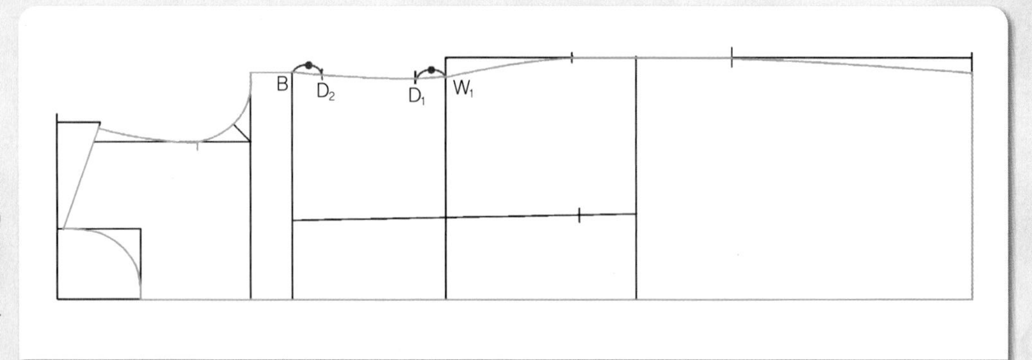

06

유두점(BP)과 D_2점 두 점을 직선자로 연결하여 가슴 다트선을 그린다.

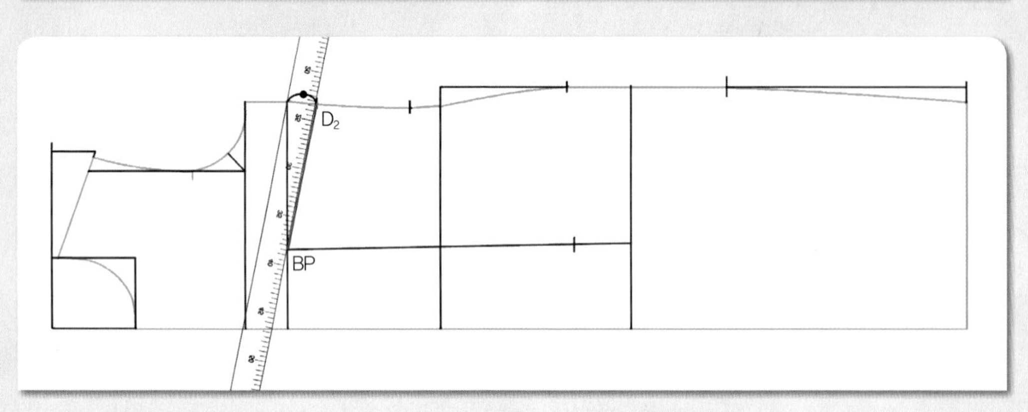

07

$BP \sim B_1 = 1.5cm$ 유두점(BP)에서 1.5cm 올라가 허리선 위쪽 패널라인을 그릴 안내점(B_1) 위치를 표시한다.

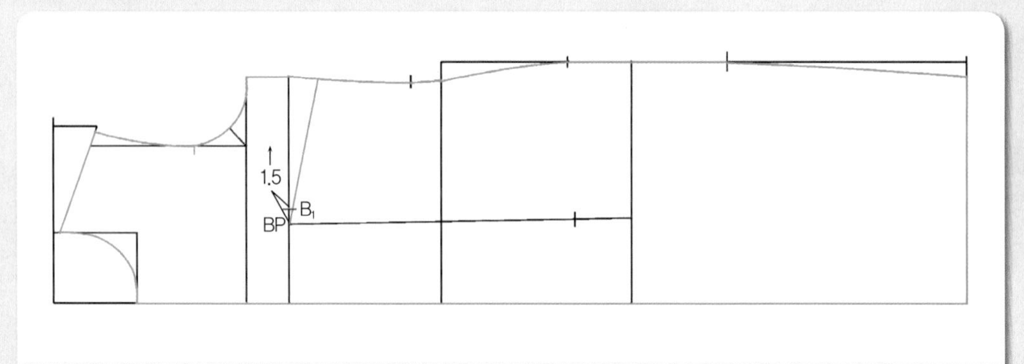

08

$W_2 \sim W_3 = 1.2cm$, $W_2 \sim W_4 = 1.8cm$ 허리선과 패널라인 중심선과의 교점을 W_2점으로 하여, W_2점에서 앞중심쪽으로 1.2cm 내려와 앞중심쪽의 패널라인을 그릴 허리선(W_3) 위치를 표시하고, W_2점에서 1.8cm 올라가 옆선쪽의 패널라인을 그릴 허리선(W_4) 위치를 표시한다.

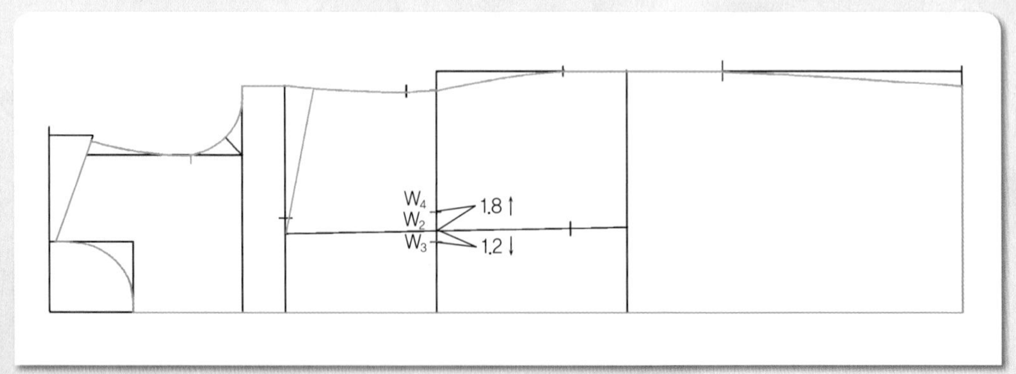

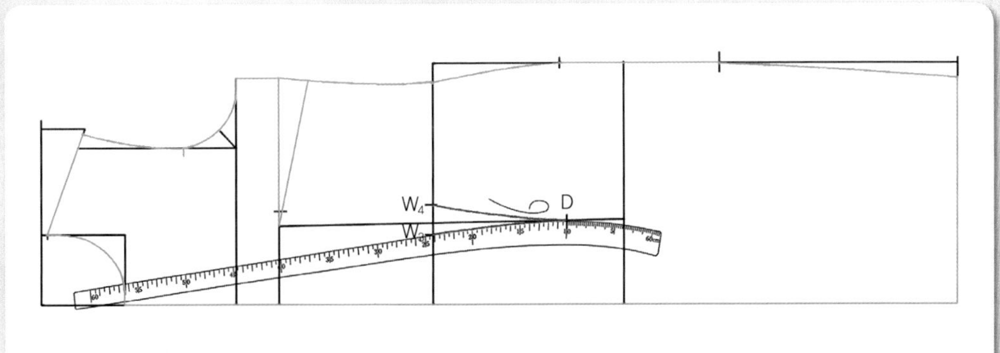

09

D점에 hip곡자 10 위치를 맞추면서 W_3점과 연결하여 앞중심쪽의 허리선 아래로 패널라인을 그린 다음, hip곡자를 수직반전하여 D점에 hip곡자 10 위치를 맞추면서 W_4점과 연결하여 옆선쪽의 허리선 아래쪽 패널라인을 그린다.

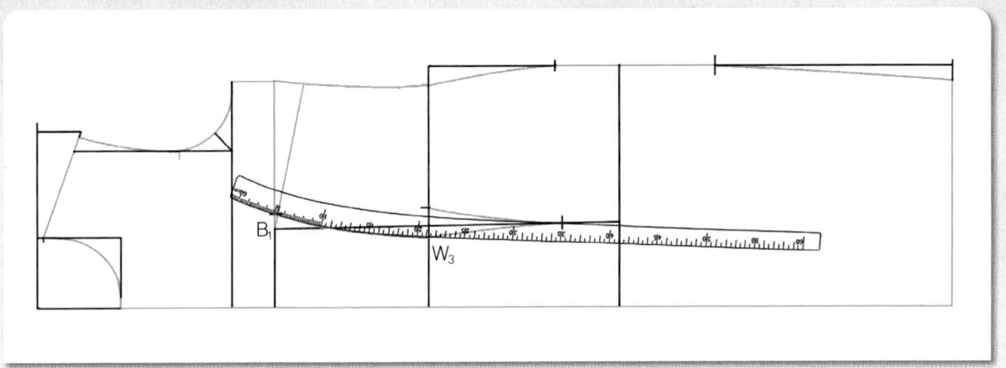

10

B_1점에 hip곡자 5 위치를 맞추면서 W_3점과 연결하여 앞중심쪽의 허리선 위쪽 패널라인을 그린다.

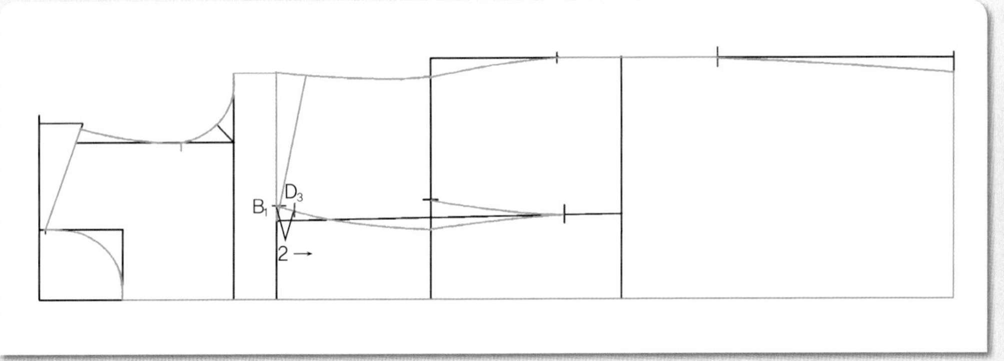

11

B_1~D_3 = 2cm B_1점에서 앞중심쪽의 패널라인을 따라 2cm 나가 옆선쪽의 허리선 위쪽 패널라인을 그릴 안내점(D_3) 위치를 표시한다.

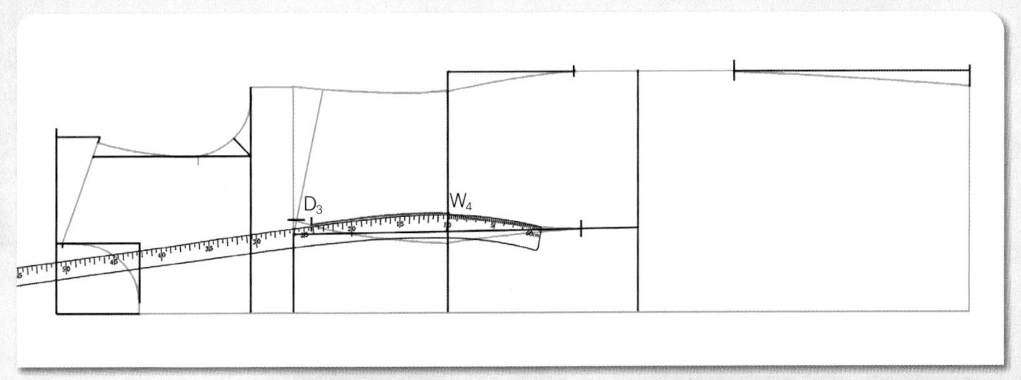

12

W_4점에 hip곡자 10 위치를 맞추면서 D_3점과 연결하여 옆선쪽의 허리선 위쪽 패널라인을 그린다.

13

N점과 B_1점 두 점을 AH자로 연결하였을 때 앞중심쪽의 패널라인과 자연스럽게 연결되도록 맞추어 대고 가슴둘레선 위쪽 패널라인을 그린다.

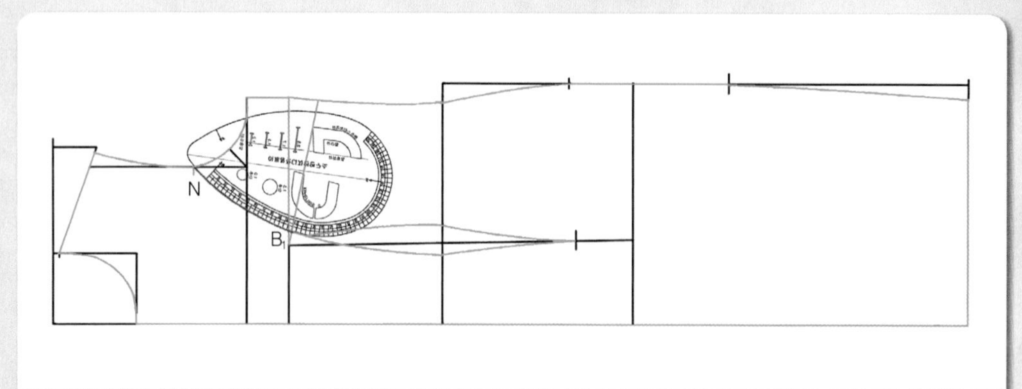

14

D_3점이 각지지 않도록 **13**에서 그린 가슴둘레선 위쪽 패널라인과 옆선쪽의 패널라인을 AH자로 연결하여 자연스런 곡선으로 수정한다.

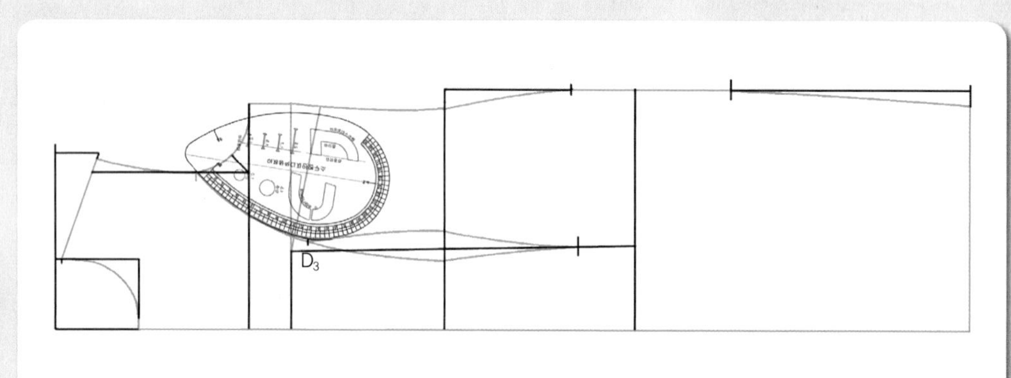

15

$N \sim N_3 = 6cm$, $BP \sim N_2 = 5.5cm$ N점에서 패널라인을 따라 6cm 나가 패널라인에 직각으로 이세(오그림) 처리 시작 위치의 너치 표시(N_1)를 넣고, BP에서 5.5cm 나간 곳에서 수직으로 이세 처리 끝 위치를 너치 표시(N_2)를 넣은 다음, N_1점과 N_2 사이에 이세 기호를 넣는다.

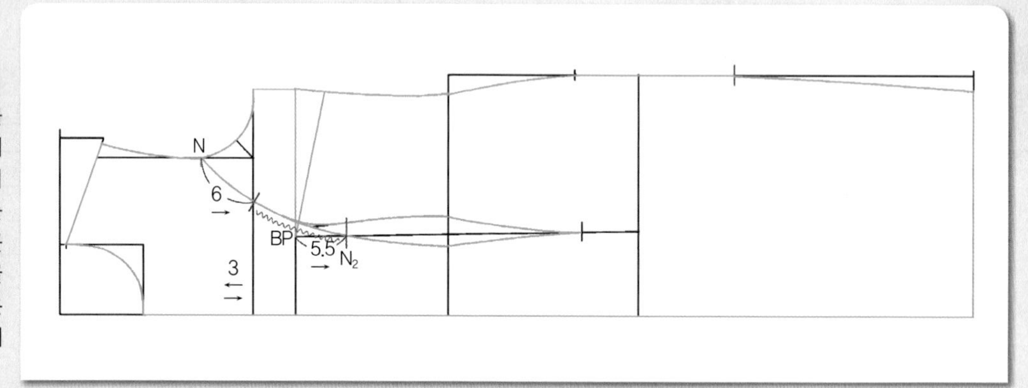

양옆

W_1

W_4

새 패턴지에
옮겨 그린 앞옆

16

적색으로 표시된 허리선 위쪽 옆몸판의 완성선을 새 패턴지에 옮겨 그린 완성선을 따라 오려내고 원래의 몸판 위에 맞추어 얹어 패턴에 차이가 없는지 확인한다.

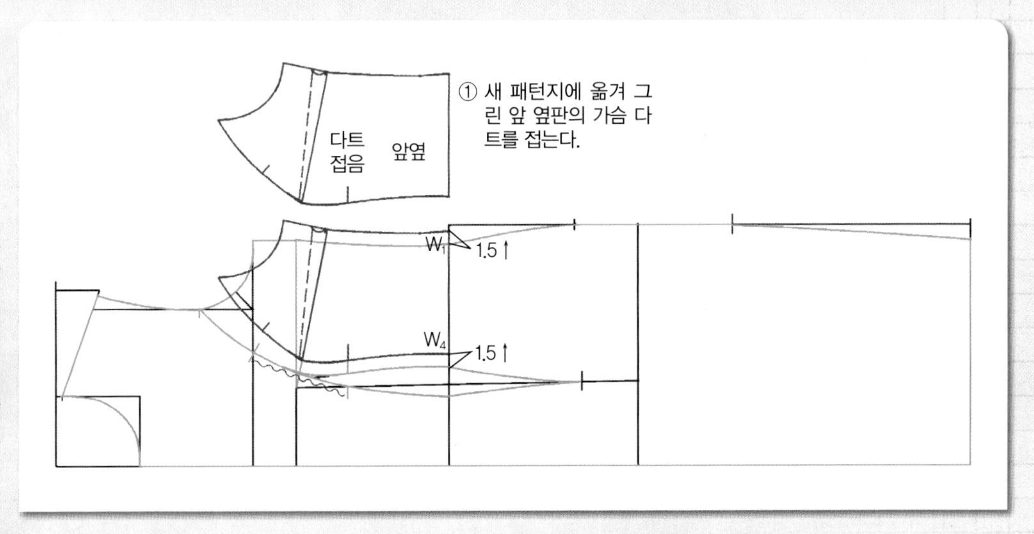

17

16에서 새 패턴지에 옮겨 그리고 오려낸 허리선 위쪽 앞옆판 완성선의 패턴을 원래의 몸판 완성선 패턴 위에 얹은 상태에서 W_4점과 W_1점의 허리선 위치를 1.5cm씩 옆선 쪽으로 올려 맞추고 가슴 다트를 접은 다음, 완성선을 원래의 패턴지 위에 옮겨 그린다.

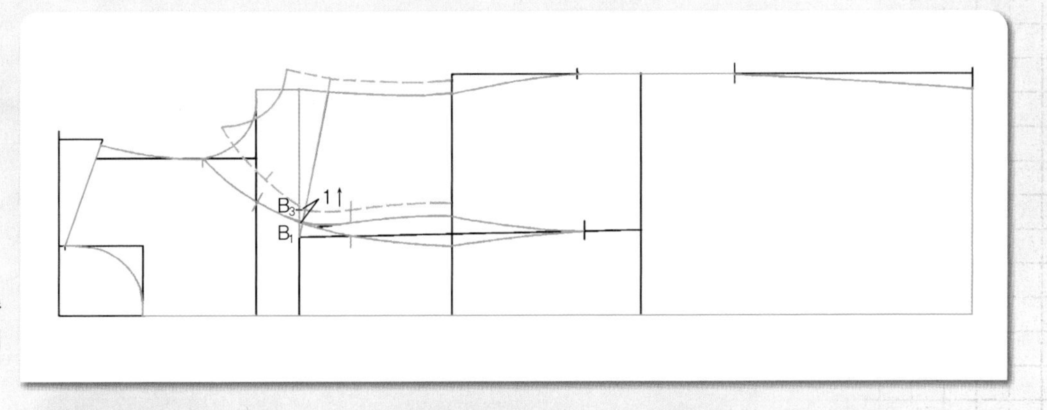

18

B_1점에서 1cm 올라가 옆선쪽의 패널라인을 수정할 안내점(B_3) 위치를 표시한다.

19

B_3점을 통과하면서 이동한 N점과 이동한 허리선 위쪽의 앞중심쪽 패널라인과 자연스럽게 연결되도록 앞AH자 쪽으로 맞추어 대고 옆선쪽의 가슴둘레선 위쪽 패널라인을 수정한다.

주 B_3점에서 허리선 쪽으로 조금 더 나간 곳까지 그려둔다.

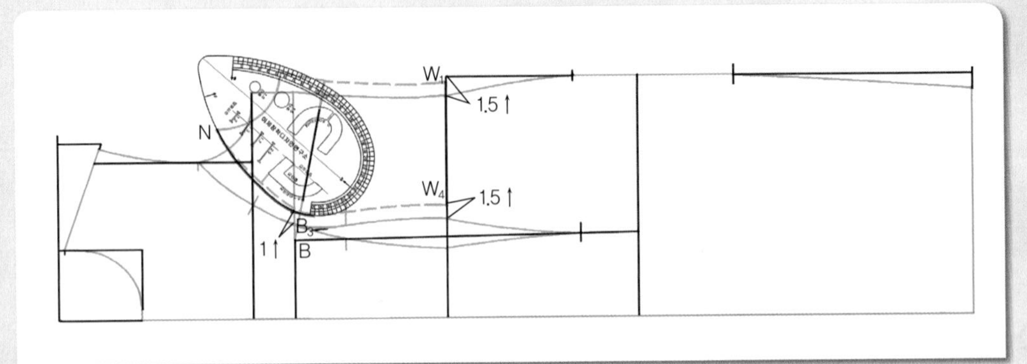

20

원래의 패널라인 허리선 위치인 W_4점에 hip곡자 10 위치를 맞추면서 **19**에서 수정한 가슴둘레선쪽 패널라인 끝점과 연결하여 앞중심쪽의 허리선 위쪽 패널라인을 수정한다.

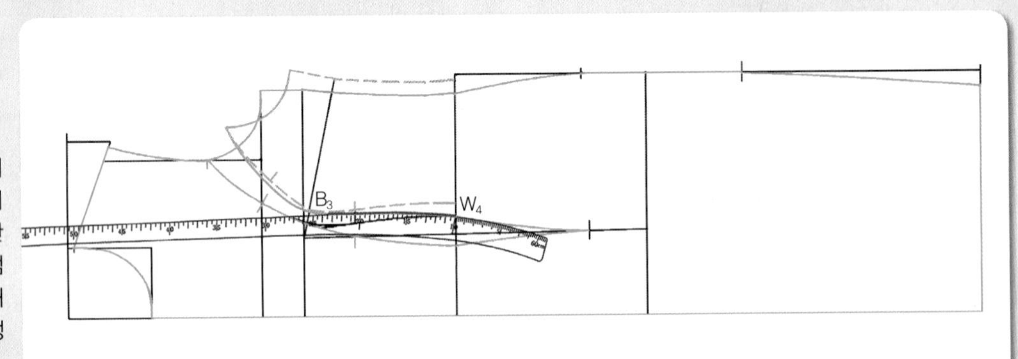

21

원래의 옆선쪽 허리선 위치(W_1)점에 hip곡자 10 위치를 맞추면서 이동한 위가슴둘레선 옆선쪽 끝점(C)과 연결하여 옆선의 완성선을 수정한다.

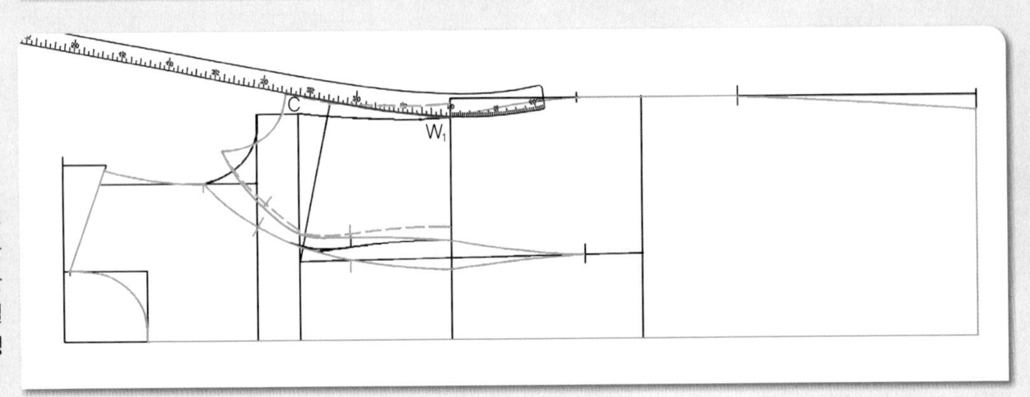

22

적색선이 수정된 허리선 위쪽 몸판의 완성선이다.

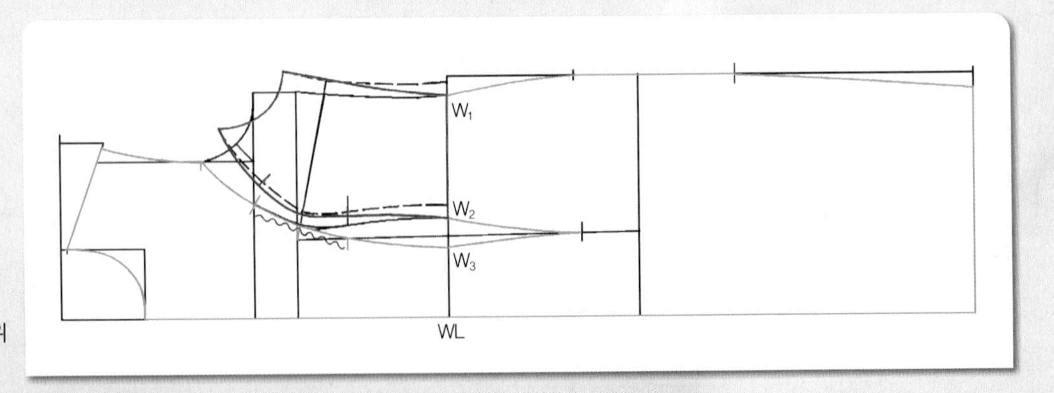

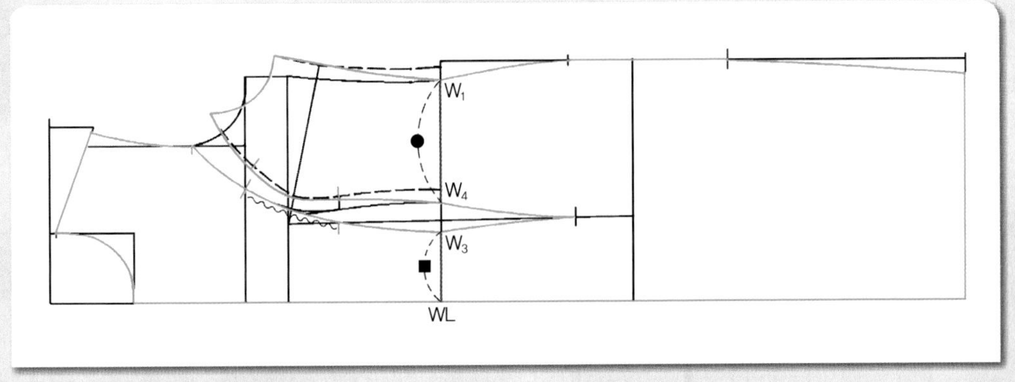

23

W_1점에서 W_4(●)점, W_3점에서 WL점(■)의 허리 완성선 길이를 잰다.

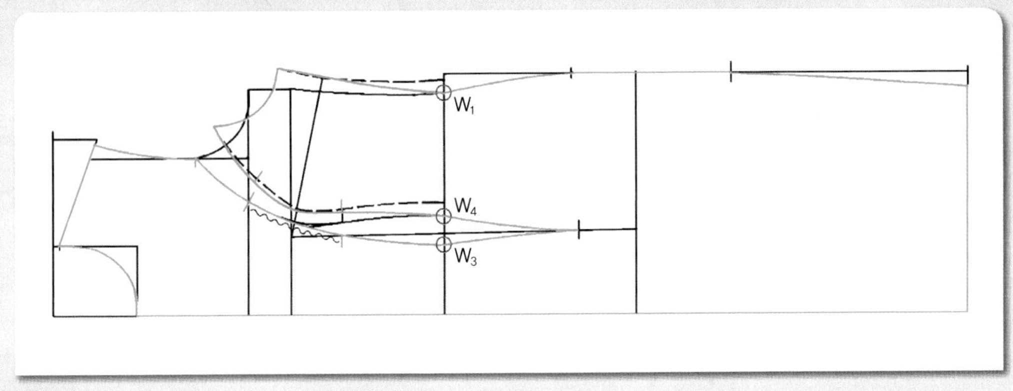

24

23에서 잰 허리 완성선 길이가 만약 W+2.5~3cm한 치수보다 남거나 부족한 분량이 생기면 그 분량을 3등분하여 W_1, W_4, W_3점에서 각각 3등분한 1/3 분량씩을 증감하여 표시하고, **20**, **21**과 같은 방법으로 패널라인과 옆선을 각각 수정한다.

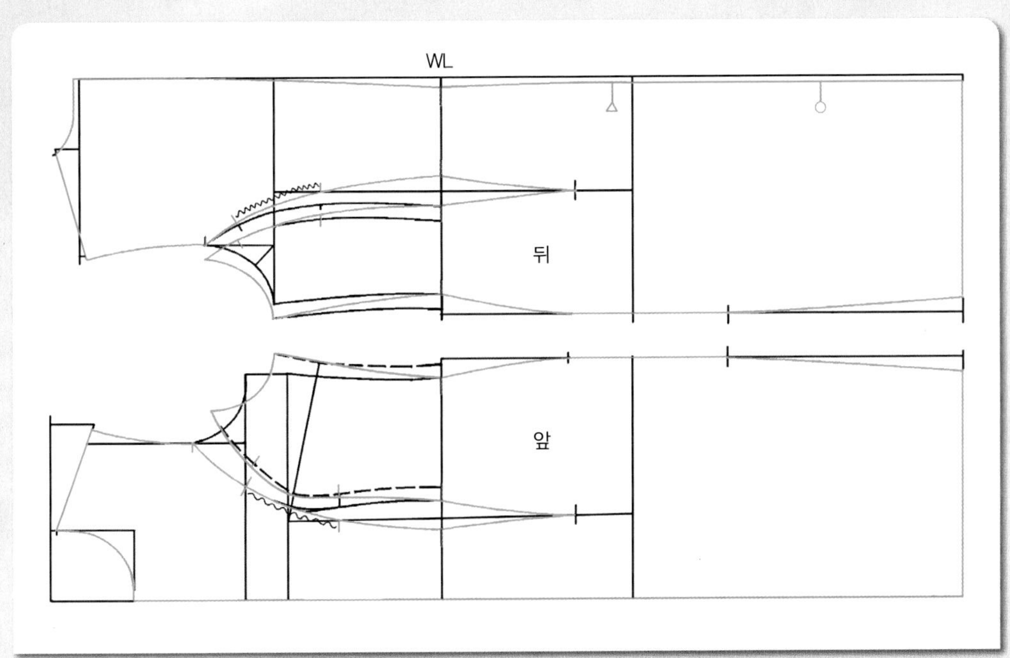

25

앞뒤 몸판의 허리선에 맞춤 표시를 넣어둔다.

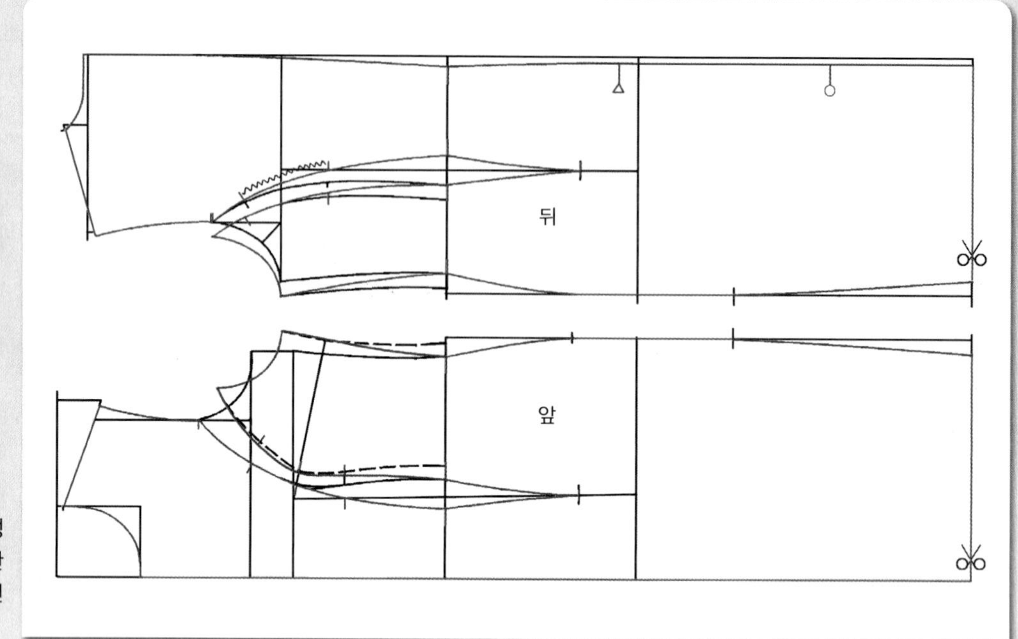

26

적색선이 앞뒤 몸판의 완성선이다. 앞뒤 몸판의 외곽 완성선을 따라 오려내어 패턴을 분리한다.

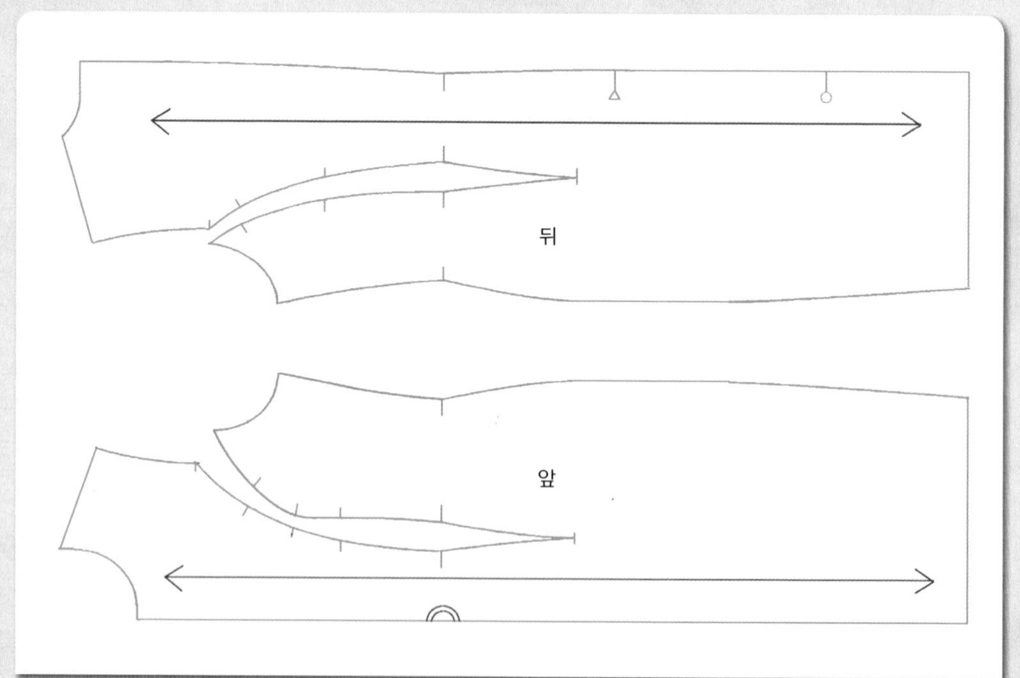

27

앞뒤 몸판에 수평으로 식서 방향 표시를 넣고, 앞 중심선에 골선 표시를 넣어둔다.

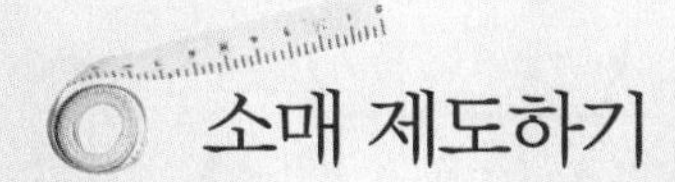

소매 제도하기

1. 기초선을 그린다.

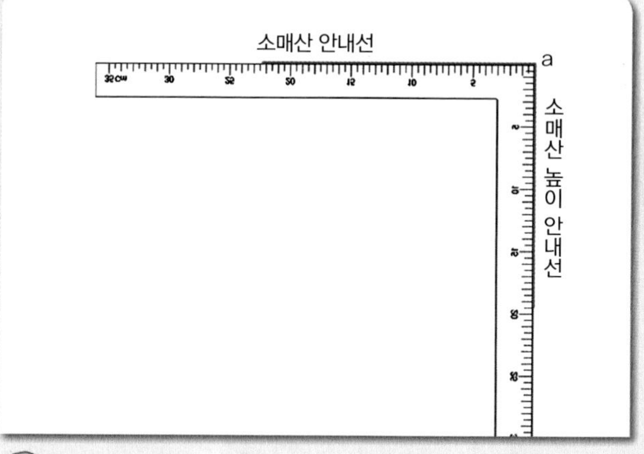

01

직각자를 대고 소매산 안내선을 그린 다음 직각으로 소매산 높이 안내선을 내려 그린다. 여기서는 직각점을 a로 표시해 둔다.

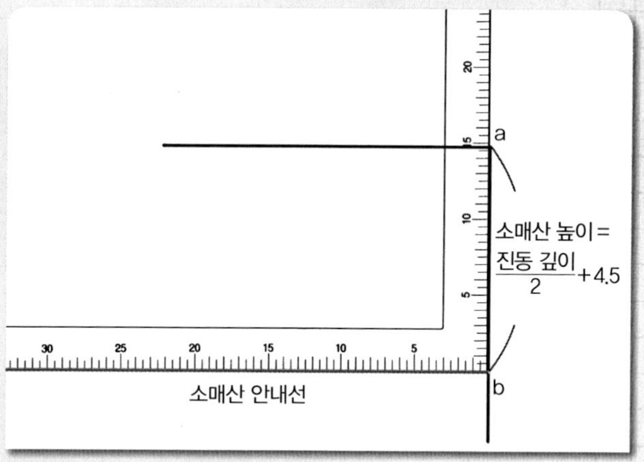

02

a~b = 소매산 높이 : (진동 깊이/2) + 4.5cm, 진동 깊이 = BNP~CL

진동 깊이는 **03**의 BNP에서 위가슴둘레선(CL)까지의 길이이다. a점에서 소매산 높이, 즉(진동 깊이/2) + 4.5cm를 내려와 앞소매폭점(b)을 표시하고 직각으로 소매폭 안내선을 그린다.

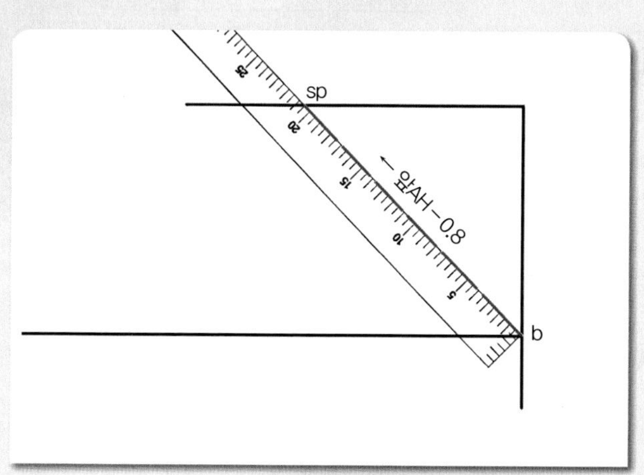

03

b~sp = 앞 AH치수 − 0.8cm 앞소매폭점(b)에서 직선자로 소매산 안내선을 향해 169쪽의 **11**에서 재어둔 앞AH치수 − 0.8cm한 치수가 마주 닿는 위치에 소매산점(sp)을 표시하고 점선으로 안내선을 그린다.

주 점선으로 그리지 않고 소매산점(sp) 위치만 표시하여도 된다.

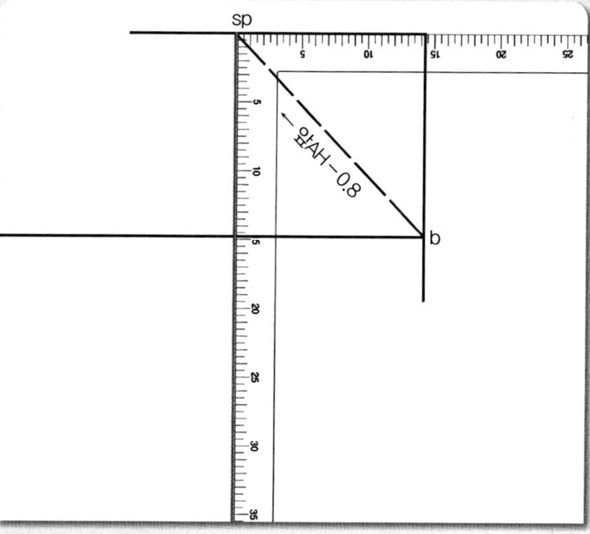

04

소매산점(sp)에서 직각으로 소매 중심선을 내려 그린다.

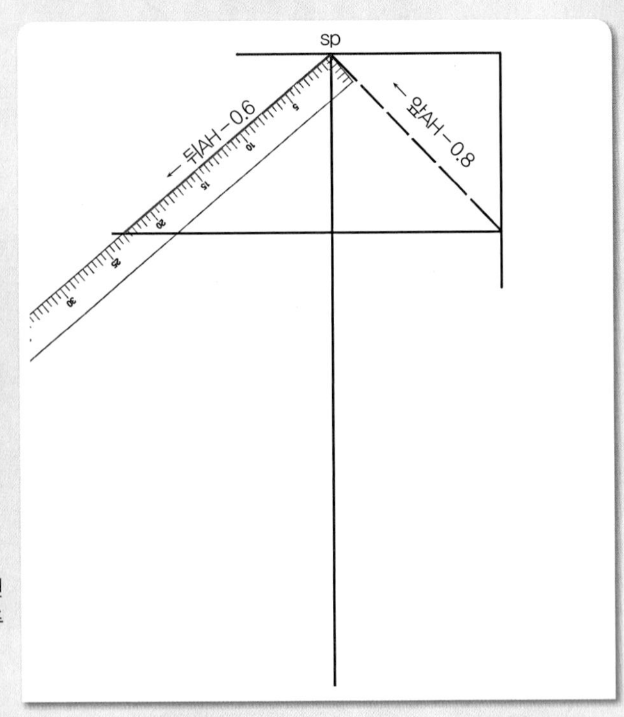

05

sp~c = 뒤AH − 0.6cm 소매산점(sp)에서 직선자로 소매폭 안내선을 향해 153쪽의 **09**에서 재어둔 뒤AH치수 − 0.6cm한 치수가 마주 닿는 위치에 뒤소매폭점(c)을 표시하고 점선으로 안내선을 그린다.

주 점선으로 그리지 않고 뒤소매폭점(c) 위치만 표시하여도 된다.

2. 소매산 곡선을 그릴 안내선을 그린다.

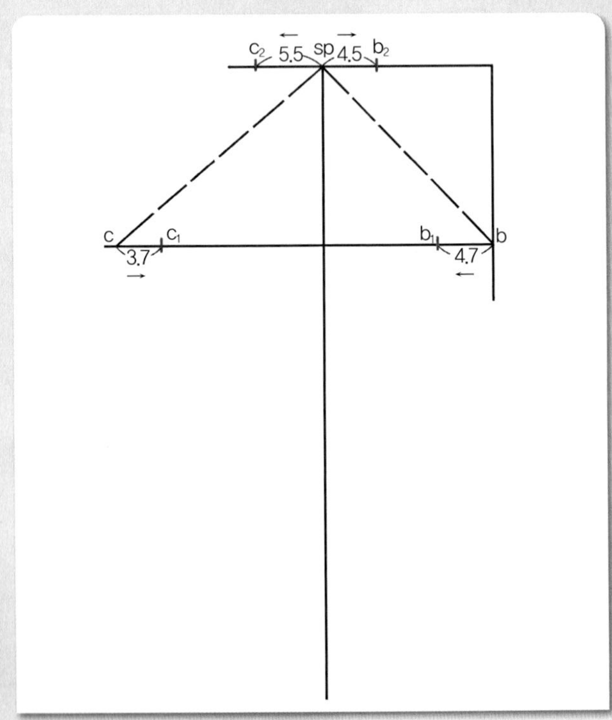

01

$b \sim b_1$ = 4.7cm, $c \sim c_1$ = 3.7cm, $sp \sim b_2$ = 4.5cm, $sp \sim c_2$ = 5.5cm
앞소매폭 끝점(b)에서 4.7cm 소매폭선을 따라 들어가 앞소매산 곡선을 그릴 안내선점(b_1)을 표시하고, 뒤 소매폭 끝점(c)에서 3.7cm 소매폭선을 따라 들어가 뒤소매산 곡선을 그릴 안내선점(c_1)을 표시한 다음, 소매산점(sp)에서 앞소매쪽으로 4.5cm, 뒤소매쪽으로 5.5cm 나가 앞뒤 소매산 곡선을 그릴 안내선점(b_2, c_2)을 각각 표시한다.

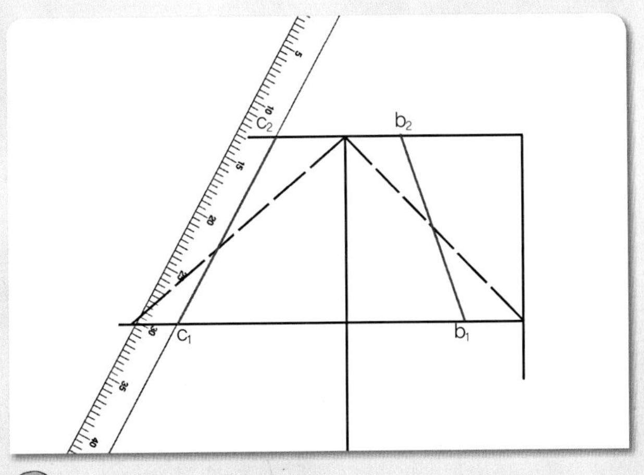

02

b_1~b_2 = 앞소매산 곡선 안내선, c_1~c_2 = 뒤소매산 곡선 안내선 b_1~b_2, c_1~c_2 두 점을 각각 직선자로 연결하여 소매산 곡선을 그릴 안내선을 그린다.

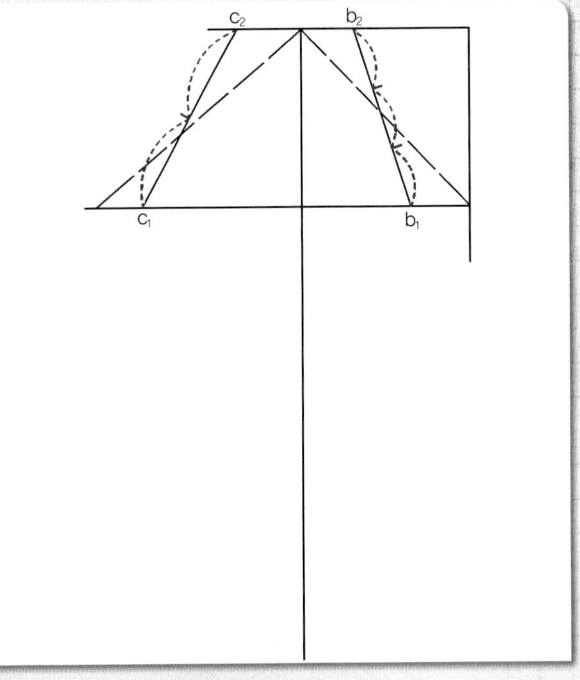

03

b_1~b_2 = 3등분, c_1~c_2 = 2등분 앞소매산 곡선 안내선(b_1~b_2)은 3등분, 뒤소매산 곡선 안내선(c_1~c_2)은 2등분한다.

3. 소매산 곡선을 그린다.

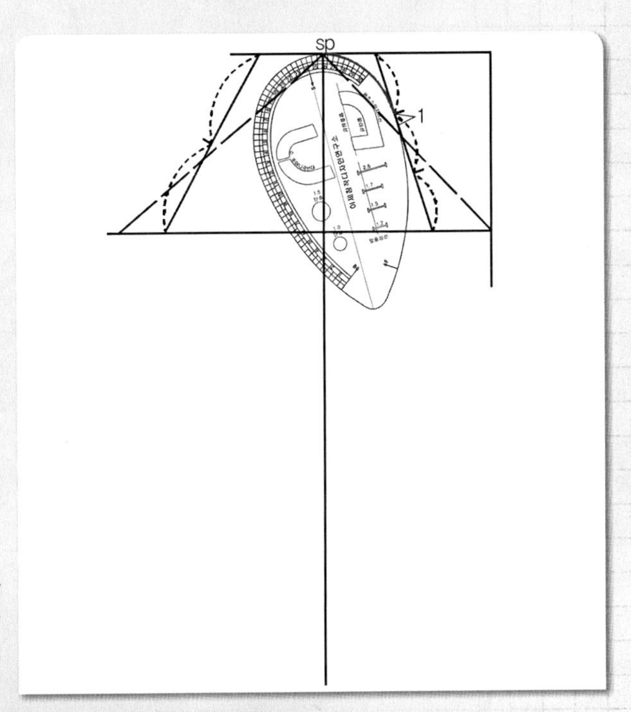

01

앞소매산 곡선 안내선의 1/3 위치와 소매산점(sp)을 앞AH자로 연결하였을 때 1/3 위치에서 소매산 곡선 안내선을 따라 1cm가 자연스럽게 앞소매산 곡선 안내선과 이어지는 곡선으로 맞추어 앞소매산 곡선을 그린다.

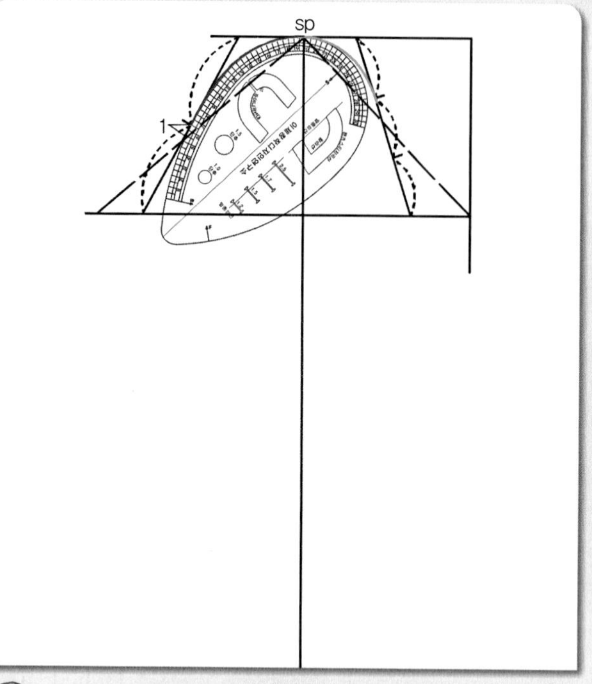

뒤소매산 곡선 안내선의 1/2 위치와 소매산점(sp)을 뒤AH자로 연결하였을 때 1/2 위치에서 1cm가 자연스럽게 뒤소매산 곡선 안내선과 이어지는 곡선으로 맞추어 뒤소매산 곡선을 그린다.

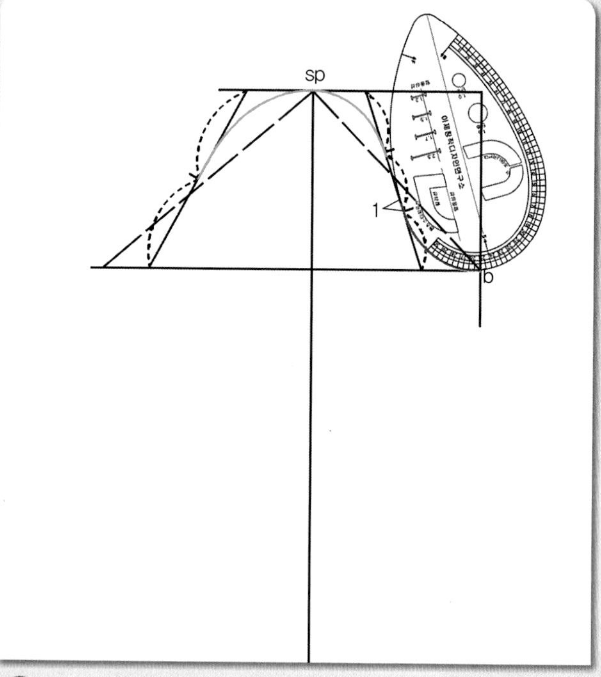

03

앞소매폭점(b)과 앞소매산 곡선 안내선의 1/3 위치를 앞AH자로 연결하였을 때 1/3 위치에서 앞소매산 곡선 안내선을 따라 1cm가 자연스럽게 이어지는 곡선으로 맞추어 남은 앞소매산 곡선을 그린다.

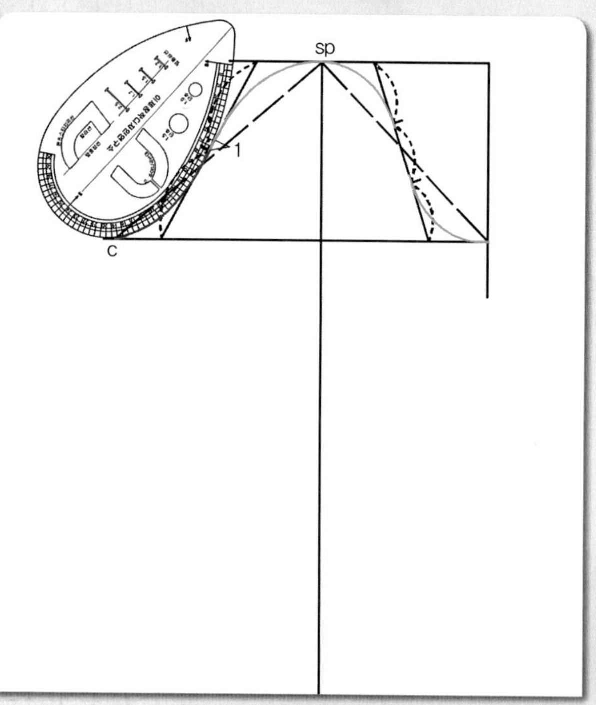

04

뒤소매폭점(c)과 뒤소매산 곡선 안내선의 1/2 위치를 뒤AH자로 연결하였을 때 뒤AH자가 뒤소매산곡선 안내선과 마주 닿으면서 1cm가 자연스럽게 이어지는 곡선으로 맞추어 남은 뒤소매산 곡선을 그린다.

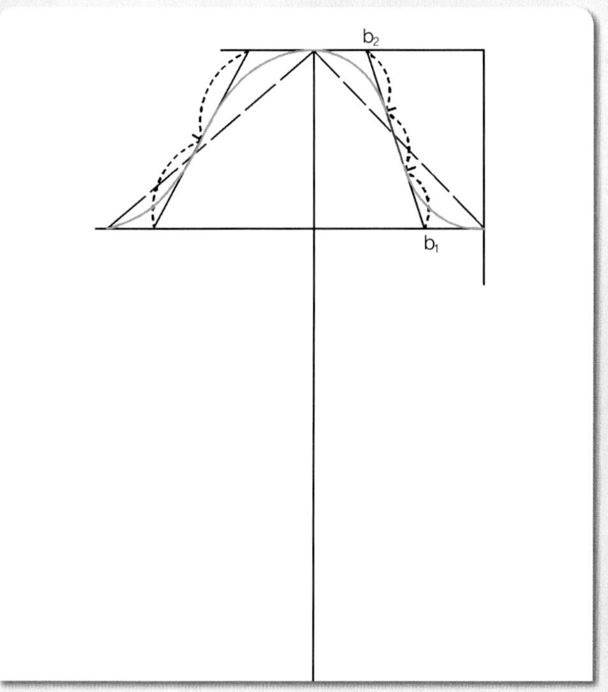

적색으로 표시된 앞소매산 곡선 안내선의 중앙에 있는 1/3 분량은 소매산 곡선 안내선을 소매산 곡선으로 사용한다.

4. 소매 밑선을 그린다.

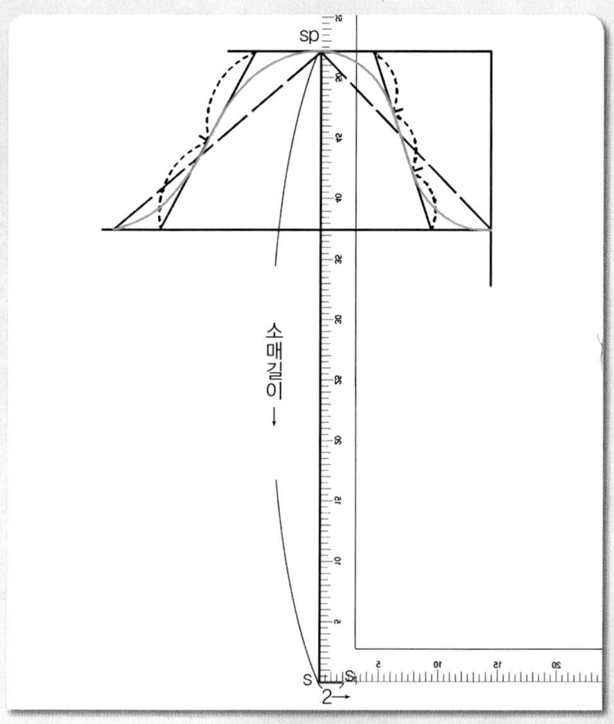

sp~s = 소매 길이, s~s_1 = 2cm 소매산점(sp)에서 소매 기본 중심선을 따라 소매 길이만큼 내려와 소매단 위치(s)를 표시하고 소매 기본 중심선에 직각으로 앞소매쪽을 향해 2cm 이동할 소매 중심선을 그릴 안내선(s_1)을 그린다.

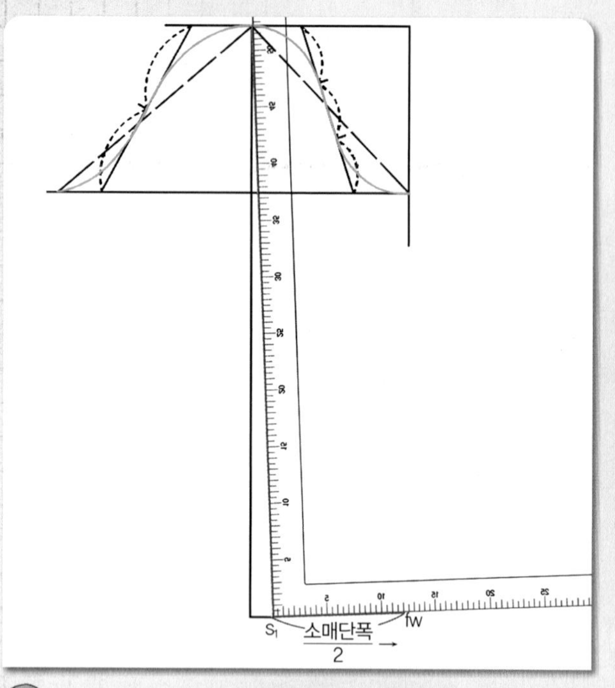

02

sp~s_1 = 소매 중심선, 소매단폭 = (손목둘레 + 8cm) 직각자의 직각점을 s_1점에 맞추면서 소매산점(sp)과 연결하여 소매 중심선을 그린 다음, 직각으로 소매단폭/2 치수의 앞 소매단선(fw)을 그린다.

bw
소매단폭
2
S_1

03

s_1~bw = 뒤 소매단선 s_1점에서 뒤소매쪽을 향해 소매 중심선에 직각으로 소매단폭/2 치수의 뒤 소매단선(bw)을 그린다.

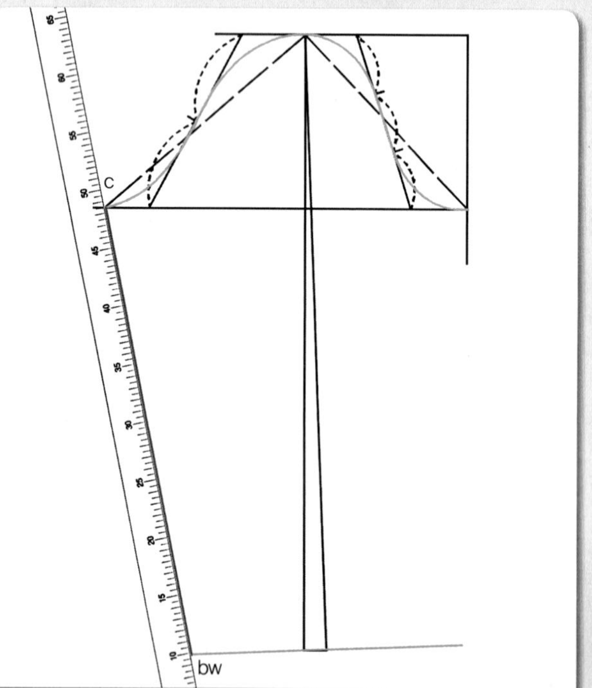

04

c~bw = 뒤소매 밑안내선 뒤 소매폭점(c)과 bw점 두 점을 직선자로 연결하여 뒤 소매 밑 안내선을 그린다.

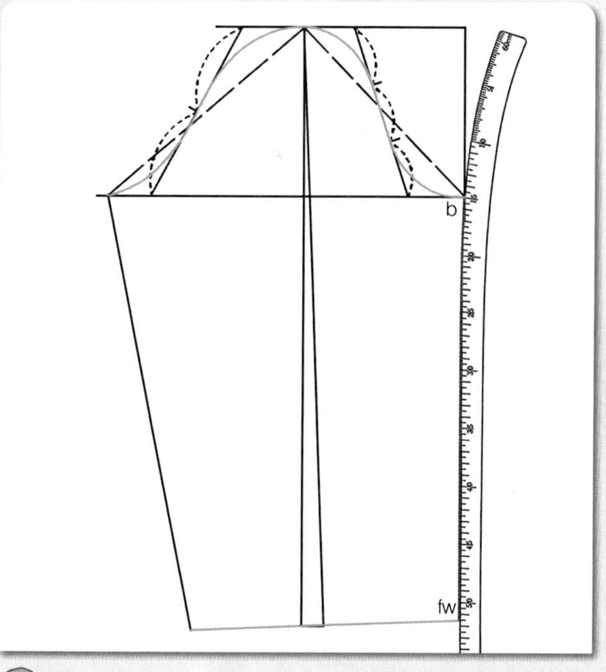

05

b~fw=앞소매 밑선 앞소매폭점(b)에 hip곡자 15 위치를 맞추면서 fw점과 연결하여 앞 소매 밑선을 그린다.

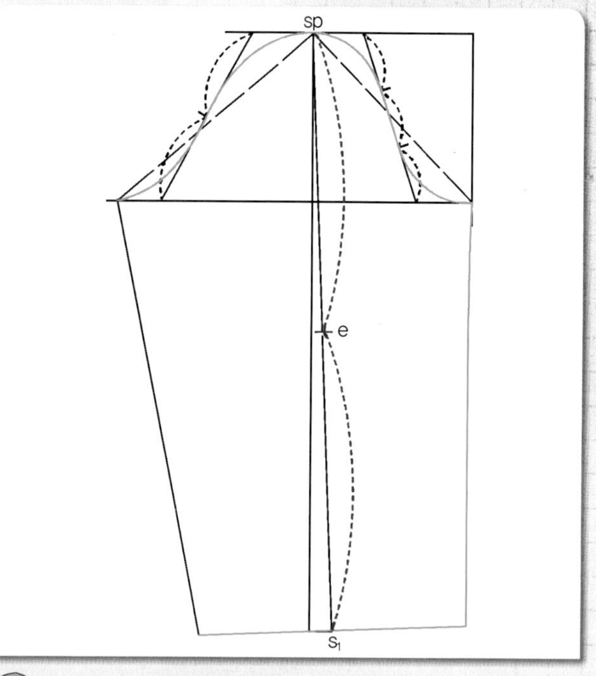

06

e=sp~s_1의 1/2 소매산점(sp)에서 s_1점까지의 소매 중심선을 2등분하여 1/2 위치를 e점으로 정해둔다.

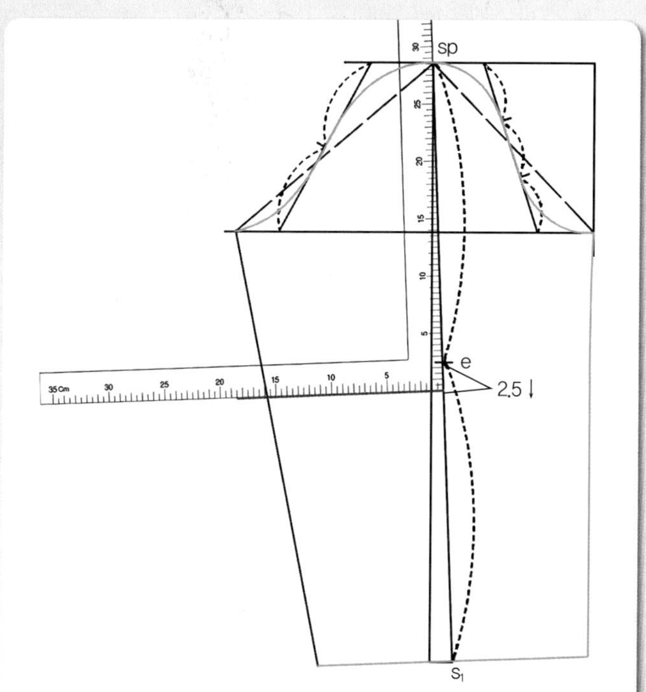

07

e점에서 2.5cm 내려와 뒤소매쪽을 향해 소매 중심선에 직각으로 팔꿈치선(EL)을 그린다.

주 뒤소매 밑선에서 조금 더 길게 팔꿈치선을 그려둔다.

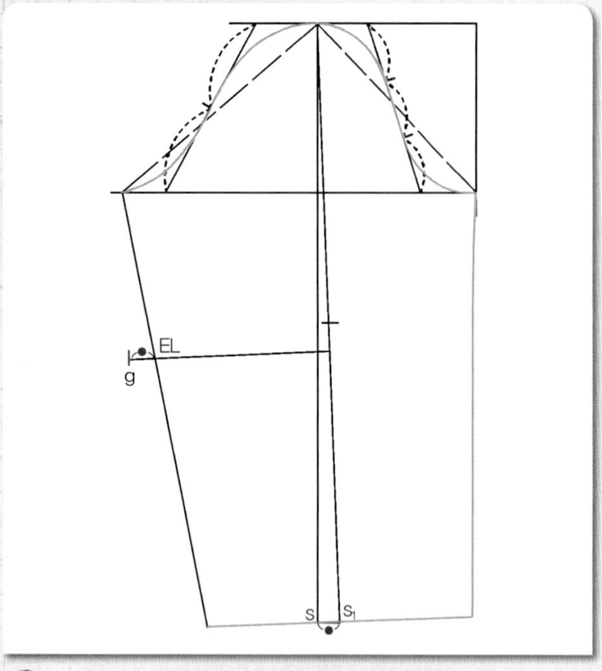

EL~g = s~s_1(●) = 2cm 뒤소매 밑안내선과 팔꿈치 선과의 교점에서 s~s_1(● = 2cm)점의 치수만큼 팔꿈치선을 따라나가 뒤소매 밑선을 그릴 안내선 점(g)을 표시한다.

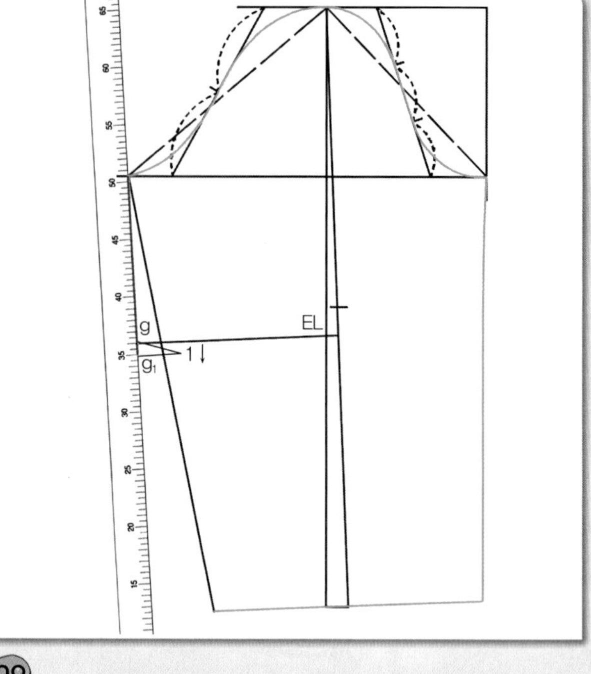

c점과 g점 두 점을 직선자로 연결하여 팔꿈치선(EL) 위쪽 뒤소매 밑선을 g점에서 1cm(s~s_1의 1/2 분량) 더 길게 내려 그리고 그 끝점을 g_1로 정해 둔다.

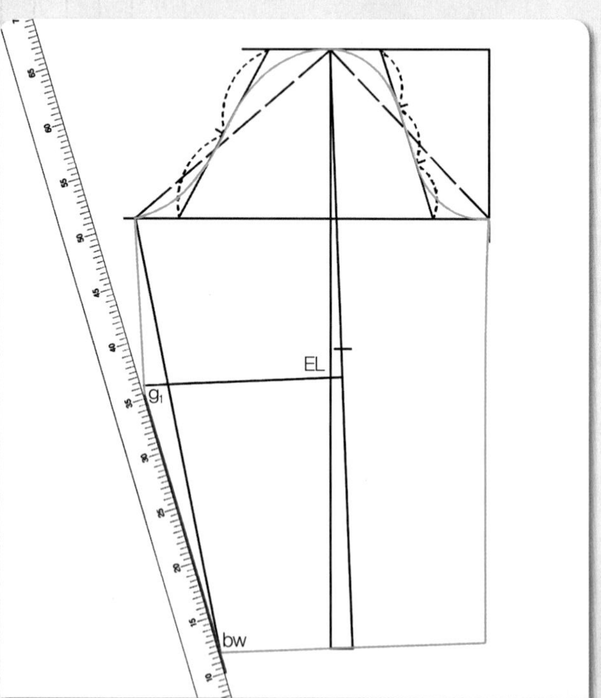

10

g_1점과 bw점 두 점을 직선자로 연결하여 팔꿈치선 아래쪽 뒤소매 밑선을 그린다. 이때 bw점에서 약간 길게 내려 그려둔다.

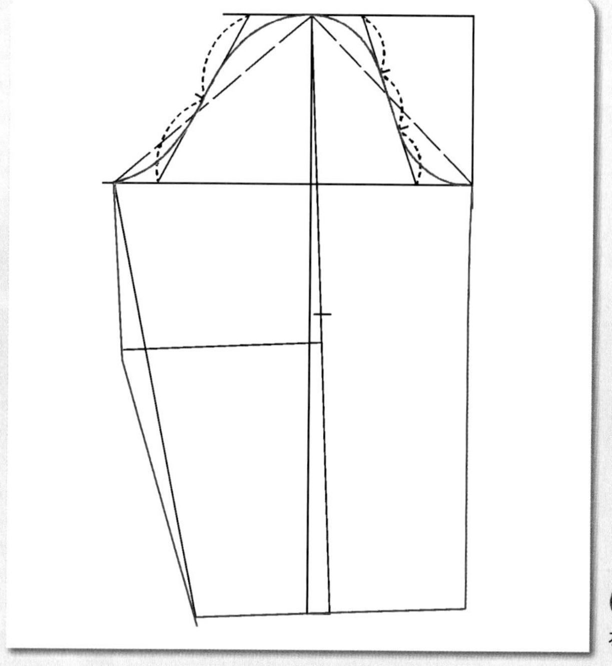

11
적색선이 일차적인 소매 완성선이다.

5. 소매단 선과 뒤소매폭 선을 수정하여 소매를 완성한다.

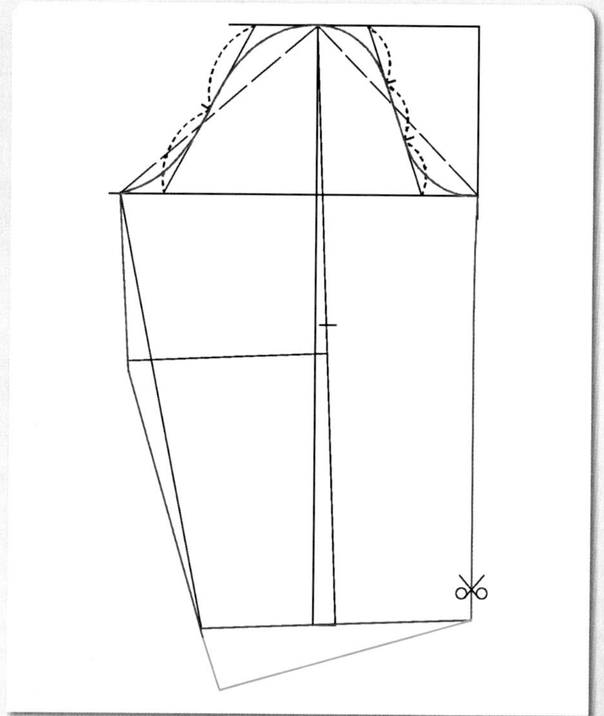

01
가위로 소매 완성선을 오려내고 소매단 쪽은 수정을 하기 위해 청색처럼 여유 있게 오려 둔다.

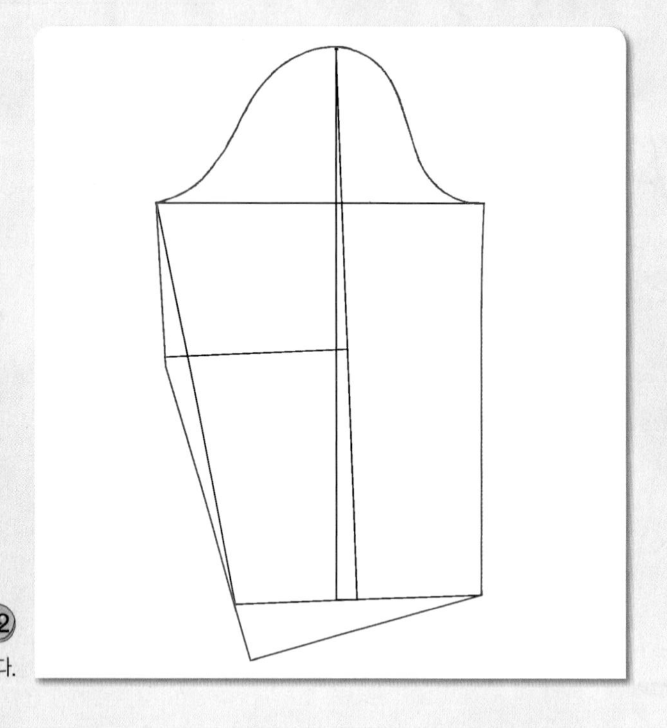

02
적색선이 오려낸 소매 패턴이다.

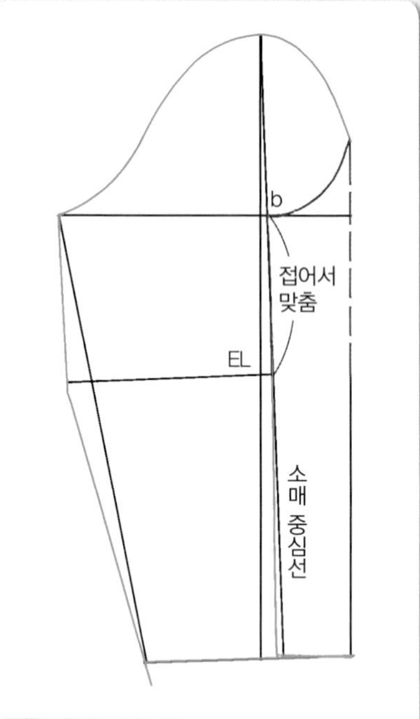

03
앞소매 밑선을 팔꿈치선까지 소매 중심선에 맞추어 반으로 접는다.

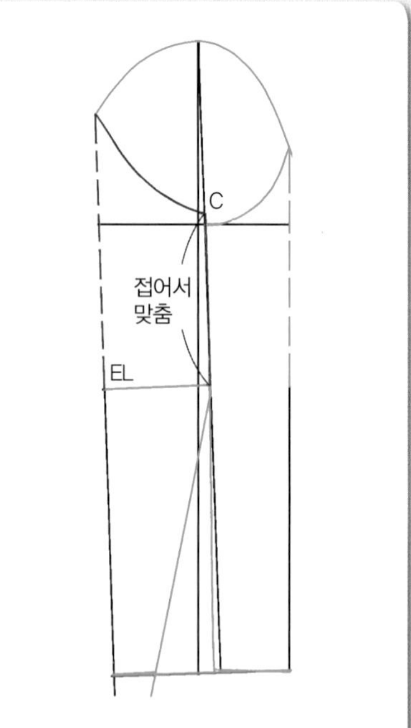

04
뒤소매 밑선을 팔꿈치선끼리 맞추면서 소매 중심선에 맞추어 반으로 접는다.

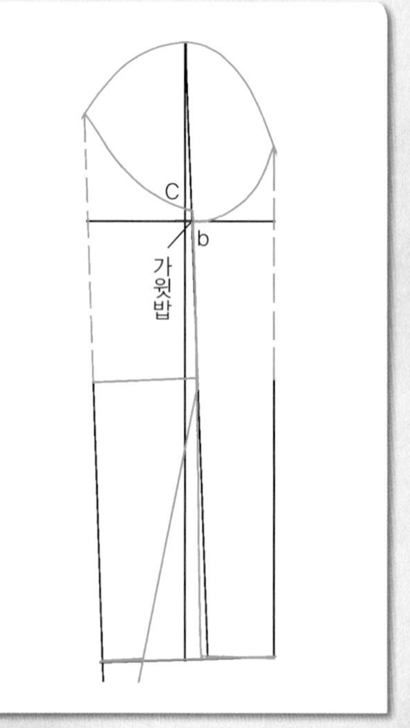

05
앞소매폭 점(b)과 뒤소매폭 점(c)이 소매 중심선과 소매폭 선의 교점에서 차이나게 된다. 앞소매폭 점(b)에 맞추어 뒤소매쪽에 가윗밥을 넣어 뒤소매폭 선에 수정할 위치를 표시해 둔다.

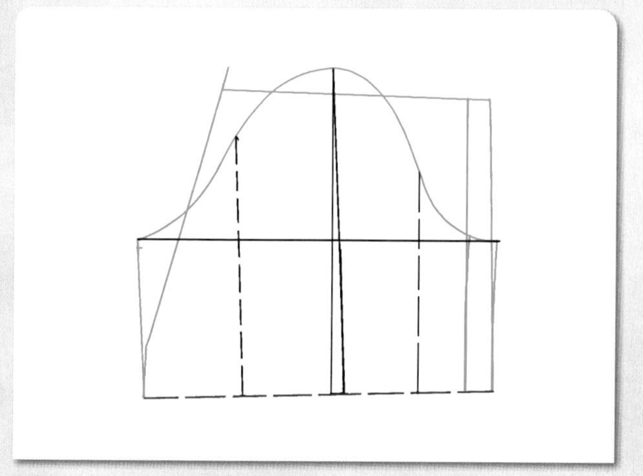

06

반으로 접었던 소매를 펴서 팔꿈치선(EL)에서 접는다.

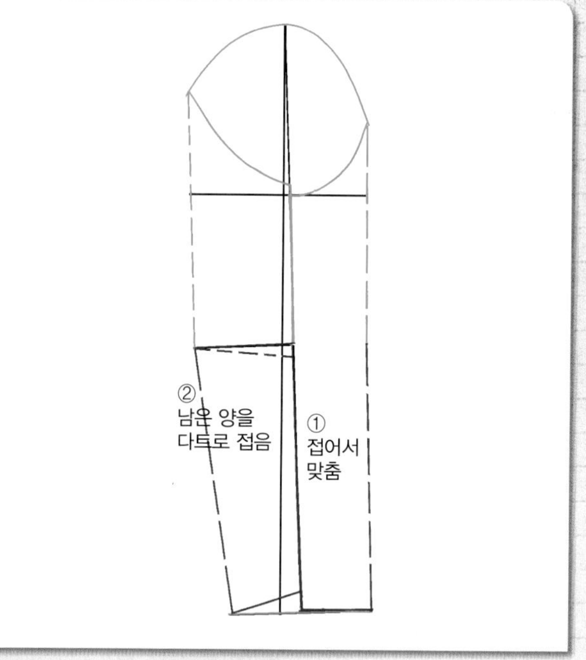

07

팔꿈치선(EL) 아래쪽 ① 앞소매 밑선을 소매 중심선에 맞추어 반으로 접고, 뒤소매 밑선을 소매중심선에 맞추어 반으로 접으면 팔꿈치선(EL)에서 뜨는 분량이 다트분량이다. ② 팔꿈치선(EL)의 다트분량을 접는다.

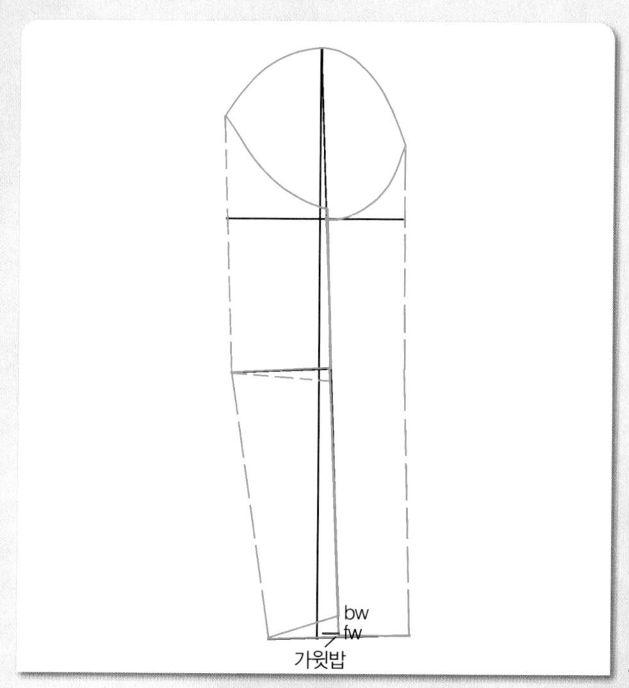

08

소매단쪽의 fw점과 bw점이 차이나게 될 것이다. 이 차이나는 분량만큼 뒤 팔꿈치 아래쪽 소매 밑선을 늘려 주어야 하므로 앞소매단폭 점(fw)에 맞추어 가윗밥을 넣어 표시해 둔다.

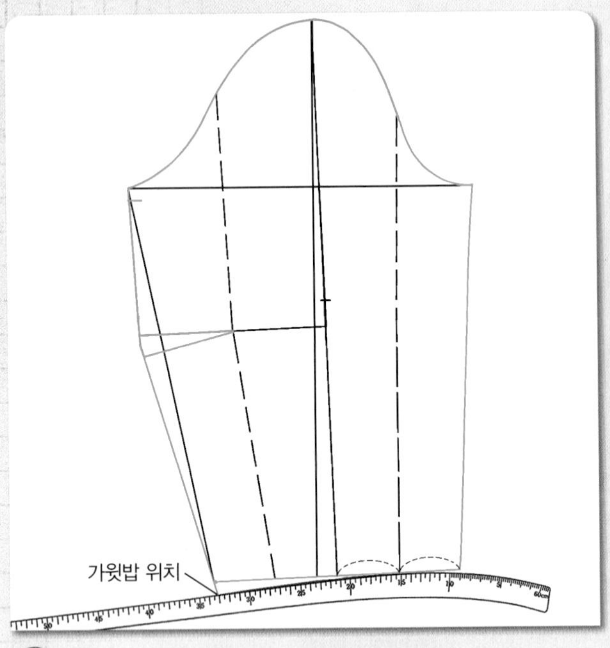

09

앞소매단폭의 1/2점에 hip곡자 15 위치를 맞추면서 뒤소매 단쪽에 가윗밥을 넣어 표시해 둔 점과 연결하여 소매단선을 그린다.

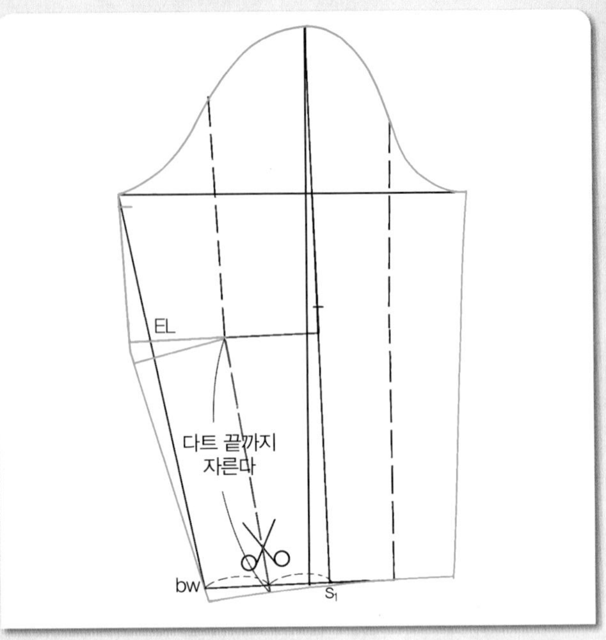

10

뒤소매를 반으로 접었을 때 생긴 주름자욱을 따라 뒤소매단의 1/2점에서 팔꿈치선의 다트 끝점까지 가위로 자른다.

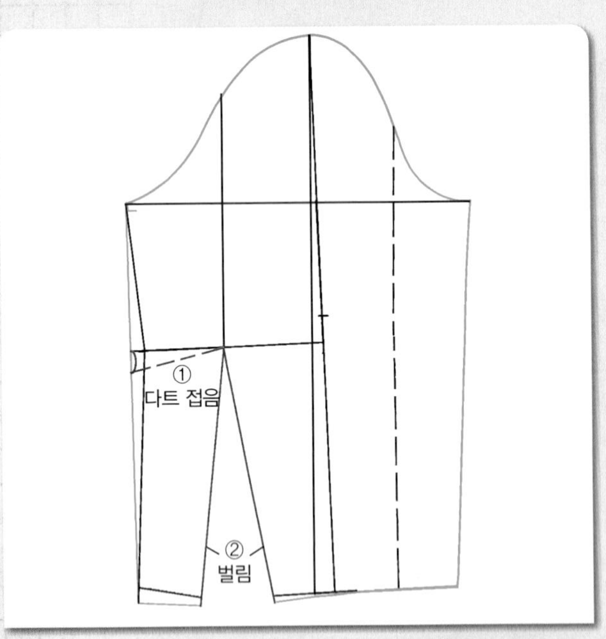

11

팔꿈치선의 다트 분량을 접어 **10**에서 자른 선을 벌어지는 양만큼 벌린다.

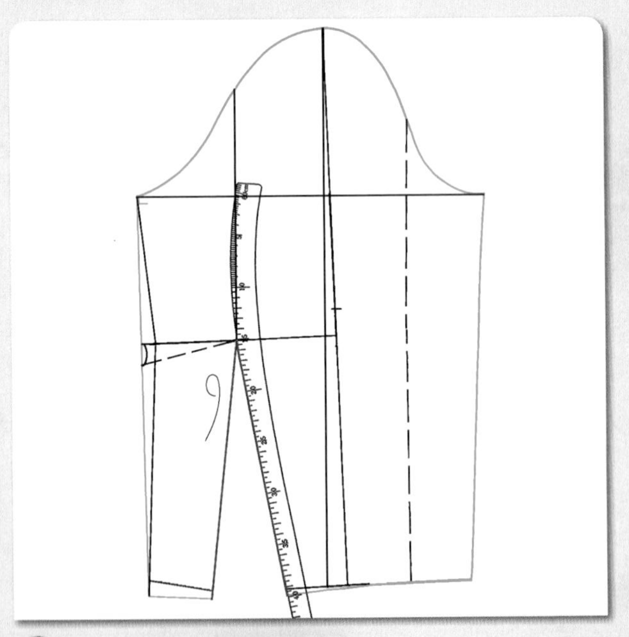

12

팔꿈치선의 다트끝점에 hip곡자 15 위치를 맞추면서 소매단선과 연결하여 절개선을 수정한다.

주 다트를 접어 벌어진 곳의 패턴 밑에 남는 패턴지를 오려 붙이고 수정할 것.

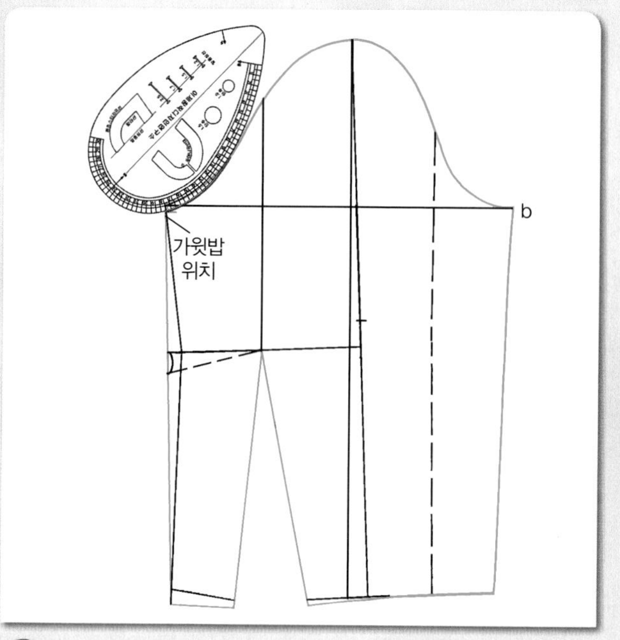

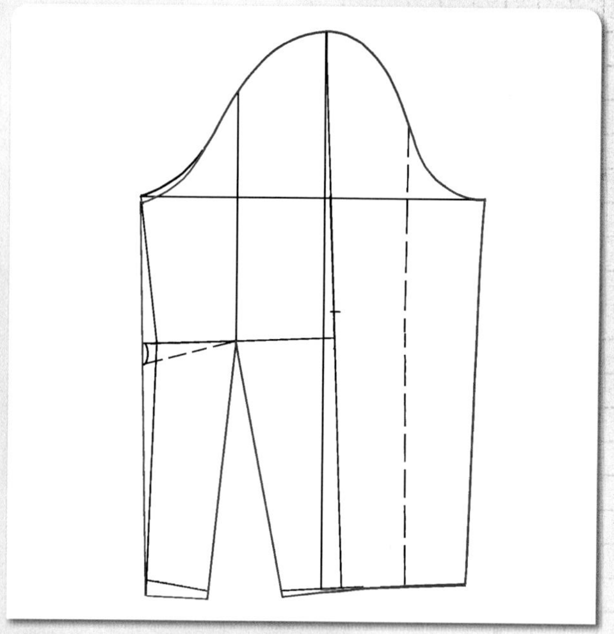

⑬
b점과 맞추어 c점에서 내려온 위치에 가윗밥을 넣어 표시해 둔 위치와 뒤소매산 곡선을 뒤AH자로 연결하여 뒤소매산 곡선을 수정한다.

⑭
적색선이 한 장 소매의 완성선이다.

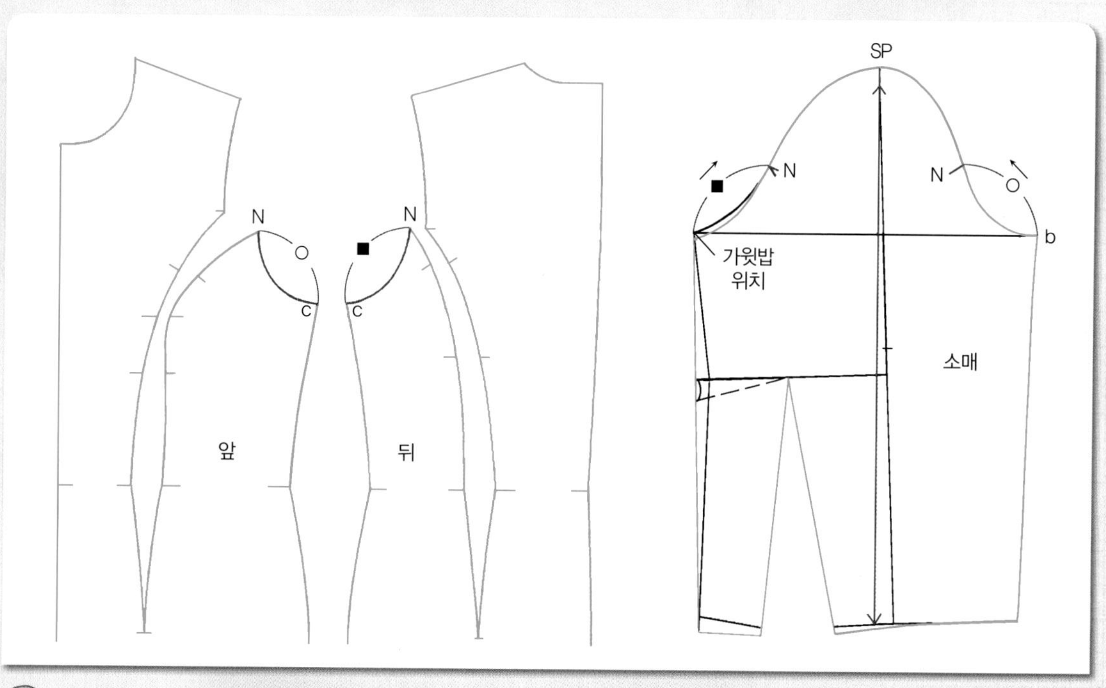

⑮
앞뒤 진동둘레선의 N점에서 C점까지의 길이를 각각 재어 앞 뒤소매폭 점(b, 가윗밥 위치)에서 각각 소매산 곡선을 따라 올라가 소매산 곡선에 소매 맞춤 표시(N)를 넣고, 소매 기본 중심선을 식서 방향으로 표시한다.

패턴의 완성

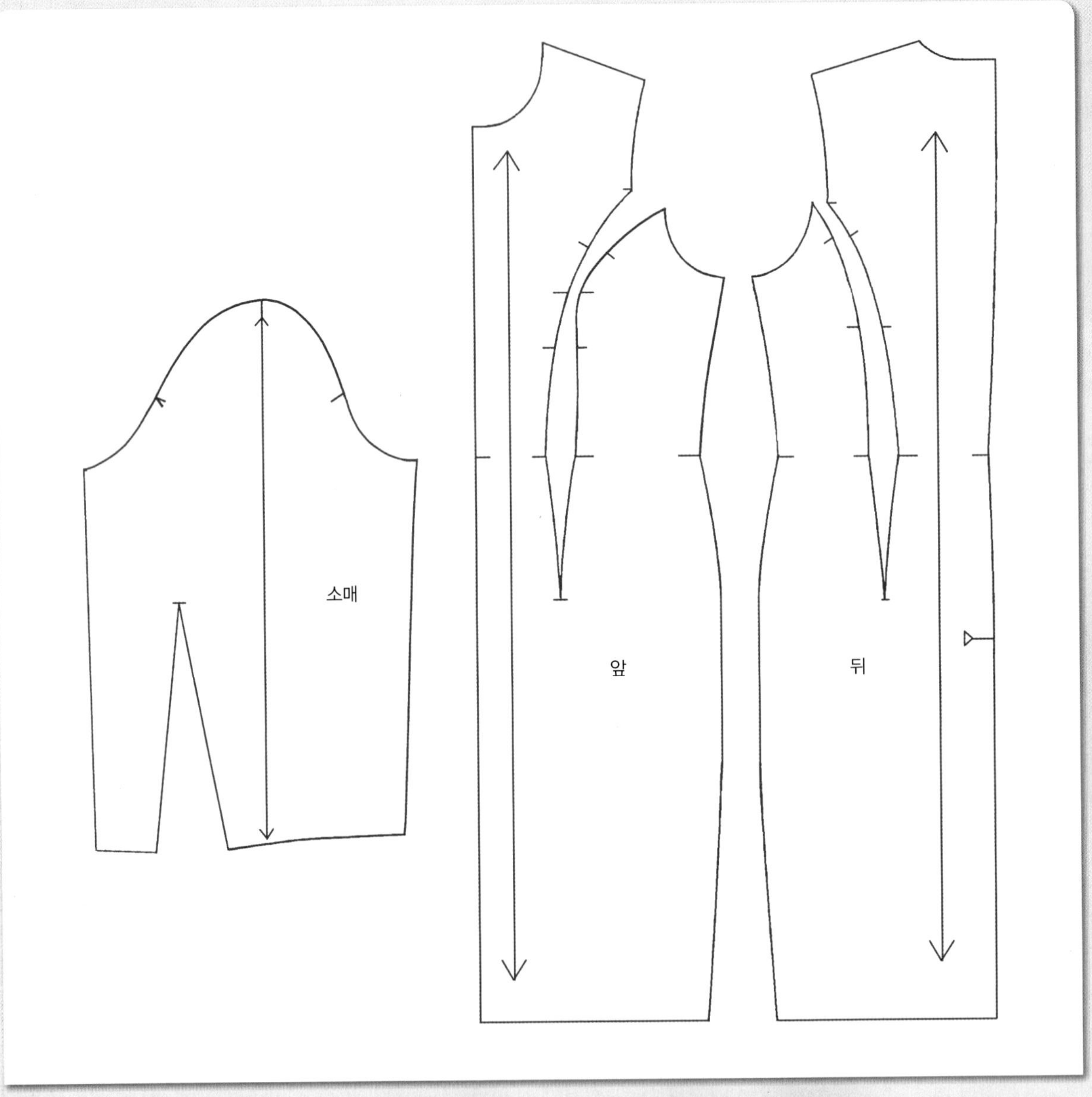

01

칼라가 없는 시프트 드레스의 앞뒤 몸판과 한 장 소매 패턴의 완성.

재단법

겉감의 재단

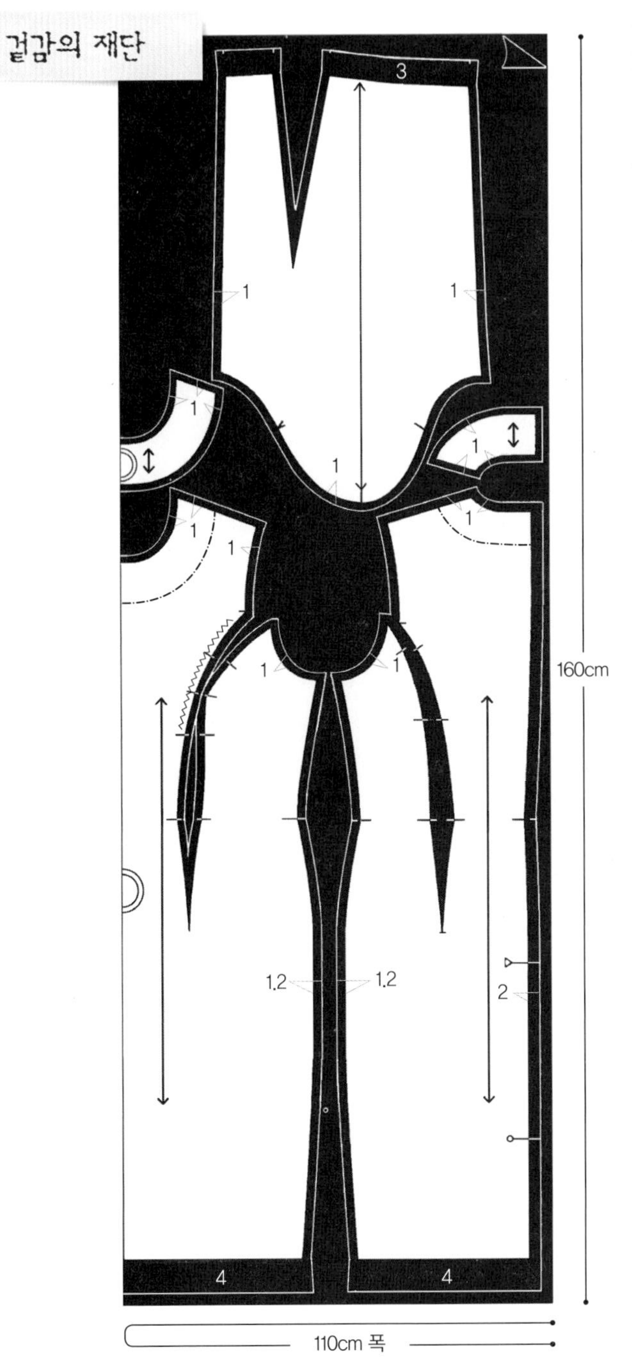

안감의 재단

안감소매의 패턴은 겨드랑이 밑쪽에서 소매 밑선은 0.5cm, 소매산 곡선은 1cm 추가하여 패턴을 수정한다.

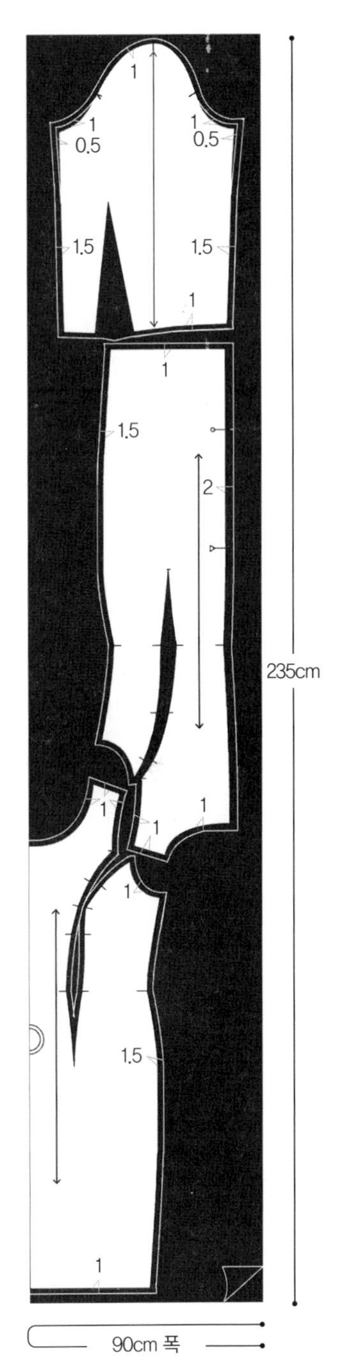

봉제 전의 준비

1. 표시를 한다.

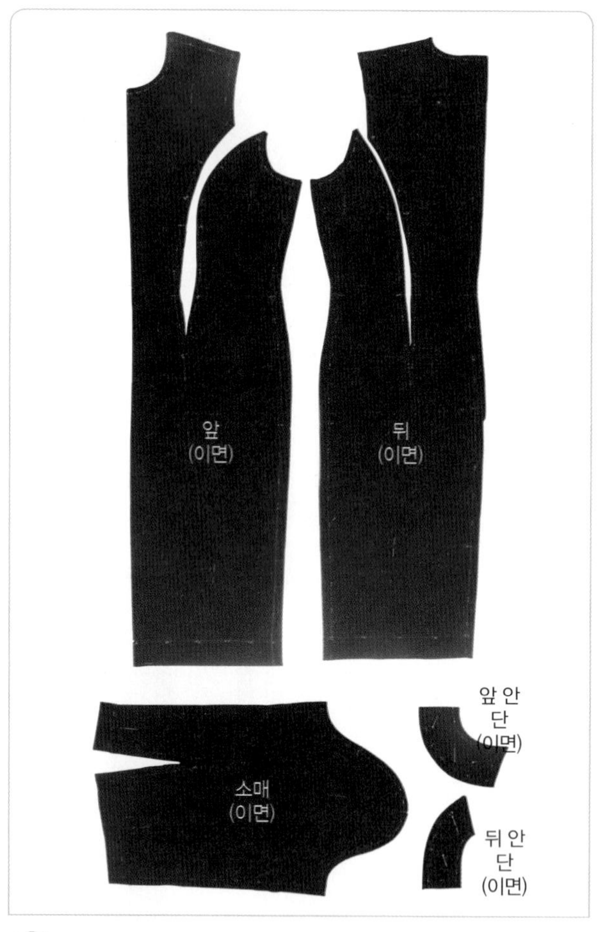

01

겉감은 재단 시 한쪽 면에 초크로 표시된 완성선을 따라 실표뜨기로 표시를 한다.

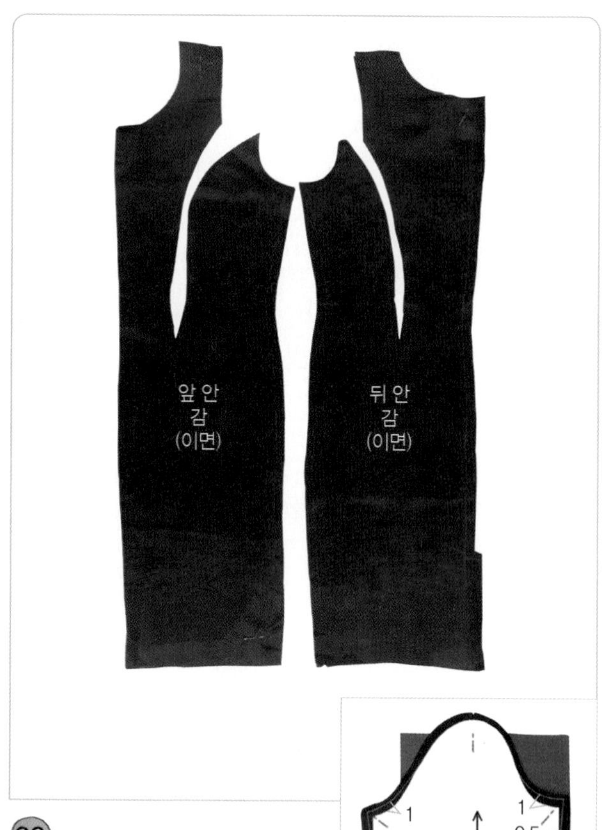

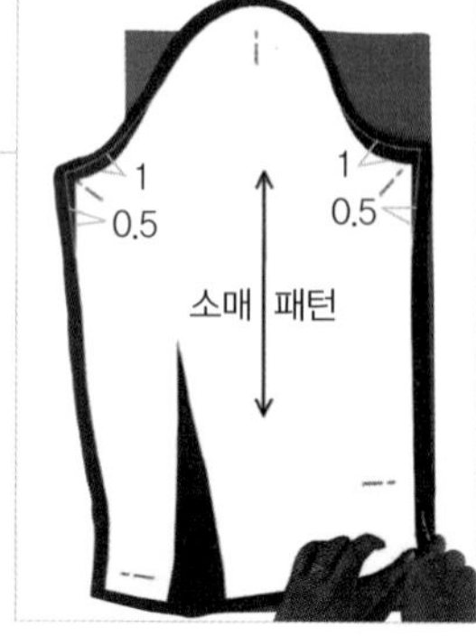

02

안감은 초크페이퍼 위에 얹어 룰렛으로 표시를 한다.

주 안감의 겨드랑이 밑쪽 진동둘레선은 완성선에서 1cm, 소매밑선 쪽은 0.5cm를 추가한다.

2. 접착심지를 붙인다.

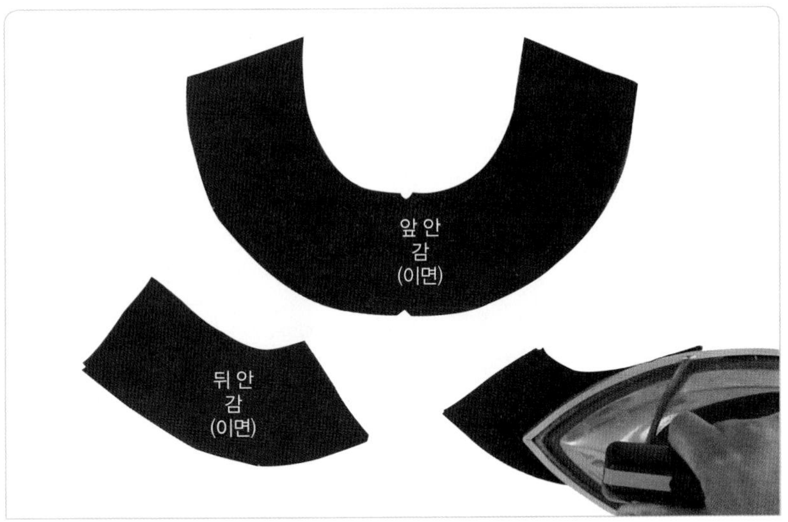

01
앞뒤 안단의 이면에 접착심지를 붙인다.

3. 앞뒤 패널라인을 박는다.

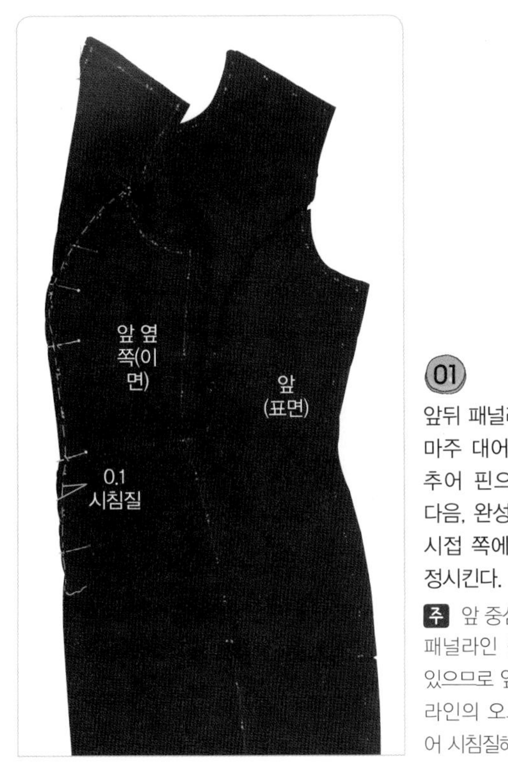

01
앞뒤 패널라인을 겉끼리 마주 대어 표시끼리 맞추어 핀으로 고정시킨 다음, 완성선에서 0.1cm 시접 쪽에 시침질로 고정시킨다.

주 앞 중심 쪽과 옆선 쪽 패널라인 길이에 차이가 있으므로 앞 중심 쪽 패널라인의 오그림분에 맞추어 시침질해야 한다.

02
옆선 쪽이 위로 오게 하여 앞뒤 패널라인의 완성선을 박는다.

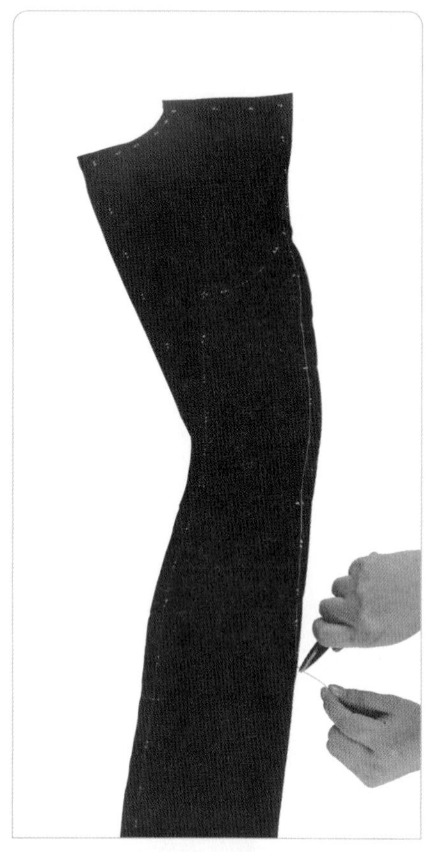

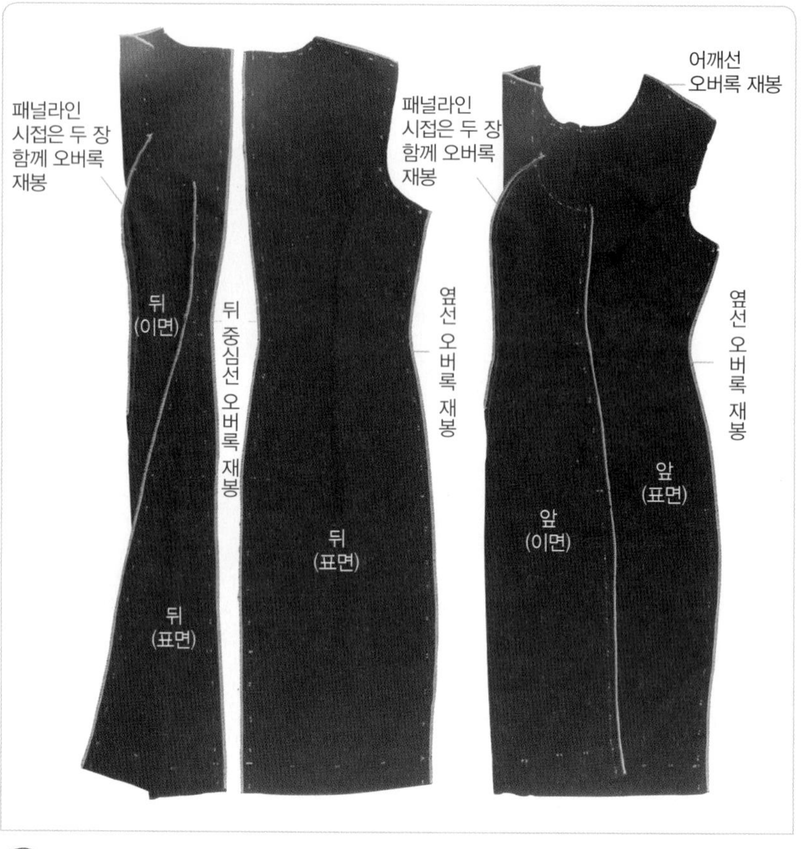

03

히프선 쪽 패널라인 끝에서 재봉실 두 올을 바짝 묶은 다음 실 끝을 1cm 정도 남기고 잘라낸다.

04

앞뒤 패널라인의 시접을 두 장 함께 오버록 재봉하고, 어깨선과 옆선 뒤 중심선 시접에 오버록 재봉을 한다.

05

앞뒤판 모두 패널라인 시접을 중심 쪽으로 넘겨 다림질한다.

4. 뒤 중심선을 박고 콘실지퍼를 단다.

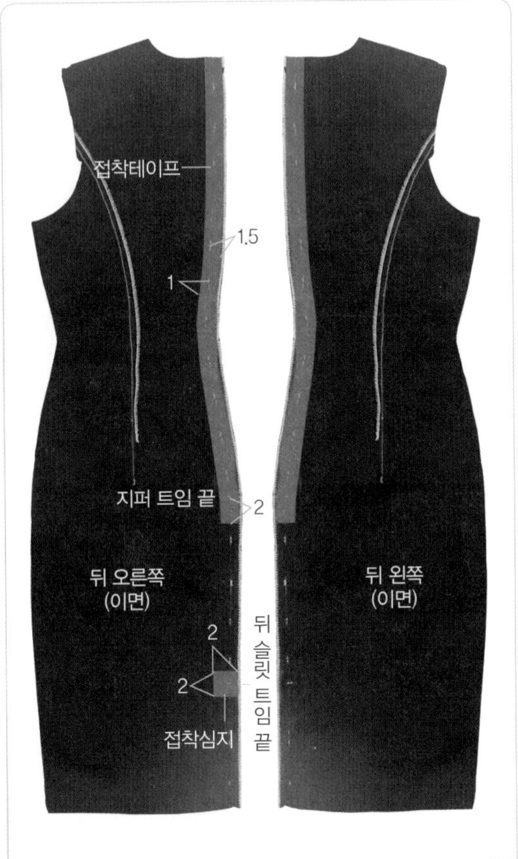

01

좌우 뒤 중심선에 2.5cm 폭의 세로 접착테이프를 지퍼 트임 끝점에서 2cm 더 내려온 곳까지 붙이고, 2cm의 정사각형으로 자른 접착심지를 뒤 오른쪽 슬릿 트임 끝 위치에 붙인다.

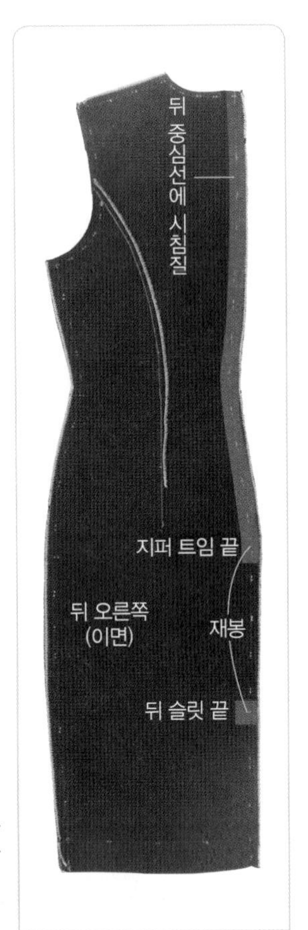

02

뒤 목점에서 지퍼 트임 끝까지의 뒤 중심선을 시침재봉 또는 시침질로 고정시키고, 지퍼 트임 끝에서 슬릿의 트임 끝까지는 일반 박음질로 박는다. 슬릿의 트임 끝에서 밑단선까지는 시침질로 고정시킨다.

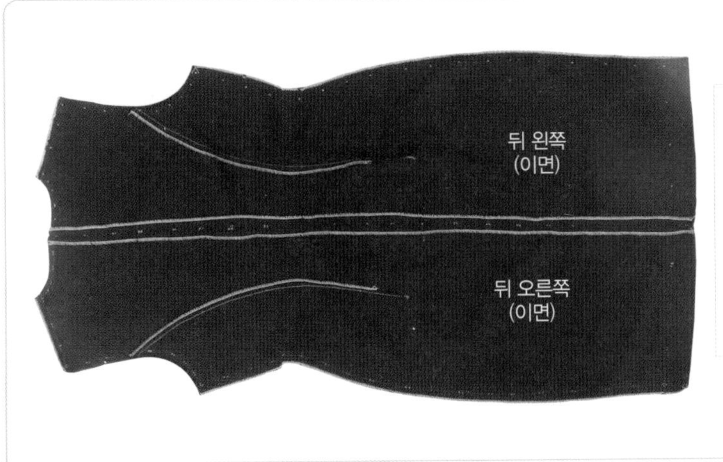

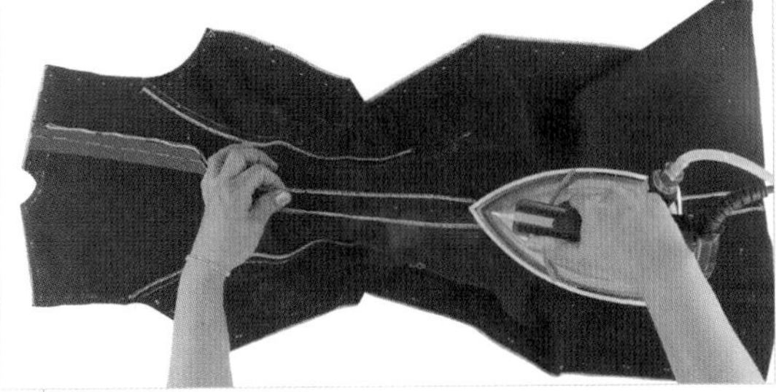

03

뒤 중심선의 시접을 가른다.

뒤 오른쪽
(이면)
두꺼운
종이
지퍼 트임 끝
콘실지퍼
(이면)
뒤 오른쪽
중심 시접
(표면)

04

콘실지퍼는 뒤 목점에서 1cm, 지퍼 트임 끝에서 2cm 정도 긴 것을 준비하여, 뒤 중심 시접 표면과 지퍼 테이프의 표면이 마주 닿도록 얹고, 지퍼 슬라이더를 올렸을 때 멈추는 위치를 뒤 목점에서 1cm 내려 맞춘 다음, 지퍼 슬라이더를 아래 쪽 끝까지 내려 놓은 상태로 뒤 중심쪽 시접 밑에 두꺼운 종이를 끼우고, 콘실지퍼의 이를 뒤 중심선에 맞추면서 지퍼 트임 끝에서 0.5cm 내려온 곳까지 시침질로 고정시킨다.

지퍼 슬라이더를 올리고 반대편 쪽의 뒤 중심 시접 밑에 두꺼운 종이를 끼우고 지퍼 테이프를 뒤 중심 시접에만 시침질로 고정시킨다.

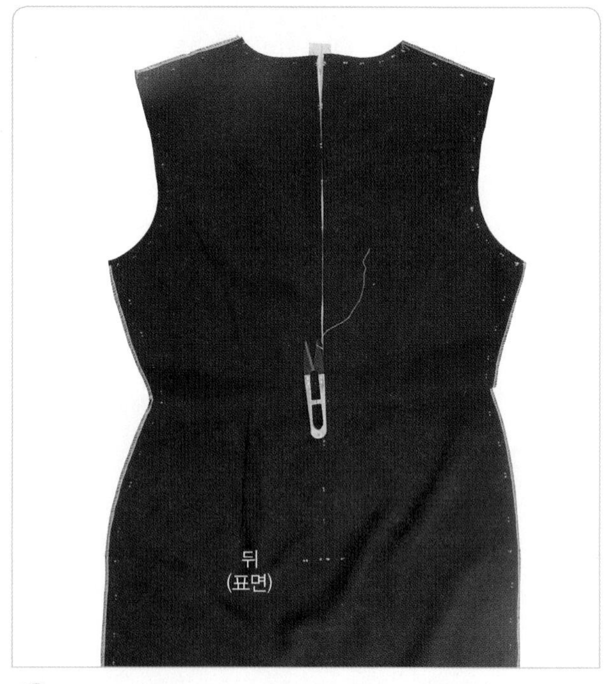

06

뒤 중심선에 시침질한 실을 풀어낸다.

07
지퍼 슬라이더를 아래쪽 끝까지 내려둔다.

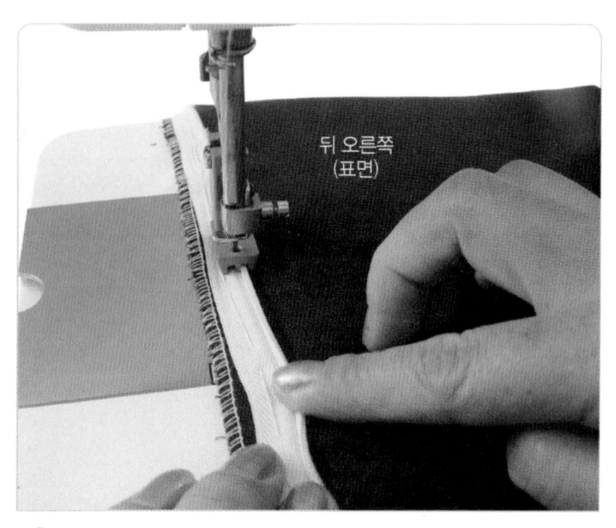

08
콘실지퍼용 노루발을 끼우고, 뒤 오른쪽 표면이 위로 오게 하여 콘실지퍼를 시침질해 둔 시접을 편 다음, 노루발의 홈에 콘실지퍼의 이를 물려 지퍼 트임 끝에서 0.5cm 내려온 곳까지 박는다.

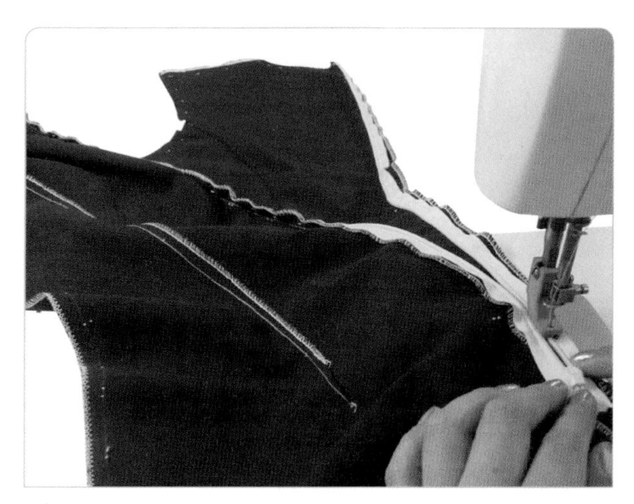

09
같은 방법으로 뒤 왼쪽에 콘실지퍼를 단다.

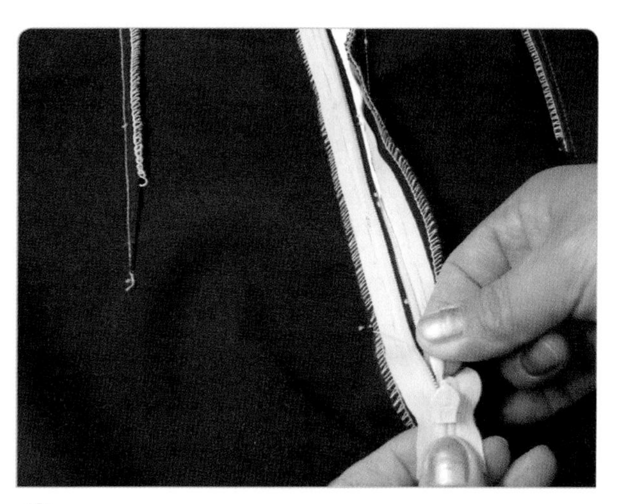

10
지퍼 슬라이더를 지퍼 트임 끝 쪽의 벌어진 곳으로 빼낸다.

11
지퍼를 올린다.

5. 몸판과 안단의 어깨선을 박는다.

01
앞판과 뒤판을 겉끼리 마주 대어 옆목점, 어깨끝점의 표시끼리 맞추어 핀으로 고정시키면, 앞판이 뒤판의 어깨선보다 짧으므로 뒤 어깨선과 맞도록 앞판의 어깨선을 약간 당겨 맞추고 핀으로 고정시킨다.

02
어깨선을 박는다.

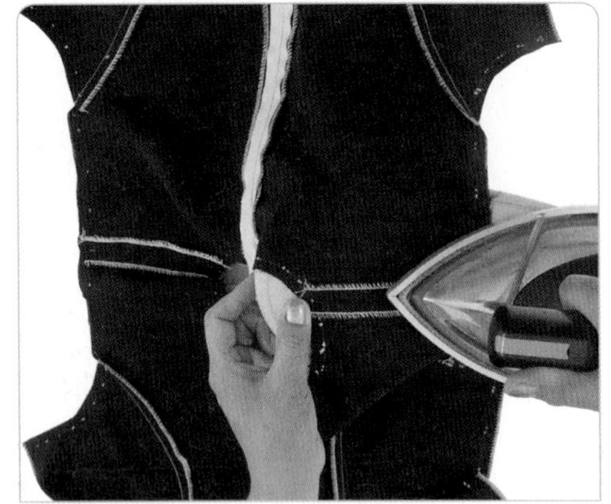

03
시접을 가른다.

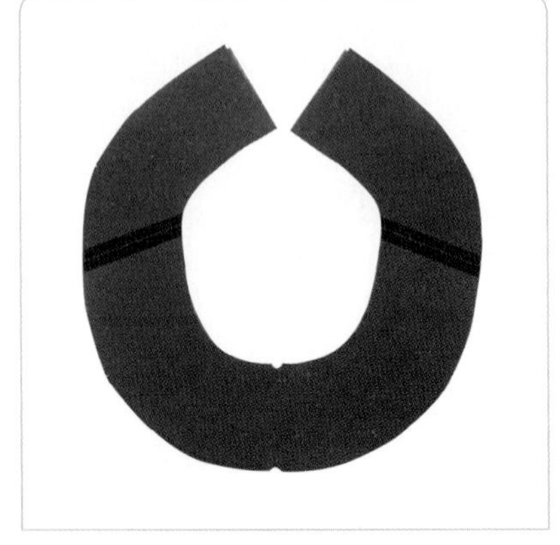

04
안단의 어깨선을 박고 시접을 가른다.

6. 옆선을 박는다.

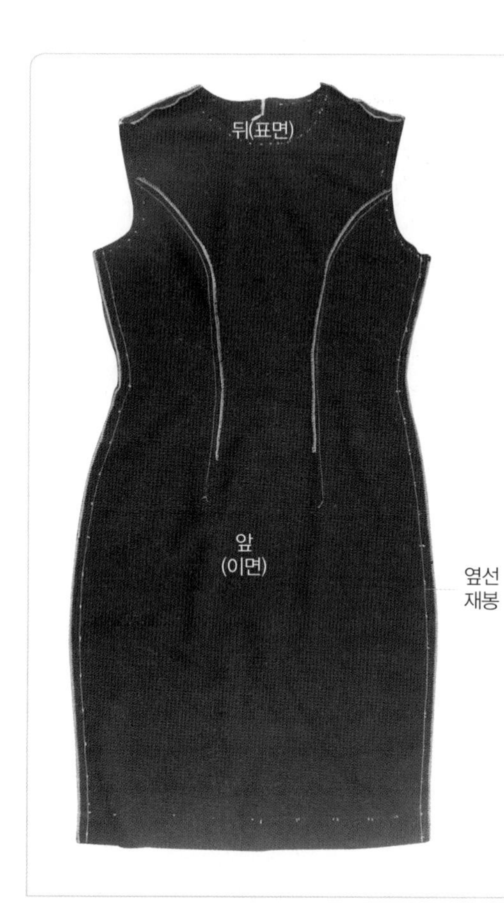

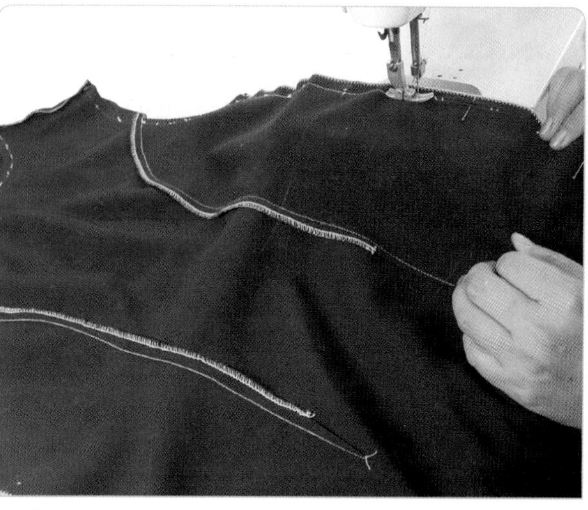

01
앞판과 뒤판을 겉끼리 마주 대어 우선 옆선의 허리선 표시끼리 맞추어 핀으로 고정시키고 겨드랑이 밑, 밑단선 쪽의 옆선 표시끼리 맞추어 가면서 옆선을 박는다.

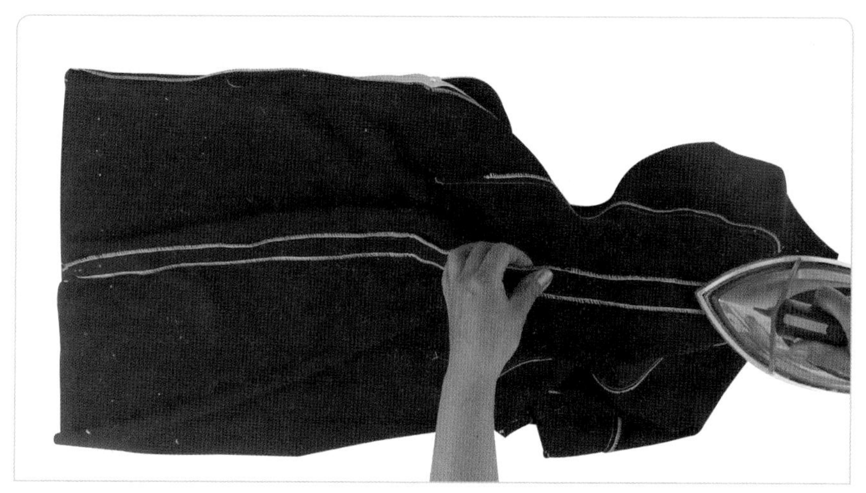

02
옆선의 시접을 가른다.

7. 몸판과 안단을 연결한다.

01

몸판과 안단을 겉끼리 마주 대어 앞 목점, 옆 목점, 뒤 목점의 표시끼리 맞추어 핀으로 고정시킨다(초보자의 경우에는 완성선에서 0.1cm 시접 쪽에 홈질로 고정시킨다).

02

완성선을 박은 다음 시접을 0.7cm로 정리한다.

03

안단의 시접만 0.5cm로 정리하여 몸판과의 시접에 차이를 둔다.

04

시접을 모두 안단 쪽으로 넘기고 0.1cm에 시침재봉을 한다.

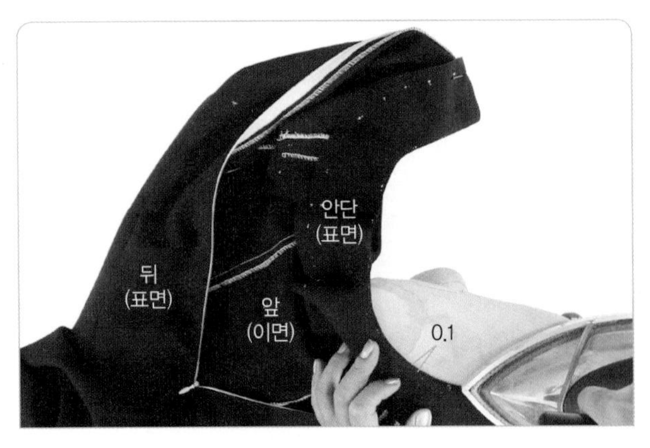

05

안단을 겉쪽으로 뒤집어서 안단 쪽을 0.1cm 안쪽으로 차이지게 밀어 다림질한다.

8. 소매를 만들어 단다.

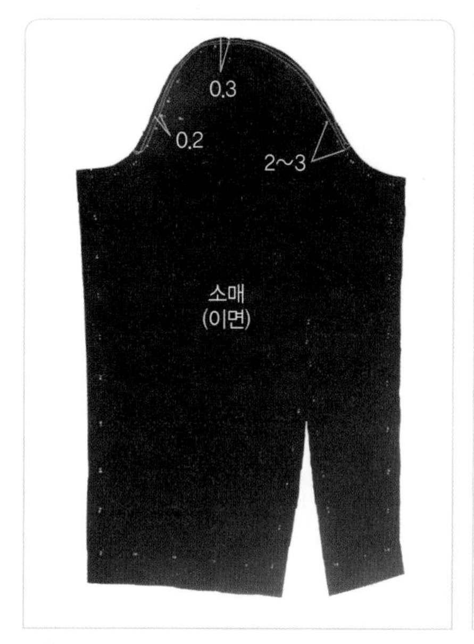

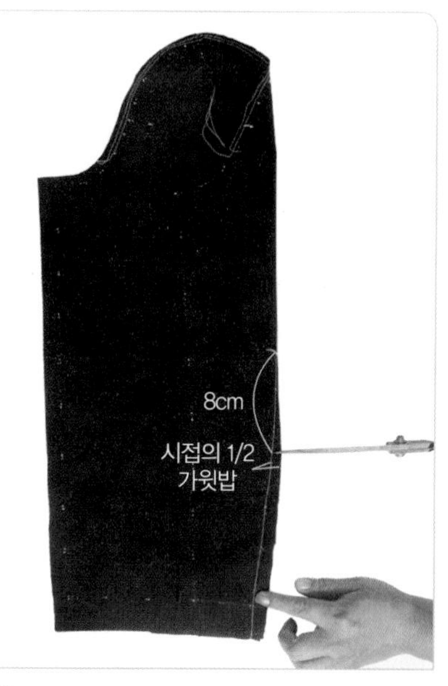

소매산 쪽의 완성선에서 시접 쪽에 0.2cm 폭으로 맞춤표시에서 2~3cm 아래쪽부터 시침재봉을 한 다음 시침재봉한 곳에서 다시 0.3cm 시접 쪽으로 나가 한 줄 더 시침재봉을 한다.

02

걸끼리 마주 대어 뒤 소매 쪽의 다트를 박는다.

다트 끝점에서 8cm 정도 내려온 곳에서 시접의 1/2 분량을 수평으로 가윗밥을 넣는다.

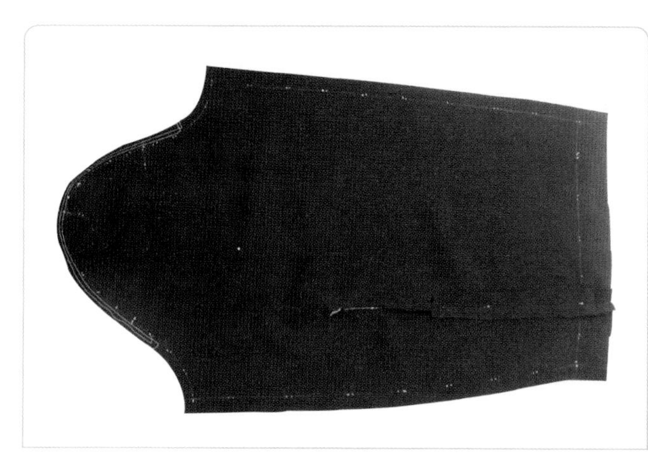

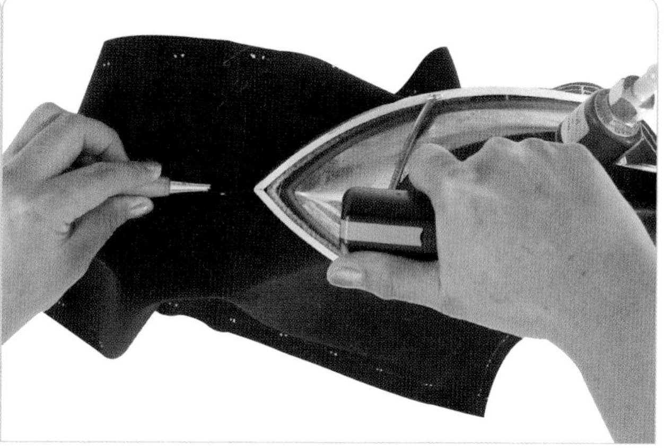

가윗밥을 넣은 곳까지는 시접을 가르고, 다트 끝점 쪽은 앞뒤로 나뉘게 눌러준다(이때 가윗밥을 넣은 쪽으로 송곳을 끼우고 다리미로 누르면 앞뒤 쪽으로 고르게 배분된다).

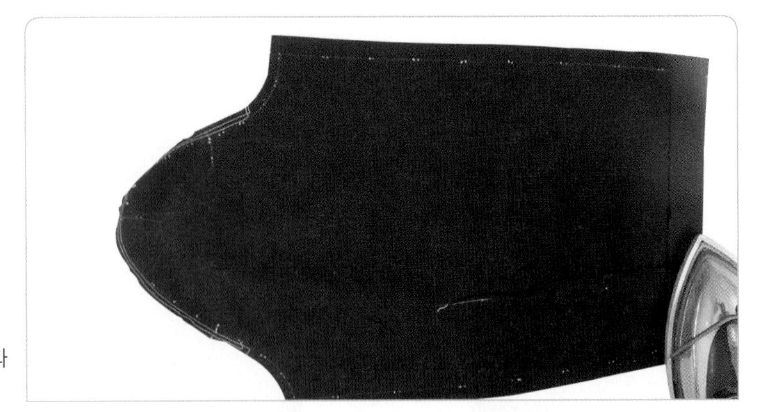

05
소맷단의 완성선에서 접어 올려 가볍게 다림질해 둔다.

06
앞뒤 소매밑선을 겉끼리 마주대어 표시끼리 맞추고 소매밑선을 박는다.

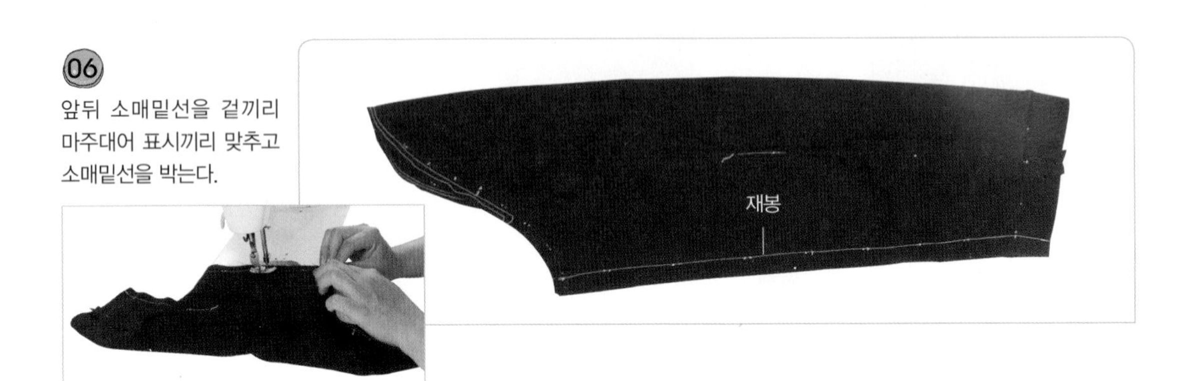

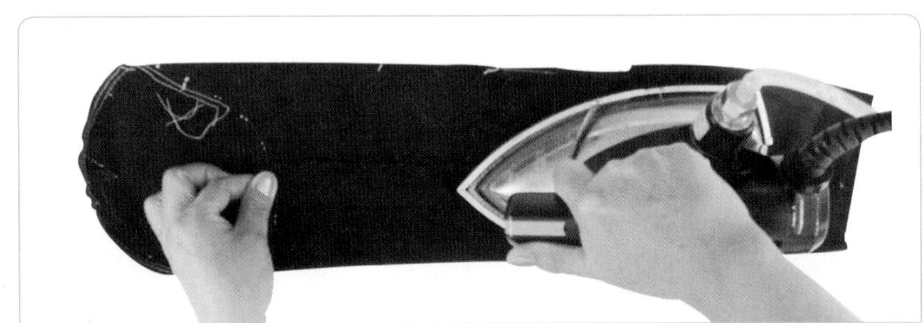

07
소매밑선의 시접을 가른다.

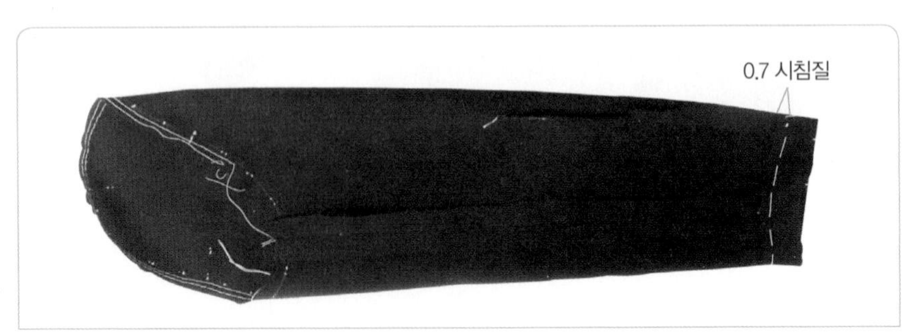

08
소맷단을 완성선에서 접어 올려 시접 끝에서 0.7cm 내려온 곳에 시침질로 고정시킨다.

소맷단 시접을 새발뜨기로 고정시킨다.

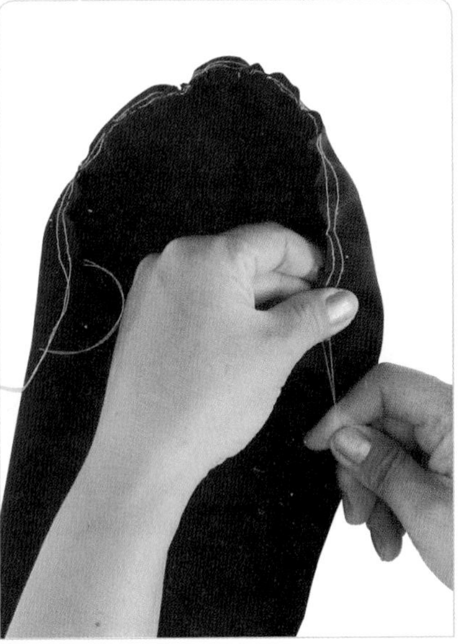

⑩
소매산 쪽에 시침재봉한 윗실 두 올을 함께 당겨 소매산을 오그린다.

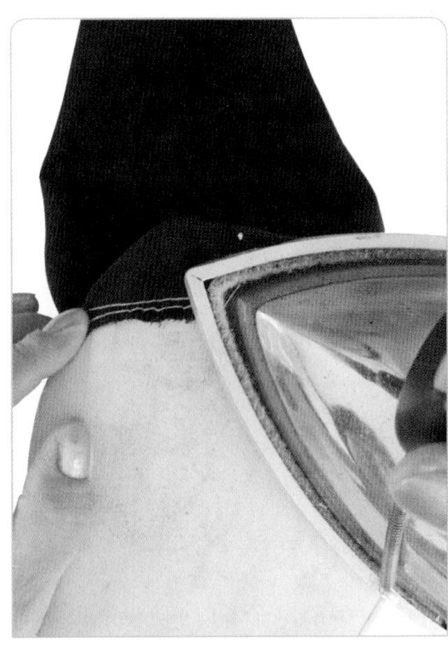

⑪
프레스 볼에 끼워 오그린 시접을 다리미로 잡아 둔다.

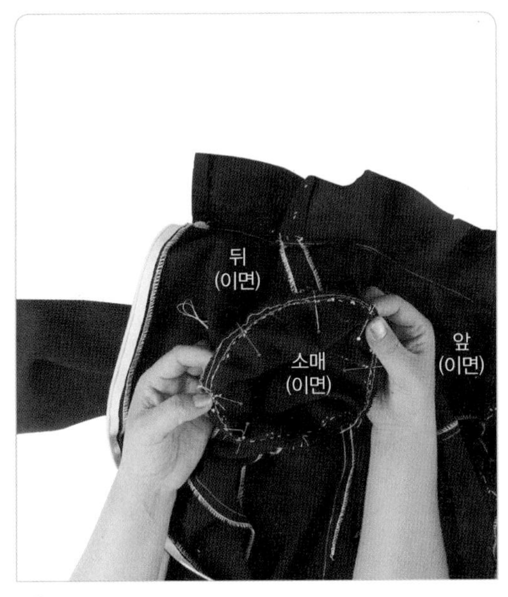

소매산점과 몸판의 어깨끝점, 앞뒤 패널라인과 소매맞춤 표시를 맞추어 핀으로 고정시키고, 완성선에서 0.1cm 시접 쪽에 홈질을 한다.

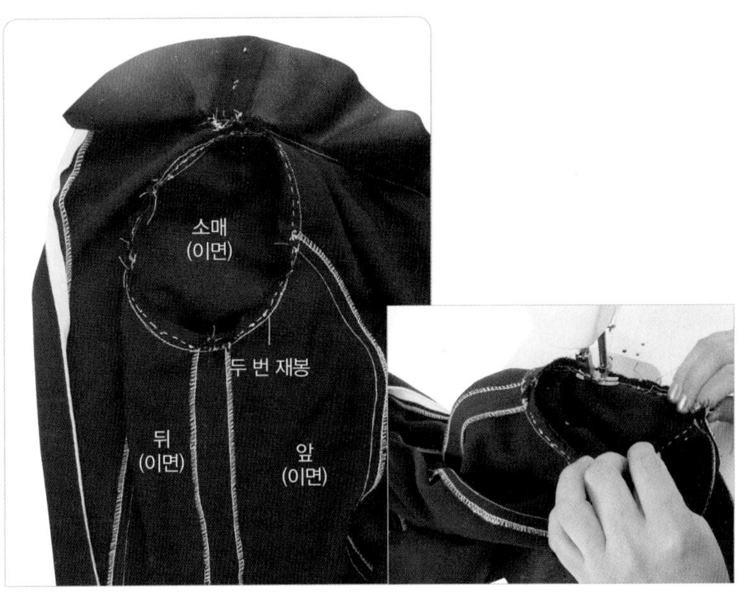

⑬
소매달기 완성선을 박는다. 이때 앞 패널라인에서 뒤 패널라인까지의 겨드랑이 밑쪽을 같은 곳을 두 번 박기한다.

9. 소매산 받침천을 댄다.

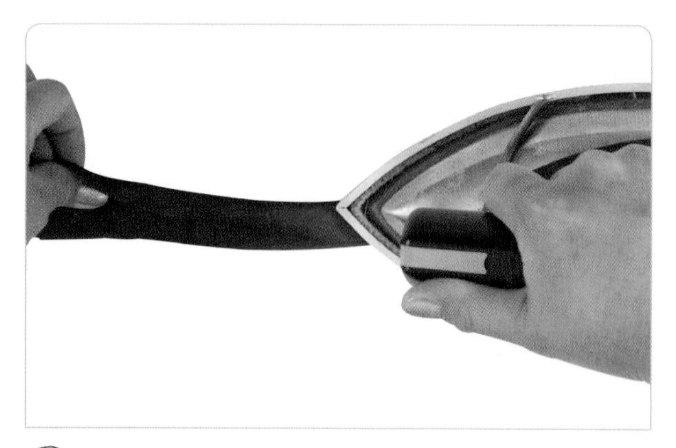

01

소매산 받침천은 소매산의 오그림분이 겉쪽에 나타나지 않고 매끄러운 소매산으로 만들기 위해 소매산 받침천을 댄다. 소매산 받침천은 겉감이 중간두께의 경우는 겉감으로 사용하고, 얇은 천의 경우에는 안감으로 사용한다. 3cm 폭의 정 바이어스 방향으로 길이 20cm 정도를 준비하여 반으로 접는다

02

반으로 접은 정바이어스 천의 소매산 받침천을 소매산 곡선에 자연스럽게 맞출 수 있도록 곡선으로 다림질해 둔다.

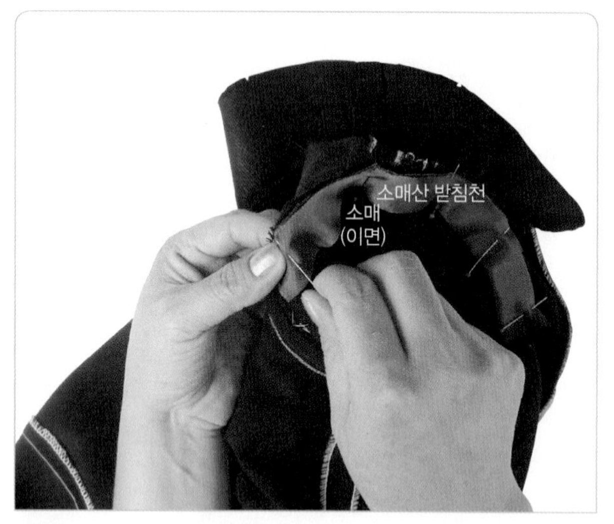

03

앞 패널라인에서 뒤 패널라인까지 소매산 받침천을 소매를 단 시접에 맞추어 핀으로 고정시킨다.

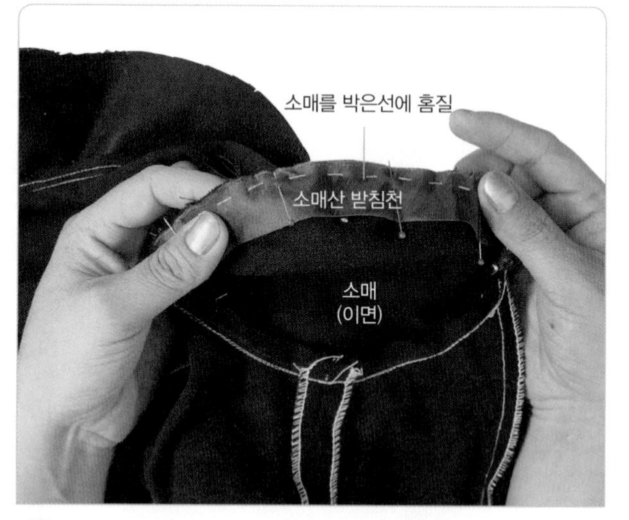

04

앞뒤 패널라인의 2cm 전까지 소매를 단 박음선의 시접에 홈질로 고정시킨다.

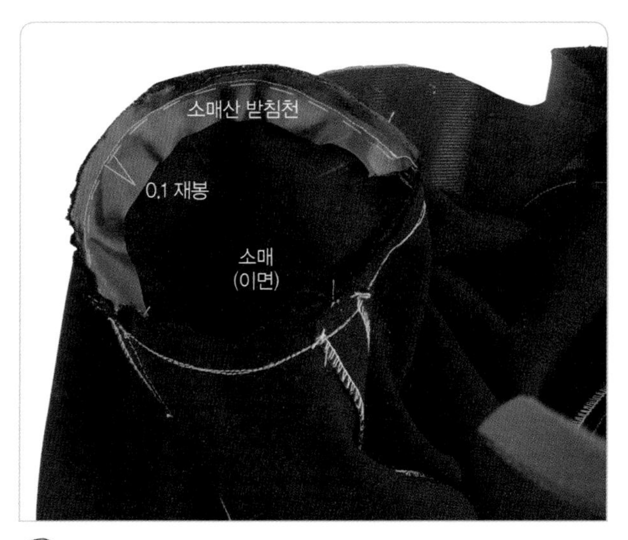

05

소매를 단 박음선에서 0.1cm 시접 쪽을 박아 고정시킨다. 이때 앞뒤 패널라인에서 2cm 전까지만 박고 2cm 정도는 박지 않고 남겨둔다.

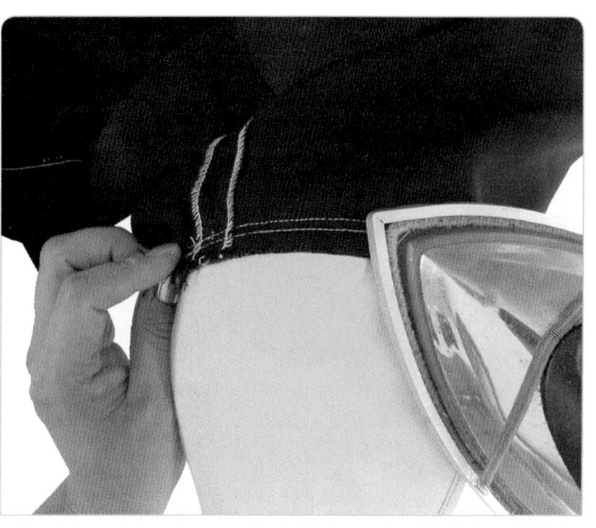

06

프레스 볼에 끼워 몸판 쪽까지 넘어가지 않도록 주의하면서 박음선을 따라 다림질한다.

10. 어깨패드를 단다.

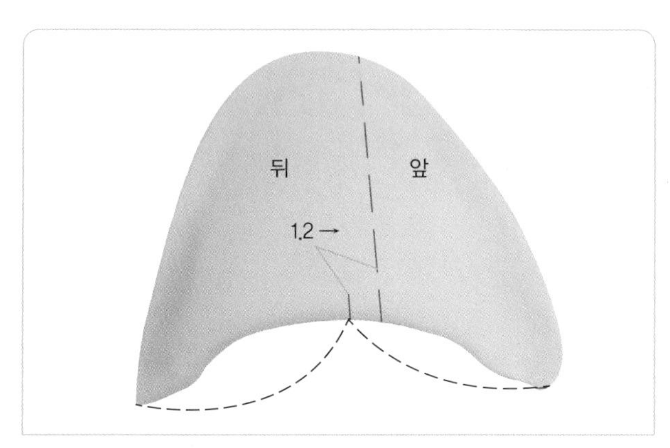

01

0.5cm 두께의 어깨패드를 준비하여 반으로 접은 다음, 1/2점에서 앞쪽으로 1.2cm 이동하여 어깨선 위치를 표시해 둔다.

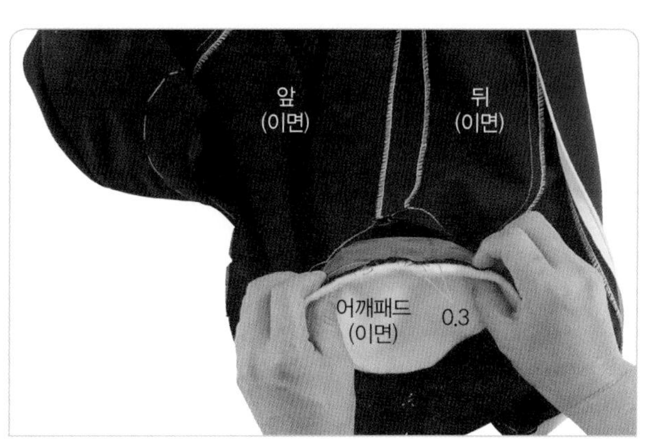

02

01에서 표시해 둔 어깨패드의 어깨선과 몸판의 어깨선을 맞추어 어깨끝점에서만 어깨패드를 0.3cm 내어 맞추고 핀으로 고정시킨다.

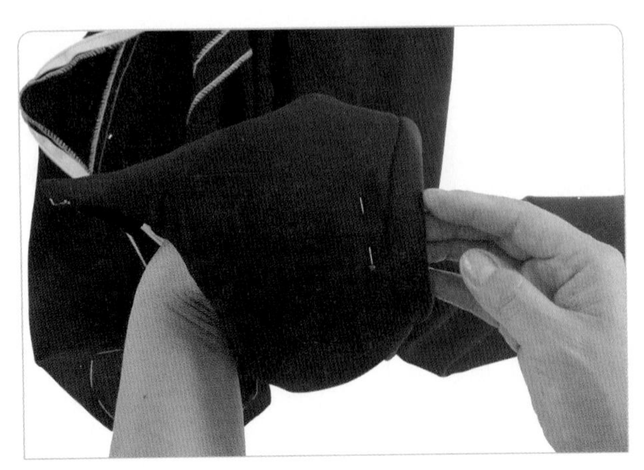

03

어깨패드가 안정되도록 겉쪽에서 어깨선 주위를 쓸어내리고 핀으로 고정시킨다.

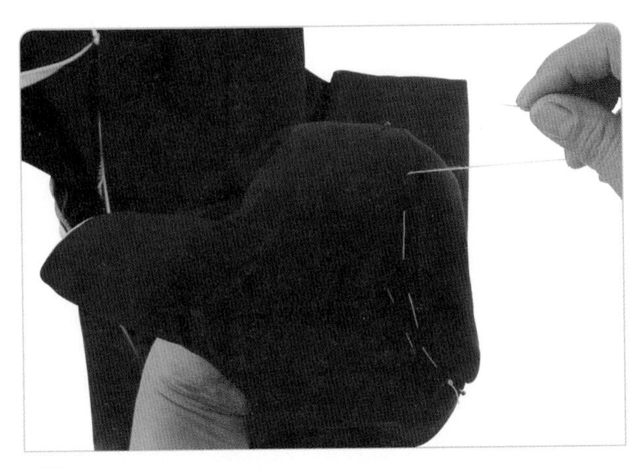

04

어깨패드의 위치가 정해졌으면 겉쪽에서 소매를 박은선 옆에 패드까지 고정되도록 시침질로 고정시킨다.

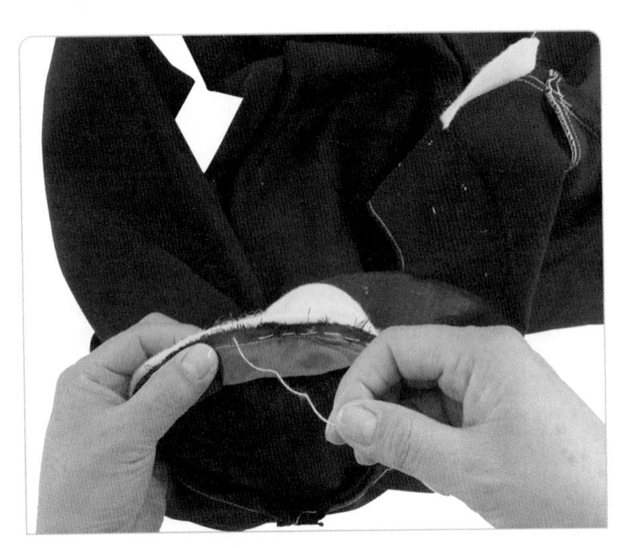

05

소매를 단 시접에 어깨패드를 손바느질의 반박음질로 고정시킨다. 이때 어깨패드의 두께를 유지할 수 있도록 실을 너무 당기지 않도록 주의한다.

주 앞뒤 소매맞춤 표시에서 2cm는 남기고 고정시킨다.

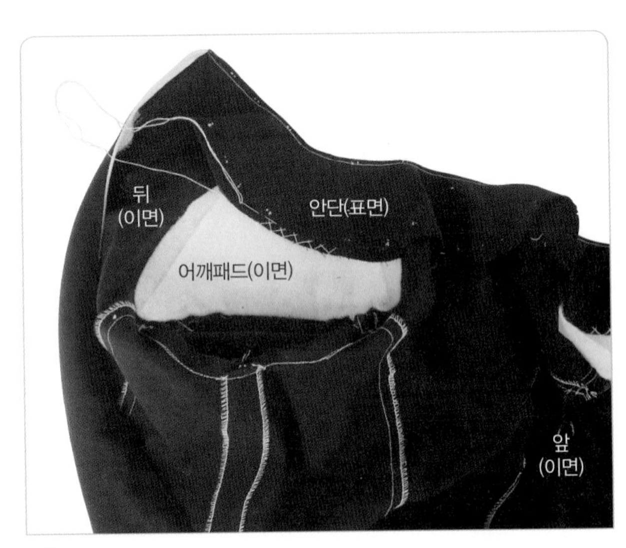

06

어깨패드의 목둘레선 쪽은 안단에 새발뜨기로 어깨패드를 고정시킨다.

11. 밑단선을 올리고 슬릿을 처리한다.

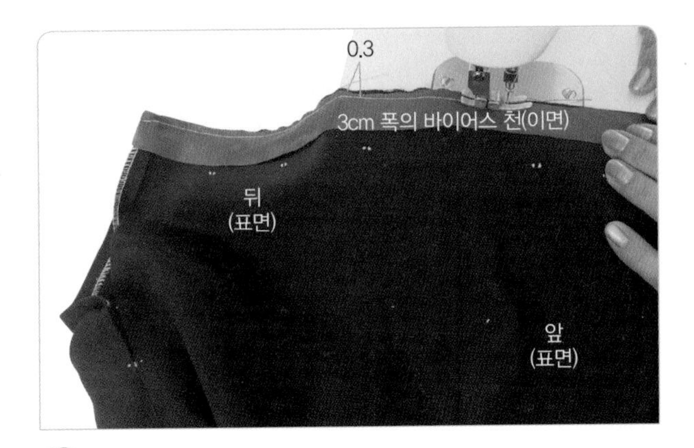

01

밑단선 쪽의 표면에 3cm폭의 안감으로 재단한 바이어스 천의 표면을 마주 대어 얹고 밑단선 쪽의 시접 끝에서 0.3cm 폭으로 스티치한다.

02

바이어스 천으로 밑단선 시접을 감싸 이면 쪽으로 넘기고 박은선 홈에 스티치한다.

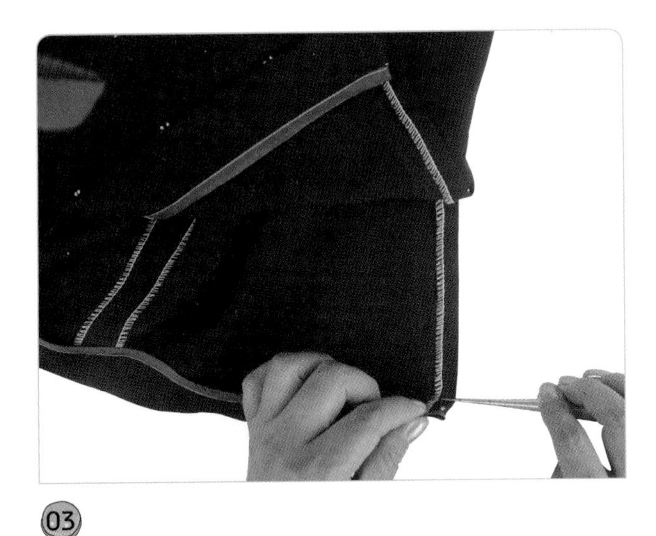

03

뒤 슬릿 쪽의 시접을 접고 밑단의 완성선에서 접어 올린다.

04

겉까지 통하게 0.5cm 폭으로 시침질한다.

05
밑단선 시접을 속감치기로 고정시킨다.

06
슬릿의 밑단 쪽은 공그르기로 고정시킨다.

12. 안감을 만든다.

01
앞뒤 안감의 패널라인 다트를 박고 시접을 두 장 함께 오버록 재봉을 한 다음 시접을 옆선 쪽으로 넘겨두고, 지퍼 트임 끝에서 2cm 내려온 곳에서부터 슬릿끝점의 1cm 전까지 뒤 중심 완성선에 시침질하고, 0.2cm 시접 쪽을 박는다.

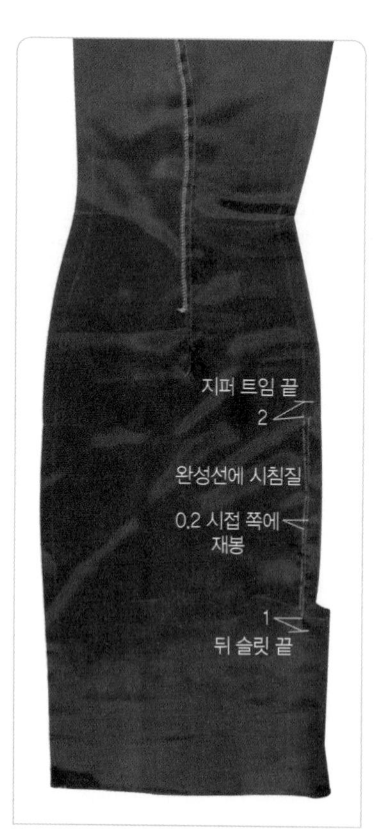

02
뒤 중심선의 슬릿 끝 쪽에 좌우 두 장 함께 가윗밥을 넣는다.

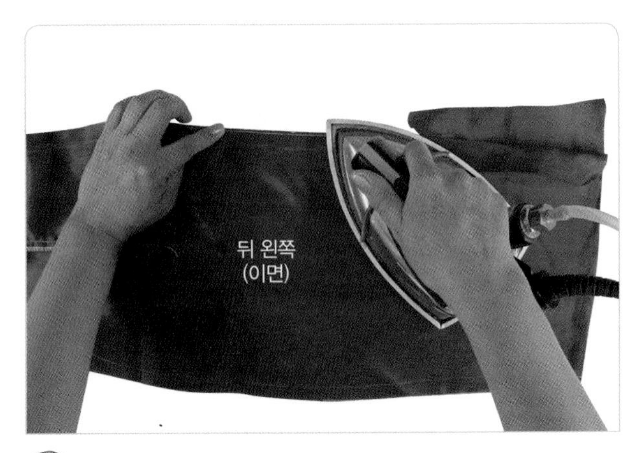

(03)
뒤 중심선의 좌우 시접 두 장을 함께 완성선에서 뒤 왼쪽으로 접어 넘긴다.

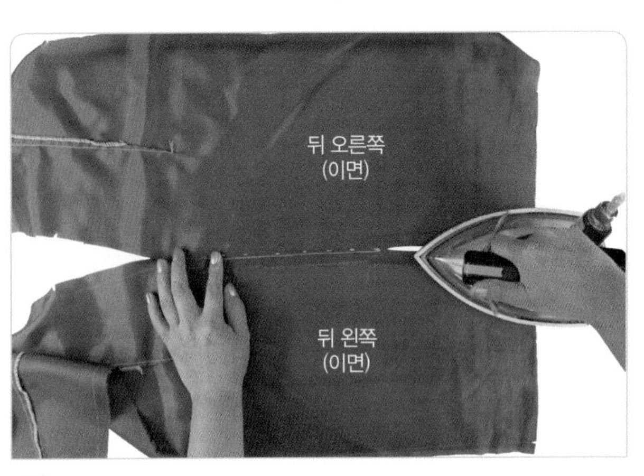

(04)
뒤판을 펼친 상태로 뒤 중심선에 다림질하고, 슬릿 쪽의 시접을 완성선에서 접는다.

(05)
겉끼리 마주 대어 어깨선을 박고, 옆선은 완성선에 시침질로 고정시킨 다음 0.2cm 시접 쪽을 박고, 앞뒤 시접을 두 장 함께 오버록 재봉을 한다.

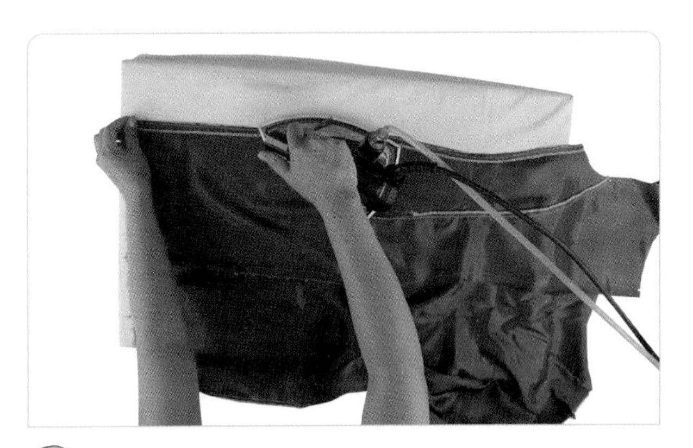

(06)
좌우 옆선의 시접을 뒤판 쪽으로 완성선에서 접어 넘긴다.

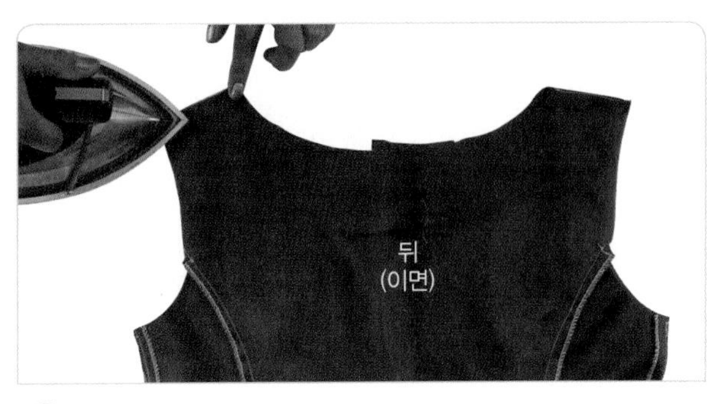

(07)
어깨선의 시접을 두 장 함께 뒤판 쪽으로 넘긴다.

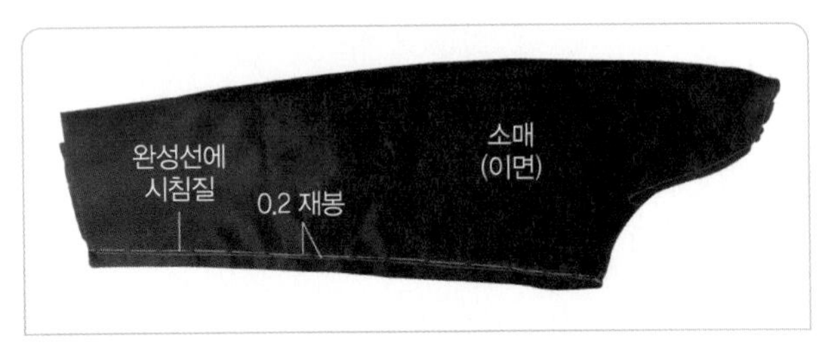

소매 밑선의 완성선에 시침질로 고정시킨 다음, 완성선에서 0.2cm 시접 쪽을 박고, 다트는 완성선을 박는다.

09

소매밑선 시접과 소매 다트의 시접을 완성선에서 뒤 소매 쪽으로 넘겨 다림질한다.

10

겉감과 같은 방법으로 소매를 단다.

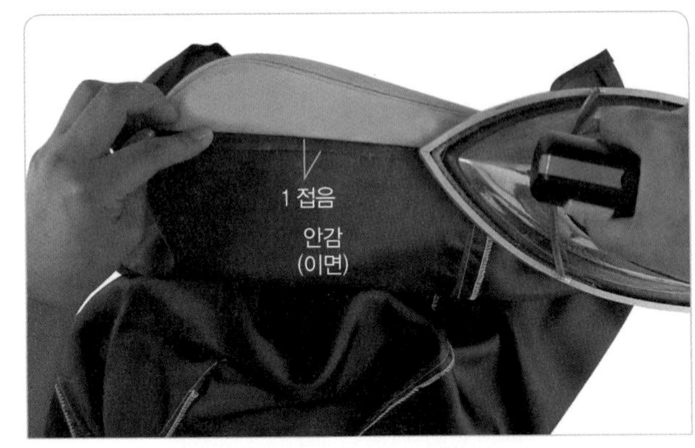

11

몸판 안감의 밑단 시접을 1cm 이면 쪽으로 접는다.

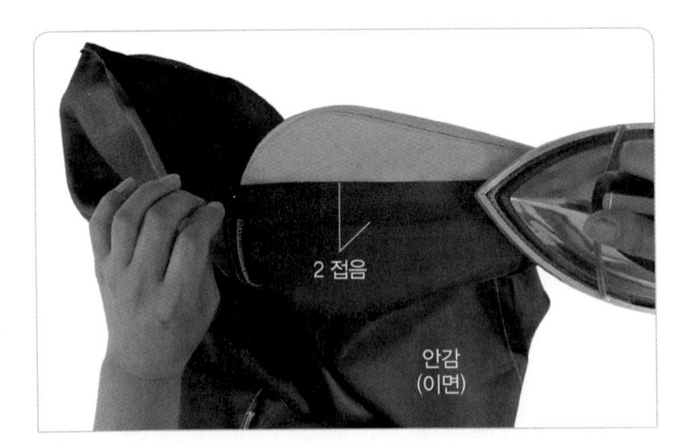

1cm 접은 곳에서 다시 2cm를 이면 쪽으로 접는다.

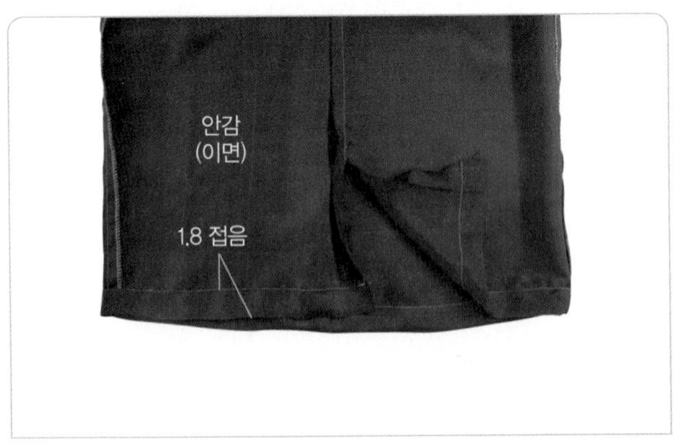

밑단선에서 1.8cm 폭으로 스티치한다.

13. 겉감과 안감을 연결한다.

겉감과 안감을 이면 쪽으로 뒤집어 겉감의 앞판 쪽이 위로 보이게 놓고, 그 위에 안감의 앞판을 마주 대어 얹어 허리선 위치의 표시부터 맞추고, 겨드랑이 밑끼리 맞춘 다음 몸판 쪽은 12cm 내려온 곳에서부터 겉감의 옆선시접과 안감의 옆선시접을 시침질로 고정시키고, 소매 쪽은 7~8cm 내려온 곳에서부터 겉감의 뒤 소매 밑 시접과 안감의 소매 밑 시접을 시침질로 고정시킨다.

주 시침질은 실을 너무 당기지 말고 여유가 있게 한다.

안감의 밑단선 쪽으로 손을 넣어 목둘레선 쪽을 겉감과 함께 잡아당겨 뒤집는다.

목둘레선 쪽 안단의 완성선과 안감의 완성선을 맞추어 3cm 정도 안감 쪽에 핀으로 고정시킨 다음, 안감의 시접을 완성선에서 접어 넣으면서 시침질로 고정시킨다.

04

뒤 중심 쪽의 안단과 안감을 지퍼에 물리지 않도록 접어 넣고 시침질로 고정시킨다.

05

슬릿 쪽의 안감 시접을 오버록 재봉선까지 접어 넣고 시침질로 고정시킨 다음 슬릿, 뒤 중심선, 안단 부분을 촘촘한 감침질 또는 공그르기로 고정시킨다.

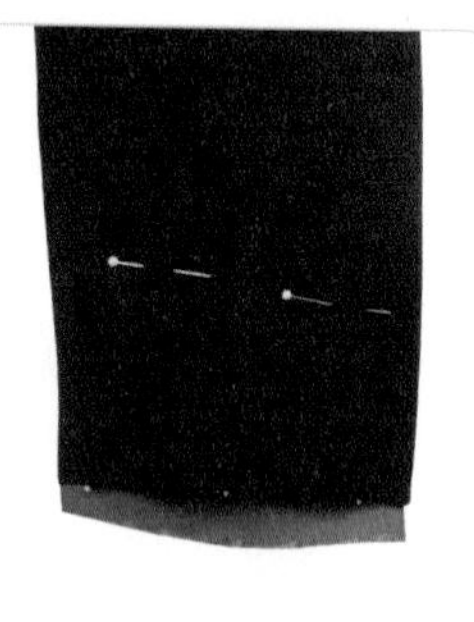

06

겉으로 뒤집어서 어깨선에 한 쪽 손을 받치고, 다른 한손으로 겉감과 안감을 동시에 당겨 편안한 상태가 확인되었으면 소맷단 쪽에 핀으로 고정시킨다.

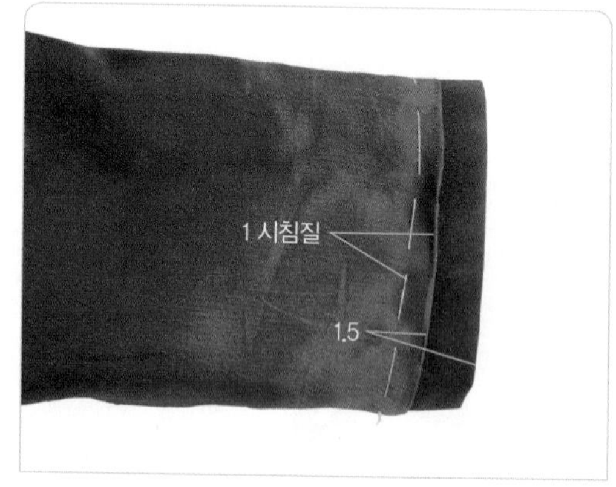

07

이면 쪽으로 뒤집어서 소매의 안감 시접을 겉감의 소맷단 선에서 1.5cm 올라간 곳에서 이면 쪽으로 접어 넣고, 접힌 선에서 1cm 올라간 곳에 시침질로 고정시킨다.

안감의 소맷단을 0.5cm 들어올리고 겉감의 시접에만 감침질로 고정시킨다.

14. 겉감과 안감의 밑단선 쪽 옆선을 실 루프로 고정시킨다.

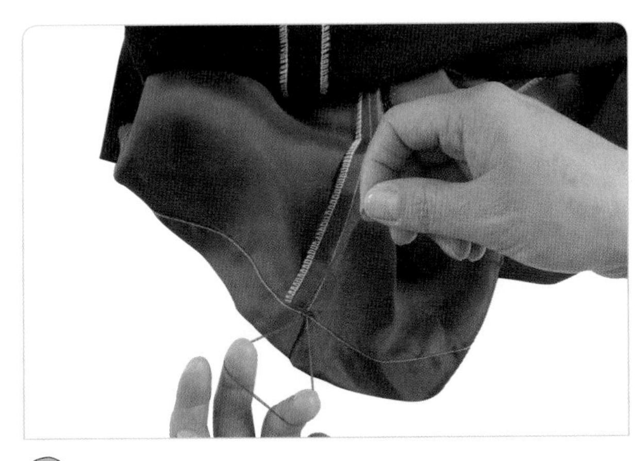

안감의 옆선 박은선 위치에서 바늘을 빼낸 다음 바늘을 0.2cm 가로방향으로 빼내 실고리가 되도록 한다.

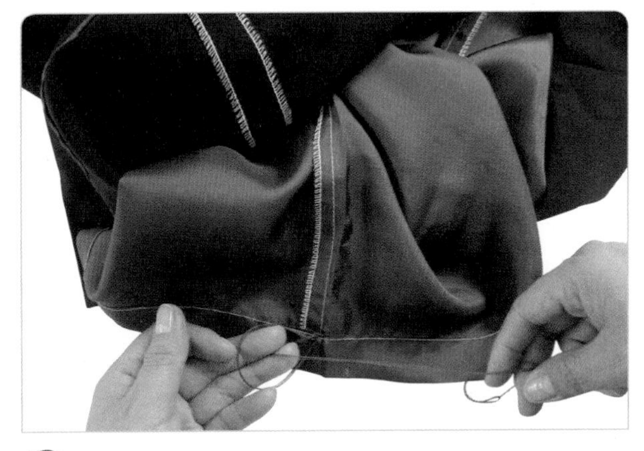

02

실고리 사이의 가운데 손가락으로 바늘 쪽 실을 걸어 당긴다.

실을 당기면 사슬뜨기가 만들어진다.

04

02와 **03**을 반복하여 길이 4~5cm 정도의 실 루프를 만든다.

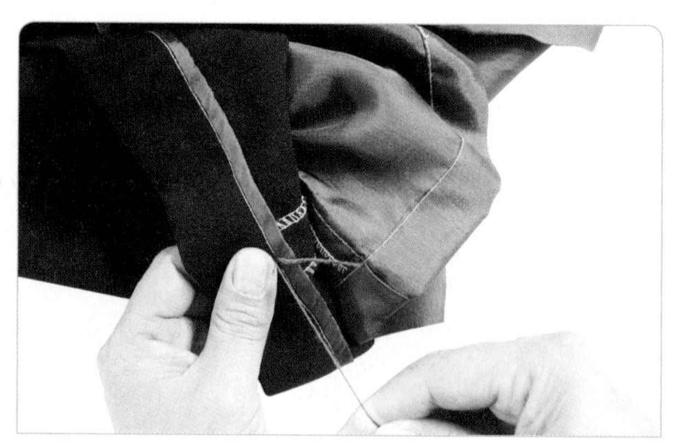

05

겉감의 옆선시접 쪽 박은 선 위치에 고정시킨다.

15. 훅과 고리를 단다.

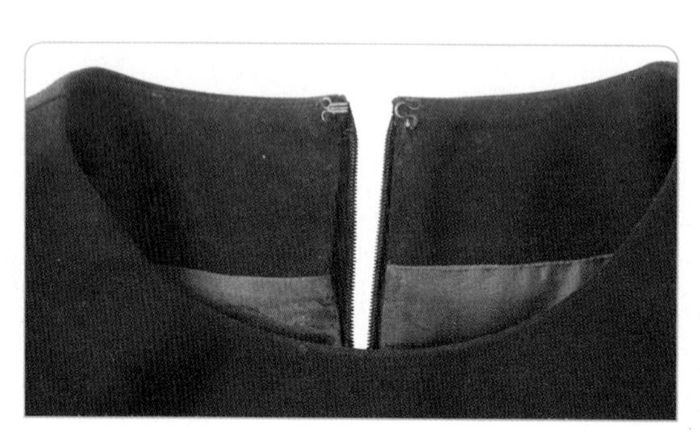

01

뒤 오른쪽에 스프링 훅을 달고, 뒤 왼쪽에 스프링 고리를 단다.

16. 마무리 다림질을 한다.

01

프레스 볼에 끼워 안감으로 만든 다림질 천을 얹고 스팀 다림질한다.

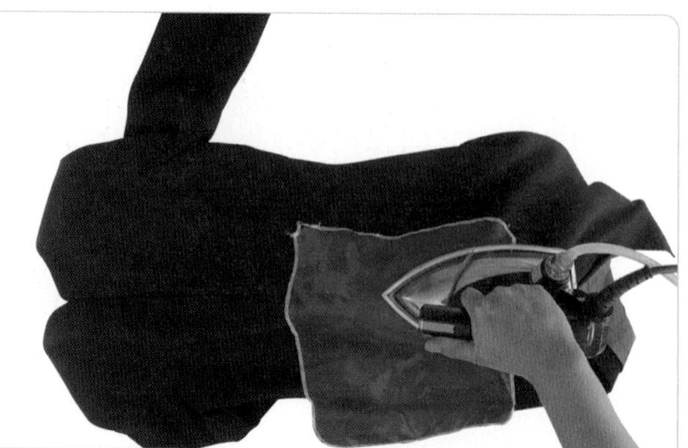

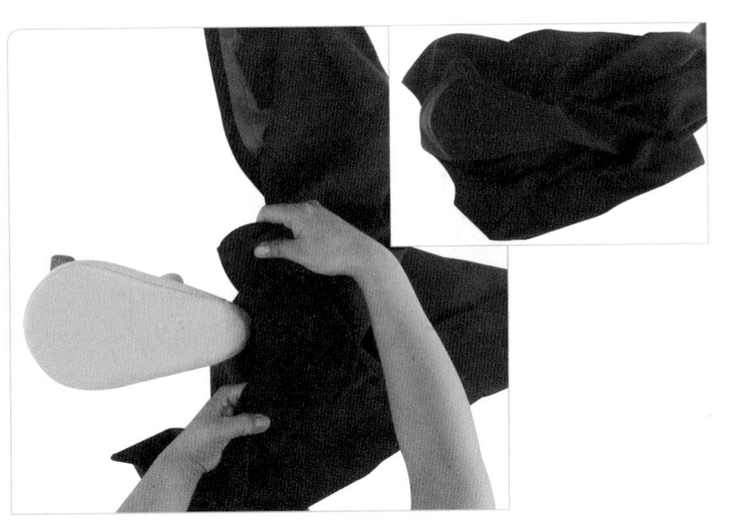

02
소매를 프레스 볼에 끼운다.

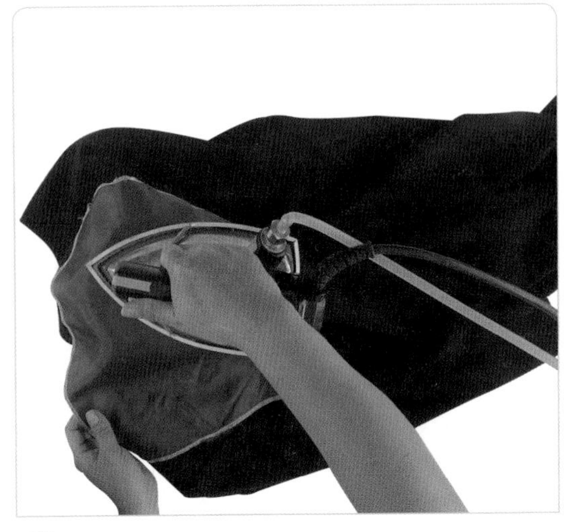

03
안감으로 만든 다림질 천을 얹고 스팀 다림질한다.

완성

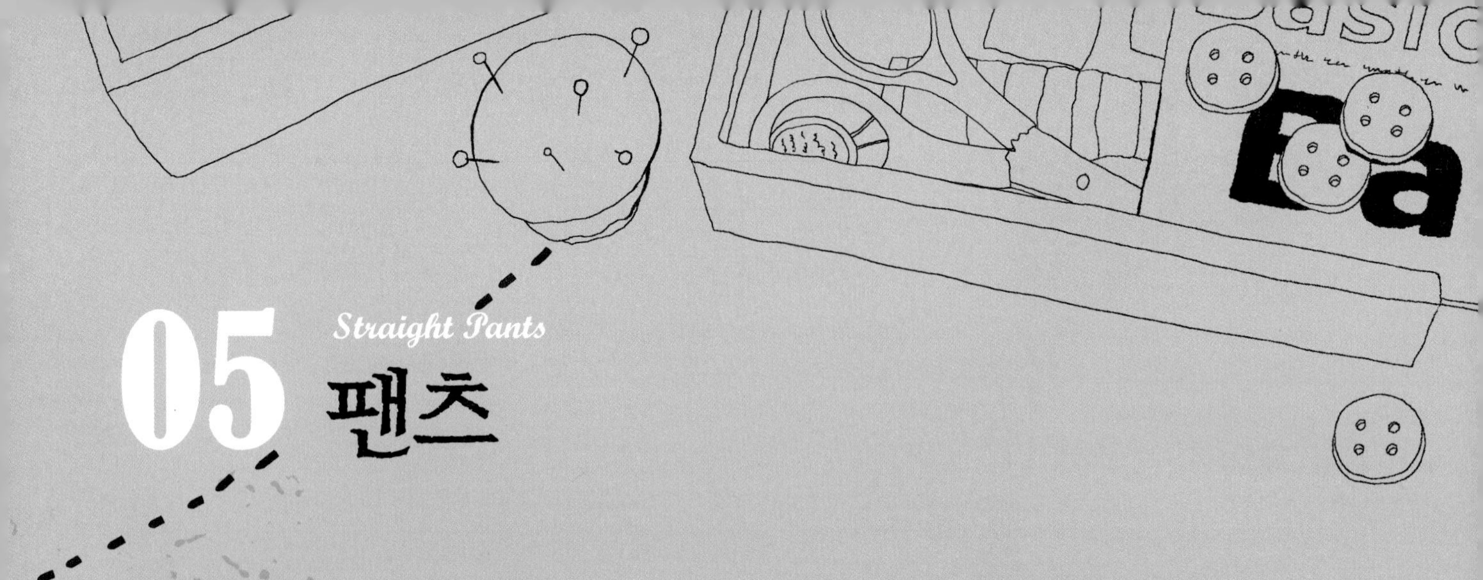

05 Straight Pants 팬츠

스타일

팬츠의 기본형으로 히프선에서 밑단까지가 직선에 가깝게 보이는 실루엣이다. 허리선에서 히프선까지는 몸에 딱 맞게 피트시키고, 대퇴부에서 무릎 사이에 여유가 있어 편안하면서도 체형을 아름답게 커버해 주기 때문에 누구에게나 잘 어울리는 스타일이다.

소재

촘촘하게 짜여진 천으로 잘 구겨지지 않고 적당한 탄력이 있으며, 밑으로 처지는 성질의 것이 적합하다. 울 소재라면 플라노, 울 개버딘, 색서니, 서지, 배네샹 등이 좋으며, 면 소재로는 데님, 면 개버딘, 코듀로이 등이 좋다. 화섬의 경우는 폴리에스테르나 텐셀 등이 적합하다.

색

검정색, 감색, 회색, 갈색 등의 기본색인 무지가 코디하기 좋으나, 체크나 스트라이프 무늬도 품위가 있어 보이며 매니시한 느낌으로 착용할 수 있다.

포인트

밑위 선이 늘어나지 않게 박는 것과 시접을 뒤 중심의 직선 부분까지만 가르고 가랑이 밑 시접을 가르지 않는 것이 중요하다.

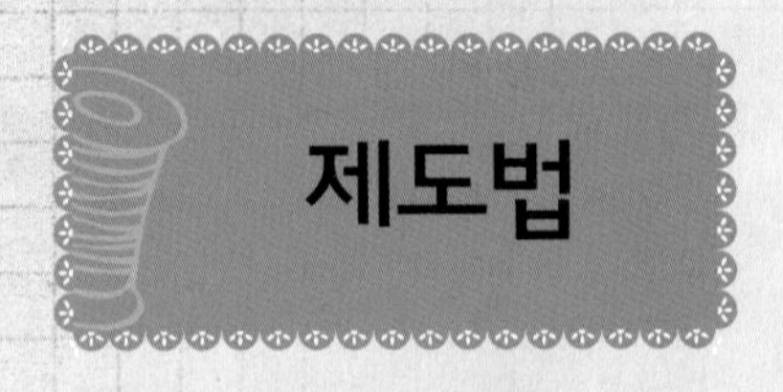

제도법

제도 치수 구하기

계측부위	계측 치수의 예	자신의 계측 치수	제도 각자 사용 시의 제도 치수	일반 자 사용 시의 제도 치수	자신의 제도 치수
허리둘레(W)	68cm		$W^{\circ}/2=34$	$W/4=17$	
엉덩이둘레(H)	94cm		$H^{\circ}/2=47$	$H/4=23.5$	
바지 길이	92cm(벨트 제외)		92cm		
밑위 길이			$(H^{\circ}/2)+1.5$cm	$H/4+1.5$cm$=25$	
앞 밑둘레 폭			$H^{\circ}/8-2$cm	$H/16-2$cm$=3.8$	
뒤 밑둘레 폭			$H^{\circ}/8$	$H/16=5.8$	
무릎 둘레	40cm		$40/4=10$		
바짓단 폭	20cm		$20/2-0.6=9.4$		

앞판 제도하기

1. 기초선을 그린다.

01

수평으로 바지 길이만큼 옆선의 안내선을 그린다.

옆선의 안내선

02
직각으로 허리 안내선을 그린다.

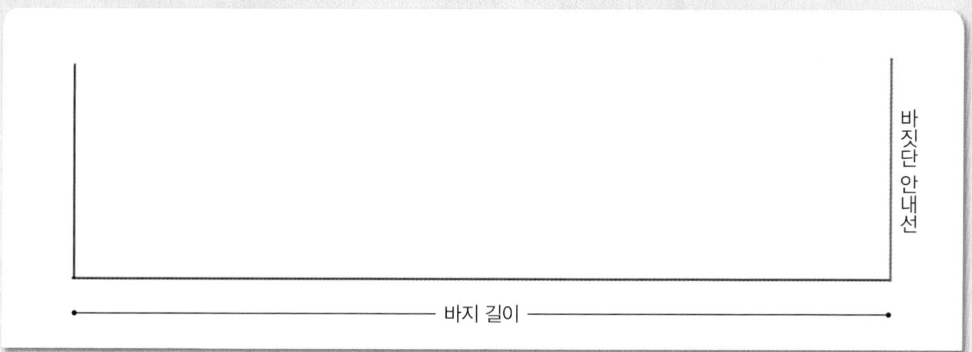

03
직각으로 바짓단 안내선을 그린다.

04
허리선에서 바짓단 쪽으로 $H^{\circ}/2+1.5cm=H/4+1.5cm$ 치수를 나가 표시하고, 직각으로 밑위 안내선을 그린다.

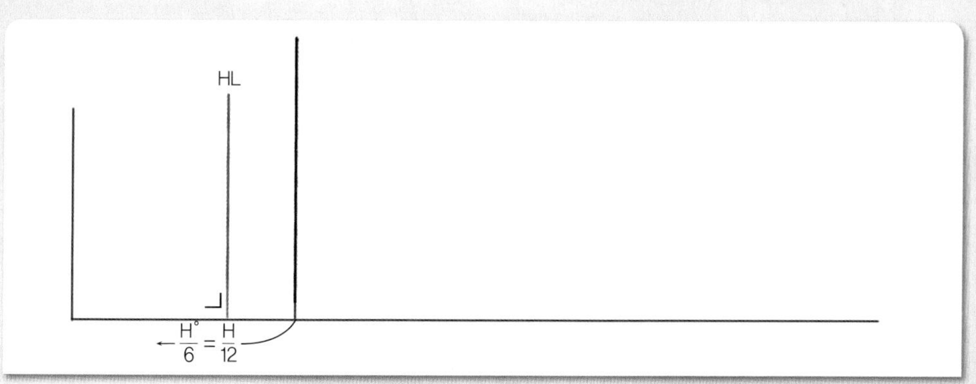

05
밑위 선 위치에서 허리선 쪽으로 $H^{\circ}/6=H/12$ 치수를 나가 표시하고, 직각으로 히프선을 그린다.

앞 중심 안내선

$\frac{H^{\circ}}{2} = \frac{H}{4}$

06

밑위 선의 옆선 위치에서 H°/2 = H/4 치수를 올라가 표시하고, 직각으로 허리 안내선까지 연결하여 앞 중심 안내선을 그린다.

2. 앞 밑둘레 폭을 추가해 밑위 선을 정하고 주름산 선을 그린다.

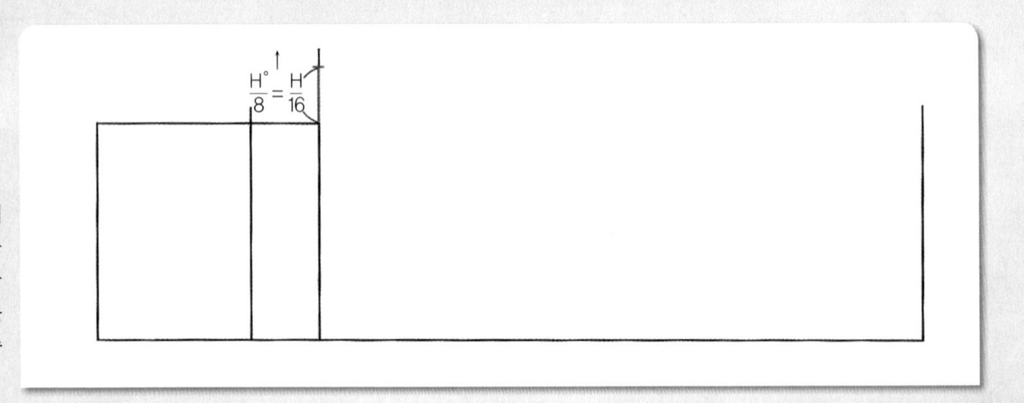

01

밑위 안내선과 앞 중심 안내선의 교점에서 H°/8 = H/16 치수를 올라가 밑위 선 끝점을 표시한다(따라서 전체 밑위 선의 길이는 H°/2 + H°/8 = H/4 + H/16 치수가 된다).

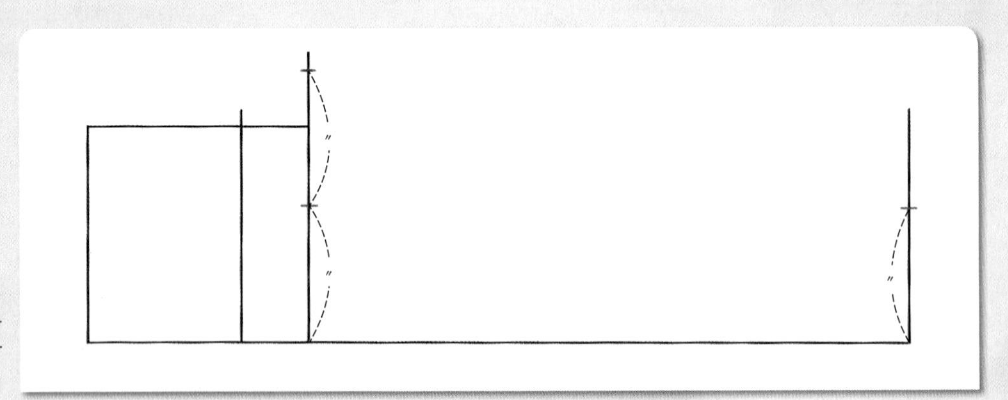

02

밑위 선 전체를 2등분하고, 그 1/2 치수를 재어 같은 치수를 바짓단 선 쪽에도 표시한다.

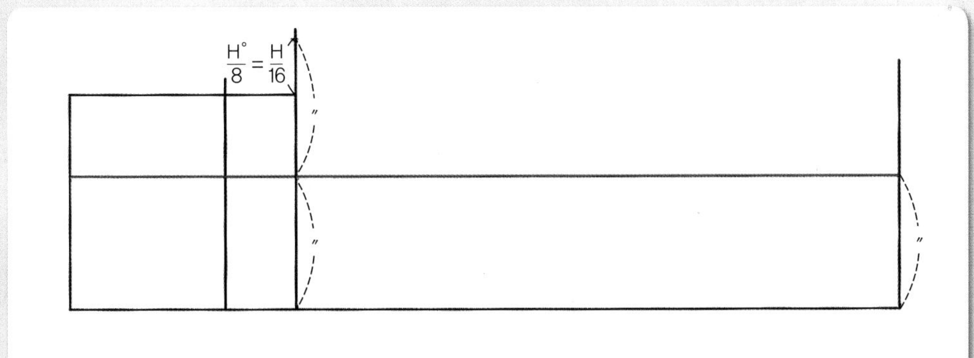

03
밑위 선과 바짓단 선의 1/2점 두 점을 직선자로 연결하여 허리선까지 앞 주름산 선을 그린다.

3. 무릎선을 그리고 무릎 폭과 바짓단 폭을 정한다.

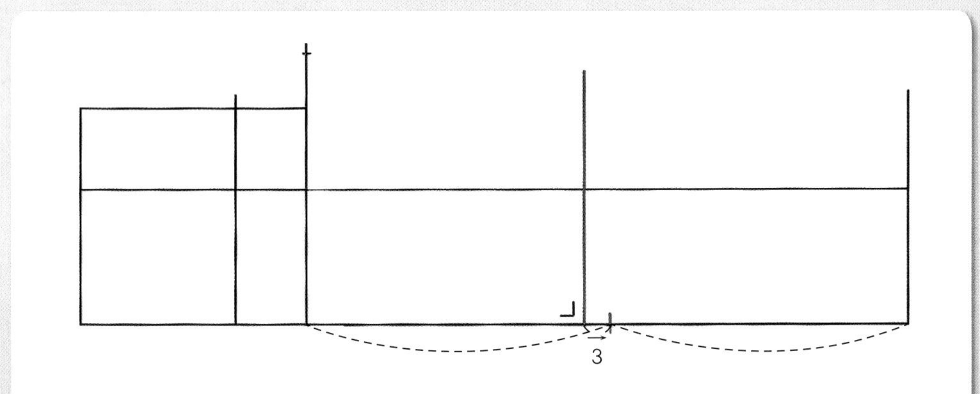

01
밑위 선에서 바짓단 선까지를 2등분하여 표시하고, 2등분한 곳에서 허리선 쪽으로 3cm 올라가 직각으로 무릎 안내선을 그린다.

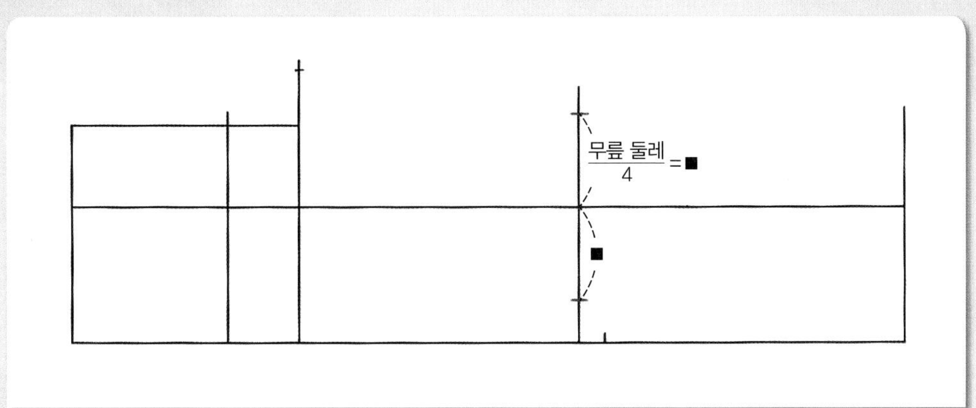

02
무릎 둘레/4 치수(■)를 주름산 선에서 각각 위아래로 무릎 폭 끝점을 표시한다.

03

바짓단 폭/2 – 0.6cm 치수(●)를 주름산 선에서 각각 위아래로는 바짓단 폭 끝점을 표시한다.

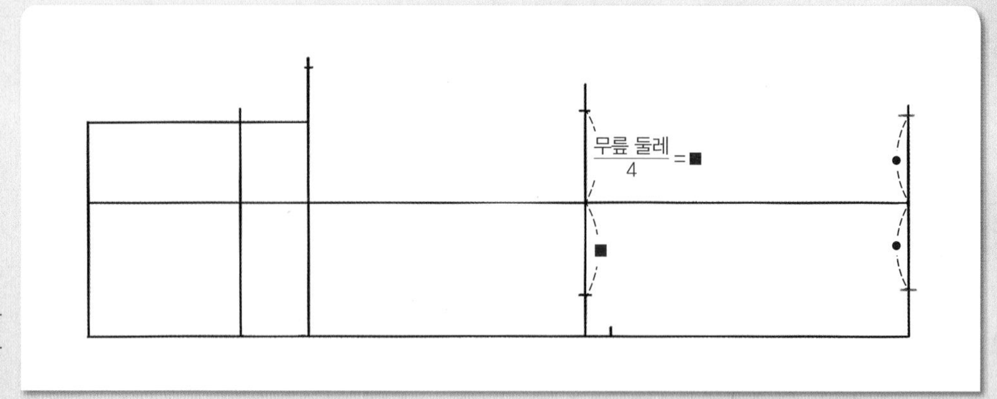

4. 밑아래 옆선과 안쪽 다리선을 그린다.

01

무릎 폭 끝점과 바짓단 폭 끝점 두 점을 직선자로 연결하여 무릎 밑 옆선과 안쪽 다리선을 그린다.

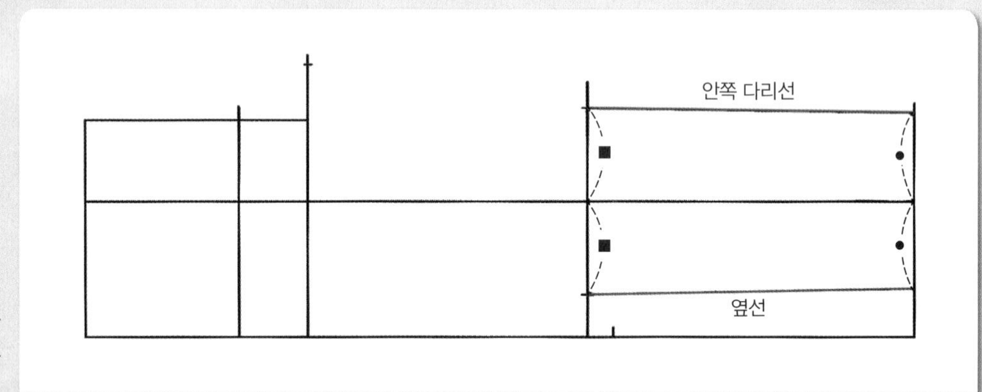

02

옆선 쪽 무릎 폭 끝점에 hip곡자 15 근처의 위치를 맞추면서 히프선과 연결하여 무릎 위 옆선을 그린다.

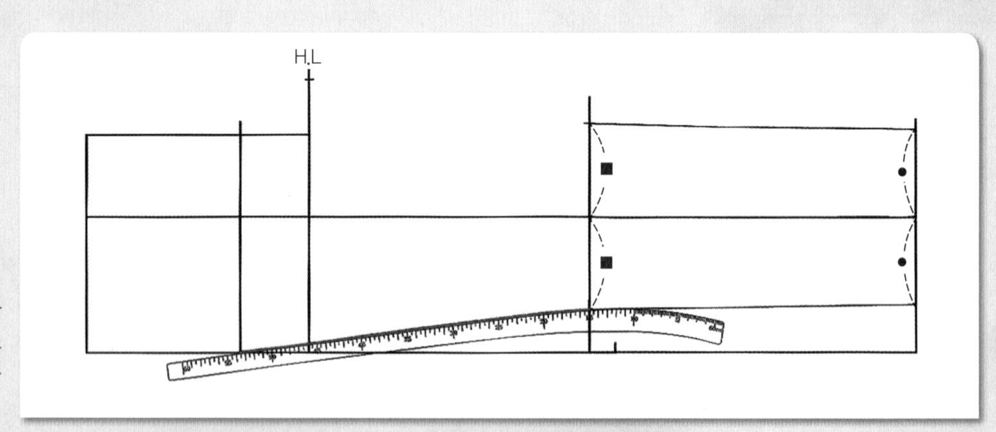

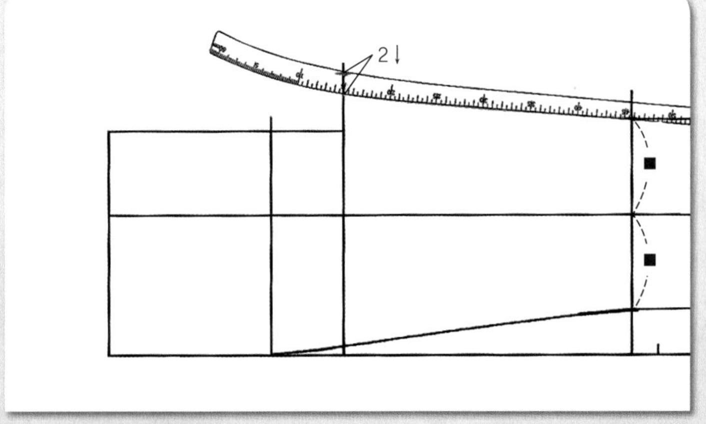

앞 밑위 선의 끝점에서 2cm 내려와 앞 밑둘레 폭 끝점을 표시한 다음, hip곡자의 15 근처의 위치를 맞추면서 무릎 폭 점 표시와 연결하여 무릎 위 안쪽 다리선을 그린다.

5. 앞 중심선과 앞 밑둘레 선을 그린다.

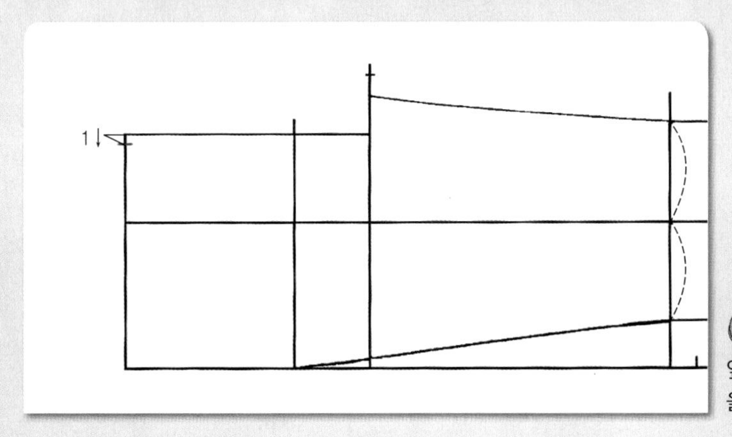

01

앞 중심 안내선 쪽 허리선 끝에서 1cm 허리선을 따라 내려와 앞 중심선 끝점을 표시한다.

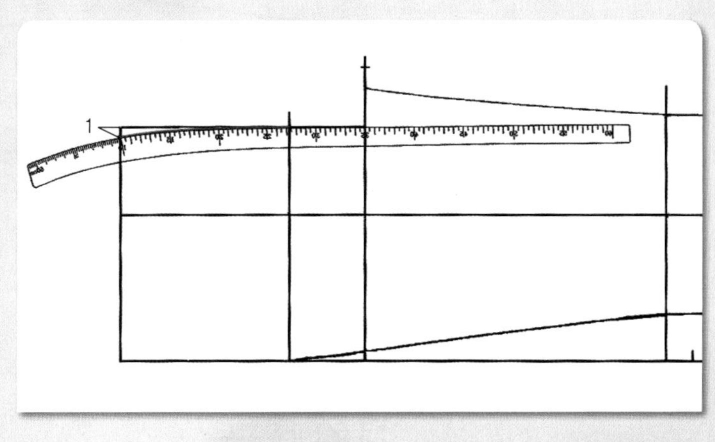

02

1cm 내려와 표시한 곳에 hip곡자 10 근처의 위치를 맞추면서 앞 중심 안내선상의 히프선 위치와 연결하여 앞 중심선을 그린다.

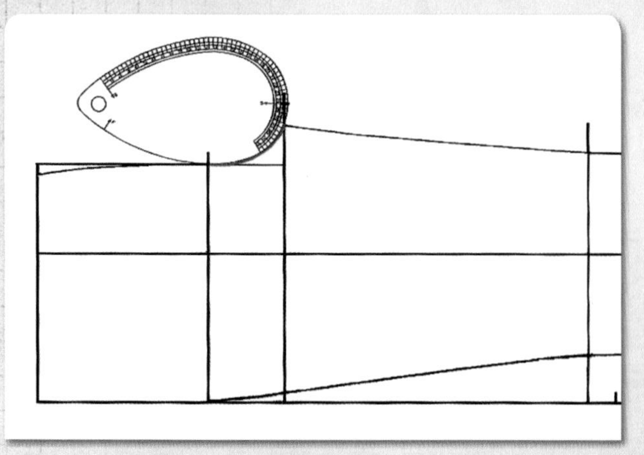

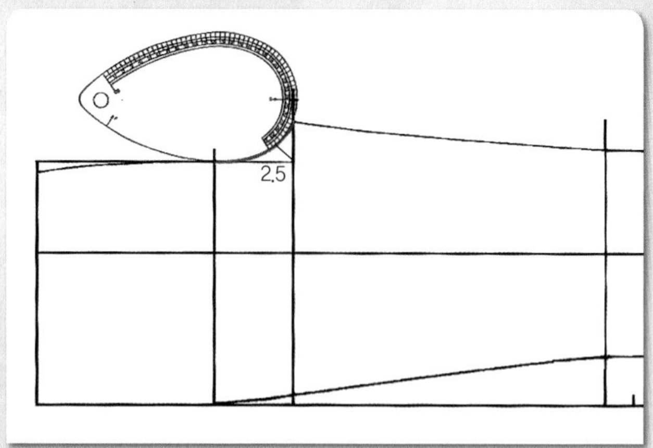

03

앞 밑둘레 폭 끝점과 앞 중심의 히프선 위치에 AH자 앞쪽을 수평으로 바르게 맞추어 대고 앞 밑둘레선을 그린다.

※ 여기서 사용한 AH자와 다른 AH자를 사용할 경우에는 앞 중심선과 밑위 선의 교점에서 45° 각도로 2.5cm의 선을 그리고 앞 밑둘레 폭 끝점과 2.5cm의 끝점을 통과하면서 앞 중심선과 연결되는 곡선으로 맞추어 앞 밑둘레 선을 그린다.

6. 밑위 옆선을 그린다.

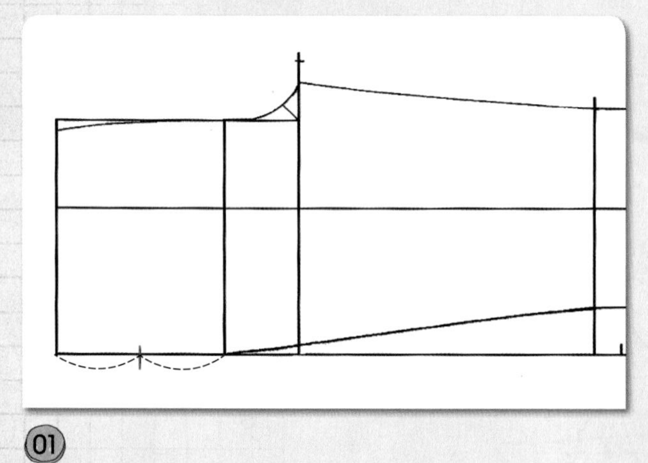

01

허리선에서 히프선까지 2등분한다.

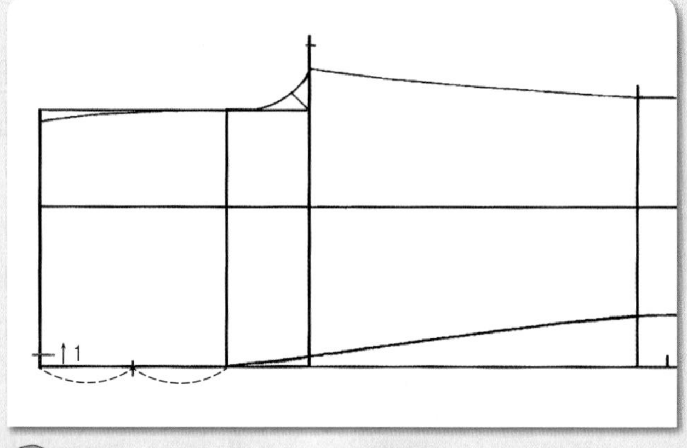

02

옆선 쪽 허리선 끝에서 1cm 올라가 옆선의 완성선을 그릴 통과점을 표시한다.

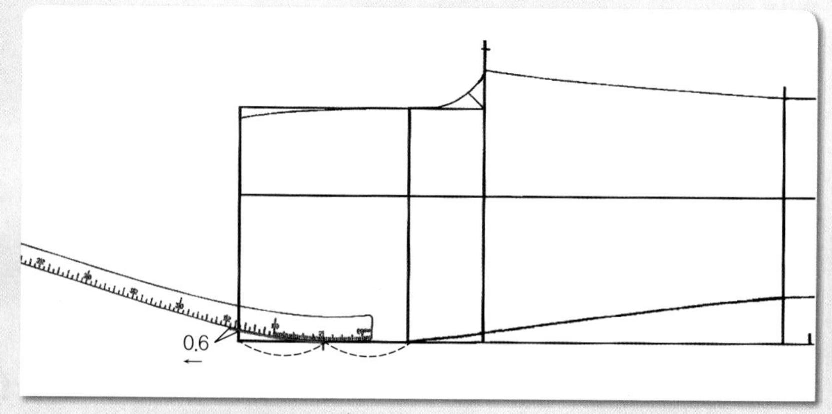

03

허리선에서 히프선까지 2등분한 점에 hip곡자의 5 근처의 위치를 맞추면서 1cm 올라가 표시한 점과 연결하여 히프선 위쪽 옆선의 완성선을 허리선에서 0.6cm 연장시켜 그린다.

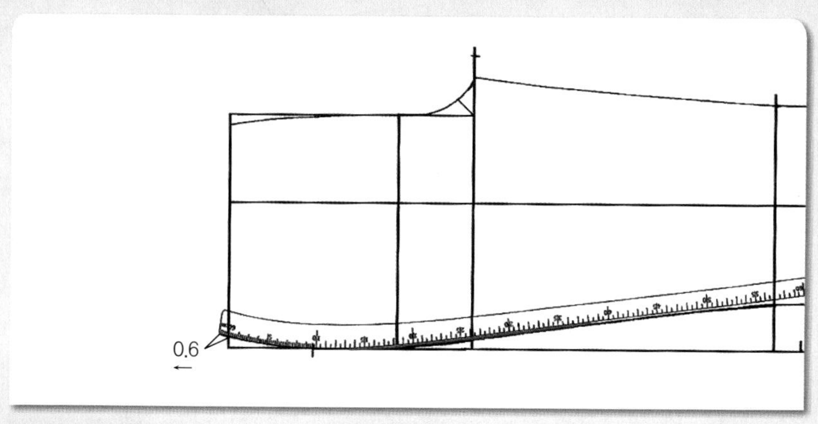

04

0.6cm 연장시켜 그린 옆선의 끝점에서 hip곡자의 끝 위치를 맞추면서 무릎 위 옆선과 자연스럽게 연결되는 곡선으로 맞추어 옆선 쪽 히프선 위치의 각진 부분을 수정하여 옆선을 완성한다.

7. 허리선을 그리고 다트를 그린다.

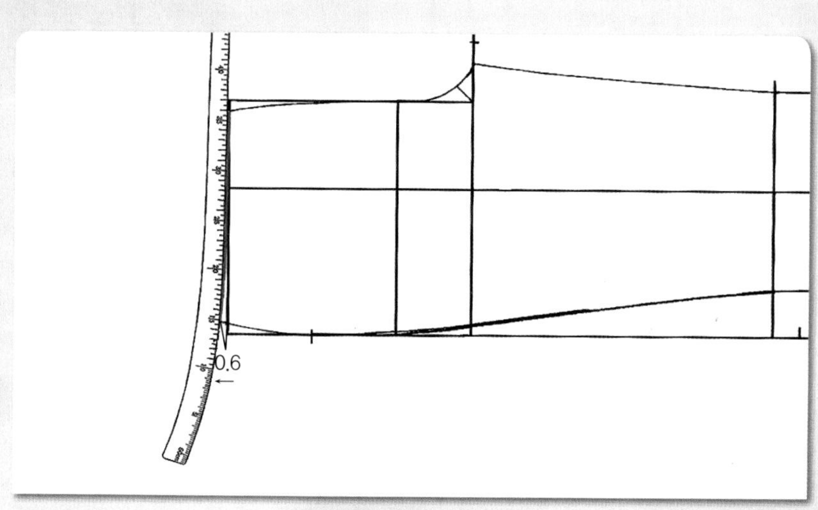

01

옆선의 0.6cm 올라간 끝점에 hip곡자 15 근처의 위치를 맞추면서 앞 중심선 끝과 연결하여 허리 완성선을 그린다.

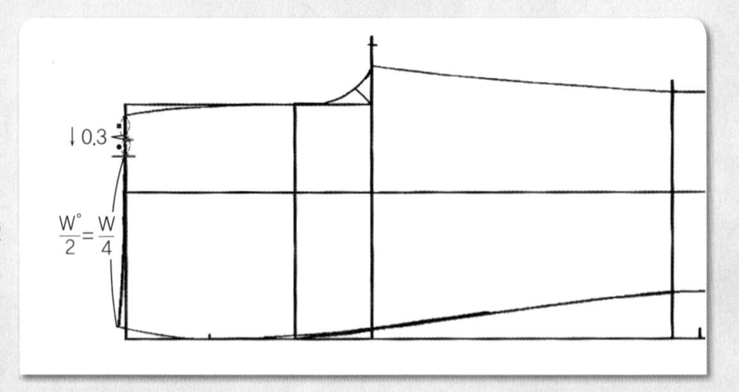

02

옆선 쪽 허리선 끝에서 앞 중심 쪽으로 W°/2 = W/4 치수를 올라가 표시하고, 남은 허리선의 분량을 2등분한 다음, 2등분한 곳에서 0.3cm 옆선 쪽으로 이동하여 차이나는 두 개의 다트량을 표시해 둔다.

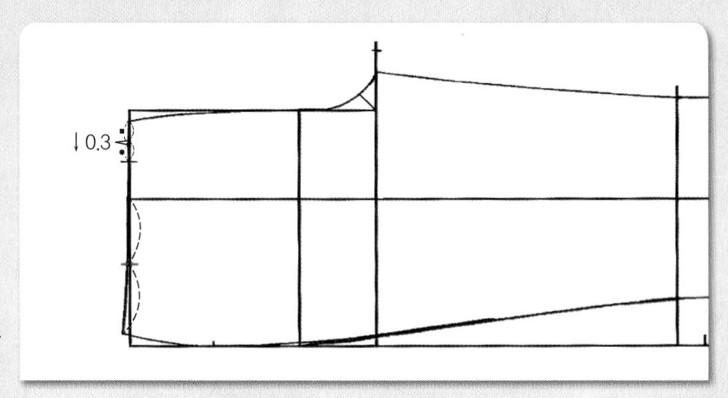

03

주름산 선에서 옆선까지의 허리 완성선을 2등분한다.

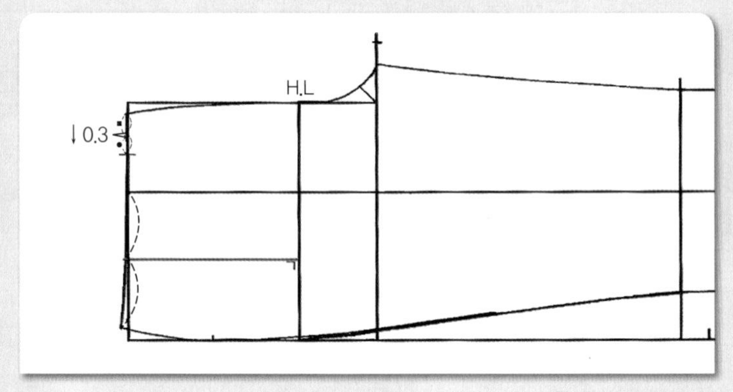

04

히프선에서 2등분한 점과 직각으로 연결하여 다트 중심선을 그린다.

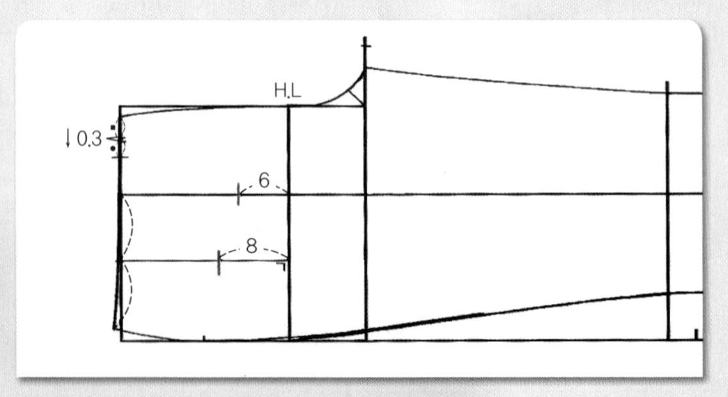

05

히프선에서 옆선 쪽 다트는 8cm, 앞 중심 쪽 다트는 6cm 허리선 쪽으로 올라가 다트 끝점을 표시한다.

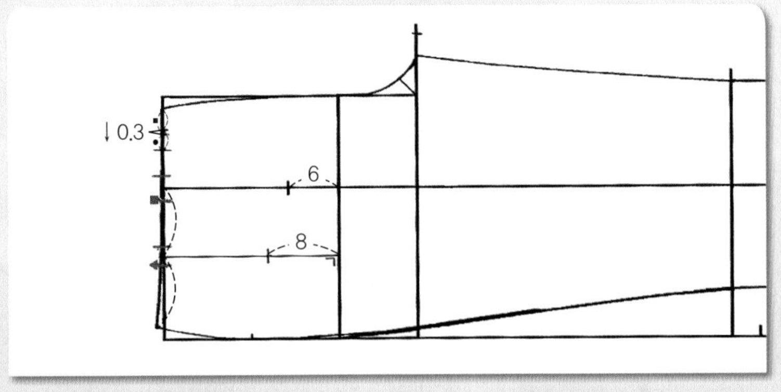

06

다트량이 많은 것(■)을 앞 중심 쪽 다트 중심선에서 다트량의 1/2씩 위아래로 나누어 표시하고, 다트량이 적은 것(▲)을 옆선 쪽 다트 중심선에서 다트량의 1/2씩 위아래로 나누어 허리선 쪽 다트 위치를 표시한다.

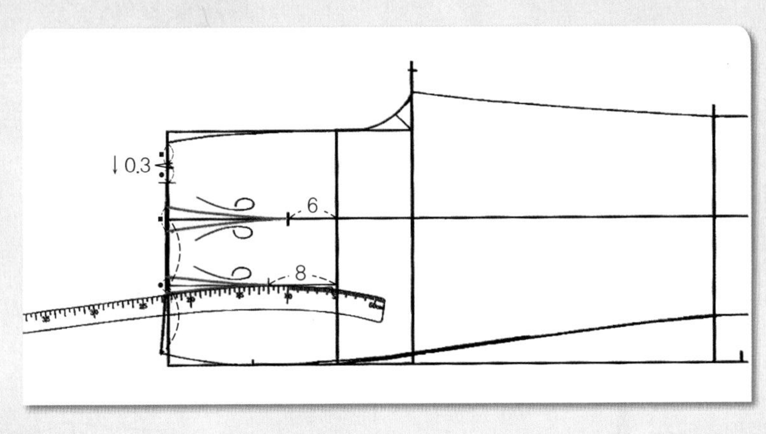

07

hip곡자가 다트 끝점에서 1cm 다트 중심선에 닿으면서 허리선 쪽 다트 위치와 연결되는 곡선을 찾아 맞추고 다트 완성선을 그린다. (즉, 다트 끝점에 hip곡자 12 근처의 위치를 맞추면서 허리선 쪽 다트 위치와 연결하면 자연스런 다트선이 된다.)

8. 지퍼 끝 위치를 표시하고 스티치 선을 그린다.

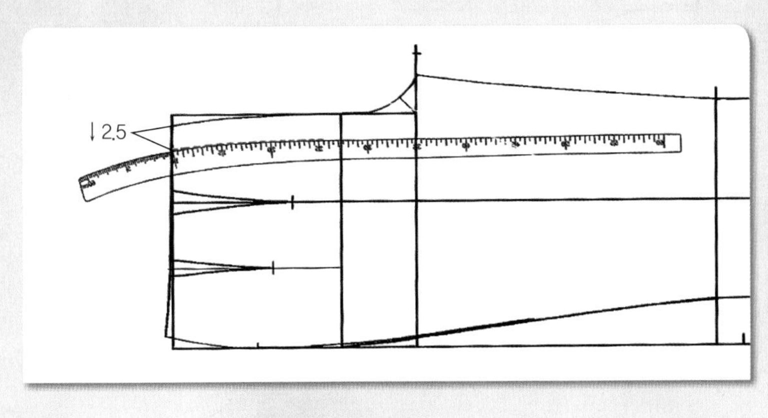

01

앞 중심선에서 2.5cm 내려와 지퍼 스티치 폭을 표시하고, 앞 중심 완성선을 그릴 때 사용한 똑같은 hip곡자로 맞추어 지퍼 스티치 선을 그린다.

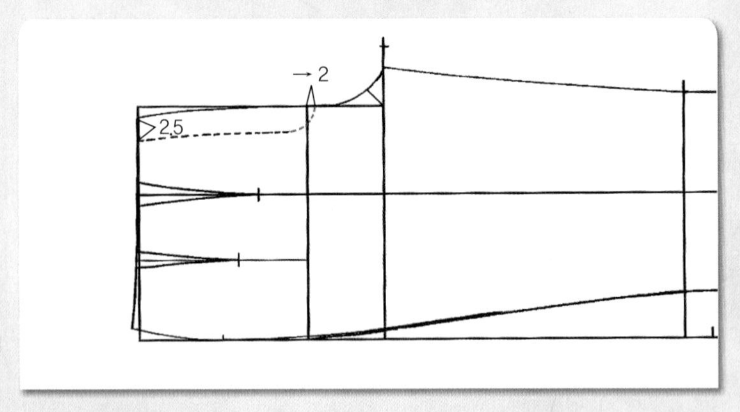

02

히프선에서 2cm 바짓단 쪽으로 내려가 지퍼 트임 끝 위치를 표시하고 스티치 선과 연결되는 곡선으로 지퍼 트임 끝쪽을 둥글게 그린다.

9. 주머니 입구 선을 그린다.

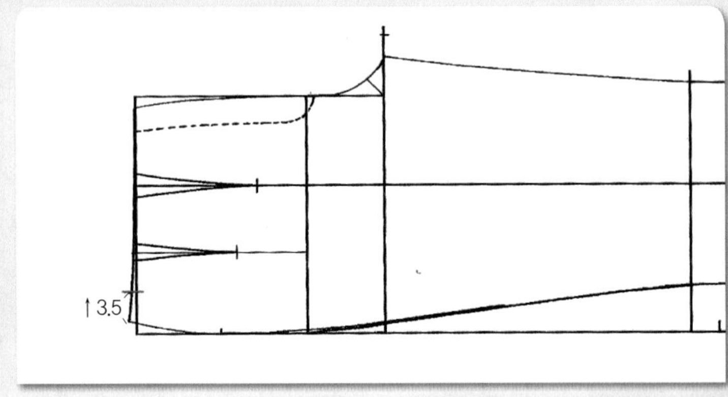

01

옆선 쪽 허리선 끝에서 3.5cm 올라가 허리선 쪽 주머니 입구 위치를 표시한다.

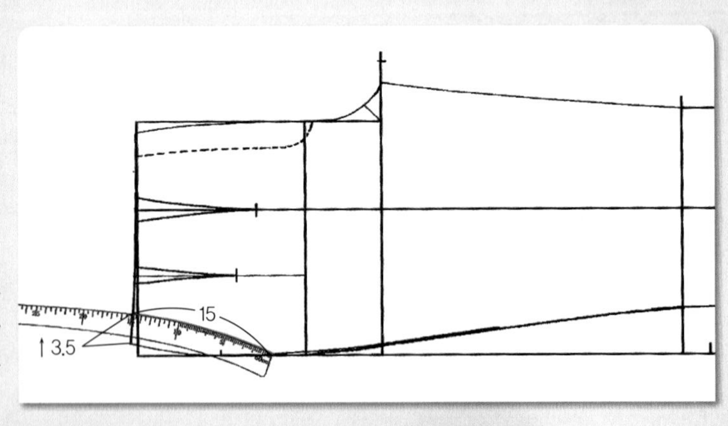

02

주머니 입구 위치를 표시한 허리선에 hip곡자의 15 위치를 맞추면서 hip곡자의 끝이 옆선과 맞닿는 곡선으로 맞추어 주머니 입구 선을 그린다.

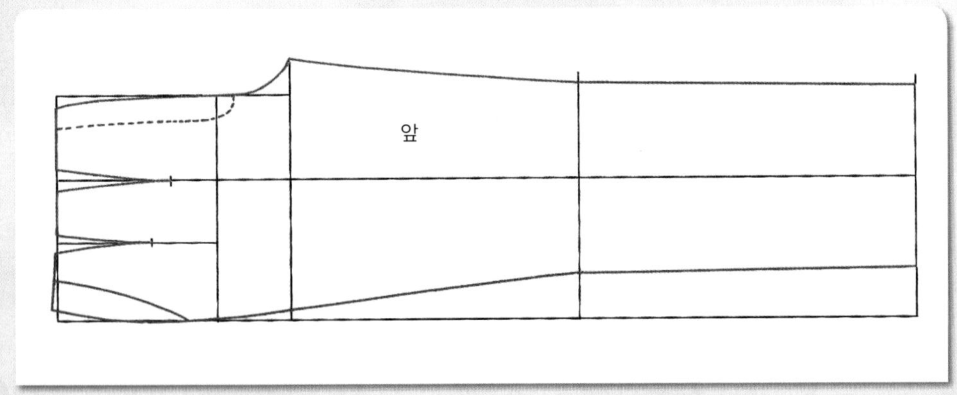

03
적색선이 앞판의 완성선이다.

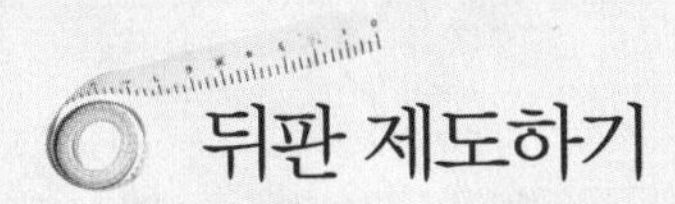

뒤판 제도하기

1. 앞판을 옮겨 그린다.

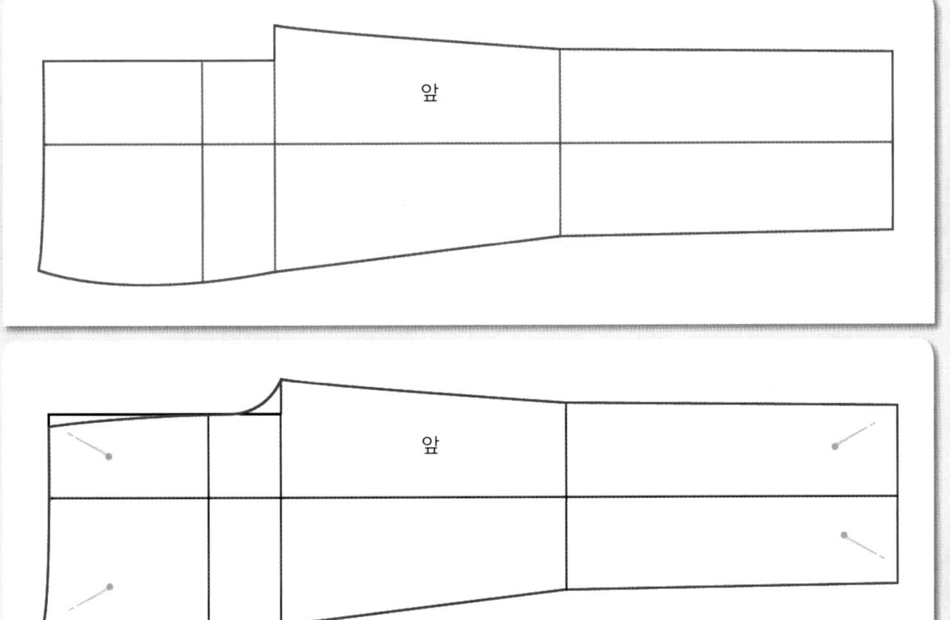

01
앞판의 기초선과 외곽 완성선을 새 패턴지에 옮겨 그리거나, 아래쪽의 그림처럼 앞판을 오려내어 새 패턴지 위에 핀으로 고정시킨다.

2. 무릎 밑선을 그린다.

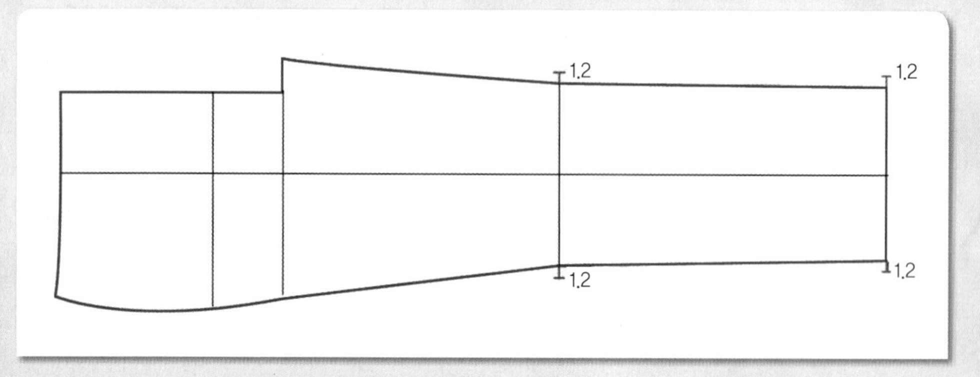

01

앞판의 무릎선과 바짓단 선 끝에서 각각 1.2cm씩 추가하여 뒤 무릎선과 바짓단 선을 그린다.

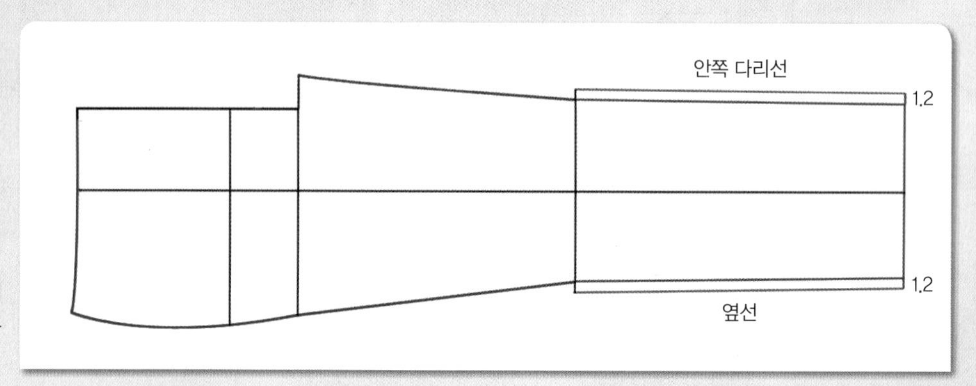

02

1.2cm 추가한 무릎선과 바짓단 선의 두 점을 직선자로 연결하여 뒤 무릎 밑 옆선과 안쪽 다리선을 그린다.

3. 뒤 밑둘레 폭을 추가하고 무릎 위 안쪽 다리선을 그린다.

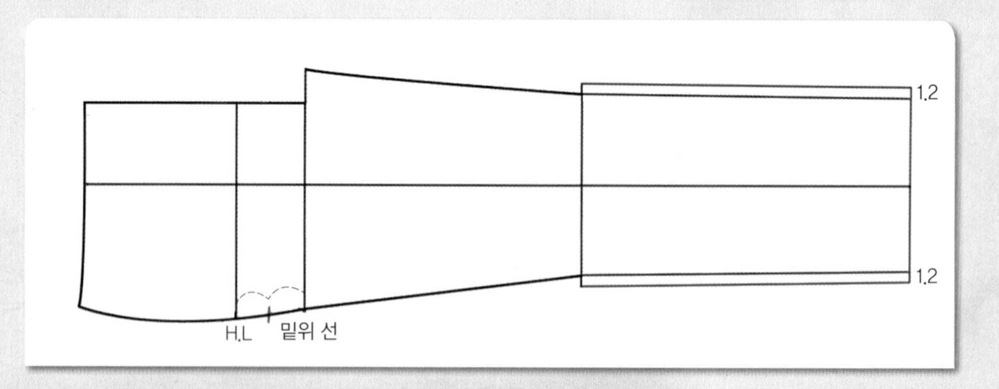

01

앞판의 히프선과 밑위 선의 옆선 거리를 2등분한다.

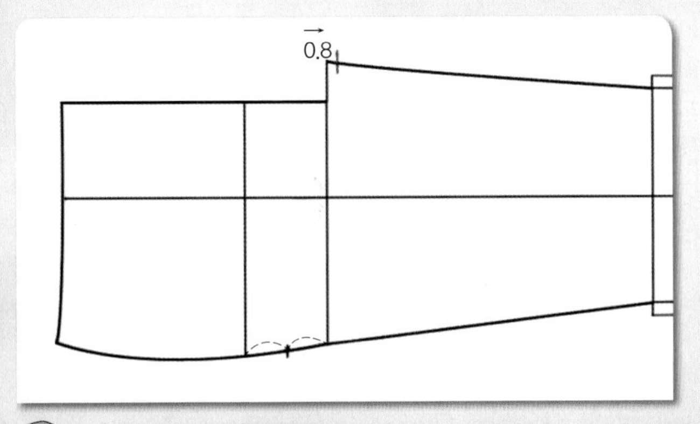

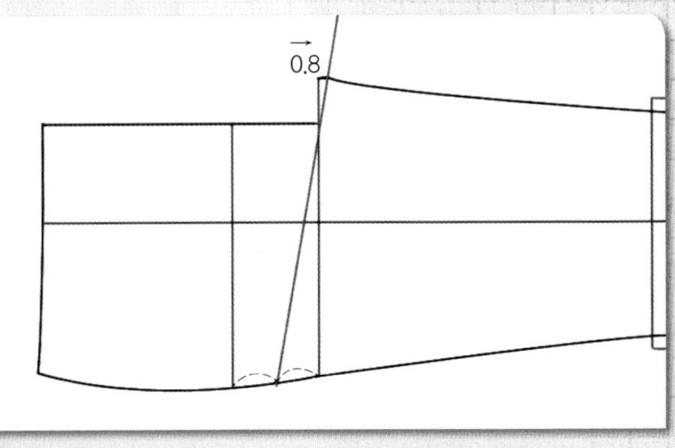

02

앞 밑둘레 폭 끝점에서 0.8cm 바짓단 쪽으로 내려가 표시한다.

03

2등분한 점과 0.8cm 내려가 표시한 두 점을 직선자로 연결하여 위쪽으로 길게 뒤 밑위 선을 그린다.

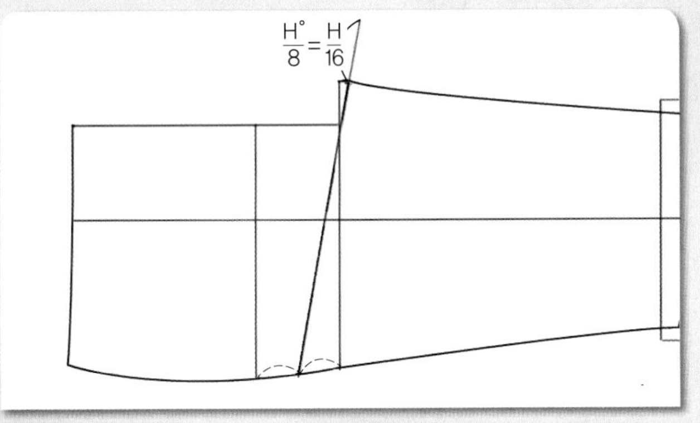

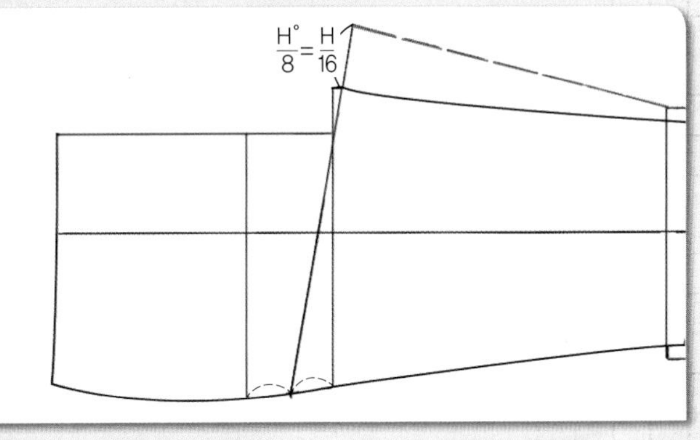

04

0.8cm 내려가 표시한 점에서 뒤 밑위 선을 따라 H°/8 = H/16 치수를 올라가 뒤 밑둘레 폭 끝점을 표시한다.

05

뒤 밑둘레 폭 끝점과 무릎선의 두 점을 직선자로 연결하여 무릎 위 안쪽 다리 안내선을 그린다.

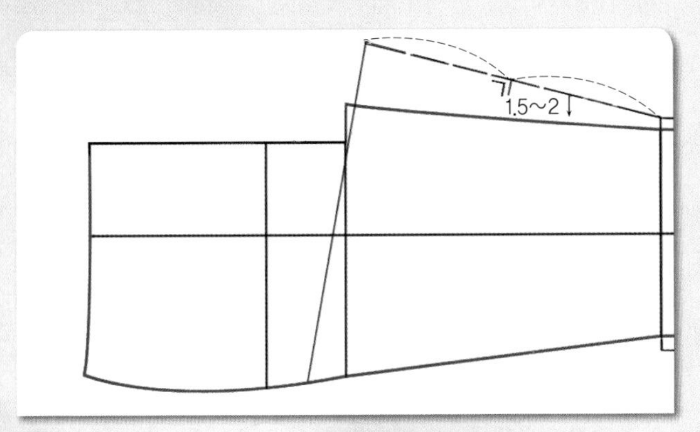

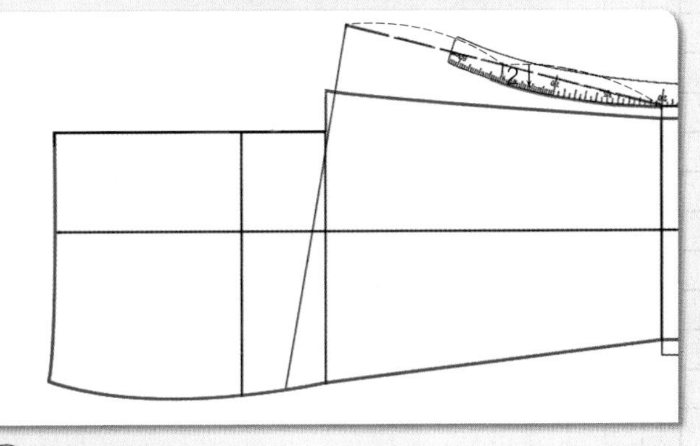

06

무릎 위 안쪽 다리 안내선을 2등분한 다음 직각으로 1.5~2cm 내려 그린다.

※ 1.5cm는 일반적, 2cm는 약간 바지통을 좁히는 경우임.

07

1.5~2cm 내려온 점, 즉 1.5cm 내려온 경우에는 hip곡자 5근처, 2cm 내려온 경우에는 hip곡자 7 근처의 위치를 맞추면서 무릎 밑선과 연결하여 뒤 안쪽 다리선을 그린다.

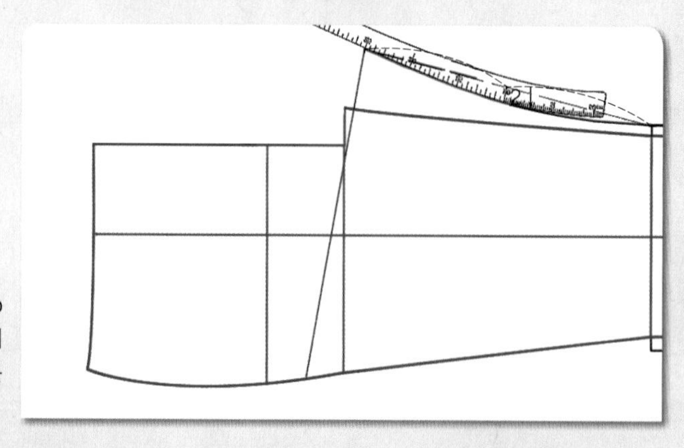

1.5~2cm 내려온 점, 즉 1.5cm 내려온 경우에는 hip곡자 10 근처, 2cm 내려온 경우에는 hip곡자 5근처의 위치를 맞추면서 뒤 밑둘레 폭 끝점과 연결하여 무릎 위 안쪽 다리선을 완성한다.

4. 뒤 중심선을 그린다.

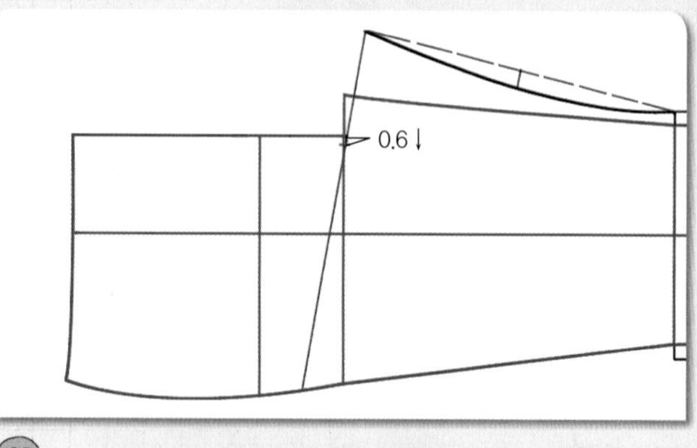

01

앞판의 앞 중심 안내선과 뒤 밑위 선의 교점에서 뒤 밑위 선을 따라 0.6cm 옆선 쪽으로 내려와 뒤 밑둘레 폭점을 표시한다.

02

앞판의 앞 중심 쪽 허리선 끝에서 주름산 선까지의 허리선을 3등분한다.

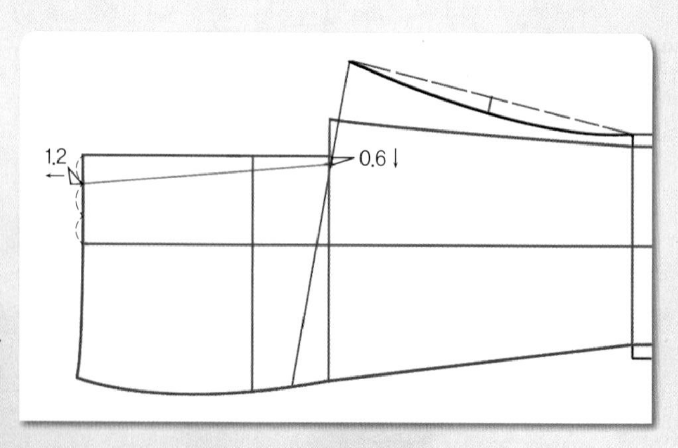

앞 중심 쪽의 1/3점과 0.6cm 내려와 표시한 뒤 밑둘레 폭 점 두 점을 직선자로 연결하여 뒤 중심선을 허리선 쪽에서 운동량으로서 1.2cm 추가하여 그린다.

5. 뒤 밑둘레 선을 그린다.

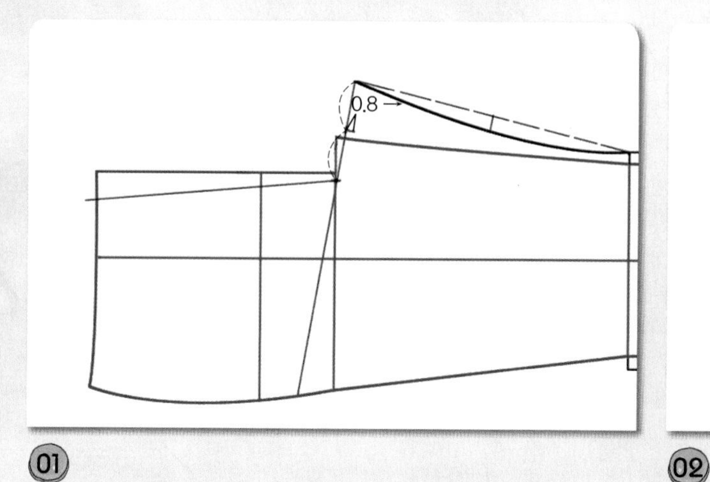

01

뒤 밑둘레 폭을 2등분하고, 2등분한 점에서 0.8cm 바짓단 쪽으로 내려 그린다.

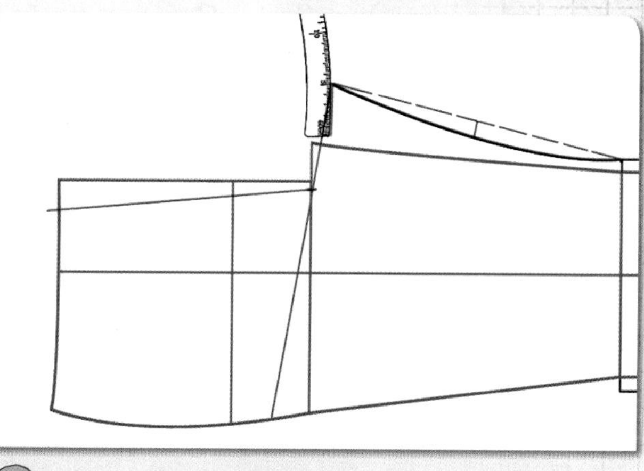

02

0.8cm의 끝점에 hip곡자 끝을 맞추면서 뒤 밑둘레 폭 끝점과 연결하여 뒤 밑둘레 선을 그린다.

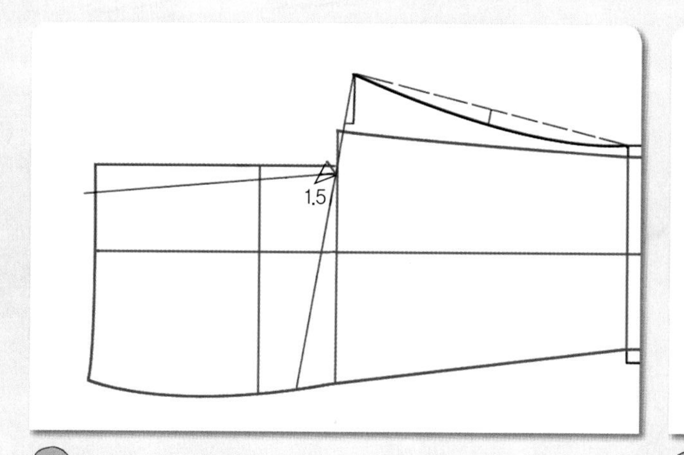

03

뒤 중심선과 뒤 밑둘레 선 사이의 중간을 통과하는 1.5cm의 통과선을 그린다.

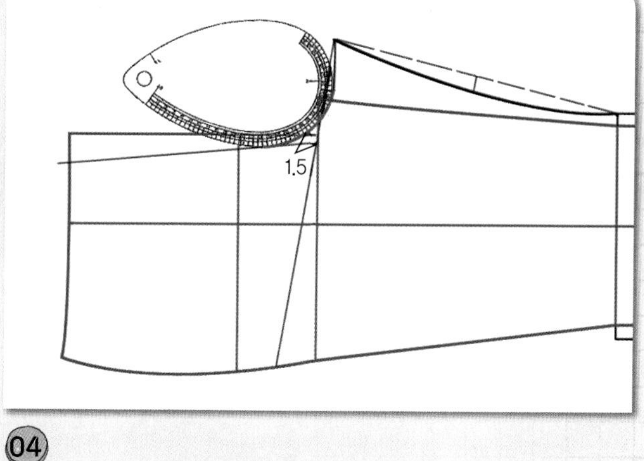

04

1.5cm 통과점과 0.8cm 내려간 곳의 두 점을 통과하면서 뒤 중심 안내선과 자연스럽게 연결되도록 AH자 뒤쪽을 사용하여 맞추고, 뒤 밑둘레 선을 완성한다.

6. 뒤 무릎 위 옆선을 그린다.

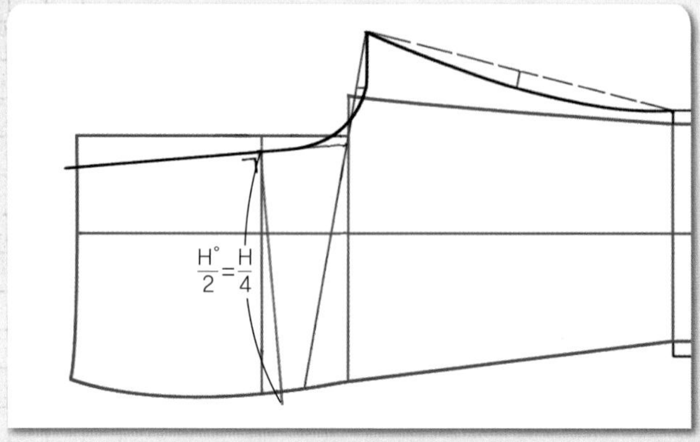

01

뒤 중심 안내선을 따라 앞판의 히프선 위치에서 직각으로 H°/2=H/4 치수의 뒤 히프선을 내려 그린다.

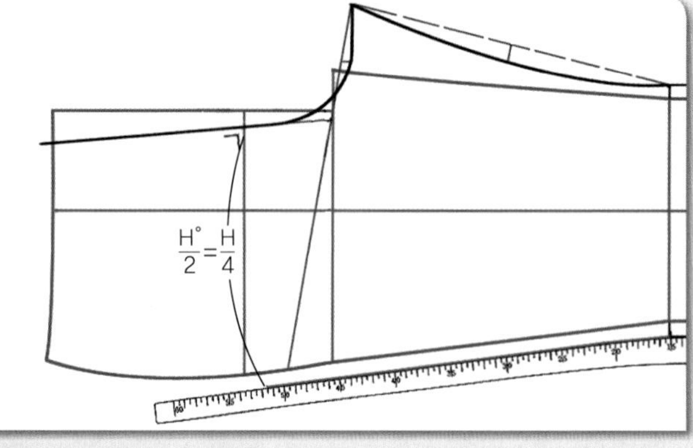

02

뒤 히프선의 끝점과 무릎선 두 점을 앞판에서 사용한 hip곡자의 똑같은 곡선으로 맞추어 연결하고 무릎 위 옆선을 그린다.

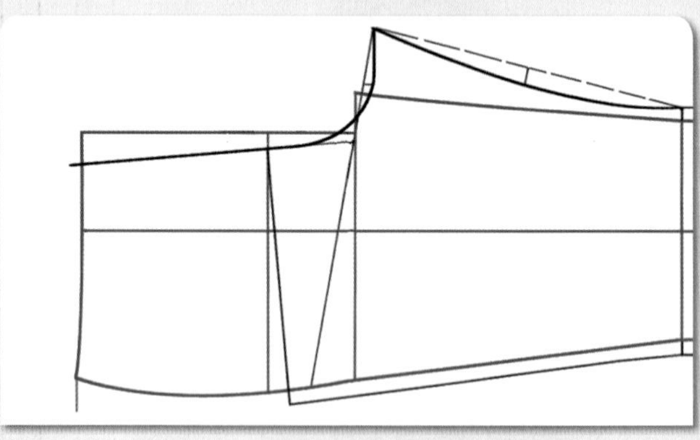

03

옆선 쪽 허리선 끝에서 수직으로 뒤 허리 안내선을 내려 그린다.

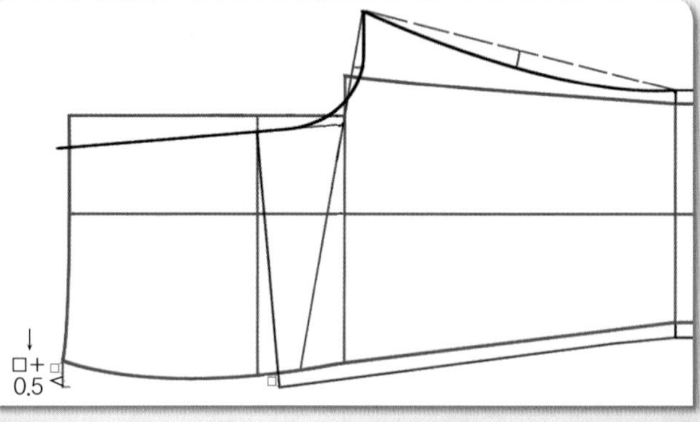

04

뒤 히프선의 끝점과 앞판의 옆선과의 차이지는 분량(□)을 앞판의 허리선 끝에서 내려와 표시하고, 그 곳에서 0.5cm를 더 내려와 옆선의 완성선을 그릴 끝점을 표시한다.

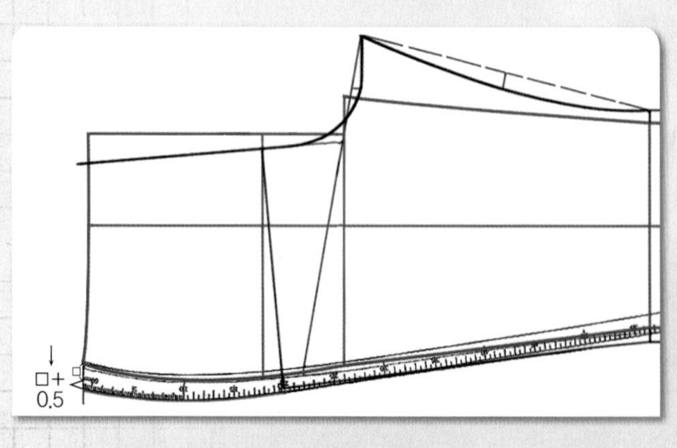

05

옆선 쪽 허리선 끝점에 hip곡자 끝 위치를 맞추면서 히프선과 연결하고, 무릎위 옆선과 자연스럽게 연결되는가를 확인하여 뒤 히프선 위쪽 옆선을 그린다.

7. 허리선을 그리고 다트를 그린다.

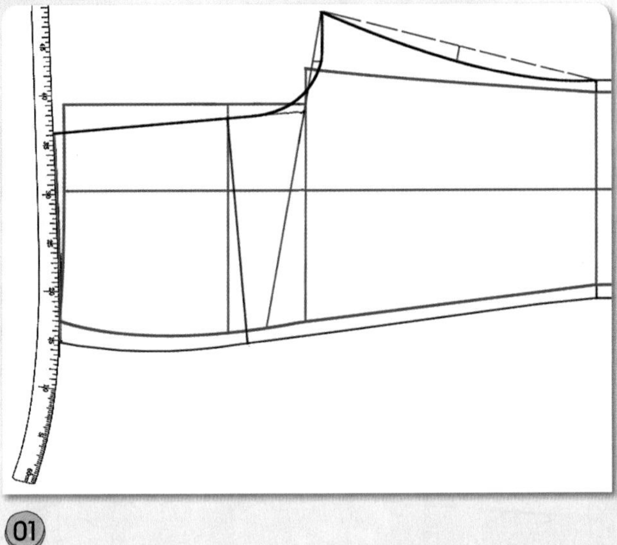

01

뒤 옆선 쪽 허리선 끝점에서 hip곡자 15 근처의 위치를 맞추면서 1.2cm 추가하여 그린 뒤 중심선의 끝점과 연결하여 뒤 허리 완성선을 그린다.

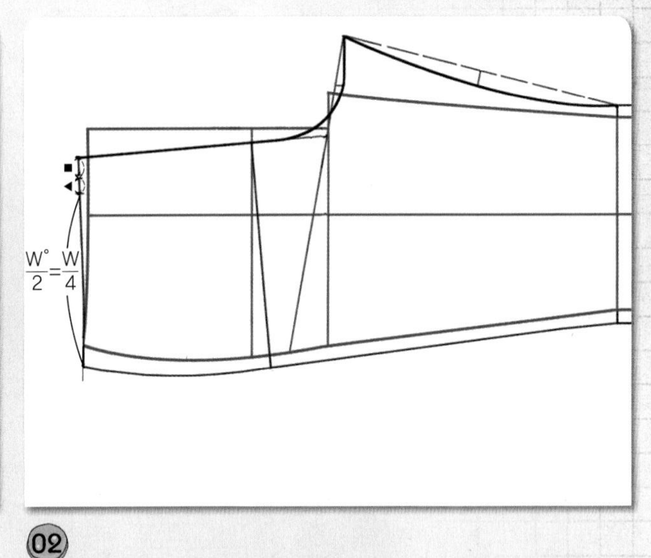

02

옆선 쪽 허리선 끝점에서 W°/2=W/4 치수를 올라가 표시하고, 남은 허리선의 분량을 2등분한 다음, 2등분한 점에서 0.3cm 옆선 쪽으로 이동하여 차이지는 두 개의 다트량을 표시해 둔다.

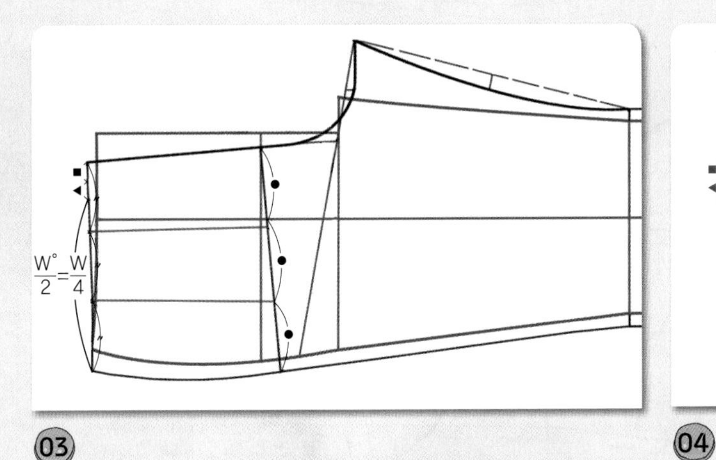

03

허리선과 히프선을 각각 3등분하고 1/3점끼리 직선자로 연결하여 다트 중심선을 그린다.

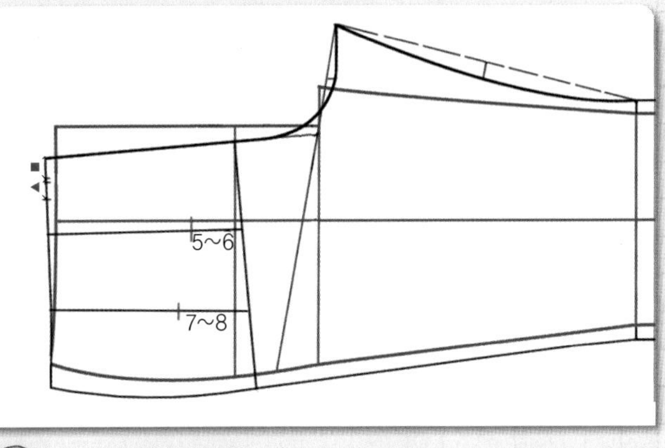

04

히프선에서 뒤 중심 쪽 다트는 5~6cm, 옆선 쪽 다트는 7~8cm 허리선 쪽으로 올라가 다트 끝점을 표시한다.

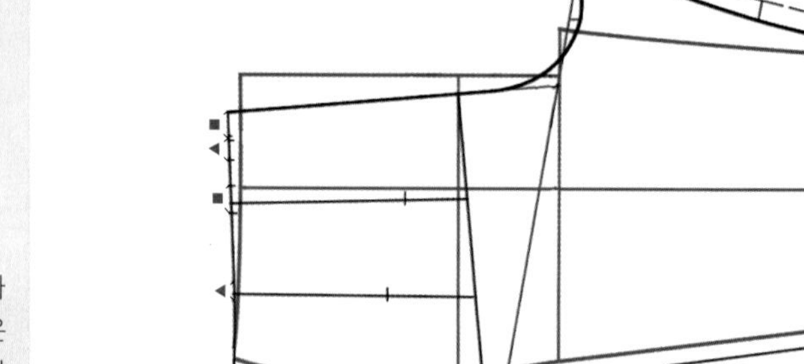

05

다트량이 많은 것(■)을 뒤 중심 쪽 다트 중심선에서 다트량의 1/2씩 위아래로 나누어 표시하고, 다트량이 적은 것 (▲)은 옆선 쪽 다트 중심선에서 다트량의 1/2씩 위아래로 나누어 표시한다.

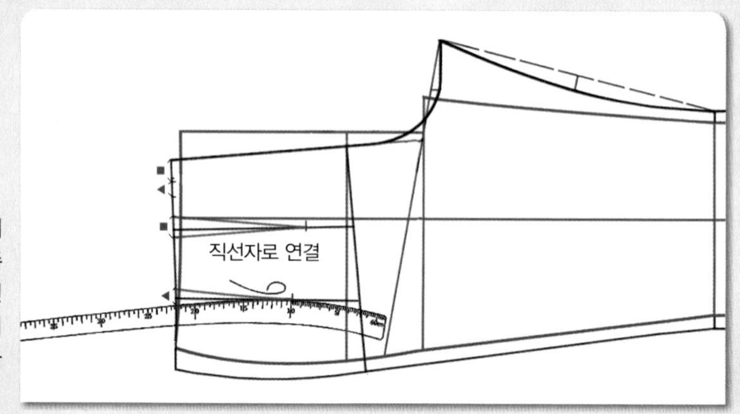

06

뒤 중심 쪽 다트는 다트 끝점과 허리선 쪽 다트 위치를 직선자로 연결하여 다트 완성선을 그리고, 옆선 쪽 다트는 다트 끝점에서 1cm가 다트 중심선에 닿으면서(즉, 다트 끝점에 hip곡자 10 위치를 맞추면서) 허리선 쪽 다트 위치와 연결되는 곡선을 찾아 맞추고 다트 완성선을 그린다.

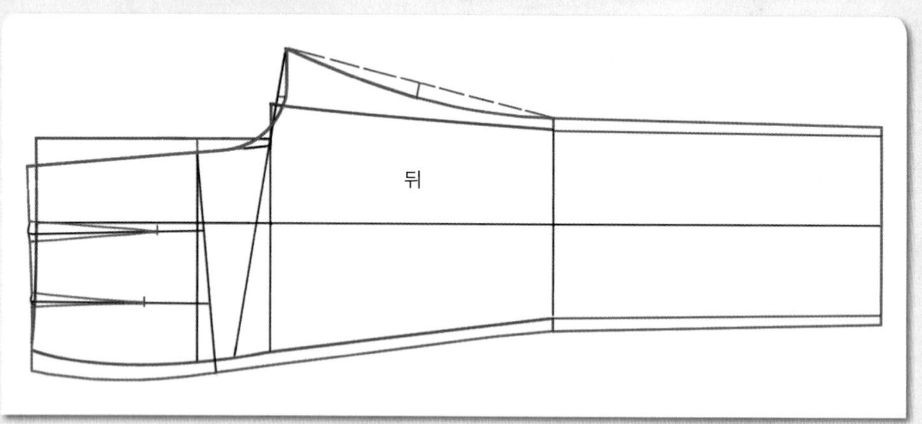

07

적색선이 뒤판의 완성선이다.

허리 벨트 그리기

01
세로로 길게 허리 벨트 선을 그린다.

02
직각으로 허리 벨트 폭 3cm의 뒤 중심선을 그린다.

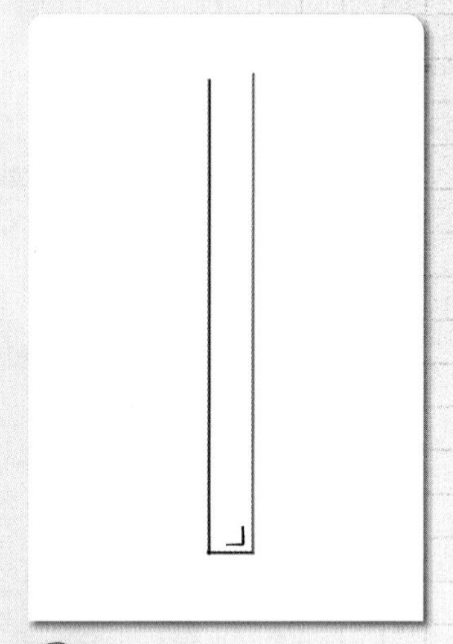

03
뒤 중심선에서 직각으로 허리 벨트 폭 선을 올려 그린다.

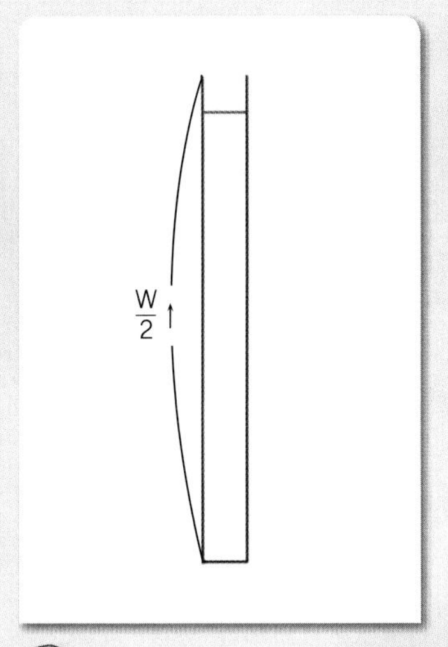

04
뒤 중심 쪽에서 W/2 치수를 올라가 앞 중심선을 그린다.

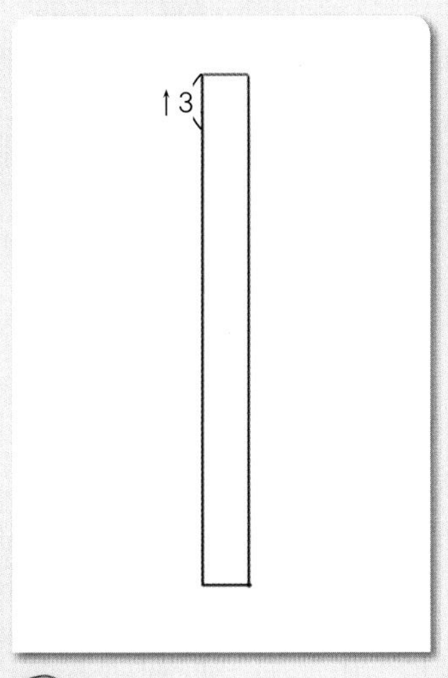

05
앞 중심선에서 3cm 올라가 앞 왼쪽 낸단분 선을 그린다

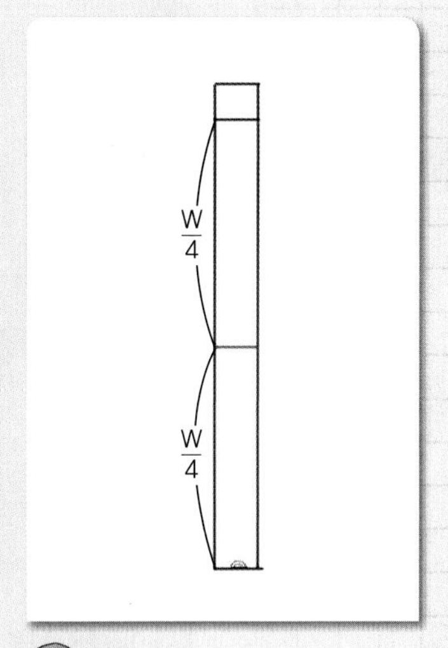

06
앞 중심선에서 뒤 중심선까지를 2등분하여 옆선 표시를 하고 뒤 중심선에 골선 표시를 한다.

재단법

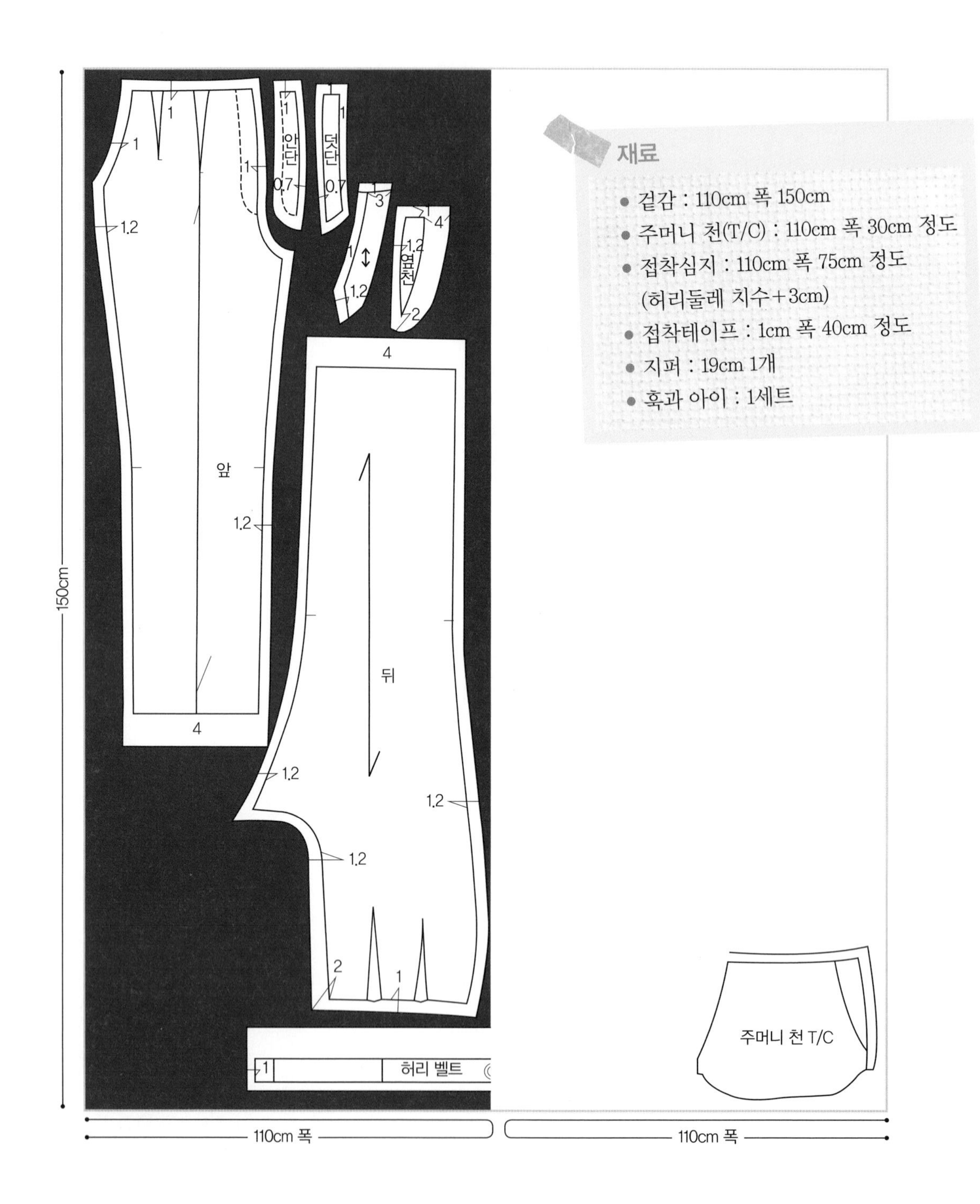

재료
• 겉감 : 110cm 폭 150cm
• 주머니 천(T/C) : 110cm 폭 30cm 정도
• 접착심지 : 110cm 폭 75cm 정도
(허리둘레 치수+3cm)
• 접착테이프 : 1cm 폭 40cm 정도
• 지퍼 : 19cm 1개
• 훅과 아이 : 1세트
150cm
110cm 폭
110cm 폭
앞
뒤
안단
덧단
옆천
허리 벨트
주머니 천 T/C
1
1.2
0.7
3
4
2

봉제법

봉제 전의 준비

1. 표시를 한다.

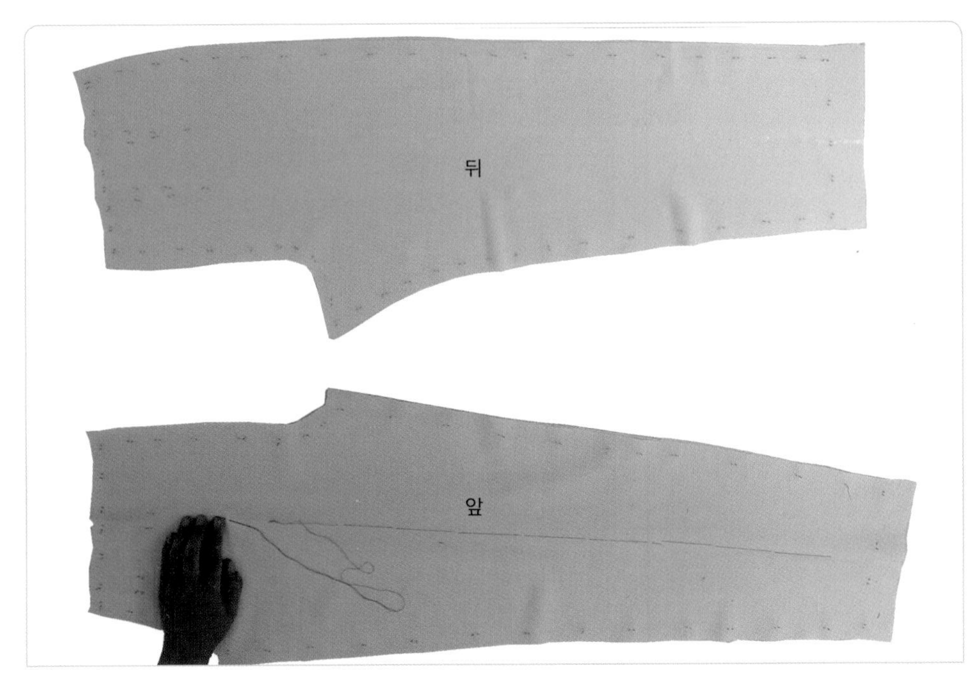

01
앞뒤 판의 완성선에 실표뜨기를 하고, 앞판의 주름산 선에 시침질을 한다.

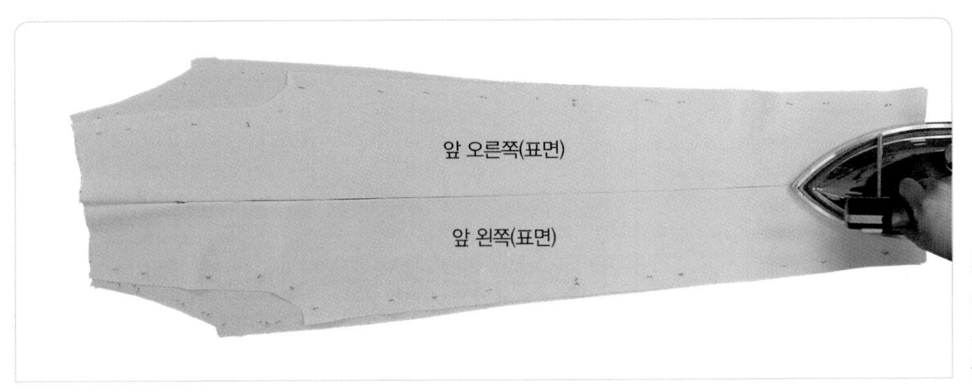

02
앞 오른쪽과 왼쪽을 시침질한 곳에서 접어 다리미로 주름을 먼저 잡는다.

2. 접착테이프와 접착심지를 붙인다.

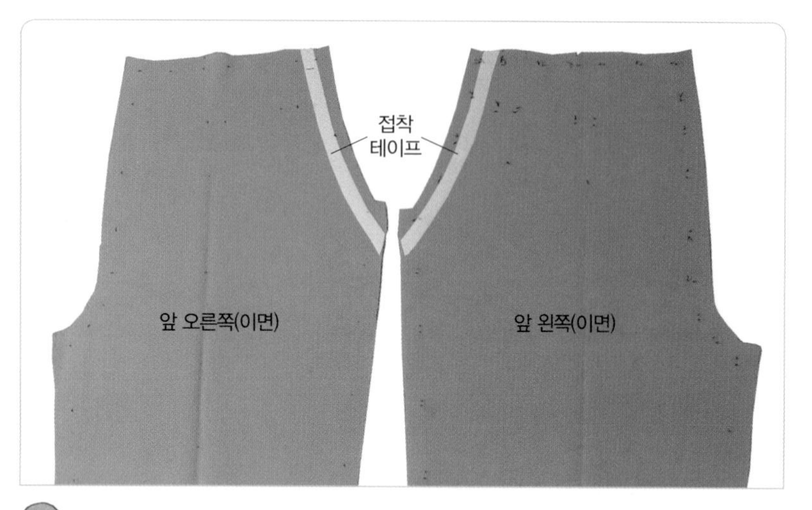

01
앞판의 좌우 주머니 입구에 1cm 폭의 접착테이프를 완성선에서 몸판 쪽에 붙인다.

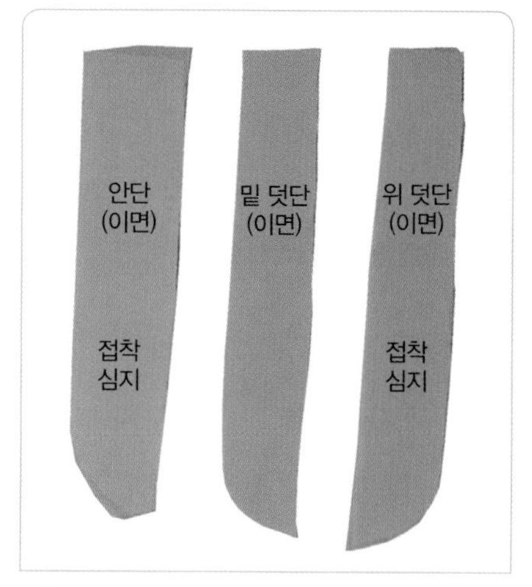

02
지퍼 다는 곳의 안단과 위 덧단에 접착심지를 붙인다.

3. 허리 벨트에 벤놀 심지를 붙이고 표시한다.

01
허리 벨트 천을 수축 방지를 겸해 스팀 다림질로 구김을 편다.

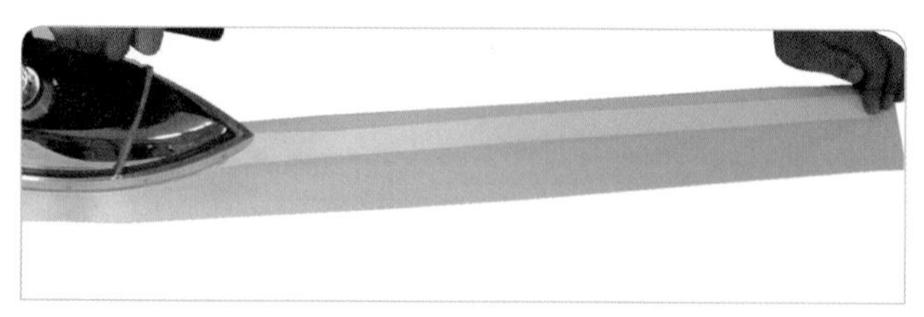

02
겉 허리 벨트 쪽에 3cm(유행에 따라 벨트 폭의 치수는 달라질 수 있다) 폭의 벤놀 심지를 붙인다.

03
앞 중심, 옆선, 뒤 중심에 표시를 한다.

04
겉 허리 벨트 쪽의 시접 1cm를 심지 끝에서 접는다.

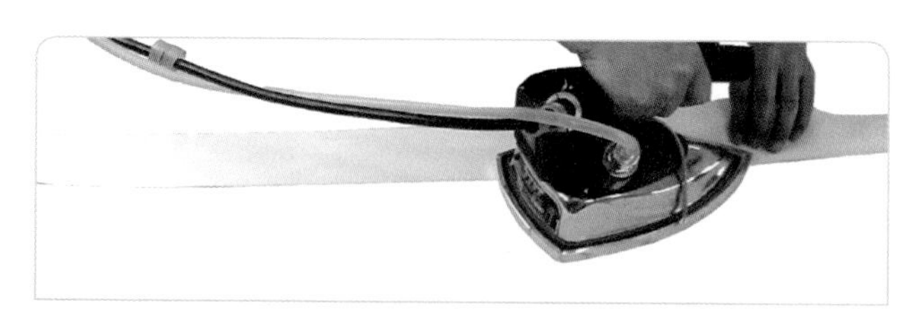

안 허리 벨트를 심지 쪽에서 접어 다림질한다.

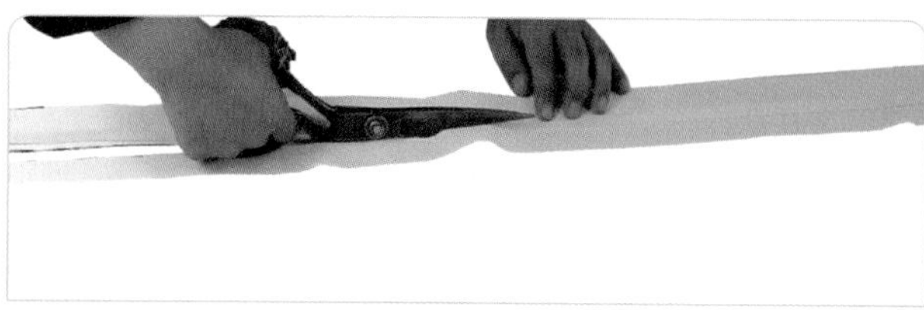

안 허리 벨트의 시접을 1cm 남기고 잘라낸다.

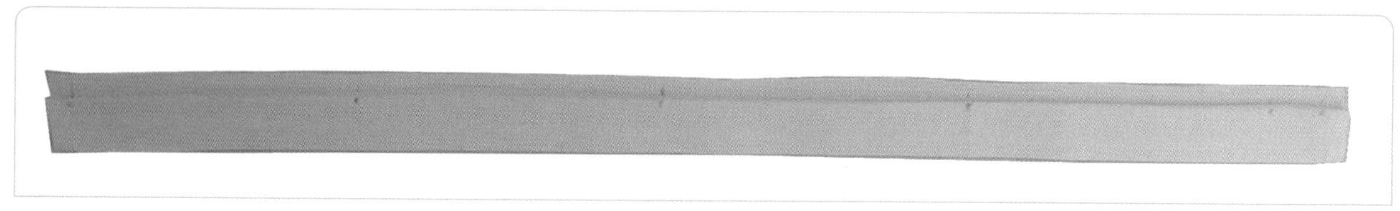

07

겉 허리 벨트의 표시를 맞추어 안 허리 벨트에도 표시를 하여 위치가 틀어지지 않도록 한다.

4. 부속품을 준비한다.

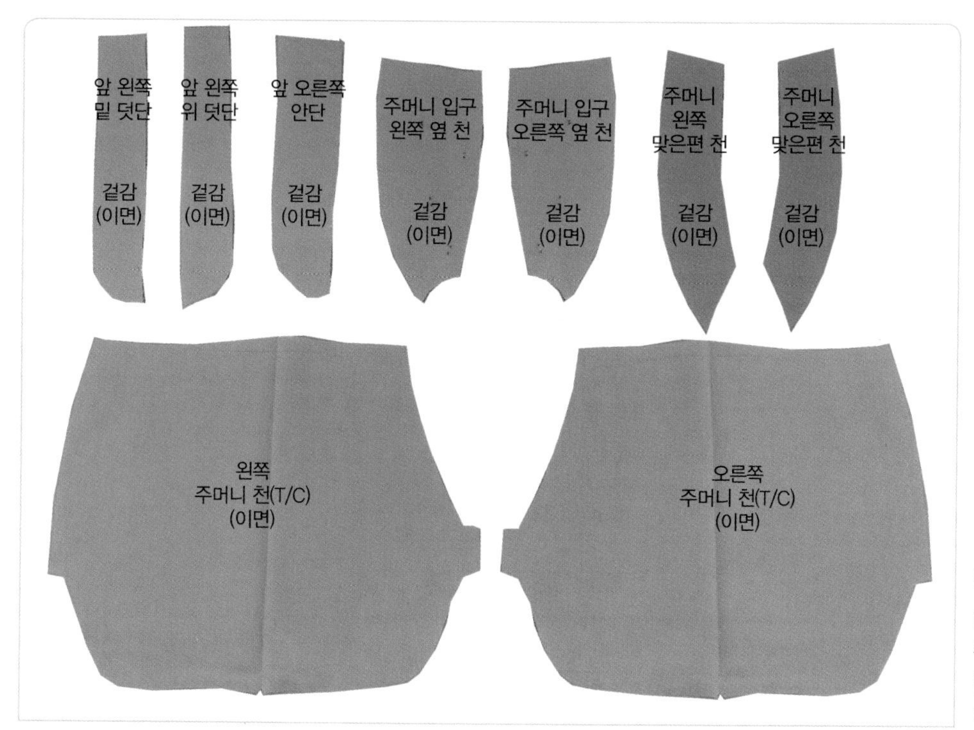

앞 지퍼 다는 곳의 안단과 덧단, 좌우 주머니 입구 옆 천, 좌우 주머니 입구 맞은편 천, T/C 천의 좌우 주머니 천의 부속품을 준비한다.

5. 오버록 재봉을 한다.

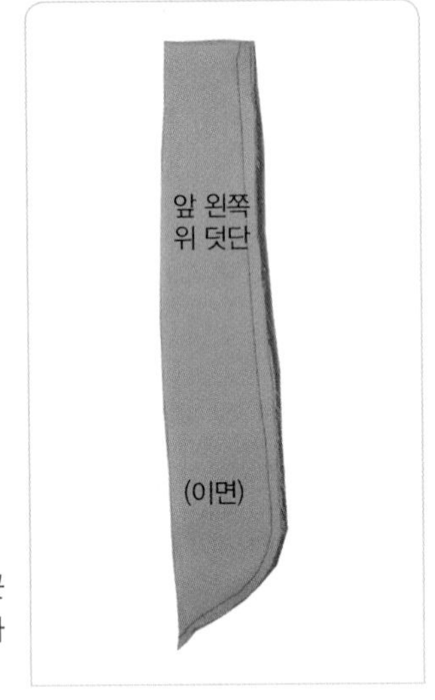

01
앞 왼쪽 지퍼 다는 곳의 덧단을 겉끼리 마주 대어 재봉한다.

02
시접을 밑 덧단 쪽으로 넘기고 겉쪽에서 상침재봉을 한다.

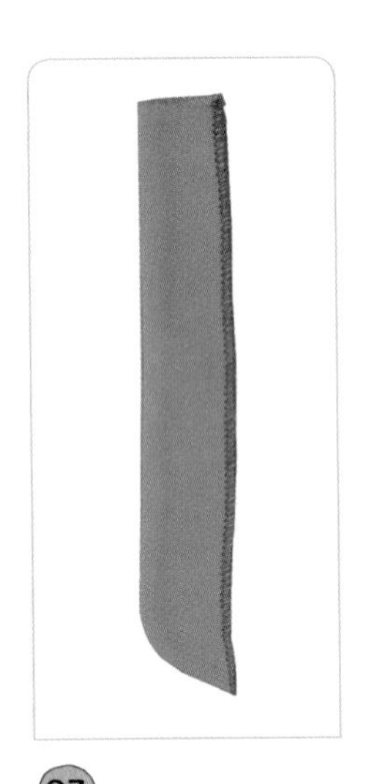

03
겉으로 뒤집어서 오버록 재봉을 한다.

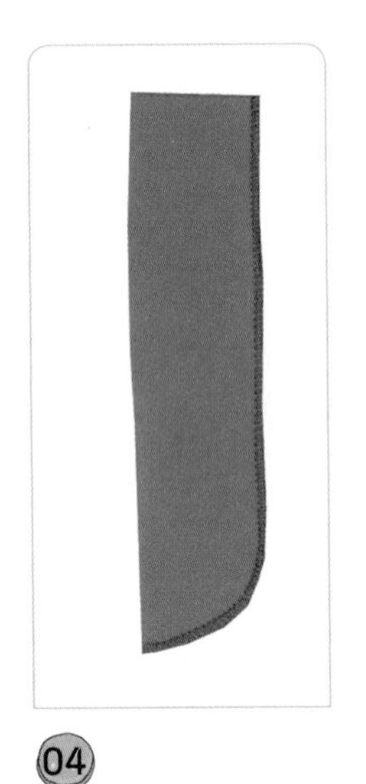

04
앞 오른쪽 지퍼 다는 곳의 안단에 오버록 재봉을 한다.

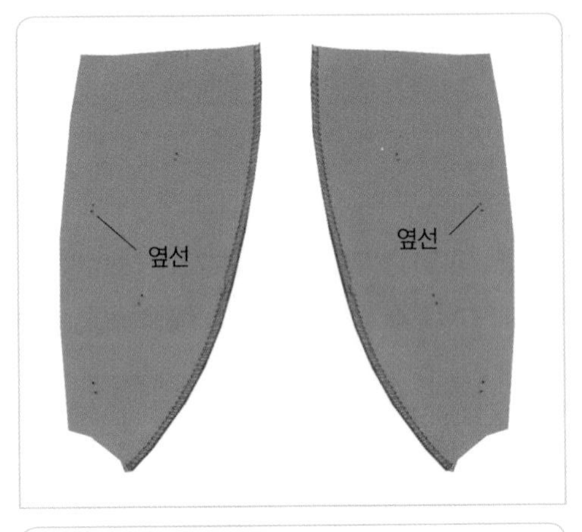

05
주머니 입구 옆 천의 옆선 반대쪽에 오버록 재봉을 한다.

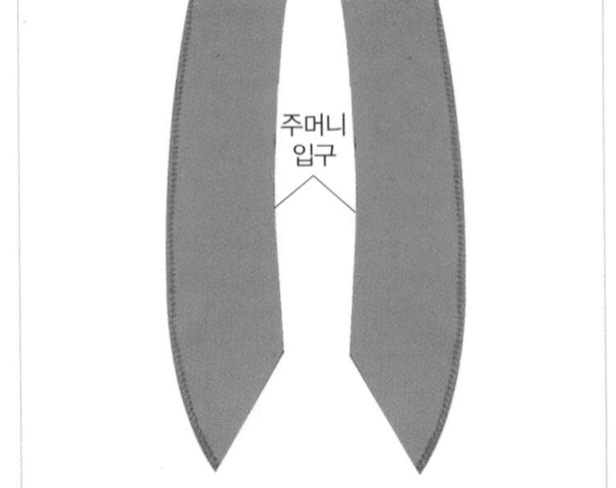

06
주머니 맞은편 천의 주머니 입구 반대쪽에 오버록 재봉을 한다.

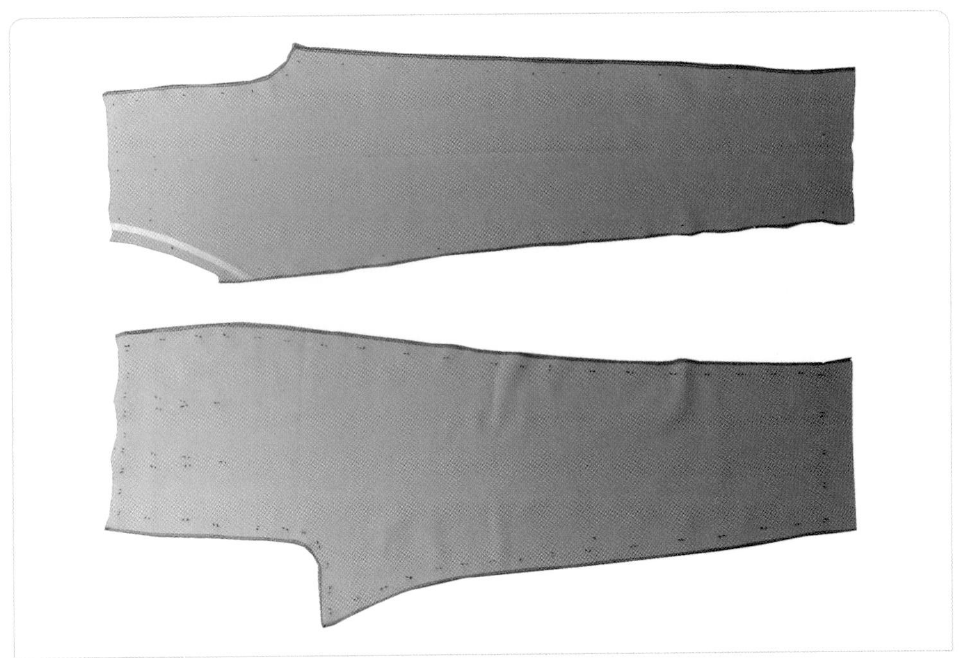

07
앞뒤 바지의 옆선과 밑아래 선, 밑위 선에 오버록 재봉을 한다.

6. 주머니를 만들어 단다.

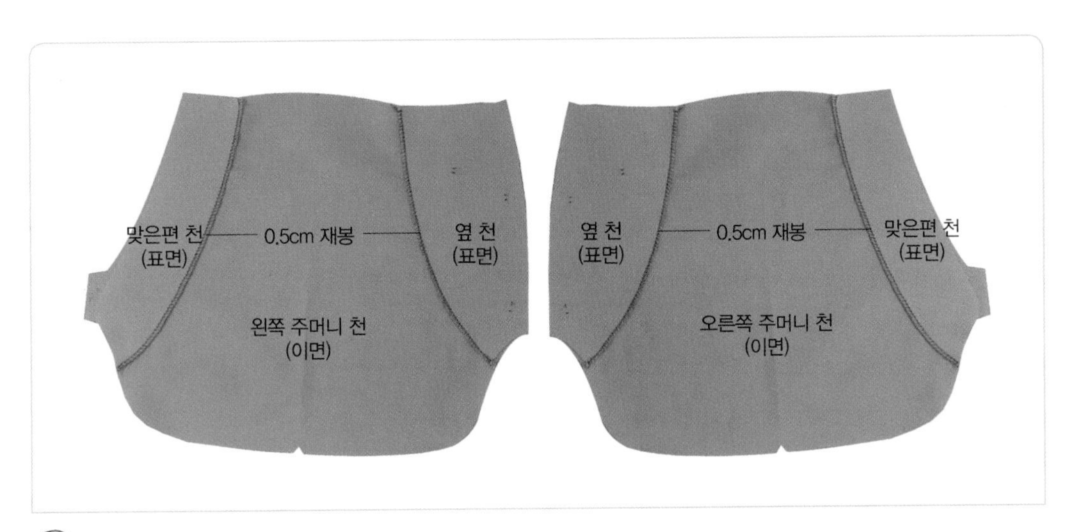

01
주머니 천에 옆 천과 맞은편 천을 단다.

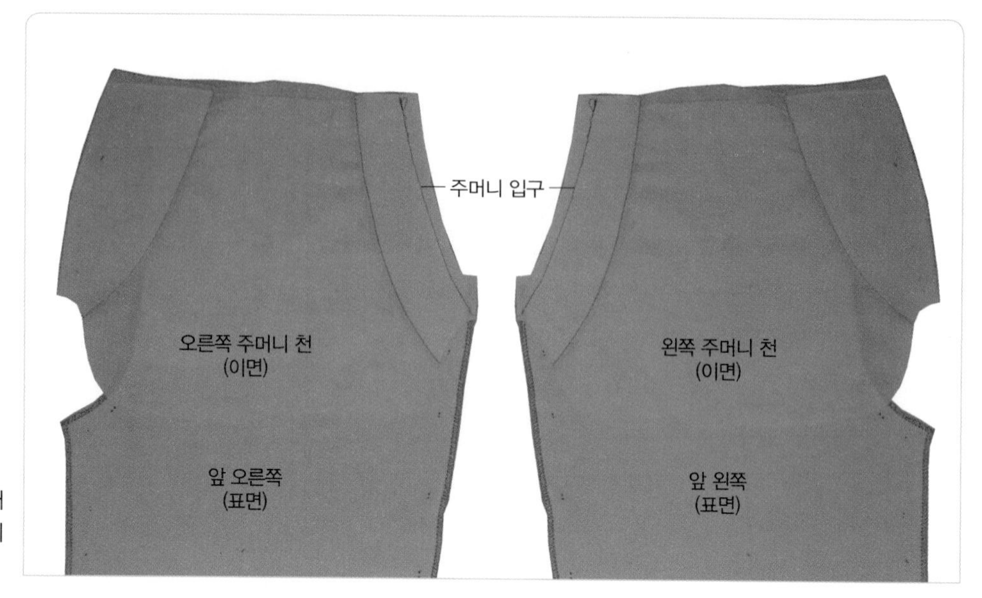

02

앞 바지 표면에 01에서 만든 주머니 천을 얹어 표시를 맞추고 주머니 입구의 완성선을 박는다.

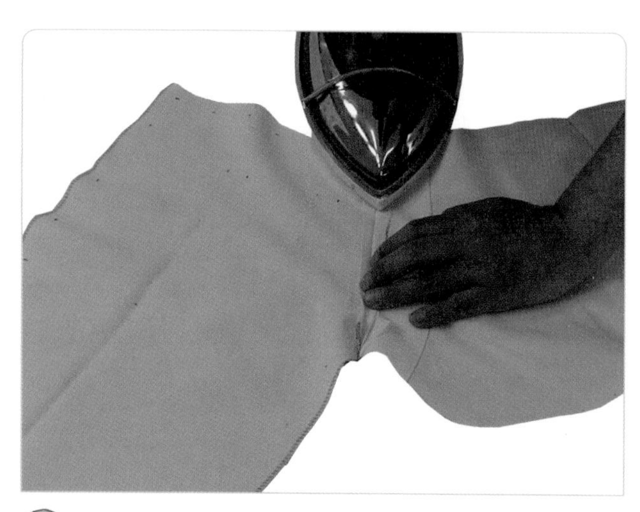

03

주머니 입구의 시접을 가른다.

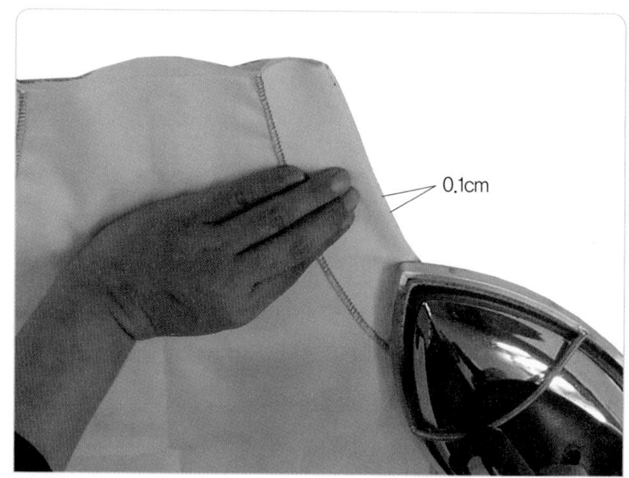

04

맞은편 천을 0.1cm 안쪽으로 차이나게 밀어 다림질한다.

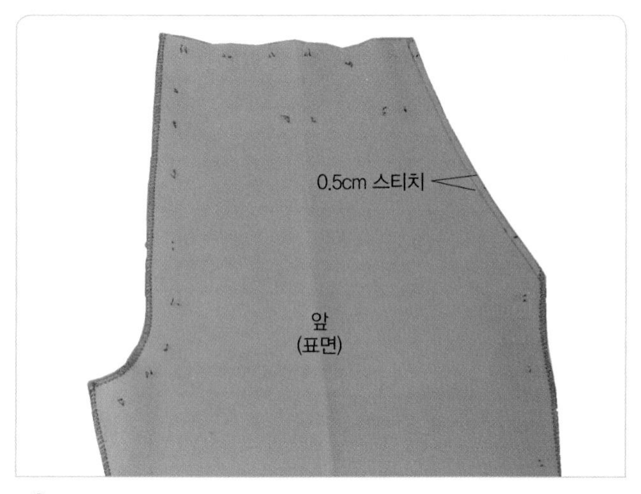

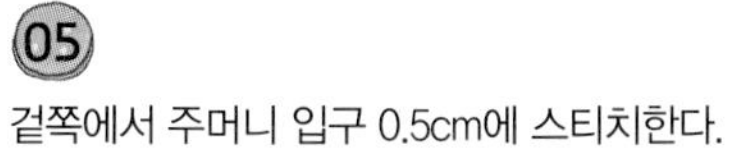

05

겉쪽에서 주머니 입구 0.5cm에 스티치한다.

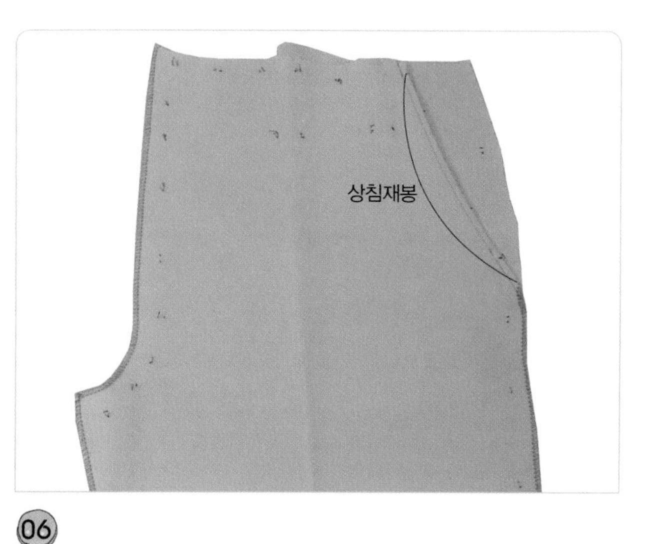

06

옆 천을 접어 넘겨 주머니 입구의 표시를 맞추고 주머니 입구의 위아래 시접 쪽에 상침재봉을 하여 주머니를 고정시킨다.

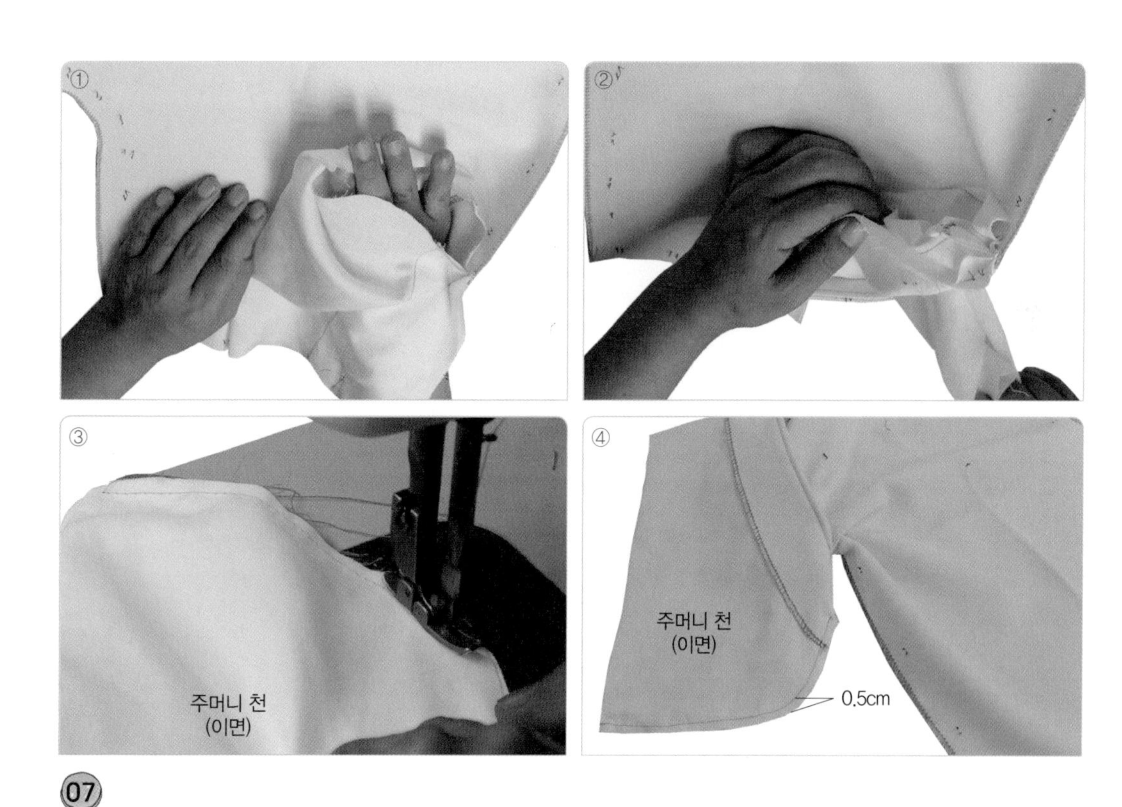

07

주머니를 빼내어 주머니 밑쪽의 0.5cm에 재봉한다.

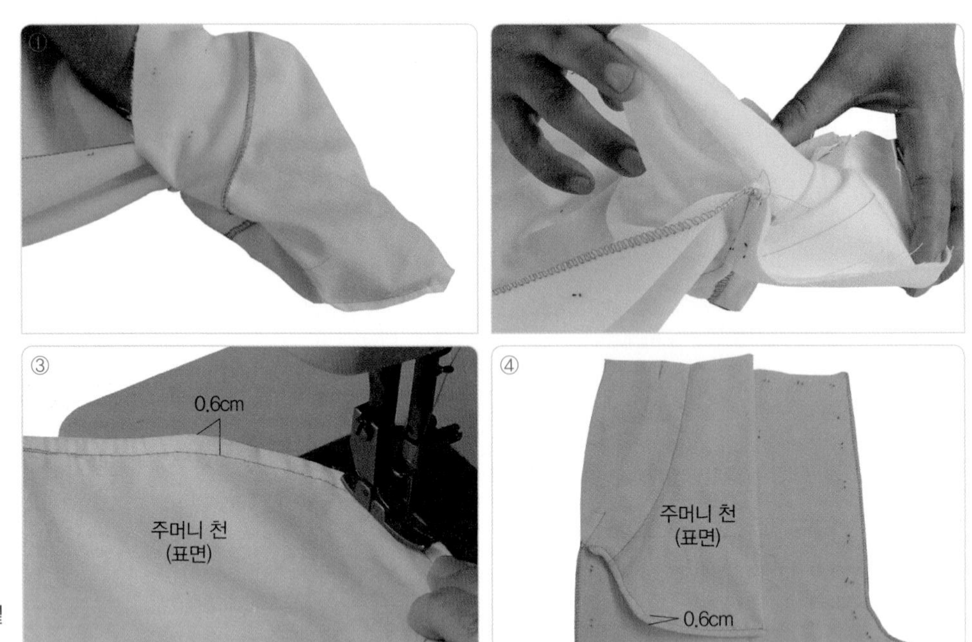

08
주머니를 겉으로 빼내어 주머니 밑쪽의 0.6cm에 재봉한다.

7. 다트를 박는다.

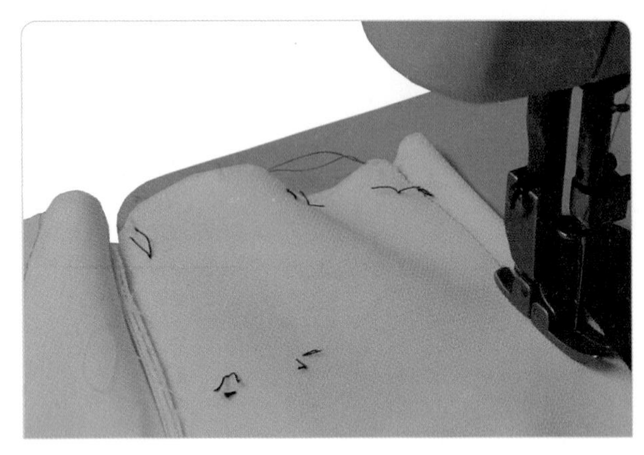

01
앞뒤 다트를 박는다.

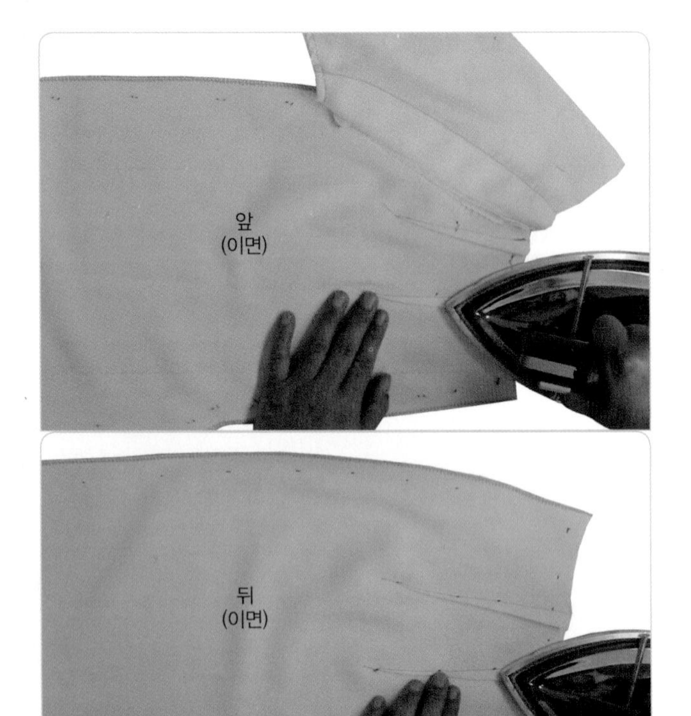

02
앞뒤 다트를 각각 중심 쪽으로 넘긴다.

8. 옆선을 박는다.

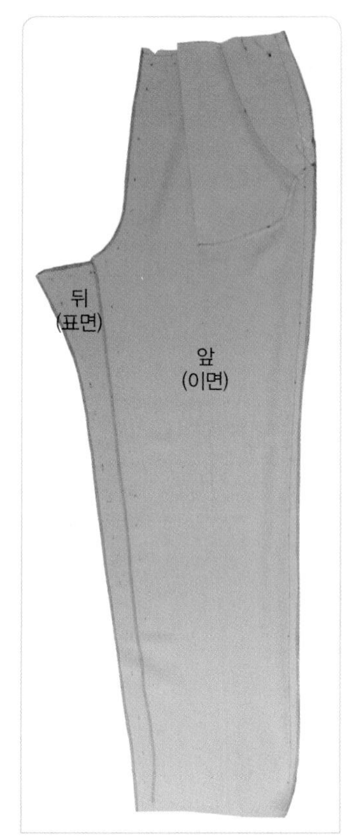

01

옆선을 무릎선 위치부터 맞추어 핀으로 고정시키고 박는다.

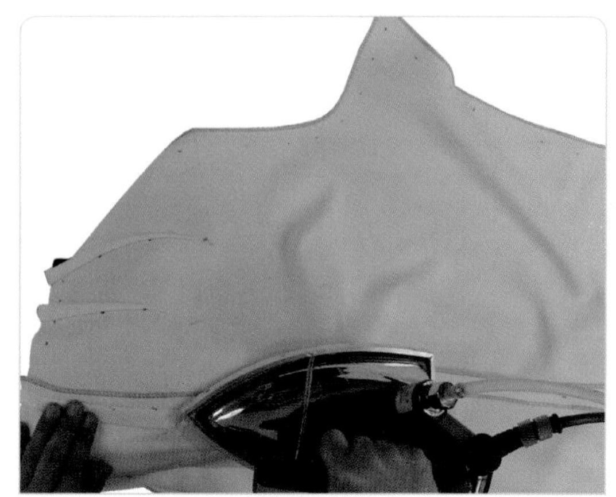

02

시접을 가른다(밑위 쪽 부분은 프레스 볼에 끼워 곡선을 자연스럽게 갈라준다).

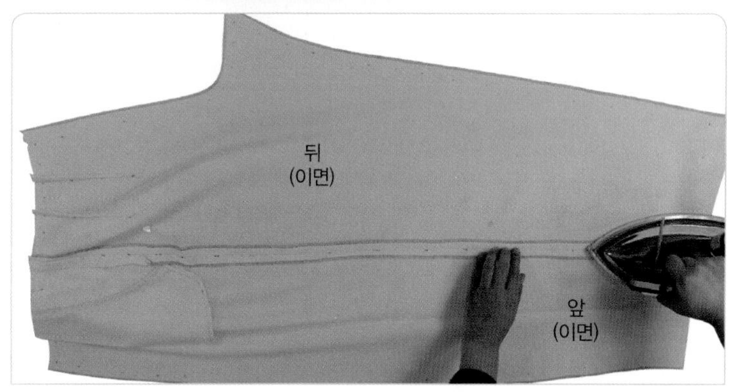

9. 앞 지퍼 다는 곳에 안단을 단다.

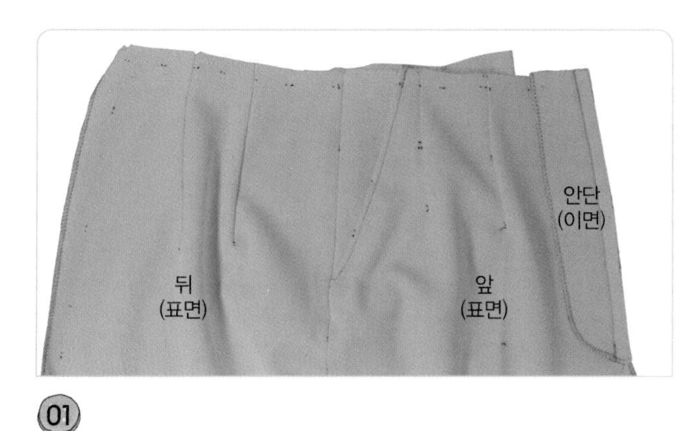

01

오른쪽 앞 중심에 안단을 겉끼리 마주 대어 맞추고 완성선에서 0.1cm 시접 쪽을 박는다.

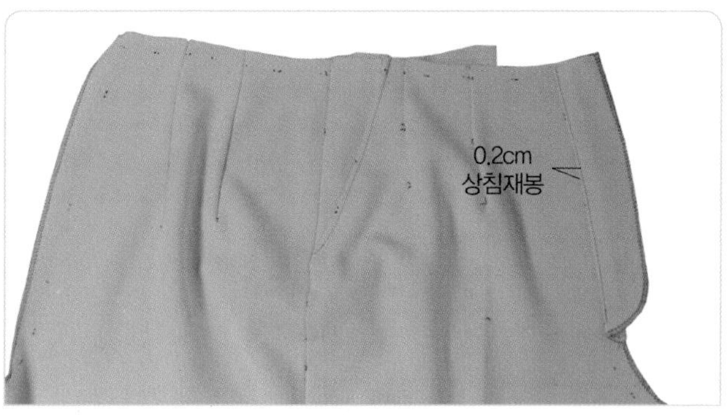

02

시접을 안단 쪽으로 넘기고 겉쪽에서 0.2cm에 상침재봉을 한다.

10. 밑아래 선을 박는다.

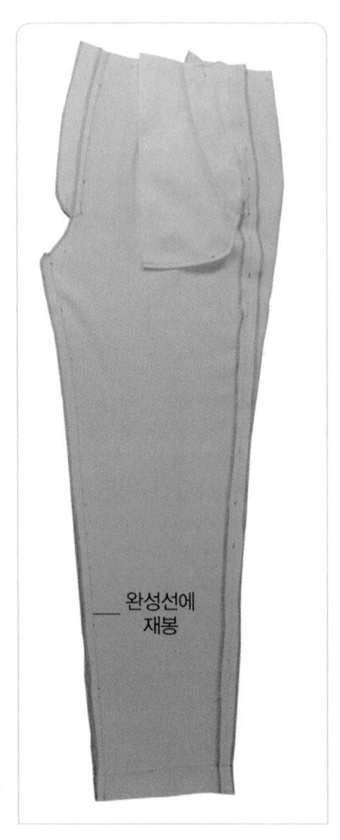

01
밑아래 선을 무릎선의 표시부터 맞추어 핀으로 고정시키고 박는다.

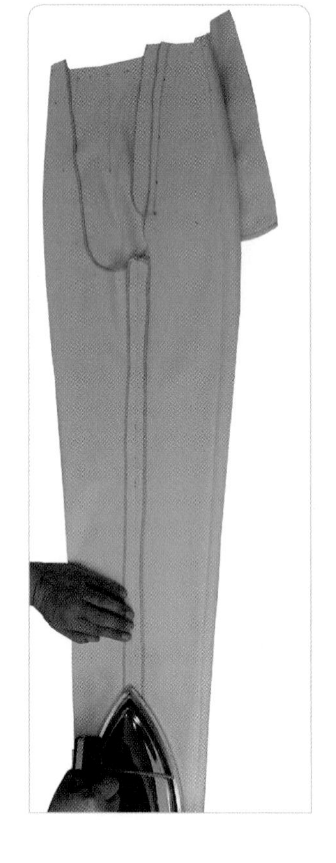

02
시접을 가른다.

11. 밑위선을 박는다.

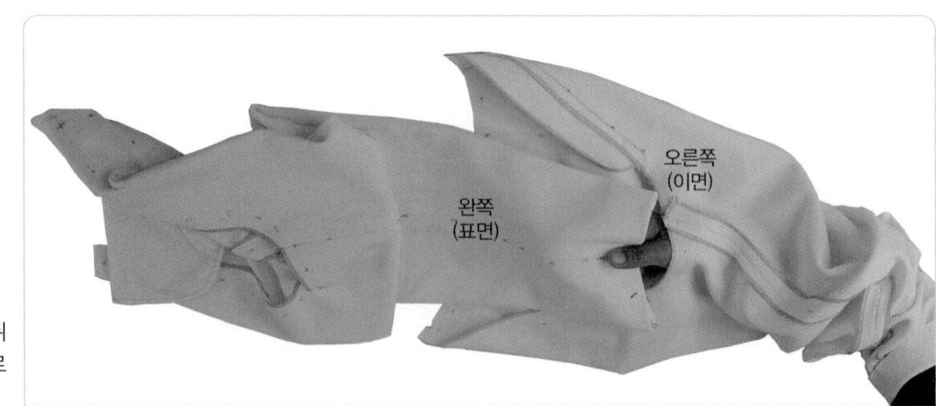

01
왼쪽 바짓가랑이를 겉으로 뒤집어 뒤집지 않은 오른쪽 바짓가랑이 사이로 끄집어낸다.

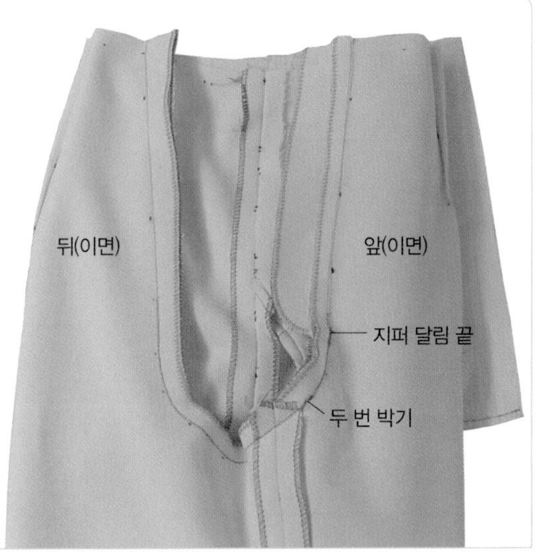

밑위 선의 표시를 맞추고 앞 지퍼 달림 끝에서부터 뒤 중심 허리선까지 박고 뒤 중심의 밑위 중간부터 지퍼 달림 끝까지 다시 한 번 박는다.

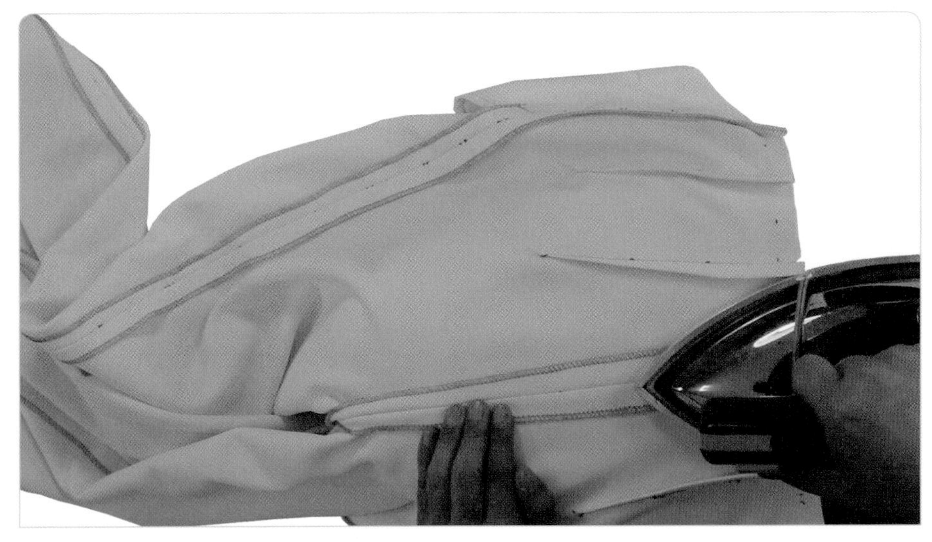

03

뒤 중심 밑위 선의 시접을 직선 부분까지만 가른다.

12. 지퍼를 단다.

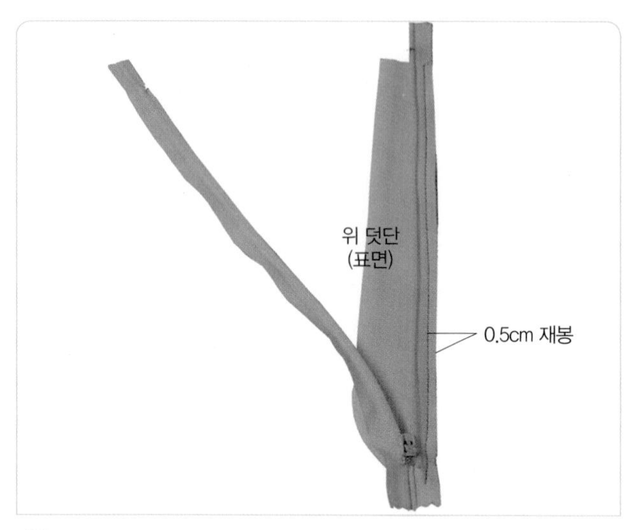

위 덧단에 지퍼의 이면을 마주 대어 얹고 지퍼 테이프 끝에서 0.5cm에 재봉한다.

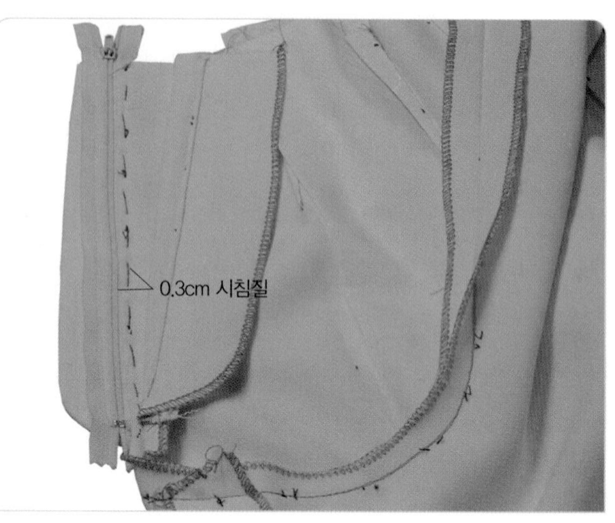

앞 왼쪽의 지퍼 다는 곳의 시접을 완성선에서 0.3cm 내어서 접고 **01**에서 만든 덧단 위에 얹어서 시침질로 고정시킨다.

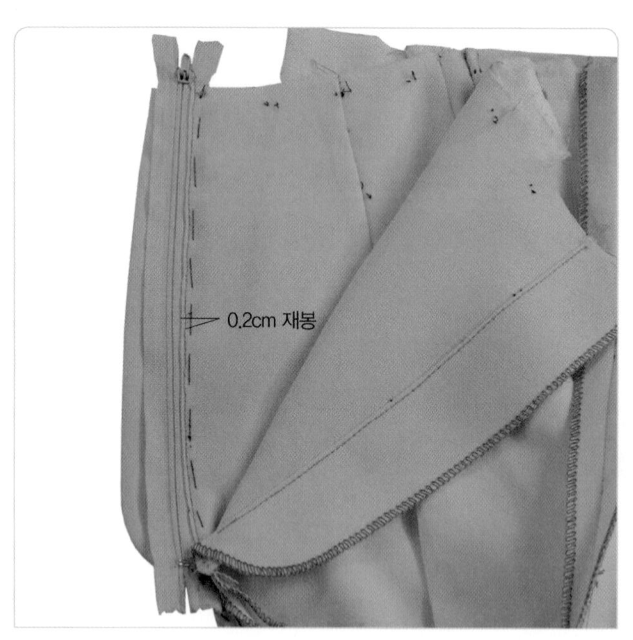

시침질한 곳에서 0.2cm 지퍼 쪽을 박는다.

04

프레스 볼에 끼워 앞 오른쪽 지퍼 다는 곳을 완성선에 맞추어서 시침질로 고정시킨다.

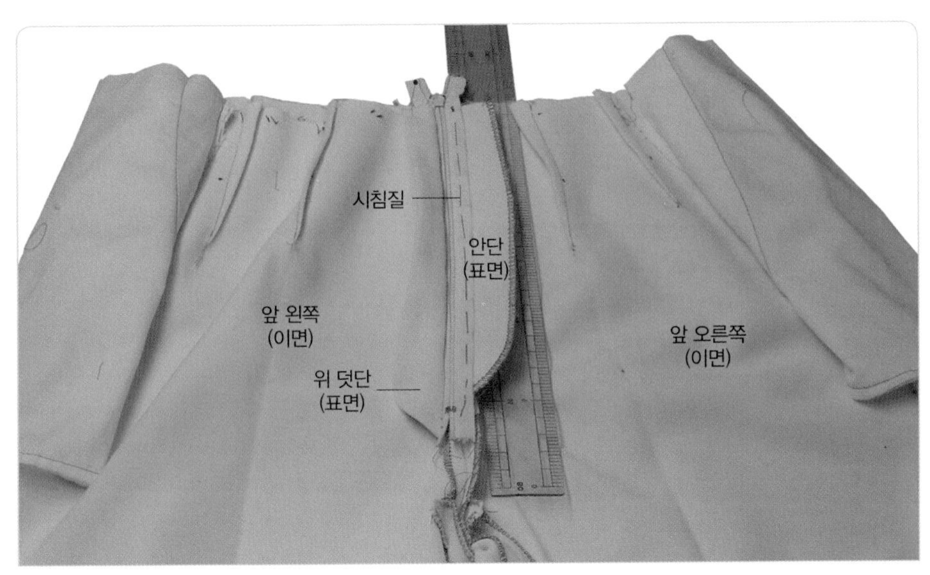

두꺼운 종이나 방안자를 안단 밑에 끼우고 안단에만 걸리게 지퍼를 시침질하여 고정시킨다.

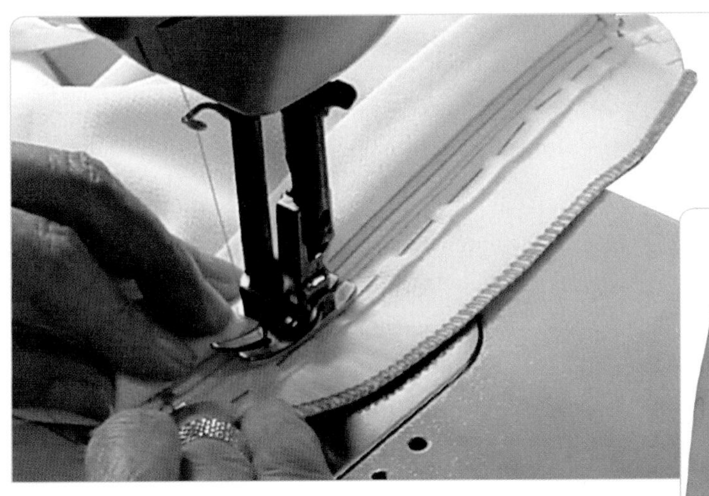

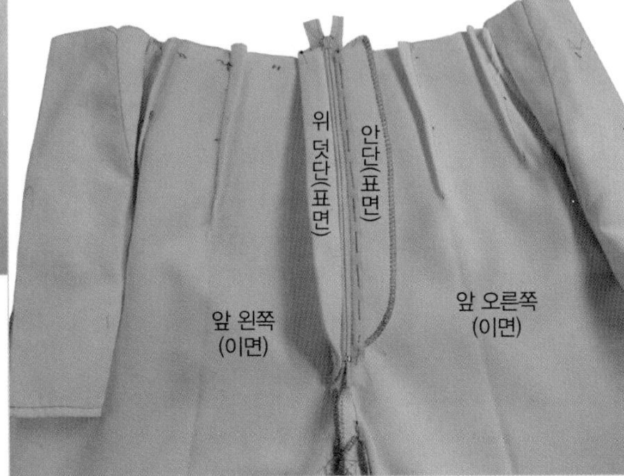

안단에만 지퍼 다는 위치를 박는다.

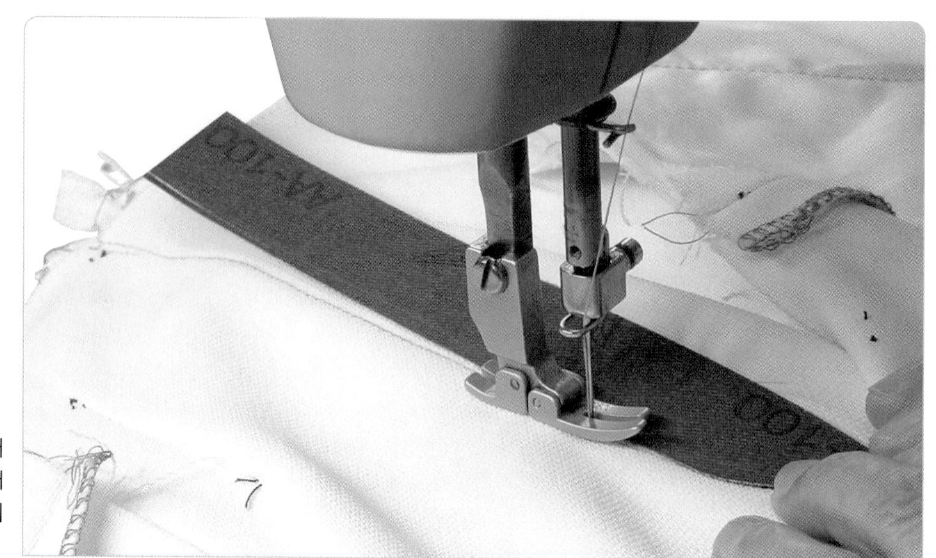

07

미끄러지지 않도록 스티치 폭에 맞추어 자른 샌드페이퍼를 대고 오른쪽 앞 지퍼를 단 안단이 고정되도록 겉쪽에서 스티치한다.

13. 허리 벨트를 단다.

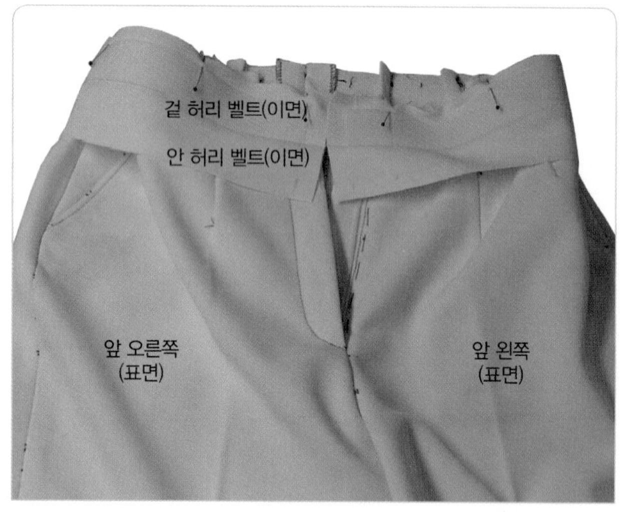

01

몸판과 겉 허리 벨트를 겉끼리 마주 대어 표시끼리 맞추어 핀으로 고정시킨다.

02

허리 벨트의 완성선에서 심지 두께만큼 시접 쪽을 박는다.

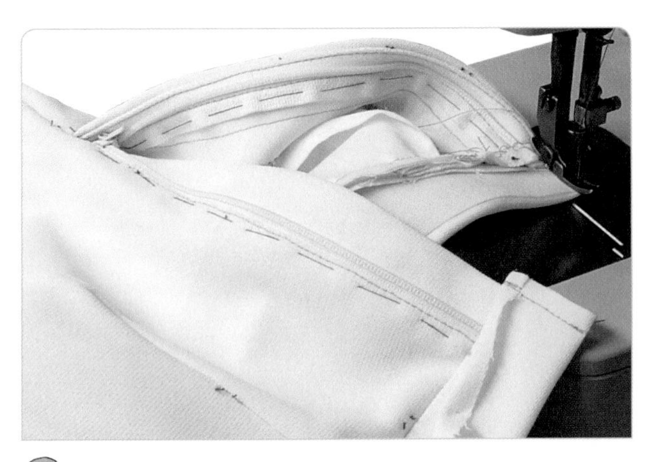

03
좌우 허리 벨트 끝 양옆을 겉끼리 마주 대어 박는다.

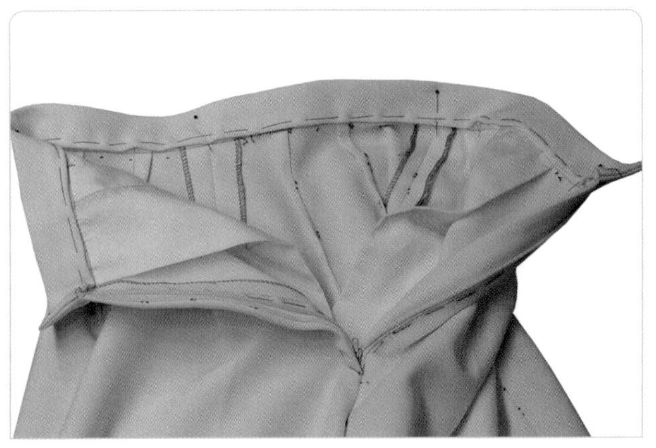

04
허리 벨트를 겉으로 뒤집어 표시를 맞추어 핀으로 고정시키고, 시침질하여 틀어지지 않도록 한다.

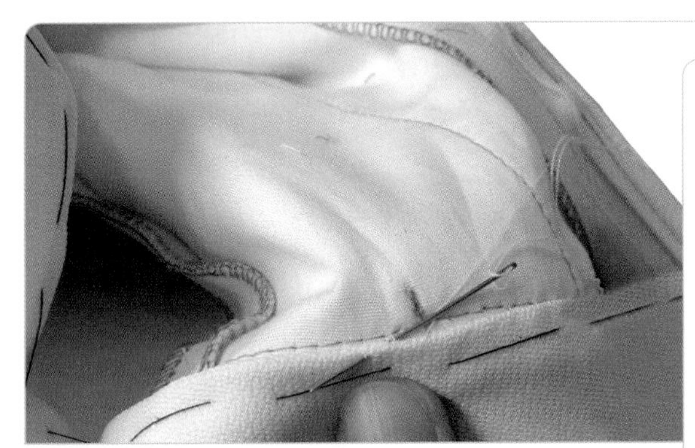

05
시접을 벨트 쪽으로 넘기고 겉 허리 벨트를 박은 바늘땀에 걸어서 감침질한다.

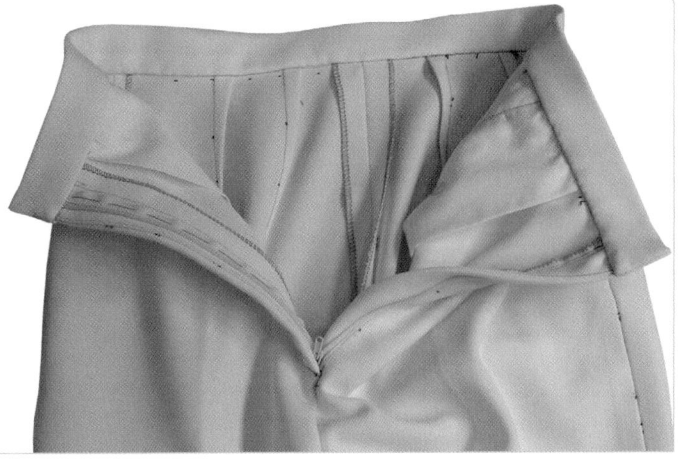

14. 단 처리를 한다.

01

단을 올려 0.7cm에 시침질로 고정시키고 새발뜨기를 한다.

15. 훅과 아이를 단다.

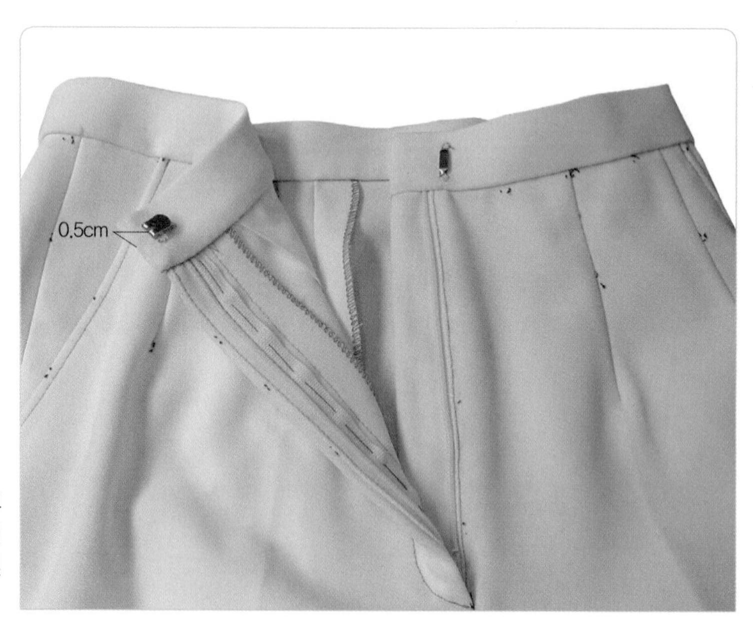

01

앞 오른쪽의 안 허리 벨트 단 끝에서 0.5cm 안으로 들여 심지까지 떠서 훅을 달고, 지퍼를 올려 앞 왼쪽 아이 다는 위치를 표시한 다음 0.3cm 옆선 쪽으로 이동한 위치에 아이를 단다.

16. 마무리 다림질을 하여 완성한다.

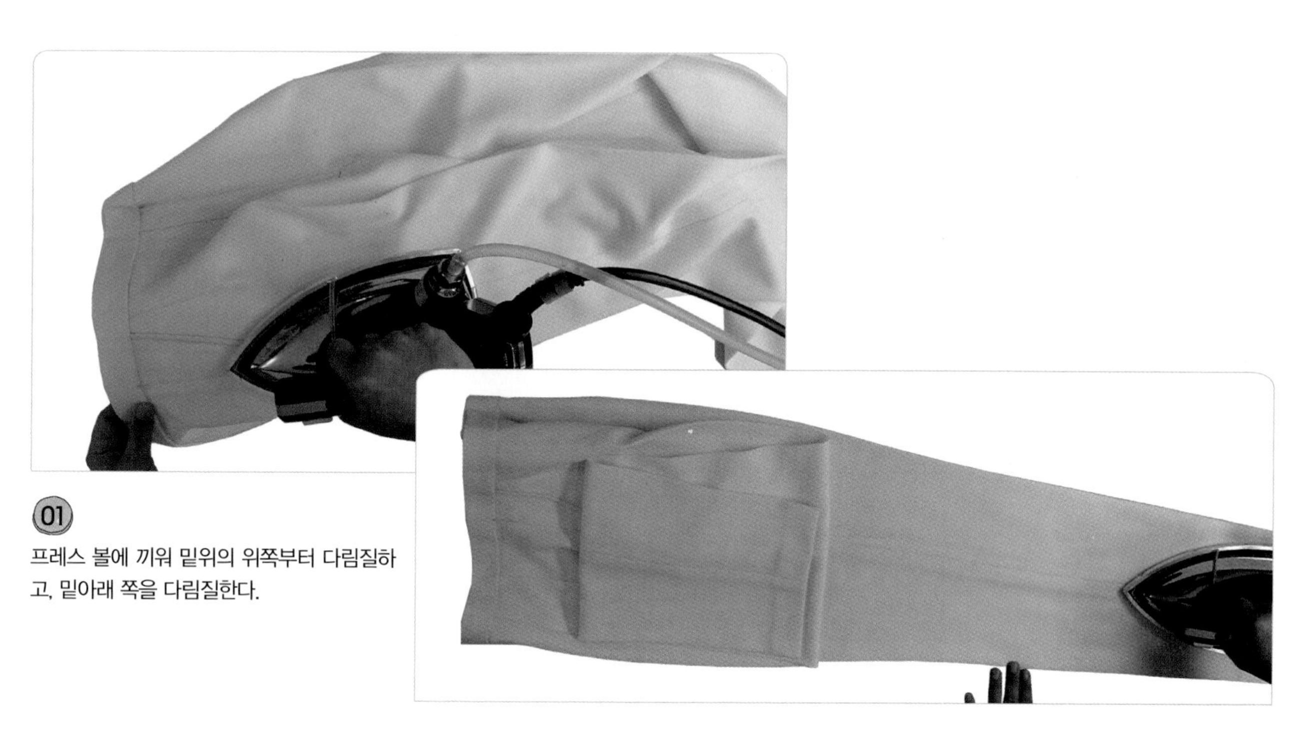

01
프레스 볼에 끼워 밑위의 위쪽부터 다림질하고, 밑아래 쪽을 다림질한다.

완성

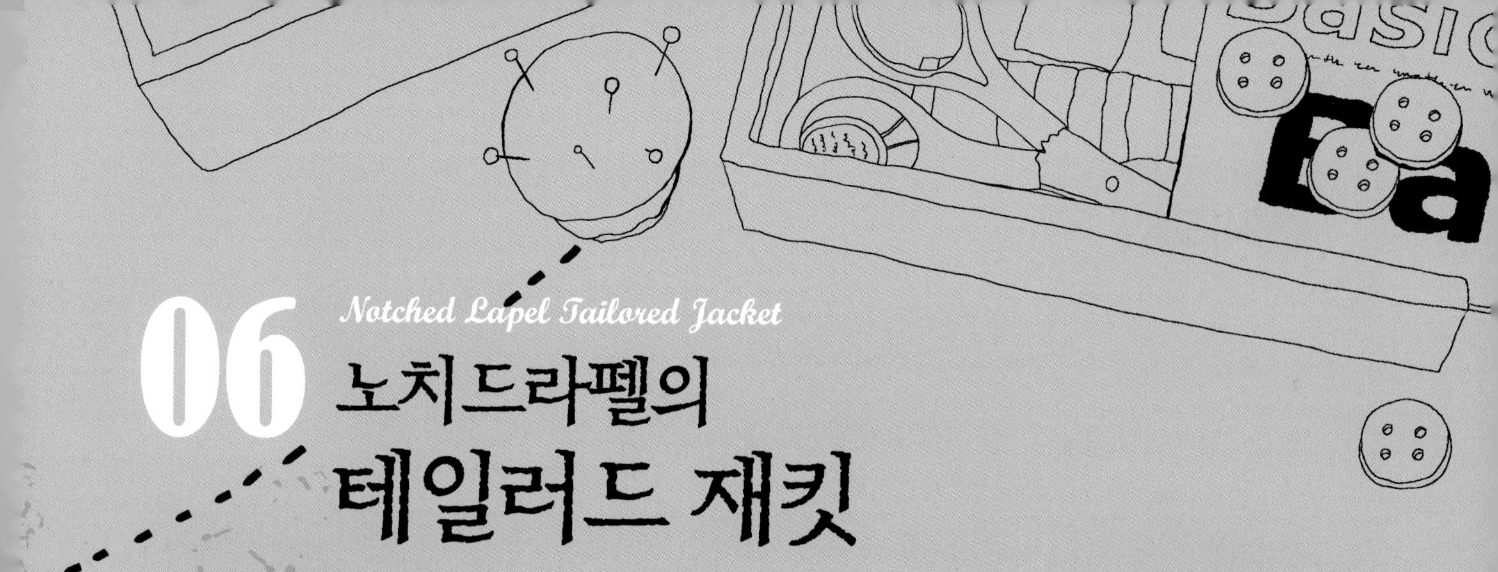

06 *Notched Lapel Tailored Jacket*
노치드라펠의 테일러드 재킷

스타일

상의로서는 가장 기본적인 것으로 안에 착용하는 블라우스나 셔츠 등 또는 하의(스커트나 팬츠)의 디자인에 따라서 캐주얼한 느낌에서 포멀한 느낌을 주는 스타일로 유행에 상관 없는 착용 범위가 넓은 재킷이다.

소재

중간 정도의 두께로, 다림질하기 쉽고 형태잡기(자리잡음)가 잘 되는 플라노, 트위드, 더블조짓, 개버린, 도우스킨, 캐시미어 등이 초보자에게 적합하다.

포인트

패널라인 그리는 법, 두 장 소매 만드는 법, 테일러드 칼라 그리는 법, 테일러드 칼라 봉제법, 플랩 포켓 만드는 법 등을 배운다.

제도법

제도 치수 구하기

계측부위		계측 치수의 예	자신의 계측 치수	제도 각자 사용 시의 제도 치수	일반 자 사용 시의 제도 치수	자신의 제도 치수
가슴둘레(B)		86cm		B°/2	B/4	
허리둘레(W)		66cm		W°/2	W/4	
엉덩이둘레(H)		94cm		H°/2	H/4	
등길이		38cm		치수 38cm		
앞길이		41cm		41cm		
뒤품		34cm		뒤품/2		
앞품		32cm		앞품/2		
유두 길이		25cm		25cm		
유두 간격		18cm		유두 간격/2=9		
어깨 너비		37cm		어깨 너비/2=18.5		
재킷 길이		62cm	조정 가능	등길이+재킷 길이=62cm		
소매 길이		54cm	조정 가능	54cm		
진동 깊이				(B°/2)cm	B/4cm	
앞/뒤 위가슴둘레선				(B°/2)+2cm	(B/4)+2cm	
히프선	뒤			(B°/2)+0.6cm	(H/4)+0.6cm=24.1cm	
	앞			(B°/2)+2.5cm	(H/4)+2.5cm=26cm	
소매산 높이				(진동 깊이/2)+4.5cm		

주 1 : 진동 깊이=(B/4)의 산출치가 20~24cm 범위 안에 있으면 이상적인 진동 깊이의 길이라 할 수 있다. 따라서 최소치=20cm, 최대치=24cm까지이다. (예를 들면 가슴둘레 치수가 너무 큰 경우에는 진동 깊이가 너무 길어 겨드랑밑 위치에서 너무 내려가게 되고, 가슴둘레 치수가 너무 적은 경우에는 진동 깊이가 너무 짧아 겨드랑밑 위치에서 너무 올라가게 되어 이상적인 겨드랑밑 위치가 될 수 없다. 따라서 (B/4)의 산출치가 20cm 미만이면 뒤 목점(BNP)에서 20cm 나간 위치를 진동 깊이로 정하고, (B/4)의 산출치가 24cm 이상이면 뒤목점(BNP)에서 24cm 나간 위치를 진동 깊이로 정한다.

주 2 : 허리치수의 조건=얇은 천의 경우 W+3.5~4.5cm, 두꺼운 천의 경우 W+4.5~6cm의 여유분을 필요로 한다(단, 디자인에 따라 여유분은 증감될 수 있다).

※ 자신의 각 계측 부위를 계측하여 빈칸에 넣어두고 제도 치수를 구하여 둔다.

뒤판 제도하기

1. 뒤중심선과 밑단선을 그린다.

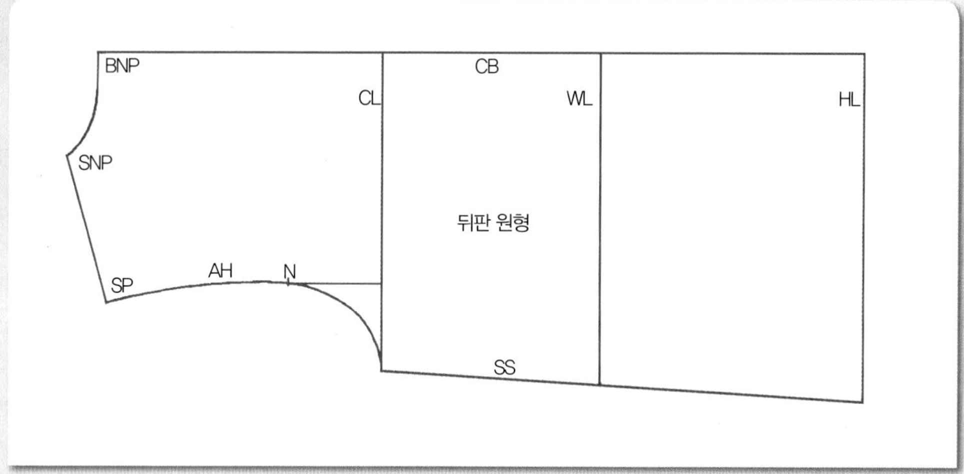

01

뒤판의 원형선을 옮겨 그린다.

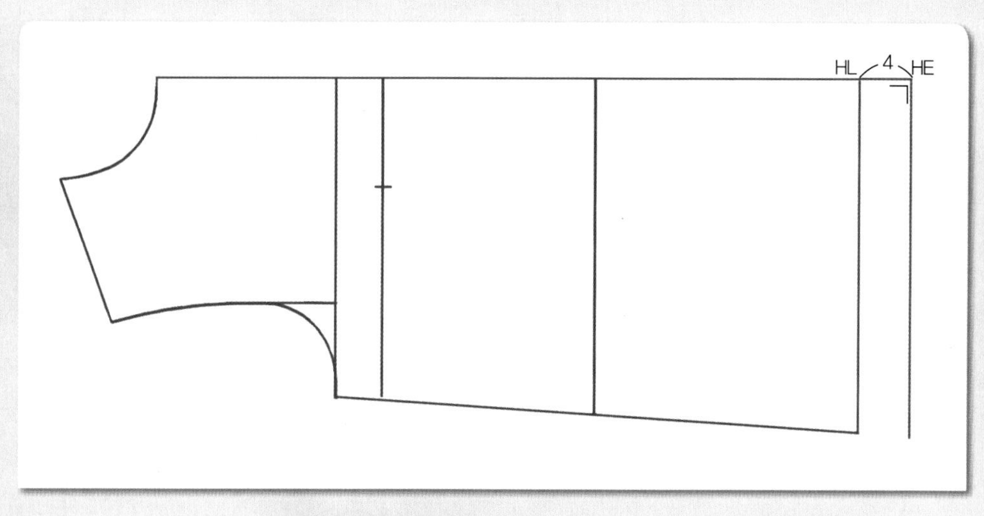

02

HL~HE=4cm 직각자를 대고 뒤 원형의 HL점에서 수평으로 밑단선(HE)까지 4cm 뒤 중심선을 연장시켜 그리고, 직각으로 밑단선을 내려 그린다.

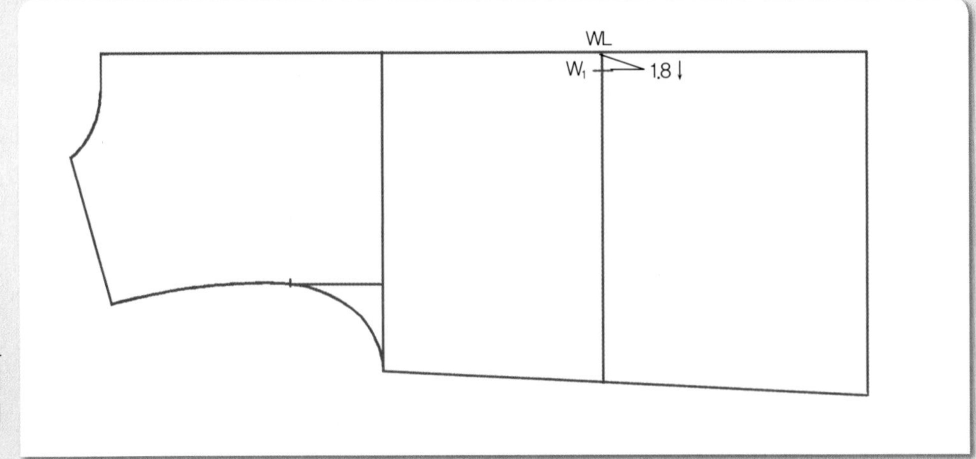

03

$WL \sim W_1 = 1.8cm$ 뒤 원형의 WL 점에서 1.8cm 내려와 수정할 뒤 중심선의 허리선 위치(W_1)를 표시한다.

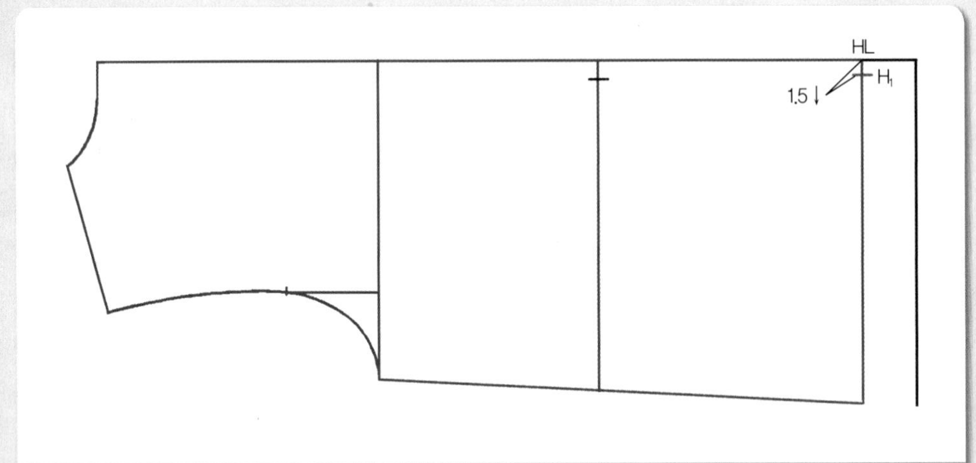

04

$HL \sim H_1 = 1.5cm$ 뒤 원형의 HL점에서 1.5cm 내려와 수정할 뒤 중심선의 히프선 위치(H_1)를 표시한다.

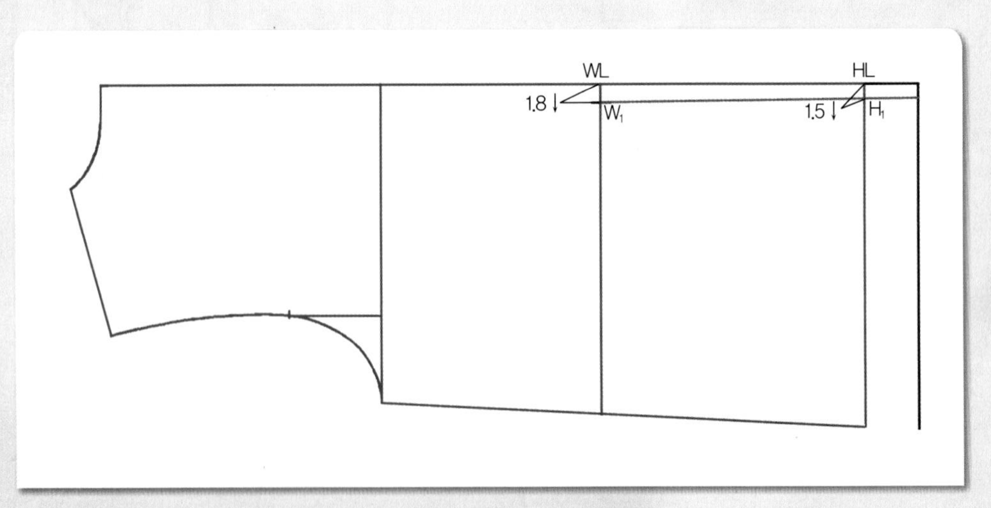

05

$W_1 \sim H_1$ = 뒤 중심선 W_1점과 H_1점 두 점을 직선자로 연결하여 밑단 선까지 허리선 아래쪽 뒤 중심 완성선을 그린다.

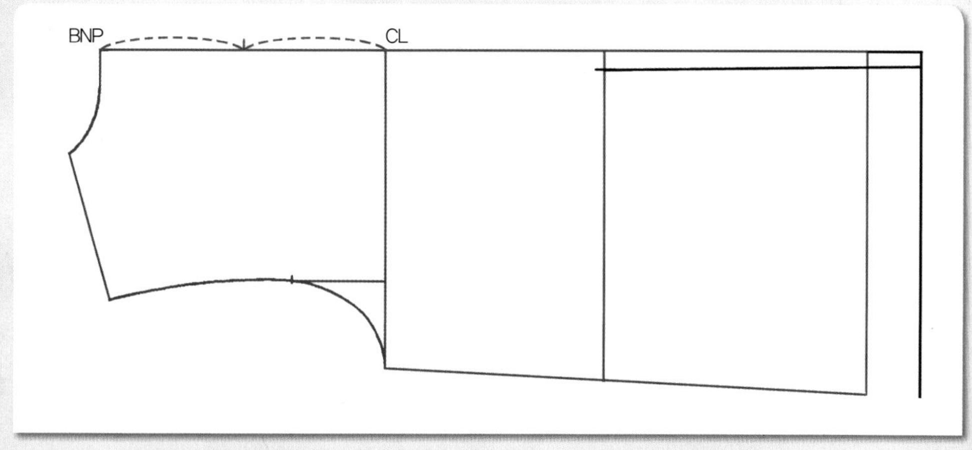

06

BNP~CL = 2등분 뒤 목점(BNP)에서 위 가슴둘레선(CL)까지를 2등분한다.

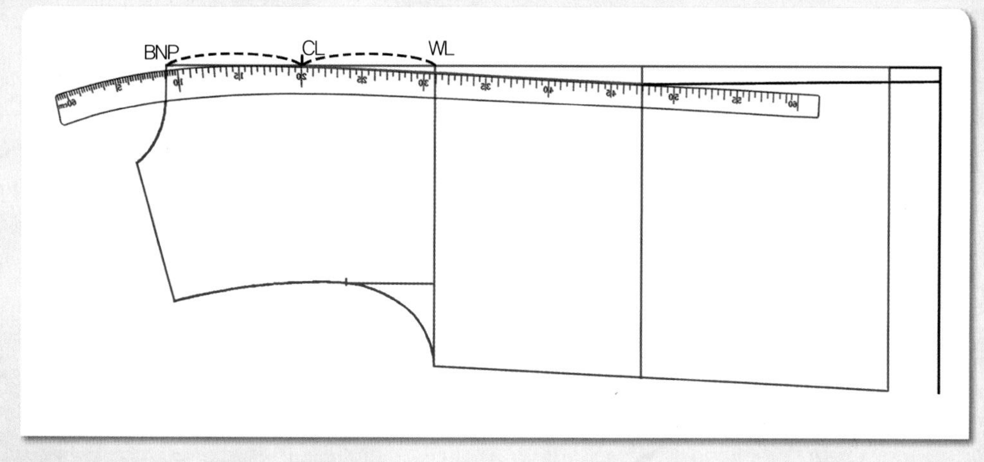

07

BNP~CL의 1/2 위치에 hip곡자 20 위치를 맞추면서 W_1점과 연결하여 허리선 위쪽 뒤 중심 완성선을 그린다.

2. 뒤 옆선을 그린다.

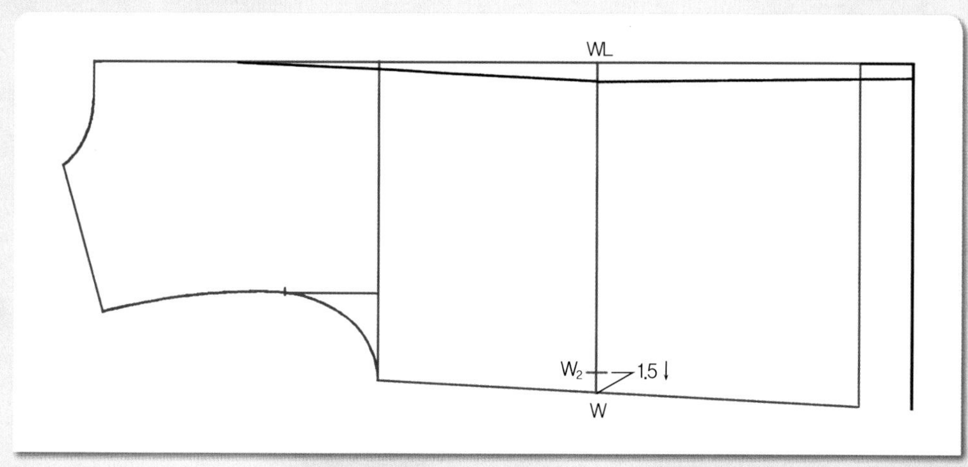

01

$W \sim W_2 = 1.5cm$ 원형의 허리선(WL) 옆선 쪽 끝점(W)에서 1.5cm 올라가 수정할 옆선 쪽 허리선 위치(W_2)를 표시한다.

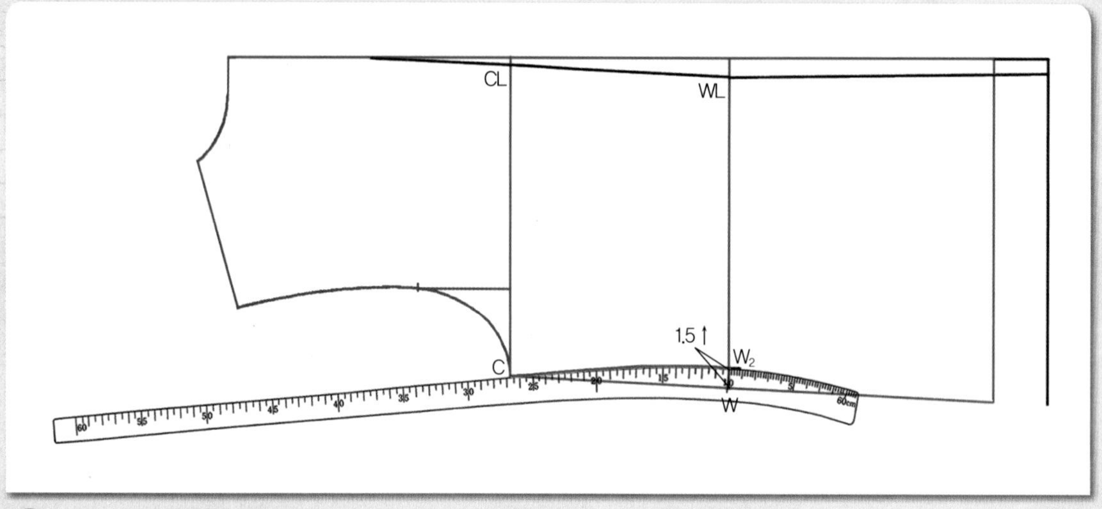

02

C~W_2 = 허리선 위쪽 옆선의 완성선 원형의 허리선(WL) 옆선 쪽 끝점(W)에서 1.5cm 올라가 표시한 W_2점에 hip곡자 10 위치를 맞추면서 원형의 위 가슴둘레 선(CL) 옆선 쪽 끝점(C)과 연결하여 허리선 위쪽 옆선의 완성선을 그린다.

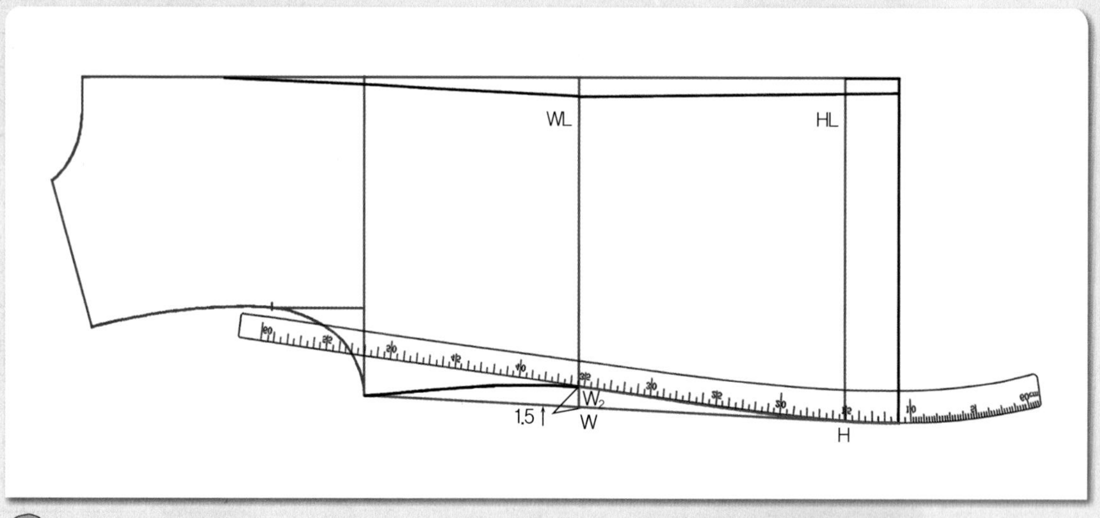

03

W_2~H = 허리선 아래쪽 옆선의 완성선 원형의 히프선(HL) 옆선 쪽 끝점(H)에 hip곡자 15 위치를 맞추면서 허리선에서 1.5cm 올라가 표시한(W_2) 점과 연결하여 밑단 선까지 허리선 아래쪽 옆선을 그린다.

3. 뒤 패널라인을 그린다.

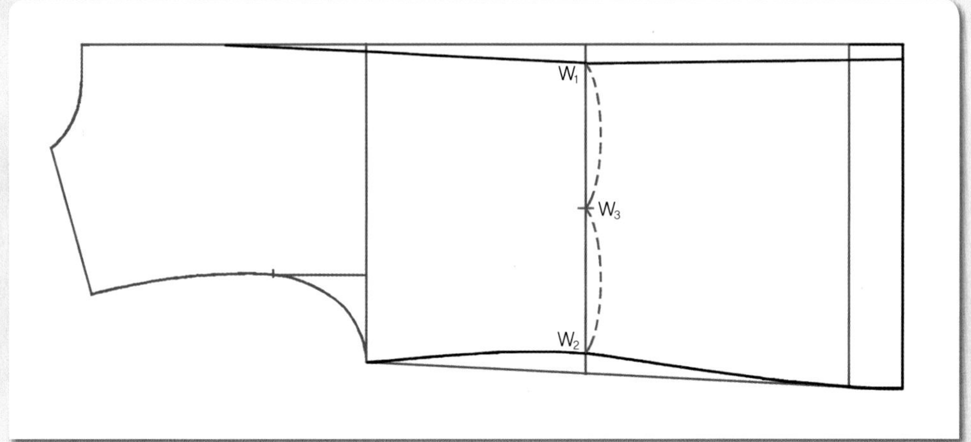

01

W_1~W_2 = 2등분(W_3) W_1점에서 W_2점까지를 2등분하여 뒤 중심 쪽 패널라인 위치(W_3)를 표시한다.

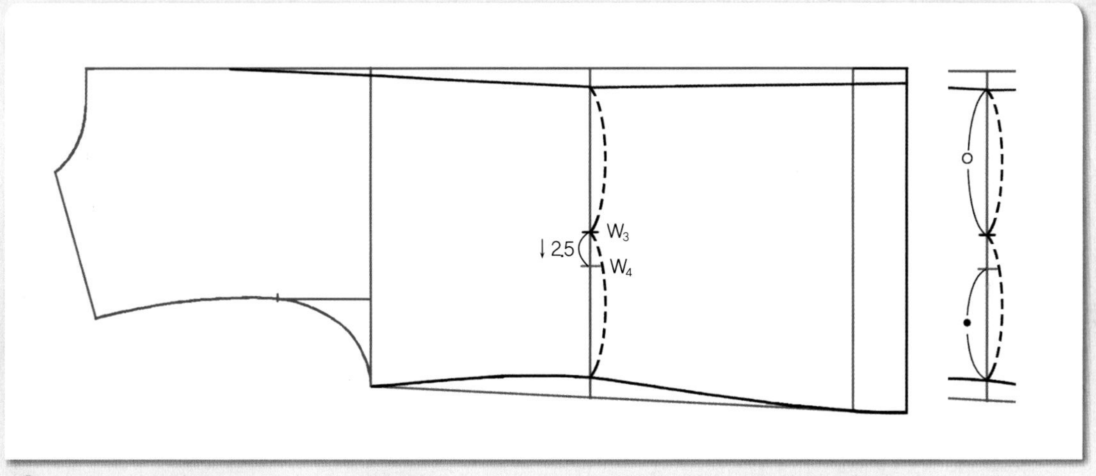

02

W_3~W_4 = 2.5cm W_3점에서 옆선 쪽으로 2.5cm 내려와 옆선 쪽 패널라인 위치(W_4)를 표시한다.

주 ○ + ● 치수가 W/4 + 0.9cm한 치수보다 작으면 부족분을 옆선과 패널라인의 각 위치에서 1/3씩 고르게 나누어 이동한다.

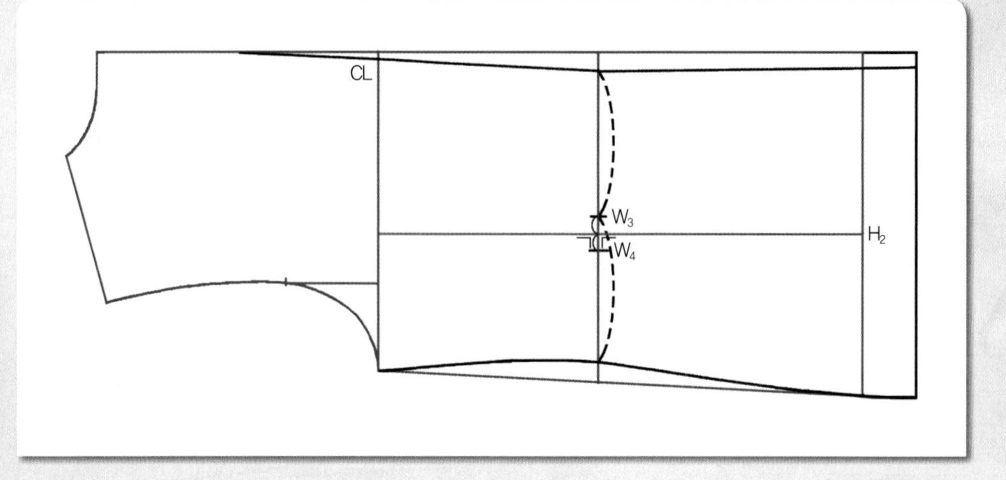

03

W_3~W_4=2등분 W_3점에서 W_4점까지를 2등분하여 1/2 지점에서 직각으로 원형의 히프선까지 패널라인 중심선(H_2)을 그린 다음, 1/2 지점에서 직각으로 위 가슴둘레선까지 패널라인 중심선을 그린다.

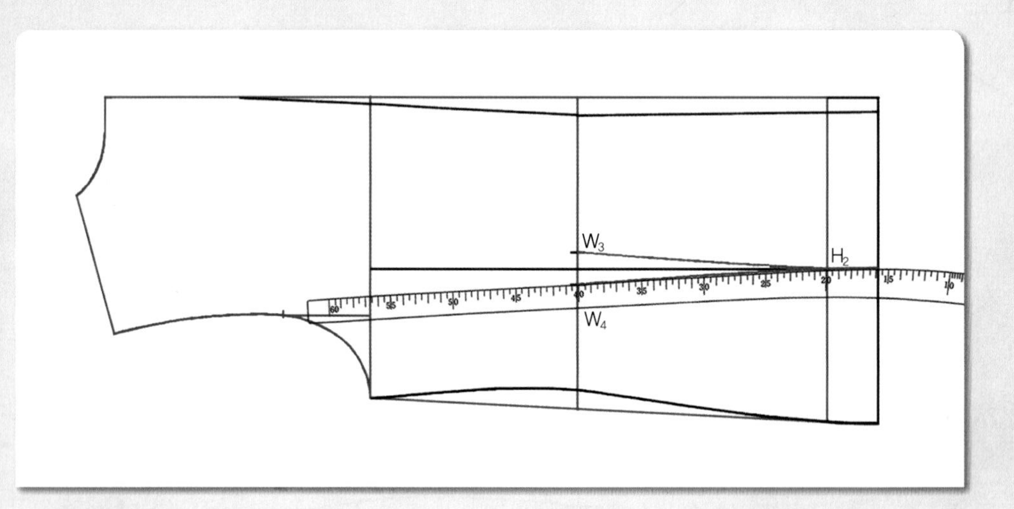

04

W_3~H_2, W_4~H_2=허리선 아래쪽 패널라인 H_2점에 hip 곡자 20 위치를 맞추면서 W_3점과 연결하여 밑단 선까지 옆선 쪽의 허리선 아래쪽 패널라인을 그린 다음, hip곡자를 수직 반전하여 H_2점에 hip곡자 20 위치를 맞추면서 W_4점과 연결하여 뒤중심 쪽 허리선 아래쪽 패널라인을 그린다.

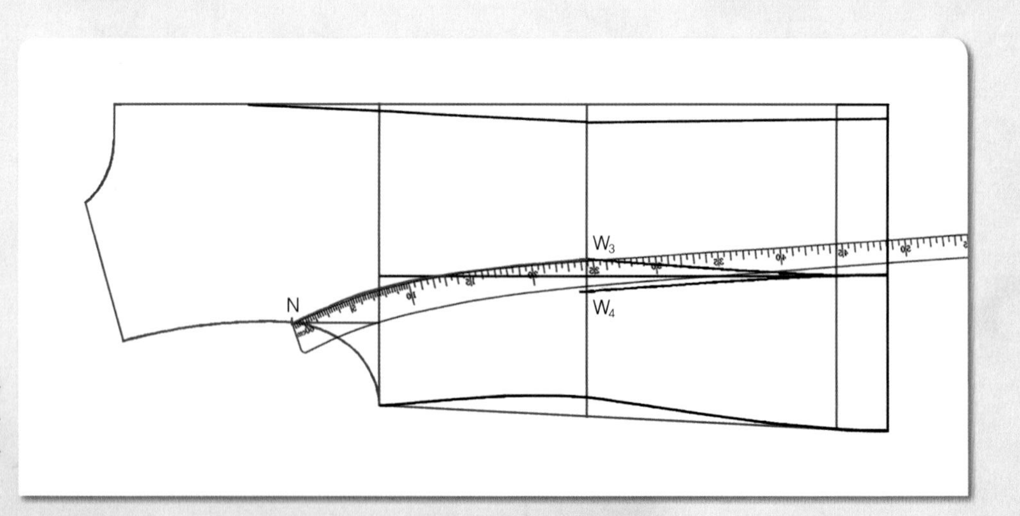

05

N~W_3=허리선 위쪽 패널라인 원형의 N점에 hip곡자 끝 위치를 맞추면서 W_3점과 연결하여 뒤중심 쪽의 허리선 위쪽 패널라인을 그린다.

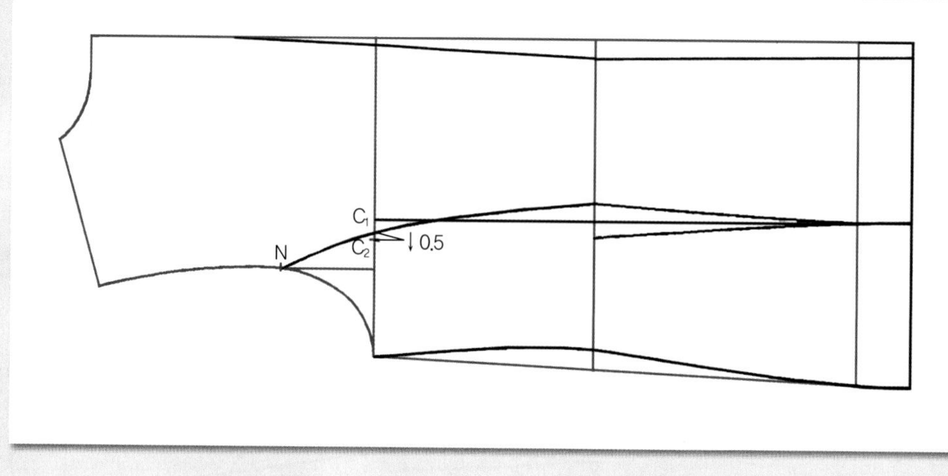

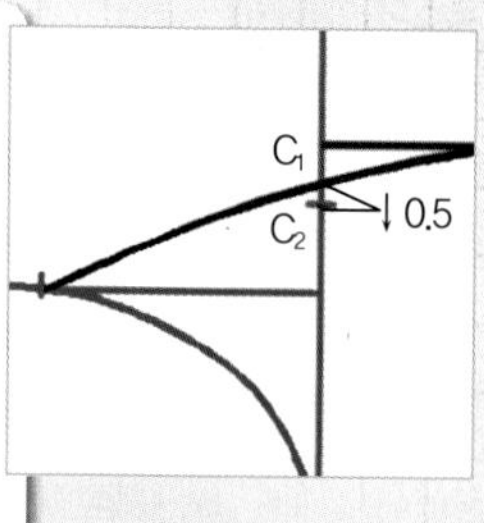

06

뒤중심 쪽 패널라인과 위 가슴둘레선과의 교점(C_1)에서 0.5cm 내려와 옆선 쪽 패널라인을 그릴 통과점(C_2)을 표시한다.

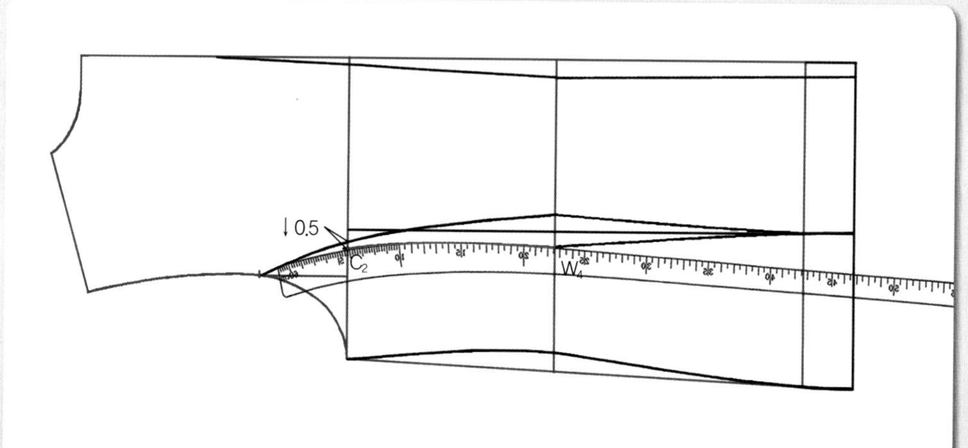

07

C_2~W_4 = 옆선 쪽의 허리선 위쪽 패널라인 0.5cm 내려와 표시한 C_2점에 hip곡자 5 근처의 위치를 맞추면서 W_4점과 연결하여 옆선 쪽의 허리선 위쪽 패널라인을 그린다.

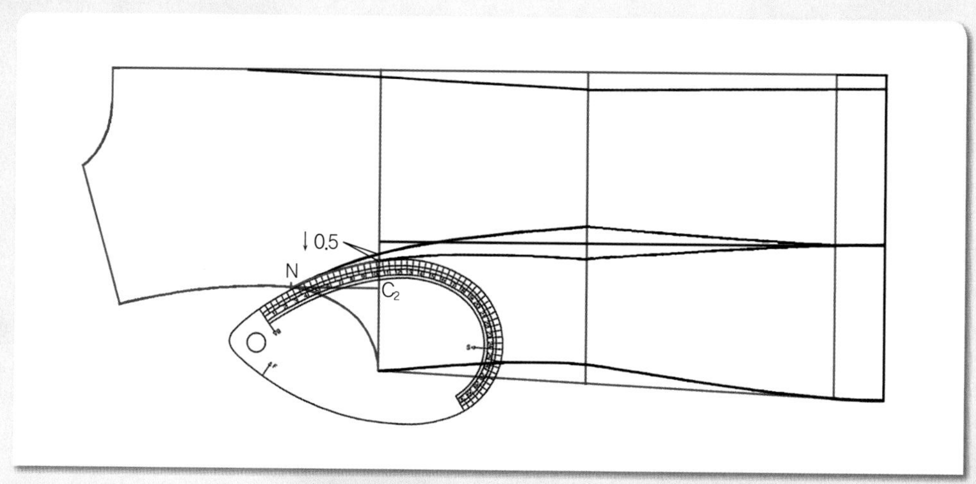

08

N~C_2 = 옆선 쪽의 허리선 위쪽 패널라인 N점과 C_2점을 뒤 AH자로 연결하였을 때 **07**에서 그린 옆선 쪽 패널라인과 자연스럽게 연결되도록 맞추어 옆선 쪽의 허리선 위쪽 패널라인을 완성한다.

4. 어깨선을 그린다.

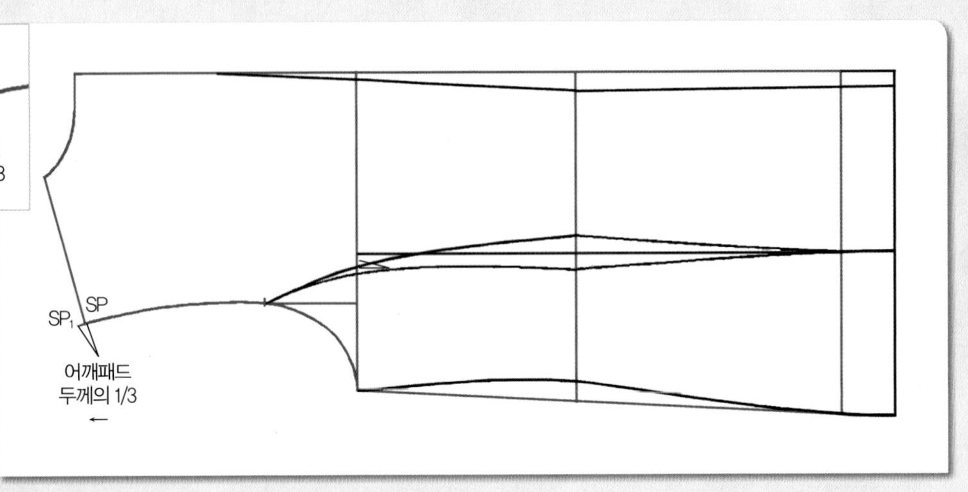

01

$SP \sim SP_1$ = 어깨패드 두께의 1/3 원형의 SP 위치에서 어깨패드 두께의 1/3 분량만큼 뒤 진동둘레선(AH)을 추가하여 그리고 뒤 어깨 끝점(SP_1)으로 한다.

주 어깨패드를 넣지 않는 경우에는 원형의 어깨선을 그대로 사용한다.

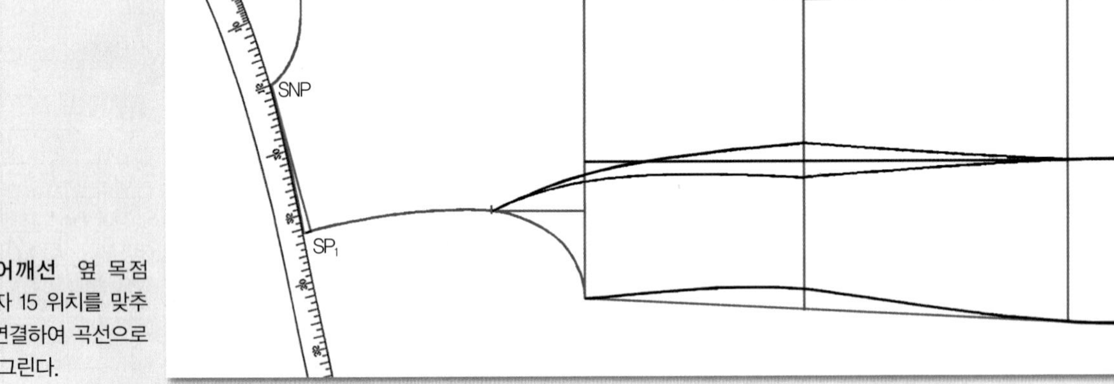

02

$SNP \sim SP_1$ = 어깨선 옆 목점(SNP)에 hip곡자 15 위치를 맞추면서 SP_1점과 연결하여 곡선으로 어깨 완성선을 그린다.

03

적색으로 표시된 뒤 목둘레선과 뒤 목점에서 위 가슴둘레선의 1/2 위치, 진동둘레선(AH)은 원형의 선을 그대로 사용한다.

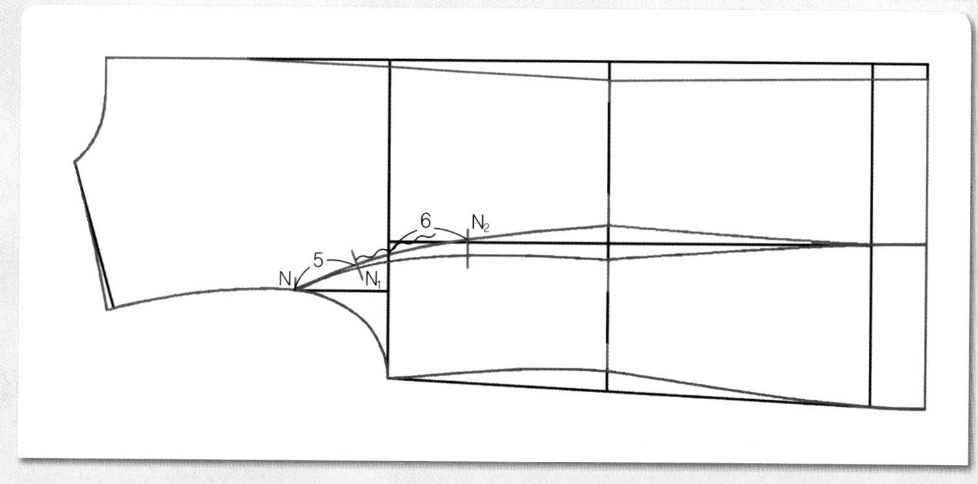

04

적색선이 뒤 몸판의 완성선이고, 청색선이 뒤 옆 몸판의 완성선이다.

- N점에서 뒤 중심 쪽 패널라인을 따라 5cm 나간 위치에서 패널라인에 직각으로 이세(오그림) 처리 시작 위치의 너치 표시(N_1)를 넣고, 위 가슴둘레선(CL)에서 6cm 나가 수직으로 이세 처리 끝 위치의 너치 표시(N_2)를 넣은 다음 N_1~N_2 사이에 이세기호를 넣는다.
- 허리선에 맞춤 표시를 넣는다.

앞판 제도하기

1. 앞 중심선과 밑단의 안내선을 그린다.

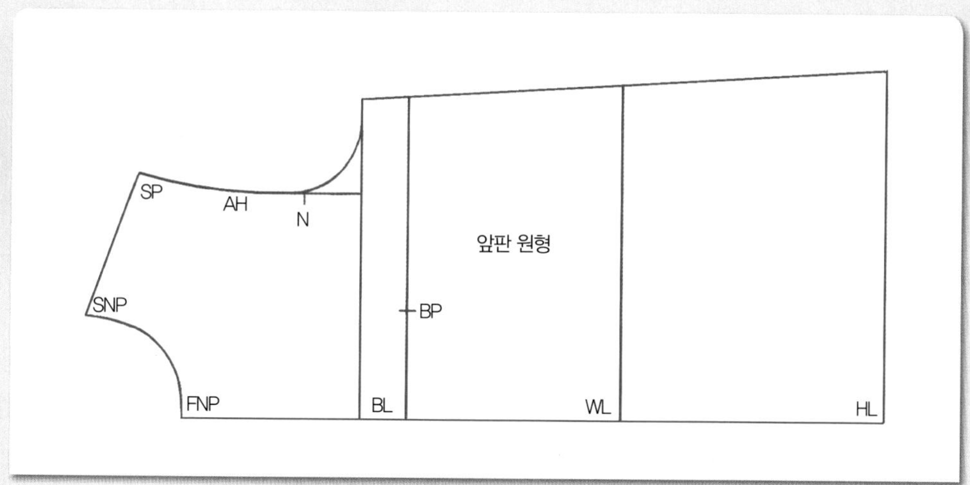

01

앞판의 원형선을 옮겨 그린다.

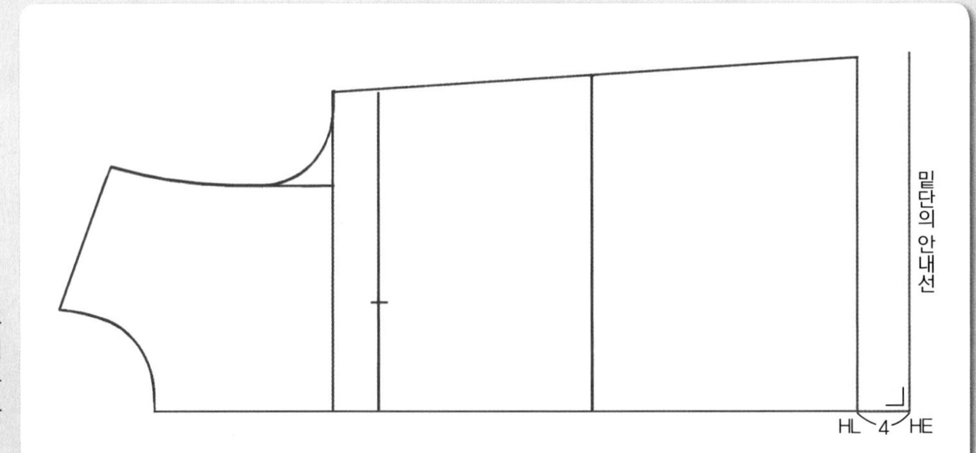

02

HL～HE＝4cm 직각자를 대고 앞 원형의 HL점에서 수평으로 밑단 선(HE)까지 4cm 앞 중심선을 연장시켜 그리고, 직각으로 밑단의 안내선을 올려 그린다.

2. 옆선과 밑단의 완성선을 그린다.

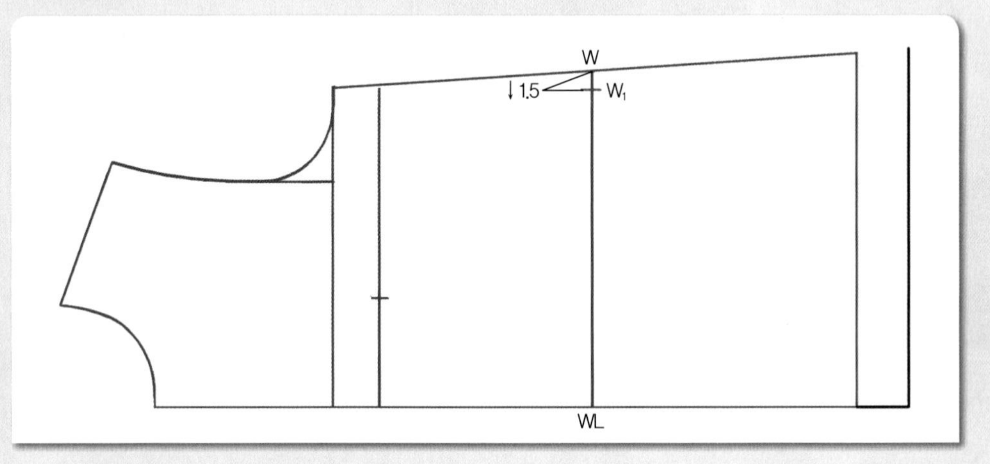

$W～W_1＝1.5cm$ 앞 원형의 옆선쪽 허리선 끝점(W)에서 1.5cm 내려와 수정할 옆선 쪽 허리선 위치(W_1)를 표시한다.

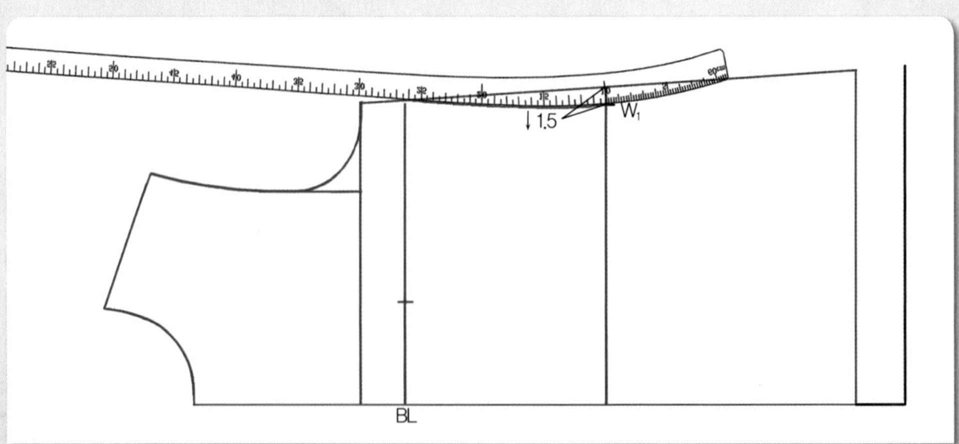

02

$B～W_1＝$앞 허리선 위쪽 옆선 1.5cm 내려와 표시한 W_1점에 hip 곡자 10 위치를 맞추면서 앞 원형의 옆선쪽 가슴둘레 선 끝점(B)과 연결하여 허리선 위쪽 옆선의 완성선을 그린다.

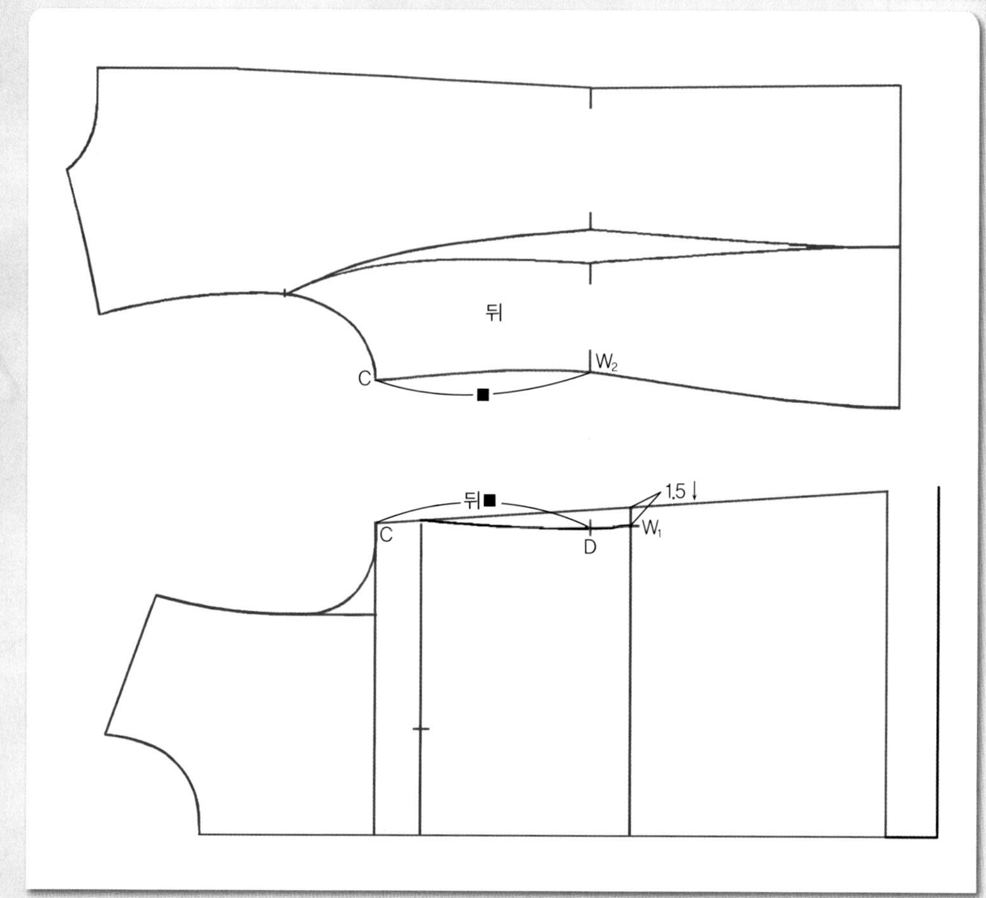

03

C~D=뒤 허리선 위쪽 옆선 길이(■) 뒤판의 C점에서 W_2점까지의 뒤 허리선 위쪽 옆선 길이(■)를 재어, 같은 길이(■)를 앞판의 위 가슴둘레선 옆선 쪽 끝점(C)에서 앞판의 허리선 위쪽 옆선의 완성선을 따라 나가 가슴 다트량을 구할 위치(D)를 표시한다.

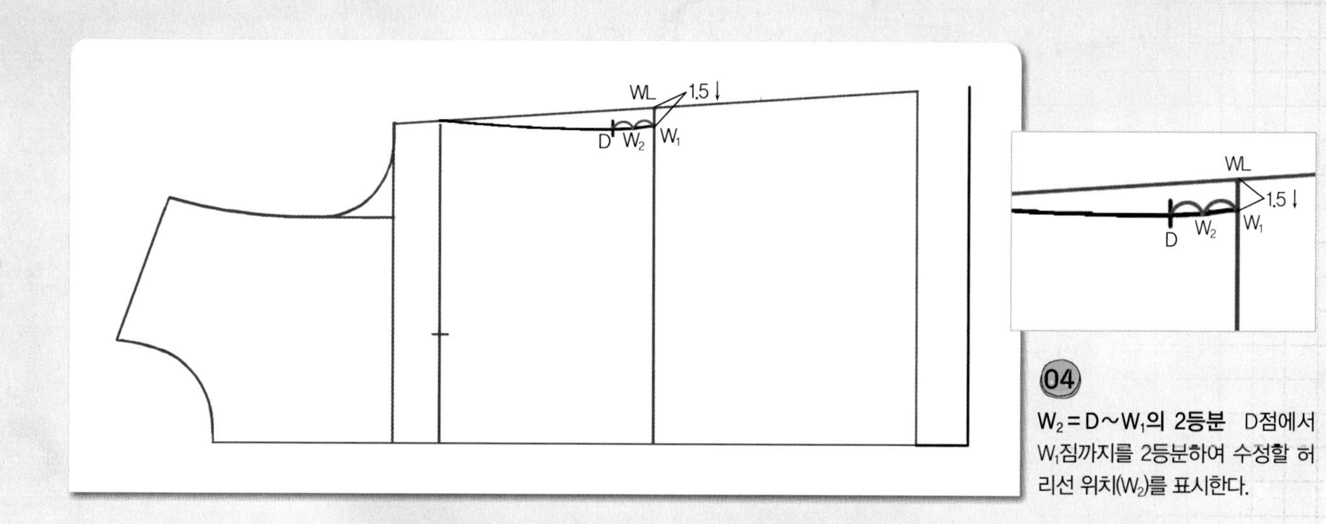

04

W_2=D~W_1의 2등분 D점에서 W_1점까지를 2등분하여 수정할 허리선 위치(W_2)를 표시한다.

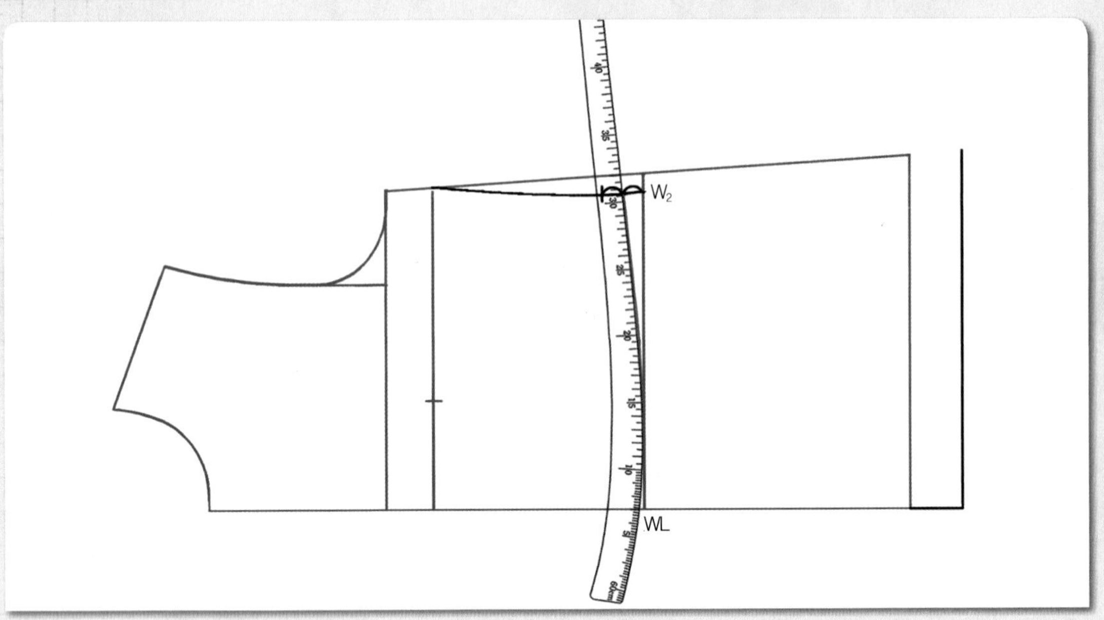

05

W_2점과 원형의 허리선을 hip곡자로 연결하여 허리선을 수정한다.

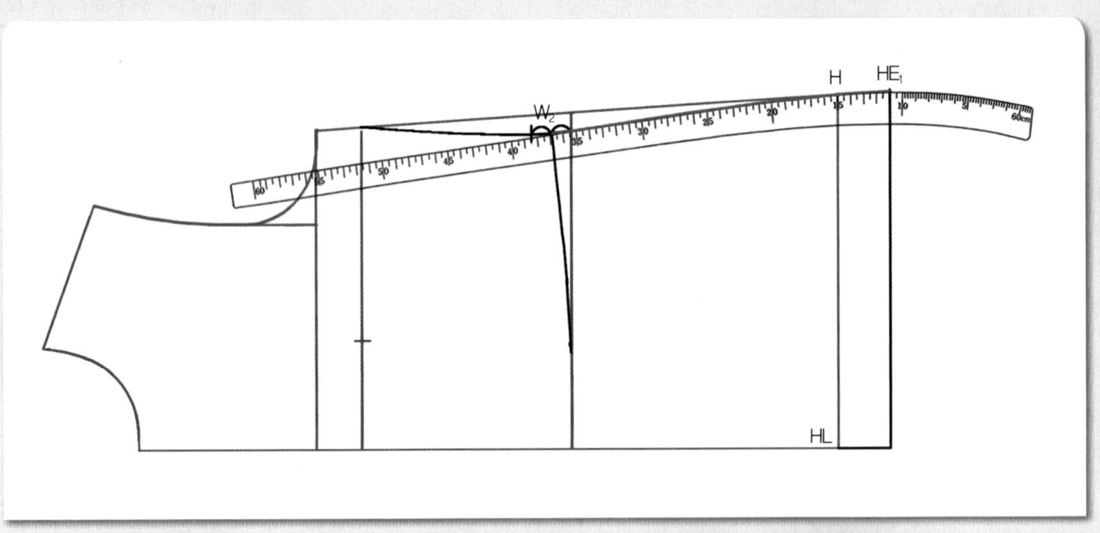

06

W_2~HE_1 = 앞 허리선 아래쪽 옆선 원형의 히프선(HL) 옆선 쪽 끝점(H)에 hip곡자 15 위치를 맞추면서 W_2점과 연결하여 밑단선(HE_1)까지 앞 허리선 아래쪽 옆선의 완성선을 그린다.

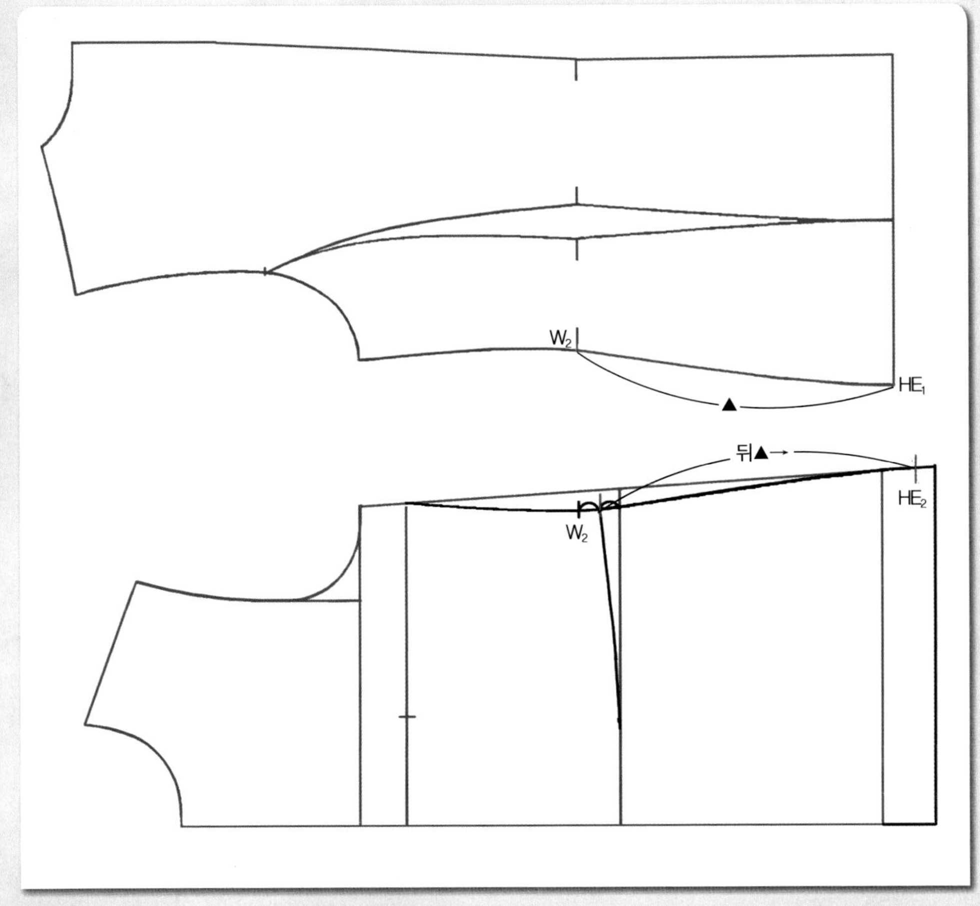

07

W_2~HE_2 = 뒤 허리선 아래쪽 옆선 길이(▲) 뒤판의 W_2점에서 HE_1점까지의 뒤 허리선 아래쪽 옆선 길이(▲)를 재어, 같은 길이(▲)를 앞판의 W_2점에서 허리선 아래쪽 옆선을 따라 나가 앞 밑단 쪽 옆선 위치(HE_2)를 표시한다.

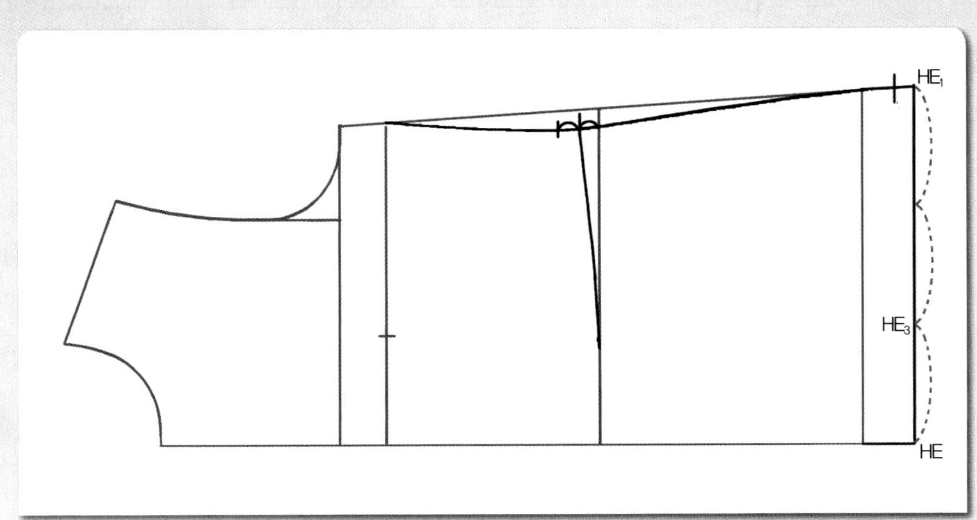

08

HE~HE_1 = 3등분(HE_3) 밑단의 안내선을 3등분하여 앞 중심 쪽의 1/3 위치에 처짐분 선을 그릴 위치(HE_3)를 표시한다.

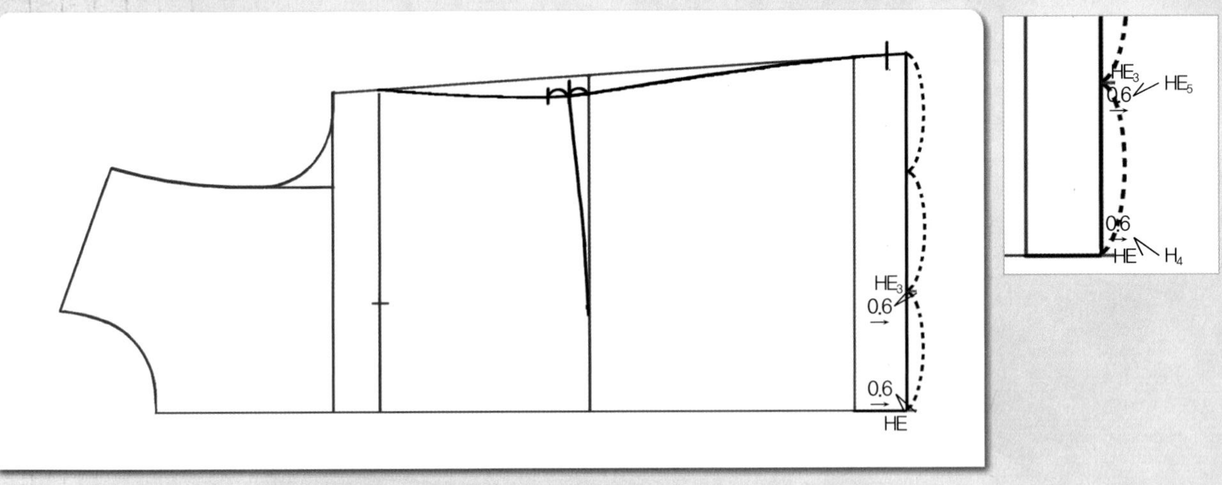

09

HE~HE_4 = 0.6cm, HE_3~HE_5 = 0.6cm HE점과 HE_3점에서 각각 0.6cm씩 수평으로 앞 처짐분 선(HE_4, HE_5)을 그린다.

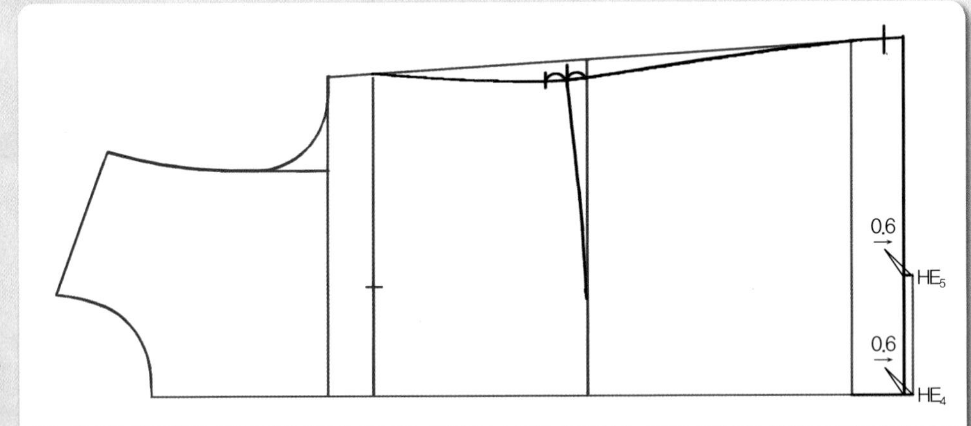

10

09에서 그린 앞 처짐분 선의 HE_4점과 HE_5점 두 점을 직선자로 연결하여 밑단의 완성선을 그린다.

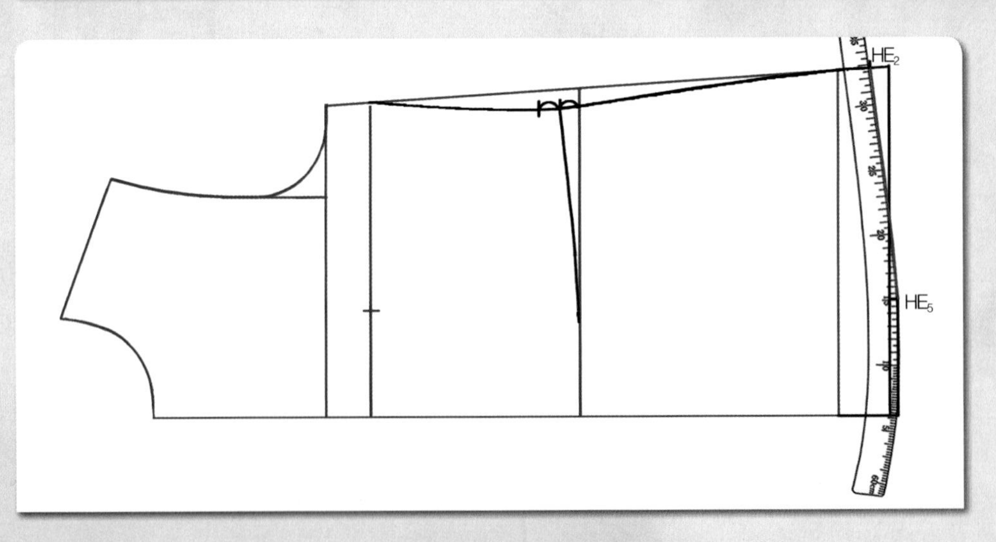

11

HE_5점에 hip곡자 15 위치를 맞추면서 HE_2점과 연결하여 밑단의 완성선을 곡선으로 그린다.

3. 가슴 다트 선을 그린다.

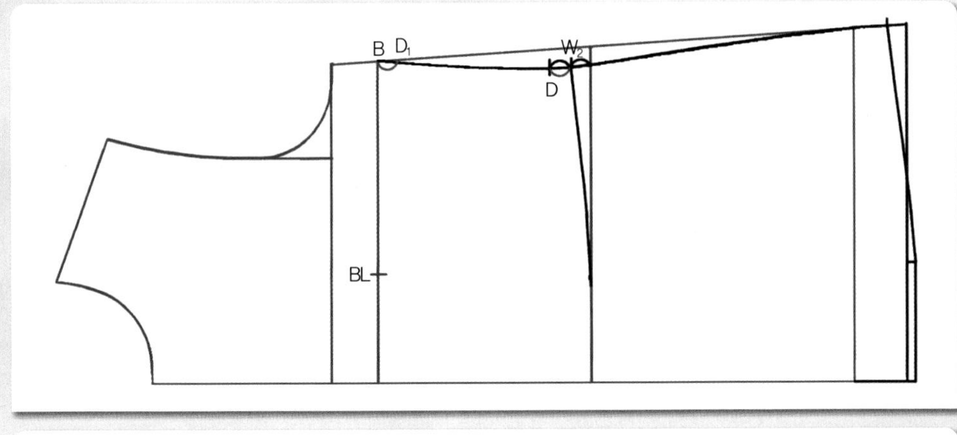

$D \sim W_2$ = 가슴 다트 분량 앞 허리선 위쪽 옆선의 허리선 위치(W_2)에서 D점까지의 분량을 재어 가슴둘레선(BL)의 옆선쪽 끝점(B)에서 옆선을 따라 나가 가슴 다트를 그릴 위치(D_1)를 표시한다.

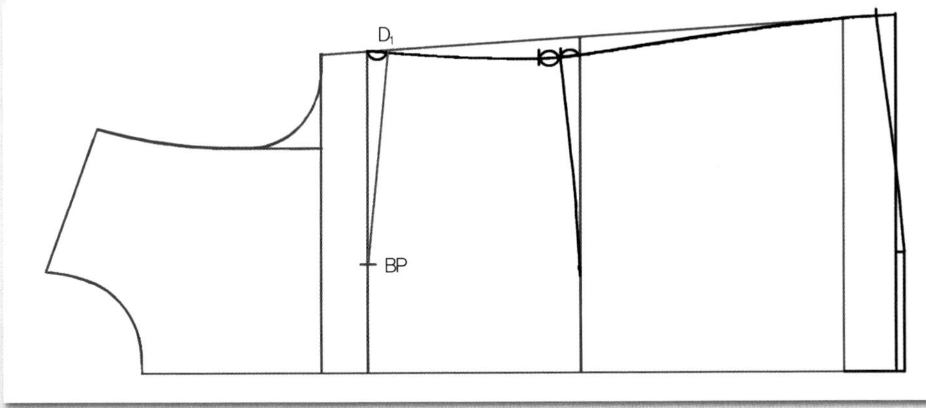

$D_1 \sim BP$ = 가슴 다트선 D_1점과 BP 두 점을 직선자로 연결하여 가슴 다트선을 그린다.

4. 앞 패널라인을 그린다.

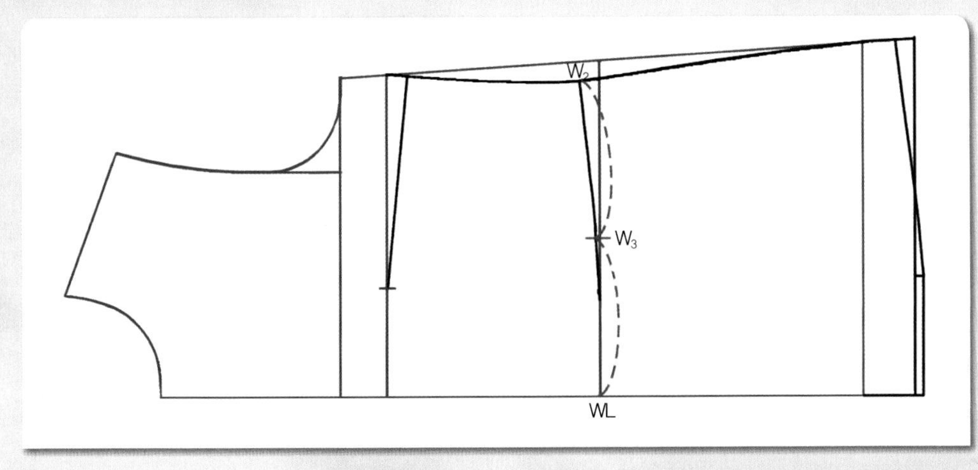

01

$W_3 = WL \sim W_2$의 2등분 앞판의 허리선, 즉 WL점에서 W_2점까지를 2등분하여 패널라인 중심선 위치(W_3)를 표시한다.

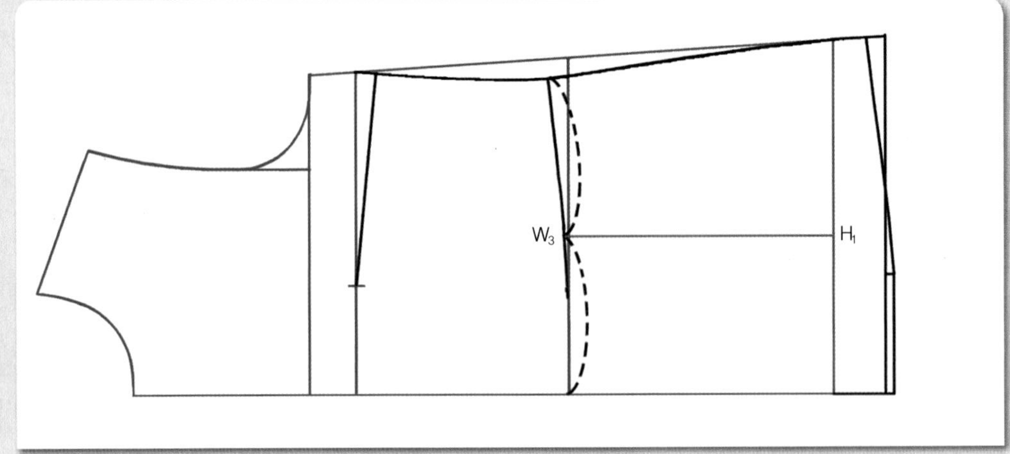

02

W_3점에서 직각으로 원형의 히프선까지 패널라인 중심선 (H_1)을 그린다.

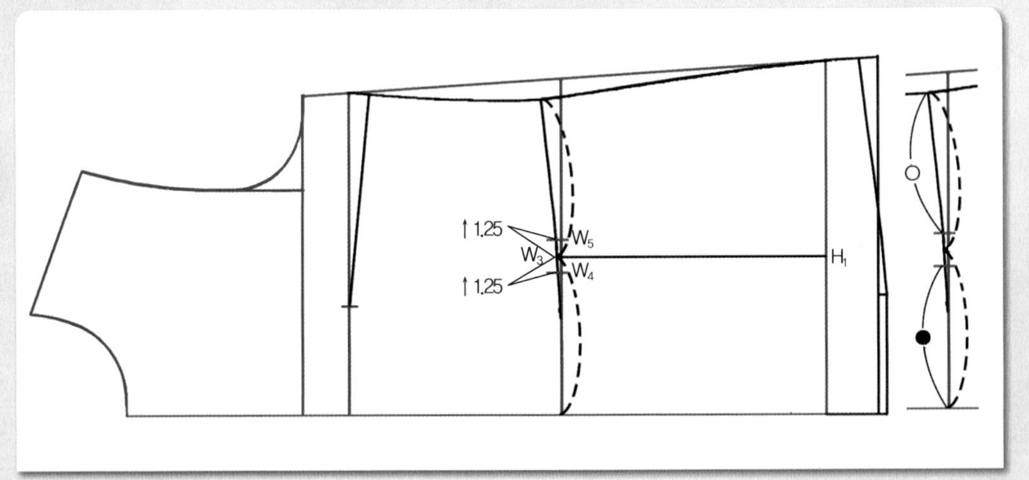

03

$W_3 \sim W_4 = 1.25$cm, $W_3 \sim W_5 = 1.25$cm 허리선의 W_3점에서 1.25cm 내려와 앞 중심 쪽 패널라인 위치(W_4)를 표시하고, W_3점에서 1.25cm 올라가 옆선 쪽 패널라인 위치(W_5)를 표시한다.

주 ○+●한 치수가 W/4+0.9cm한 치수보다 작으면 부족분을 옆선과 패널라인의 각 위치에서 1/3씩 고르게 나누어 이동한다.

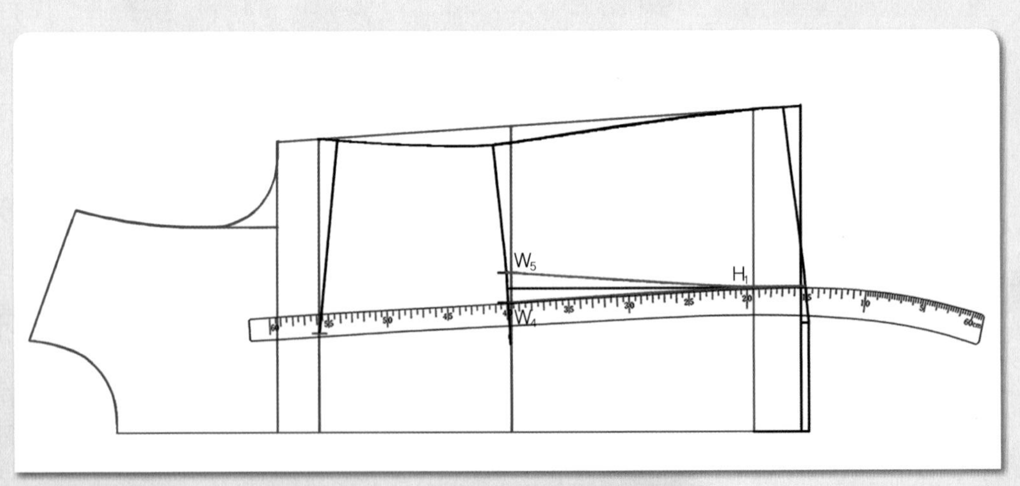

04

H_1점과 W_5점을 hip곡자 15 위치를 맞추어 밑단 선까지 옆선 쪽 허리선 아래 쪽 패널라인을 그린 다음, hip곡자를 수직 반전하여 W_4점과 H_1점을 연결하면서 밑단 선에 hip곡자 15 위치를 맞추어 앞 중심 쪽 허리선 아래쪽 패널라인을 그린다.

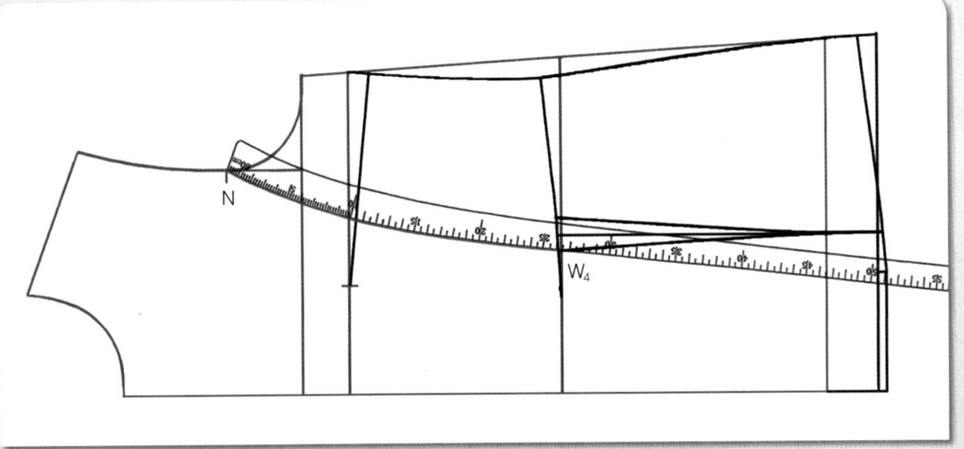

05

$N \sim W_4$ = 앞 중심 쪽의 허리선 위쪽 패널라인 원형의 N점에 hip곡자 끝 위치를 맞추면서 W_4점과 연결하여 앞 중심 쪽의 허리선 위쪽 패널라인을 그린다.

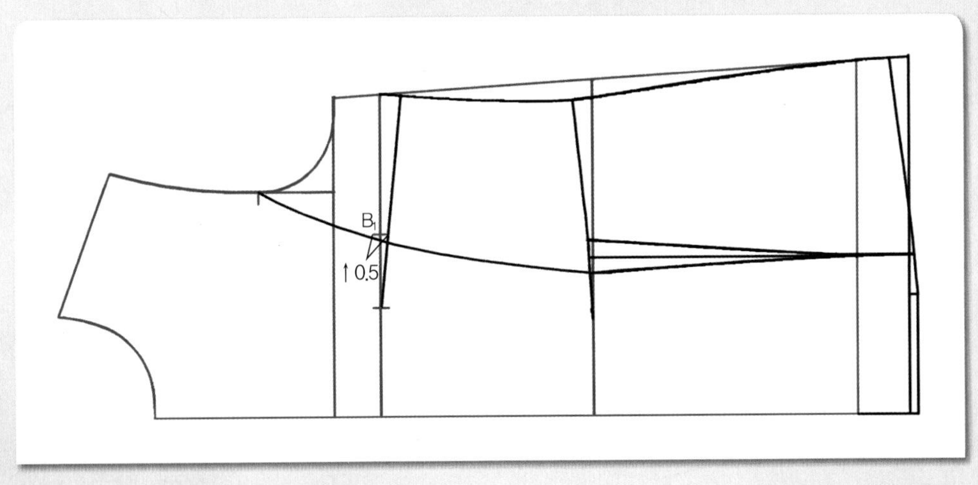

06

앞 중심 쪽 패널라인과 가슴둘레선(BL)과의 교점에서 0.5cm 올라가 옆선 쪽 패널라인을 그릴 통과점(B_1)을 표시한다.

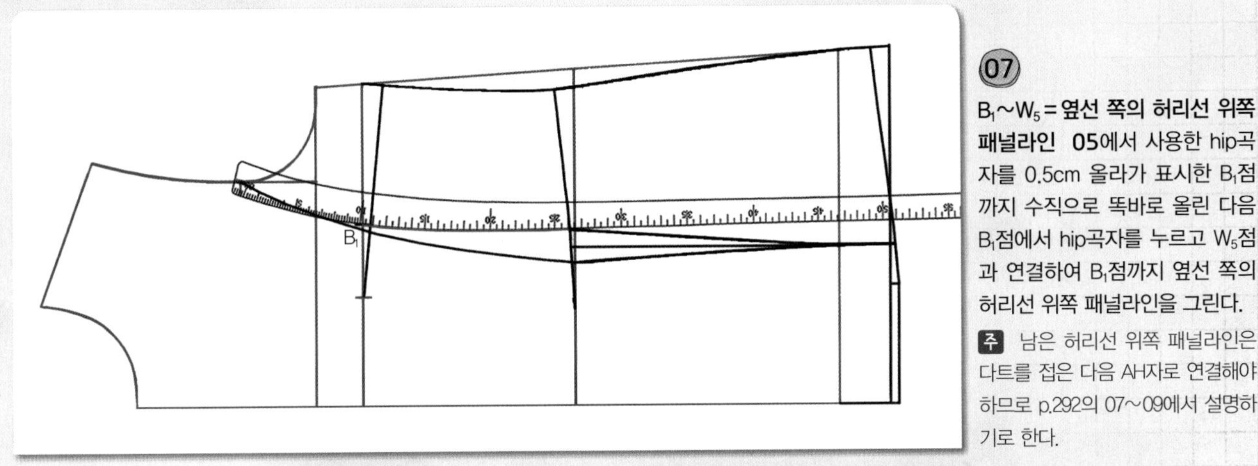

07

$B_1 \sim W_5$ = 옆선 쪽의 허리선 위쪽 패널라인 **05**에서 사용한 hip곡자를 0.5cm 올라가 표시한 B_1점까지 수직으로 똑바로 올린 다음 B_1점에서 hip곡자를 누르고 W_5점과 연결하여 B_1점까지 옆선 쪽의 허리선 위쪽 패널라인을 그린다.

주 남은 허리선 위쪽 패널라인은 다트를 접은 다음 AH자로 연결해야 하므로 p.292의 07~09에서 설명하기로 한다.

5. 어깨선을 그린다.

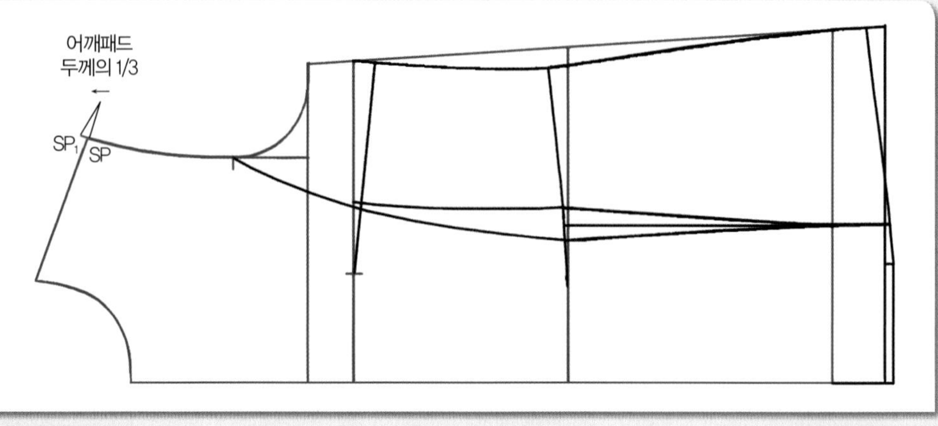

01

SP~SP_1 = 어깨패드 두께의 1/3
원형의 SP에서 어깨패드 두께의 1/3 분량만큼 앞 진동둘레선(AH)을 추가하여 그리고 앞 어깨 끝점(SP_1)으로 한다.

주 어깨패드를 넣지 않는 경우에는 원형의 어깨선을 그대로 사용한다.

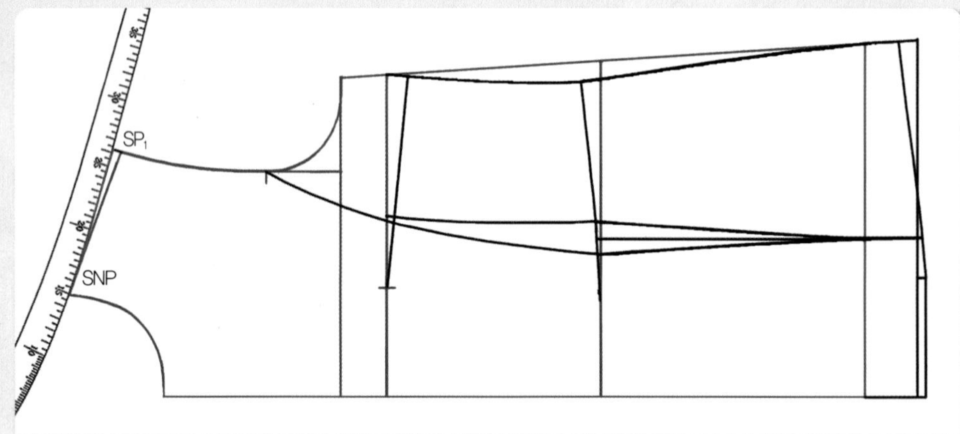

02

SNP~SP_1 = 어깨선 옆 목점(SNP)에 hip곡자 15 위치를 맞추면서 SP_1점과 연결하여 곡선으로 어깨 완성선을 그린다.

6. 앞 여밈분선을 그리고 단춧구멍 위치를 표시한다.

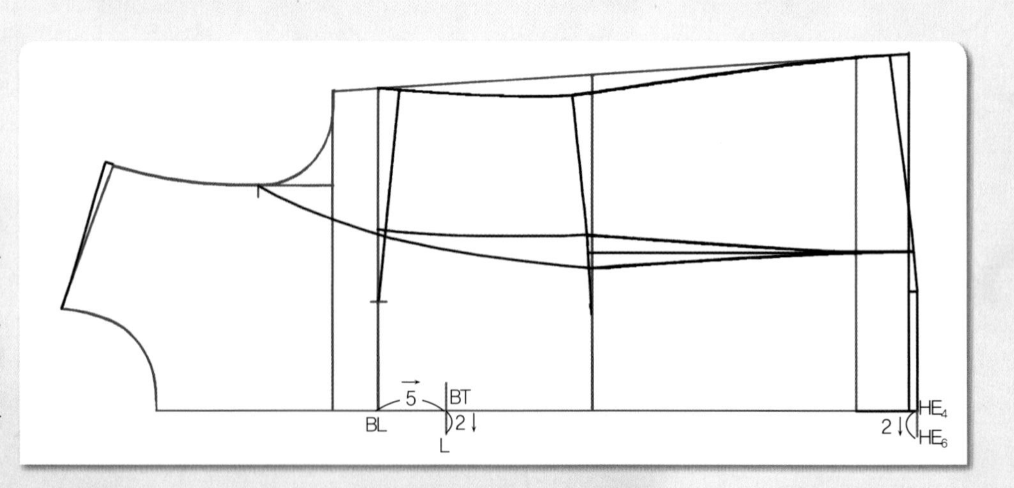

01

BL~BT = 5cm, BT~L = 2cm
원형의 앞 중심 쪽 가슴둘레 선(BL) 위치에서 앞 중심선을 따라 5cm 나간 곳을 첫 번째 단춧구멍 위치(BT)로 표시하고 BT에서 수직으로 2cm 앞 여밈분선(L)을 내려 그린 다음, 앞 중심 쪽 밑단선 끝점(HE_4)에서 직각으로 2cm 앞 여밈분선(HE_6)을 내려 그린다.

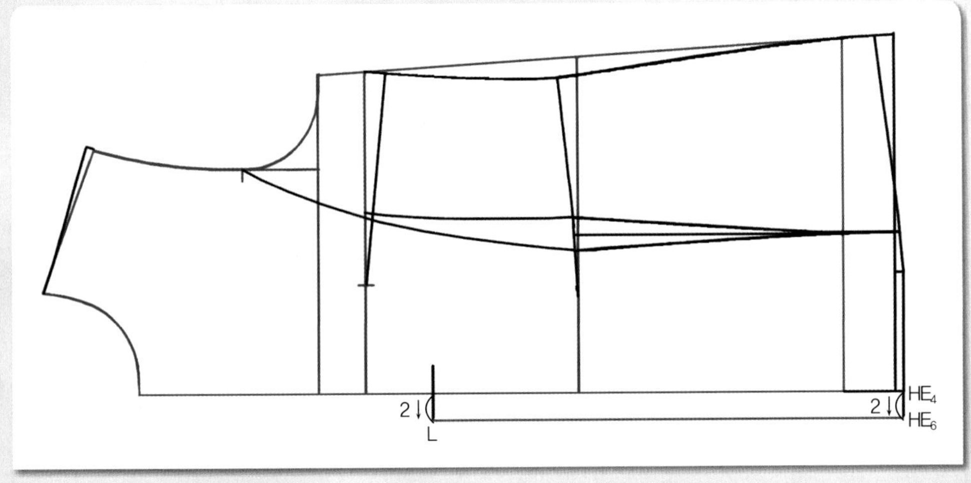

02

L～HE_6 = 앞 여밈분선 L점과 HE_6점 두 점을 직선자로 연결하여 앞 여밈분선을 그린다.

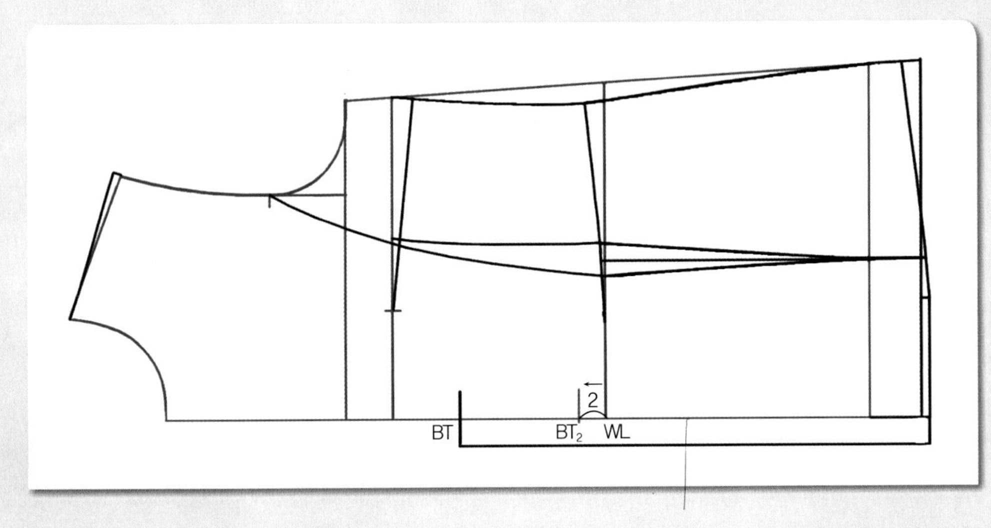

03

WL～BT_2 = 2cm 앞 중심 쪽 허리선 위치(WL)에서 첫 번째 단춧구멍 위치(BT) 쪽으로 2cm 나가 두 번째 단춧구멍 위치(BT_2)를 표시한다.

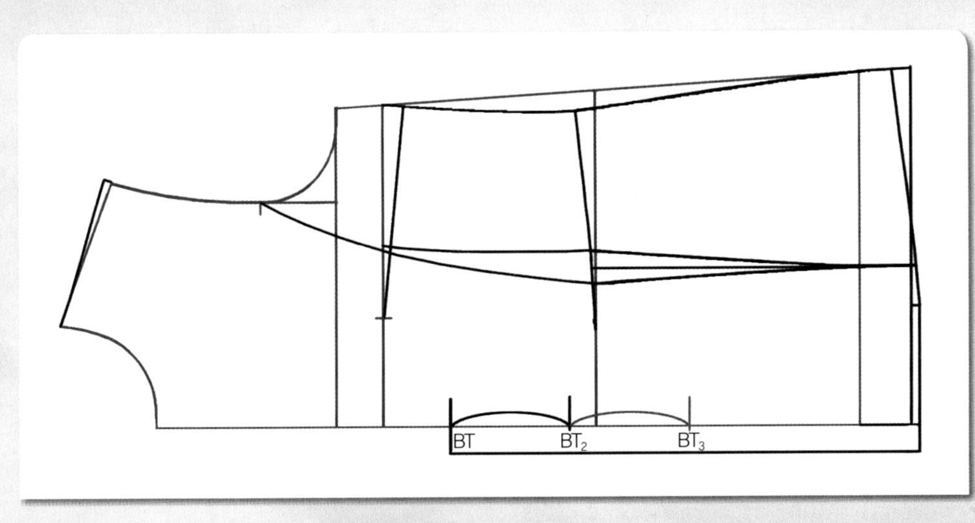

04

BT_2～BT_3 = BT～BT_2와 같은 거리 첫 번째 단춧구멍 위치(BT)에서 두 번째 단춧구멍 위치(BT_2)까지의 길이를 재어, 같은 길이를 BT_2점에서 밑단 쪽으로 나가 표시하고 세 번째 단춧구멍 위치(BT_3)를 표시한다.

05

각 단춧구멍 위치의 앞 중심선(CF)에서 여유분 0.3cm를 내려와 앞 중심 쪽 단춧구멍의 트임 끝 위치를 표시한다.

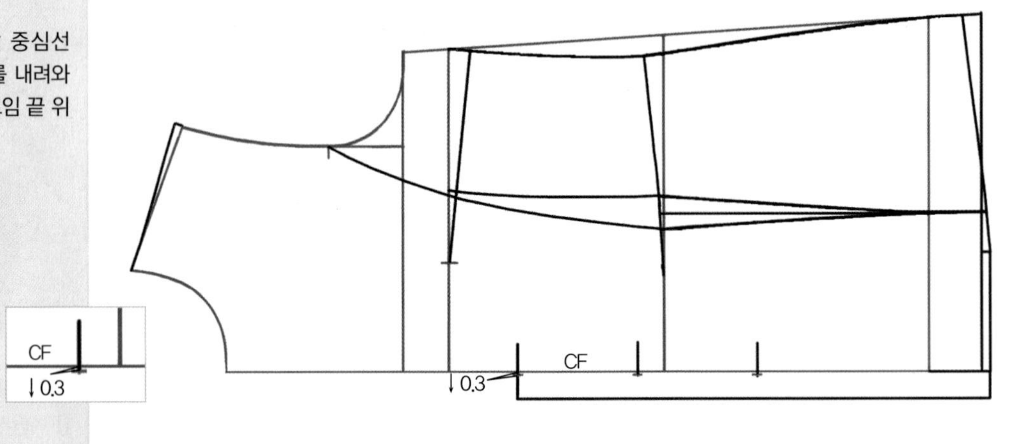

06

각 단춧구멍 위치의 앞 중심선에서 단추의 직경 치수를 올라가 단춧구멍의 트임 끝 위치를 표시한다.

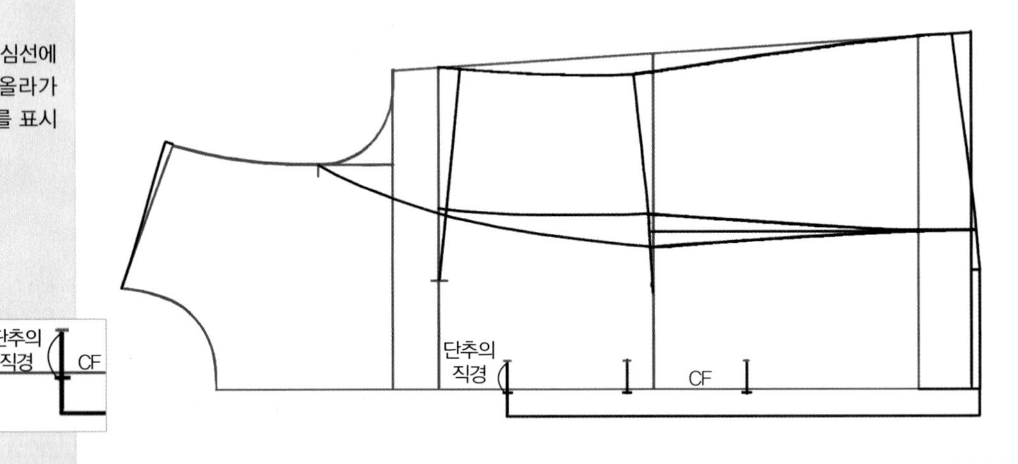

07

세 번째 단춧구멍 위치(BT_3)의 앞 여밈선에 hip곡자 10 위치를 맞추면서 앞 중심선의 밑단 선 끝점(HE_4)과 연결하여 앞 여밈선을 곡선으로 수정한다.

주 디자인에 따라 곡선으로 수정하지 않고 직선을 그대로 사용하여도 무방하다.

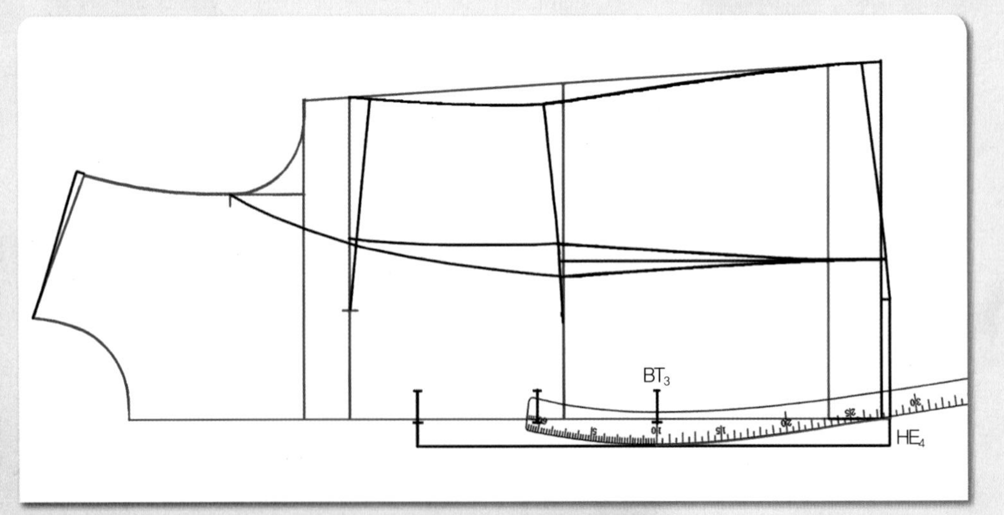

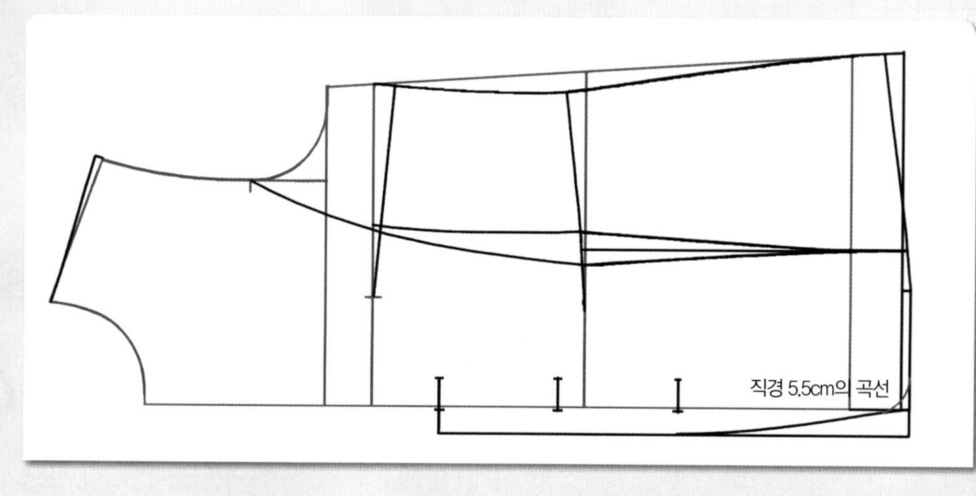

08

밑단 쪽을 약한 곡선으로 수정한다.

주 직선을 그대로 사용할 경우에는 수정하지 않는다.

7. 앞 몸판의 라펠과 칼라를 제도한다.

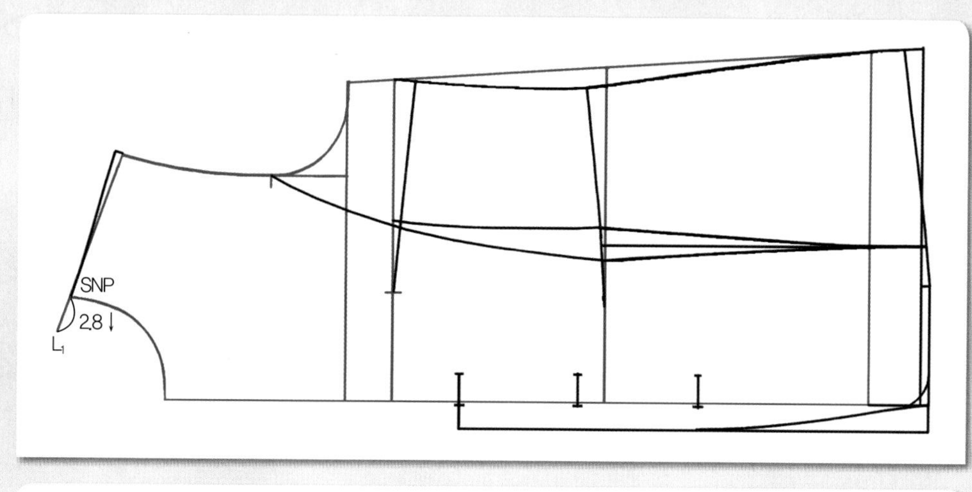

01

$SNP \sim L_1 = 2.8cm$ 옆 목점(SNP)에서 2.8cm 어깨선의 연장선을 내려 그려 라펠의 꺾임선을 그릴 통과선(L_1)을 그린다.

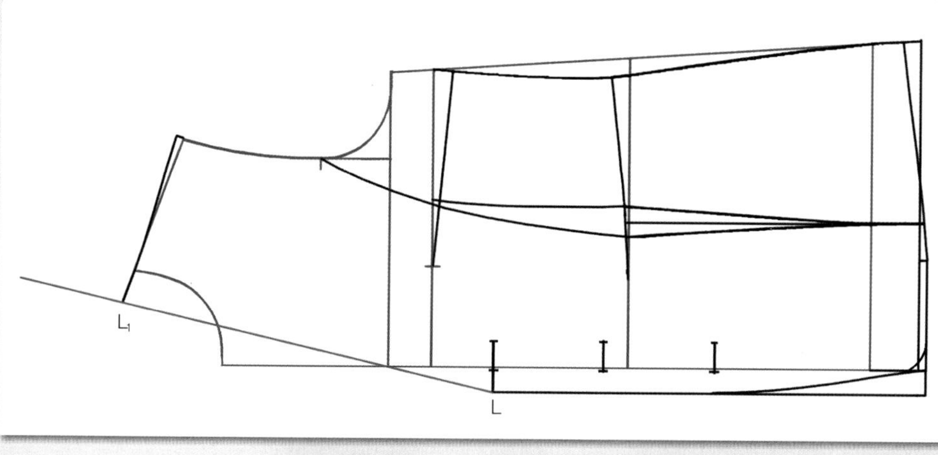

02

L점과 L_1점 두 점을 직선자로 연결하여 어깨선 위쪽으로 길게 라펠의 꺾임선을 그려둔다.

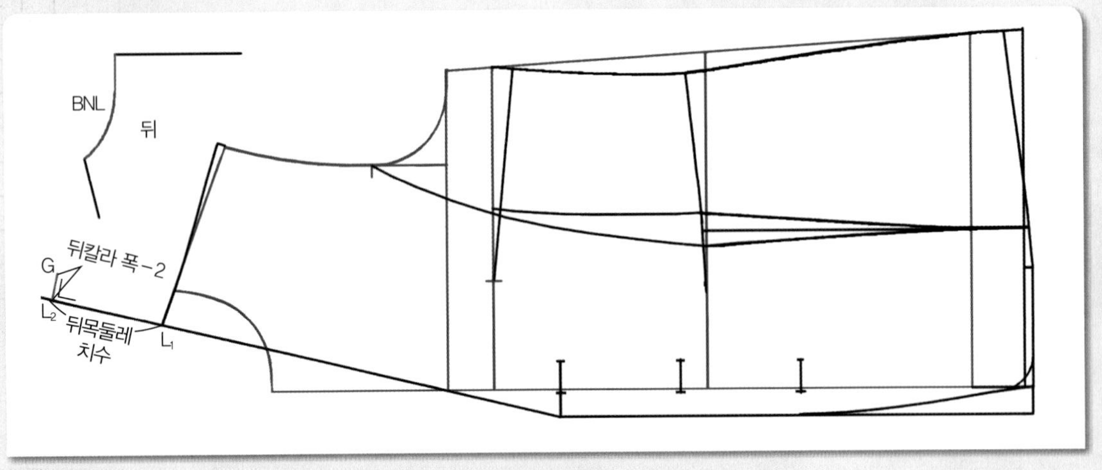

03

L_1~L_2 = 뒤목둘레(BNL) 치수, L_2~G = 뒤칼라 폭 – 2cm 뒤목둘레(BNL) 치수를 재어, L_1점에서 라펠의 꺾임선을 따라 올라가 L_2점으로 표시하고, L_2점에서 직각으로 (뒤칼라 폭 – 2cm) 칼라 꺾임선의 안내선을 그릴 통과선(G)을 그린다.

주 뒤칼라 폭은 조정이 가능한 치수이다. 예를 들어 뒤칼라 폭을 4cm로 하면 –2cm하여 2cm가 된다.

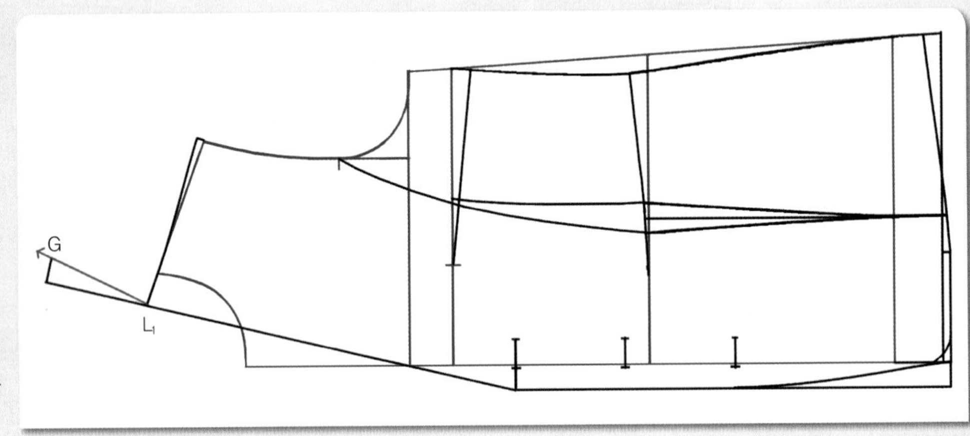

04

G점과 L_1점 두 점을 직선자로 연결하여 칼라 꺾임선의 안내선을 길게 올려 그려둔다.

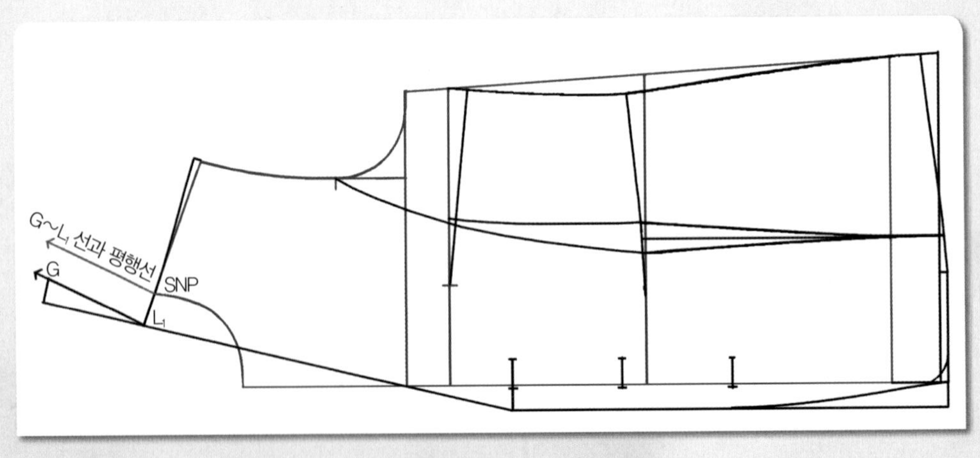

05

옆 목점(SNP)에서 G~L_1선의 평행선인 칼라 솔기 안내선을 길게 올려 그린다.

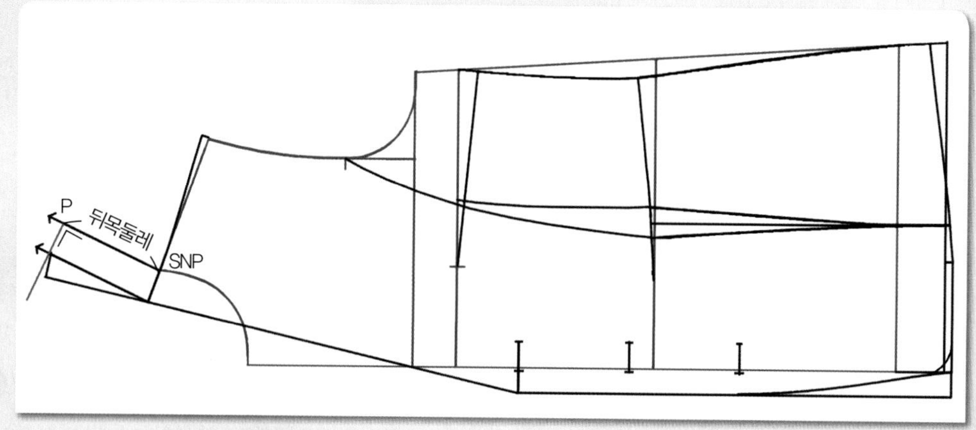

SNP~P = 뒤목둘레 치수 뒤목둘레 치수를 재어 옆 목점(SNP)에서 **05**에서 그린 칼라 솔기 안내선을 따라 뒤목둘레 치수를 나가 칼라의 뒤 중심선 위치(P)를 표시하고 직각으로 칼라의 뒤 중심선을 길게 내려 그린다.

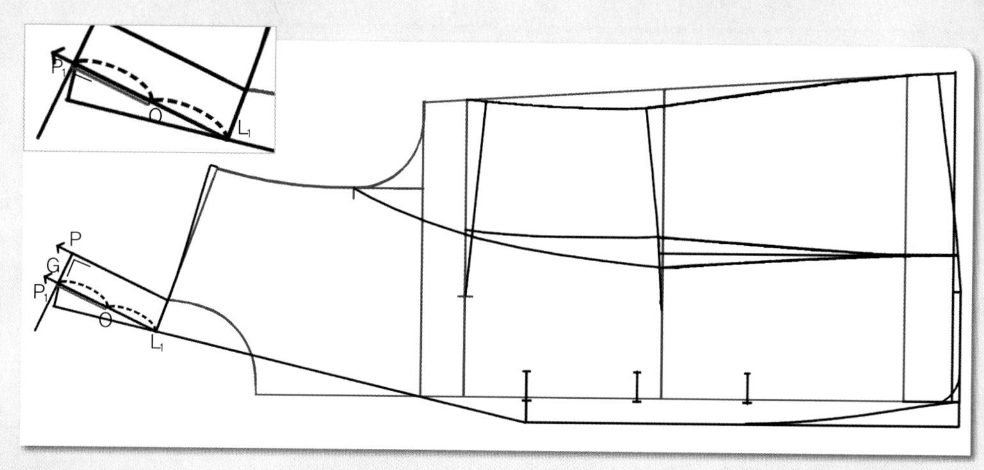

$P \sim P_1$ = 3cm P점에서 직각으로 그린 칼라의 뒤 중심선을 따라 3cm 내려와 칼라의 꺾임선 위치(P_1)를 표시하고 직각으로 L_1~G의 2등분 위치(O)까지 칼라 꺾임선을 그린다.

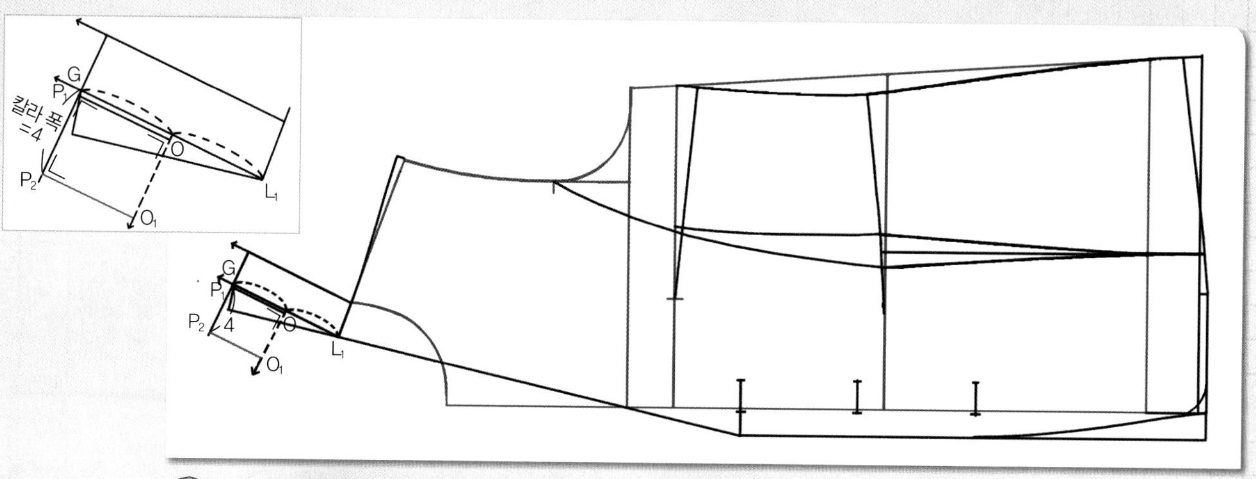

08

$P_1 \sim P_2$ = 칼라 폭 4cm, $P_2 \sim O_1$ = 칼라 완성선 L_1점에서 G점의 2등분 위치(O)에서 뒤칼라 폭 선을 그릴 안내선을 직각으로 내려 그린 다음, P_1점에서 칼라의 뒤 중심선을 따라 4cm 내려와 칼라 폭 끝점 위치(P_2)를 표시하고, 직각으로 O점에서 그려둔 칼라 폭 선의 안내선과 마주 닿는 위치(O_1)까지 칼라 완성선을 그린다.

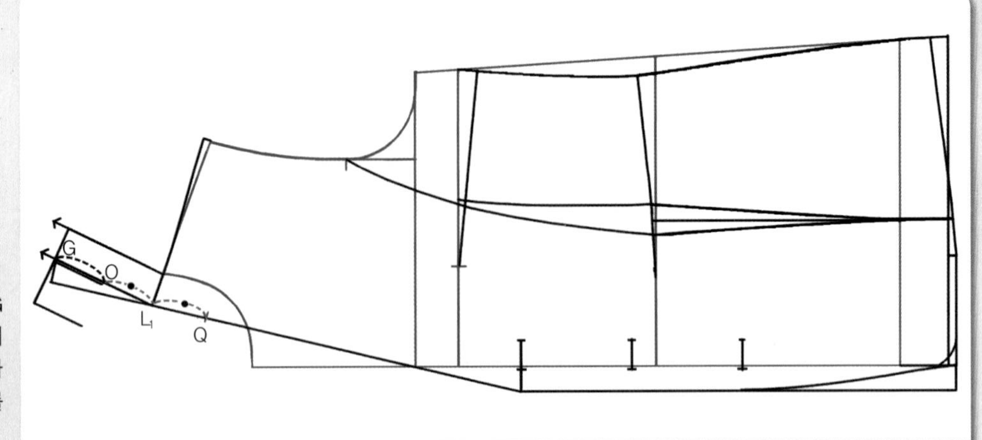

09

L_1~Q = L_1~G의 1/2 L_1점에서 G점까지의 1/2 분량을 L_1점에서 허리선 쪽으로 라펠의 꺾임선을 따라 내려가 칼라 꺾임선 위치(Q)를 표시한다.

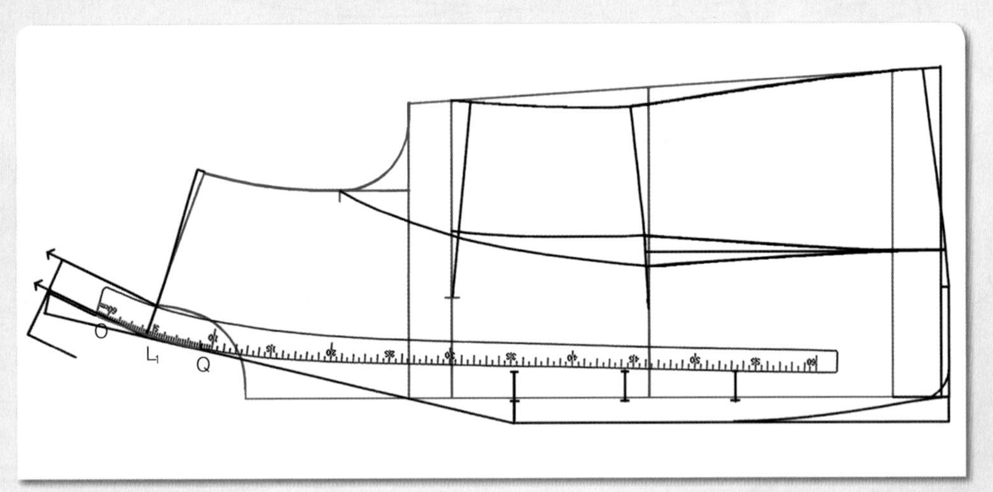

O~Q = 칼라의 꺾임선 07에서 그린 칼라 꺾임선(O) 위치에 hip곡자 끝 위치를 맞추면서 Q점과 연결하여 칼라 꺾임선을 곡선으로 수정하고 L_1점의 어깨선 곡선으로 수정한 칼라 꺾임선과의 교점을 V점으로 표시해 둔다.

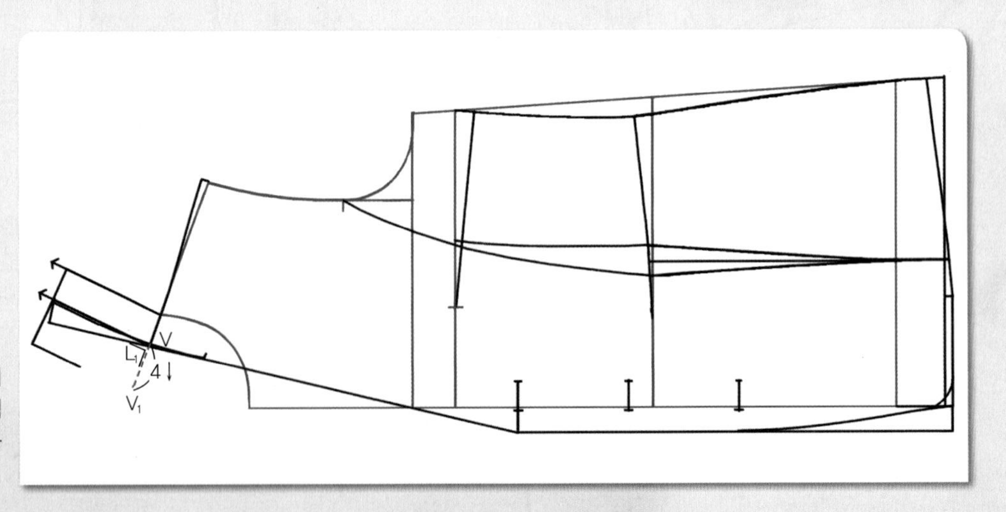

11

V~V_1 = 직각으로 4cm V점에서 칼라 꺾임선에 직각으로 4cm 점선으로 내려 그려 칼라 완성선을 그릴 연결점(V_1)을 표시한다.

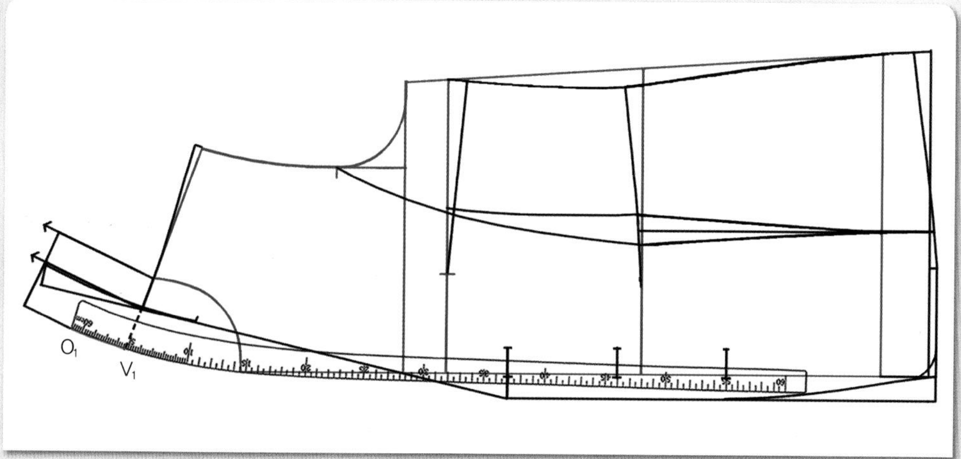

⑫

O_1~V_1 = 칼라 완성선 O_1점에 hip곡자 끝 위치를 맞추면서 V_1점과 연결하여 곡선으로 칼라 완성선을 그린다.

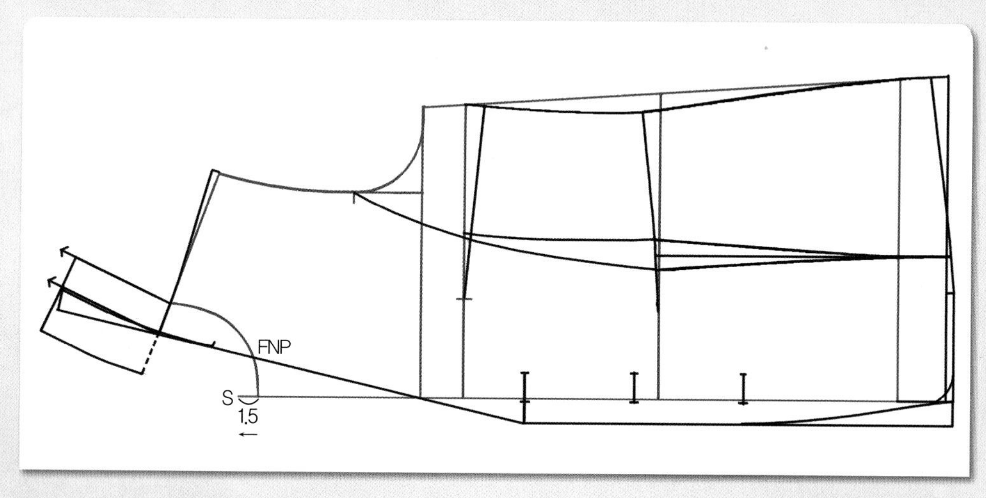

⑬

FNP~S = 1.5cm 원형의 앞 목점(FNP) 위치에서 수평으로 1.5cm 라펠의 고지선 통과점(S)을 연장시켜 그린다.

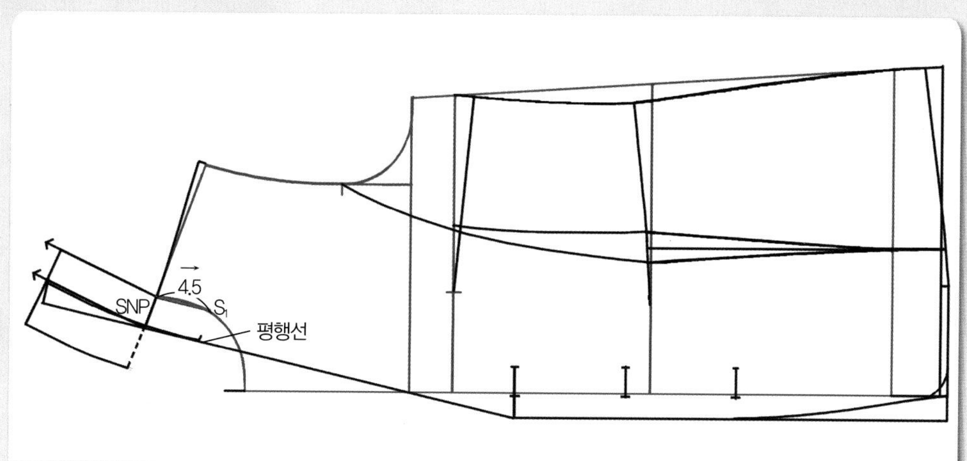

⑭

SNP~S_1 = 4.5cm 옆 목점(SNP)에서 라펠의 꺾임선과 평행한 선으로 4.5cm 칼라 솔기선을 그리고 그 끝점에 고지선 끝점 위치(S_1)를 표시한다.

15

S_1점(SNP에서 라펠의 꺾임선과 평행한 선으로 4.5cm 그린 선의 끝점)과 S점(원형의 앞 목점에서 1.5cm 연장시켜 그린 고지선의 통과점) 두 점을 직선자로 연결하여 고지선을 길게 내려 그린다.

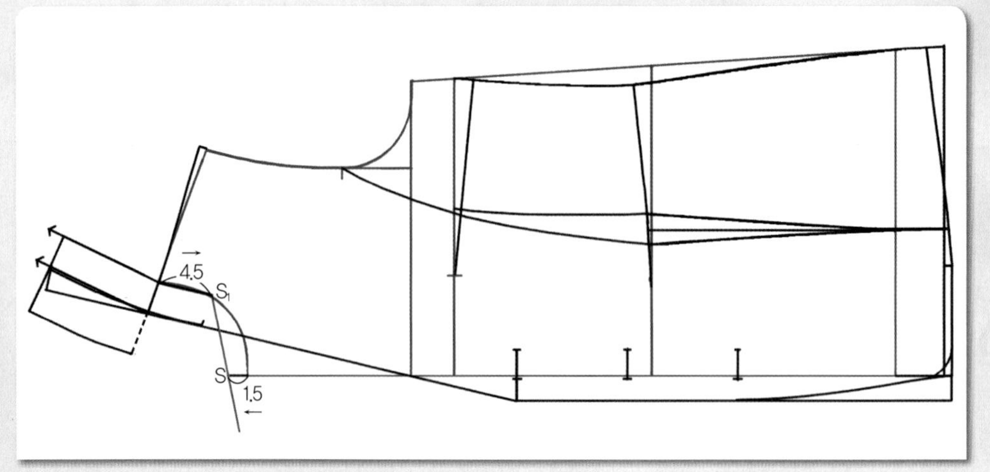

16

라펠의 꺾임선~S_2=7.5cm 라펠의 꺾임선에 직각자를 대어 15에서 그린 고지선과 7.5cm(라펠의 폭 넓이에 따라 조정 가능)가 마주 닿는 곳을 찾아 몸판의 라펠 끝점(S_2)을 정한다.

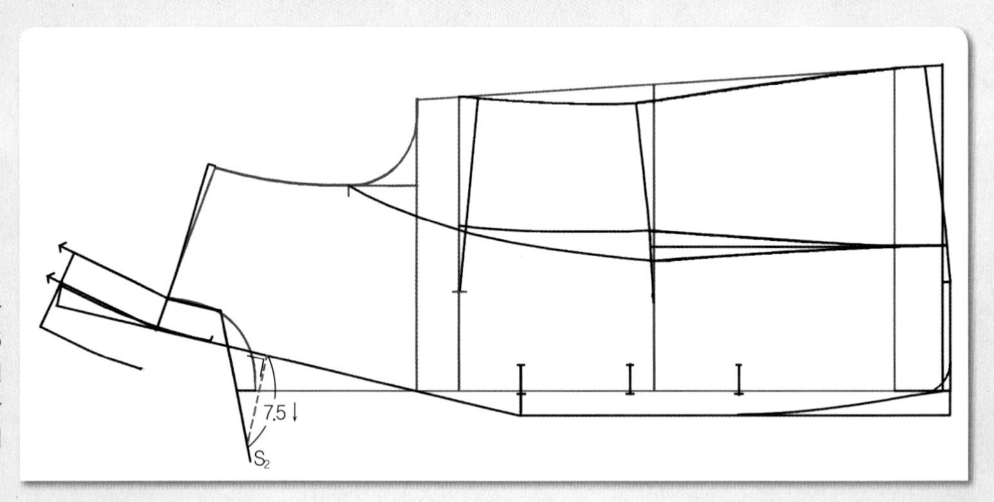

17

L~S_2=라펠의 완성선 첫 번째 단춧구멍 위치에 있는 앞 여밈분 끝점(L)에 hip곡자 13~15 근처의 위치를 맞추면서 라펠의 끝점(S_2)과 연결하여 라펠의 완성선을 칼라 쪽으로 조금 길게 연장시켜 그려둔다.

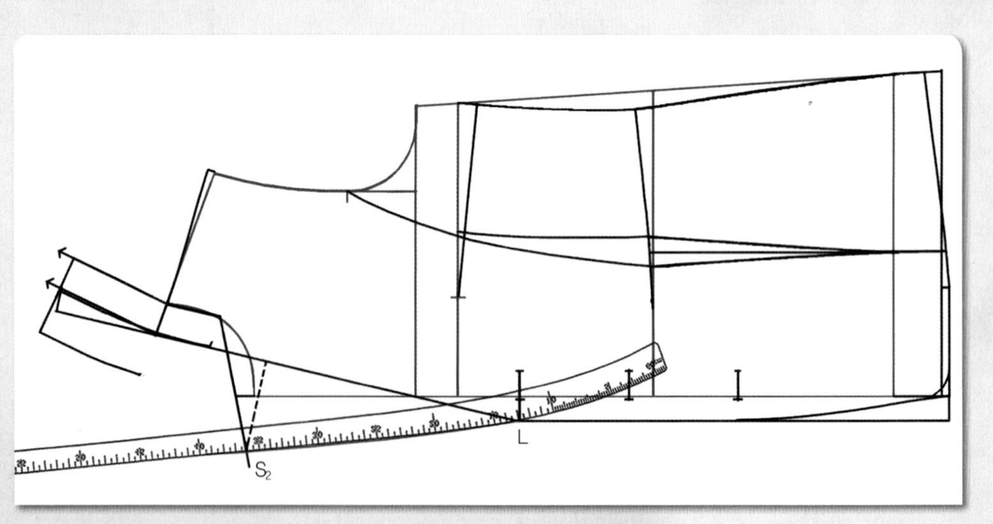

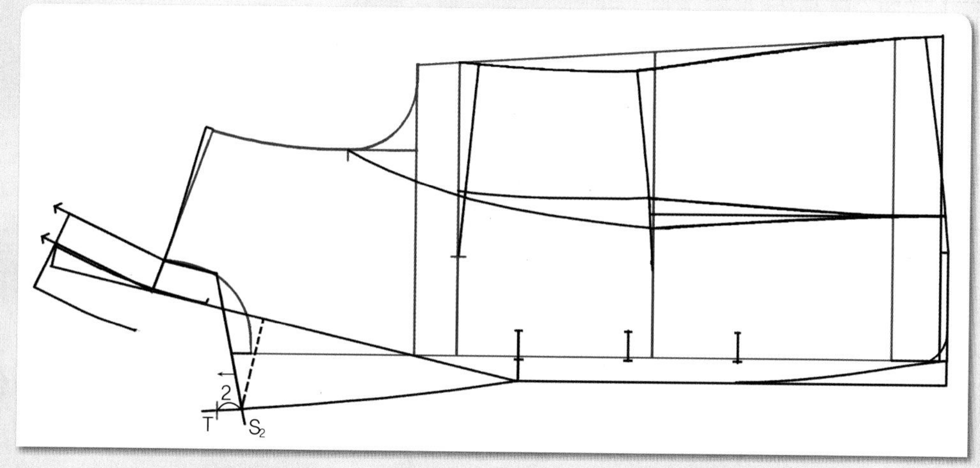

18

S_2~T=2cm 라펠의 끝점(S_2)에서 라펠의 완성선을 따라 2cm 칼라 쪽으로 나가 칼라의 완성선을 그릴 안내선 점(T)을 표시한다.

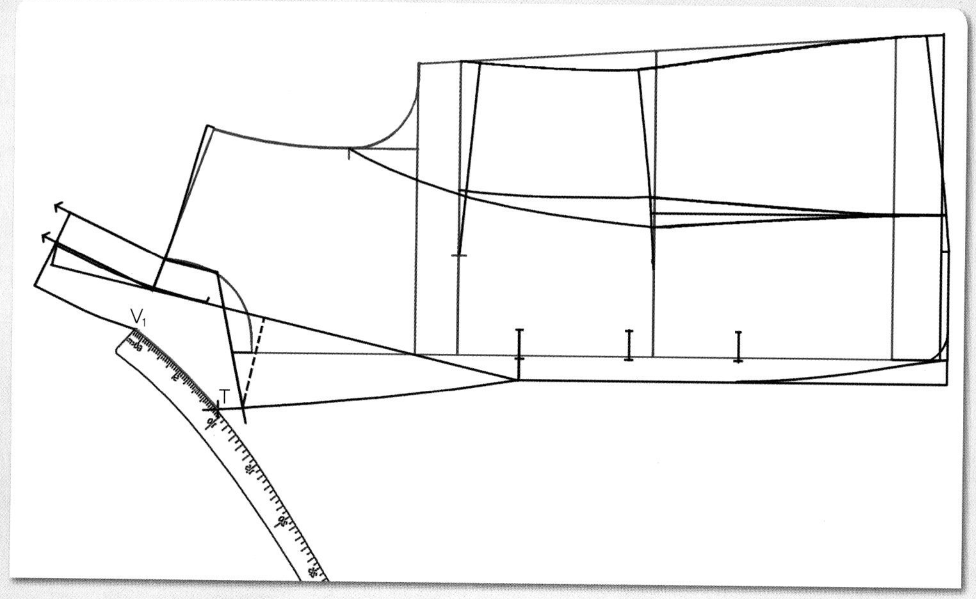

19

V_1~T=칼라 완성선 V_1점에 hip 곡자 끝 위치를 맞추면서 T점과 연결하여 칼라 완성선을 그린다.

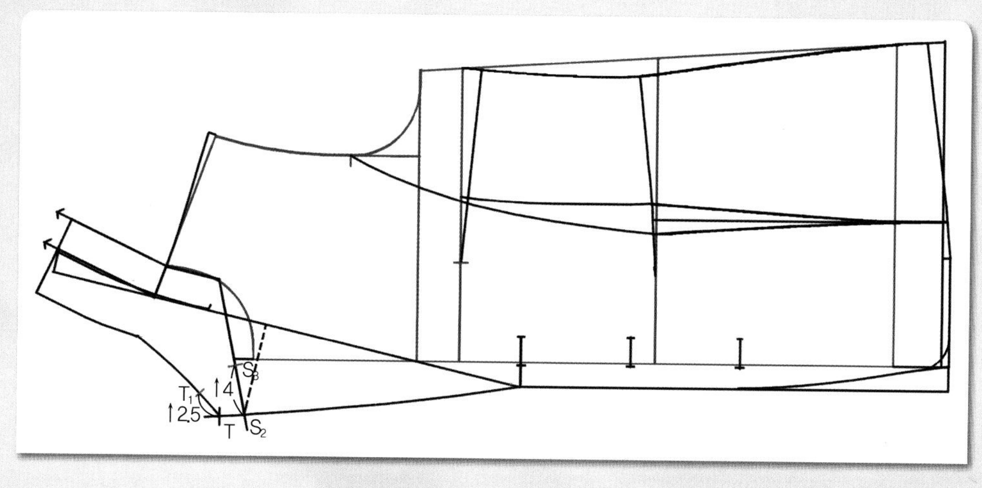

20

S_2~S_3=4cm, T~R_1=2.5cm 라펠의 끝점(S_2)에서 고지선을 따라 4cm 올라가 고지선 끝점(S_3)을 표시하고, 칼라 완성선 끝점(T)에서 칼라 완성선을 따라 2.5cm 올라가 칼라 완성선의 끝점(T_1)을 표시한다.

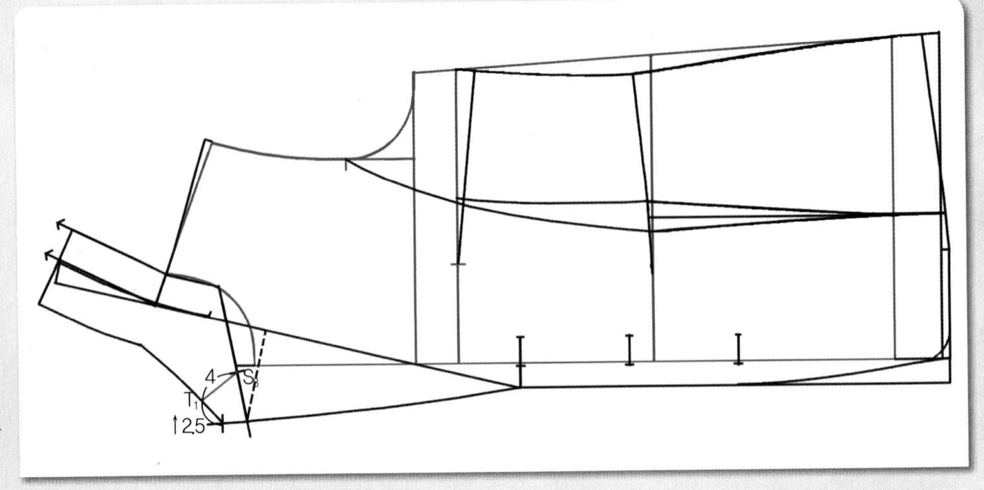

21

S_3~T_1 = 칼라 완성선 S_3점과 T_1점 두 점을 직선자로 연결하여 칼라 완성선을 그린다.

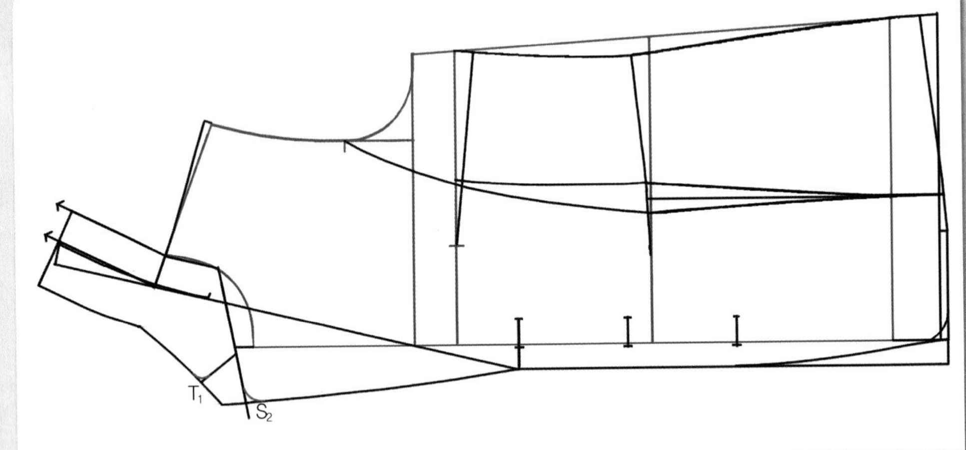

22

라펠의 끝점(S_2)과 칼라의 끝점(T_1) 위치의 모서리를 각각 곡선으로 수정한다.

주 칼라와 라펠의 모서리를 각지게 할 경우에는 수정하지 않아도 된다.

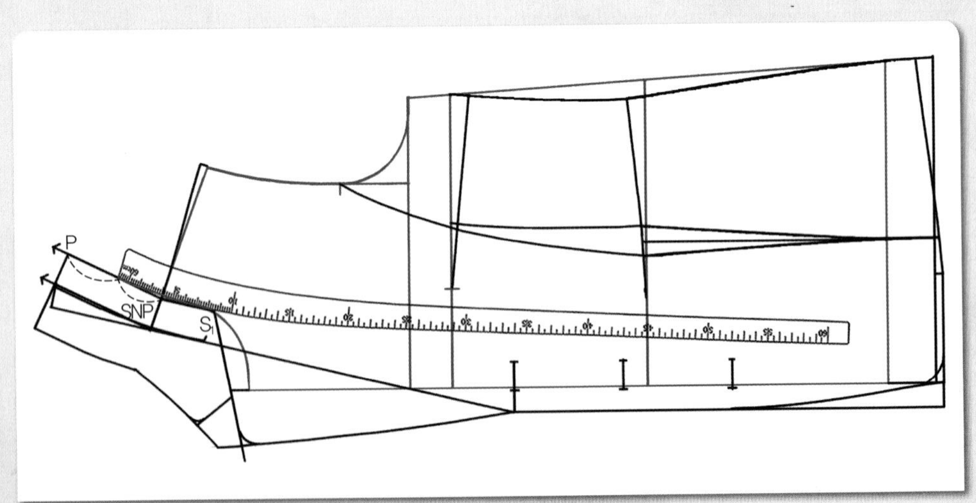

23

P점에서 SNP의 1/2 지점에 hip곡자 끝 위치를 맞추면서 S_1점과 연결하여 칼라 솔기선을 곡선으로 수정한다.

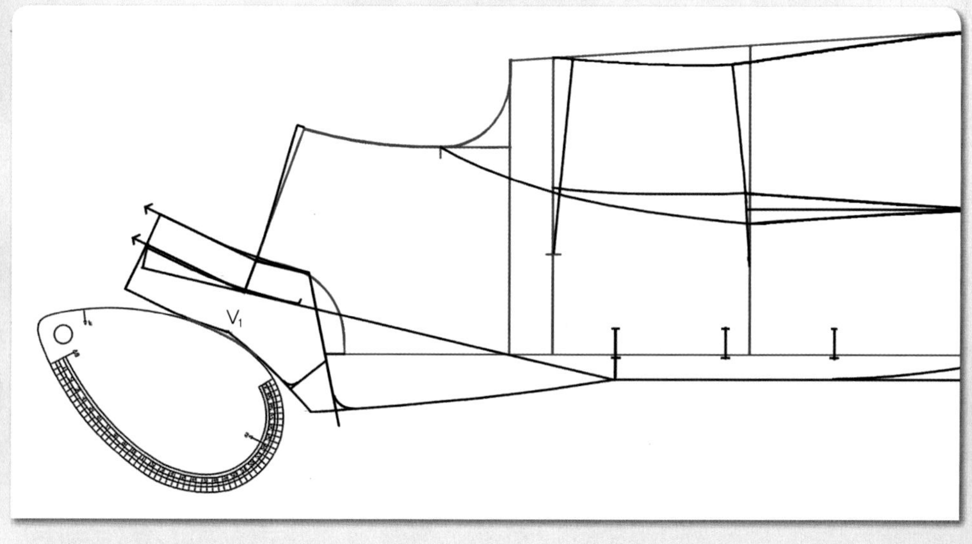

24

칼라 완성선의 V_1점에 각진 곳을 AH자로 연결하여 곡선으로 수정한다.

8. 앞판의 허리선 위쪽 패널라인을 완성하고 몸판의 넥 다트를 그린다.

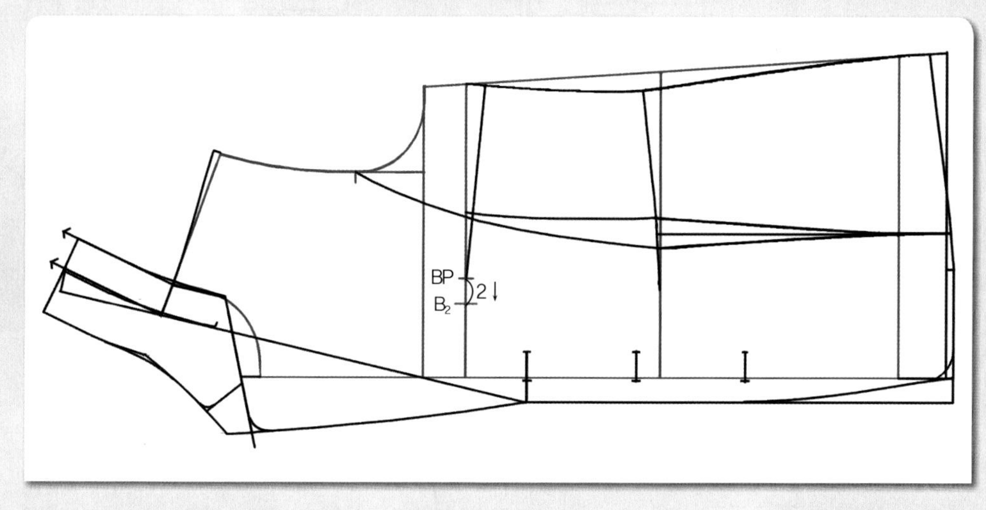

01

BP~B_2=2cm 유두점(BP) 위치에서 앞 중심 쪽으로 2cm 내려와 가슴 다트를 접어 수정할 절개선 위치(B_2)를 표시한다.

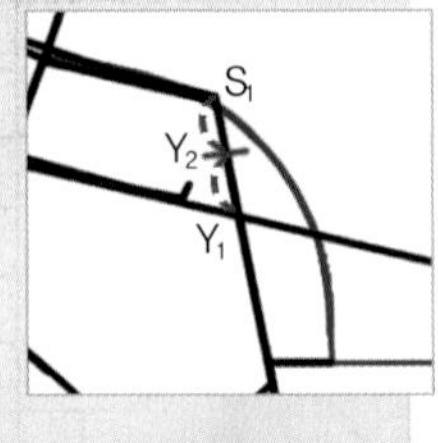

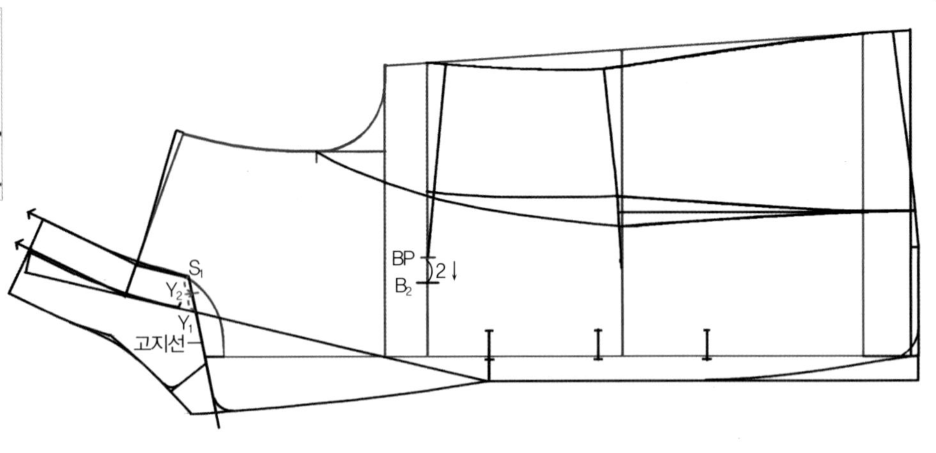

02

S_1점에서 라펠의 꺾임선과 고지선과의 교점(Y_1)까지를 2등분하여 1/2 위치에 넥 다트를 그릴 위치(Y_2)를 표시한다.

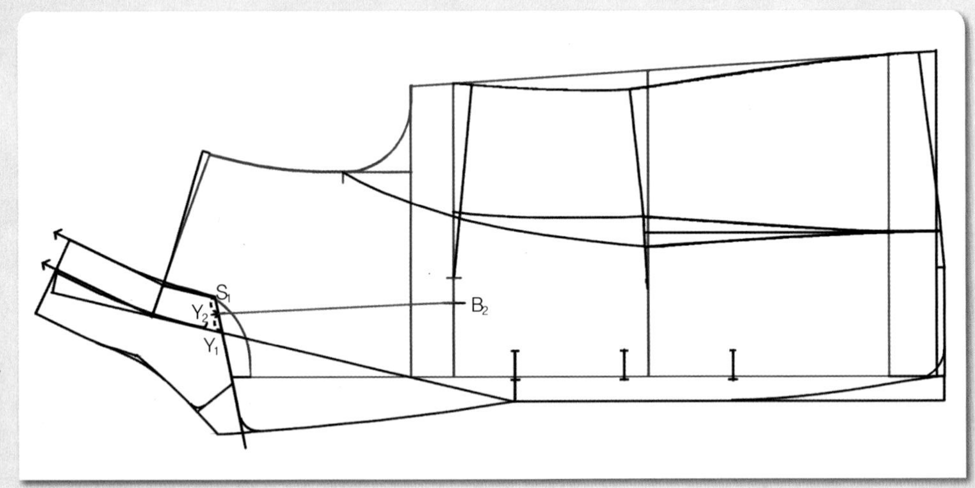

03

$Y_2 = S_1 \sim Y_1$의 2등분점 Y_2점과 BP에서 2cm 내려온 절개선 위치(B_2)를 직선자로 연결하여 절개선을 그린다.

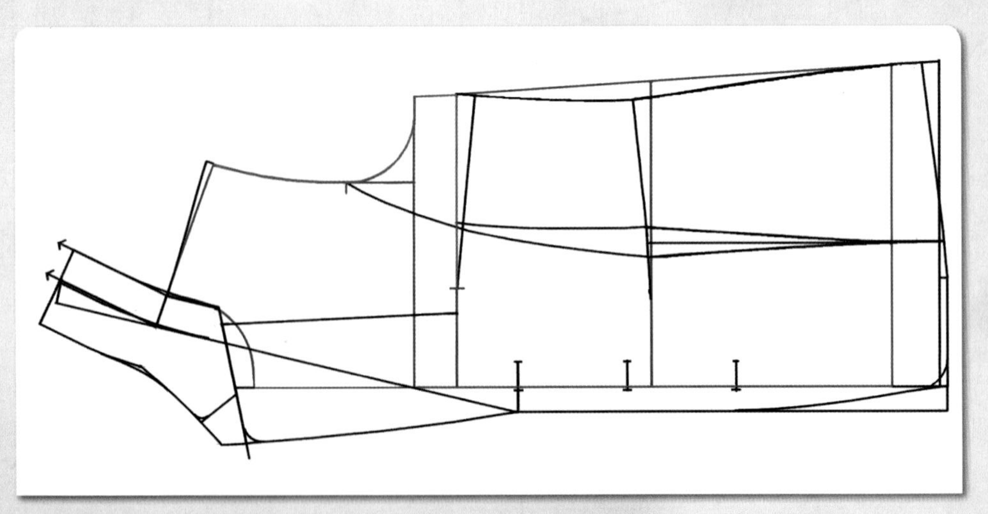

04

적색으로 표시된 앞 중심선, 앞 진동둘레선(AH), 옆선과 BP까지의 가슴둘레선은 원형의 선을 그대로 사용한다.

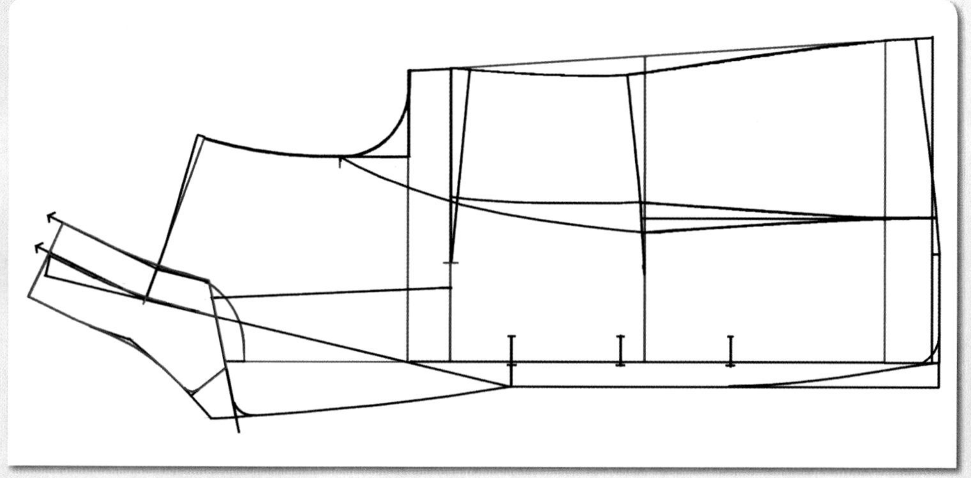

05

빨간색선이 칼라의 완성선이다. 새 패턴지를 빨간색으로 표시된 칼라의 완성선 밑에 넣고 룰렛으로 눌러 칼라의 완성선을 옮겨 그리고 새 패턴지에 옮겨 그린 칼라의 완성선을 따라 오려내어 패턴에 차이가 없는지 확인한다.

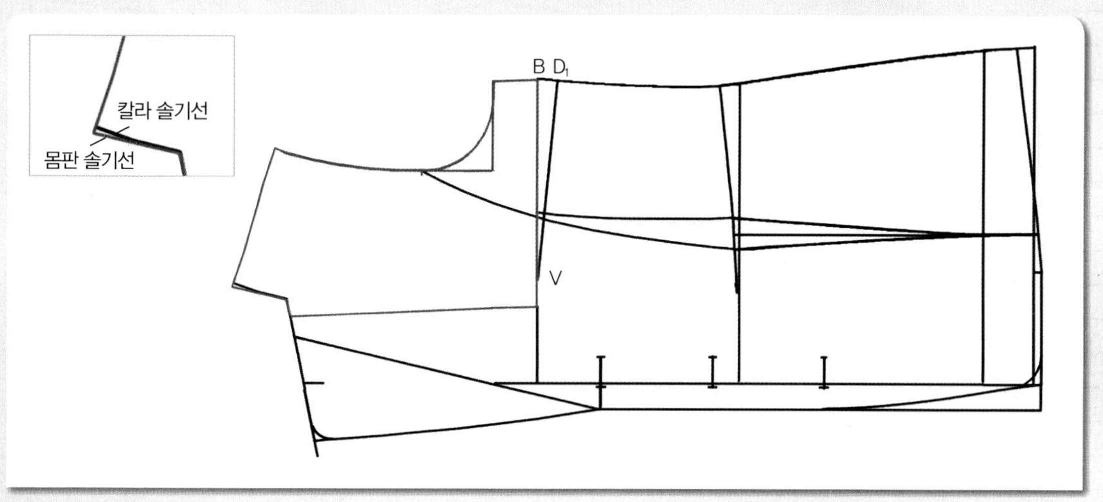

06

칼라 패턴이 완성되었으므로 몸판의 완성선에서 칼라부분을 잘라내 버린다.

주1 옆 목점 위치에서 칼라의 완성선과 몸판의 완성선이 교차되어 있으므로 몸판의 선을 자르지 않도록 주의한다. 새 패턴지에 빨간색으로 표시된 가슴둘레 선 위쪽 선을 옮겨 그린 다음, 새 패턴지에 옮겨 그린 가슴둘레선 위쪽 선을 따라 오려내고, 패턴에 차이가 없는지 확인한다.

주2 다음의 그림 **07**부터는 설명의 이해를 돕기 위해 칼라의 완성선을 지운 상태로 설명하고 있으므로, 실제 제도 시에 지울 필요는 없다.

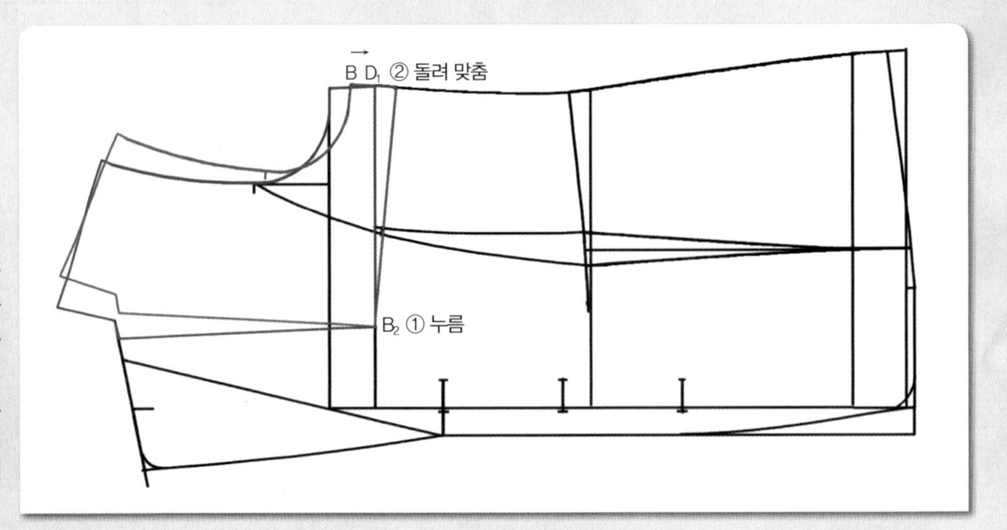

07

빨간색으로 표시된 가슴둘레선 위쪽의 패턴을 일단 파란색 선에 맞추어 얹고 B_2점에서 누르고 빨간색 패턴을 시계 방향으로 돌려 가슴둘레선의 B점을 가슴 다트 선(D_1)에 맞추어 고정시키고 보면 그림과 같이 파란색 선이 빨간색 선과 같이 이동하게 된다. 이동한 선을 몸판에 옮겨 그린다.

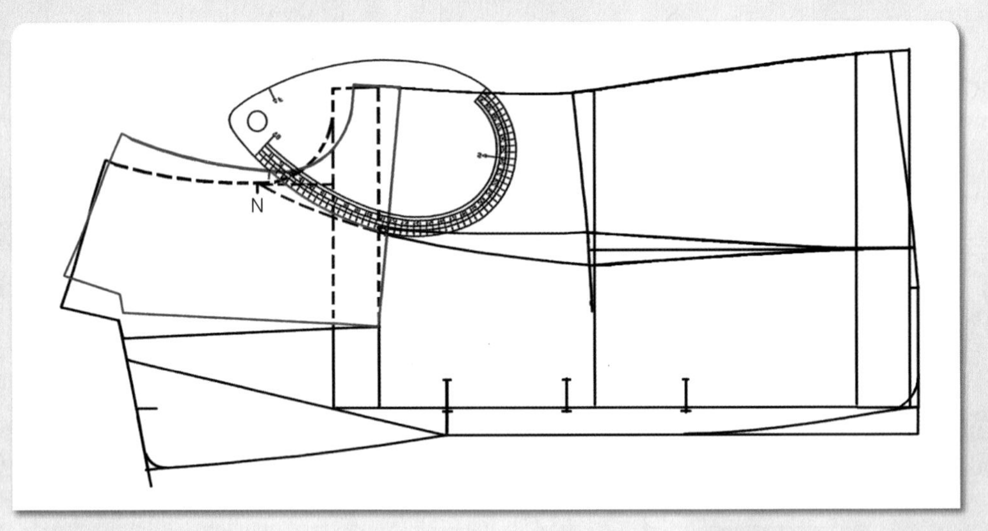

08

가슴 다트를 없애고 이동한 진동둘레선(AH)의 N점과 허리선 위쪽의 앞 중심 쪽 패널라인의 가슴둘레선까지의 패널라인을 AH자로 연결하여 수정한다.

주 점선으로 표시된 선은 필요 없은 선이므로 다음의 **09** 그림부터 지운 상태로 설명하도록 하나 제도 시 일부러 지울 필요는 없다.

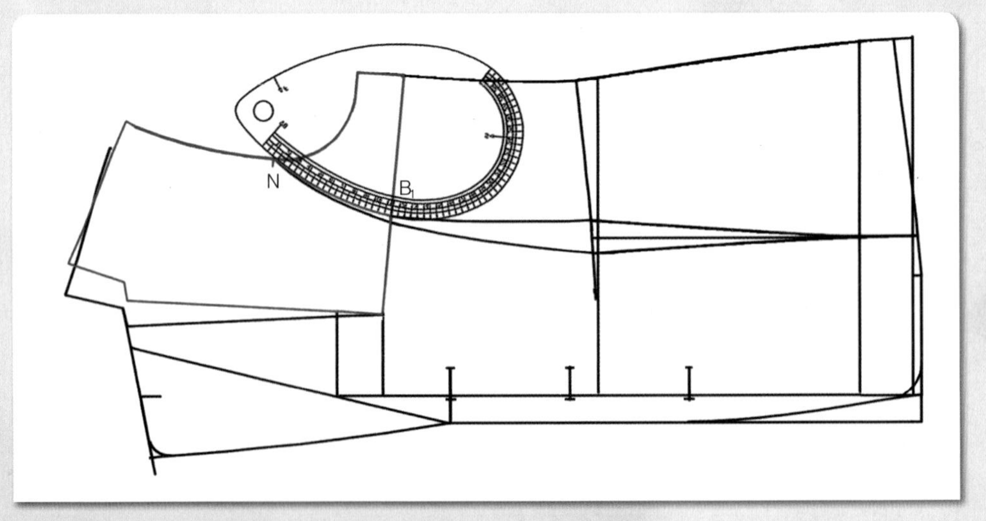

09

앞 옆판의 허리선 위쪽 패널라인도 N점과 B_1점을 AH자로 연결하여 완성한다.

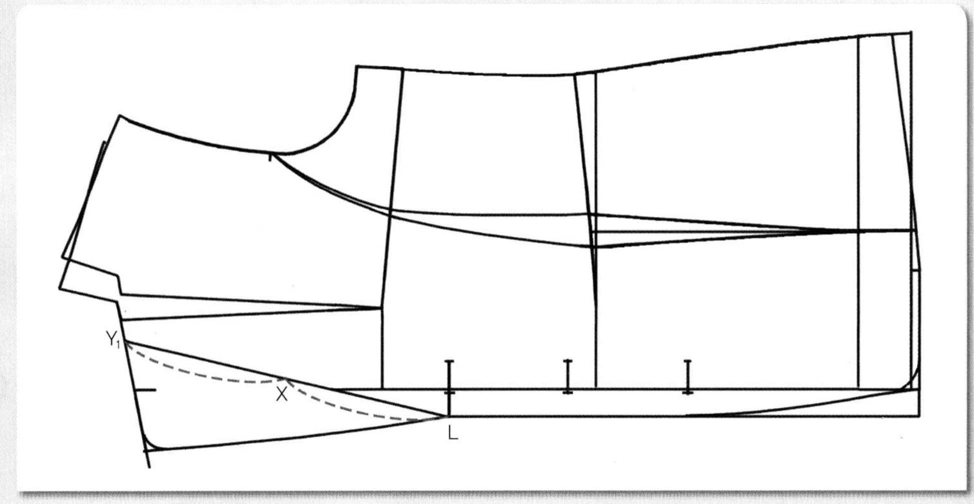

10

라펠의 꺾임선과 고지선과의 교점(Y_1)에서 첫 번째 단춧구멍 위치의 앞 여밈분(L), 즉 라펠의 꺾임점까지를 2등분하여 넥 다트선을 그릴 안내점 위치(X)를 표시한다.

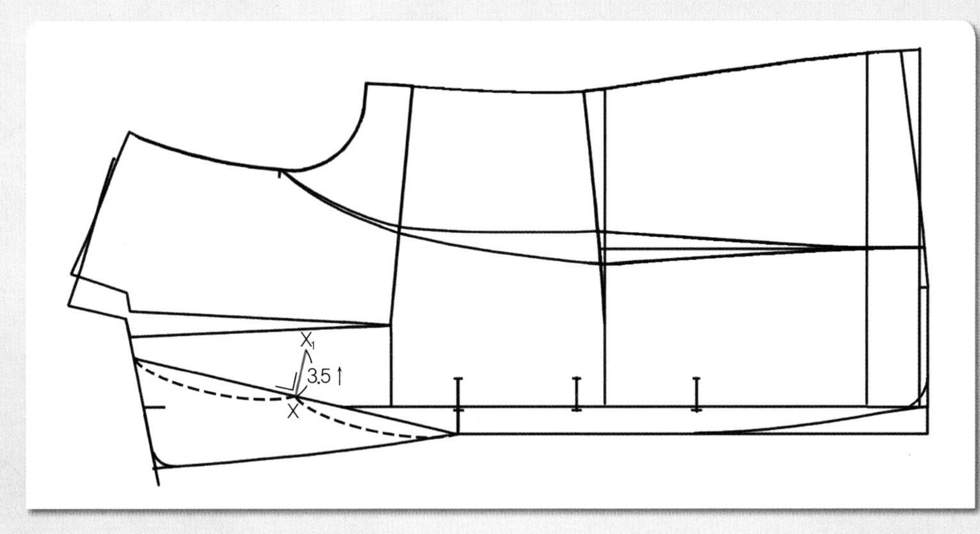

11

$X \sim X_1 = 3.5cm$ X점에서 라펠의 꺾임선에 직각으로 3.5cm 올려 그려 넥 다트 끝점(X_1)을 정한다.

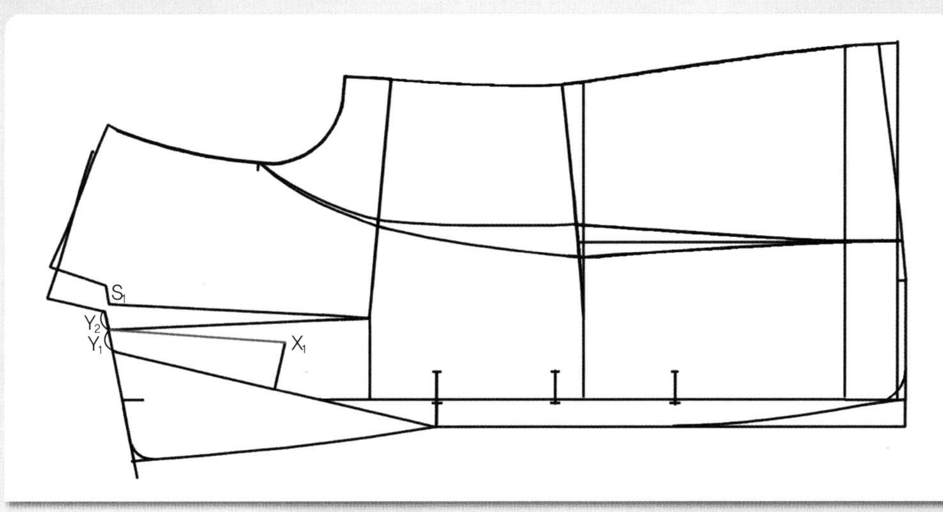

12

$X_1 \sim Y_2$ = 넥 다트선 S_1점에서 라펠의 꺾임선과 고지선의 교점(Y_1)까지를 2등분한 위치(Y_2)와 X_1점을 직선자로 연결하여 넥 다트선을 그린다.

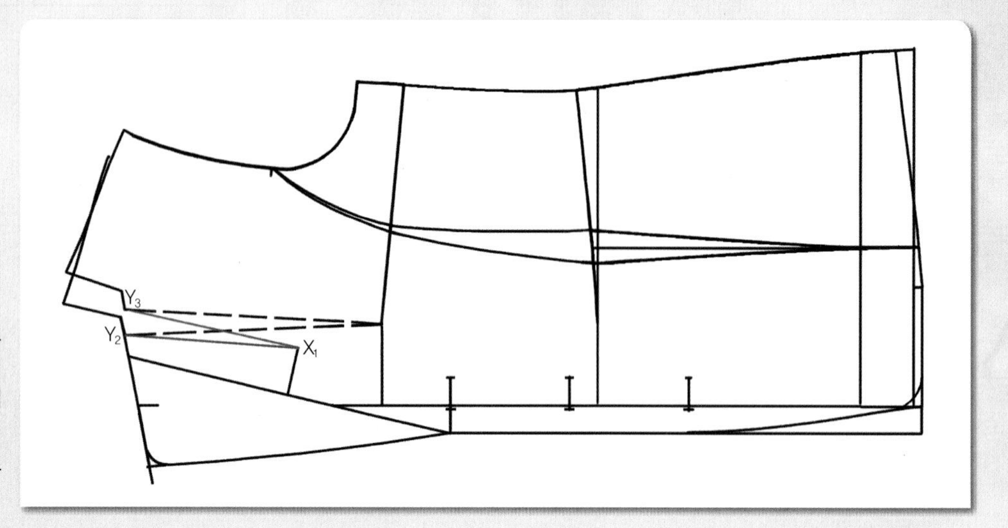

13

X_1~Y_3 = X_1~Y_2 길이 가슴 다트 처리 후의 Y_2점 위치가 이동한 위치를 Y_3점으로 하고, X_1점과 Y_3점 두 점을 직선자로 연결하여 X_1~Y_2까지의 같은 길이만큼 넥 다트선을 그린다.

14

13에서 그린 넥 다트선의 칼라 쪽 끝점과 S_1점 두 점을 직선으로 연결하여 고지선을 수정한다.

15

빨간색 선이 앞몸판의 완성선이고, 파란색 선이 앞옆 몸판의 완성선이다. N점에서 6cm 앞 중심 쪽 패널라인을 따라 나가 직각으로 이세 처리 시작 위치의 너치 표시(N_1)를 넣고 가슴 다트선에서 4cm 나간 곳에 이세 처리 끝 위치의 너치 표시(N_2)를 넣은 다음 N_1에서 N_2 사이에 이세 기호를 넣는다.

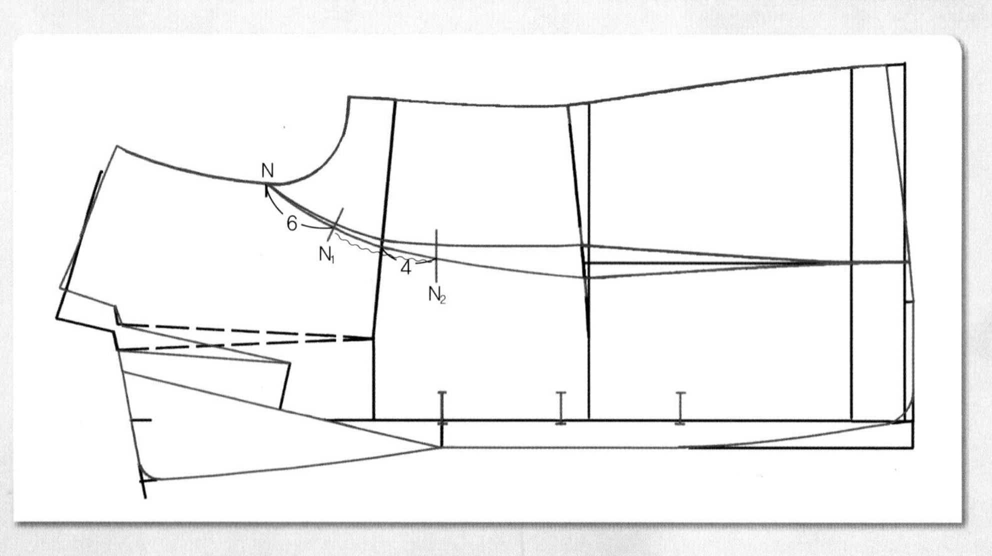

9. 플랩 포켓 선을 그린다.

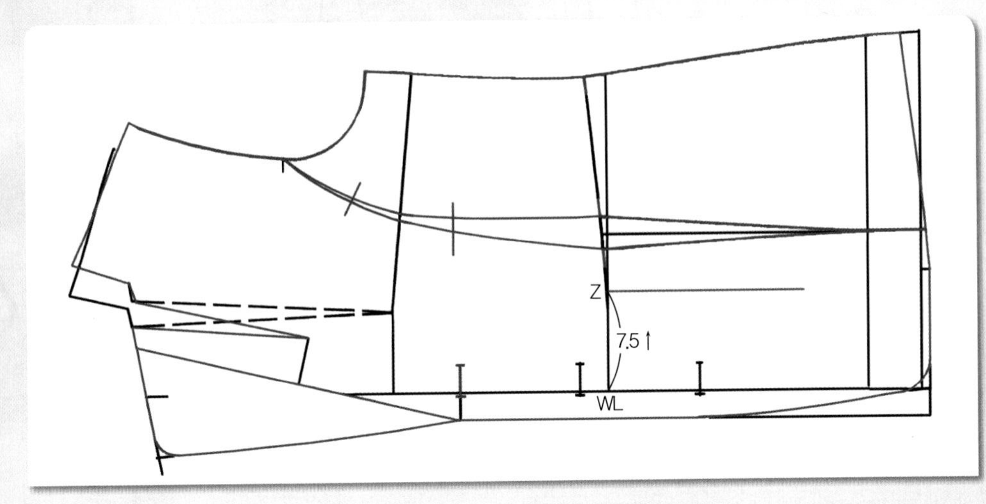

01

WL~Z=7.5cm 앞 중심 쪽 허리선 위치(WL)에서 허리선을 따라 7.5cm 올라가 앞 중심 쪽 플랩 포켓 위치의 안내선 점(Z)을 표시하고 직각으로 길게 수평선을 그려 둔다.

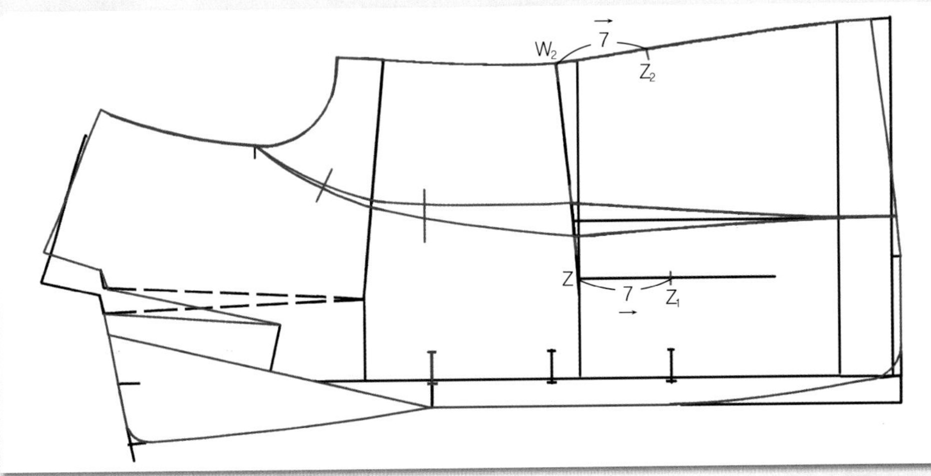

02

$Z \sim Z_1$=7cm, $W_2 \sim Z_2$=7cm Z점에서 플랩 포켓 위치의 안내선을 따라 7cm 나가 앞 중심 쪽 플랩 포켓 위치(Z_1)를 표시하고, 옆선 쪽 허리선(W_2) 점에서 7cm 나가 플랩 포켓 입구 선을 그릴 안내선 점(Z_2)을 표시한다.

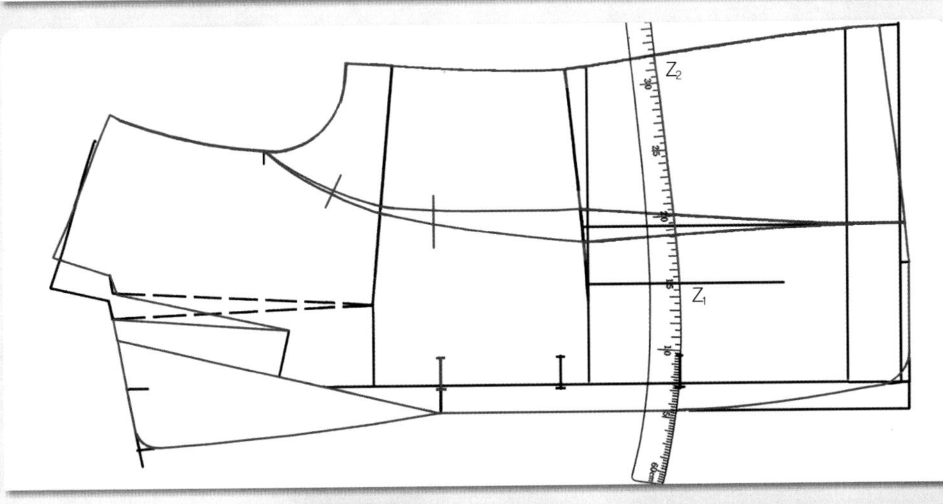

03

$Z_1 \sim Z_2$=플랩 포켓 입구 선 Z_1점에 hip곡자 15 위치를 맞추면서 Z_2점과 연결하여 플랩 포켓 입구 선을 그린다.

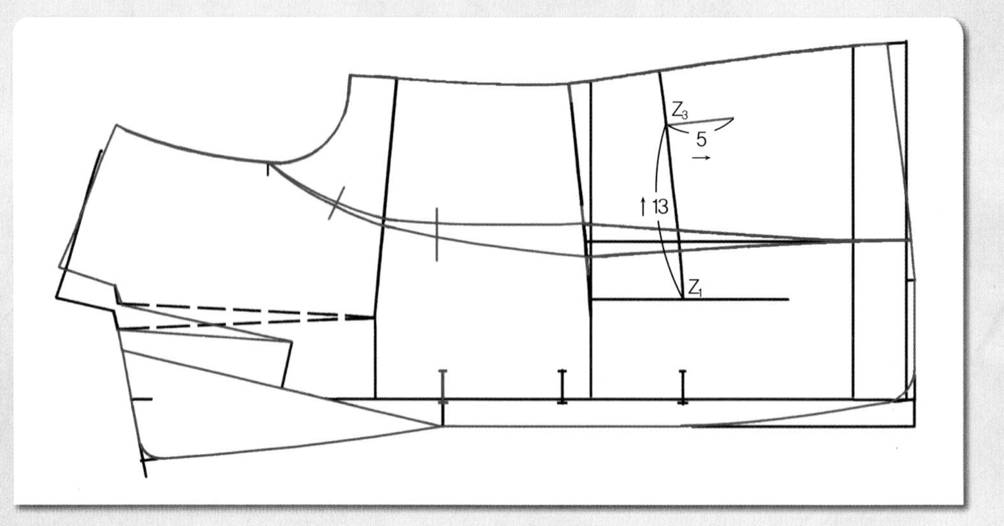

04

Z_1～Z_3 = 13cm Z_1점에서 플랩 포켓 입구 선을 따라 플랩 포켓 입구 치수 13cm를 올라가 옆선 쪽 플랩포켓 위치(Z_3)를 정하고, 직각으로 5cm 플랩 포켓 폭 선을 그린다.

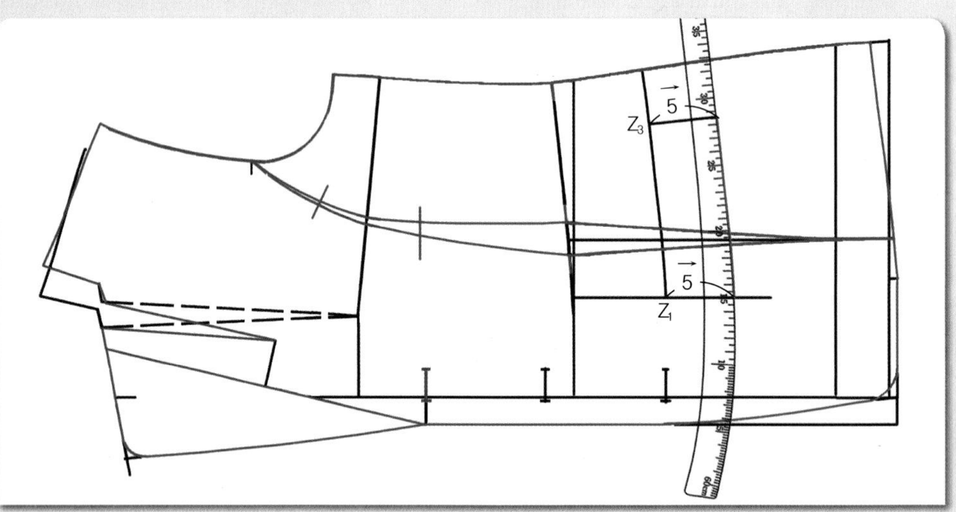

05

앞 중심 쪽 플랩 포켓 선 위치(Z_1)에서 플랩 포켓 폭 5cm를 나간 곳에 hip곡자 15 위치를 맞추면서 Z_3 위치에서 직각으로 5cm 그린 끝점과 연결하여 플랩 포켓 밑단 선을 그린다.

06

플랩 포켓 밑단 선의 앞 중심 쪽은 직경 3cm의 곡선으로, 옆선 쪽은 직경 1.5cm의 곡선으로 수정한다.

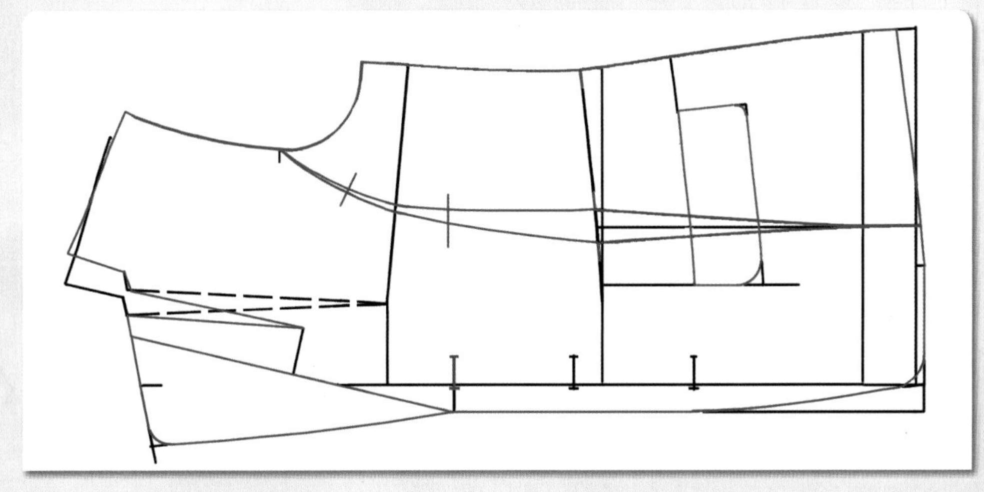

07

빨간색 선이 플랩 포켓의 완성선이다. 새 패턴지에 플랩 포켓의 완성선을 옮겨 그린 다음 새 패턴지에 옮겨 그린 플랩 포켓의 완성선을 따라 오려내고, 패턴에 차이가 없는지 확인한다.

두 장 소매 제도하기

1. 소매 기초선을 그린다.

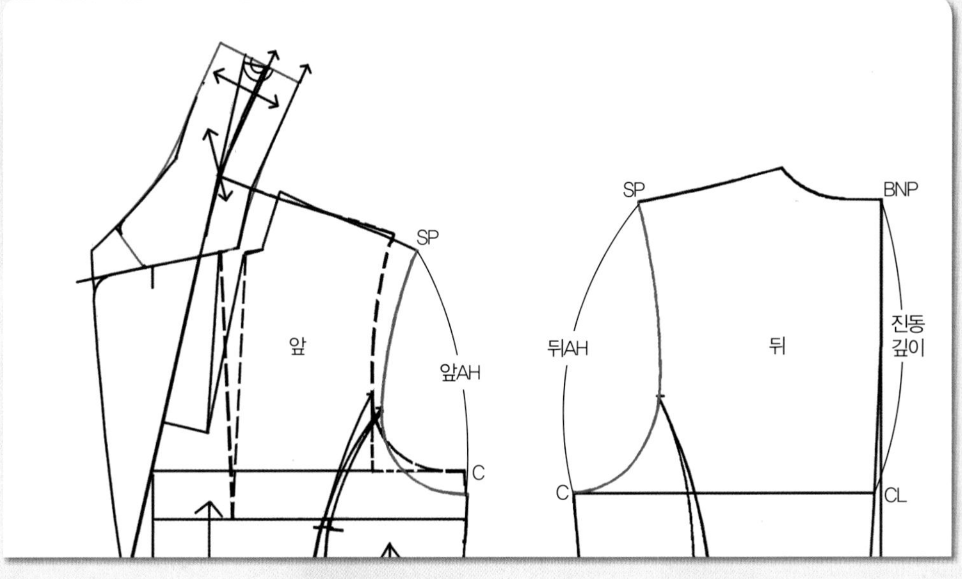

01

SP~C = 앞뒤 진동둘레선(AH), BNP~CL = 진동 깊이 SP에서 C점의 앞뒤 진동둘레선(AH) 길이와 뒤판의 뒤 목점(BNP)에서 CL점까지의 진동 깊이선 길이를 각각 재어둔다.

주 뒤 AH 치수 – 앞 AH 치수 = 2cm 내외가 가장 이상적 치수이다. 즉, 뒤 AH 치수가 앞 AH 치수보다 2cm 정도 더 길어야 하며 허용 치수는 ±0.8cm까지이다.

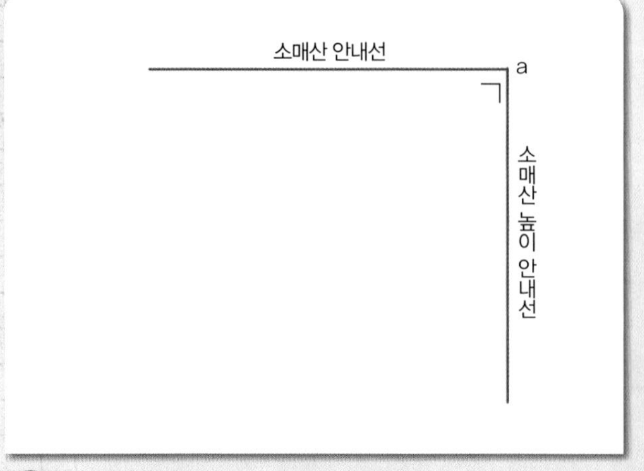

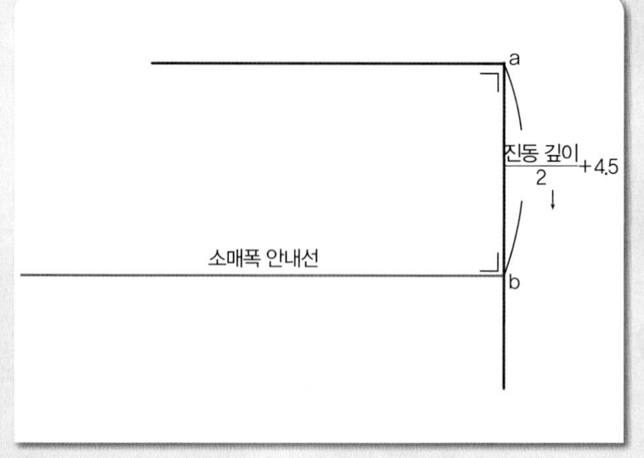

직각자를 대고 소매산 안내선(a)을 그린 다음 소매산 높이 안내선을 그린다.

03

a~b = 소매산 높이 (진동 깊이/2)+4.5cm 진동 깊이는 뒤 몸판의 A점에서 B점까지의 길이이다. a점에서 소매산 높이, 즉 (진동 깊이/2)+4.5cm를 내려와 앞 소매폭 점(b)을 표시하고 직각으로 소매폭 안내선을 그린다.

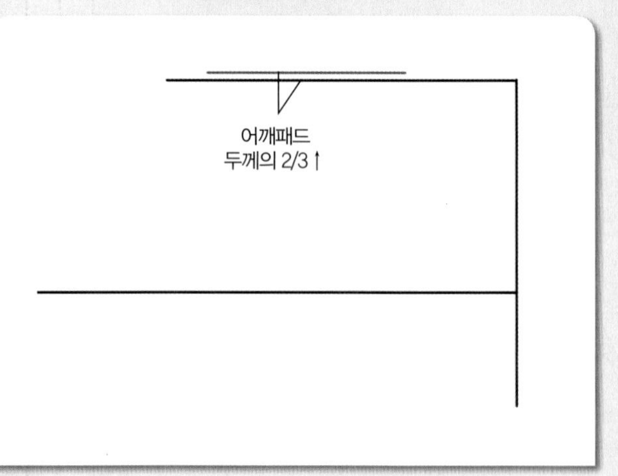

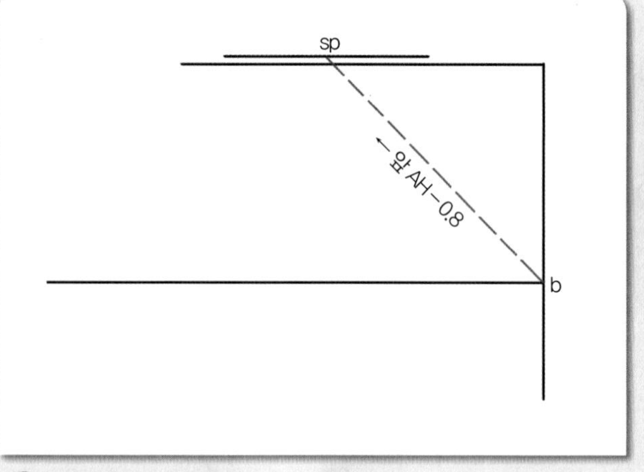

04

소매산 안내선에서 어깨패드 두께의 2/3분량만큼 올라가 제2 소매산 안내선을 수평으로 그린다.

주 어깨패드를 넣지 않을 경우에는 제2 소매산 안내선은 그리지 않는다.

05

b~sp = 앞 AH 치수 − 0.8cm 직선자로 b점에서 제2 소매산 안내선을 향해 앞 AH 치수−0.8cm 한 치수가 마주 닿는 위치를 소매산 점(sp)으로 하여 점선으로 그린다.

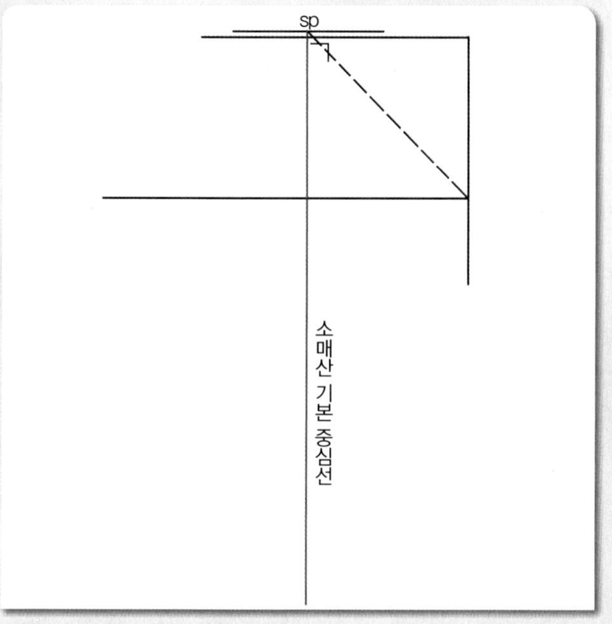

sp = 소매산 점 소매산 점(sp)에서 직각으로 소매 기본 중심선을 내려 그린다.

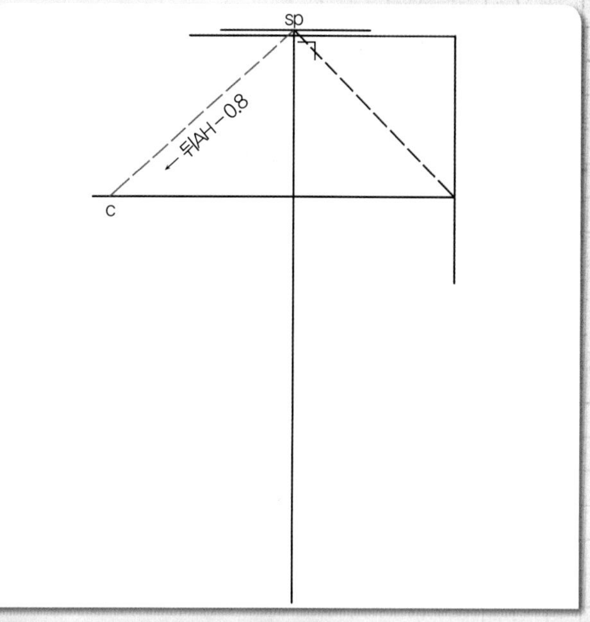

07

sp∼c = 뒤 AH 치수 − 0.6cm 직선자로 소매산 점(sp)에서 소매 폭 안내선을 따라 뒤 AH 치수 − 0.6cm 한 치수가 마주 닿는 위치를 뒤 소매 폭 점(c)으로 하여 점선으로 그린다.

2. 소매산 곡선을 그릴 안내선을 그린다.

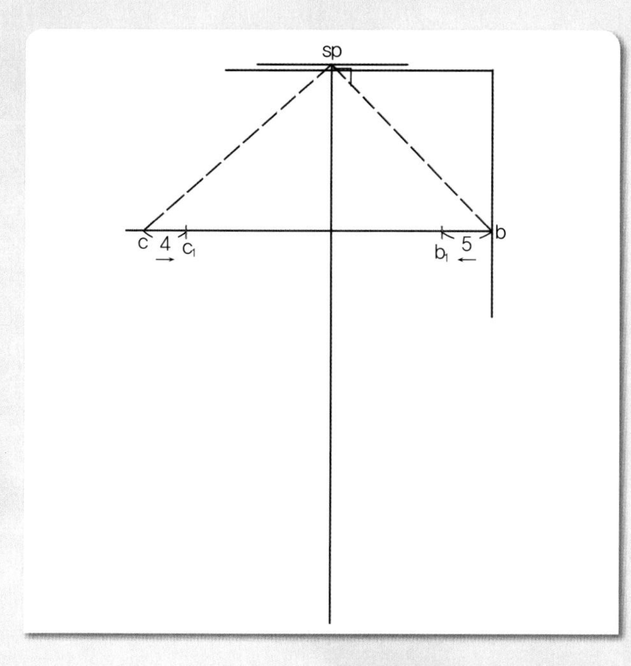

01

$b \sim b_1$ = 5cm, $c \sim c_1$ = 4cm 앞 소매 폭 끝점(b)에서 소매 폭 선을 따라 5cm 나가 앞 소매산 곡선을 그릴 안내점(b_1)을 표시하고, 뒤 소매 폭 끝점(c)에서 4cm 나간 뒤 소매산 곡선을 그릴 안내선 점(c_1)을 표시한다.

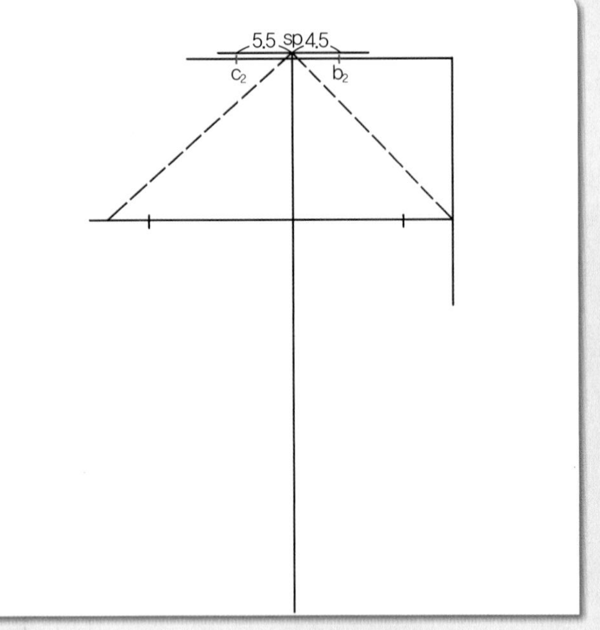

02

$sp \sim b_2 = 4.5cm$, $sp \sim c_1 = 5.5cm$ 소매산 점(sp)에서 앞 소매산 쪽은 4.5cm 나가 앞 소매산 곡선을 그릴 안내선 점(b_2)을 표시하고, 뒤 소매산 쪽은 5.5cm 나가 뒤 소매산 곡선을 그릴 안내선 점(c_2)을 표시한다.

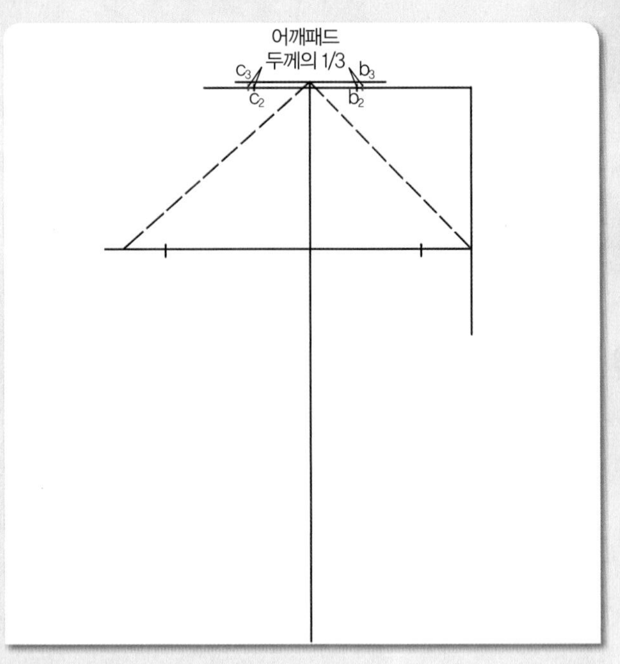

03

$b_2 \sim b_3$, $c_2 \sim c_3$ = 어깨패드 두께의 1/3분량 b_2점과 c_2점에서 각각 어깨패드 두께의 1/3분량만큼 앞 소매 쪽(b_3)과 뒤 소매 쪽(c_3)으로 이동하여 뒤 소매산 곡선을 그릴 안내선 점을 표시한다.

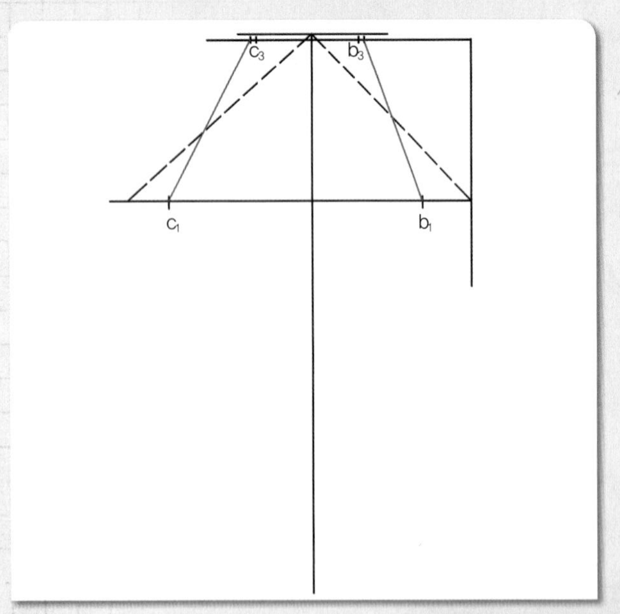

04

$b_1 \sim b_3$ = 앞 소매산 곡선 안내선, $c_1 \sim c_3$ = 뒤 소매산 곡선 안내선 $b_1 \sim b_3$, $c_1 \sim c_3$ 두 점을 각각 직선자로 연결하여 소매산 곡선을 그릴 안내선을 그린다.

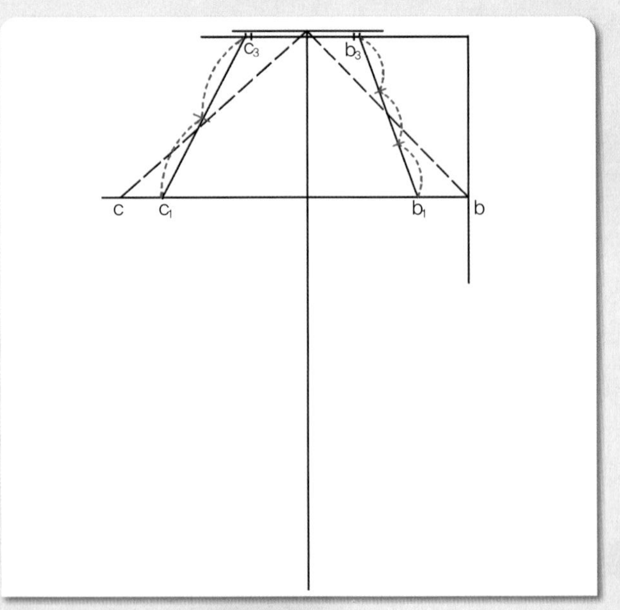

05

$b_1 \sim b_3$ = 3등분, $c_1 \sim c_3$ = 2등분 앞 소매산 곡선 안내선은 3등분, 뒤 소매산 곡선 안내선은 2등분한다.

3. 소매산 곡선을 그린다.

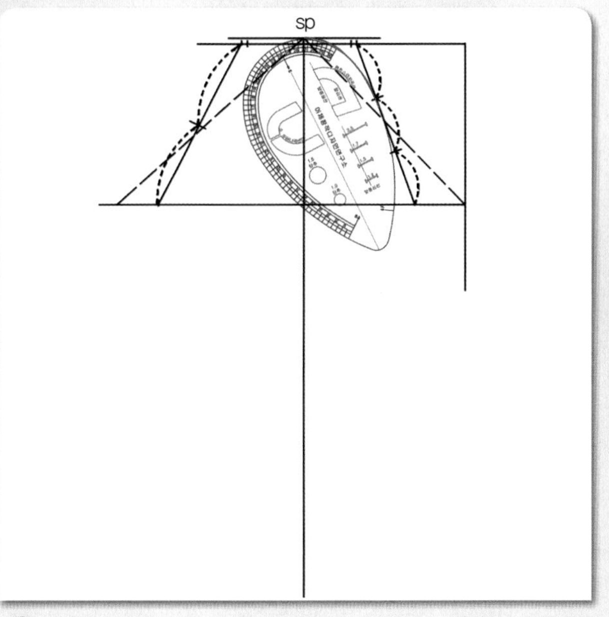

01

앞 소매산 곡선 안내선의 1/3 위치와 소매산 점(sp)을 앞 AH자로 연결하였을 때 1/3 위치에서 소매산 곡선 안내선을 따라 1cm가 수평으로 앞 소매산 곡선 안내선과 이어지는 곡선으로 맞추어 앞 소매산 곡선을 그린다.

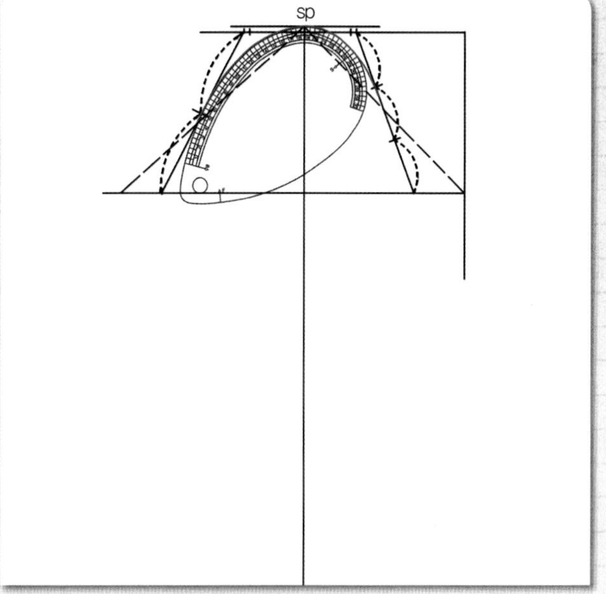

02

뒤 소매산 곡선 안내선의 1/2 위치와 소매산 점(sp)을 뒤 AH자로 연결하였을 때 1/2 위치에서 소매산 곡선 안내선을 따라 1cm가 수평으로 뒤 소매산 곡선 안내선과 이어지는 곡선으로 맞추어 뒤 소매산 곡선을 그린다.

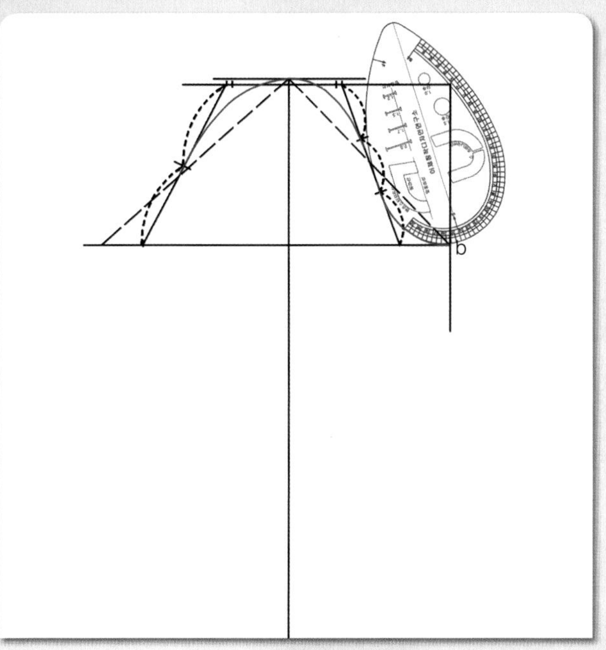

03

앞 소매폭 점(b)과 앞 소매산 곡선 안내선의 1/3 위치를 앞 AH자로 연결하였을 때 1/3 위치에서 앞 소매산 곡선 안내선을 따라 1cm가 수평으로 이어지는 곡선으로 맞추어 남은 앞 소매산 곡선을 그린다.

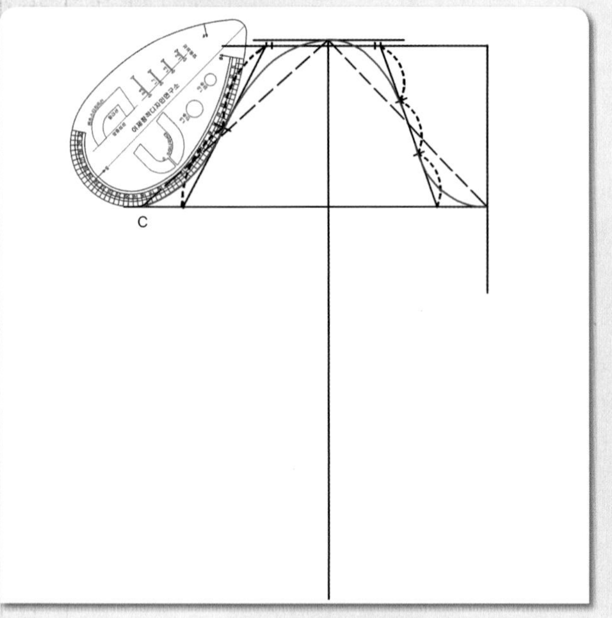

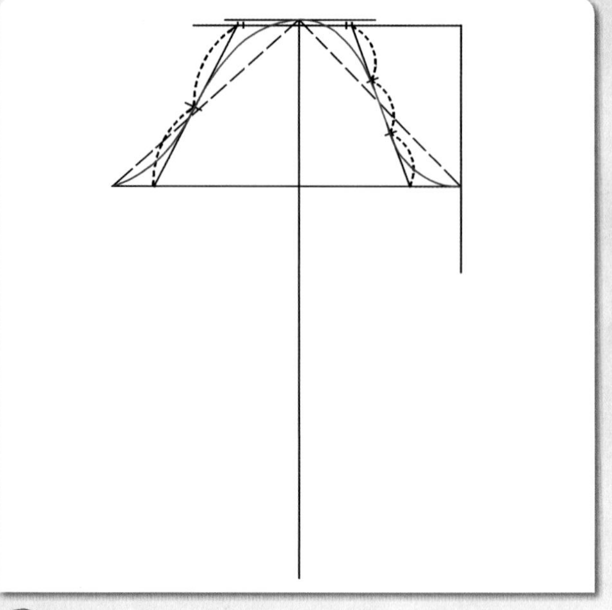

뒤 소매폭 점(c)과 뒤 소매산 곡선 안내선의 1/2 위치를 뒤 AH자로 연결하였을 때 뒤 AH자가 뒤 소매산 곡선 안내선과 마주 닿으면서 1cm가 수평으로 이어지는 곡선으로 맞추어 남은 뒤 소매산 곡선을 그린다.

05

앞 소매 쪽의 소매산 안내선의 중앙에 있는 1/3 분량은 안내선이 소매산 곡선으로 사용된다.

4. 소매 밑 선을 그린다.

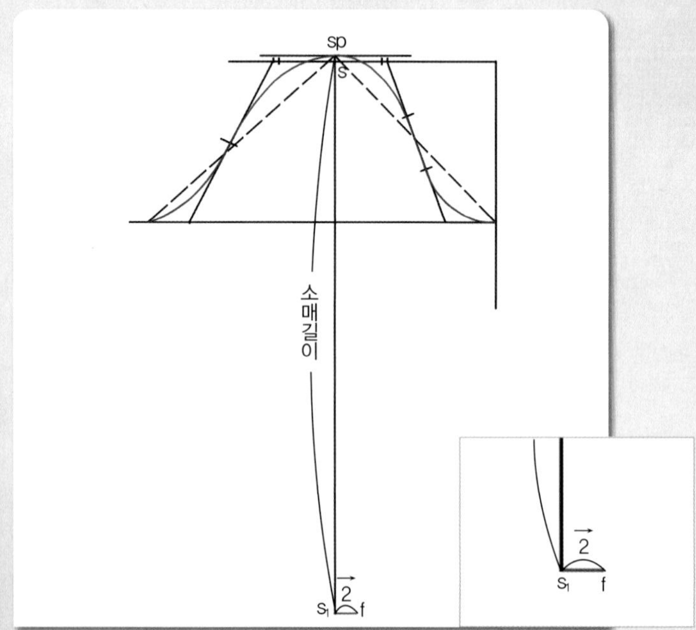

$s \sim s_1$ = 소매 길이, $s_1 \sim f$ = 2cm 소매산 점(sp) 아래쪽에 있는 소매산 안내선의 소매 중심선의 교점(s)에서 소매 길이(s_1)를 내려와 직각으로 앞 소매 쪽을 향해 2cm 이동할 소매 중심선(f)을 그린다.

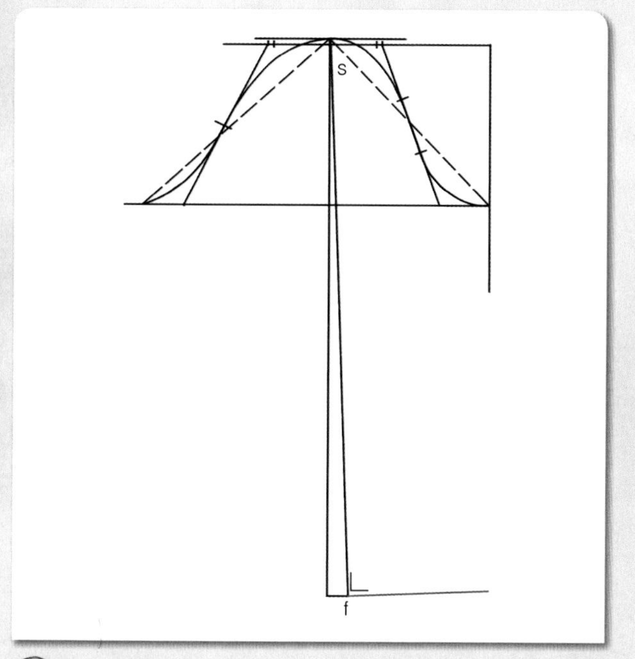

s~f = 소매 중심선 s점과 f점 두 점을 직선자로 연결하여 소매 중심선을 이동하고 f점에서 이동한 소매 중심선에 앞 소매 폭을 향해 직각으로 소매단 선을 그린다.

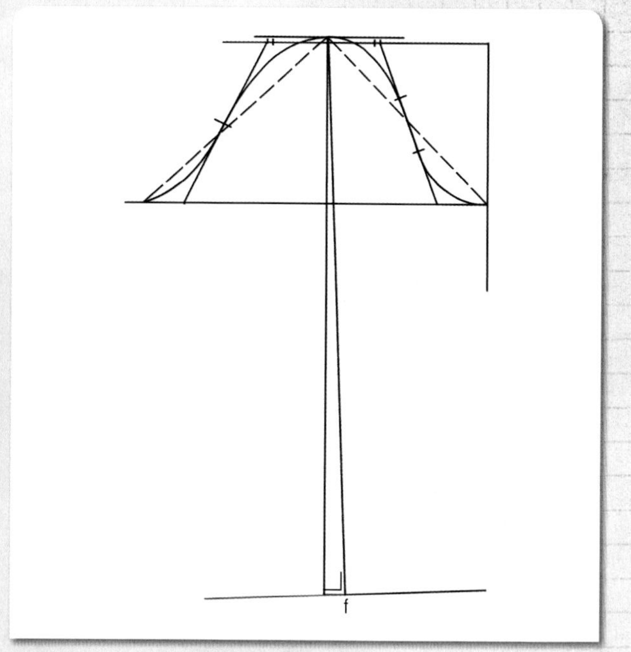

03

f점에서 이동한 소매 중심선에 뒤 소매쪽을 향해 직각으로 소매단 선을 그린다.

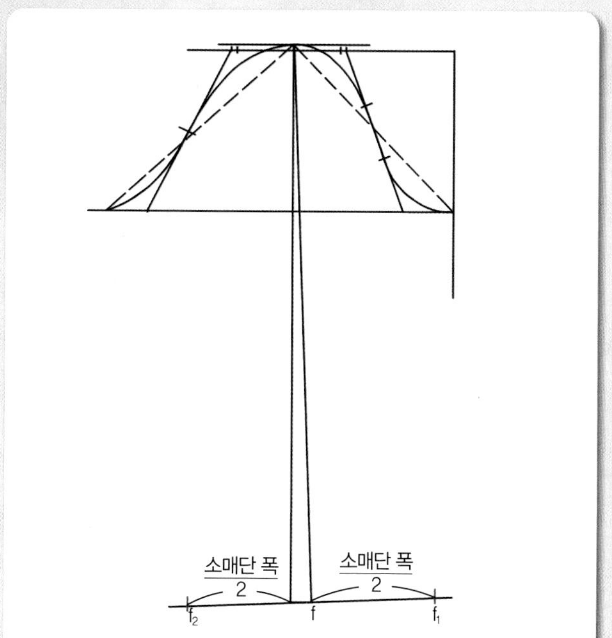

04

$f \sim f_1$ = 소매단 폭/2, $f \sim f_2$ = 소매단 폭/2 f점에서 앞 소매단 선을 향해 소매단 폭/2 치수를 나가 앞 소매단 폭 점(f_1)을 표시하고, f점에 서 뒤 소매단 선을 향해 소매단 폭/2 치수를 나가 뒤 소매단 폭 점(f_2)을 표시한다.

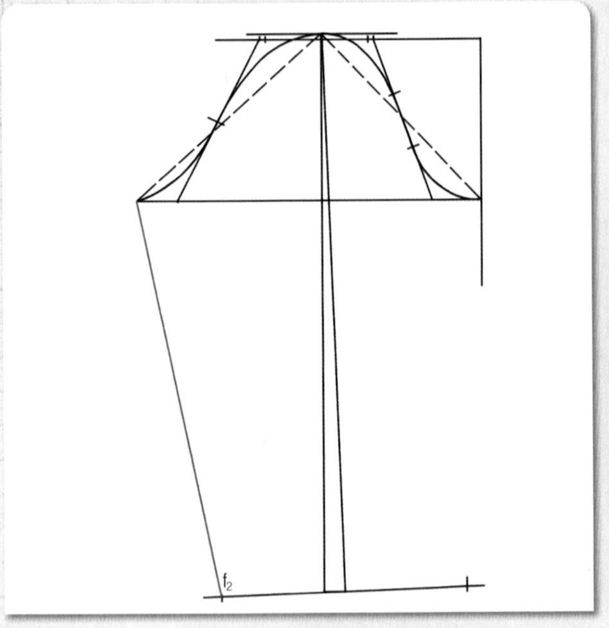

(05)

$c \sim f_2$ = 뒤 소매 밑 안내선 뒤 소매 폭 끝점(c)과 뒤 소매단 폭 끝점(f_2)을 직선자로 연결하여 뒤 소매 밑 안내선을 그린다.

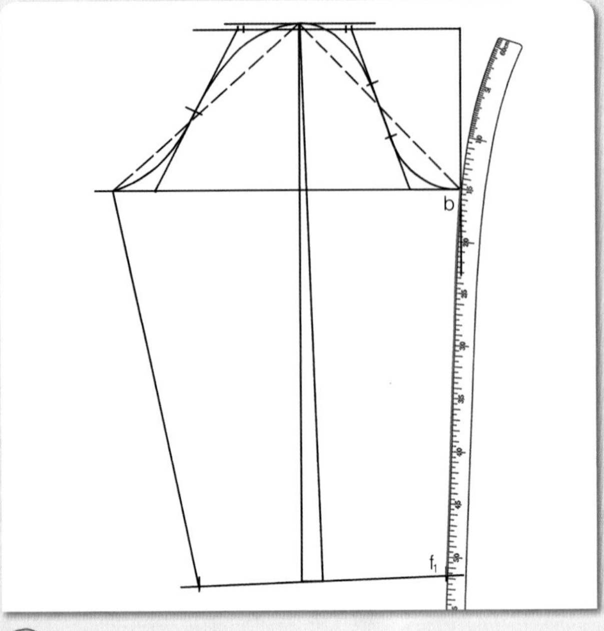

(06)

$b \sim f_1$ = 앞 소매 밑 선 앞 소매폭 끝점(b)에 hip곡자 15 위치를 맞추면서 앞 소매단 폭 끝점(f_1)과 연결하여 앞 소매밑 선을 그린다.

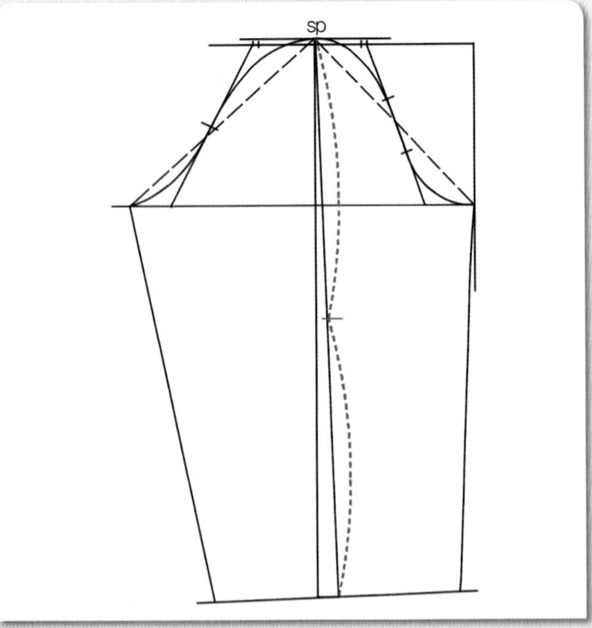

(07)

sp~f = 2등분 sp에서 f점의 소매 중심선을 2등분한다.

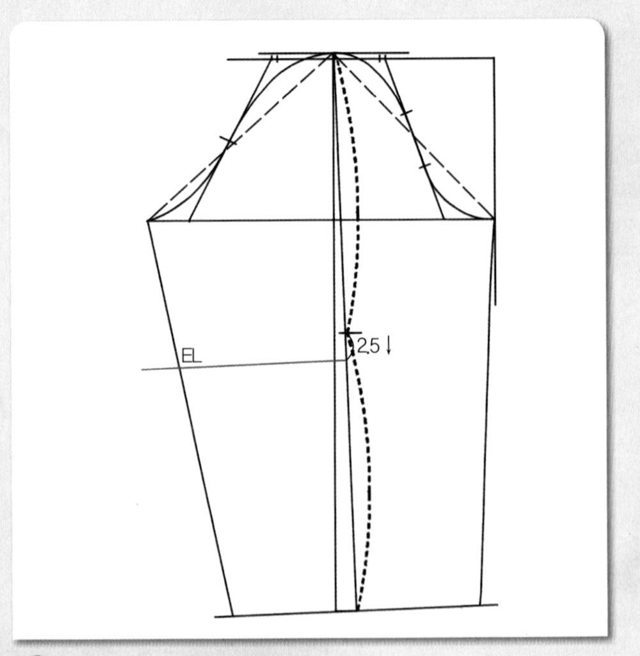

(08)

2등분한 점에서 2.5cm 내려와 소매 중심선에 직각으로 팔꿈치 선(EL)을 그린다.

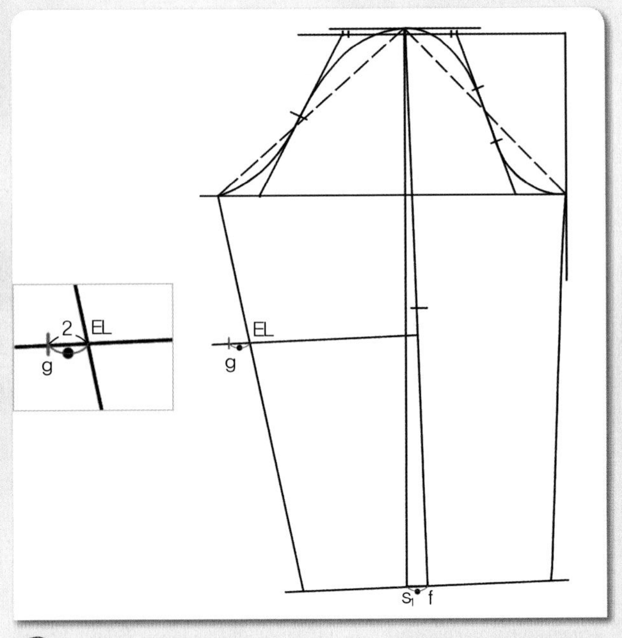

09

뒤 소매 밑 안내선과 팔꿈치 선의 교점에서 s_1~f점의 치수만큼 나가 뒤 소매 밑 선을 그릴 안내선 점(g)을 표시한다.

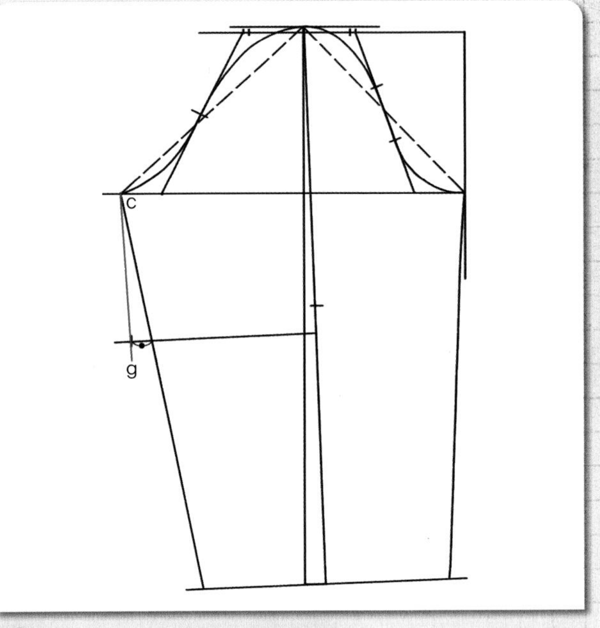

10

c점과 g점 두 점을 직선자로 연결하여 팔꿈치 선(EL) 위쪽 뒤 소매 밑 선을 그린다.

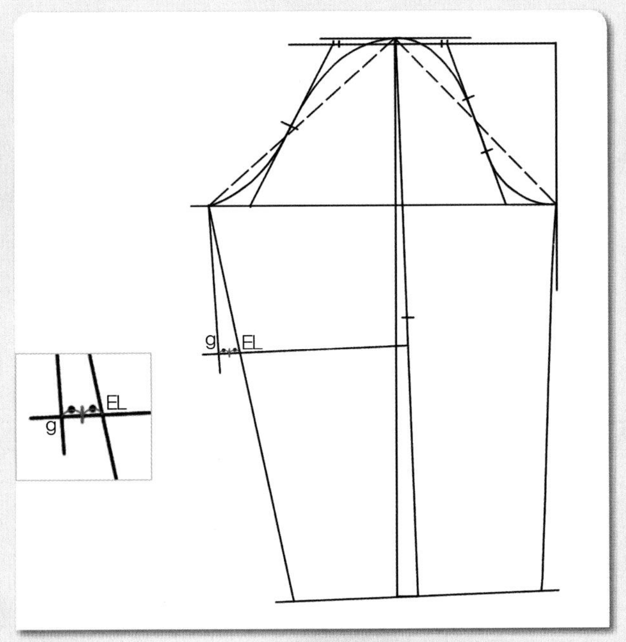

11

뒤 소매 밑 안내선과 팔꿈치 선(EL)과의 교점에서 g점까지를 2등분한다.

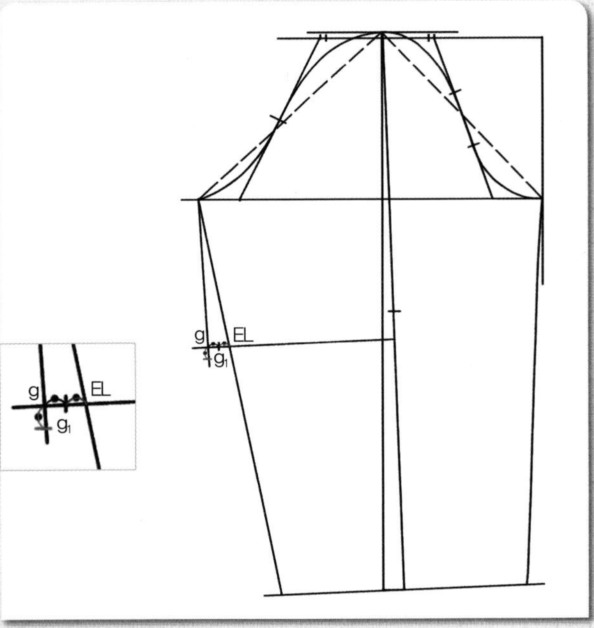

12

11에서 2등분한 1/2 치수를 g점에서 내려와 안내선 점(g_1)을 표시한다.

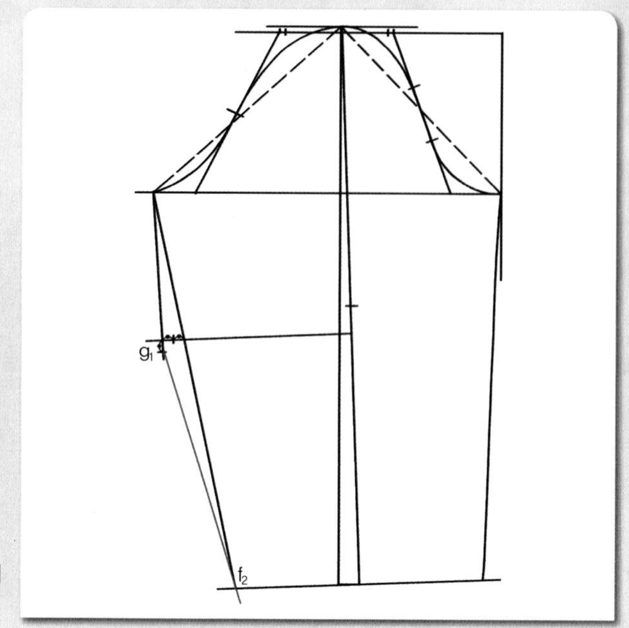

⑬

g_1점과 f_2점 두 점을 직선자로 연결하여 팔꿈치 선(EL) 아래쪽 뒤 소매 밑 선을 그린다. 이때 소매단선에서 조금 길게 내려 그려둔다.

5. 소매단 선과 뒤 소매 폭 선을 수정하여 소매를 완성한다.

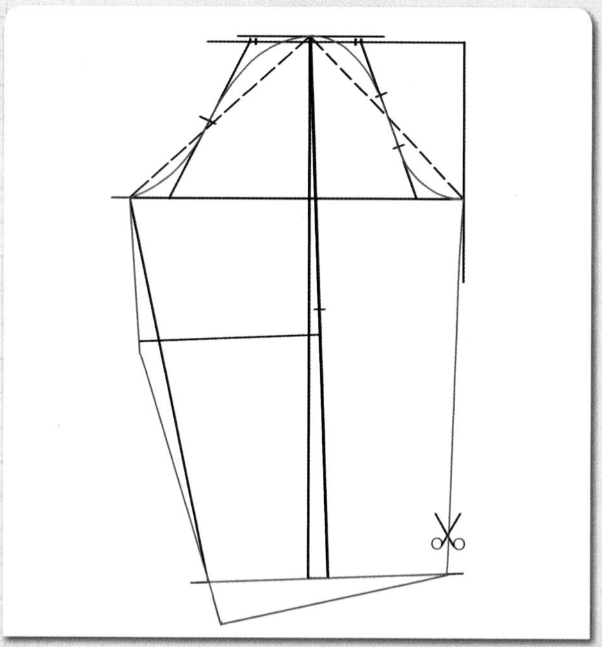

01

빨간색 선이 일차적인 소매 완성선이다. 가위로 소매 완성선을 오려내고 소매단 쪽은 수정을 하기 위해 파란색 선처럼 여유 있게 오려둔다.

02

빨간색 선이 오려낸 소매 패턴이다.

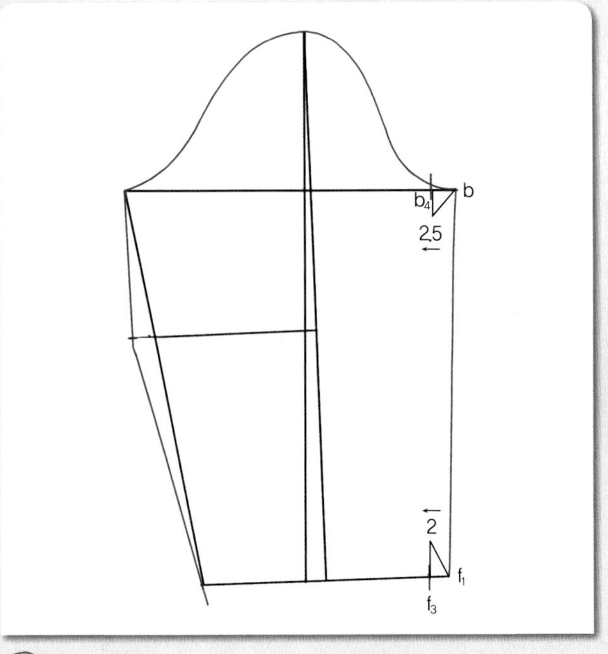

03

$b \sim b_4 = 2.5$cm, $f_1 \sim f_3 = 2$cm 앞 소매 폭 점(b)에서 2.5cm 소매폭 선을 따라 들어가 안쪽 소매폭 점(b_4)을 표시하고, 앞 소매단 폭 점(f_1)에서 2cm 소매단 선을 따라 들어가 안쪽 소매단 폭 점(f_3)을 표시한다.

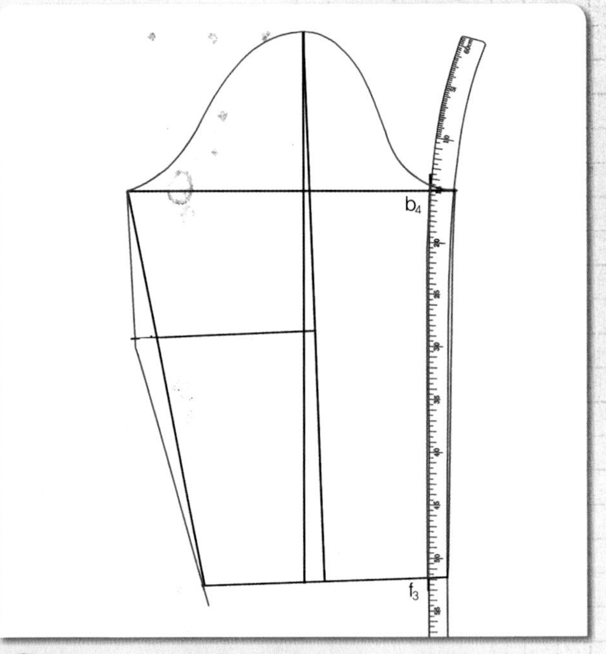

04

b_4점에 hip곡자 15 위치를 맞추면서 f_3점과 연결하여 안쪽 소매 솔기선을 그린다.

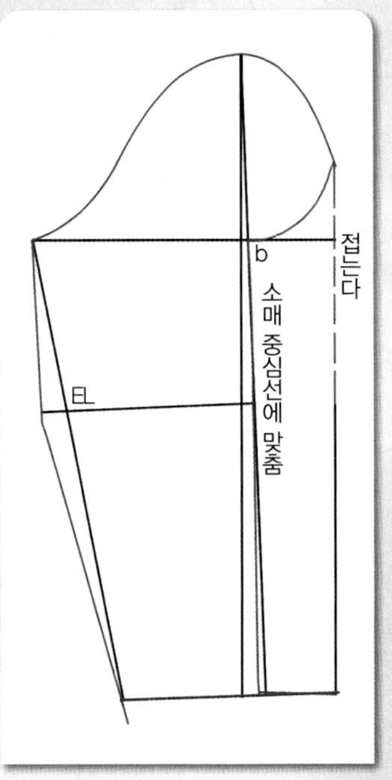

05

앞 소매 밑 선을 팔꿈치 선까지 소매 중심선에 맞추어 반으로 접는다.

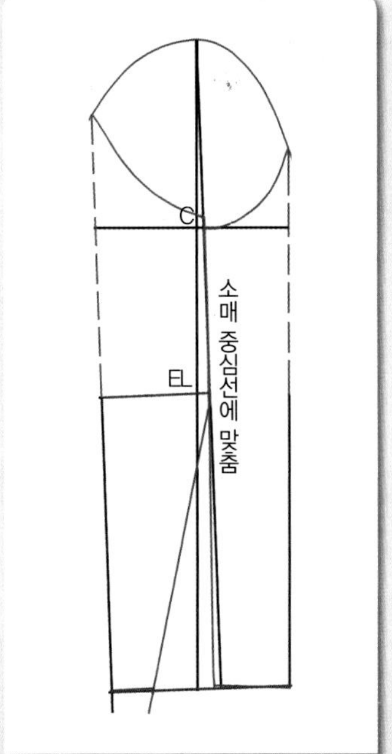

06

뒤 소매 밑 선을 팔꿈치 선끼리 맞추면서 소매 중심선에 맞추어 반으로 접는다.

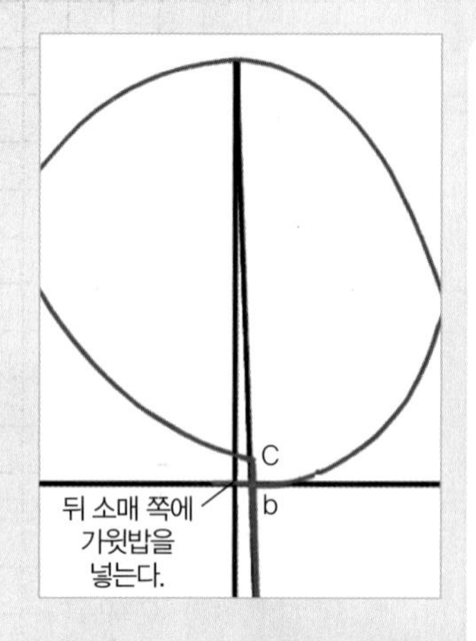

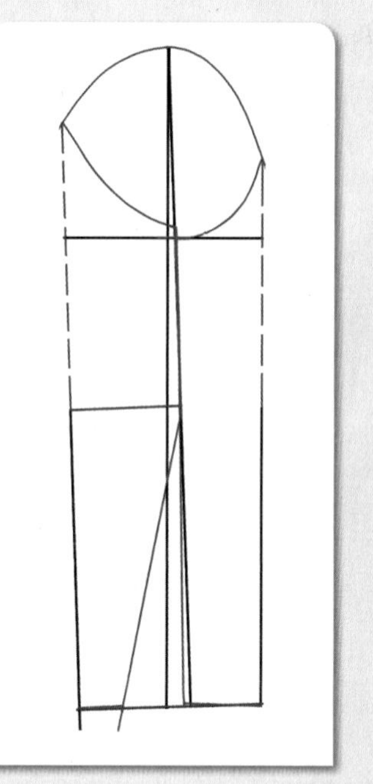

07

앞 소매폭 점(b)과 뒤 소매폭 점(c)이 소매 중심선과 소매폭 선의 교점에서 차이나게 된다. 앞 소매폭 점(b)에 맞추어 뒤 소매 쪽에 가윗밥을 넣어 뒤 소매폭 선을 수정할 위치를 표시해 둔다.

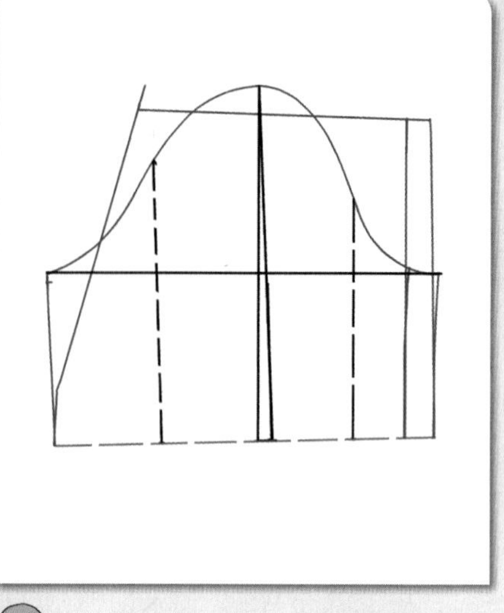

08

반으로 접었던 소매를 펴서 팔꿈치 선(EL)에서 접는다.

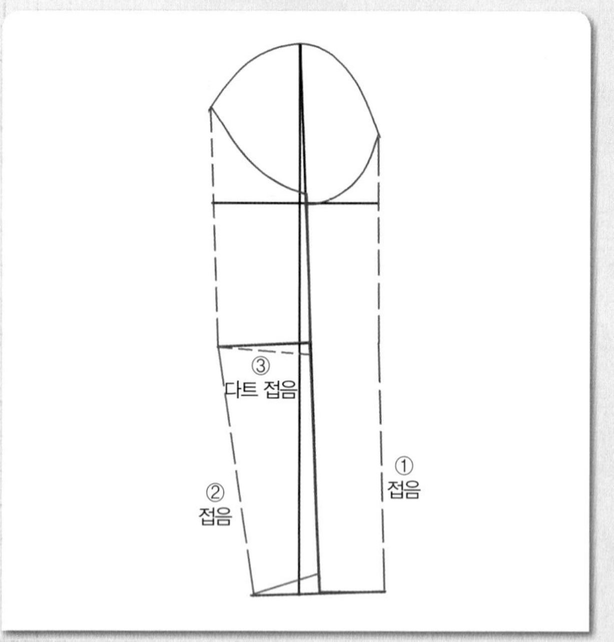

09

팔꿈치 선(EL) 아래쪽 앞 소매 밑 선을 소매 중심선에 맞추어 반으로 접고, 뒤 소매 밑 선을 소매 중심선에 맞추어 반으로 접으면 팔꿈치 선(EL)에서 뜨는 팔꿈치 선(EL) 다트 분량을 접는다.

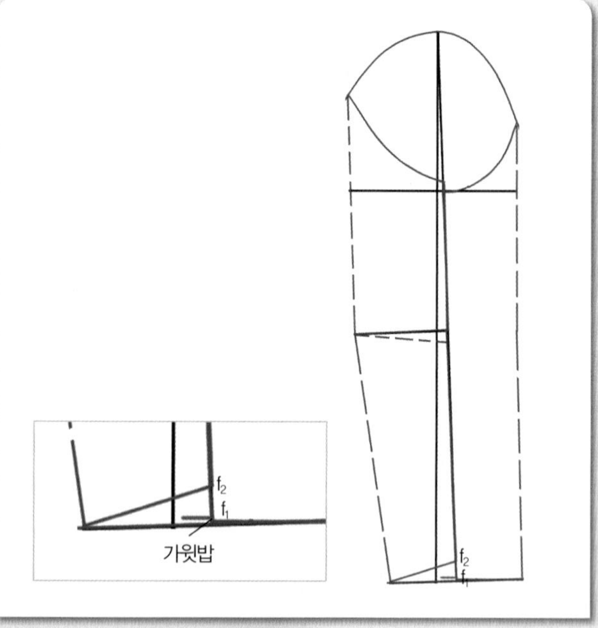

10

소매단 쪽의 f_1점과 f_2점이 차이나게 될 것이다 이 차이나는 분량만큼 뒤 팔꿈치 아래쪽 소매 밑 선을 늘려 주어야 하므로, 앞 소매단 폭 점(f_1)에 맞추어 가윗밥을 넣어 표시해 둔다.

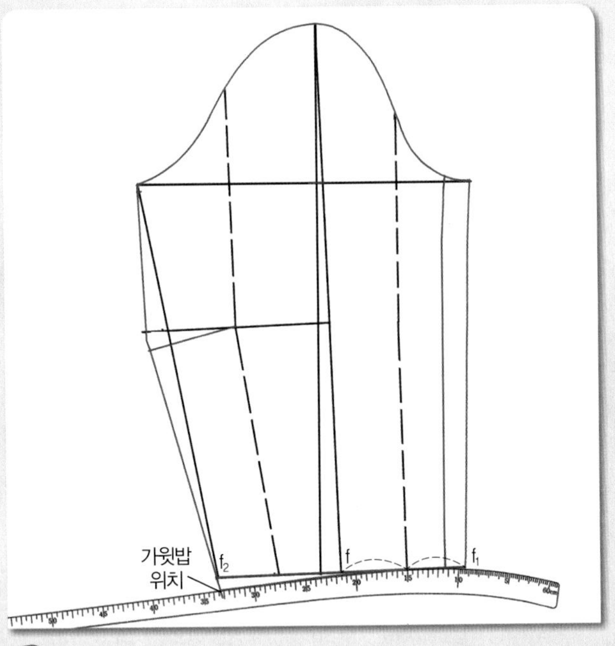

11

앞 소매단 폭의 1/2점에 hip곡자 15 위치를 맞추면서 뒤 소매단 쪽에 가윗밥을 넣어 표시해 둔 점과 연결하여 소매단 완성선을 그린다.

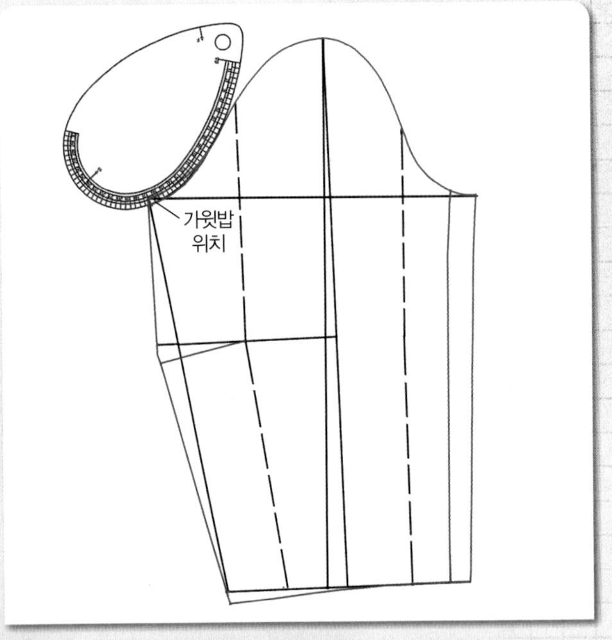

12

b점과 맞추어 c점에서 내려온 위치에 가윗밥을 넣어둔 위치와 뒤 소매산 곡선을 뒤 AH자 쪽으로 연결하여 뒤 소매산 곡선을 수정한다.

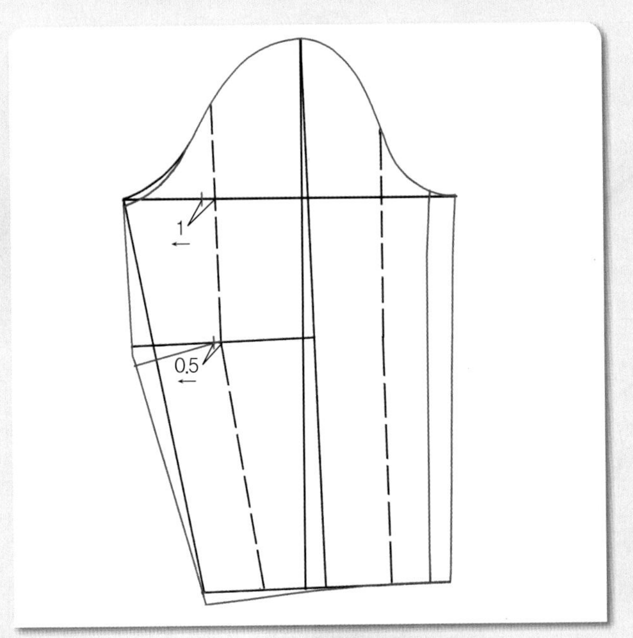

13

뒤 팔꿈치 선의 1/2점에서 0.5cm, 뒤 소매폭 선의 1/2 점에서 1cm 뒤 소매 쪽으로 나가 표시한다.

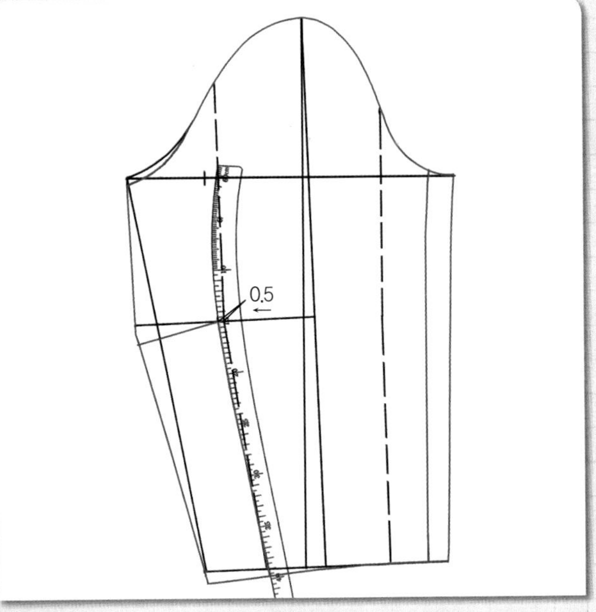

14

뒤 팔꿈치 선에서 0.5cm 나가 표시한 점에 hip곡자 15 위치를 맞추면서 뒤 소매단 쪽의 1/2점 과 연결하여 뒤 팔꿈치 아래쪽 바깥쪽 소매 솔기선을 그린다.

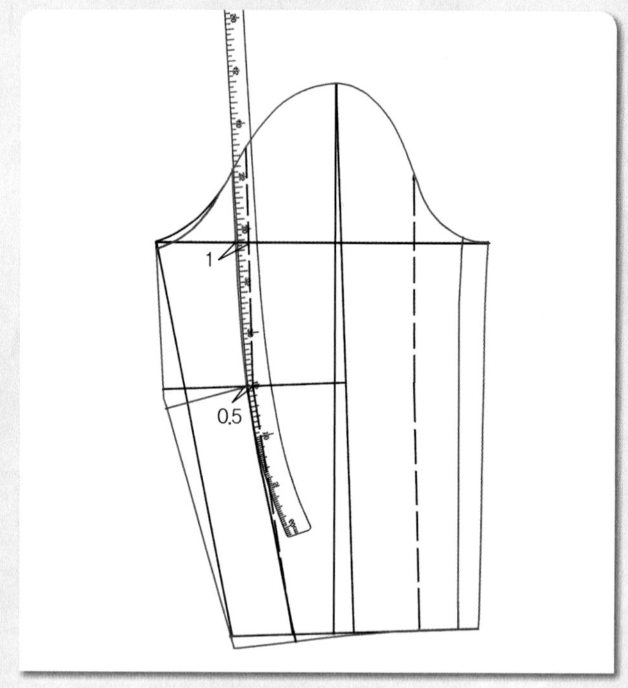

15

뒤 팔꿈치 선에서 0.5cm 나가 표시한 점에 hip곡자 15 위치를 맞추면서 뒤 소매쪽 선 쪽으로 1cm 나간 점과 연결하여 뒤 팔꿈치 위쪽 바깥쪽 소매 솔기선을 그린다.

6. 안쪽 소매와 바깥쪽 소매를 분리한다.

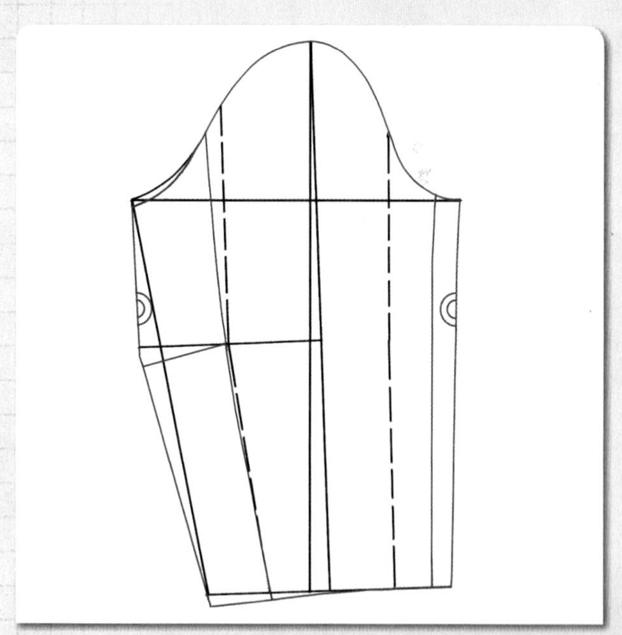

01

앞 소매 밑 선과 뒤 소매 밑 선에 서로 마주대어 맞추는 기호를 넣어둔다.

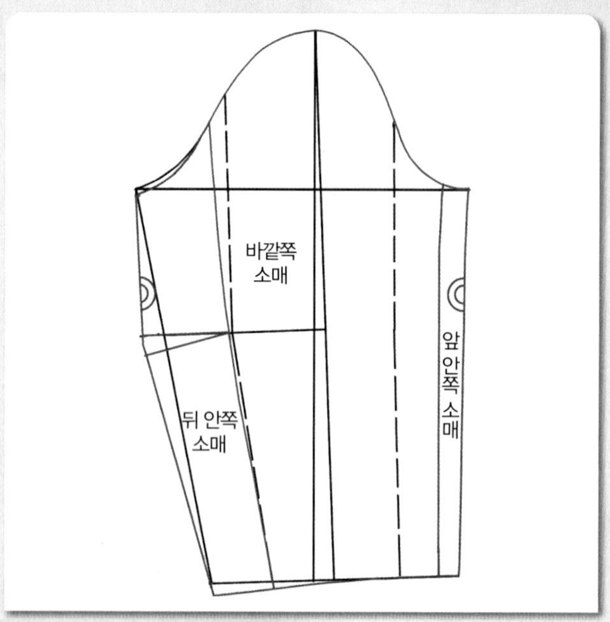

02

빨간색 선이 안쪽 소매가 될 선이다. 앞뒤 소매 솔기선을 따라 오려낸다.

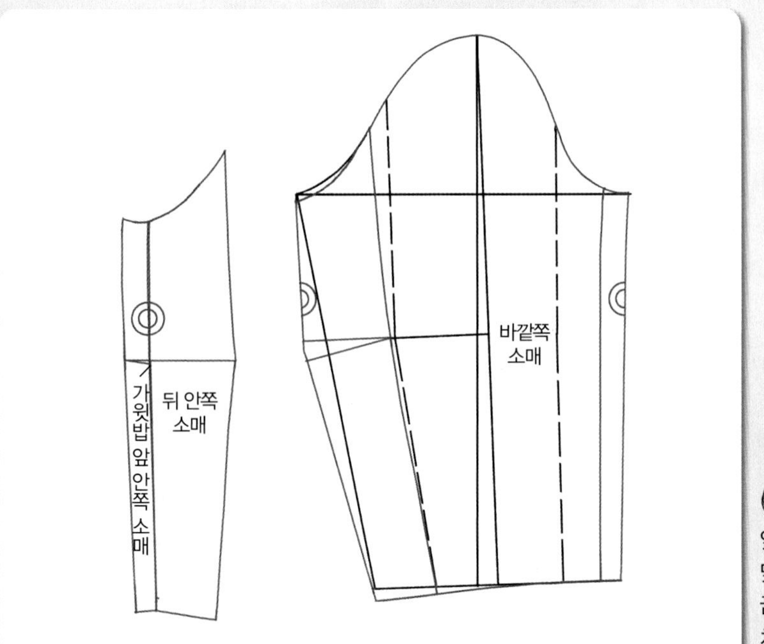

03

앞뒤 소매 솔기선에서 오려낸 안쪽 소매의 서로 마주 대어 맞추는 기호끼리 맞추어 연결한다. 이때 앞 안쪽 소매의 팔꿈치 위치가 당겨져 일직선으로 맞지 않으면 팔꿈치 선 위치에 가윗밥을 넣어 맞추도록 한다.

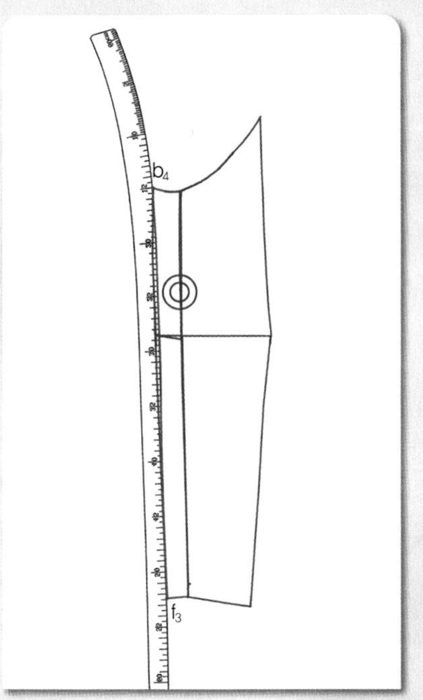

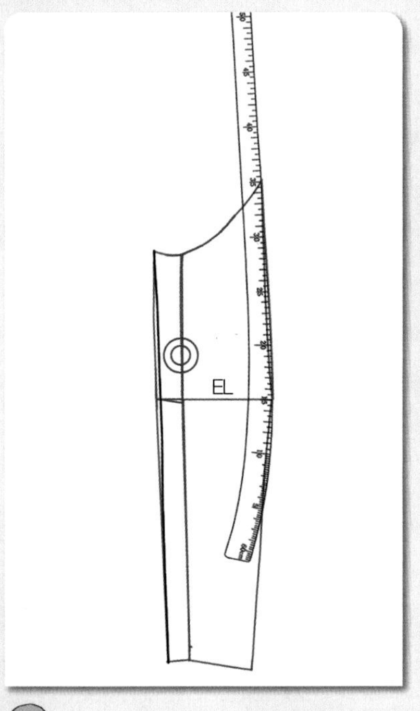

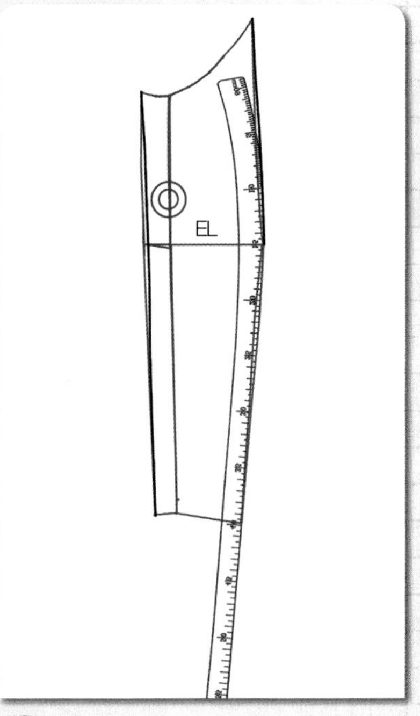

04

안쪽 소매의 b_4점에 hip곡자 15 위치를 맞추면서 f_3점과 연결하여 앞 안쪽 솔기선을 수정한다.

05

안쪽 소매의 뒤 팔꿈치 선 위치에 hip곡자 15 위치를 맞추면서 팔꿈치 선 위쪽 뒤 소매 솔기선 끝점과 연결하여 뒤 안쪽 솔기선을 수정한다.

06

안쪽 소매의 뒤 팔꿈치 선 위치에 hip곡자 15 위치를 맞추면서 팔꿈치선 아래쪽 소매 솔기선과 연결하여 뒤 안쪽 솔기선을 수정한다.

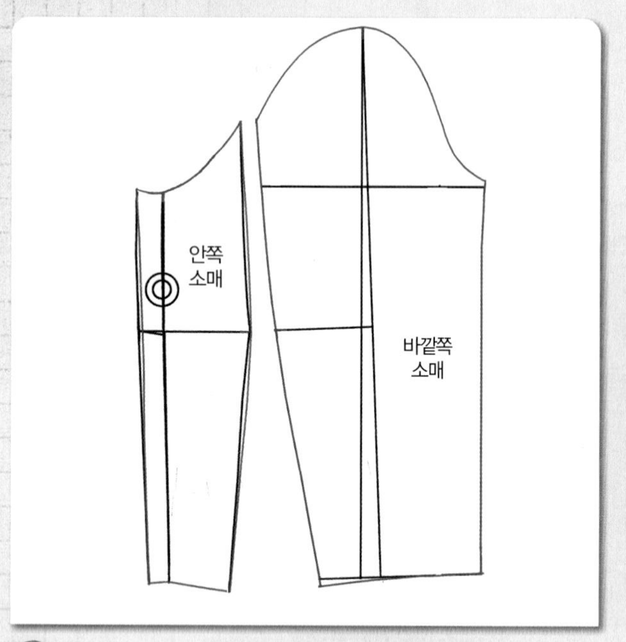

07

안쪽 소매의 뒤 솔기선이 바깥쪽 소매의 뒤 솔기선처럼 자연스런 곡선으로 수정되어야 한다.

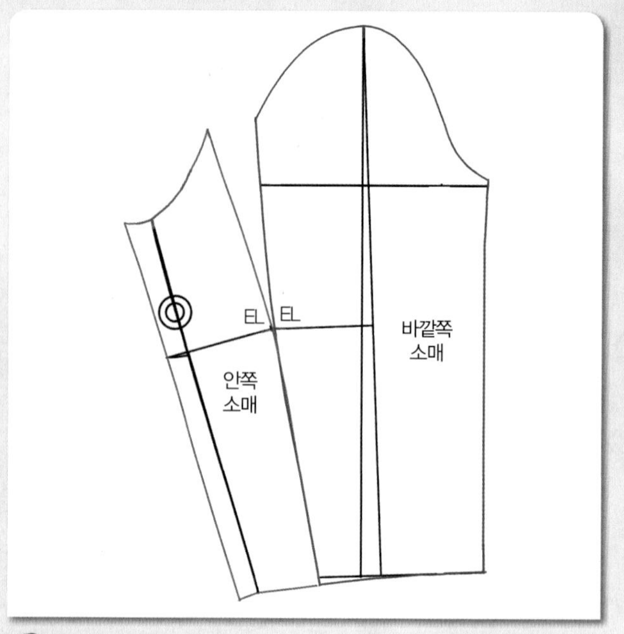

08

안쪽 소매와 바깥쪽 소매의 소매단이 각져 있는 것을 수정하기 위해 안쪽 소매와 바깥쪽 소매의 팔꿈치 선(EL) 아래쪽 솔기선끼리 맞춘다.

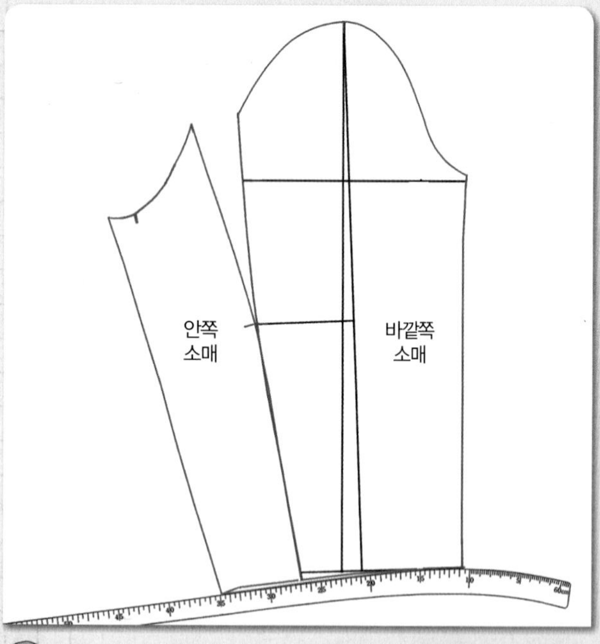

09

앞 소매 쪽을 반으로 접었을 때 생긴 주름이 앞 소매단의 1/2 위치이다. 그 1/2 위치에 hip곡자 15 위치를 맞추면서 안쪽 소매단 끝과 연결하여 소매단 완성선을 수정한다.

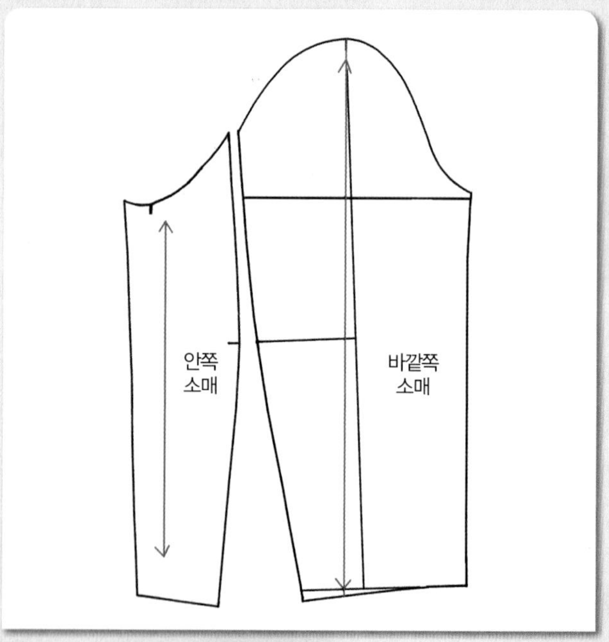

10

수정 전의 소매 기본 중심선을 식서 방향으로 표시한다.

7. 앞뒤 몸판의 패턴을 분리한다.

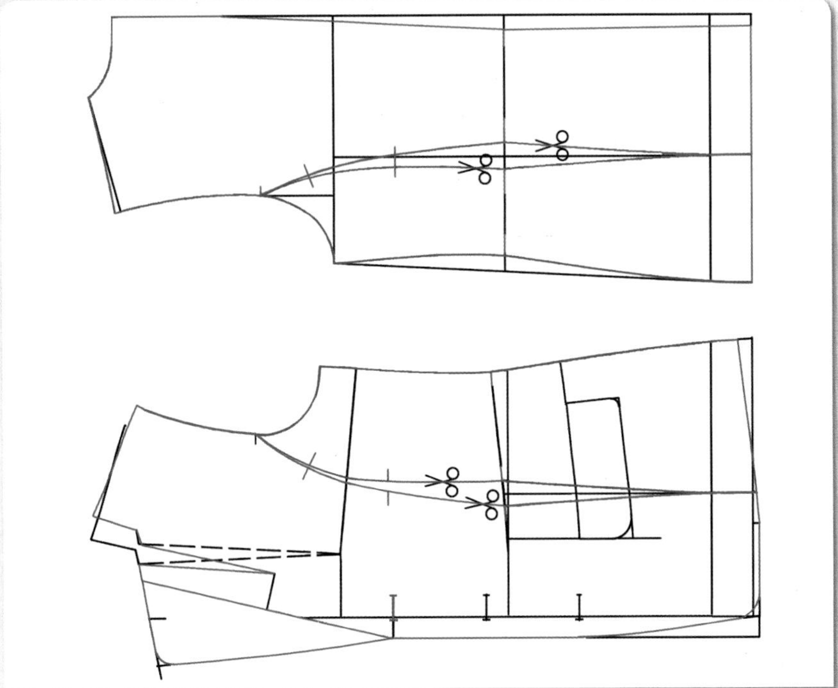

01

앞뒤 몸판의 패널라인 선을 따라 오려내어 패턴을 분리한다.

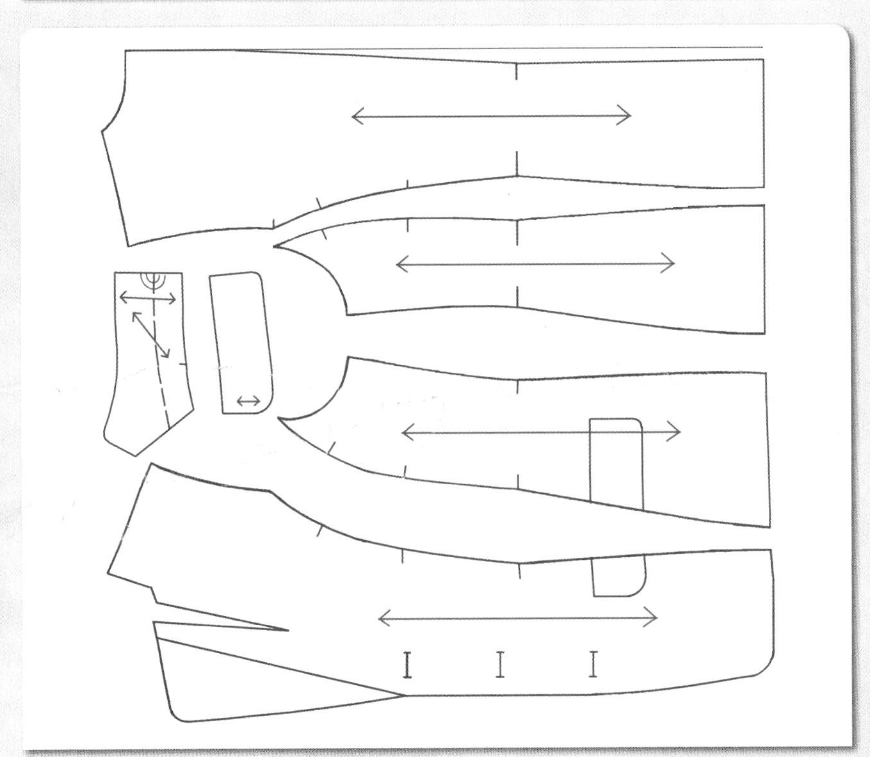

02

뒤 중심 쪽 몸판과 앞뒤 옆 몸판의 허리선 위치를 앞 중심 쪽의 허리선에 일직선으로 맞추어 배치하고 수평으로 식서 방향 기호를 넣는다. 칼라의 뒤 중심선에 골선 기호를 넣고, 뒤 중심선에 평행과 바이어스 방향으로 식서 기호를 넣고, 플랩 포켓은 앞 중심 쪽 포켓 옆선과 평행으로 식서 방향 표시를 한다.

재단법

겉감의 재단

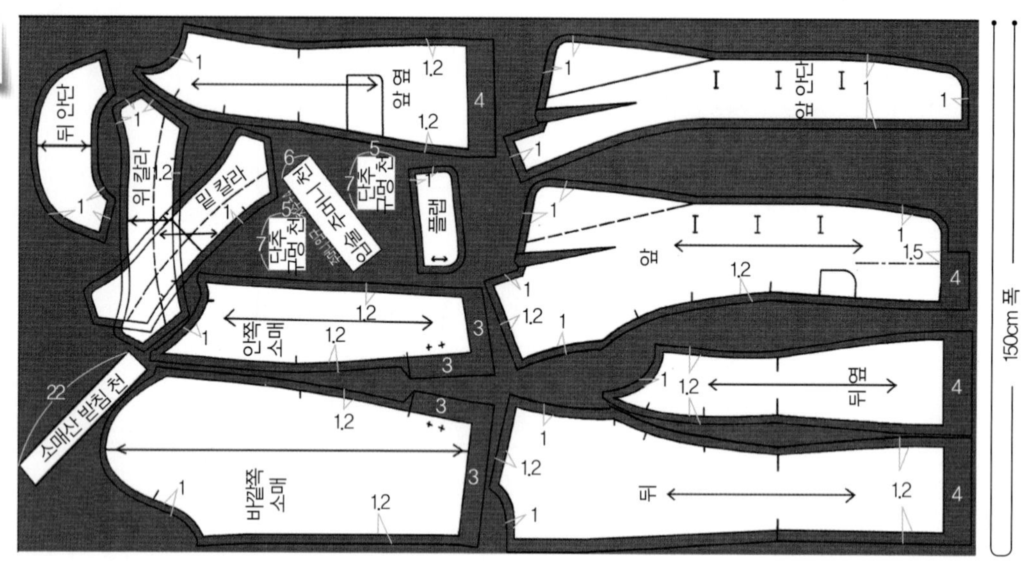

안감의 재단

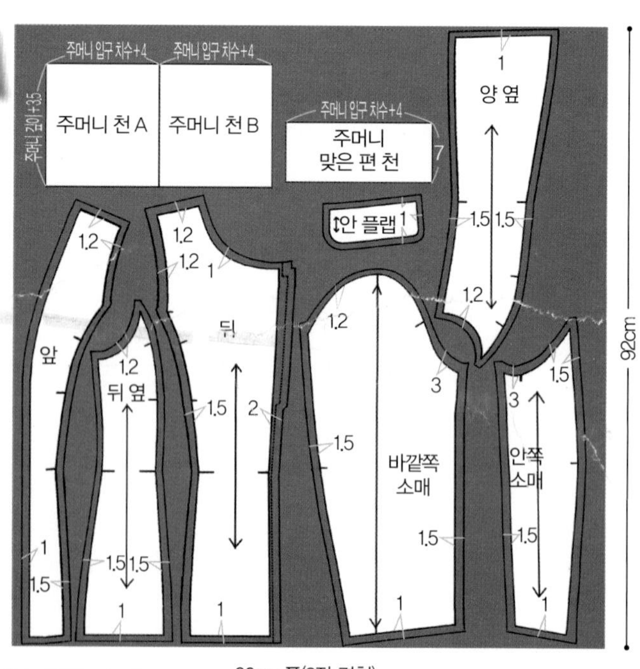

재료

- 겉감 : 150cm 폭 140cm
- 안감 : 90cm 폭 184cm
- 접착심지 : 90cm 폭 70cm
  (앞판, 앞 안단, 뒤 안단, 앞 소매,
  뒤 소매, 위 칼라, 밑 칼라, 주머니 입구 천)
- 단추 : 직경 2.5cm 3개, 직경 1.2cm 4개
- 어깨패드 : 1세트

봉제법

봉제 전의 준비

1. 표시를 한다.

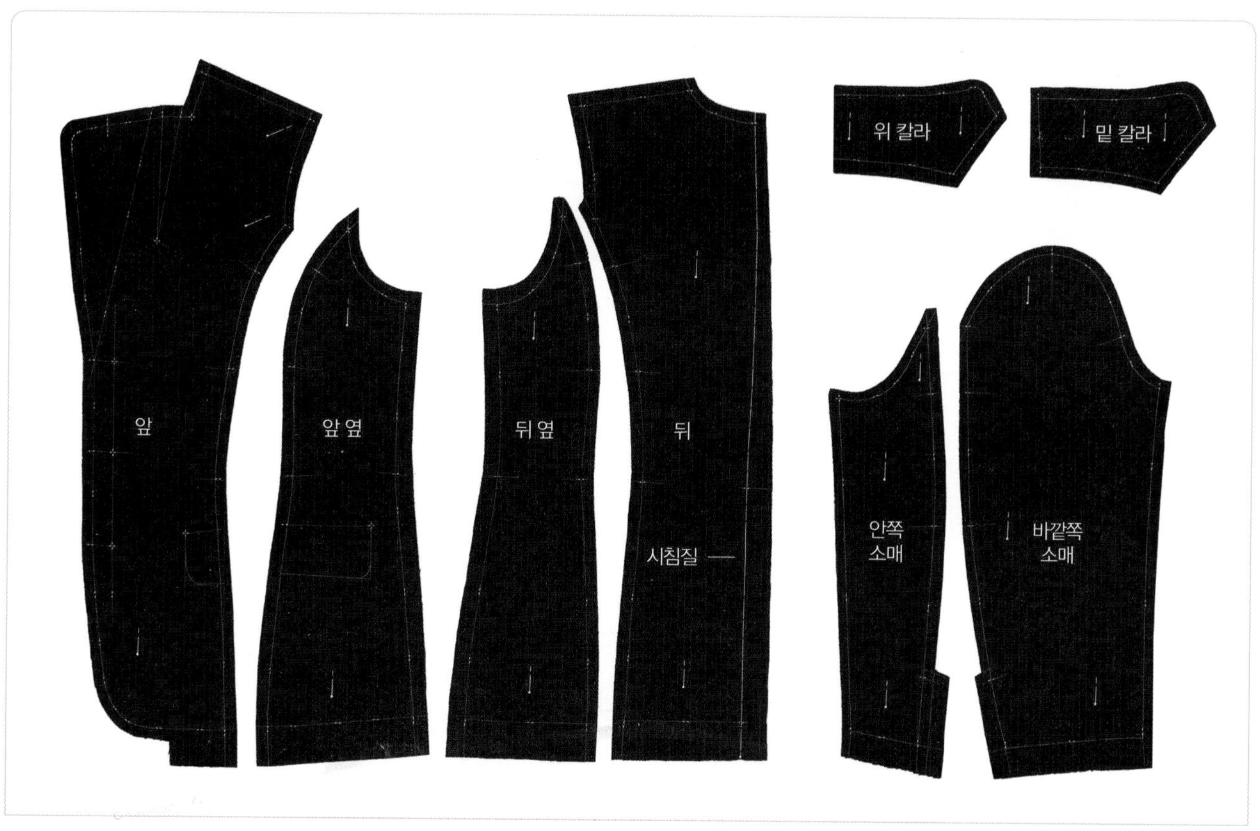

01

뒤 중심선은 스트라이프 무늬가 틀어지지 않도록 뒤 중심선의 완성선에 시침질로 고정시키고, 앞, 앞 옆, 뒤, 뒤 옆, 안쪽 소매, 바깥쪽 소매, 위 칼라와 밑 칼라의 완성선에 실표뜨기로 표시를 한다.

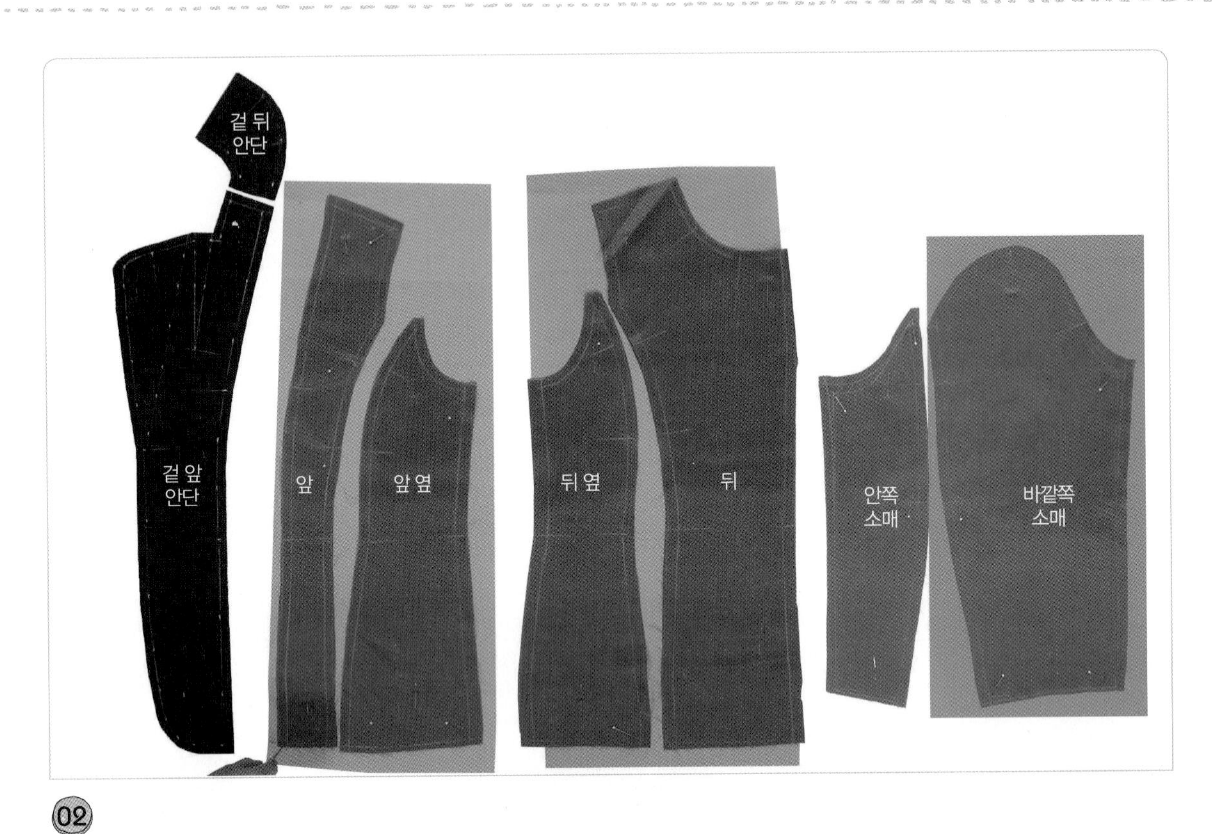

02

앞뒤 안단의 완성선에 실표뜨기로 표시를 하고, 안감의 완성선은 편면 초크 페이퍼 위에 얹어 완성선을 룰렛이나 송곳으로 눌러 표시를 한다.

2. 접착심지와 접착테이프를 붙인다.

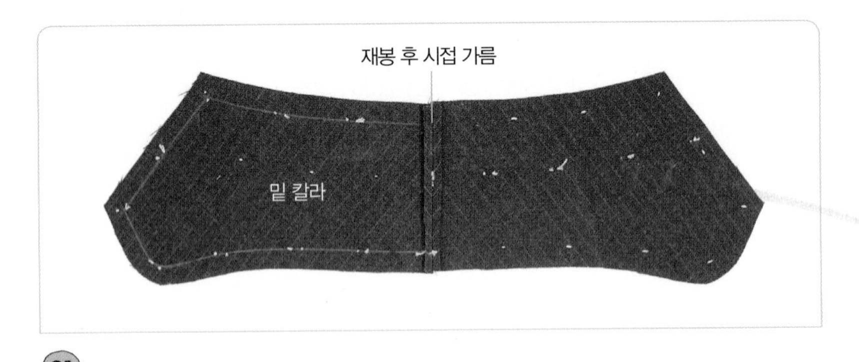

01

밑 칼라의 뒤 중심선을 박고 시접을 가른다.

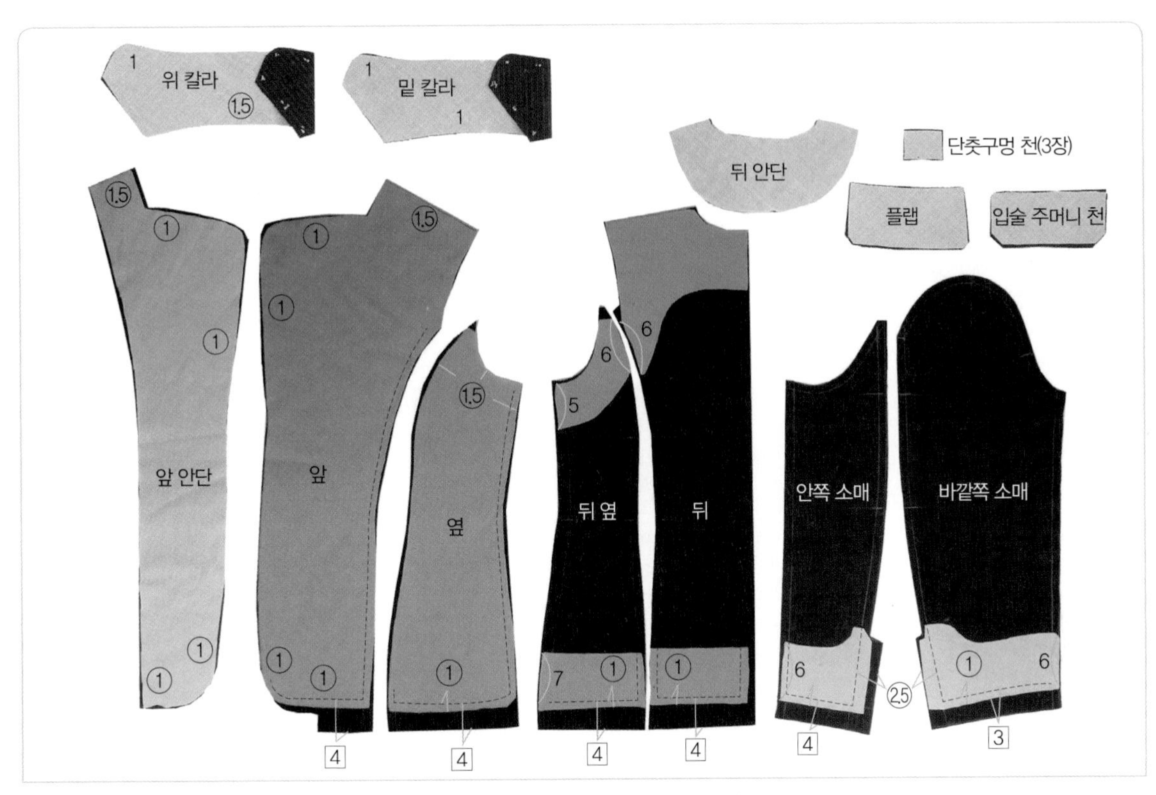

02

접착심지를 붙인다(몸판과 소매에 접착심지를 붙일 때 좌우 두 장의 치수에 차이가 생기지 않도록 겉끼리 마주 대어 두 장을 겹쳐놓고 한 쪽 면을 붙인 다음 뒤집어서 남은 한쪽 면을 붙인다).

주 ○ 속의 숫자는 완성선에서 시접 쪽으로 나간 분량이고 □ 속의 숫자는 시접 분량이다.

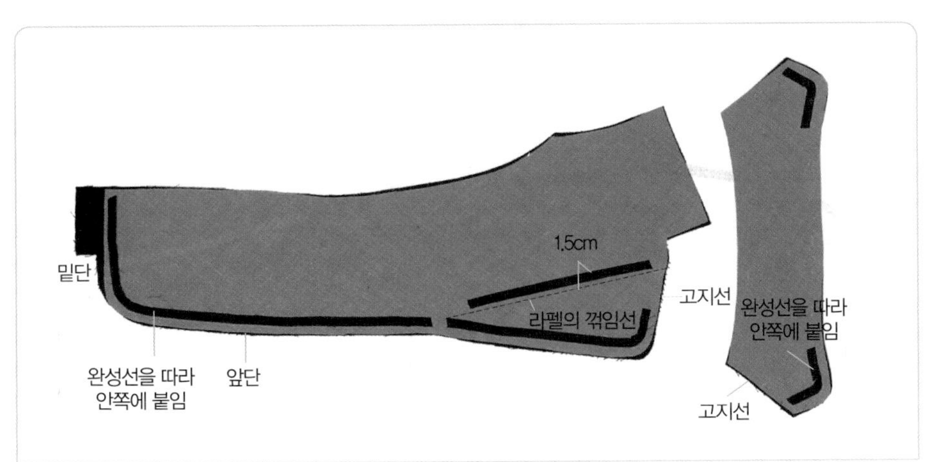

03

앞 몸판의 앞단, 밑단, 라펠의 꺾임선과 밑 칼라의 칼라 모서리 부분에 늘림 방지용 접착테이프를 붙인다.

주 앞단, 밑단은 테이프 끝을 완성선에 맞추어 붙이고 라펠의 꺾임선 부분은 완성선에서 1.5cm 안쪽에 붙인다.

3. 단춧구멍을 만든다.

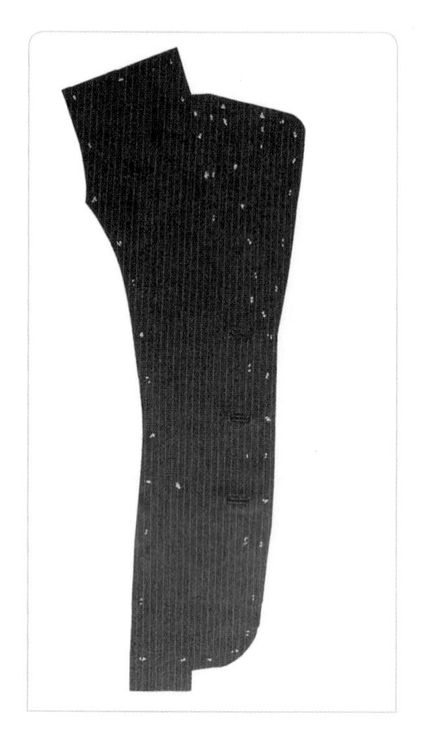

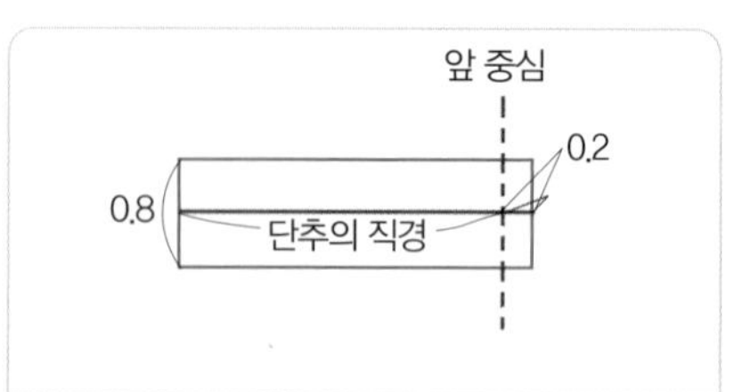

단춧구멍의 크기 정하는 법.

앞 몸판의 표면 위에 접착심지를 붙인 단춧구멍 천을 단춧구멍 위치에 겉끼리 마주 대어 맞추어 얹고 시침질로 고정시킨다.

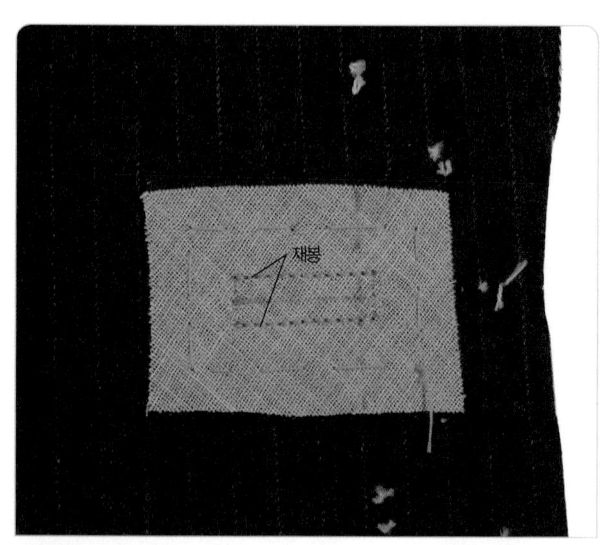

단춧구멍 주위를 박는다.

04

중앙에 가윗밥을 넣는다.

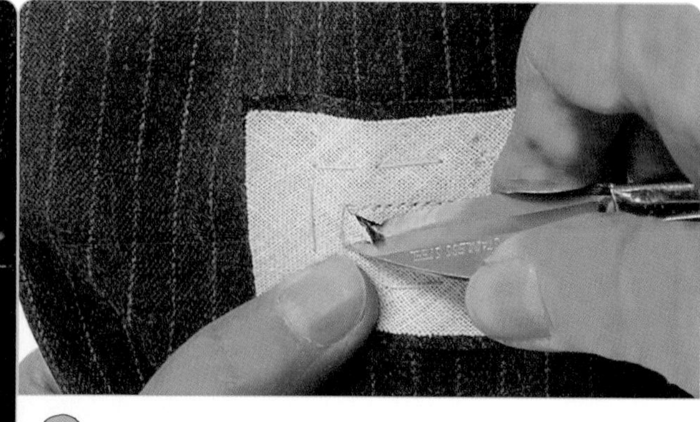

05

>———< 모양으로 모서리까지 가윗밥을 넣는다.

06

시침실을 빼내고 단춧구멍 천을 이면 쪽으로 빼어낸다.

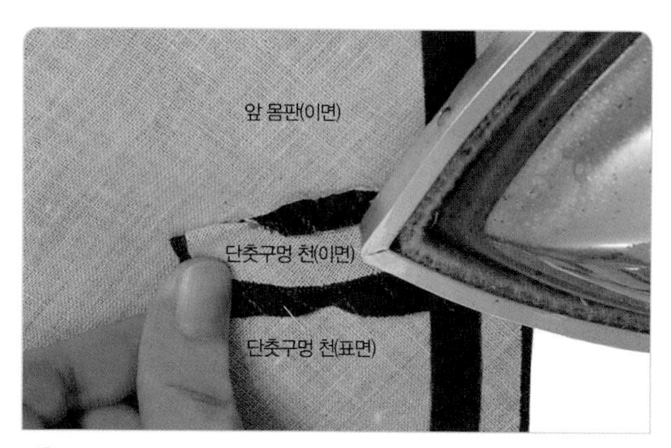

07

단춧구멍 위아래의 시접을 가른다.

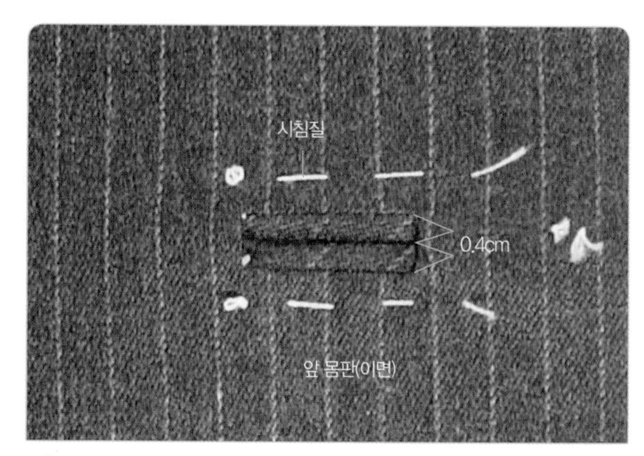

08

단춧구멍의 테두리 폭을 정해서 위아래 완성 폭까지 시침질로 고정시켜 둔다.

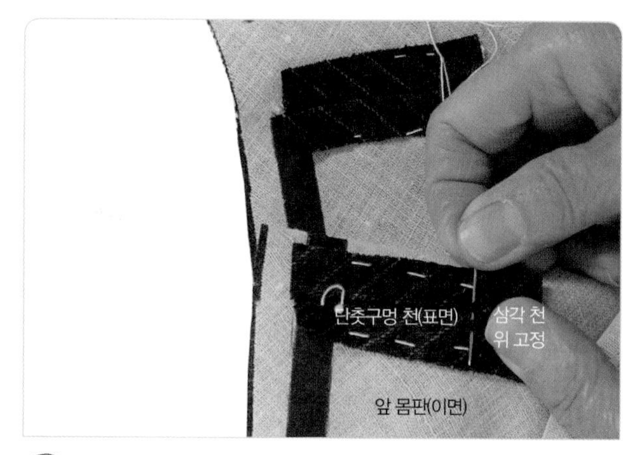

09

구멍이 벌어지지 않도록 삼각 천 위를 시침질로 고정시켜 둔다.

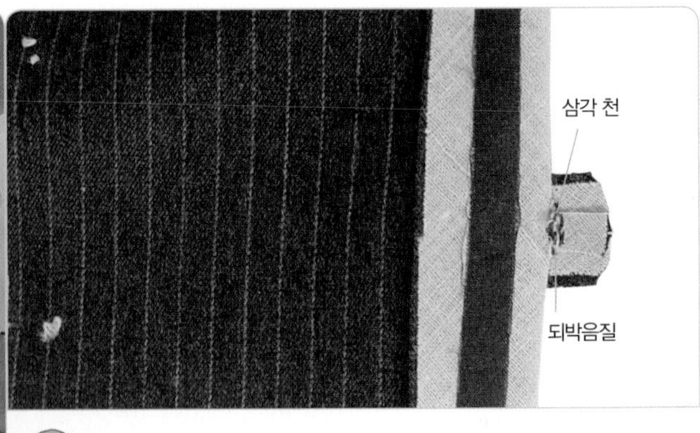

⑩
몸판을 젖히고 삼각 천을 되박음질로 고정시킨다.

⑪
단춧구멍 주위의 박은 선 홈에 상침재봉을 한다.

⑫
시접을 정리한다.

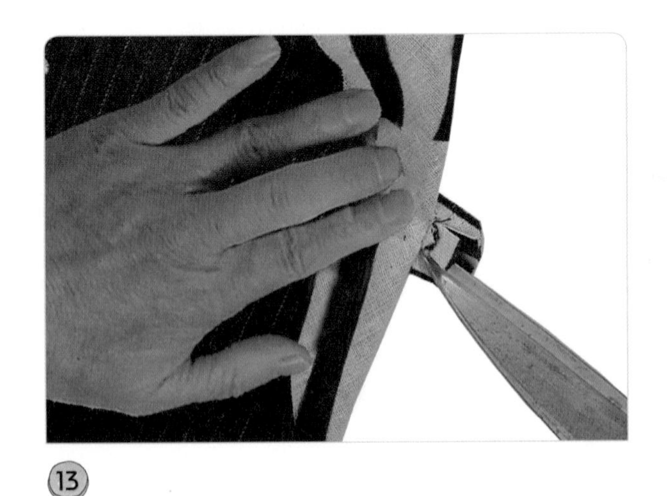

⑬
삼각 천 밑에 겹쳐져 있는 부분을 잘라낸다.

⑭
시접을 다리미로 힘껏 눌러 납작하게 한다.

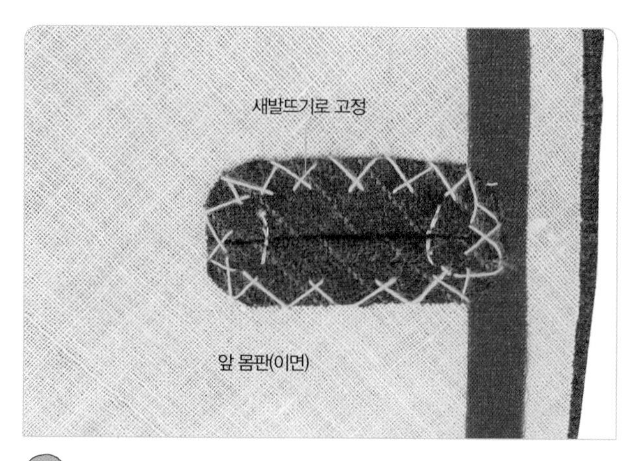

15
단춧구멍 천의 시접 주위를 새발뜨기로 고정시킨다.

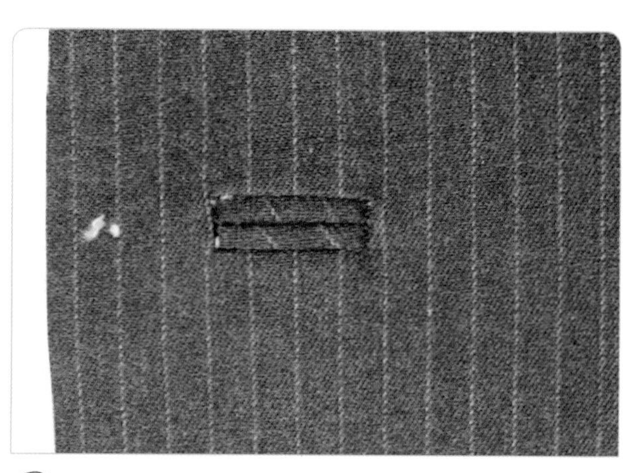

16
단춧구멍 완성

4. 앞 넥 다트와 절개선을 박는다.

01
앞 넥 다트를 박고 프레스 볼 위에서 시접을 가른다.

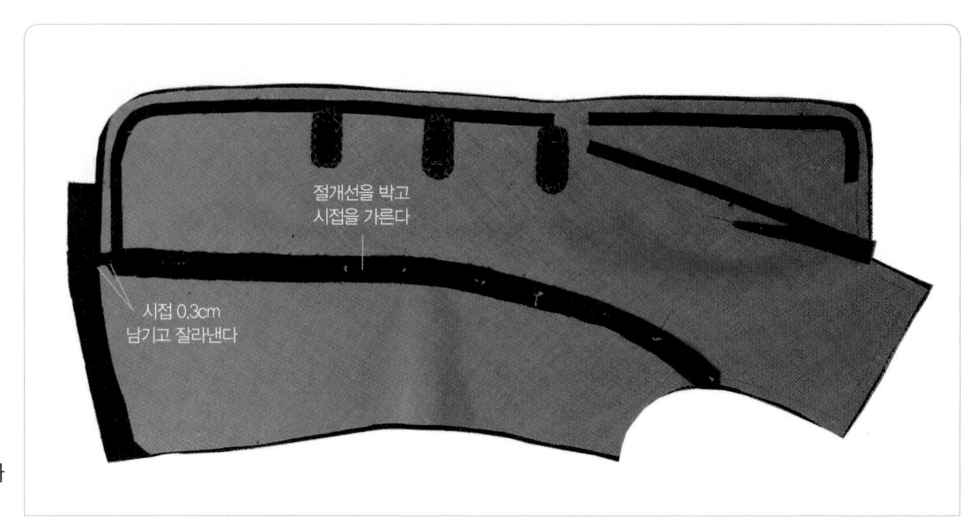

02
앞 절개선을 박고 시접을 가른 다음, 밑단 쪽 시접을 좁게 잘라낸다.

5. 뒤 중심과 패널라인을 박는다.

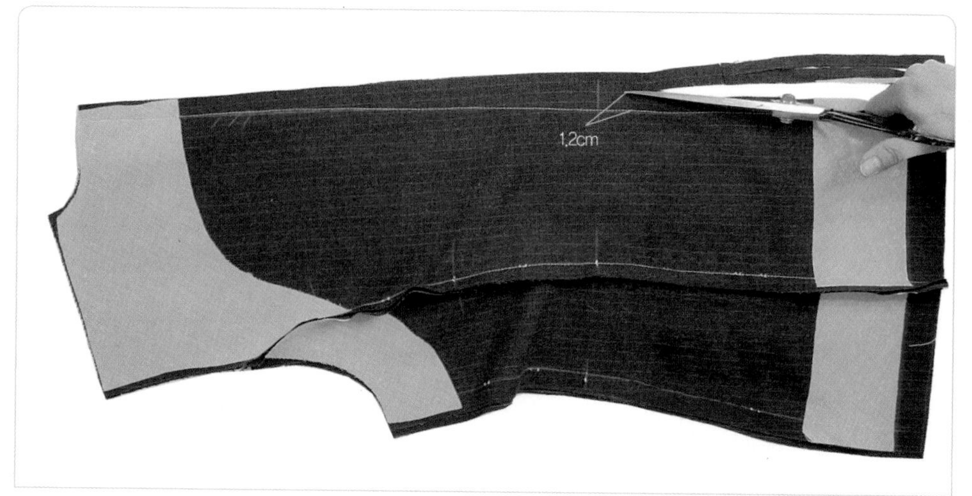

01

뒤 중심선과 패널라인을 박은 다음 뒤 중심의 시접을 1.2cm 남기고 잘라낸다.

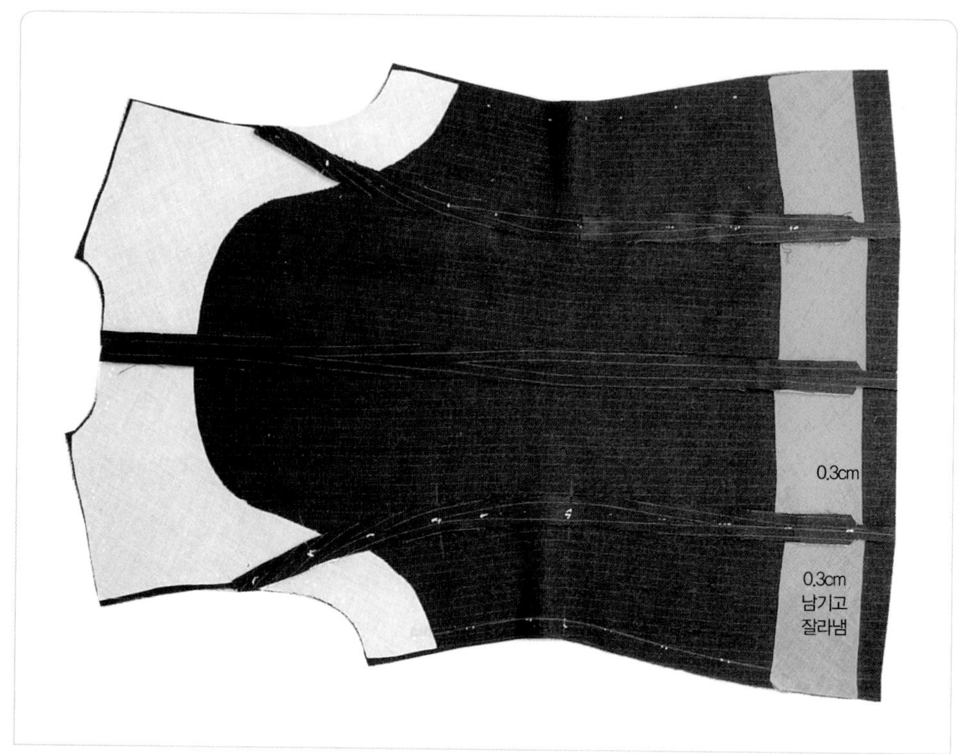

02

프레스 볼 위에 얹어 뒤 중심선과 패널라인 시접을 가른 다음, 밑단 쪽 시접을 좁게 잘라낸다.

6. 플랩 주머니를 만들어 단다.

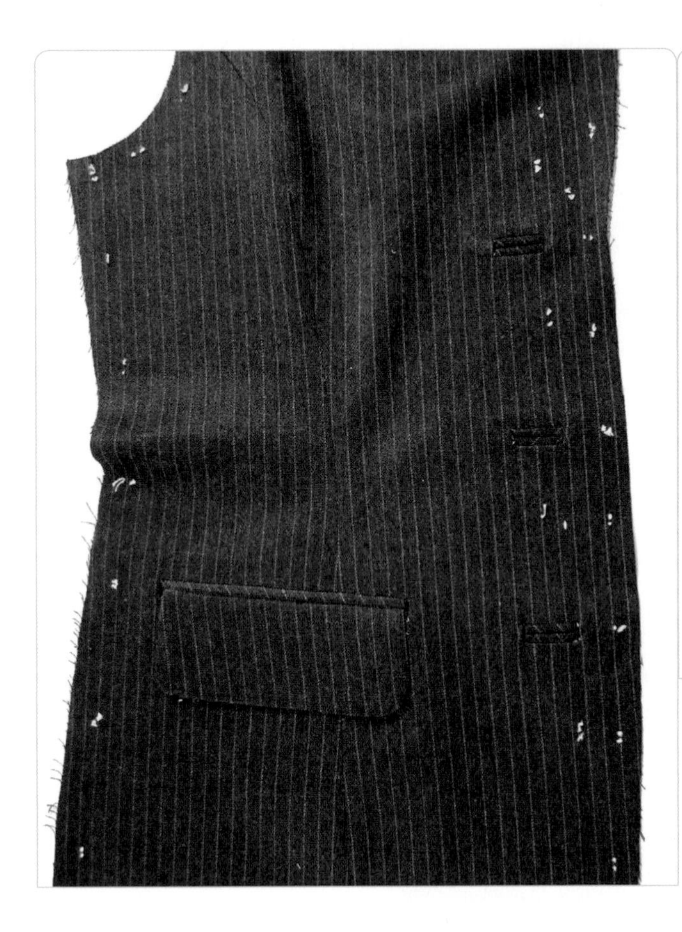

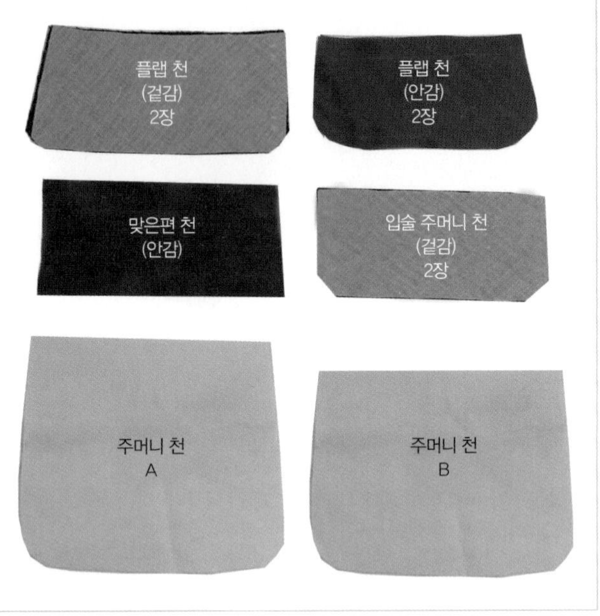

01

접착심지를 붙인 플랩과 입술 주머니 천, 안감으로 재단한 플랩 천과 맞은편 천, 주머니 천의 A와 B를 각각 2장씩 준비한다.

주 뒤주머니 천 A와 B는 얇은 옥양목, 또는 T/C주머니감 천으로 재단하는 것이 좋다.

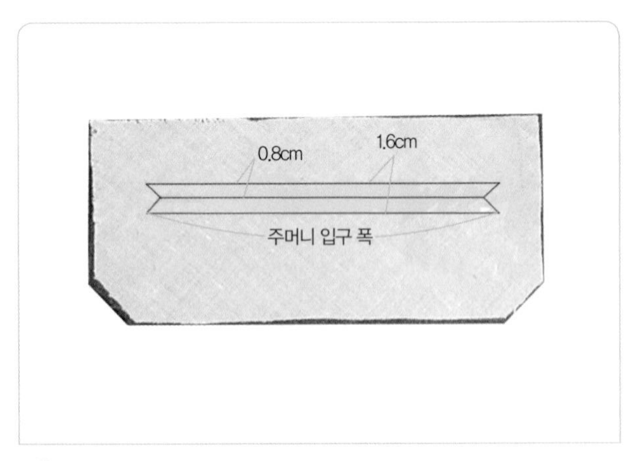

02

입술 주머니 천에 주머니 입구 표시를 한다.

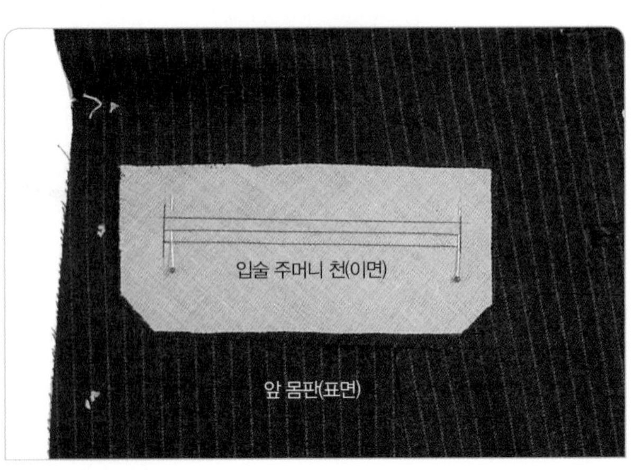

03

입술 주머니 천을 주머니 입구 표시에 맞추어서 핀으로 고정시킨다.

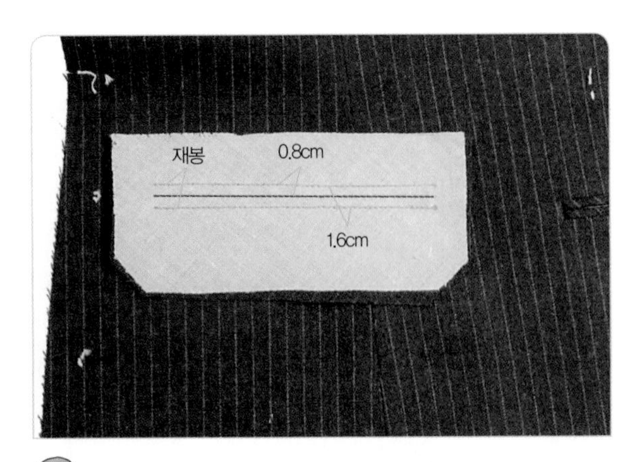

04
주머니 입구 치수까지 몸판과 겹쳐 박는다.

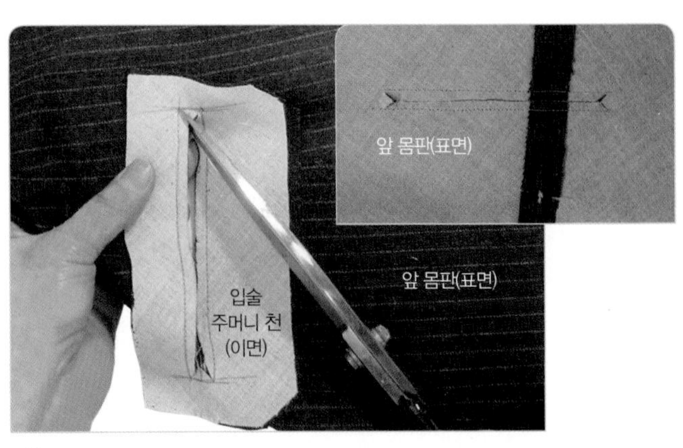

05
중앙을 자르고 모서리 부분을 >———< 모양으로 가윗밥을 넣는다.

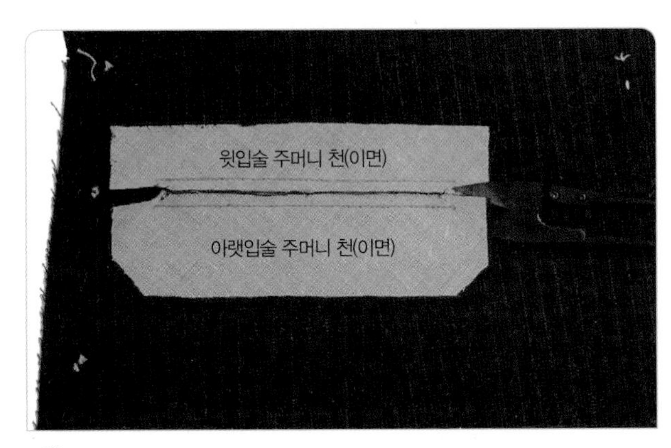

06
입술 주머니 천만 중앙의 양옆 시접에 가윗밥을 넣는다.

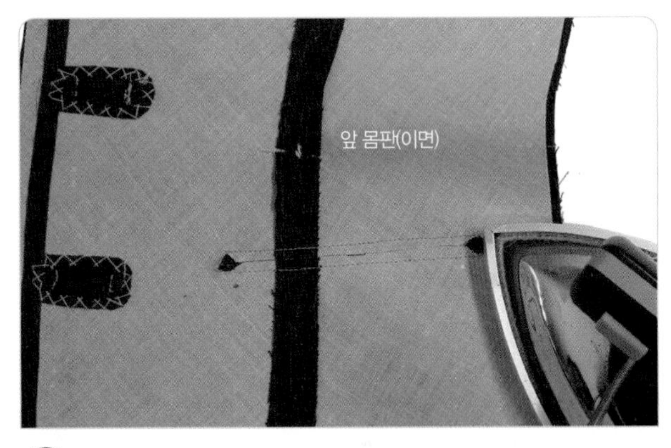

07
다리미로 삼각 천을 양옆 쪽으로 접어 넘긴다.

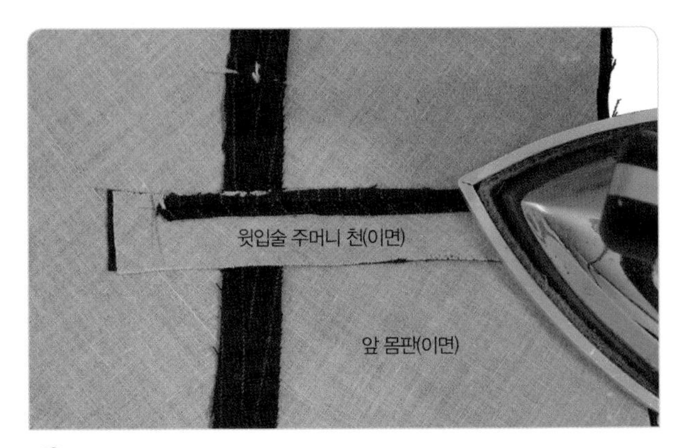

08
윗입술 주머니 천을 이면 쪽으로 끄집어 내어 시접을 가른다.

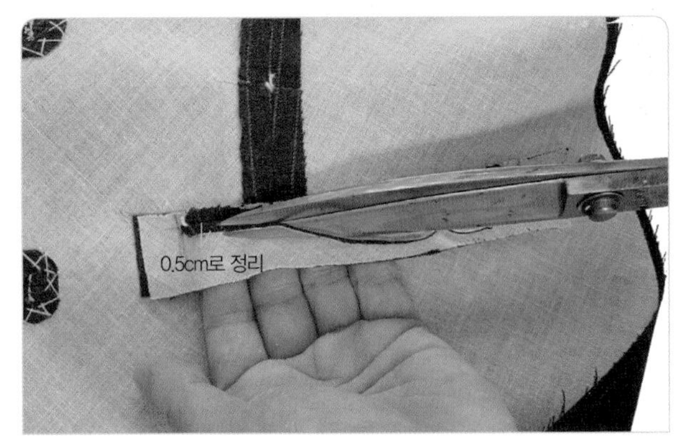

09
시접을 0.5cm로 정리한다.

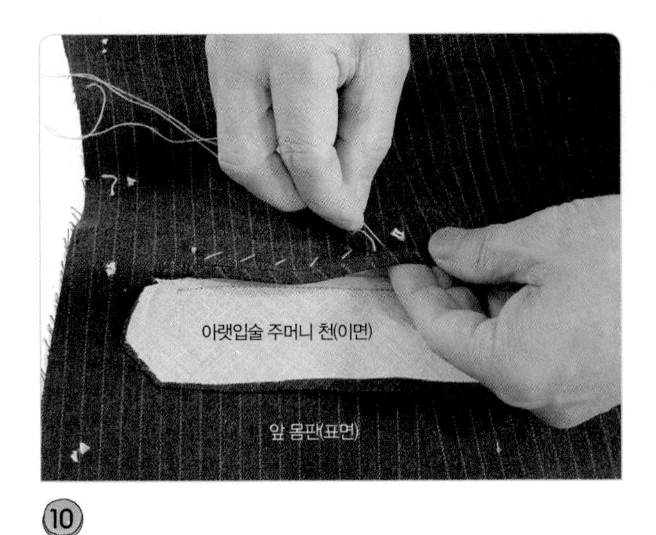

10

겉쪽에서 윗입술 주머니 천 시접까지 통하게 어슷시침으로 고정시킨다.

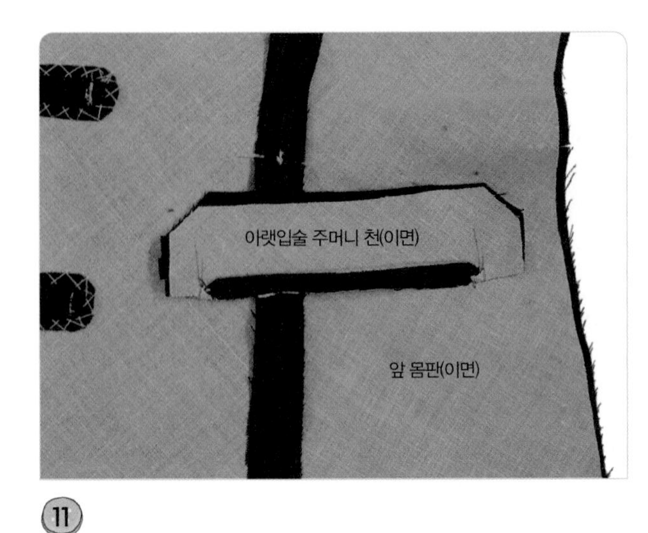

11

아랫입술 주머니 천도 이면 쪽으로 끄집어 내어 시접을 가르고 0.5cm로 정리한다.

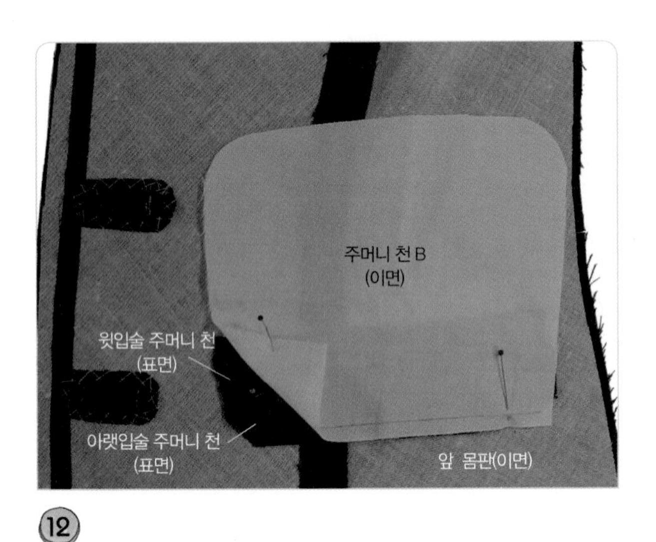

12

아랫입술 주머니 천을 단 쪽으로 내리고 그 표면 위에 주머니 천 B의 표면을 마주 대어 핀으로 고정시킨다.

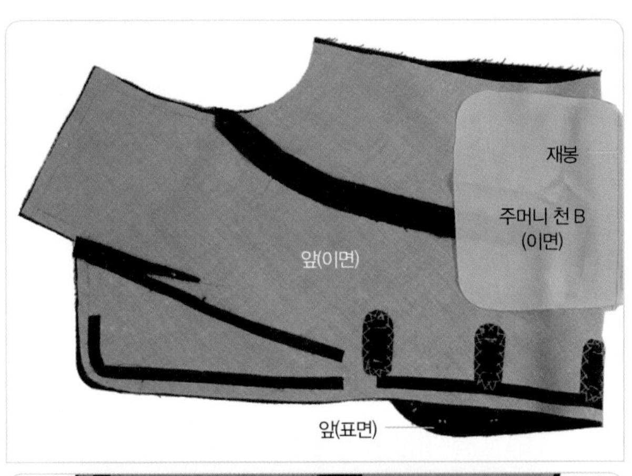

13

몸판의 단 쪽을 밑 쪽으로 접어 넘기고 아랫입술 주머니 천과 주머니 천 B만을 겹쳐 박는다.

주머니 천 B
(이면)
앞(이면)

재봉 후의 이면 쪽에서 본 상태

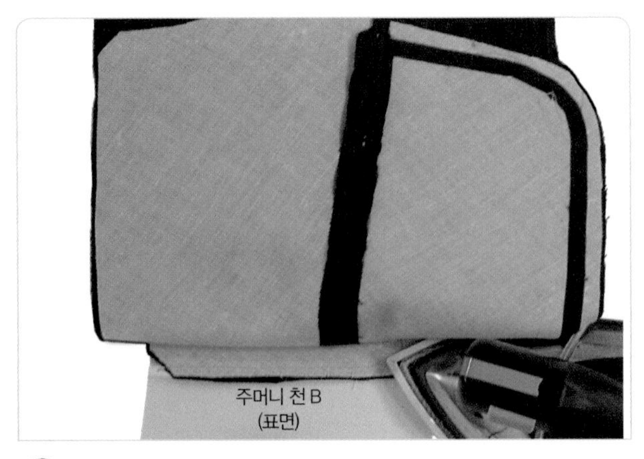

앞 몸판의 밑단 쪽을 위로 젖히고 아랫입술 주머니 천의 시접을 주머니 천 B쪽으로 넘겨 다림질한다.

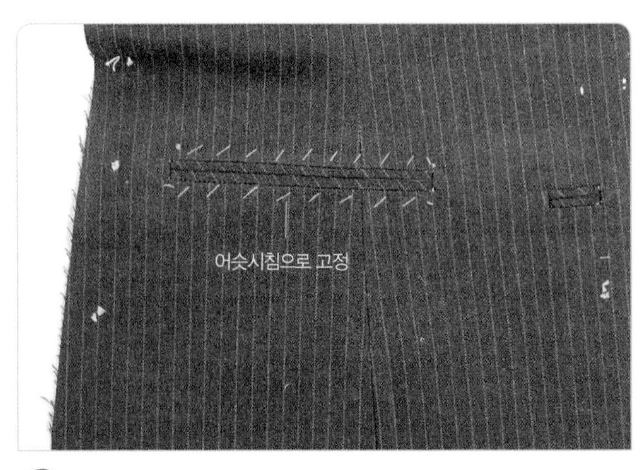

⑮

겉쪽에서 아랫입술 주머니 천까지 통하게 어슷시침으로 고정시킨다.

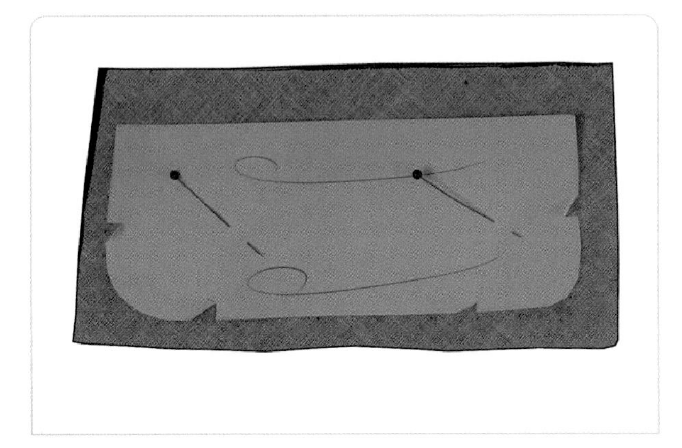

⑯

접착심지를 붙인 겉 플랩 천의 이면에 플랩의 패턴을 얹고 표시를 한다.

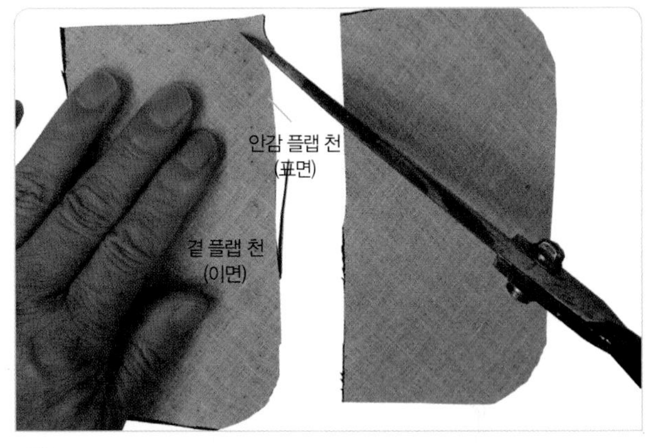

⑰

안감 플랩 천과 겉끼리 마주 대어 두 장 함께 시접을 1cm 남기고 잘라낸다.

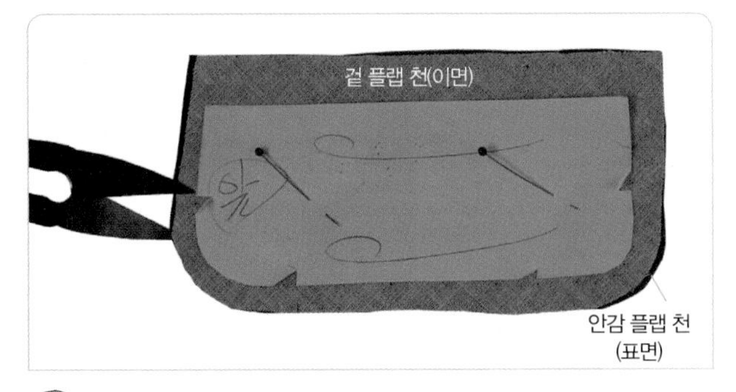

두 장 함께 맞춤표시 4곳 시접에만 0.3cm씩 가윗밥을 넣는다.

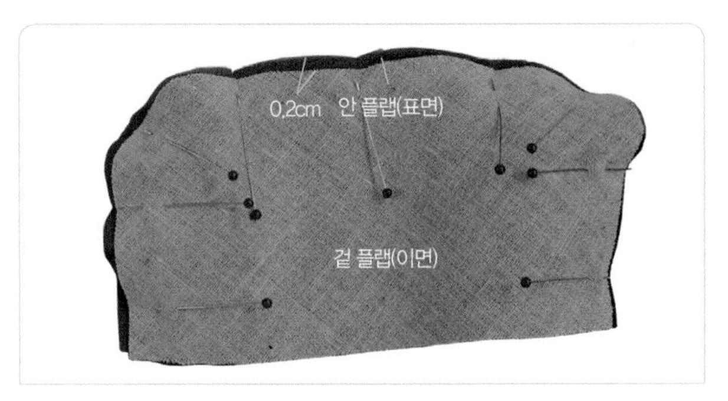

⑲

맞춤표시의 가윗밥을 넣은 위치가 틀어지지 않도록 하여 겉 플랩을 0.2cm 안쪽으로 차이나게 밀어 핀으로 고정시킨다.

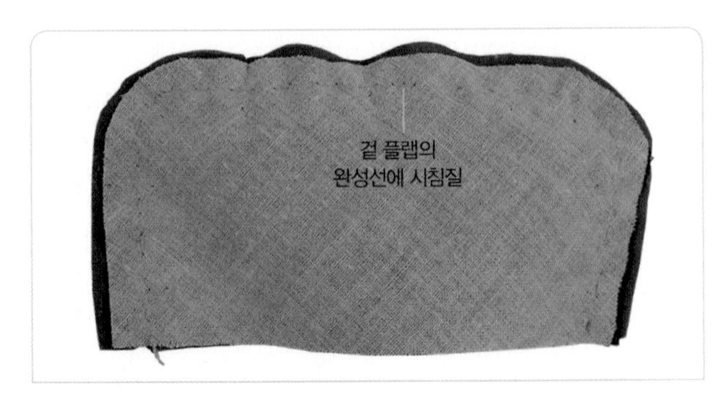

겉 플랩의 완성선에 시침질로 고정시킨다.

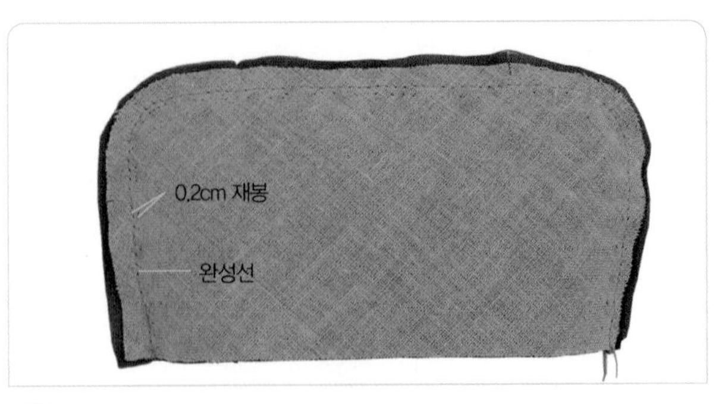

21

완성선에서 0.2cm 시접 쪽을 박는다.

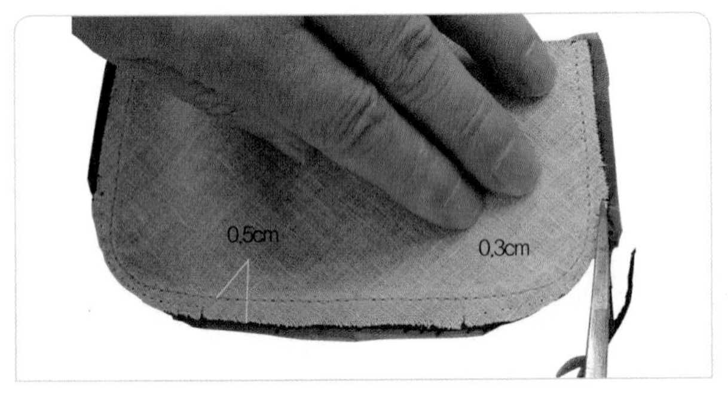

22

시접을 직선 부분은 0.5cm, 곡선 부분은 0.3cm 남기고 잘라낸다.

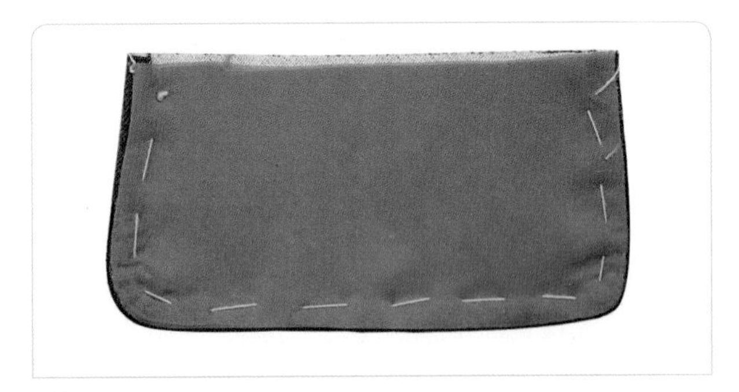

23

겉으로 뒤집어서 안감 플랩 천을 0.1cm 차이나게 시침질로 고정시킨다.

다리미로 정리한다.

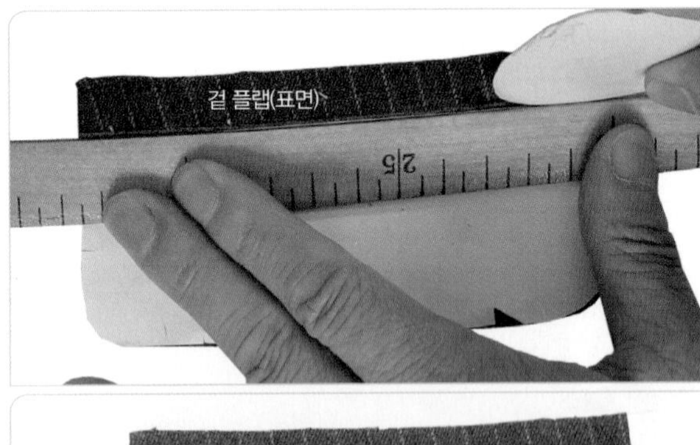

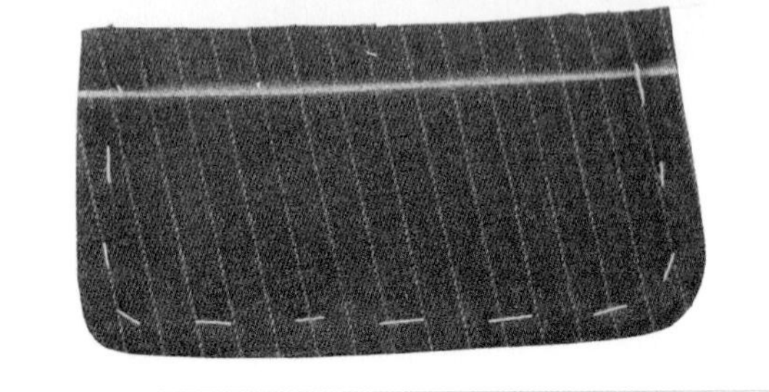

겉쪽에서 패턴을 얹고 플랩 다는 위치의 곡선 모양대로 초크 표시를 한다.

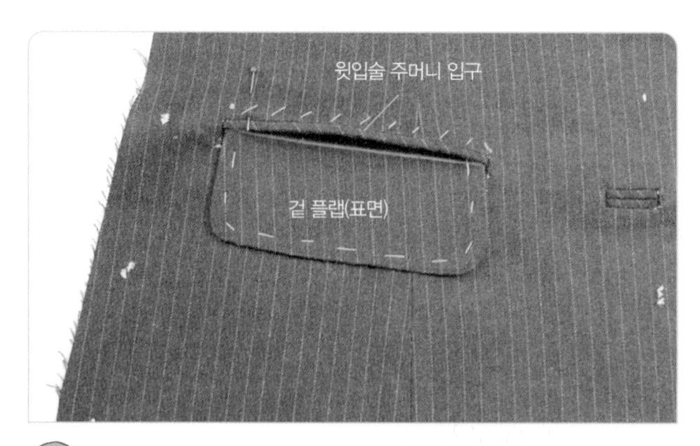

26

윗입술 밑으로 플랩을 끼워 넣는다.

27

시침질로 플랩 시접까지 통하게 시침질로 고정시킨다.

28

안감으로 재단한 맞은편 천의 아래쪽 시접을 1cm 접는다.

29

주머니 천 A의 표면 위에 맞은편 천의 이면을 마주 대어 얹고 시접을 접은 끝에서 0.1cm에 주머니 천 A까지 통하게 겹쳐 박는다.

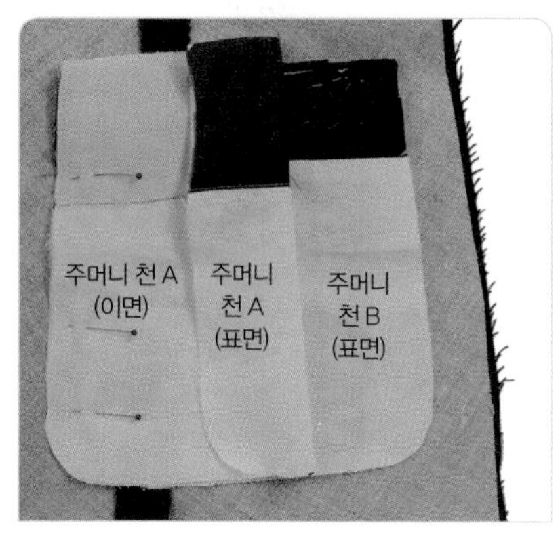

30

주머니 천 A의 표면을 주머니 천 B의 표면 위에 마주 대어 맞추고 핀으로 고정시킨다.

31

겉쪽에서 윗입술을 박은 선 홈에 주머니 천 A까지 통하게 스티치하여 고정시킨다.

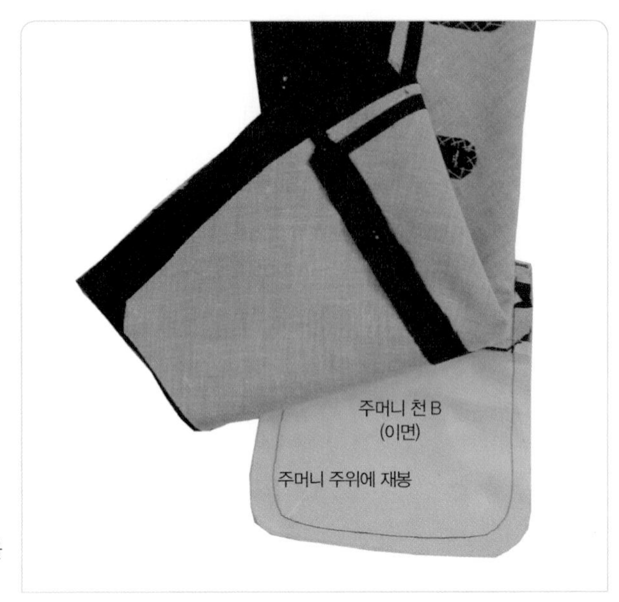

(32)
몸판을 젖히고 주머니 천 A와 B 두 장을 함께 겹쳐서 주머니 주위를 박는다.

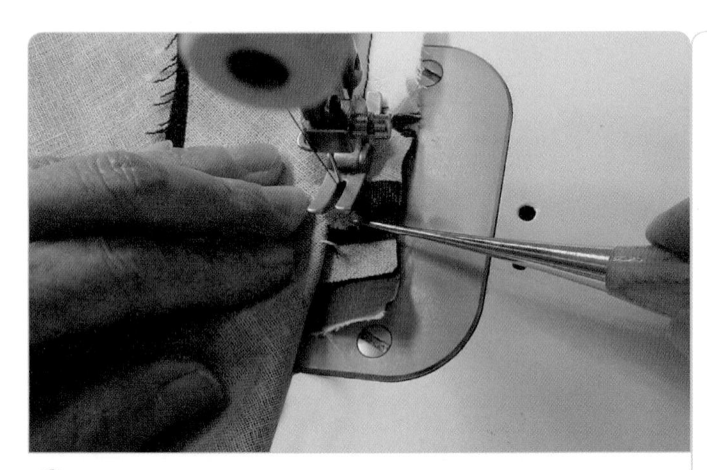

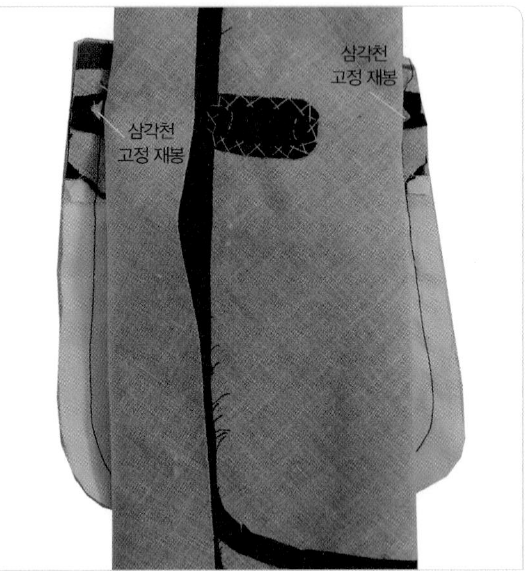

(33)
주머니 입구에서 >——< 모양으로 가윗밥을 넣어 갈라진 양쪽 삼각천을 되박음질로 고정시킨다.

34
플랩 포켓 완성

7. 어깨선을 박는다.

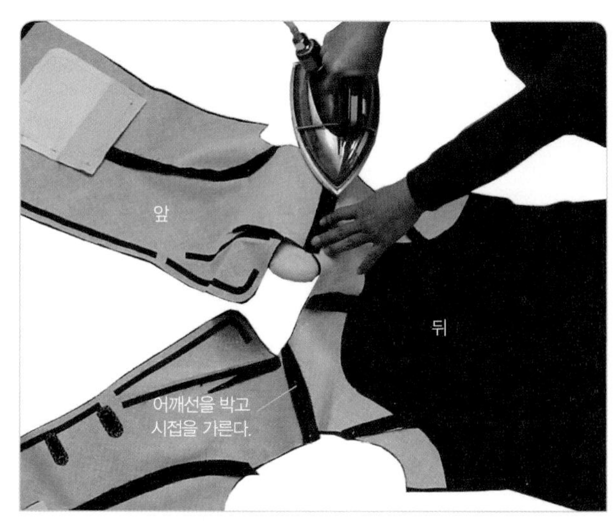

01
앞 몸판과 뒤 몸판의 어깨선을 박고 시접을 가른다.

주 시접을 가를 때 앞 몸판 쪽으로 돌려 다림질한다.

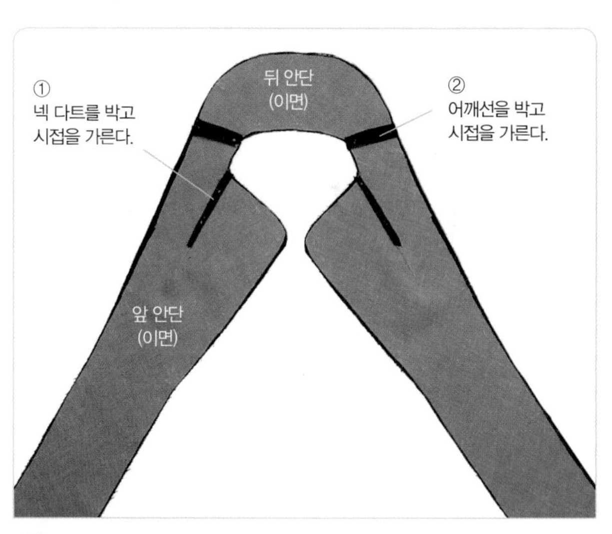

02
앞 안단의 넥 다트를 박은 다음 어깨선을 박고 시접을 가른다.

8. 몸판에 밑 칼라를 단다.

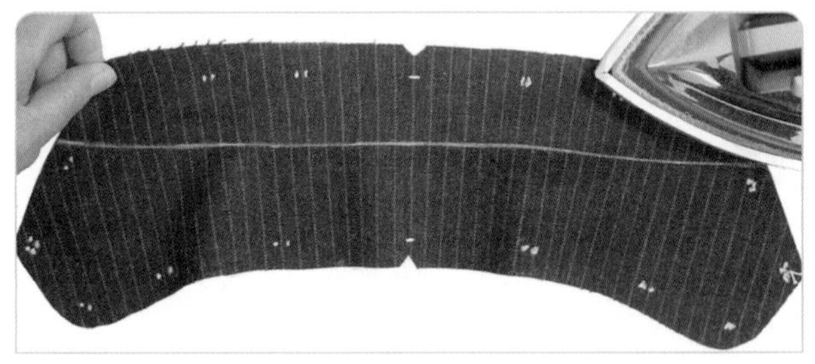

밑 칼라의 꺾임선에 상침재봉을 한다.

02
밑 칼라의 꺾임선이 수평이 되도록 칼라 다는 쪽의 시접을 늘린다(늘려야 목둘레가 맞도록 칼라 패턴이 제도된다).

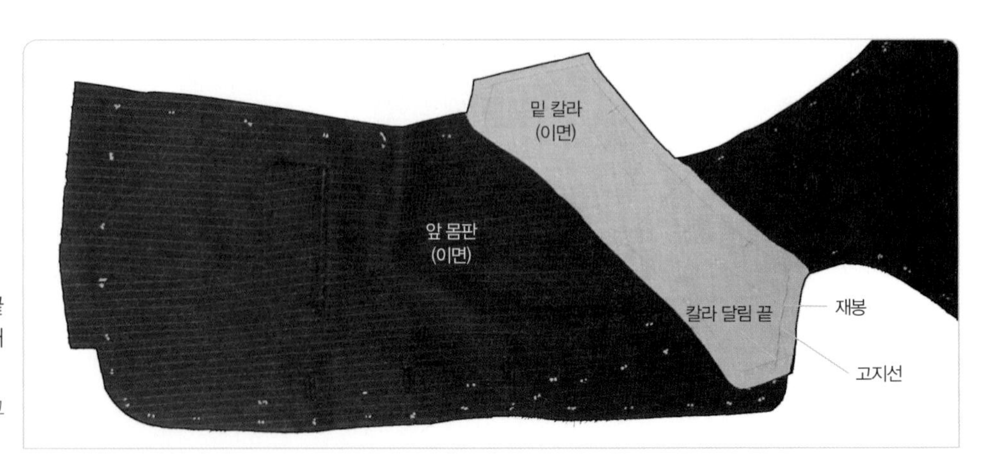

앞 몸판과 밑 칼라를 칼라 달림 끝에서 고지선 끝까지 겉끼리 마주 대어 박는다.

주 초보자의 경우에는 시침질로 고정시키고 박도록 한다.

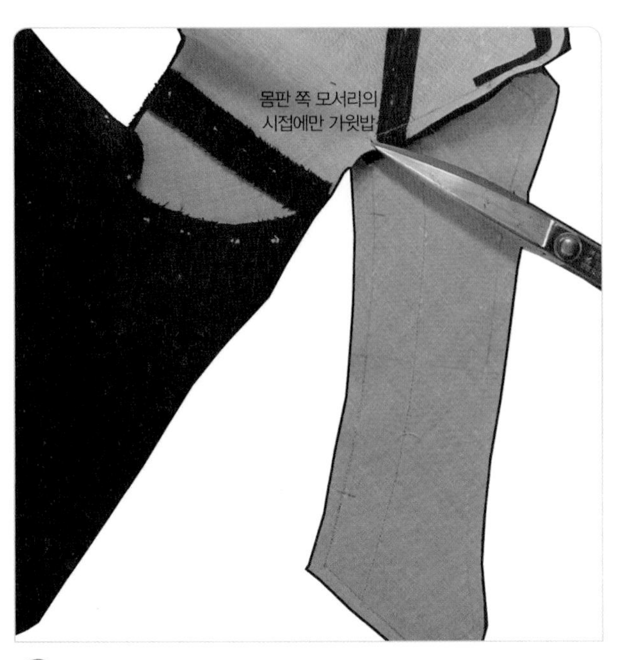

04
몸판 쪽 모서리의 고지선 끝점에 가윗밥을 넣는다.

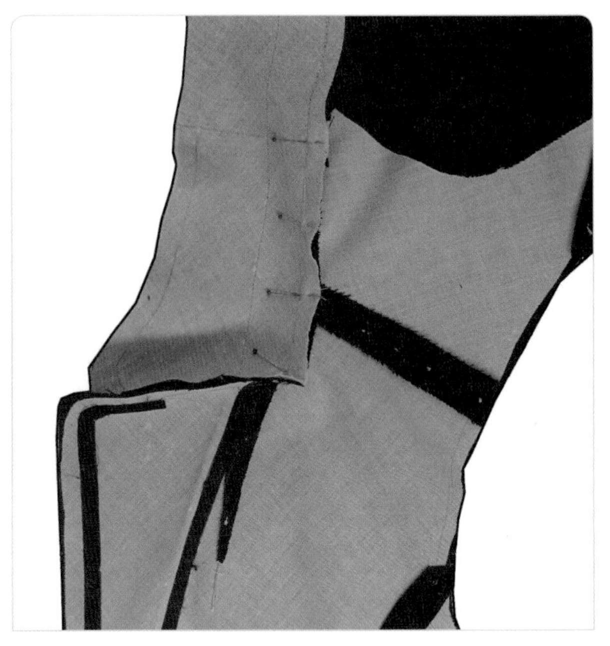

05
남은 부분을 맞추어 핀으로 고정시키고 시침질한다.

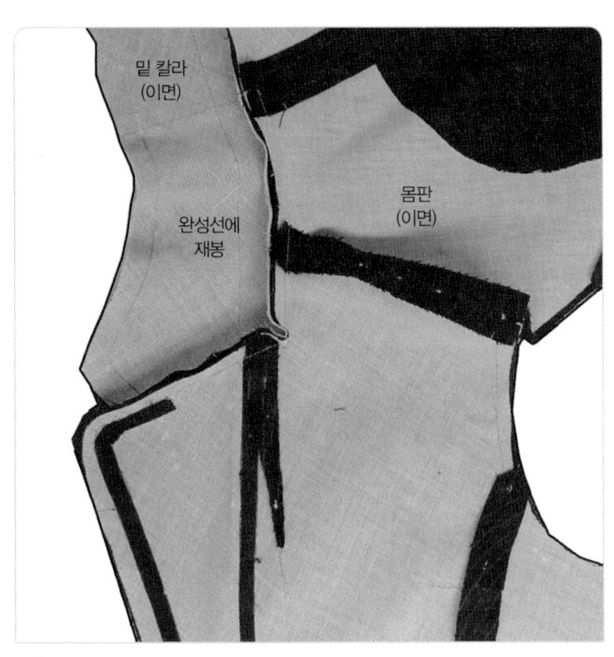

06
완성선을 박아 고정시킨다.

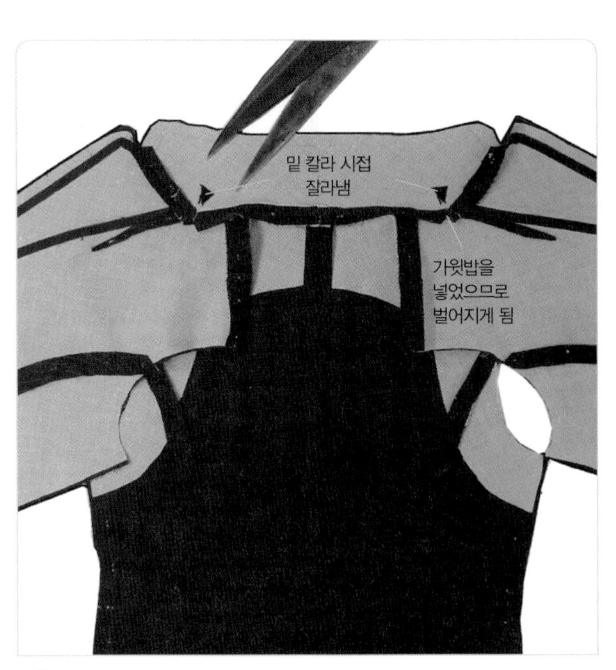

07
시접을 다리미로 가르고, 칼라의 모서리 부분 시접은 겹쳐져 투박해지므로 잘라낸다.

9. 안단에 위 칼라를 단다.

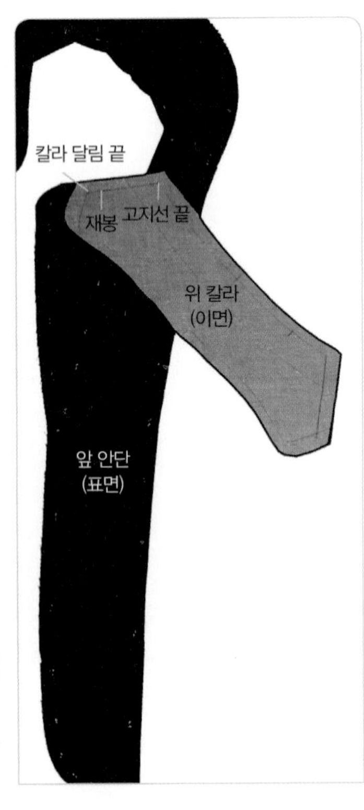
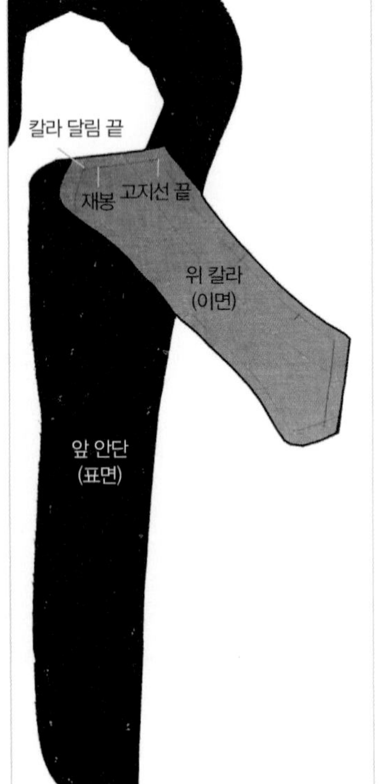

01

칼라 달림 끝에서 고지선 끝까지 겉끼리 마주 대어 박는다.

주 초보자의 경우에는 시침질로 고정시키고 박도록 한다.

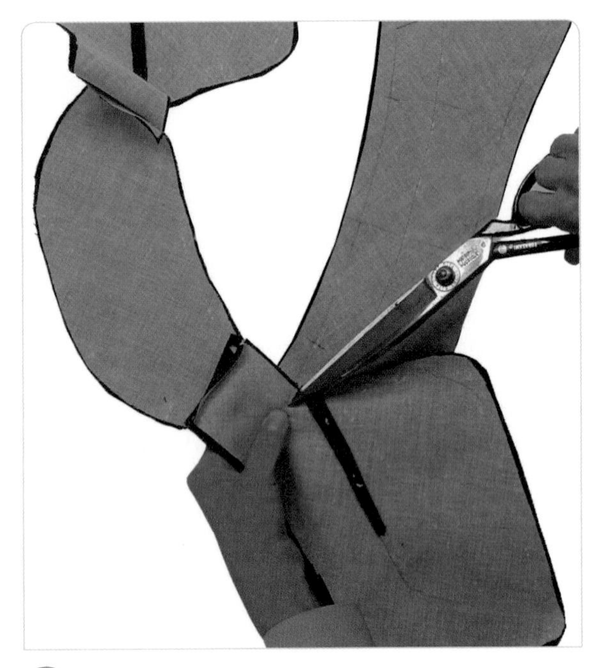

02

안단 쪽 모서리의 시접에만 가윗밥을 넣는다.

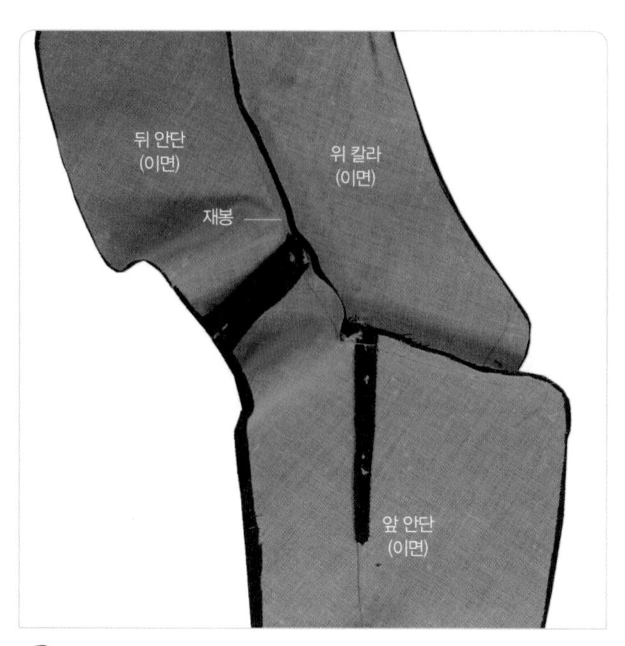

03

남은 부분을 맞추어 시침질로 고정시키고 박는다.

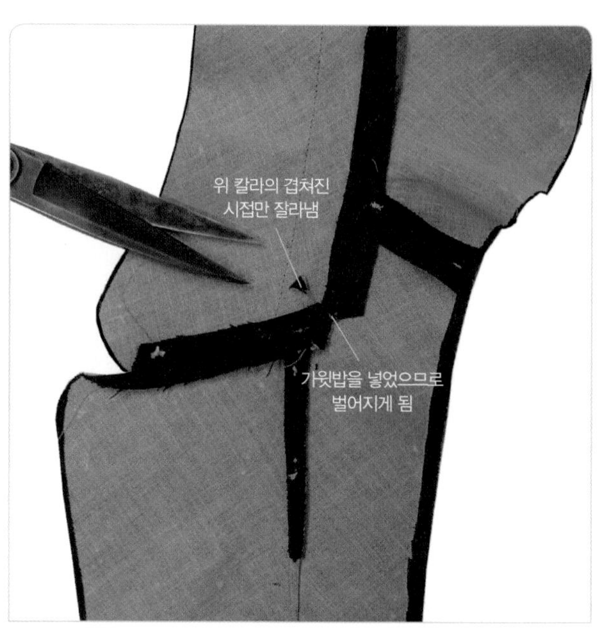

04

시접을 다리미로 가르고, 칼라의 모서리 부분 시접은 겹쳐져 투박해지므로 잘라낸다.

10. 몸판과 안단을 맞추어 칼라 주위와 앞단을 박는다.

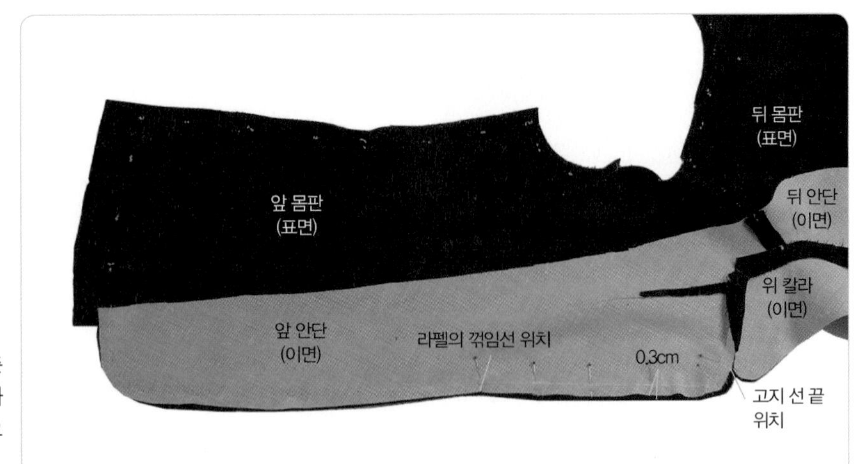

01
몸판과 안단을 겉끼리 마주 대어 표시끼리 맞춘 다음, 라펠의 꺾임선 위치에서 고지선 끝 위치까지 안단을 0.3cm 안쪽으로 차이나게 밀어 핀으로 고정시킨다.

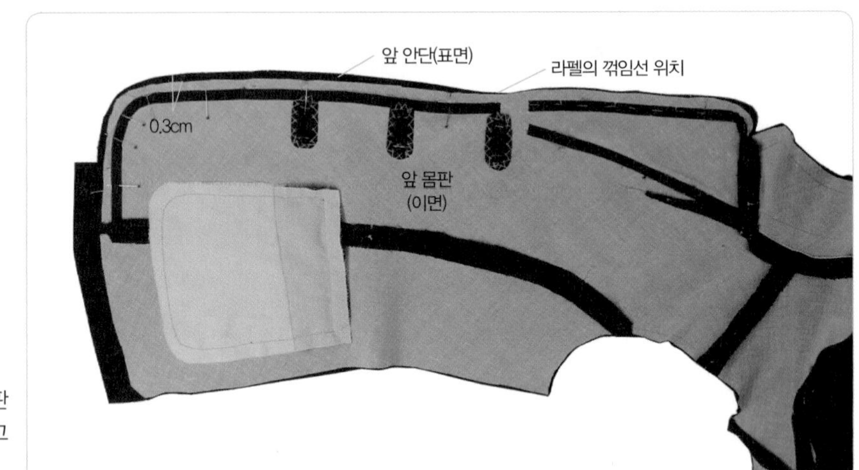

02
라펠의 꺾임선 위치에서 아래쪽의 앞단은 몸판 쪽을 0.3cm 안쪽으로 차이나게 밀어 핀으로 고정시킨다.

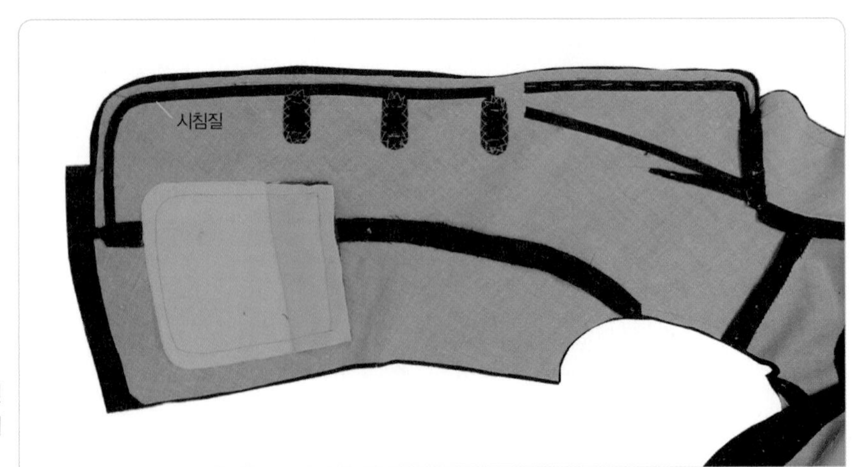

03
라펠의 꺾임선 위치에서 위쪽은 안단의 완성선에, 아래쪽은 몸판의 완성선에 시침질로 고정시킨다.

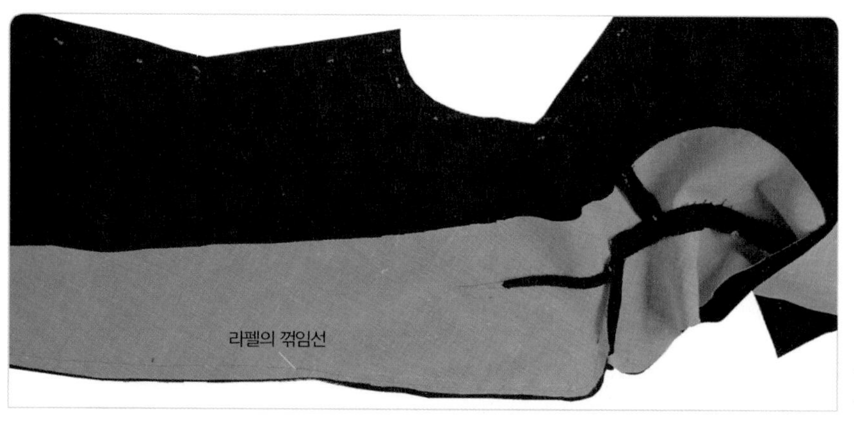

04

단쪽부터 라펠의 꺾임선 위치까지는 0.2cm 시접 쪽을, 라펠 부분은 완성선에서 0.1cm 안쪽에 재봉을 한다.

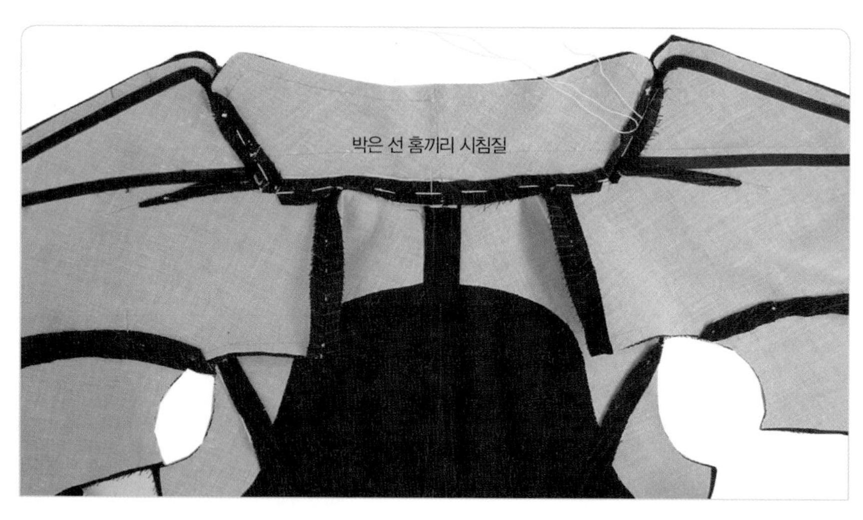

05

몸판과 안단의 칼라를 맞추어 칼라를 단 박은 선 홈에 시침질로 고정시킨다.

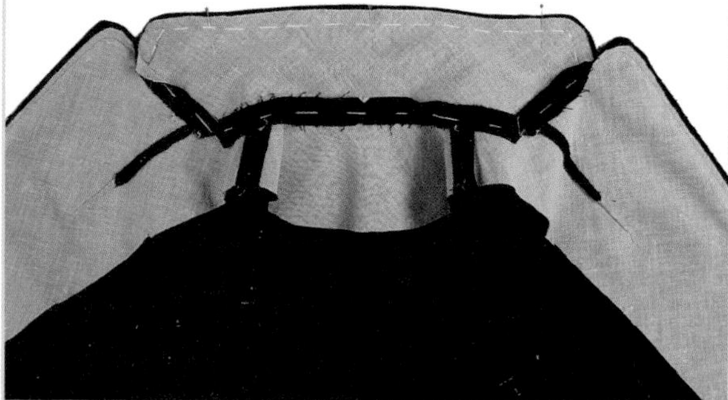

06

칼라의 꺾임선에서 접으면, 위 칼라와 밑 칼라의 주위가 천의 두께 분만큼 차이나게 된다. 그 자연스럽게 차이나는 상태에서 우선 뒤 중심 위치가 틀어지지 않도록 핀으로 고정시키고 칼라 주위를 핀으로 고정시킨 다음, 시침질로 고정시킨다.

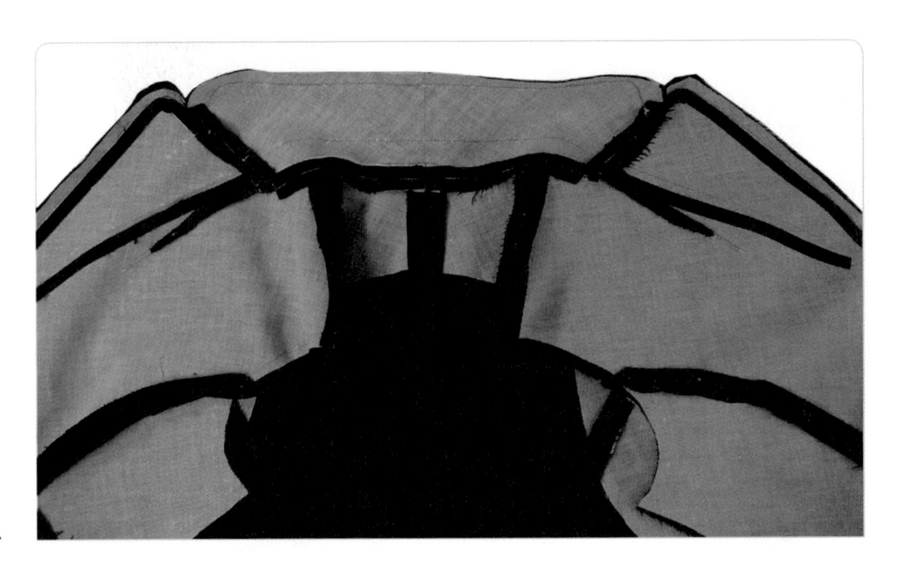

07

밑 칼라의 완성선을 박는다.

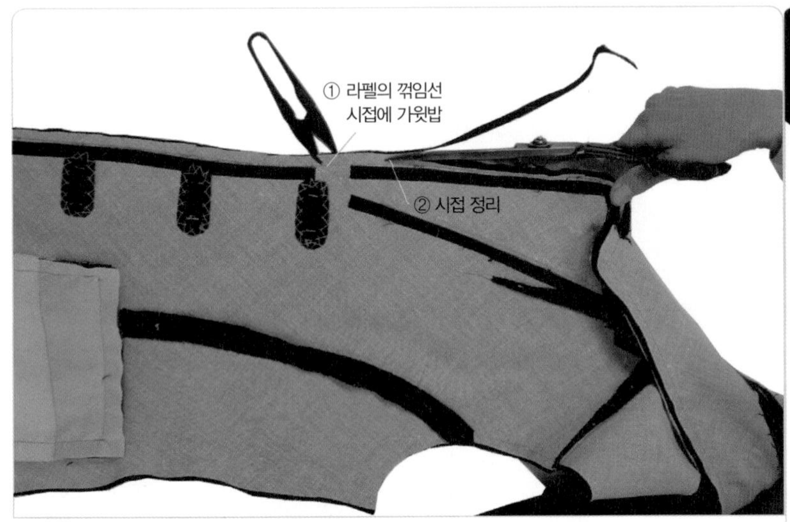

08

매끄럽게 완성하기 위해 시접에 차이를 둔다. 라펠의 꺾임선 위치의 시접에 가윗밥을 넣고, 밑 칼라과 라펠의 꺾임선 위치에서 아래쪽은 안단의 시접을, 라펠은 몸판의 시접을 각각 0.5cm로 정리한다.

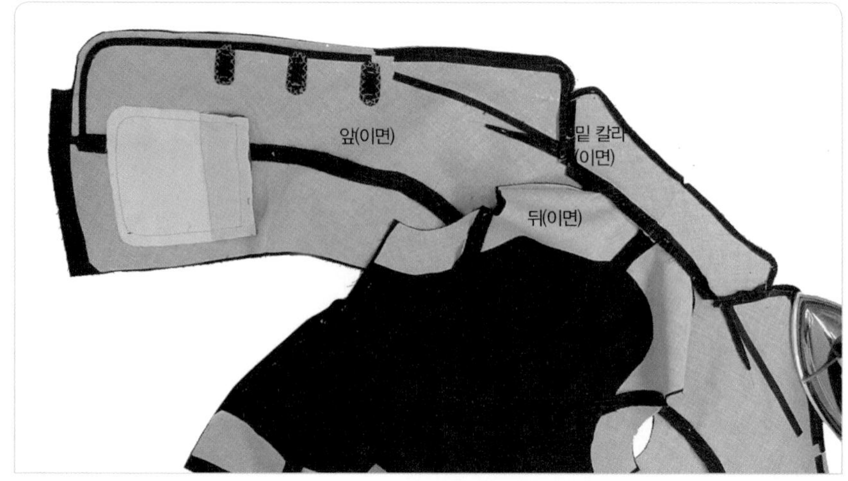

밑 칼라와 라펠 부분이 위쪽으로 오게 하여 시접을 가른다.

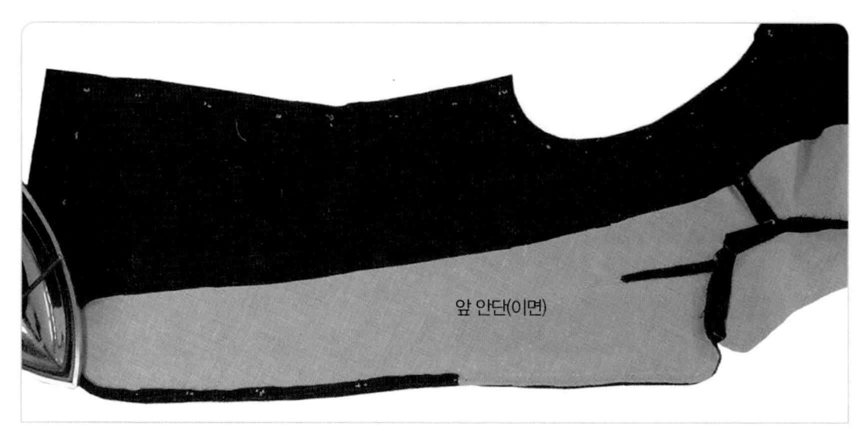

10

라펠의 꺾임선 위치에서 아래쪽은 안단이 위쪽으로 오게 하여 시접을 가른다.

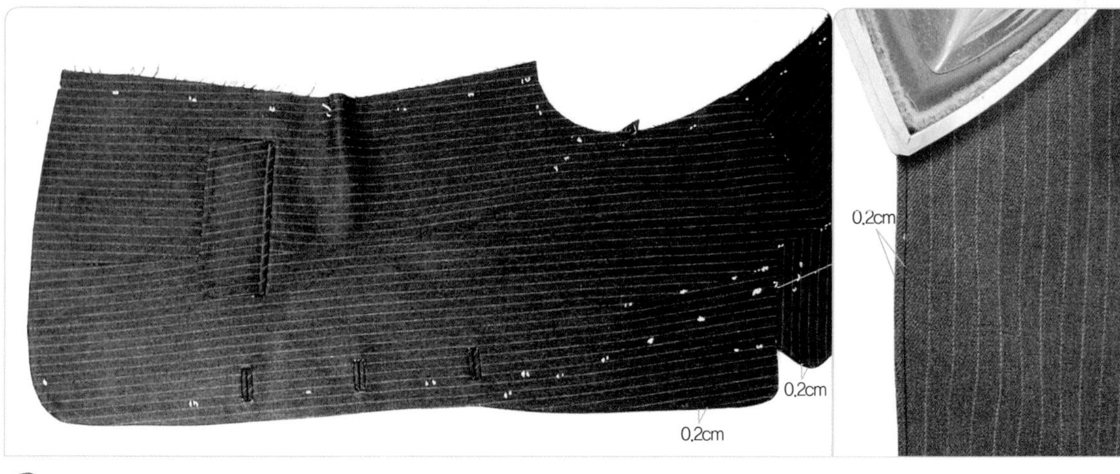

겉으로 뒤집어서 보면 칼라는 밑 칼라가, 라펠 부분은 몸판 쪽이 안쪽으로 들어가 있게 되고, 라펠의 꺾임선 위치에서 아래쪽은 안단 쪽이 안쪽으로 들어가 있게 된다. 천의 두께 분만큼 자연스럽게 차이가 생긴 분량을 다리미로 자리잡아 둔다.

11. 라펠의 꺾임선과 칼라를 단 선을 고정시킨다.

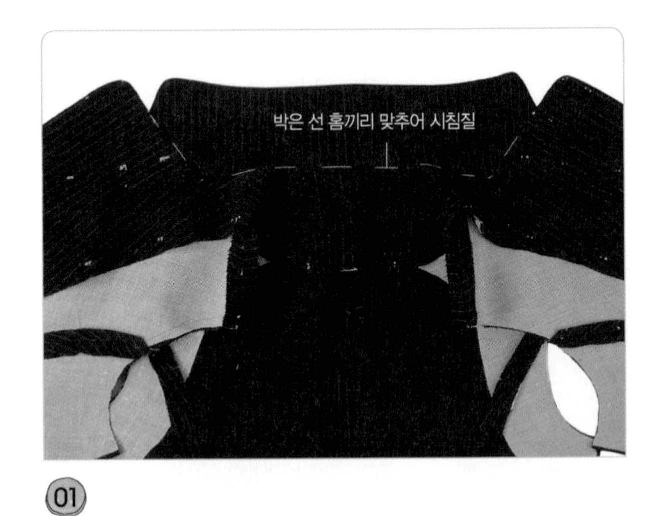

01

칼라를 박은 선의 홈에 시침질로 고정시킨다.

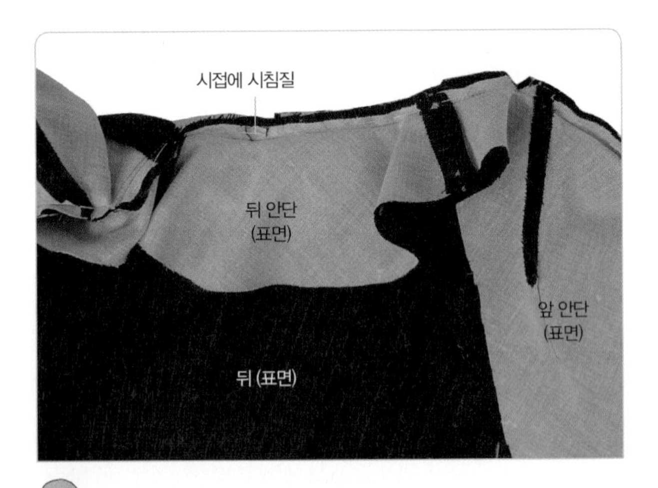

02

이면 쪽으로 뒤집어서 안단과 몸판의 시접을 시침질로 고정시킨다.

03

겉으로 뒤집어서 라펠의 여유분이 틀어지지 않도록 라펠 단 쪽을 말아 잡은 상태에서 라펠의 꺾임선에서 접어 어슷시침으로 고정시킨다.

12. 옆선을 박고, 단 처리를 한다.

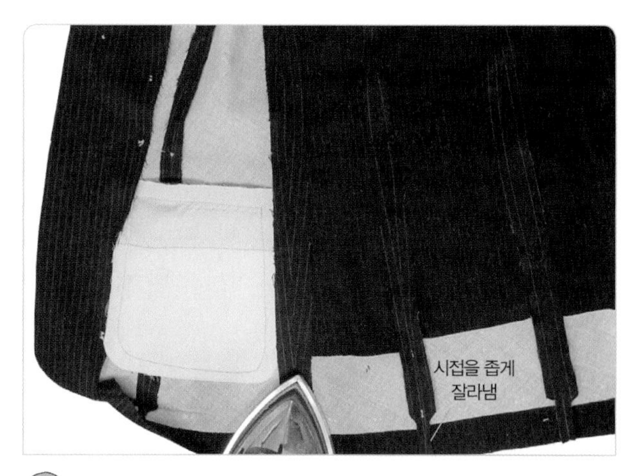

01

옆선을 박고 시접을 가른 다음 밑단 쪽의 시접을 좁게 잘라낸다.

02

밑단 시접을 완성선에서 접어 올려 새발뜨기로 고정시킨다.

주 주머니 천과 겹쳐지는 부분은 주머니 천 B에만 새발뜨기로 고정시키고 주머니 천 A까지 고정되지 않도록 주의한다.

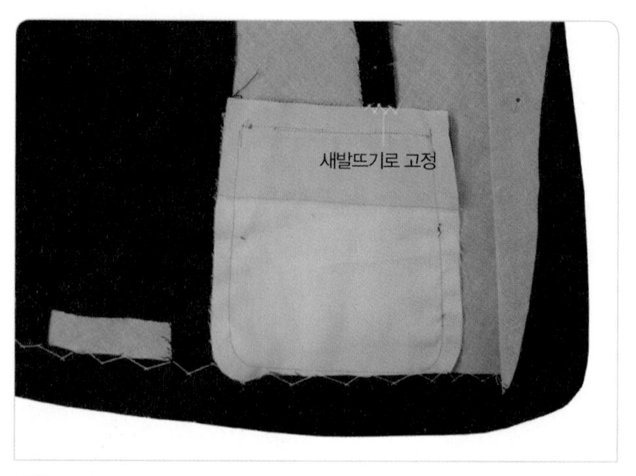

03

주머니 위쪽 시접을 앞 몸판의 프린세스 라인 시접에 새발뜨기로 고정시킨다.

13. 겉 소매를 만들어 단다.

01

바깥쪽 소매의 표면 위에 안쪽 소매의 표면을 마주 대어 팔꿈치 표시, 소매 폭선 표시, 뒤 소매 끝 표시를 맞추고 소매 입구 트임 끝까지 완성선을 박는다.

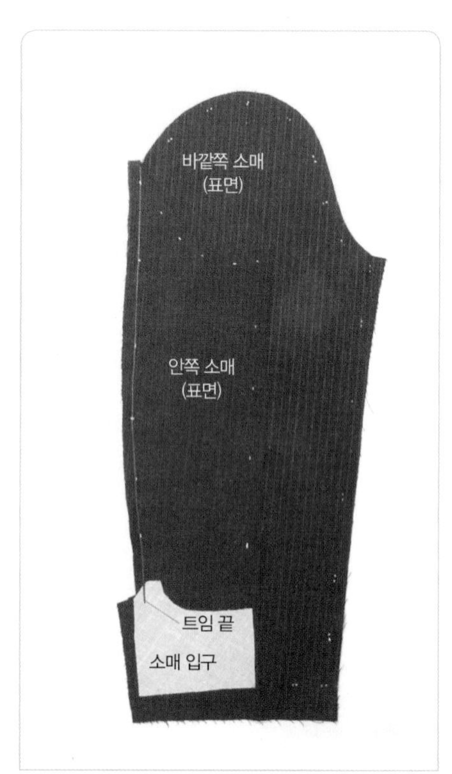

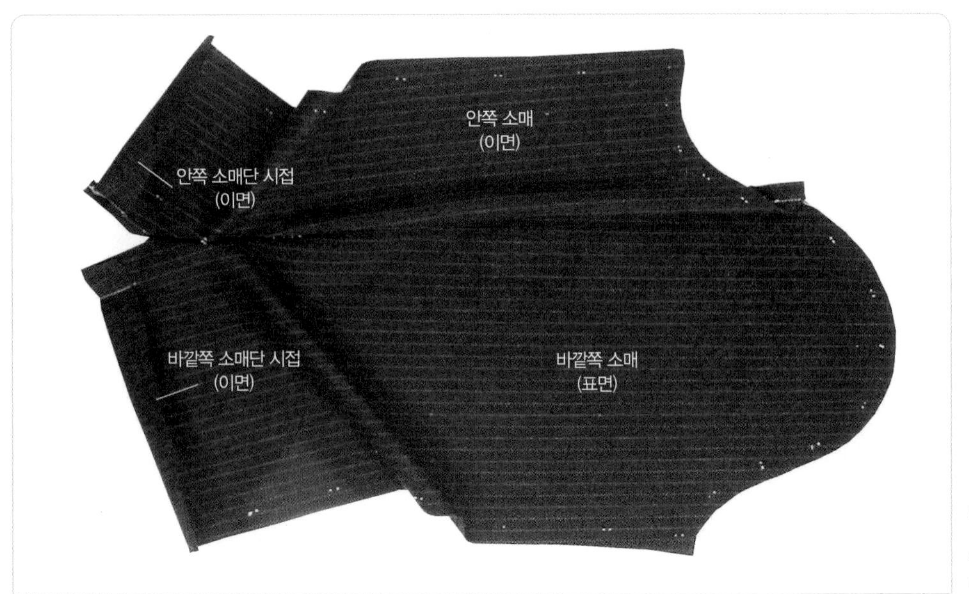

소매단 쪽의 시접을 표면 쪽으로 접어 올리고 소매 트임 쪽을 박는다.

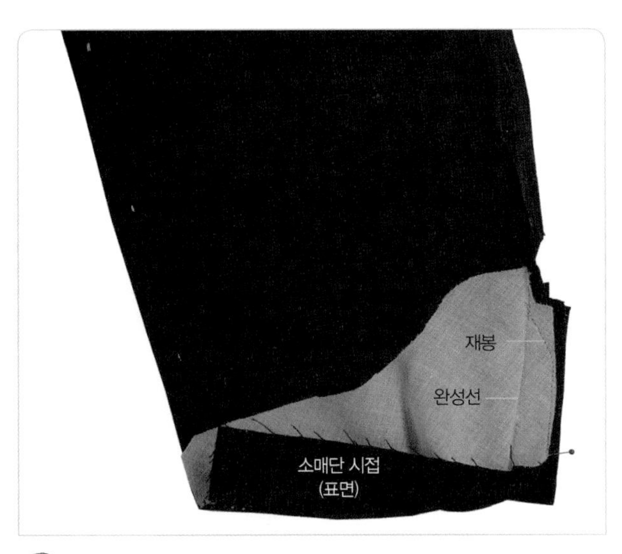

03

소매단을 겉으로 뒤집어서 소매단 시접을 접어 올리고 소매 트임 위치에서 시접 쪽으로 1cm 비스듬히 박은 다음, 접어 올린 소매단 시접 위치까지 완성선에서 시접 쪽을 박는다.

04

소매 트임 끝 위치에서 안쪽 소매의 시접에만 가윗밥을 넣는다.

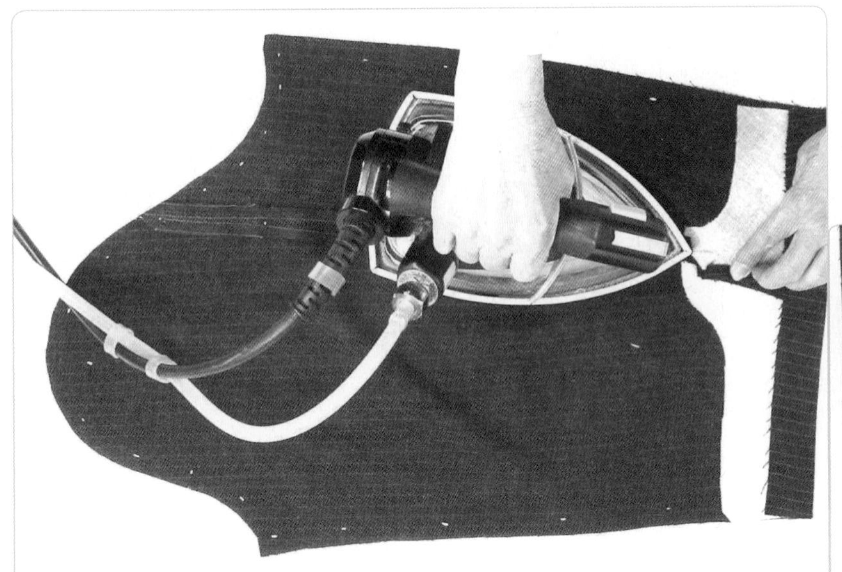

가윗밥을 넣은 곳에서 소매 위쪽의 시접은 가르고, 아래쪽은 안쪽 소매의 시접을 바깥 소매 쪽으로 함께 넘긴다.

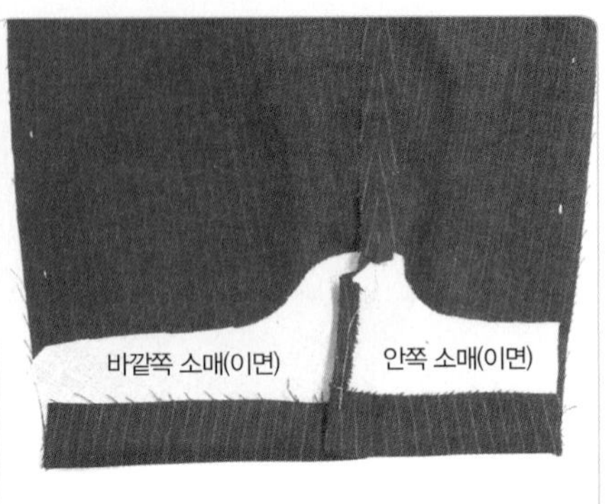

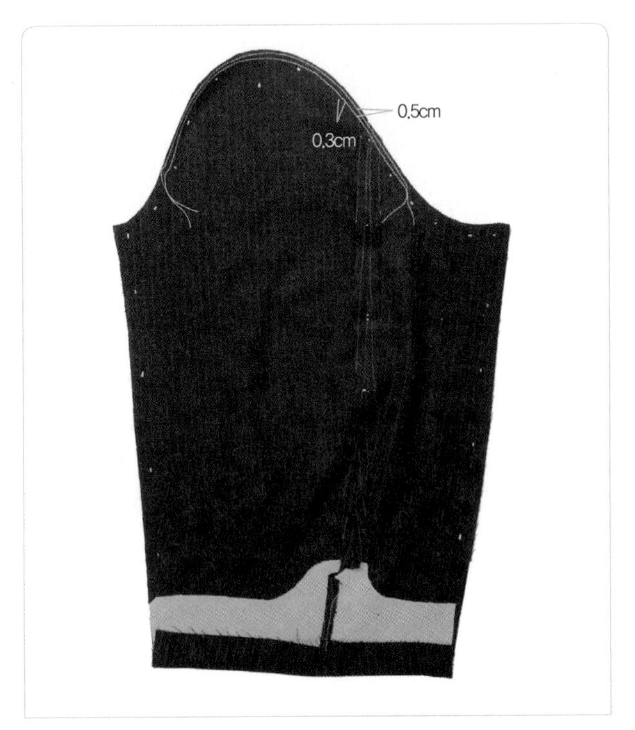

소매 겉쪽에서 본 상태의 소매 입구 트임 완성.

(07)

소매산을 완성선에서 0.3cm와 0.5cm에 시침실로 두 줄 촘촘한 홈질을 하거나 시침재봉을 한다.

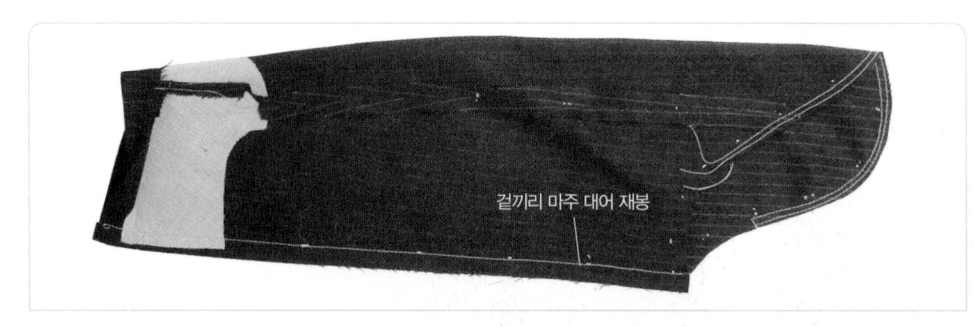

08

소매단 쪽의 시접을 내린 상태로 앞뒤 소매 밑 선을 박는다.

09

시접을 가른다.

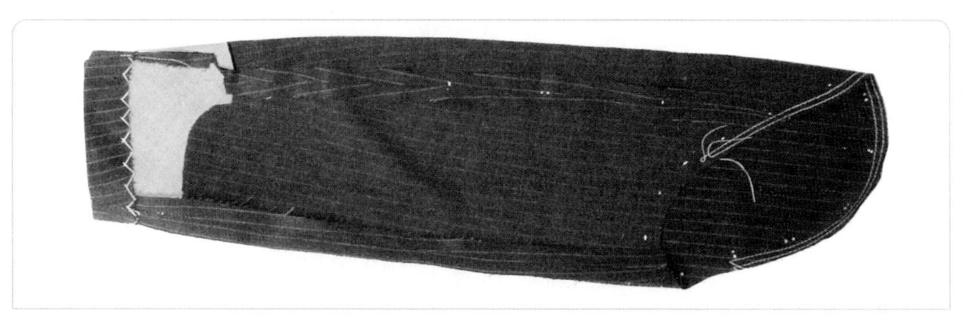

10

소매단을 완성선에서 접어 올려 심지에 새발뜨기로 고정시킨다.

11

홈질한 시침실 두 올을 함께 당겨 소매산을 몸판의 소매둘레 치수에 맞게 오그린다.

12

오그린 소매산을 프레스 볼에 끼워 다리미로 자리잡아 둔다.

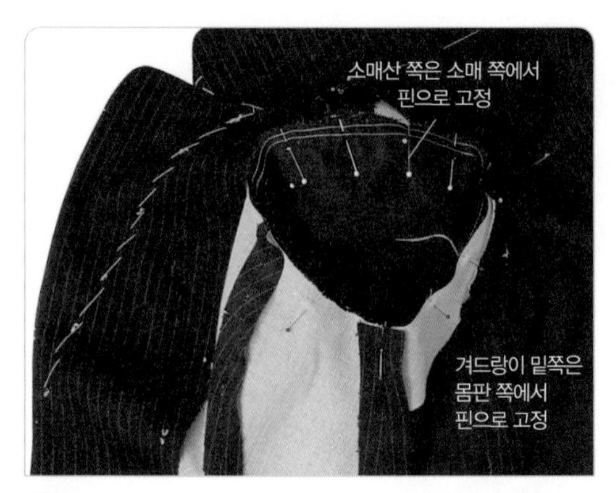

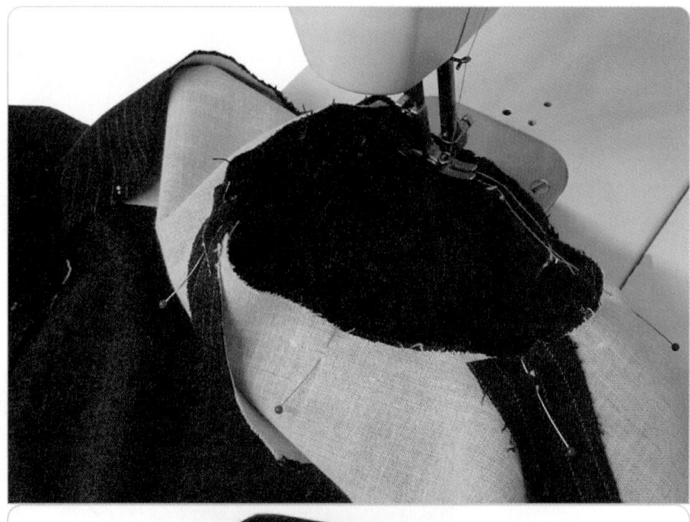

소매와 몸판을 겉끼리 마주 대어 소매산의 너치와 몸판의 너치 표시, 소매 밑과 소매산의 표시끼리 우선 맞추어 핀으로 고정시키고, 그 중간에도 핀으로 고정시킨 다음, 완성선에서 0.1cm 시접 쪽에 시침질로 고정시킨다.

시침질로 고정시켰으면 핀을 모두 빼내고 소매가 자연스럽게 달리는가를 확인한 다음, 소매 쪽이 위로 오게 하여 소매산 너치점에서부터 박기 시작하여 겨드랑이 밑쪽은 같은 곳을 두 번 박는다.

소매산의 오그림 분이 겉쪽에 나타나지 않고, 매끄러운 소매산으로 만들기 위해 소매산 받침 천을 댄다. 소매산 받침 천은 겉감이 중간 두께의 경우에는 겉감으로 사용하고 얇은 천의 경우에는 안감으로 사용한다. 3~3.5cm 폭의 정바이어스 방향으로 길이 22~25cm를 준비한다.

다리미로 곡선 모양으로 늘려 두면 소매산에 자연스럽게 맞출 수 있다.

⑰
소매산 받침 천을 소매를 단 시접에 맞추어 핀으로 고정시킨다.

⑱
소매를 단 박음선에서 0.1cm 정도 시접 쪽을 박아 고정시킨다. 이때 소매산 너치 표시에서 2cm 전까지만 박고 2cm 정도는 박지 않은 상태로 놓아둔다. 만약 재단한 소매산 받침 천이 2cm 이상 남으면 잘라낸다.

14. 안감을 만든다.

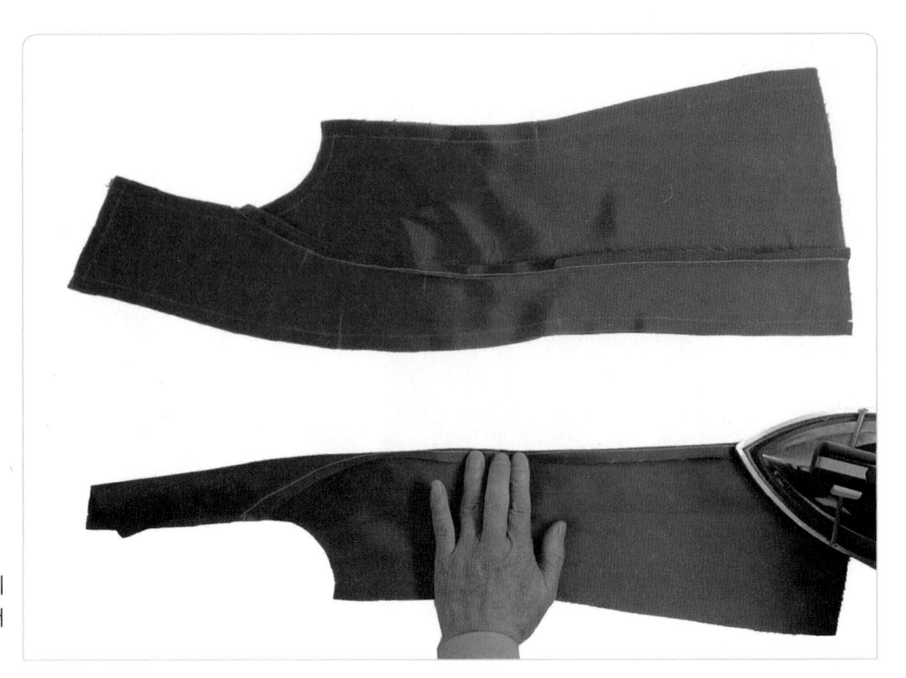

앞 안감의 패널라인을 완성선에서 0.2cm 시접 쪽을 박고, 시접을 두 장 함께 완성선에서 접어 옆선 쪽으로 접어 넘긴다.

02

펼친 상태에서 다림질한다.

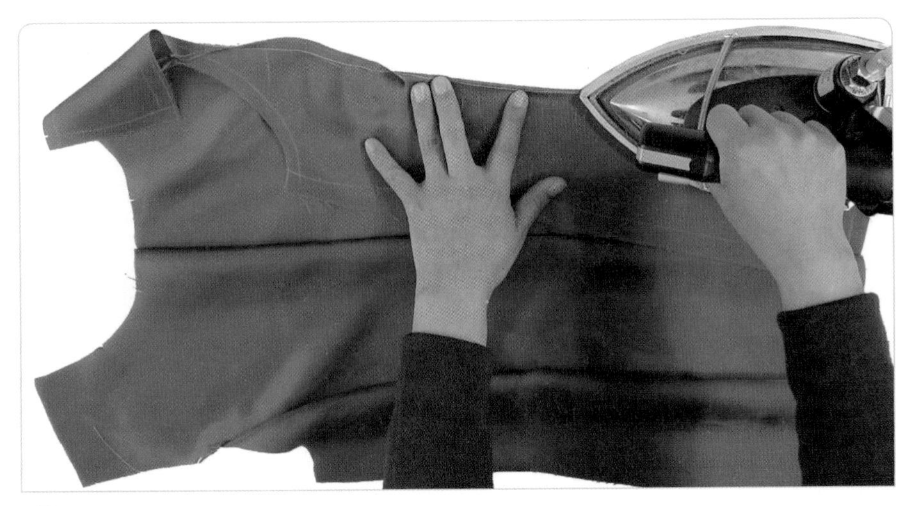

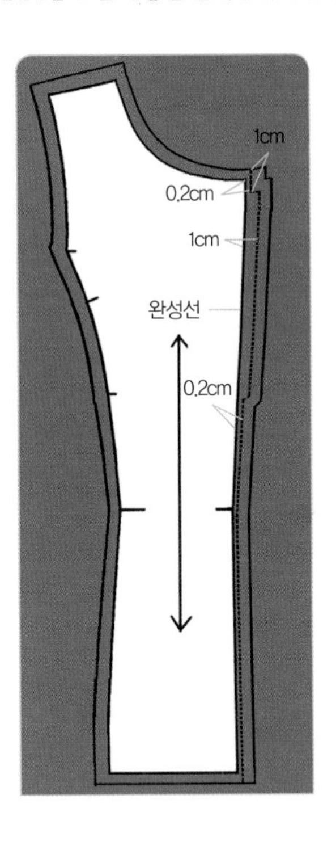

03

뒤 중심선과 뒤 절개선을 완성선에서 0.2cm 시접 쪽을 박고, 시접을 두 장 함께 완성선에서 옆선 쪽으로 접어 넘긴다.

주 뒤 중심선을 박을 때 오른쪽 그림과 같이 허리선에서 10cm 정도 올라간 곳에서 뒤 목점 위치의 1cm 전까지는 완성선에서 1cm 시접 쪽을 박고, 남은 부분은 완성선에서 0.2cm 시접 쪽을 박는다.

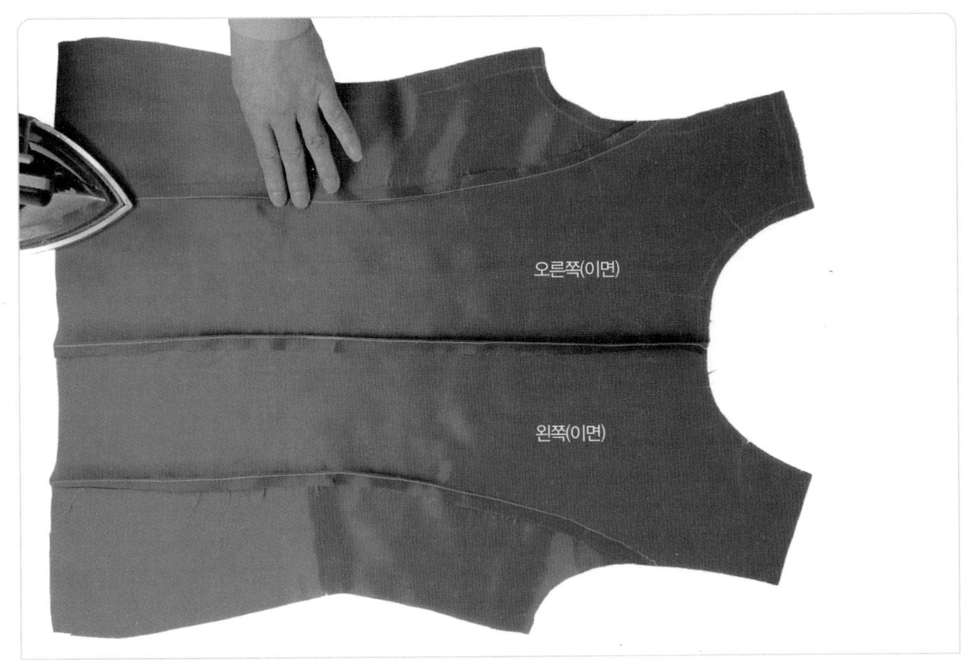

04

뒤 중심 쪽 시접은 왼쪽으로 패널라인 시접은 옆선 쪽으로 넘겨 다림질한다.

(05)

바깥쪽 소매의 표면 위에 안쪽 소매의 표면을 마주 대어 팔꿈치 표시, 소매폭 선 표시, 소매단 표시끼리 맞추고 완성선에서 0.2cm 시접 쪽을 박는다.

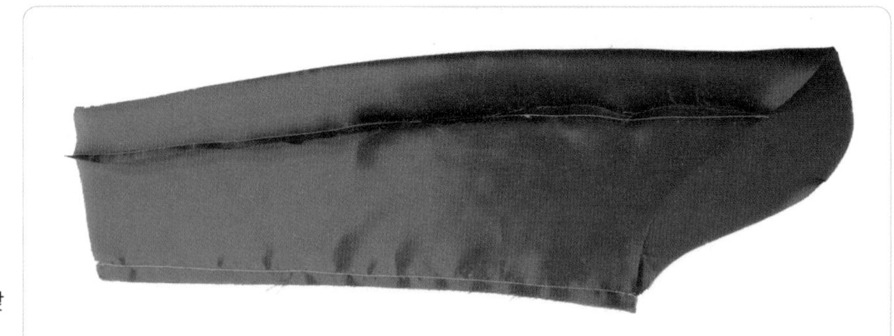

(06)

소매 밑 선을 겉끼리 마주 대어 표시끼리 맞추고 완성선을 박는다.

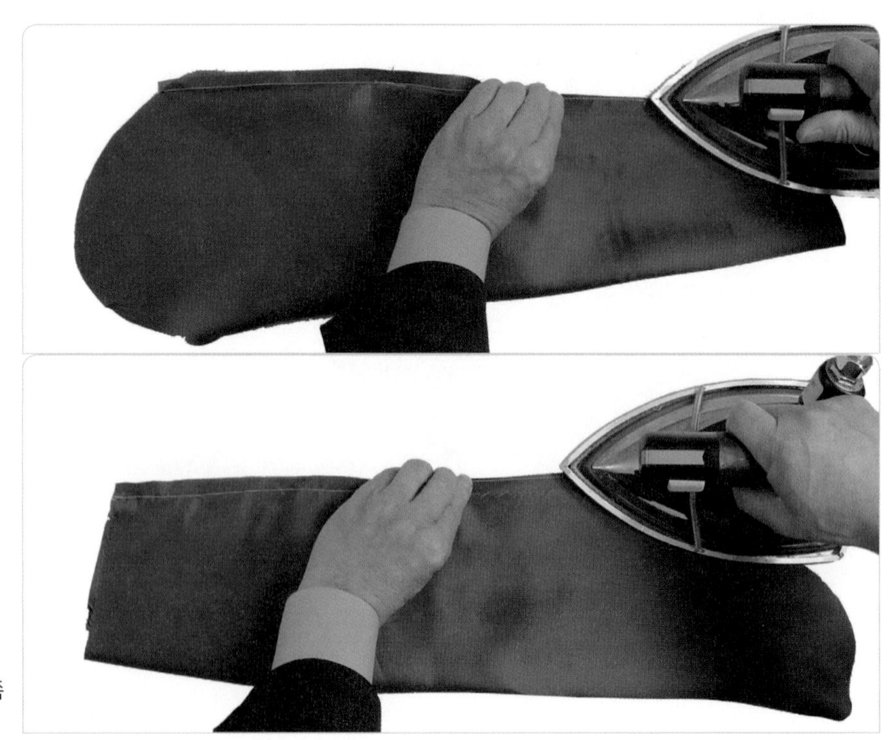

(07)

시접을 두 장 함께 완성선에서 접어 바깥쪽 소매 쪽으로 넘긴다.

08
소매산에 시침재봉을 한다.

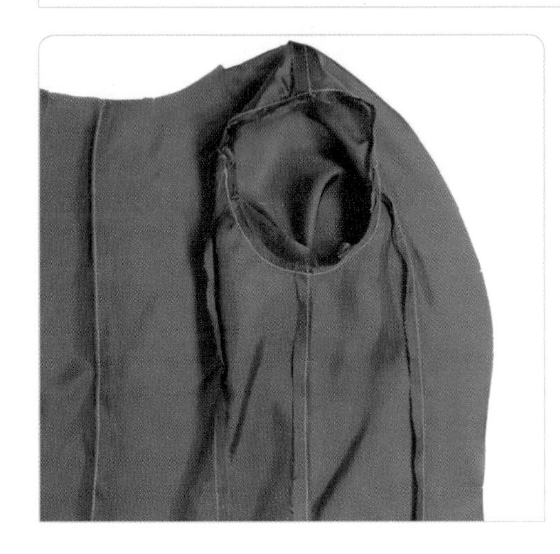

09
겉감과 같은 방법으로 시침재봉한 실을 당겨 오그리고 안감의 몸판에 표시끼리 맞추어 완성선을 박는다.

15. 안단에 안감을 단다.

01

안단과 안감을 겉끼리 마주 대어 표시끼리 맞추고 완성선을 박는다. 이때 겉감의 좌우 밑단 선에서 2cm 전까지만 박는다.

02

겉으로 뒤집어서 시접을 모두 안감 쪽으로 넘기고 프레스 볼 위에서 다림질한다.

16. 어깨패드를 달고 안단의 시접을 고정시킨다.

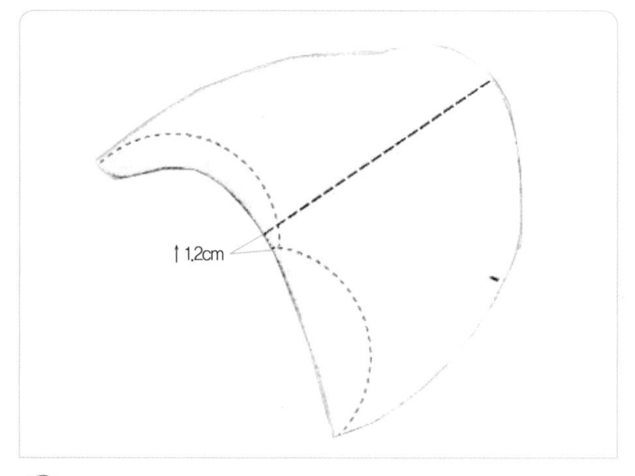

01

어깨패드를 반으로 접어 2등분한 위치에서 1.2cm 앞쪽으로 이동한 위치를 어깨 끝점(SP)으로 하여 어깨선을 그려 놓는다.

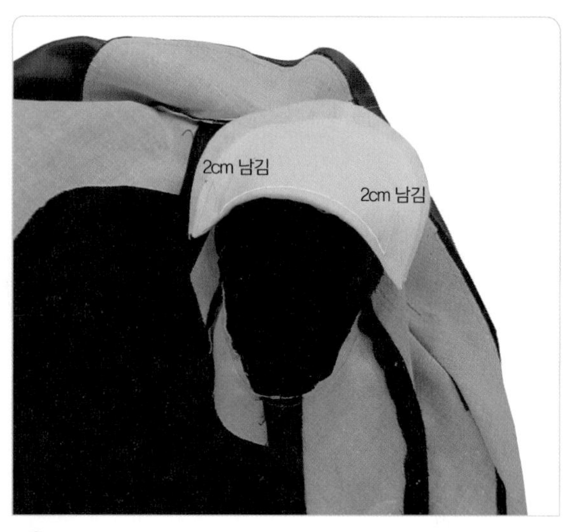

02

어깨 끝점 위치끼리 맞추어 어깨패드를 핀으로 고정시키고 앞뒤 패드 끝에서 2cm 남긴 상태에서 몸판의 어깨선 시접에 손바느질의 온박음질로 고정시킨다.

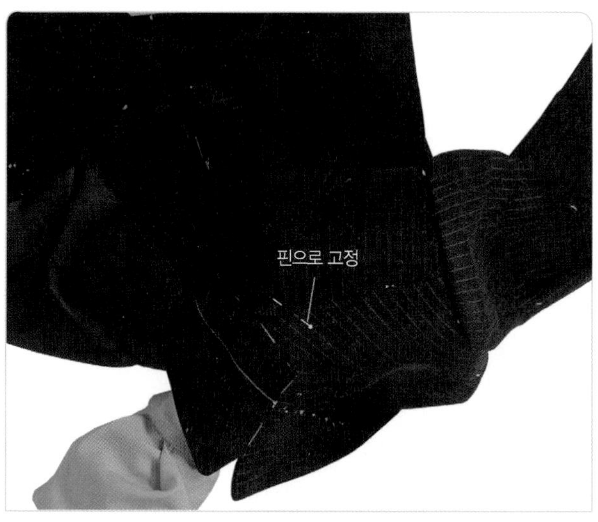

03

겉으로 뒤집어서 패드 주위와 소매를 쓸어내려 패드를 편편히 자리잡은 다음 옆 목점 쪽 패드 위치를 핀으로 고정시킨다.

04

옆 목점 쪽 패드 끝쪽을 어깨선 시접에 1cm의 실 루프로 고정시킨다.

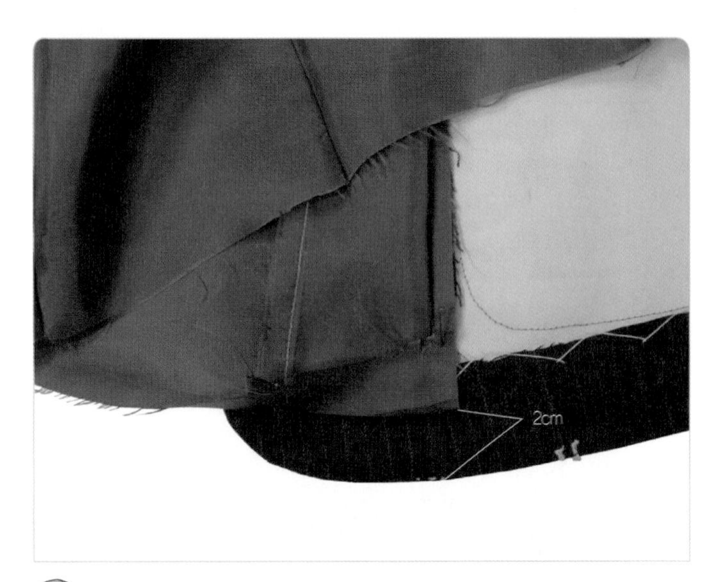

05

밑단 쪽 안감을 겉감의 밑단에서 2cm 올라간 곳에 맞추어 접어 올린다.

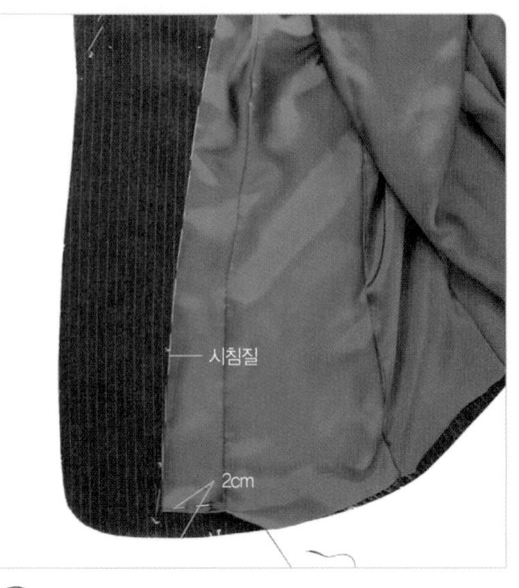

06

겉으로 뒤집어서 겉감까지 통하게 앞 안단의 어깨선까지 시침질로 고정시킨다.

07

이면 쪽으로 뒤집어서 안단과 안감의 시접을 겉감의 주머니 시접과 겉감의 접착심지, 어깨패드에 새발뜨기로 고정시킨다.

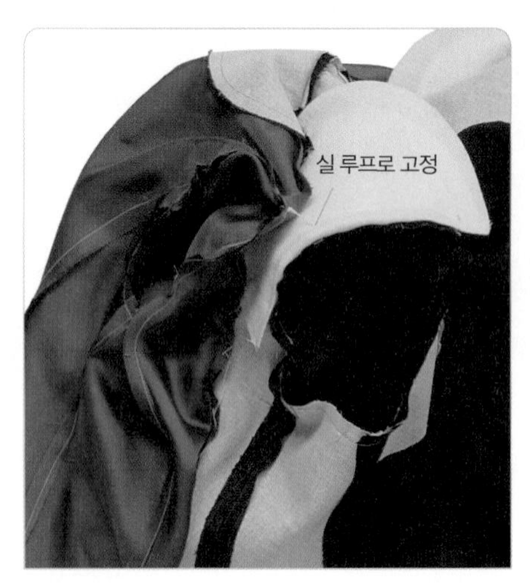

08

안감의 어깨선 끝점을 1cm의 실 루프로 어깨패드를 고정시킨다.

09
겨드랑이 밑쪽의 안감 시접이 움직이지 않도록 겉감의 시접에 손바느질의 온박음질로 1cm 정도 이면 쪽에서 고정시킨다.

17. 안감의 밑단을 감침질로 고정시킨다.

01
안감이 당겨지지 않도록 뒤 중심 쪽에서 쓸어내린 다음, 안감의 밑단 선을 접어 넣고 안감의 밑단 선 끝에서 1cm 올라간 곳에 오른쪽에서부터 시침질로 고정시킨다.

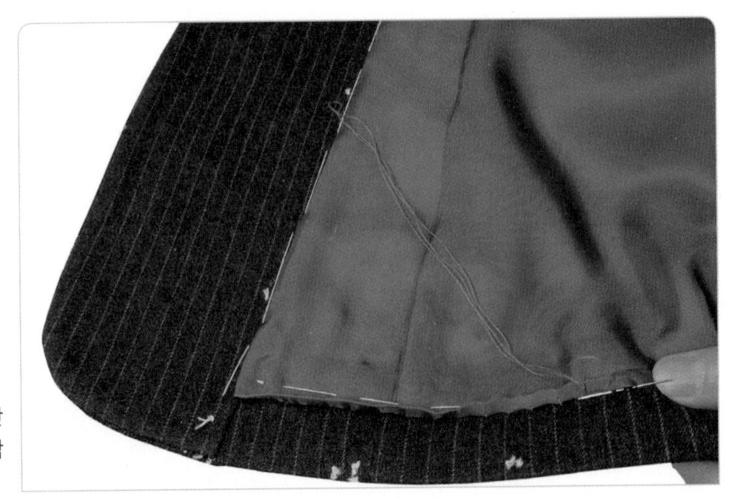

02

1cm 올라간 시침선 쪽으로 안감의 밑단 선을 0.5cm 들어 올리고 겉감 시접에 감침질로 고정시킨다.

18. 소매 입구를 감침질로 고정시킨다.

01

겉 소매 쪽으로 안 소매를 빼내어 손을 넣고 당겨지는 부분이 없는지 확인한 다음 소매단 쪽을 핀 또는 시침질로 고정시킨다.

02

소매를 이면 쪽으로 뒤집어서 겉감의 소매단 선에서 1.5cm 올라간 곳에 시침질로 고정시킨 다음 안감 소매단을 겉감 소매단의 시접에 감침질로 고정시킨다.

19. 안단에 단춧구멍을 만든다.

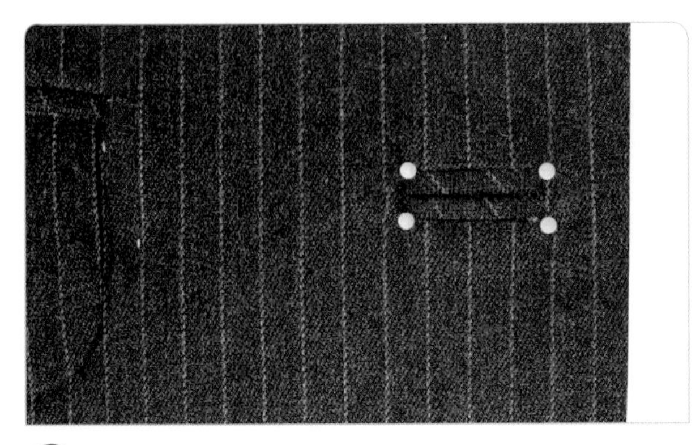

01

겉감 쪽에 만들어 둔 단춧구멍의 네 모서리에 안단까지 통하게 핀을 꽂는다.

02

핀을 꽂은 상태로 안단을 고정시켜 겉감의 단춧구멍 쪽에서 중앙에 가윗밥을 넣는다.

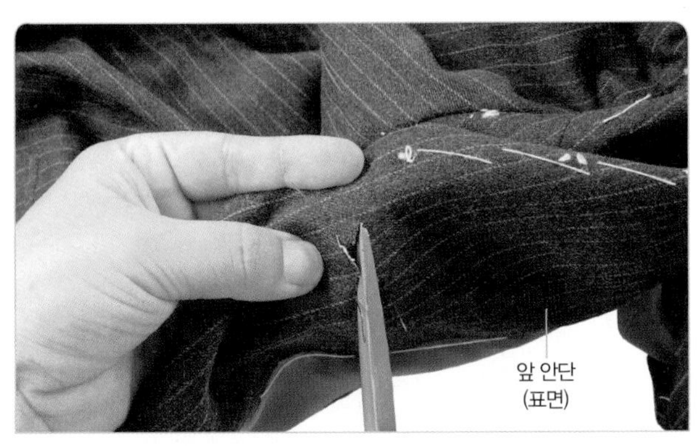

03

안단 쪽에서 모서리 쪽의 핀을 향해 >———< 모양으로 가윗밥을 넣는다.

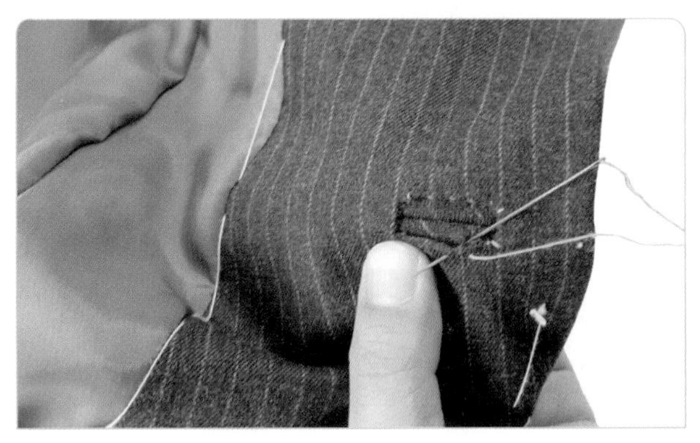

04

핀을 꽂은 상태로 시접을 겉감과의 사이로 접어 넣고 감침질로 고정시킨다.

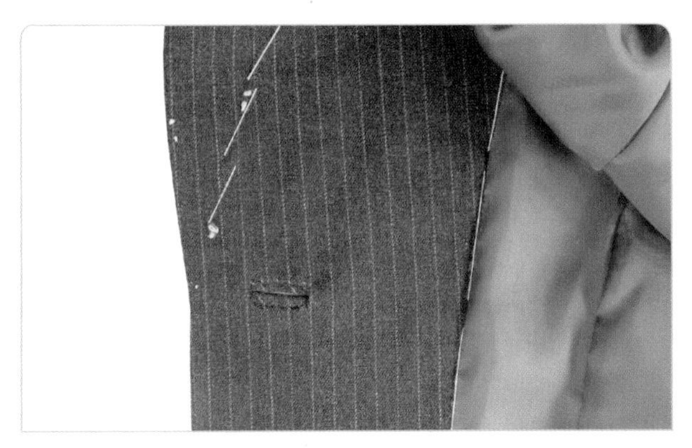

05

안단 쪽 단춧구멍 완성

20. 마무리 다림질을 한다.

01

어깨선 아래쪽은 편편한 다리미 판 위에 얹어 다림질 천을 얹고 스팀 다림질한다.

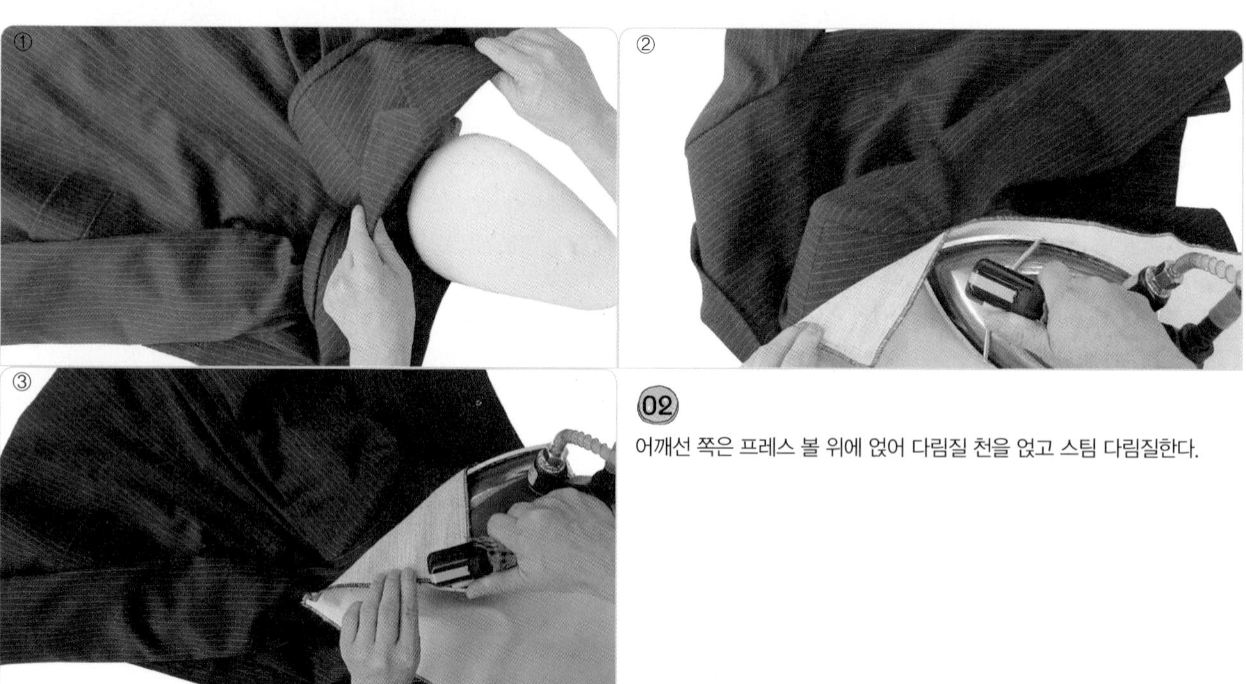

02

어깨선 쪽은 프레스 볼 위에 얹어 다림질 천을 얹고 스팀 다림질한다.

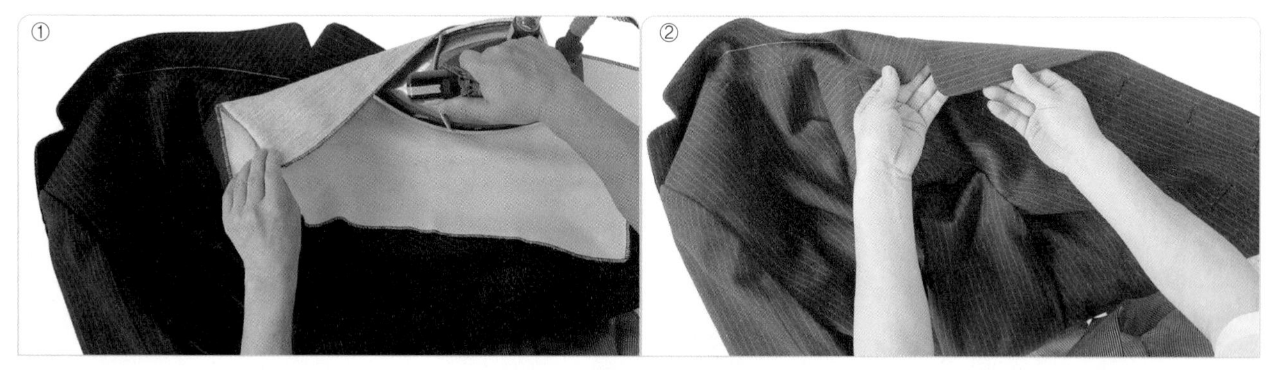

03

라펠의 이면 쪽에서 스팀 다림질하고 열이 식기 전에 라펠 끝 쪽을 라펠의 이면 쪽으로 약간 둥글게 자리잡으면서 열을 식힌다.

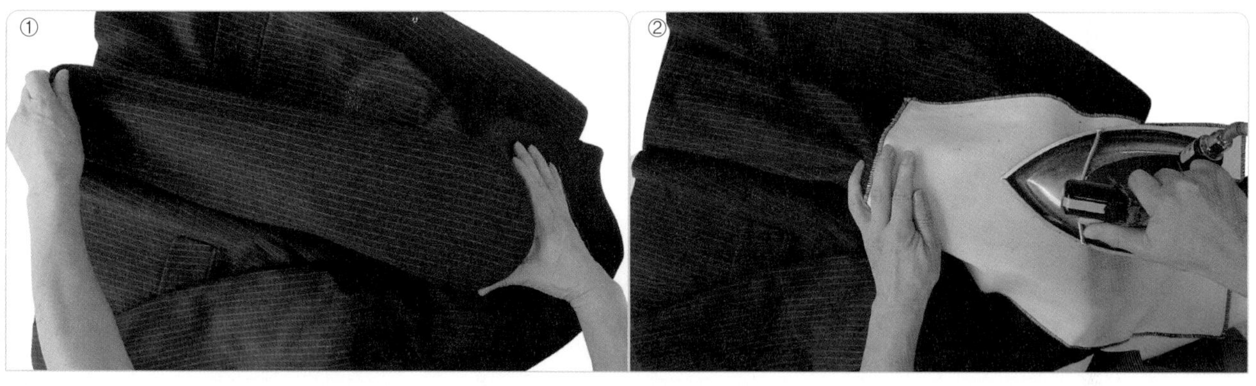

04

프레스 볼에 소매를 끼워넣고 다림질 천을 얹어 스팀 다림질한다.

21. 단추를 달아 완성한다.

01

매듭을 짓고 단추 다는 위치의 표면에서 +자로 뜬다.

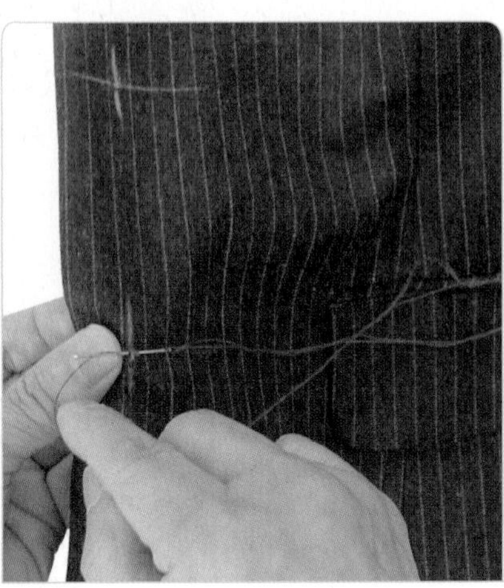

02

+자로 뜬 다음 매듭을 짓는다.

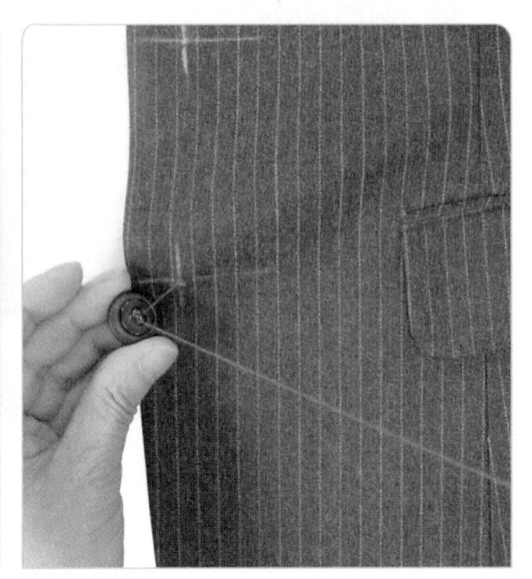

03

단추의 구멍을 통과시킨다.

04

단춧구멍 쪽의 앞 여밈을 단추 밑에 넣어 앞 여밈 두께분만큼 실기둥 분을 세운다.

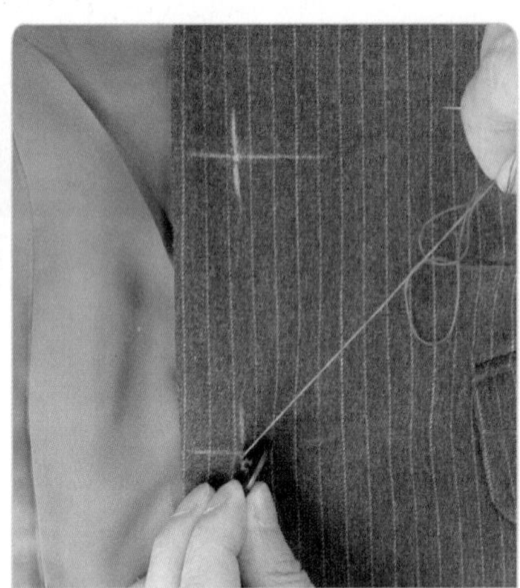

05

실기둥 분을 유지하면서 단추를 단다.

06

단추의 위쪽에서부터 감아 내려가 마지막으로 감은 실을 조여 매듭짓는다.

07
이면 쪽으로 바늘을 빼내어 매듭짓는다.

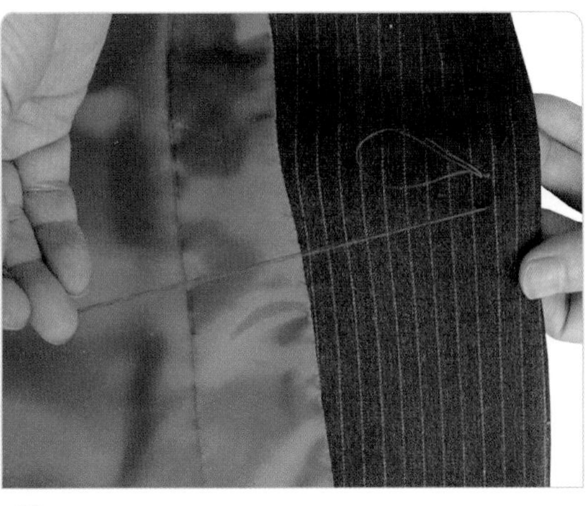

08
천 사이로 바늘을 통과시킨다.

09
실 끝을 당겨 실을 잘라낸다.

완성

인체의 계측점

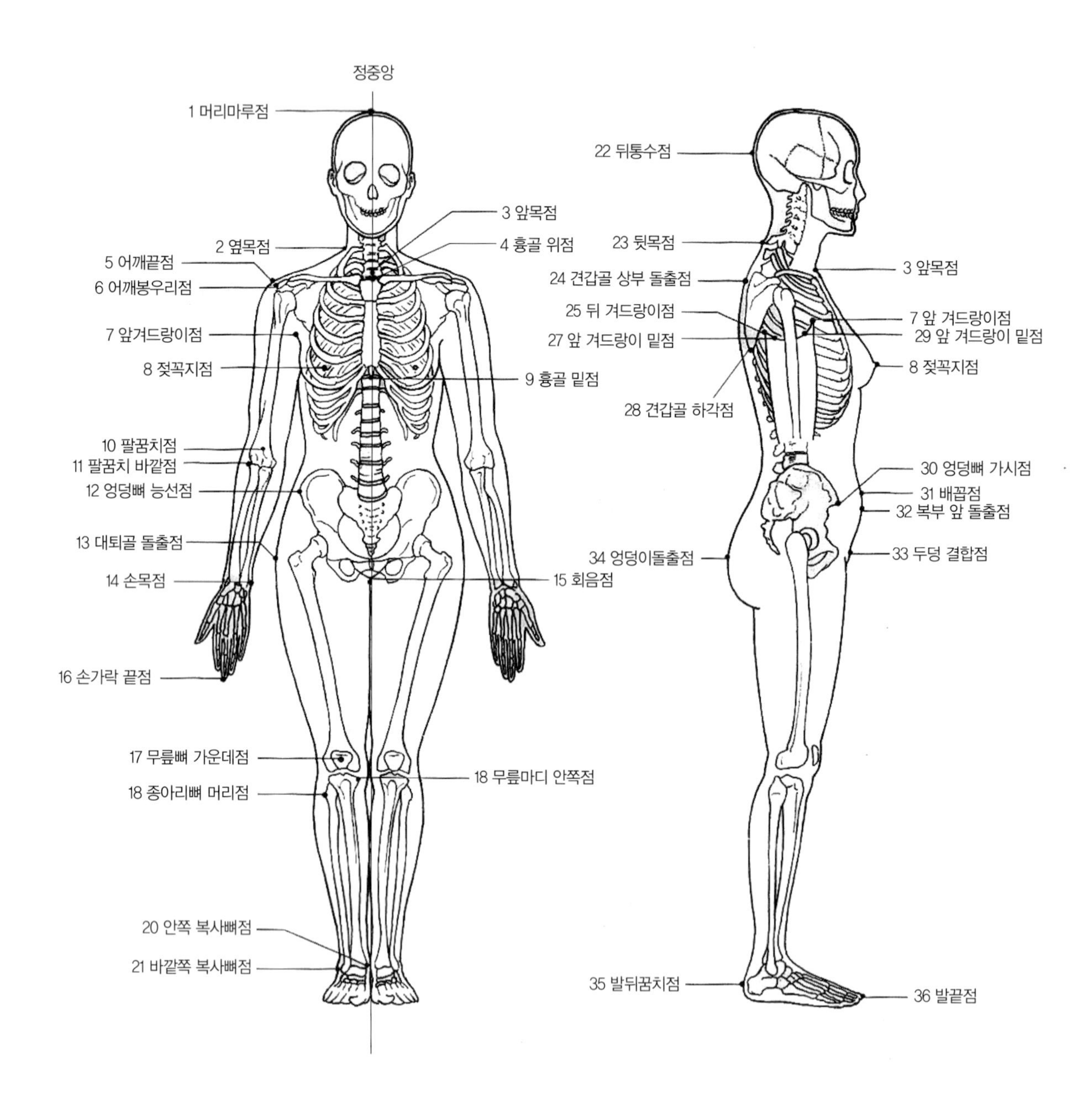
정중앙
1 머리마루점
2 옆목점
3 앞목점
4 흉골 위점
5 어깨끝점
6 어깨봉우리점
7 앞겨드랑이점
8 젖꼭지점
9 흉골 밑점
10 팔꿈치점
11 팔꿈치 바깥점
12 엉덩뼈 능선점
13 대퇴골 돌출점
14 손목점
15 회음점
16 손가락 끝점
17 무릎뼈 가운데점
18 무릎마디 안쪽점
18 종아리뼈 머리점
20 안쪽 복사뼈점
21 바깥쪽 복사뼈점
22 뒤통수점
23 뒷목점
3 앞목점
24 견갑골 상부 돌출점
25 뒤 겨드랑이점
7 앞 겨드랑이점
27 앞 겨드랑이 밑점
29 앞 겨드랑이 밑점
8 젖꼭지점
28 견갑골 하각점
30 엉덩뼈 가시점
31 배꼽점
32 복부 앞 돌출점
34 엉덩이돌출점
33 두덩 결합점
35 발뒤꿈치점
36 발끝점

인체의 계측기준선

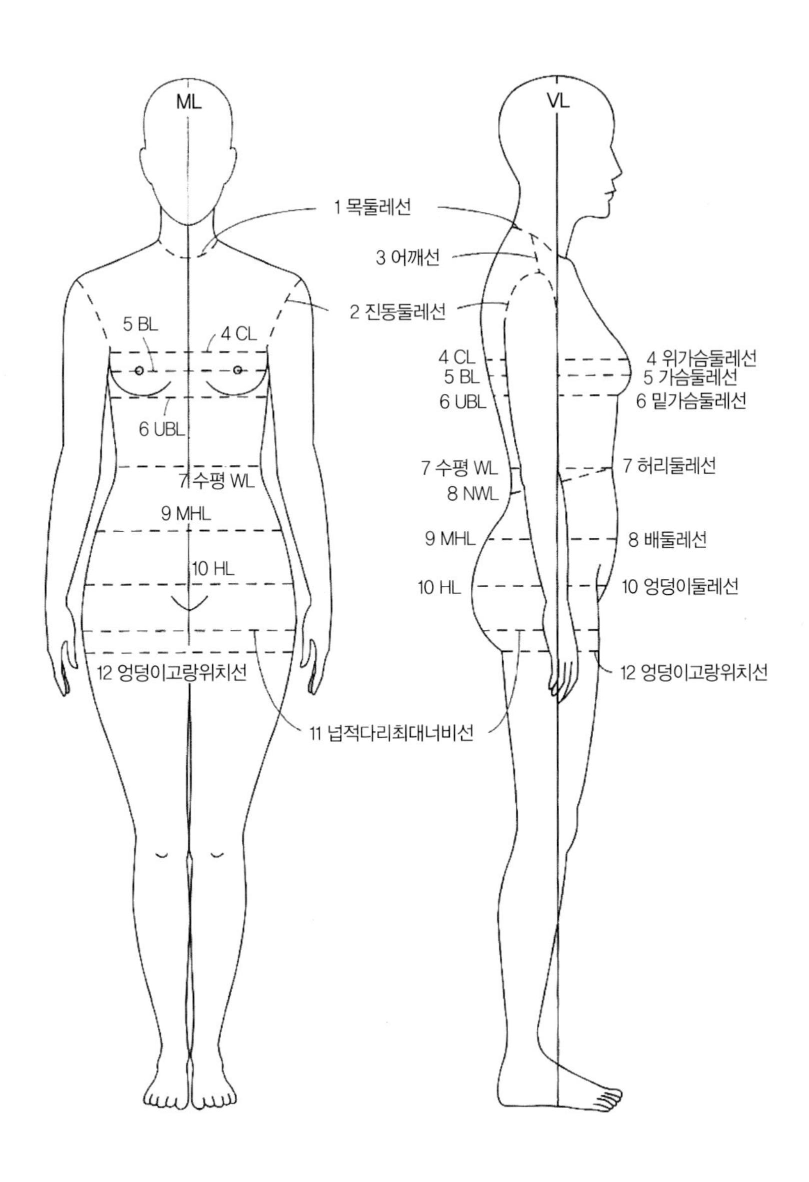

ML
VL
1 목둘레선
3 어깨선
2 진동둘레선
5 BL
4 CL
4 CL
5 BL
6 UBL
4 위가슴둘레선
5 가슴둘레선
6 밑가슴둘레선
6 UBL
7 수평 WL
7 수평 WL
8 NWL
7 허리둘레선
9 MHL
9 MHL
8 배둘레선
10 HL
10 HL
10 엉덩이둘레선
12 엉덩이고랑위치선
12 엉덩이고랑위치선
11 넙적다리최대너비선

올바른 계측방법

피계측자는 계측 시 속옷을 착용하고, 허리에 가는 벨트를 묶는다. 계측자는 피계측자의 정면 옆이나 측면에 서서 줄자가 정확하게 인체 표면에 닿으면서 수평을 유지하는지 확인하면서 계측한다.

주 : 줄자를 잡기 위해 집게손가락 한 개가 안으로 들어가게 되는데, 이것이 여유분으로 잡히게 되는 것이다.

계측부위와 계측법

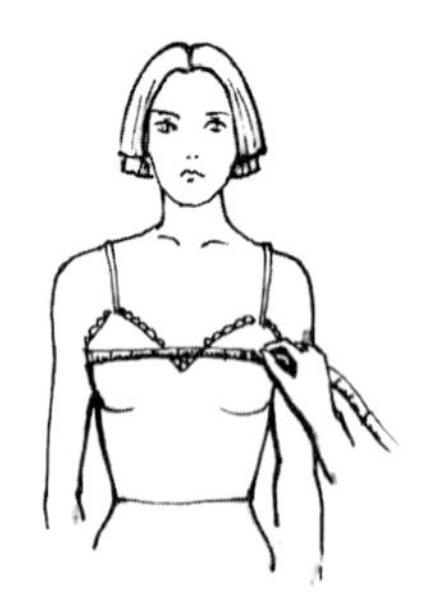

• 가슴둘레(Bust)
유두점을 지나 줄자를 수평으로 돌려 가슴둘레 치수를 잰다.

• 허리둘레(Waist)
벨트를 조였을 때 가장 자연스러운 위치의 허리둘레 치수를 잰다.

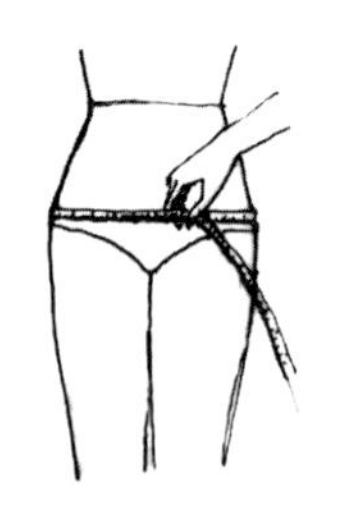

• 엉덩이둘레(Full Hip)
너무 조이지 않도록 주의하여 엉덩이의 가장 굵은 부분을 수평으로 돌려 엉덩이둘레 치수를 잰다. 단, 대퇴부가 튀어나와 있거나 배가 나와 있는 체형은 셀로판지나 종이를 대고 엉덩이둘레 치수를 잰다.

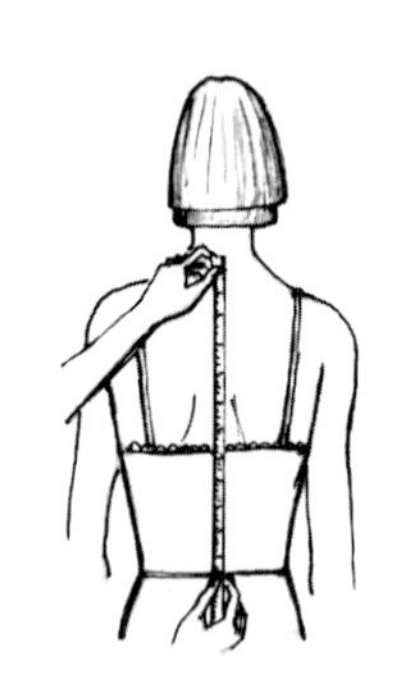

• 등길이(Back Waist Length)
허리에 가는 벨트를 묶고 나서 뒤 목점에서(제7경추) 허리선까지의 길이를 잰다.

• 유두길이(From Side Neck Point to Bust Point)
옆 목점에서 유두점까지의 길이를 잰다.

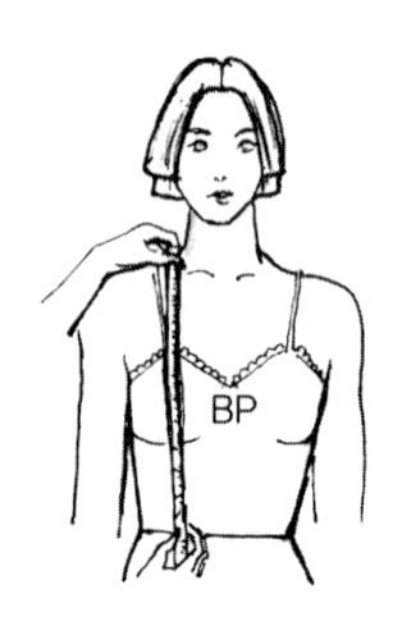

• 앞길이(From Side Neck Point to Waist)
옆 목점에서 유두점을 지나 허리선까지의 길이를 잰다.

• 앞품(Chest Width)
바스트 위의 좌우 앞 겨드랑이 점 사이의 너비를 잰다.

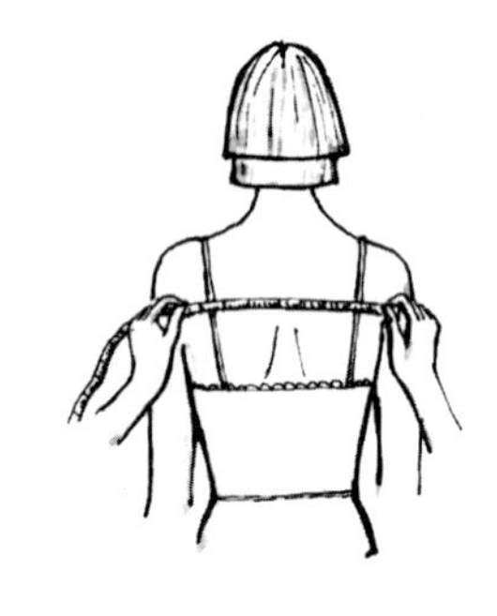

• 뒤품(Back Width)
견갑골 부근의 좌우 뒤 겨드랑이 점 사이의 너비를 잰다.

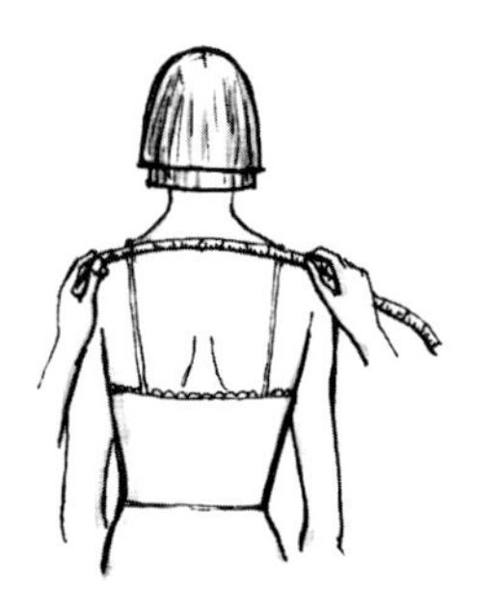

• 어깨너비
(Between Shoulders)
뒤 목점(제7경추)을 지나 좌우 어깨 끝점 사이의 너비를 잰다.

• 진동둘레
(Armpit Circumference)
어깨점과 앞뒤 겨드랑이 점을 지나 겨드랑이 밑으로 돌려 진동둘레 치수를 잰다.

• 목둘레
(Neck Circumference)
앞 목점, 옆 목점, 뒤 목점(제7경추)을 지나는 목둘레 치수를 잰다.

• 위팔둘레
(High Arm Circumference)
위팔의 가장 굵은 곳의 위팔둘레 치수를 잰다.

• 소매길이(Arm Length)
어깨 끝점에서 조금 구부린 팔꿈치의 관절을 지나서 손목의 관절까지의 길이를 잰다.

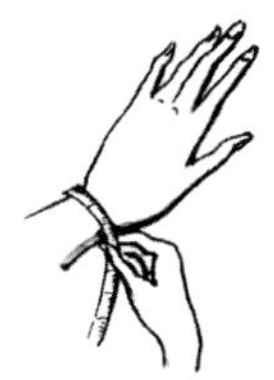

• 손목둘레(Wrist Circumference)
손목의 관절을 지나도록 돌려 손목둘레 치수를 잰다.

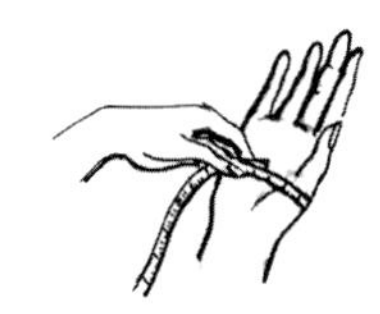

• 손바닥둘레
(Palm Circumference)
엄지손가락을 가볍게 손바닥 쪽으로 오그려서 손바닥둘레 치수를 잰다.

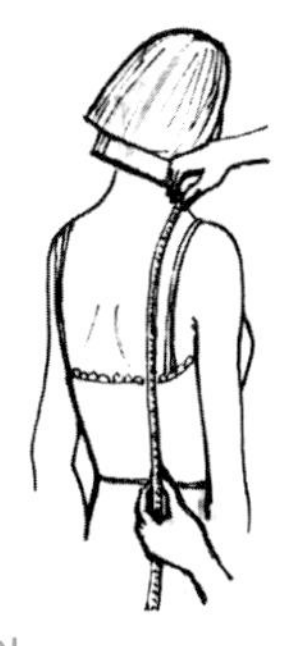

• 뒤길이
(From Side Neck Point to Waist)
옆 목점에서 견갑골을 지나 허리선까지의 길이를 잰다.
주 등이 굽은 체형의 경우와 편물지(니트)의 패턴 제도 시에만 계측한다.

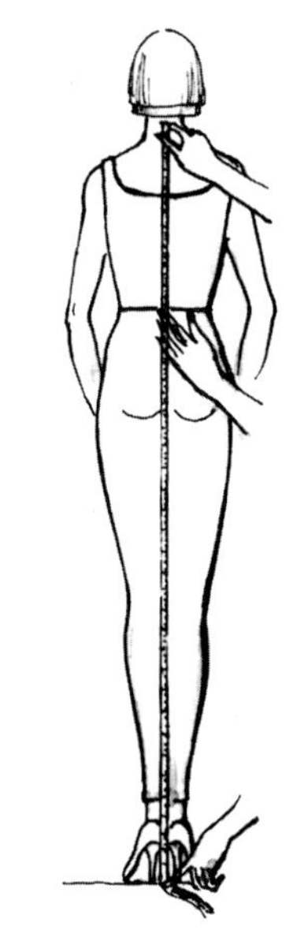

• 총 길이/드레스 길이
(Full Length/Dress Length)
뒤 목점(제7경추)에서 수직으로 줄자를 대고 허리 위치에서 가볍게 누르고 나서 원하는 길이를 정한다.
스커트 길이는 오른쪽 옆 허리선에서 무릎점까지의 길이를 잰다.

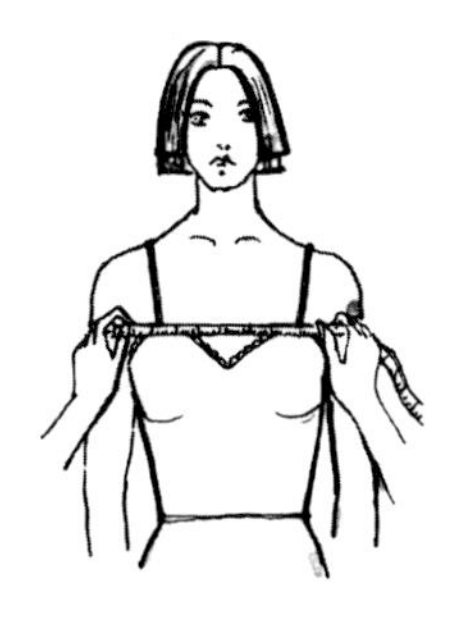

• 유두간격(Between Bust Point)
좌우 유두점 사이의 직선 거리를 잰다.

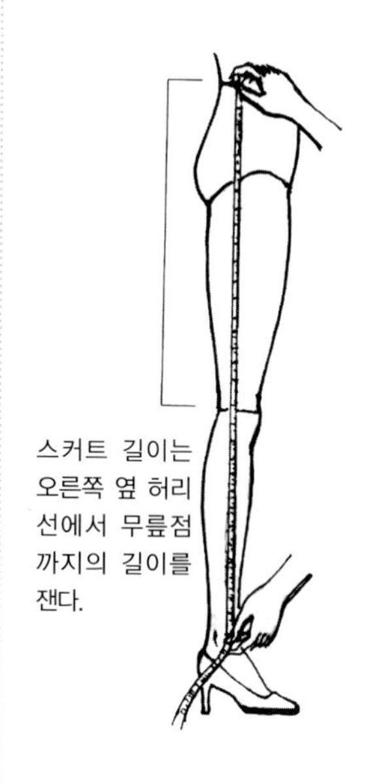

스커트 길이는 오른쪽 옆 허리선에서 무릎점까지의 길이를 잰다.

• 바지/스커트 길이
(Pants and Skirt Length)
바지 길이는 오른쪽 옆 허리선에서 복사뼈 점까지의 길이를 잰다.
치수를 기준으로 하고, 디자인에 맞추어 증감한다.

표시사항 및 제도기호

표시사항	표시기호	해설	표시사항	표시기호	해설
안내선		목적의 선을 그리기 위해 안내가 되는 선이다. 가는 실선 또는 짧은 선으로 표시한다.	다트		다트의 분량과 그 위치를 나타낸다. 다트 끝점의 선을 넣지 않는 경우도 있다. 가는 실선으로 표시하고, 다트 시접을 넘기는 방향은 아래쪽에 방향선으로 표시한다.
중심선	CF CB	패턴의 설계상 앞몸판, 뒤몸판 등의 중심을 나타내는 선이다. 가는 실선으로 표시하며, 앞중심선은 CF(Center Front의 약자), 뒤중심선은 CB(Center Back의 약자)로 표기한다.	직각		직각인 것을 나타낸다. 가는 실선으로 표시한다.
완성선		패턴의 완성 윤곽을 나타내는 선이다. 굵은 실선 또는 파선으로 나타낸다.	선의 교차		좌우 선이 교차되어 있는 것을 나타낸다. 가는 실선으로 표시한다.
안단선		안단을 다는 위치와 크기를 나타내는 선이다. 원칙적으로 가는 1점 파선으로 표시한다.	지퍼 끝 위치		지퍼 끝 위치를 나타낸다. 노치에 삼각표시를 넣어 가는 실선으로 표시한다.
꺾임선		꺾임선, 주름선 등의 위치 및 접어 넘기는 위치를 나타내는 선이다. 가는 실선, 또는 파선으로 표시하며 필요에 따라 명칭 등을 기입해 둔다.	봉제 끝 위치		봉제 끝 위치를 나타낸다. 노치에 둥근 표시를 넣어 가는 실선으로 완성선에 직각으로 표시한다.
골선		천을 접어 그 접은 곳에 패턴을 맞추어서 배치하라는 기호이다. 2층 반원 또는 굵은 파선으로 표기한다.	서로 마주 대어 한 장의 패턴으로 재단		따로 재단된 패턴을 서로 마주 대어 한 장의 패턴으로 연결하여 재단하는 것을 나타낸다.
등분선		하나의 한정된 길이의 선이 같은 간격으로 나뉘어져 있다는 것을 나타내거나 등분한 위치의 표시이다. 가는 실선으로 표기한다.	접어서 절개	절개 다트 접음	패턴의 실선 부분을 자르고, 파선 부분을 접어 그 반동으로 벌어지는 분량을 벌리라는 것을 나타낸다.

표시사항	표시기호	해설	표시사항	표시기호	해설
식서방향 (천의 세로방향)	또는	화살표 방향으로 천의 경사가 지나는 것을 나타낸다. 굵은 실선으로 표기한다.	늘림		늘리는 위치를 나타낸다. 가는 실선의 양쪽에 바깥쪽 방향으로 화살표시를 넣어 나타낸다.
바이어스 방향		천의 바이어스 방향을 나타낸다. 굵은 실선으로 표기한다.	오그림		오그리는 위치를 나타낸다. 가는 실선으로 양쪽에 안쪽 방향으로 화살표시를 넣어 나타낸다.
보풀의 방향		보풀의 결방향을 나타낸다. 굵은 실선으로 표기한다.	개더		개더를 넣을 위치를 나타낸다. 개더 끝 위치를 나타내는 경우는 봉제 끝 위치의 표시도 함께 넣어 가는 실선으로 표시한다.
외주름		주름선의 접힘선으로 밑단선 쪽을 아래 방향으로 하여 두 줄의 사선을 가는 실선으로 나타낸다. 높은 쪽의 선이 낮은 쪽의 선 위에 얹히게 된다.	맞주름		주름선의 접힘선으로 밑단선 쪽을 아래 방향으로 하여 좌우대칭으로 두 줄의 사선을 가는 실선으로 나타낸다. 높은 쪽의 선이 낮은 쪽의 선 위에 얹히게 된다.
핀턱	겉 핀턱 안 핀턱	핀턱의 봉합선을 밑단선을 아래로 하여 좌우 대칭으로 두 줄의 사선을 가는 실선으로 나타낸다.	턱		턱을 가는 실선으로 표시한다. 밑단선 쪽을 아래로 하여 한 줄의 사선으로 표시한다. 높은 쪽의 선이 낮은 쪽의 선 위에 얹히게 된다.
단춧구멍		단춧구멍을 뚫는 위치를 나타낸다.	단추		단추 다는 위치를 나타낸다.

옷감의 필요량 계산법

종류		폭(cm)	필요치수(cm)	계산법
블라우스	반소매	150 110 90	100~120 110~140 140~160	블라우스 길이+소매길이+시접(7~10) (블라우스 길이×2)+시접(7~10) (블라우스 길이×2)+시접(10~15)
	긴소매	150 110 90	120~130 125~180 170~200	블라우스 길이+소매길이+시접(10~15) (블라우스 길이×2)+시접(10~15) (블라우스 길이×2)+시접(10~20)
스커트	타이트	150 110 90	60~70 130~150 130~150	(스커트 길이+시접(6~8) (스커트 길이×2)+시접(12~16) (스커트 길이×2)+시접(12~16)
	플레어 (다트만 접음)	150 110 90	100~120 140~160 150~170	스커트 길이×1.5)+시접(0~15) (스커트 길이×2)+시접(10~15) (스커트 길이×2.5)+시접(10~15)
	플레어 180°	150 110 90	90~100 130~150 140~160	(스커트 길이×1.5)+시접(6~15) (스커트 길이×2.5)+시접(5~12) (스커트 길이×2.5)+시접(10~15)
	플리츠	150 110 90	130~150 130~150 100~150	(스커트 길이×2)+시접(12~16) (스커트 길이×2)+시접(12~16) (스커트 길이×2)+시접(12~16)
슬랙스		150 110 90	100~110 150~220 200~220	슬랙스 길이+시접(8~10) [슬랙스 길이+시접(8~10)]×2 [슬랙스 길이+시접(8~10)]×2
원피스 드레스	반소매	150 110 90	110~170 180~230 210~230	원피스 드레스 길이+소매길이+시접(10~15) (원피스 드레스 길이×1.2)+소매길이+시접(10~15) (원피스 드레스 길이×2)+시접(12~16)
	긴소매	150 110 90	110~170 180~230 210~230	원피스 드레스 길이+소매길이+시접(10~15) (원피스 드레스 길이×1.2)+소매길이+시접(10~15) (원피스 드레스 길이×2)+소매길이+시접(12~16)
수트	반소매	150 110 90	170~190 220~270 270~300	재킷길이+스커트길이+소매길이+시접(20~30) (재킷길이×2)+스커트길이+소매길이+시접(20~30) (재킷길이×2)+(스커트길이×2)+시접(20~30)
	긴소매	150 110 90	200~210 250~270 320~350	재킷길이+스커트길이+소매길이+시접(20~30) (재킷길이×2)+스커트길이+소매길이+시접(20~30) (재킷길이×2)+(스커트길이×2)+소매길이+시접(25~30)
코트	박스형	150 110 90	200~250 240~280 300~350	코트길이+소매길이+시접(20~30) (코트길이×2)+칼라길이+시접(20~30) (코트길이×2)+소매길이+시접(20~30)
	플레어형	150 110 90	220~250 300~350 390~450	(코트길이×2)+시접(20~30) (코트길이×2)+소매길이+시접(20~40) (코트길이×3)+소매길이+시접(20~40)
	프렌치 소매형	150 110 90	220~250 260~290 330~350	(코트길이×2)+시접(10~30) (코트길이×2.5)+시접(10~30) (코트길이×3)+시접(20~40)